高技能人才培养系列规划教材

CAD/CAM数控编程技术一体化教程

主　编　庞恩泉
副主编　邓爱国　袁宗杰　陈晓晖

山东大学出版社

图书在版编目(CIP)数据

CAD/CAM数控编程技术一体化教程/庞恩泉主编.—2版.
—济南:山东大学出版社,2011.1
ISBN 978-7-5607-3946-5

Ⅰ.C…
Ⅱ.庞…
Ⅲ.①数控机床—计算机辅助设计—教材
②数控机床—计算机辅助制造—教材
Ⅳ.TG659

中国版本图书馆CIP数据核字(2009)第156500号

山东大学出版社出版发行
(山东省济南市山大南路27号　邮政编码:250100)
山　东　省　新　华　书　店　经　销
山东省恒兴实业总公司印刷厂印刷
787×1092毫米　1/16　21.5印张　523千字
2011年1月第2版　2011年1月第2次印刷
定价:36.00元

前 言

为贯彻落实科学发展观和全国职业教育会议精神，围绕我国新型工业化对技能人才的要求，进一步深化职业教育教学改革，以“任务驱动”教学法为教学目标，我们编写了《CAD/CAM数控编程技术一体化教程》一书。本书以国家职业技能标准为依据，以综合职业能力培养为目标，以典型工作任务为载体，以学生为中心，根据典型工作任务和工作过程设计教材内容，按照工作过程的顺序和学生自主学习的要求安排教材内容顺序。

“以项目为引导，以任务为驱动”的教学方式对学生综合能力的提高起着十分重要的作用，积极倡导“在学中做，在做中学”的教育理念，以具体的任务为学习动力或动机；以完成任务的过程为学习过程；以展示任务成果的方式来体现教学的成就。以“任务驱动”为主要形式的教学方法，走出了传统教学方法中只注重学习的循序渐进和知识积累的老路子，其优势在于培养学生的创新能力、独立分析问题和解决问题的能力，提高高技能人才培养质量，加快高技能人才的培养。

本书主要介绍了计算机辅助设计与制造(CAD/CAM)技术的基本知识以及在实际加工中的重要作用。以国产CAD/CAM软件—CAXA制造工程师2008及CAXA数控车XP为载体，采用任务驱动法，从生产实际中选取若干零件作为工作任务，以完成这些独立的任务为主线，将软件的基本概念、操作造型方法及技巧、数控加工的基本知识、2—5轴数控加工刀具轨迹的生成与编辑等融入其中，将技能培训和思维开发相结合，为读者提供了CAXA软件及数控加工技术的全面训练和辅导。为便于读者学习，书中使用了大量的图片，直观地介绍了软件的操作过程。

本书由山东劳动职业技术学院庞恩泉任主编，山东劳动职业技术学院邓爱国、袁宗杰、山东交通学院陈晓晖任副主编。基础篇由庞恩泉、邓爱国编写，数控铣/加工中心篇由庞恩泉、邓爱国、陈晓晖编写，数控车床篇由庞恩泉、袁宗杰、邓爱国编写，全书由庞恩泉统稿和定稿。

由于编者水平有限，加之时间仓促，书中难免存在一些不妥之处，敬请广大读者指正。

编 者

2009年8月

内容简介

本书是为了适应现代制造业对数控技能人才的需要，为开展数控技术应用专业培养培训工作而编写的新型教材。

本书分三篇共八个模块：第一篇是基础篇，包含两个任务，简要介绍了CAD/CAM技术及载体软件，并重点介绍了国产软件CAXA制造工程师2008及CAXA数控车XP；第二篇数控铣/加工中心篇，是本课程的重点部分，以CAXA制造工程师2008软件为工具，通过五个模块12个实例任务，介绍了零件的线架、曲面和实体造型方法及铣削加工自动编程的一般方法和步骤；第三篇是数控车篇，以CAXA数控车XP软件为工具，通过三个模块5个实例任务，介绍了盘类、轴类和配合零件的造型及内外轮廓车削加工自动编程的一般方法和步骤。在每个任务后精心编写了思考与练习。

本书是专为高职数控加工技术专业所编写的CAD/CAM课程教学用书，也可作为高职高专机械设计制造及其自动化专业及模具设计与制造专业的CAD/CAM课程教学用书，并适用于相关行业在职人员的CAD/ CAM造型与加工的考工培训或自学用书。

目　录

基础篇

任务一　CAD/CAM 技术简述

能力目标

◎ 掌握 CAD/CAM 技术的基本概念及作用
◎ 掌握 CAD/CAM 技术的基本功能
◎ 熟悉 CAD/CAM 技术的一般工作流程
◎ 了解各类常用 CAD/CAM 应用软件的种类、特点及相互区别

随着 CAD/CAM 技术的迅猛发展，许多企业已将 CAD/CAM 技术运用到实际的生产当中，把产品的数字化模型→工程分析→数控编程→模拟加工→生产加工等融为一体，进行整个产品生产全周期的全方位预测和控制。

一、CAD/CAM 技术的基本概念及作用

CAD/CAM 是计算机辅助设计（Computer-Aided Design）与计算机辅助制造（Computer-Aided Manufacturing）的简称。是指以计算机为主要技术手段，对产品从构思到投放市场的整个过程中的信息进行分析和处理，利用生成的各种数字和图形信息，完成产品的设计和制造。它将传统的相对独立的设计和制造作为一个整体来考虑，实现信息处理的高度一体化，是近年来工程技术领域中发展最迅速、最引人注目的一项高级技术，它已成为工业生产现代化的重要标志。它对加速工程和产品的开发、缩短产品设计制造周期、提高产品质量、降低成本、增强企业市场竞争能力与创新能力发挥着重要作用。它的普及应用对产品结构、产业结构、企业结构、管理结构、生产方式以及人才知识结构方面带来巨大影响。

计算机辅助设计（CAD）是指技术人员以计算机为工具，对产品进行分析、计算、绘图和编写技术文件等活动。我们可以把创造性的思维活动和实际经验，转换成计算机可以处理的数学模型和程序，在程序中综合分析，进行判断和评价，并控制整个设计过程。在设计中，利用计算机辅助分析（CAE）软件对所创新的设计方案进行可靠性分析，并进行模拟仿真，及时发现设计缺陷，优化设计结果。

计算机辅助制造（CAM）是指利用计算机对制造过程进行设计、管理和控制。它既包括与加工过程直接相关的工艺设计、数控编程、计算机监控等内容，也包括与加工过程间接相关的支持性活动，如用计算机进行的生产管理、经营管理等。

作为 CAD/CAM 技术的主要载体，CAD/CAM 应用软件就显得越来越重要。目前市场上有很多 CAD/CAM 软件，各有特点而又不乏共性。企业往往根据产品生产需要及设计人员的偏好而选择使用一种或多种软件。作为学生在校学习时间和精力都是有限的，不可能把每一种应用软件都学会、用好，学习 1～2 种简单的 CAD/CAM 软件，工作之

后再根据需要继续深造。

二、CAD/CAM 一体化技术

我们知道,制造中所需的信息和数据大多来自设计阶段,因此对制造和设计来说这些数据和信息是共享的。将计算机辅助设计与制造作为一个整体来考虑,可以取得更明显的效益,这就是 CAD/CAM 一体化技术。如图 1-1 所示,理想的 CAD/CAM 一体化系统共用一个数据库,设计和制造所需的信息都储存在共用数据库里,实现了产品设计、工艺规程编制、生产过程控制、质量检测、生产管理等全过程的高度集成。

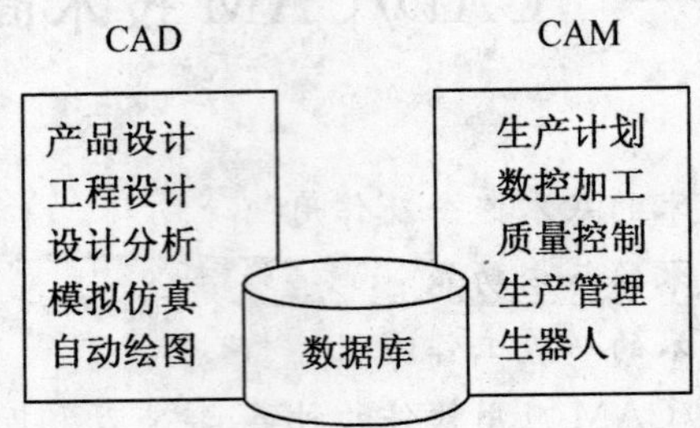

图 1-1　CAD/CAM 一体化系统的理想模式

目前,许多企业的 CAD/CAM 技术还不能实现真正意义上的一体化, CAD、CAM 及其他相关模块间的信息传输大多采用接口转换程序来实现。但随着科学技术的发展,不同功能的 CAD 和 CAM 模块间的信息传递将成为可能,可实现 CAD/CAM 信息的高度一体化。

三、CAD/CAM 系统的基本功能

在 CAD/CAM 系统中,计算机主要帮助人们完成产品结构描述、工程信息表达、工程信息传输与转化、结构及过程的分析与优化、信息管理与过程管理等工作,因此,CAD/CAM 系统应具备以下基本功能:

1. 零件造型

零件造型是 CAD/CAM 系统的核心,它为产品的设计、制造提供基本数据。CAD/CAM 系统应具有二维和三维造型功能,并能实现二维与三维图形间的相互转换。用户不仅能构造各种产品的几何模型,还能随时观察、修改模型或检验零部件装配的结果。

2. 计算分析

计算分析是工程设计不可缺少的部分,也是传统设计中一项复杂繁琐的工作。CAD/CAM 系统正好可以发挥计算机强大的分析计算功能,完成复杂的工程分析计算,如力学分析计算、设计方案的分析评价、几何特性的分析计算等。

3. 优化设计

CAD/CAM 系统应具有优化求解的功能,也就是在某些条件的限制下,使产品或工程设计中的预定指标达到最优。优化包括总体方案的优化、产品零件结构的优化、工艺参数的优化等。优化是 CAD/CAM 系统中一个重要的组成部分。

4. 工程绘图

图样是工程师的语言,是设计表达的主要形式,而手工绘图也是设计人员最感头疼的事情,CAD/CAM 系统应具有基本的绘图、出图的功能。一方面应具备从几何造型的三

维图形直接转换成二维图形的功能，另一方面，还应有强大的二维图形的处理功能，包括基本图元的生成、图形编辑、尺寸标注等功能，以生成符合国家标准和生产实际的图样。

5. 自动编程

自动编程是根据零件图样的工艺要求，编写零件数控加工程序，并输入计算机自动进行处理，计算出刀具轨迹，输出零件数控代码。主要方法有 APT（Automatically Programmed Tool）语言编程和图像编程。图像编程是目前 CAD/CAM 系统常用的一种，只需输入零件的几何信息，以人机交互的方式选择加工工艺参数，计算机即可自动生成刀具轨迹，并能对生成的刀具轨迹进行编辑，通过后置处理，把刀位文件转换成指定数控机床能执行的数控程序。

6. 模拟仿真

通过仿真软件，模拟真实系统的运行，以预测产品的性能和产品的可制造性。如 Vericut 数控加工仿真系统，可在软件上实现零件的模拟加工，定量分析加工误差，及时改进加工方案，避免了实际加工中人力、财力、物力的浪费，同时缩短了生产周期，降低了成本。

四、CAD/CAM 的一般工作流程（如图 1-2 所示）

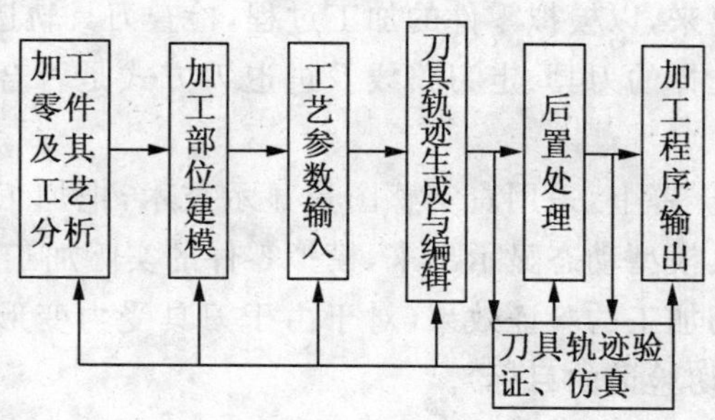

图 1-2　CAD/CAM 的工作流程

1. 加工零件及其工艺分析

加工零件及其工艺分析是数控编程的基础。与手工编程一样，基于 CAD/CAM 的数控编程也首先要进行这项工作。在目前计算机辅助工艺过程设计（CAPP）技术尚不完善的情况下，该项工作还需人工完成。随着 CAPP 技术及机械制造集成技术（CIMS）的发展与完善，这项工作必然为计算机所代替。加工零件及其工艺分析的主要任务有：零件几何尺寸、公差及精度要求的核准；确定加工方法、工夹量具及刀具；确定编程原点及编程坐标系；确定走刀路线及工艺参数。

2. 加工部位建模

加工部位建模是利用 CAD/CAM 集成数控编程软件的图形绘制、编辑修改、曲线曲面及实体造型等功能将零件被加工部位的几何形状准确绘制在计算机屏幕上，同时在计算机内部以一定的数据结构对该图形加以记录。加工部位建模实质上是人将零件加工部位的相关信息提供给计算机的一种手段，它是自动编程系统进行自动编程的依据和基础。随着建模技术及机械集成技术的发展，将来的数控编程软件将可以直接从 CAD 模块获得相关信息，而无须对加工部位再进行建模。

3. 工艺参数的输入

在本步骤中，利用编程系统的相关菜单与对话框等，将第一步分析的一些与工艺有关的参数输入到系统中。所需输入的工艺参数有:刀具类型、尺寸及材料;切削用量(主轴转速、进给速度、切削深度及加工余量);毛坯形状、尺寸及材料等;其他信息(安全平面、线性逼近误差、刀具轨迹间的残留高度、进退刀方式、走刀方式、冷却方式等)。当然,对于某一加工方式而言,可能只要求其中的部分工艺参数。

4.刀具轨迹生成及编辑

完成上述操作后,编程系统将根据这些参数进行分析判断,自动完成有关基点、节点的计算,并对这些数据进行编排形成刀位数据,存入指定的刀位文件中。

刀具轨迹生成后,对于具备刀具轨迹显示及交互编辑功能的系统,还可以将刀具轨迹显示出来,如果有不合适的地方,可以在人工交互方式下对刀具轨迹进行适当的编辑与修改。

5.刀具轨迹的验证与仿真

对于生成的刀具轨迹数据,还可以利用系统的验证与仿真模块检查其正确性与合理性。

所谓刀具轨迹验证是指利用计算机图形显示器,把加工过程中的零件模型、刀具轨迹、刀具外形一起显示出来,以模拟零件的加工过程,检查刀具轨迹是否正确,加工过程是否发生过切或欠切,所选择的刀具、走刀路线及进退刀方式是否合理,刀具与约束面是否发生干涉与碰撞等。

仿真是指在计算机屏幕上,采用真实感图形显示技术,把加工过程中的零件模型、机床模型、夹具模型及刀具模型动态显示出来,模拟零件的实际加工过程。仿真过程的真实感较强,基本上具有试切加工的验证效果(对于由于刀具受力变形、刀具强度及韧性不够等问题仍然无法达到试切验证的目标)。

6.后置处理

后置处理通过设置参数将刀位数据文件转换为数控系统所能接受的数控加工程序。

7.程序输出

对于经后置处理而生成的数控加工程序,可以利用打印机打印出清单,供人工阅读;对于有标准通讯接口的机床控制系统,还可以与编程计算机直接联机,由计算机将加工程序直接送给机床控制系统。目前已有网络 DNC 技术,可通过有线或无线网络传输实现在线加工。

五、常见 CAD/CAM 软件简介

CAD/CAM 技术经过几十年的发展,涌现出一批比较优秀、比较流行的 CAD/CAM 软件。下面我们将分别介绍国内外一些流行的软件。

1.国外软件

1)UG

UG 是 Unigraphics 的简称,是集 CAD/CAE/CAM 一体的三维参数化软件,是当今世界最先进的计算机辅助设计、分析和制造软件,广泛应用于航空、航天、汽车、造船、通用机械和电子等工业领域。

Unigraphics NX 软件作为 UGS 公司提供的产品全生命周期解决方案中面向产品开发领域的旗舰产品,为用户提供了一套集成的、全面的产品开发解决方案,用于产品设计、分析、制造,帮助用户实现产品创新,缩短产品上市时间、降低成本、提高质量。

该软件不仅具有强大的实体造型、曲面造型、虚拟装配和产生工程图等设计功能，而且，在设计过程中可进行有限元分析、机构运动分析、动力学分析和仿真模拟，提高设计的可靠性；同时，可用建立的三维模型直接生成数控代码，用于产品的加工，其后处理程序支持多种类型数控机床。另外它所提供的二次开发语言 UG/Open GRIP、UG/open API 简单易学，实现功能多，便于用户开发专用 CAD 系统。具体来说，该软件具有以下特点：

(1)具有统一的数据库，真正实现了 CAD/CAE/CAM 等各模块之间的无数据交换的自由切换，可实施并行工程。

(2)采用复合建模技术，可将实体建模、曲面建模、线框建模、显示几何建模与参数化建模融为一体。

(3)用基于特征(如孔、凸台、型胶、槽沟、倒角等)的建模和编辑方法作为实体造型基础，形象直观，类似于工程师传统的设计办法，并能用参数驱动。

(4)曲面设计采用非均匀有理 B 样条作基础，可用多种方法生成复杂的曲面，特别适合于汽车外形设计、汽轮机叶片设计等复杂曲面造型。

(5)出图功能强，可十分方便地从三维实体模型直接生成二维工程图。能按 ISO 标准和国标标注尺寸、形位公差和汉字说明等。并能直接对实体做旋转剖、阶梯剖和轴测图剖切生成各种剖视图，增强了绘制工程图的实用性。

(6)以 Para solid 为实体建模核心，实体造型功能处于领先地位。目前著名 CAD/CAE/CAM 软件均以此作为实体造型基础。

(7)提供了界面良好的二次开发工具 GRIP(GRAPHICAL INTERACTIVE PROGRAMMING)和 UFUNC(USER FUNCTION)，并能通过高级语言接口，使 UG 的图形功能与高级语言的计算功能紧密结合起来。

(8)具有良好的用户界面，绝大多数功能都可通过图标实现；进行对象操作时，具有自动推理功能；同时，在每个操作步骤中，都有相应的提示信息，便于用户作出正确的选择。

UG 常用功能模块主要有 CAD 模块、CAM 模块、CAE 模块，各功能模块包含若干功能，用以满足不同任务的需要。

2) Pro-Engineer

Pro/Engineer 系统是美国参数技术公司(Parametric Technology Corporation，简称 PTC)的产品。PTC 公司提出的单一数据库、参数化、基于特征、全相关的概念改变了机械 CAD/CAE/CAM 的传统观念，这种全新的概念已成为当今世界机械 CAD/CAE/CAM 领域的新标准。利用该概念开发出来的第三代机械 CAD/CAE/CAM 产品 Pro/Engineer 软件能将设计至生产全过程集成到一起，让所有的用户能够同时进行同一产品的设计制造工作，即实现所谓的并行工程。

Pro/Engineer 系统主要功能如下：

(1)真正的全相关性，任何地方的修改都会自动反映到所有相关地方。

(2)具有真正管理并发进程、实现并行工程的能力。

(3)具有强大的装配功能，能够始终保持设计者的设计意图。

(4)容易使用，可以极大地提高设计效率。

Pro/Engineer 系统用户界面简洁，概念清晰，符合工程人员的设计思想与习惯。整个系统建立在统一的数据库上，具有完整而统一的模型。Pro/Engineer 建立在工作站上,系统独立于硬件,便于移植。

3)Solid works

Solid works 是由美国 Solid works 公司研制开发的一套 CAD/CAE/CAM/PDM 桌面集成系统,是基于 Windows 平台的全参数化特征造型软件。它采用参数化驱动的设计模式,可以通过修改相关的参数来完善设计方案,支持设计中的动态修改,使设计更加灵活。Solid works 软件套件包括有三维机械设计软件 Solid Works(三维建模)、数据管理软件 PDM Works Client 以及用于设计交流的常用工具 eDrawings 专业版(基于 E-mail 的设计交流工具)、3D Instant Website (即时网页发布工具)、Photo Works(高级渲染)、Solid Works Animator(动画工具)。

4)Cimatron

CimatronCAD/CAM 系统是以色列 Cimatron 公司的 CAD/CAM/PDM 产品,是较早在微机平台上实现三维 CAD/CAM 全功能的系统。该系统提供了比较灵活的用户界面,优良的三维造型、工程绘图,全面的数控加工,各种通用、专用数据接口以及集成化的产品数据管理。

CimatronCAD/CAM 系统自从 20 世纪 80 年代进入市场以来,在国际模具制造业中备受欢迎。近年来,Cimatron 公司为了在设计制造领域发展,着力增加了许多适合设计的功能模块,每年都有新版本推出,市场销售份额增长很快。1994 年南京宇航计算机软件有限公司(BACS)开始在国内推广 Cimatron 软件,从 8 版本起进行了汉化,以满足国内企业不同层次技术人员应用需求,用户覆盖机械、铁路、科研、教育等领域。

2. 国内软件

1)CAXA 制造工程师

CAXA 制造工程师最早是由北航海尔软件有限公司研制开发的全中文、面向数控铣床和加工中心的三维 CAD/CAM 软件。软件基于计算机平台,采用 Windows 菜单和图像交互方式,全中文界面,便于操作。全面支持图标菜单、工具条、快捷键。既具有线架造型、曲面造型和实体造型等设计功能,还具有配备生成二至五轴价工代码的数控加工功能,同时,还具有仿真校验功能。本书主要以该软件为主进行讲解。

2)CAXA 数控车

CAXA 数控车是数控车床加工编程和二维图形设计软件。它具有 CAD 软件的强大绘图功能和完善的外部数据接口,可通过 DXF、IGES 等数据接口与其他系统交换数据,具有功能强大,使用简单的轨迹生成及通用后置处理功能,可以满足各种机床的代码格式,可输出 G 代码,并可对生成的代码进行校验及加工仿真,主要用于数控车削加工。其界面与 CAXA 电子图版很相似。本书的后面几章对该软件有详细的介绍。

3)金银花系统

金银花(Lonicera)系统是由广州红地技术有限公司开发的基于 STEP 标准的 CAD/CAM 系统。该软件主要应用于机械产品设计和制造中,它可以实现设计/制造一体化和自动化。软件起点高,以制造业最高国际标准 ISO-10303(STEP)为系统设计的依据。采用面向对象的技术,使用先进的实体建模、参数化特征造型、二维和三维一体化、SDAI 标准数据存取接口的技术;具备机械产品设计、工艺规划设计和数控加工程序自动生成等功能;同时还具有多种标准数据接口,如 STEP、DXF 等;支持产品数据管理(PDM)。

4)开目 CAD

开目 CAD 是华中理工大学机械学院开发的具有自主版权的基于微机平台的 CAD 和图纸管理软件，它面向工程实际，模拟人的设计绘图思路，操作简便，机械绘图效率比 AutoCAD 高得多。开目 CAD 支持多种几何约束种类及多视图同时驱动，具有局部参数化的功能，能够处理设计中的过约束和欠约束的情况。开目 CAD 实现了 CAD、CAPP、CAM 的集成，适合我国设计人员的习惯，是全国 CAD 应用工程主推产品之一。

思考练习

1. 简述 CAD/CAM 技术的基本概念及作用。
2. CAD/CAM 技术有哪些基本功能？
3. 简述 CAD/CAM 技术的一般工作流程。
4. 国内外常用的 CAD/CAM 应用软件有哪些？各有什么特点？

任务二　了解 CAXA 软件

能力目标

◎ 了解 CAXA 软件的种类及功能

◎ 熟识 CAXA 制造工程师 2008 及 CAXA 数控车 XP 的用户界面

◎ 熟识两种软件中常用功能键的作用

一、CAXA 简介

CAXA 是我国制造业信息化 CAD/CAM/PLM 领域自主知识产权软件的优秀代表和知名品牌。

CAXA 是由 C—Computer（计算机），A-Aided（辅助的），X（任意的），A-Alliance、Ahead（联盟、领先）几个英文单词的首字母组成的，其涵义是“联盟合作的领先一步的计算机辅助技术和服务”（Computer aided x alliance-always a step ahead）。拥有完全自主知识产权的系列化 CAD、CAPP、CAM、DNC、PDM、MPM 等软件产品和解决方案，覆盖了制造业信息化设计、工艺、制造和管理四大领域。广泛应用于装备制造、电子电器、汽车及零部件、国防军工、工程建设、教育等各个行业。

主要产品有 CAXA 电子图板、CAXA 实体设计、CAXA 制造工程师、CAXA 数控车、CAXA 线切割、CAXA 工艺图表、CAXA 编程助手、CAXA 网络 DNC 等。本教材只针对 CAXA 制造工程师及 CAXA 数控车进行讲解。

二、CAXA 制造工程师 2008 简介

CAXA 制造工程师 2008 是集 CAD、CAM 于一体的数控加工编程软件，主要用于数控铣床及加工中心的辅助加工。软件的 CAD 部分具有强大的线架、曲面和实体建模功能，可以进行零件的加工造型；CAM 部分提供多种加工方式，可以进行 2～5 轴粗、精铣削加工轨迹的生成和校验；通用的后置处理功能可以根据实际加工机床生成匹配的数控加工代码。同时提供了丰富的数据接口，保证了与其他 CAD 软件进行双向数据交换。

（一）功能介绍

1. Windows 界面操作

CAXA 制造工程师 2008 基于微机平台，采用原创 Windows 菜单和交互平台，全中文界面，让读者轻松流畅地学习和操作；全面支持英文、简体和繁体中文 Windows 环境；具备流行的 Windows 原创软件特色，支持图标菜单、工具条、快捷键的定制；可自由创建符合自己习惯的操作环境。

2.线架、曲面、实体及混合造型，可视化设计理念

1)高效的线架造型功能

CAXA 制造工程师 2008 具有丰富的曲线生成工具，可绘制各种曲线。为提高造型效率也可以利用实体布尔运算(并入文件)功能，将已有的 DXF 格式或 IGS 格式的二维图形快速导入，经过简单的几何变换得到需要的线架加工造型。

2)强大的 NURBS 自由曲面造型

曲面造型提供多种 NURBS 曲面造型手段：可通过列表数据、数学模型、字体、数据文件及各种测量数据生成样条曲线，再通过扫描、放样、旋转、导动、等距、边界网格等多种形式生成复杂曲面；并提供曲面单一或相互裁剪、曲面延伸、曲面缝合、曲面拼接功能；另外，软件提供强大的曲面过渡功能，可以实现两面、三面、系列面等曲面过渡方式，还可以实现等半径或变半径过渡。

3)强大的实体造型功能

实体造型主要有五种增料(拉伸、旋转、放样、导动、曲面加厚)、六种除料(拉伸、旋转、放样、导动、曲面加厚、曲面裁剪)、过渡、倒角、筋板、抽壳、拔模、打孔、两个阵列(线性、环形)、模具(缩放、型腔、分模)、实体布尔运算等特征造型方式。灵活运用特征造型可以将二维草图轮廓快速生成为三维实体模型。绘制草图所必需的基准平面，可以是零件特征管理树中系统默认的坐标平面(*XY*、*YZ*、*XZ* 平面)，也可以是实体造型上的平面，还可以是利用八种构建基准平面的功能构造的基准平面。

4)灵活的实体和曲面混合造型方法

系统支持实体与复杂曲面混合的造型方法，应用于复杂零件设计和模具设计；提供曲面裁剪实体功能、曲面加厚成实体功能；另外，还可以将实体的表面抽取出曲面供用户使用。

3.优质高效的数控加工方式

1)多种粗、半精、精、补加工方式

提供 7 种粗加工方式：平面区域粗加工(2D)、区域式粗加工、等高线粗加工、扫描线粗加工、摆线式粗加工、插铣式粗加工、导动线粗加工(2.5 轴)。

提供 14 种精加工方式：平面轮廓精加工、轮廓导动精加工、曲面轮廓精加工、曲面区域精加工、参数线精加工、投影线精加工、轮廓线精加工、导动线精加工、等高线精加工、扫描线精加工、浅平面精加工、限制线精加工、三维偏置精加工、深腔侧壁精加工。

提供 3 种补加工：等高线补加工、笔式清根加工、区域式补加工。

提供 2 种槽加工：曲线式铣槽、扫描式铣槽。

2)多轴加工

CAXA 制造工程师 2008 快速高效的加工功能涵盖了从 2～5 轴的数控铣削功能。

2～2.5 轴加工方式：可直接利用零件的轮廓曲线(线架造型)生成加工轨迹，而无须建立其三维模型；提供轮廓加工和区域加工功能，加工区域内允许有任意形状和数量的

岛;可分别指定加工轮廓和岛的拔模斜度,自动进行分层加工。

3 轴加工方式:多样化的加工方式可以安排从粗加工、半精加工到精加工的加工工艺路线。

4 轴加工:4 轴曲线加工、4 轴平切面加工。

5 轴加工:5 轴 G01 钻孔、5 轴侧铣、5 轴等参数线、5 轴曲线加工、5 轴曲面区域加工、5 轴钻孔、5 轴定向转 4 轴轨迹等加工。

对叶轮、叶片类零件,除以上这些加工方法外,系统还提供专用的叶轮粗加工及叶轮精加工功能,可以实现对叶轮和叶片的整体加工。

3)宏加工

提供倒圆角加工,根据给定的平面轮廓曲线,生成加工圆角的轨迹和带有宏指令的加工代码。充分利用宏程序功能,使得倒圆角加工程序变得异常简单灵活。

4)系统支持高速加工

支持高速切削工艺,提高产品精度,降低代码数量,使加工质量和效率大大提高。

可设定斜向切入和螺旋切入等接近和切入方式,拐角处可设定圆角过渡,轮廓与轮廓之间可通过圆弧或 S 字型方式来过渡形成光滑连接,生成光滑刀具轨迹,有效地满足了高速加工对刀具路径形式的要求。

5)参数化轨迹编辑和轨迹批处理

CAXA 制造工程师 2008 的"轨迹再生成"功能可实现参数化轨迹编辑。只需选中已有的数控加工轨迹,修改原定义的加工参数表,即可重新生成加工轨迹。

CAXA 制造工程师 2008 的轨迹生产悬挂功能可以先将大批加工轨迹参数事先定义,而在空闲时间批量生成。

6)知识加工

CAXA 制造工程师 2008 提供的知识加工可充分利用已有的经验和成果,将已经成熟或定型的加工流程生成模板,通过调用模板将加工参数和刀具参数附着到相同或相似零件的几何模型上,直接生成适合新零件的加工轨迹。

7)加工轨迹仿真

CAXA 制造工程师 2008 提供的轨迹仿真功能用以验证加工工艺的合理性及加工轨迹的正确性。线框仿真可以快速地检验刀具轨迹及运行状况;实体仿真可以如实地模拟加工过程,通过与制品的比较,以鲜明的色带显示有无过切或欠切现象。

8)通用后置处理

CAXA 制造工程师 2008 提供的后置处理器,无须生成中间文件就可直接输出 G 代码指令。系统不仅可以提供常见的数控系统的后置格式,还允许用户定义专用数控系统的后置处理格式。

4. 丰富流行的数据接口

CAXA 制造工程师 2008 是一个开放的设计/加工工具,具备丰富的数据接口。可以直接读取三维零件设计数据 EPB 格式文件和 CSN 格式文件;基于 Para solid 几何核心的 x-t、x-b 格式文件;基于 ACIS 几何核心的 SAT 格式文件;基于曲面的 DXF 和 IGES 标准图形接口;基于实体的 STEP 标准数据接口;面向快速成型设备的 STL 数据接口以及面向 Internet 和虚拟现实的 VRML 接口。这些接口保证了与世界流行的 CAD 软件进行双向数据交换，使企业可以跨平台和跨地域地与合作伙伴实现虚拟产品的开发和生产。

（二）用户界面介绍

用户界面是交互式 CAD/CAM 软件与用户进行信息交流的中介，是人机交流的窗口。系统通过界面展示当前运行状态和要求用户执行的操作，用户按照界面提供的信息作出判断，并经由输入设备进行下一步的操作。

CAXA 制造工程师 2008 的用户界面与其他 Windows 风格的软件类似，各种应用功能通过菜单和工具条驱动；状态栏指导用户进行操作并提示当前状态和所处位置；特征树记录了历史操作和相互关系；绘图区显示各种功能操作的结果；同时，绘图区和特征树为用户提供了数据的交互功能，如图 2-1 所示。

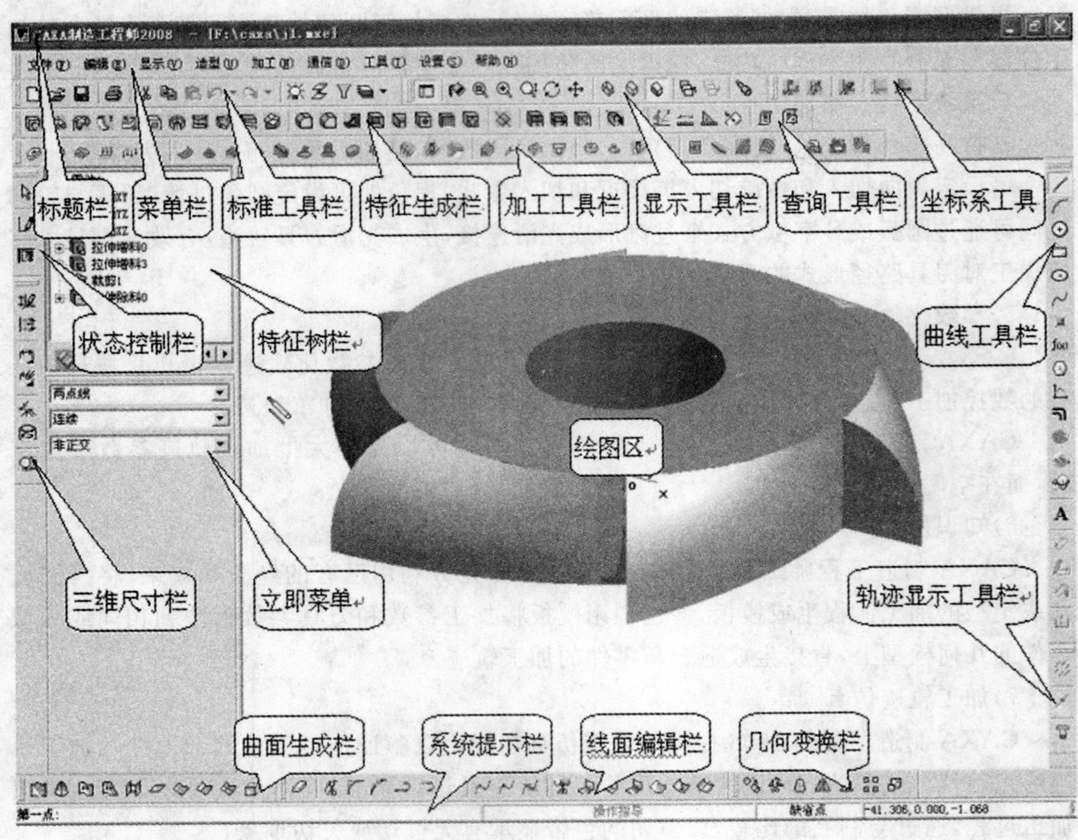

图 2-1 CAXA 制造工程师操作界面

1. 绘图区

绘图区是进行绘图设计的工作区域，如图 2-1 中的空白区域。它们位于屏幕的中心，并占据了屏幕的大部分面积。广阔的绘图区为清晰显示全图提供了空间。

在绘图区的中央设置了一个三维直角坐标系，该坐标系称为世界坐标系。它的坐标原点为(0,0,0)。在操作过程中的所有元素的坐标值均以此坐标系的原点为基准。

2. 标题栏

标题栏位于界面的最上方，用以显示软件名称和版本、当前文件的保存路径和名称

3. 菜单栏

菜单栏一般放置在标题栏下方，包含文件、编辑、显示、造型、加工、通讯、工具、设置和

帮助九个菜单项，是软件所有命令的集合。单击任意一个菜单项，都会弹出一个下拉菜单，每一个下拉菜单都包含若干个命令，右侧没有黑三角标记的，单击后立即执行；右侧有黑三角标记的，当鼠标指向时会弹出子菜单，单击子菜单中的命令后立即执行。

4. 立即菜单

立即菜单描述了该项命令的可选方式。根据当前的已知条件，正确地选择某一选项，即可完成相应的任务。图 2-1 显示的是画直线的立即菜单。

5. 快捷菜单

光标处于不同的位置时，右击，会弹出不同的快捷菜单。熟练使用快捷菜单，可以提高绘图速度。

当没有选择任何元素状态下，在绘图区右击，重复上一个命令。

在标题栏处右击，弹出如图 2-2(a)所示的快捷菜单。

在特征树中 XY、YZ、ZX 三个基准平面上右击，弹出如图 2-2(b)所示的快捷菜单。

在特征树中的特征上右击，弹出如图 2-2(c)所示的快捷菜单。

在特征树中的草图上右击，弹出如图 2-2(d)所示的快捷菜单。

在绘图区单击实体上的曲面，右击，弹出快捷菜单如图 2-2(e)所示。

在绘图区单击实体上的平面，右击，弹出快捷菜单如图 2-2(f)所示。

非草图状态下，在绘图区单击未使用的草图，右击，弹出快捷菜单如图 2-2(g)所示。

草图状态下，在绘图区单击草图曲线，右击，弹出快捷菜单如图 2-2(h)所示。

在绘图区单击曲线、曲面或加工轨迹，右击，弹出快捷菜单如图 2-2(i)所示。

在任意工具栏空白处右击，弹出快捷菜单如图 2-2(j)所示。

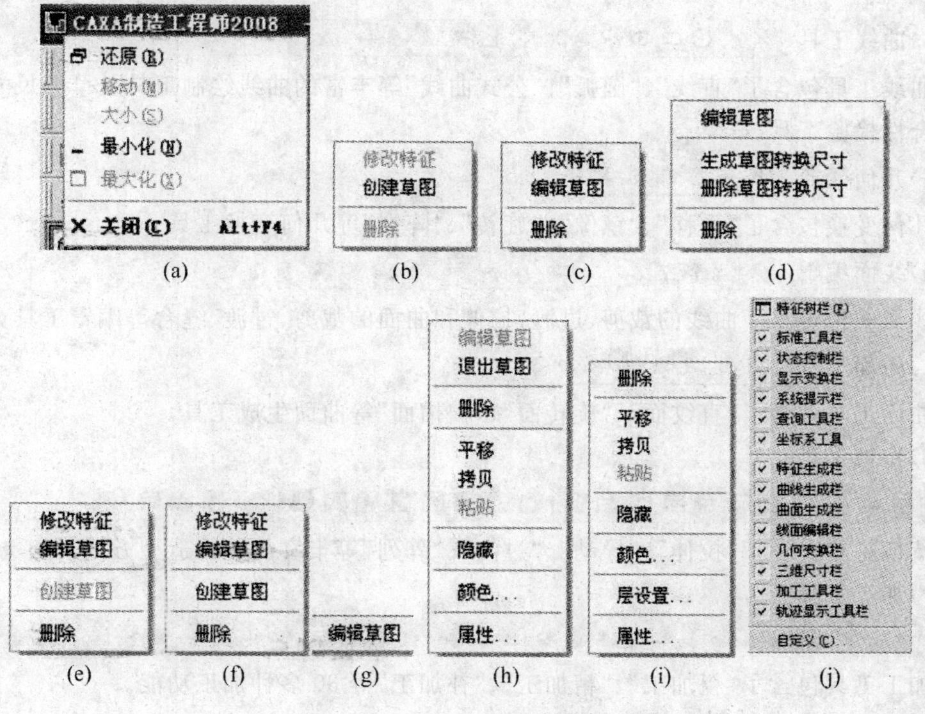

图 2-2 快捷菜单

6. 对话框

某些命令要求用户以对话的形式予以应答，选择这些命令时，系统会弹出一个对话框，如图 2-3 所示，用户可根据当前操作作出选择或输入参数。

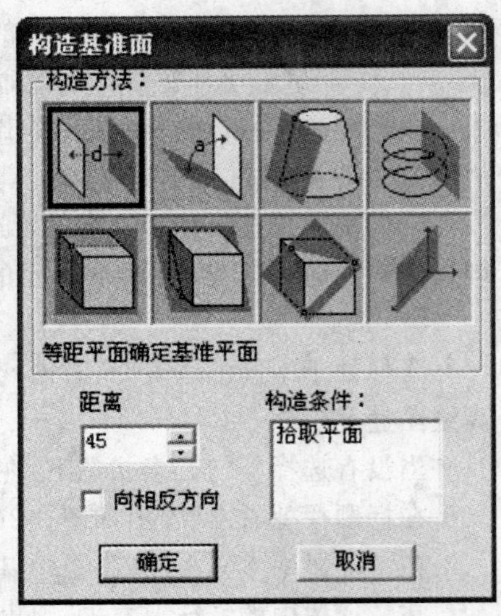

图 2-3　对话框

7. 工具栏

在工具栏中，可以通过用鼠标左键单击相应的按钮执行相应的命令。工具栏与主菜单里的命令一一对应，并且可以自定义。界面上的工具栏包括标准工具、显示工具、状态工具、曲线工具、几何变换、线面编辑、曲面工具和特征工具等。

1)标准工具

标准工具包含了标准的“打开文件”、“打印文件”等 Windows 按钮，也有“制造工程师”特有的“线面可见”、“层设置”、“拾取过滤设置”和“当前颜色”按钮。

2)显示工具

显示工具包含了“缩放”、“移动”、“视向定位”等选择显示方式的按钮。

3)状态工具

状态工具包含了“终止当前命令”、“草图状态开关”、“启动电子图板”和“启动数据接口”功能。

4)曲线工具

曲线工具包含了“直线”、“圆弧”、“公式曲线”等丰富的曲线绘制工具及草图尺寸标注和闭合性检验工具。

5)几何变换

几何变换包含了“平移”、“镜像”、“旋转”、“阵列”等几何变换工具。

6)线面编辑

线面编辑包含了曲线的裁剪、过渡、拉伸和曲面的裁剪、过渡、缝合等编辑工具。

7)曲面工具

曲面工具包含了“直纹面”、“旋转面”、“扫描面”等曲面生成工具。

8)特征工具

特征工具包含了“拉伸”、“导动”、“过渡”、“阵列”等丰富的特征造型方式。

9)加工工具

加工工具包含了“粗加工”、“精加工”、“补加工”等 30 多种加工功能。

10)坐标系工具条

坐标系工具条中包含了“创建坐标系”、“激活坐标系”、“删除坐标系”、“隐藏坐标系”

等功能。

11)三维尺寸标注工具条

尺寸标注工具条中包含了“尺寸标注”、“尺寸编辑”等功能。

12)查询工具条

查询工具条中包含了“坐标查询”、“距离查询”、“角度查询”、“属性查询”等功能。

13)特征树

(1)零件特征树

零件特征树记录并显示零件生成的操作步骤,用户可以直接在特征树中对零件特征进行编辑,如图 2-4 所示。

(2)加工管理树

加工管理树记录了生成刀具轨迹的刀具、几何元素、加工参数等信息,用户可以在加工管理树中编辑上述信息,如图 2-5 所示。

(3)属性树

属性树显示被查询元素的信息,支持曲线、曲面的最大和最小曲率半径、圆弧半径等,如图 2-6 所示。

按【Tab】键可以在“零件特征”树、“加工管理”树和“属性”树之间切换。

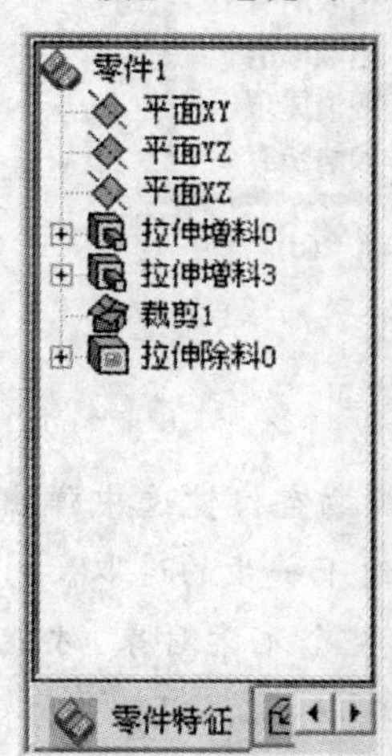

图 2-4 零件特征树

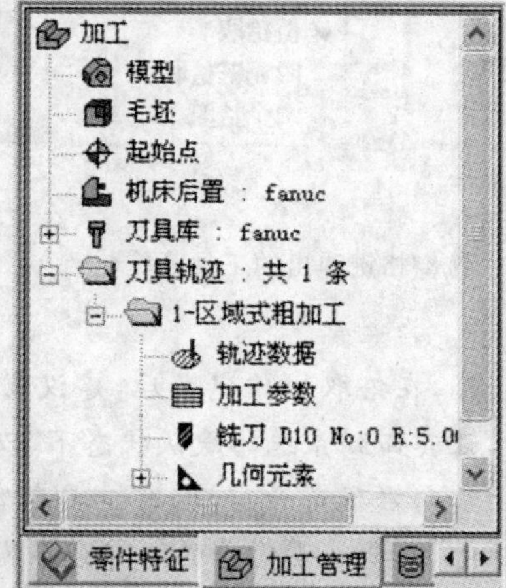

图 2-5 加工管理树

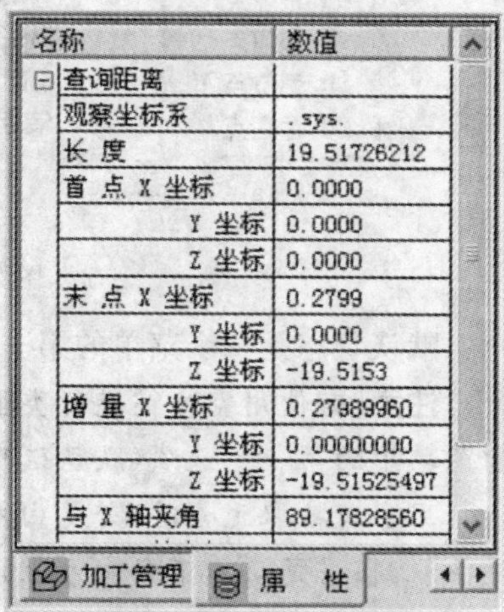

图 2-6 属性树

8.常用键功能

1)鼠标键

鼠标左键可以用来激活菜单、确定位置点、拾取元素等。

鼠标右键用来确认拾取、结束操作和终止命令。

鼠标中键可以进行旋转、缩放、平移等显示变换。

书中“单击”指单击鼠标左键,右击为单击鼠标右键。

2)回车键和数值键

当系统要求输入点时,按回车键或数值键可以激活坐标输入条,用以输入点坐标值。如果坐标值以@开始,表示是相对于前一个输入点的相对坐标;在某些情况下也可以输入字符串。

3)空格键

在下列情况下,需要按空格键。

(1)当系统要求输入点时,按空格键弹出“点工具”菜单,用以选择点的类型,如图 2-7(a)所示。

(2)有些操作(如作扫描面)中需要选择方向,这时按空格键,会弹出“矢量工具”菜单,如图 2-7(b)所示。

(3)有些操作(如进行曲线组合等)中,需要选择拾取元素的方式时,按空格键,会弹出“拾取方式”菜单,如图 2-7(c)所示。

(4)在“删除”等操作中,需要拾取多个元素时,按空格键,则弹出“选择集拾取工具”菜单,如图 2-7(d)所示。

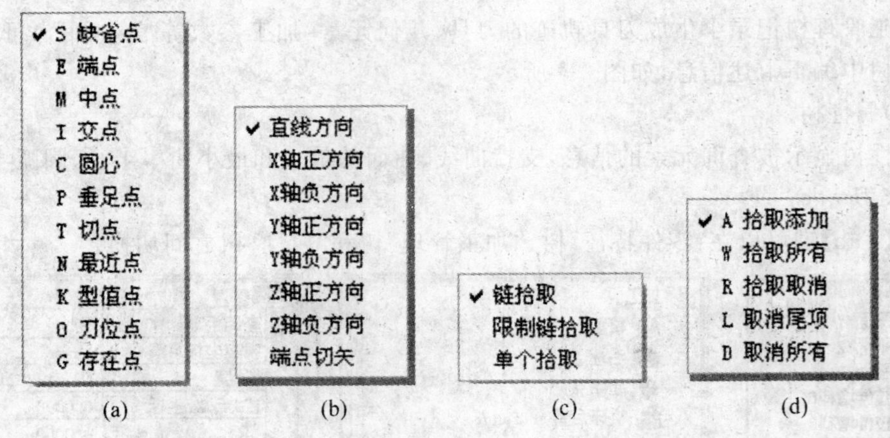

图 2-7 按空格键弹出的工具菜单

默认状态是每个菜单的第一项。

注意:若使用空格键进行类型设置,在拾取操作完成后,建议重新按空格键选中弹出的菜单中的第一个选项(默认选项),让其回到系统的默认状态下,以便下一步的选取。

用窗口拾取元素时,若是由左上角向右下角开窗口,窗口要包容整个元素对象,才能被拾取到;若是从右下角向左上角拉时,只要元素对象的一部分在窗口内,就可以拾取到。

4)功能热键

系统提供了以下方便用户操作的功能热键。

(1)F2 键:草图开关,用于“绘制草图”模式与“退出草图”模式的切换。

(2)F3 键:显示全部图形。

(3)F4 键:重画图形。

(4)F5 键:将当前绘图平面切换至 *XOY* 面;同时将显示平面设置为 *XOY* 面。即设置“*XOY* 平面”为视图平面和作图平面。

(5)F6 键:将当前绘图平面切换至 *YOZ* 面;同时将显示平面设置为 *YOZ* 面。即选取“*YOZ* 平面”为视图平面和作图平面。

(6)F7 键:将当前绘图平面切换至 *XOZ* 面;同时将显示平面设置为 *XOZ* 面。即选取“*XOZ* 平面”为视图平面和作图平面。

(7)F8 键:显示轴测图。按轴测图方式显示图形。

(8)F9 键:切换绘图平面(XY、YZ、XZ),重复按 F9 键,可以依次在三个平面间相互转换。

(9)F10 键:对输入框中的表达式进行数值计算。

(10)方向键(↓、↑、→、←):显示平移,可以使图形在绘图区上、下、左、右移动。

注意:这里箭头的方向表示的是"绘图区窗口"的移动方向,视图的移动方向正好相反。

(11)Shift+方向键(↓、↑、←、→):显示旋转,使图形在屏幕上旋转显示。

(12)Ctrl+↑或 Ctrl+←:显示放大。

(13)Ctrl+↓或 Ctrl+→:显示缩小。

(14)Shift+鼠标左键:显示旋转,同"Shift+方向键(←、↑、→、↓)"功能。

(15)Shift+鼠标右键:显示缩放。

(16)Shift+鼠标(左键+右键):显示平移,同方向键(←、↑、→、↓)功能。

注意:可以自定义热键。单击主菜单中的"设置"菜单或在工具栏空白处右击→在下拉菜单或快捷菜单中选取"自定义"→弹出"自定义"对话框→切换到"键盘"页→进行选项的设置,选择"造型"、"拔模",→单击激活"按下新加速键"框→同时按下"Ctrl"和"B"键→单击"指定"按钮后"当前"框内显示"Ctrl+ B"表示热键设定成功,如图 2-8 所示。在建模过程中,当需要"拔模"操作时,只要同时按下"Ctrl"和"B"键即可激活"拔模"命令。

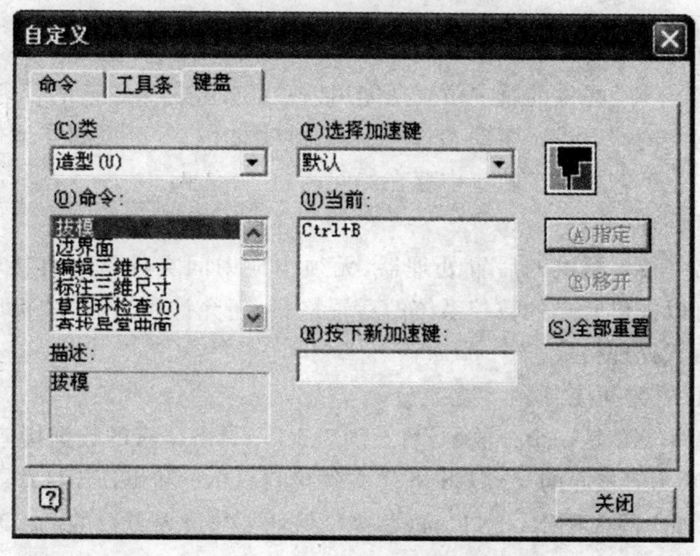

图 2-8 自定义功能热键

三、CAXA 数控车 XP 简介

CAXA 数控车 XP 是集 CAD、CAM 于一体的数控加工编程软件,主要用于数控车床的辅助加工。软件的 CAD 部分具有强大的绘图功能和丰富的外部数据接口,即能生成复杂零件的线架造型,也能通过 DXF、IGES、CSN、DAT 等数据接口与其他系统交换数据;CAM 部分提供了功能强大、使用简洁的轨迹生成手段,可按加工要求生成各种回转类复杂零件的加工轨迹,同时提供的轨迹校验功能,可优化加工工艺;通用的后置处理功能可以根据各种机床生成匹配的数控加工代码,并可利用"代码反读"功能对数控代码进行校验及加工仿真。

(一)功能介绍

1. Windows 界面操作

CAXA 数控车 XP 全中文界面,让读者轻松流畅地学习和操作;具备流行的 Windows 原创软件特色,支持图标菜单、工具条、快捷键的定制。

2. 线架造型,可视化设计理念

CAXA 制造工程师 2008 具有丰富的曲线生成工具,可绘制各种曲线。为提高造型效率也可以利用“数据输入”功能,将已有的 DXF 格式或 IGS 格式的二维图形快速导入,直接得到零件的线架加工造型。

3. 优质高效的数控加工方式

1)提供轮廓粗车、轮廓精车、切槽、钻中心孔、车螺纹、螺纹固定循环 6 种加工方式,可生成任何回转类零件的内外表面的粗、精加工轨迹。

2)参数化轨迹编辑和轨迹批处理

CAXA 数控车 XP 的“参数修改”功能可实现参数化轨迹编辑。只需选中已有的数控加工轨迹,修改原定义的加工参数表,即可重新生成加工轨迹。

3)代码反读功能

CAXA 数控车 XP 提供的“代码反读”功能可将已有的数控代码重新调入系统,进行仿真校验。

4)加工轨迹仿真

CAXA 数控车 XP 提供的轨迹仿真功能用以验证数控加工工艺的合理性及加工轨迹的正确性。根据不同需要设定了动态、静态和二维实体仿真,可以如实地模拟加工过程,及时发现数控加工工艺及加工轨迹中存在的问题。

5)通用后置处理

CAXA 数控车 XP 提供的后置处理器,无须生成中间文件就可直接输出 G 代码指令。系统不仅可以提供常见的数控系统的后置格式,还允许用户通过“机床设置”定义专用数控系统的后置处理格式。

4. 丰富流行的数据接口

CAXA 数控车 XP 是一个开放的设计/加工工具,具备丰富的数据接口。可以直接读取基于 Parasolid 几何核心的 x-t、x-b 格式文件接口;DXF 和 IGES 格式文件接口;面向 Internet 和虚拟现实的 VRML 接口。这些接口保证了与世界流行的 CAD 软件进行双向数据交换。

(二)用户界面介绍

CAXA 数控车 XP 的用户界面与其他 Windows 风格的软件类似,各种应用功能通过菜单和工具条驱动;状态栏指导用户进行操作并提示当前状态和所处位置;绘图区显示各种功能操作的结果,如图 2-9 所示。

CAXA 数控车 XP 工具条中每一个按钮都对应一个菜单命令,单击按钮和选择菜单命令的效果完全一致。

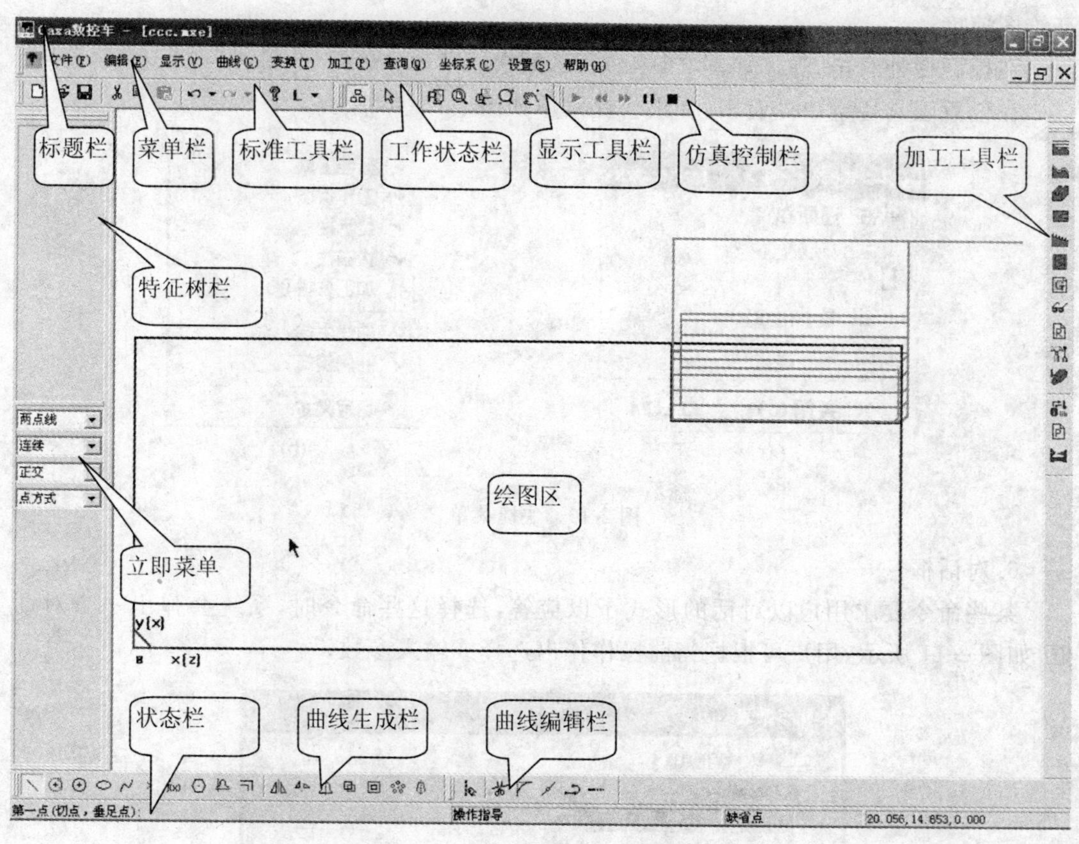

图 2-9 CAXA 数控车 XP 操作界面

1. 绘图区

绘图区是进行绘图设计的工作区域,如图 2-9 中的空白区域。它们位于屏幕的中心,并占据了屏幕的大部分面积。广阔的绘图区为清晰显示全图提供了空间。

在绘图区的中央设置了一个二维直角坐标平面。横轴 $x[z]$与数控机床的 Z 轴对应;纵轴 $y[x]$ 与数控机床的 X 轴对应。其坐标原点为(0,0),在操作过程中的所有元素的坐标值均以此坐标原点为基准。

2. 标题栏

标题栏位于界面的最上方,用以显示软件名称和当前文件名称

3. 菜单栏

菜单栏一般放置在标题栏下方,包含文件、编辑、显示、曲线、变换、加工、查询、坐标系、设置和帮助十个菜单项,是软件所有命令的集合。单击任意一个菜单项,都会弹出一个下拉菜单,每一个下拉菜单都包含若干个命令,右侧没有黑三角标记的,单击后立即执行;右侧有黑三角标记的,当鼠标指向时会弹出子菜单,单击子菜单中的命令后立即执行。

4. 立即菜单

立即菜单描述了该项命令的可选方式。根据当前的已知条件,正确地选择某一选项,即可完成相应的任务。图 2-9 中显示的是画直线的立即菜单。

5. 快捷菜单

光标处于不同的位置时,右击,会弹出不同的快捷菜单。熟练使用快捷菜单,可以提

高绘图速度。

在标题栏处右击，弹出如图 2-10(a)所示的快捷菜单。

在任意工具栏空白处右击，弹出快捷菜单如图 2-10(b)所示。

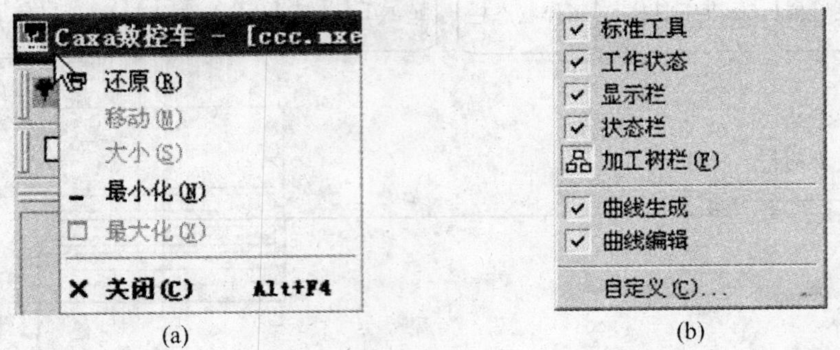

(a) (b)

图 2-10 快捷菜单

6. 对话框

某些命令要求用户以对话的形式予以应答，选择这些命令时，系统会弹出一个对话框，如图 2-11 所示，用户可根据当前操作作出选择或输入参数。

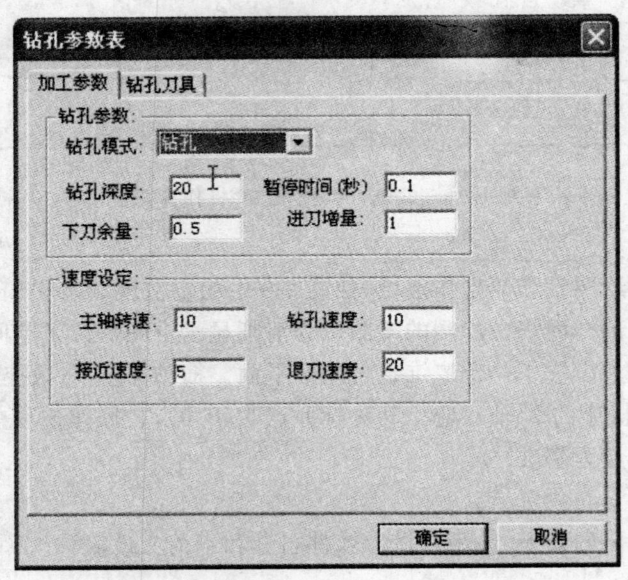

图 2-11 对话框

7. 工具栏

在工具栏中，可以通过用鼠标左键单击相应的按钮执行相应的命令。工具栏与主菜单里的命令一一对应，并且可以自定义。界面上的工具栏包括标准工具、显示工具、状态工具、曲线工具、几何变换、线面编辑、曲面工具和特征工具等。

1)标准工具

标准工具包含了标准的“打开文件”、“打印文件”等 Windows 按钮，也有“CAXA 数控车 XP”特有的“颜色设置”按钮。

2)工作状态工具

状态工具包含了“打开/关闭特征参数”、“终止当前命令”功能。

3)显示栏

显示栏包含了“重画”、“全局观察”、“放大”、“远近显示”、“平移”等选择显示方式的按钮。

4)曲线生成栏

曲线生成栏包含了“直线”、“圆弧”、“公式曲线”等丰富的曲线绘制工具及“平面镜像”、“平面旋转”、“镜像”、“平移”、“缩放”、“阵列”、“旋转”等几何变换工具。

5)曲线编辑

线面编辑栏包含了曲线的删除、裁剪、过渡、打断、组合和拉伸等编辑工具。

6)加工工具栏

加工工具包含了“轮廓粗加工”、“轮廓精加工”、“切槽”、“钻中心孔”、“车螺纹”、“螺纹固定循环”等加工功能。还包含了代码编辑功能、参数修改功能以及后置设置功能。

8.常用键功能

1)鼠标键

鼠标左键可以用来激活菜单、拾取元素等。

鼠标右键用来确认拾取、结束操作和终止命令。

2)回车键和数值键

回车键和数值键在系统要求输入点时,可以激活一个坐标输入条,在输入条中可以输入坐标值。如果坐标值以@开始,表示是相对于前一个输入点的相对坐标;在某些情况下也可以输入字符串。

3)空格键

在下列情况下,需要按空格键。

(1)当系统要求输入点时,按空格键弹出“点工具”菜单,用以选择点的类型,如图2-12(a)所示。

(2)有些操作(如进行曲线组合等)中,需要选择拾取元素的方式时,按空格键,会弹出“拾取方式”菜单,如图2-12(b)所示。

(3)在“删除”等操作中,需要拾取多个元素时,按空格键,则弹出“选择集拾取工具”菜单,如图2-12(c)所示。

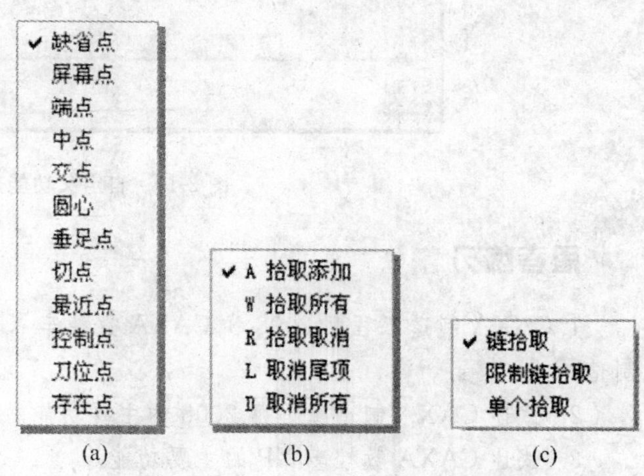

图2-12 按空格键弹出的工具菜单

默认状态是每个菜单的第一项。

注意:若使用空格键进行类型设置,在拾取操作完成后,建议重新按空格键选中弹出的菜单中的第一个选项(默认选项),让其回到系统的默认状态下,以便下一步的选取。

用窗口拾取元素时,若是由左上角向右下角开窗口,窗口要包容整个元素对象,才能被拾取到；若是从右下角向左上角拉时，只要元素对象的一部分在窗口内，就可以拾取到。

4）功能热键

系统提供了以下方便用户操作的功能热键。

（1）F3 键：显示全部图形。

（2）方向键（↑、↓、←、→）：显示平移，可以使图形在绘图区上、下、左、右移动。

（3）Shift+↑：显示放大。

（4）Shift+↓：显示缩小。

注意：可以自定义热键。单击主菜单中的“设置”菜单或在工具栏空白处右击→在下拉菜单或快捷菜单中选取“自定义”→弹出“自定义”对话框→切换到“键盘”页→选择“曲线”、“直线”→单击“按下新加速键”框→同时按下“Ctrl”和“L”键→单击“指定”按钮→“当前”框内显示“Ctrl+ L”表示热键设定成功。如图 2-13 所示。在建模过程中，当需要绘制直线时，只要同时按下“Ctrl”和“L”键即可激活“直线”命令。

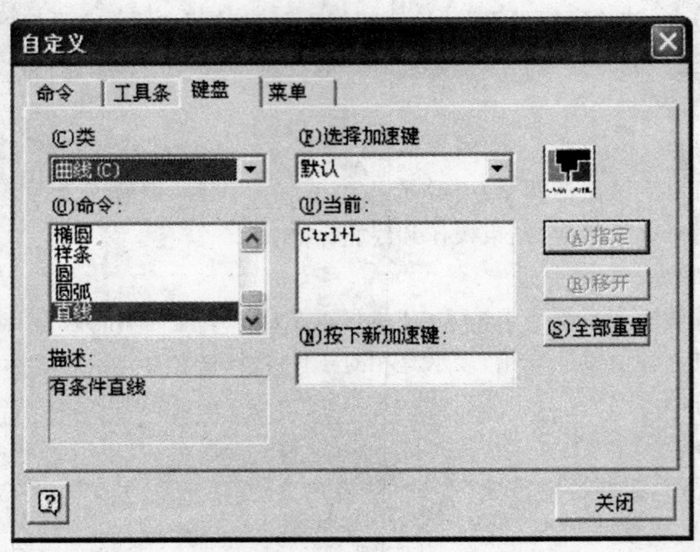

图 2-13 自定义功能热键

思考练习

1. CAXA 制造工程师 2008 和 CAXA 数控车 XP 分别适合于哪些零件的辅助设计与制造？

2. 试述 CAXA 制造工程师 2008 的主要功能。

3. 试述 CAXA 数控车 XP 的主要功能。

数控铣/加工中心篇

模块一　线架、曲面造型

任务三　挡块的造型

能力目标

◎ 能将外部数据导入到软件中

◎ 能绘制及编辑直线、圆等基本曲线

◎ 了解镜像功能的使用条件并能对元素进行镜像操作

知识准备

◎ 零件加工造型

◎ 元素几何变换

任务引入

某工厂计划生产如图 3-1 所示的挡块零件，请将该零件已有的 DXF 格式文件导入到 CAXA 制造工程师 2008 中，构建挡块的线架造型。

任务分析

利用数据交换功能对复杂零件来说能简化造型步骤、提高建模速度。本例是将导入的二维零件图的俯视图中的元素进行几何变换，得到基本框架；再根据需要添加元素，完成整个零件的线架造型。可以从导入的其他视图中查询零件的信息。

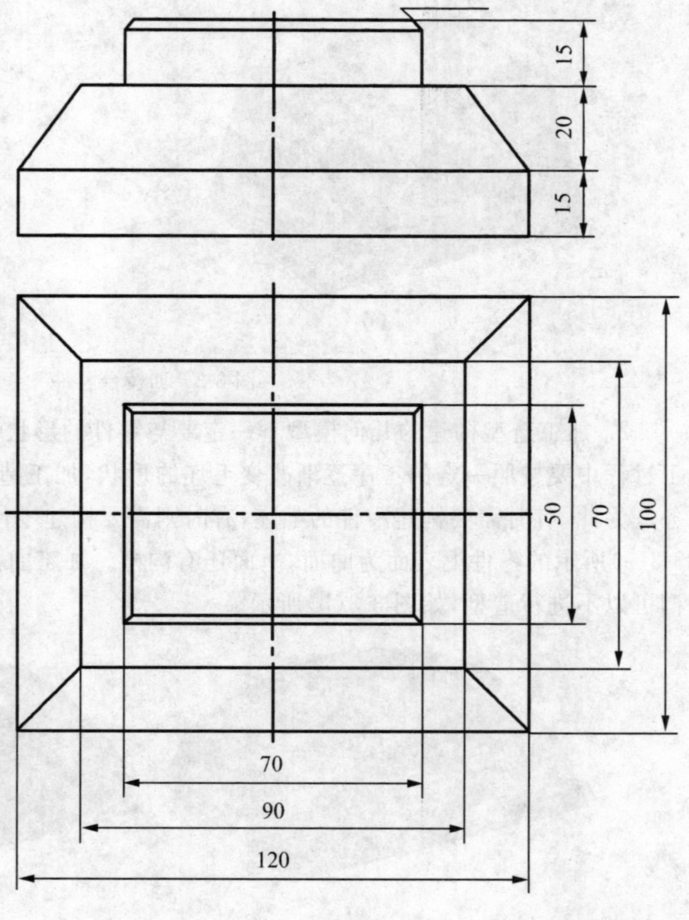

图 3-1　挡块零件图

相关知识

一、零件的加工造型

零件的加工造型是以被加工零件的一个或若干表面为目的，运用CAD的各种造型方法构建的几何模型；零件的设计造型是构建设计者需要的零件形状，零件的所有几何要素都要通过造型表达出来。

零件的加工造型与设计造型运用的造型手段相同，但因为要达到的目的不同，因此，有以下区别：

1. 加工造型不必完整地构建零件的整体，只要将加工过程有关的几何要素表达出来即可。有时甚至只用点或线框构建出被加工表面的基本特征，就可以运用相应的加工方法生成刀具轨迹。比如，孔加工时，当采用钻孔工艺时，就没有必要进行孔造型，只要给出中心点的坐标位置，就可生成孔的刀具轨迹。再比如，对如图3-2(a)所示零件的四个侧面进行加工时，只需画出如图3-2(b)所示的零件的底面轮廓线，然后运用平面轮廓加工方法，设定拔模斜度和其他相应参数，便可生成四个侧面的刀具轨迹，因而节省了三维造型时间。有些零件甚至不需要绘制线架，而是直接导入已有的二维模型数据，稍加修改即可满足加工需要。

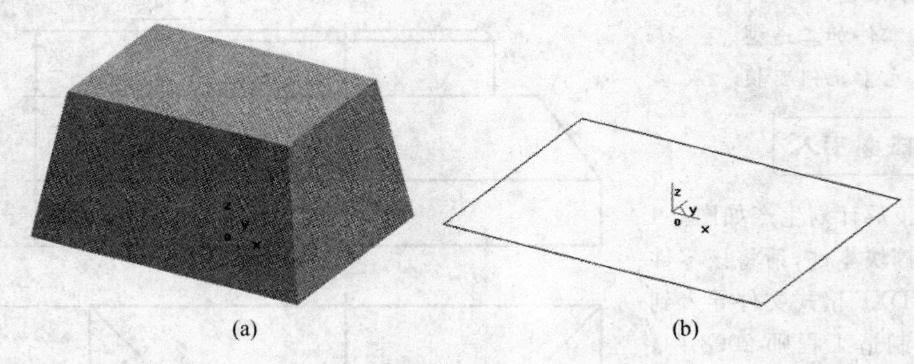

(a)　　(b)

图3-2　四棱台零件

2. 加工造型构建的几何模型不一定要与零件的形状和尺寸完全一致。这是因为，加工过程中要按照一定的工序逐渐改变毛坯的形状，加工造型只为当前将要进行的工序服务。为此，有时需要构建零件的毛坯，有时则需要构建零件加工过程中的中间形状。如图3-3(a)所示的零件上表面为曲面，上面还有沟槽。加工曲面时可以只对曲面进行造型，沟槽可以不进行造型，如图3-3(b)所示。

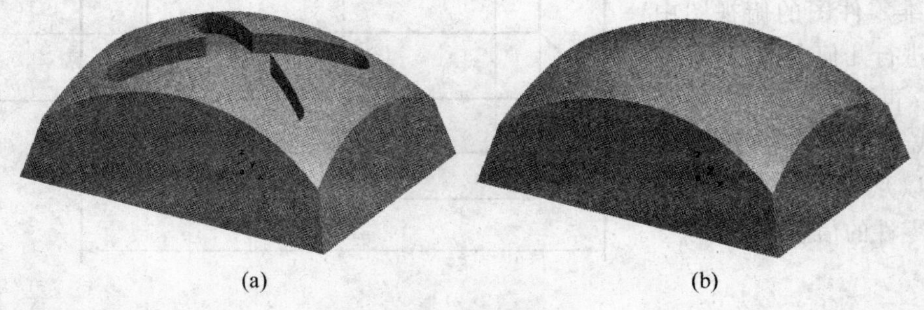

(a)　　(b)

图3-3　曲面零件

3. 加工造型有时需要构建一些为特定加工方法而生成的线和面，而这些线和面在零件上是不存在的，如参数线加工中用于限制刀具轨迹范围的限制面。

4. 加工造型的坐标系必须保证与工件坐标系一致。自动编程是以加工造型的坐标系原点及坐标轴方向计算刀具轨迹和生成加工代码的。

零件加工造型可归纳为四个基本类型：点造型、线框造型、曲面造型和实体造型。

二、元素的几何变换

几何变换对于编辑图形和曲面有着极为重要的作用，可以极大地方便用户。几何变换是指对线、面进行变换，对造型实体无效，而且几何变换前后线、面的颜色、图层等属性不发生变化。几何变换共有七种：平移、平面旋转、旋转、平面镜像、镜像、阵列和缩放。

1. 平移

将选定的曲线或曲面进行移动或拷贝。平移是把几何元素从原始坐标位置移动到指定的新位置；拷贝平移则是在指定新位置复制选取的几何元素，原始位置的几何元素仍然存在且不发生任何改变。如图 3-4 所示

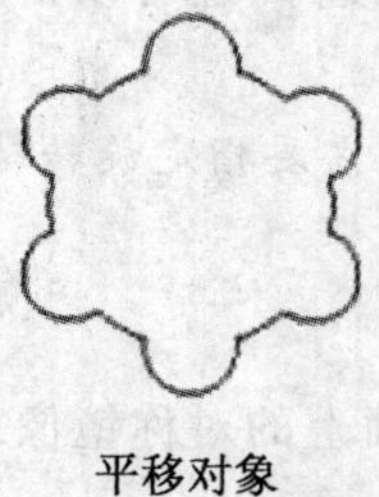

平移对象

拷贝平移结果

图 3-4 平移

平移有两种方式：两点或偏移量。“两点”方式是指给定平移元素的基点和目标点，来实现曲线或曲面的平移或拷贝。“偏移量”方式是给出在 X、Y、Z 三轴上的偏移量，来实现曲线或曲面的平移或拷贝。选择哪种方式应根据平移需要，当已知条件满足不了需要时，要构建几何要素。

小提示：基点可以是平移对象上的点，也可以是其他元素上的点，但基点和目标点之间必须有明确的位置关系。

2. 平面旋转

将选取到的曲线或曲面进行同一平面上的旋转或拷贝。

平面旋转有拷贝和平移两种方式。平移方式是将选取的元素，从当前位置绕旋转中心点按指定角度旋转到新位置。拷贝方式是在新位置复制所选取的元素，除了可以指定旋转角度外，还可以指定拷贝份数。如图 3-5 所示。

平面旋转对象　　拷贝一份、角度 180° 结果　　拷贝三份、角度 90° 结果

图 3-5　平面旋转

3. 旋转

将选取到的曲线或曲面进行空间的旋转或旋转拷贝。

旋转有拷贝和平移两种方式。拷贝方式除了可以指定旋转角度外，还可以指定拷贝份数。

小提示：平面旋转时要确认旋转平面、指定旋转中心点；旋转只需要指定旋转轴，旋转轴始末点的拾取顺序影响旋转结果。

4. 平面镜像

将选取到的曲线或曲面以某一条直线为对称轴，进行同一平面上的对称镜像或对称拷贝。平面镜像有拷贝和平移两种方式，如图 3-6 所示。

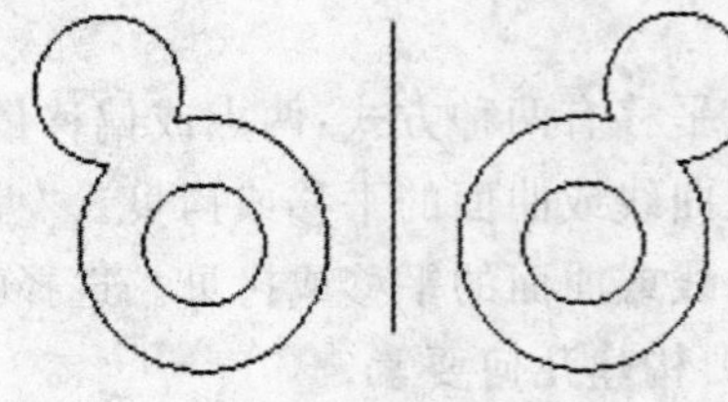

平面镜像图形　　对称平面镜像结果　　拷贝平面镜像结果

图 3-6　平面镜像

5. 镜像

将选取到的曲线或曲面以某一条直线为对称轴，进行空间上的对称镜像或对称拷贝。镜像有拷贝和平移两种方式。

小提示：平面镜像需要通过拾取首末点设定平面镜像轴；镜像需要通过拾取不共线的三个点确定一个镜像平面。

6. 阵列

对拾取到的曲线或曲面，按圆形或矩形方式进行阵列拷贝。

阵列分为圆形或矩形两种方式。圆形阵列是对拾取到的曲线或曲面，按圆形方式进行阵列拷贝。需要指定中心点、“夹角”或“均布”及份数，如图 3-7 所示；矩形阵列是对拾取到的曲线或曲面，按矩形方式进行阵列拷贝，需要输入“行数”、“行距”、“列数”、“列距”

四个参数值。

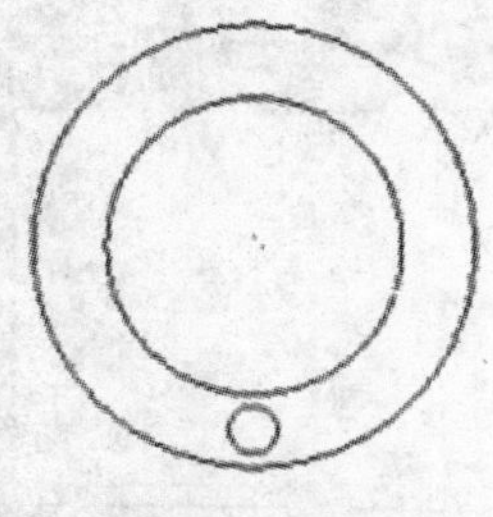

待阵列图形

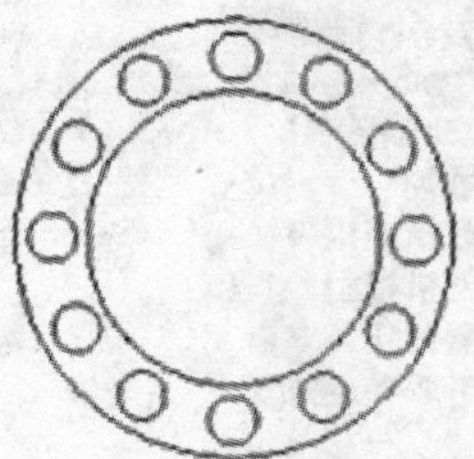

圆形均布阵列 12 份结果

图 3-7 阵列

注意:阵列份数等于阵列结果中包含原图形在内的所有图形个数。

7. 缩放

对拾取到的曲线或曲面进行按比例放大或缩小。“缩放”有“拷贝”和“移动”两种方式。“缩放”需要输入“基点”、“份数”和在 X、Y、Z 三轴上的比例,如图 3-8 所示。

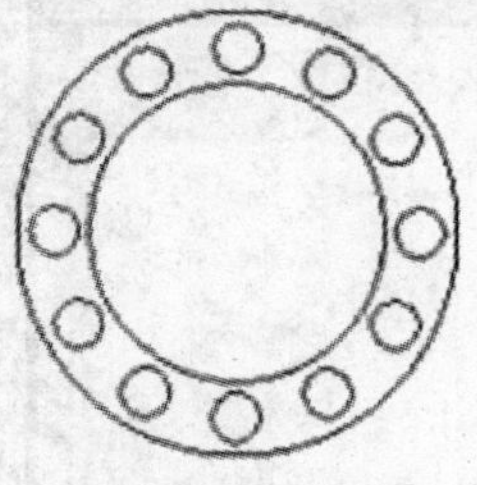

待缩放图形

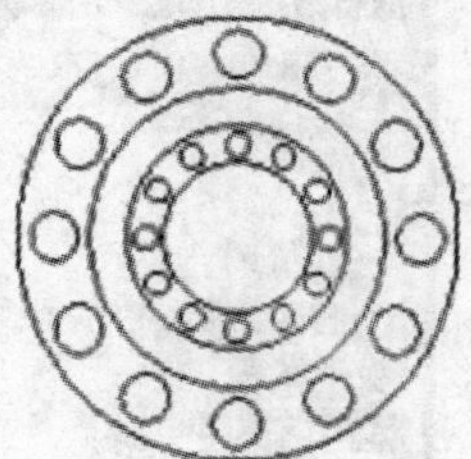

拷贝缩放结果

图 3-8 缩放

任务实施

一、启动软件,创建并保存文件

1. 双击 Windows 桌面上的“CAXA 制造工程师 2008”图标,启动软件。

小提示:也可以使用下列方法打开软件:

从【开始】→【所有程序】→【CAXA】→【CAXA 制造工程师】→【CAXA 制造工程师 2008】,单击进入。

从软件安装目录 * :\CAXA\CAXAME\bin 下找到 me. exe 文件,双击启动软件。

2. 单击保存按钮,出现“存储文件”对话框,如图 3-9 所示。

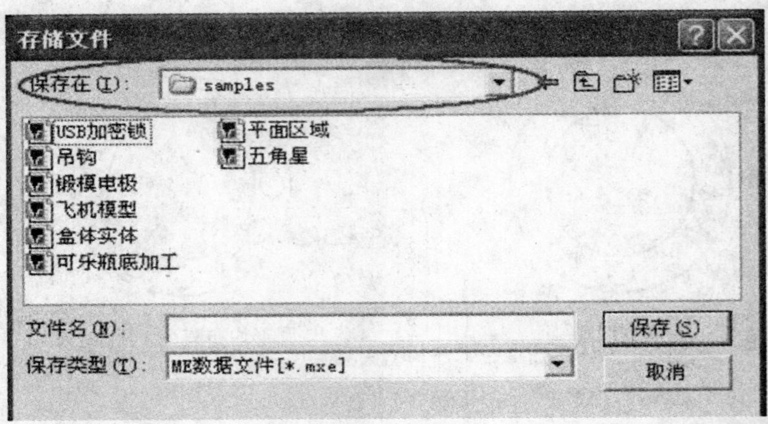

图 3-9　存储文件

小提示:也可以通过【文件】→【另存为】打开"存储文件"对话框。

3. 单击"保存在"下拉框右端黑三角,选择"我的文档"作为保存目录,如图 3-10 所示。

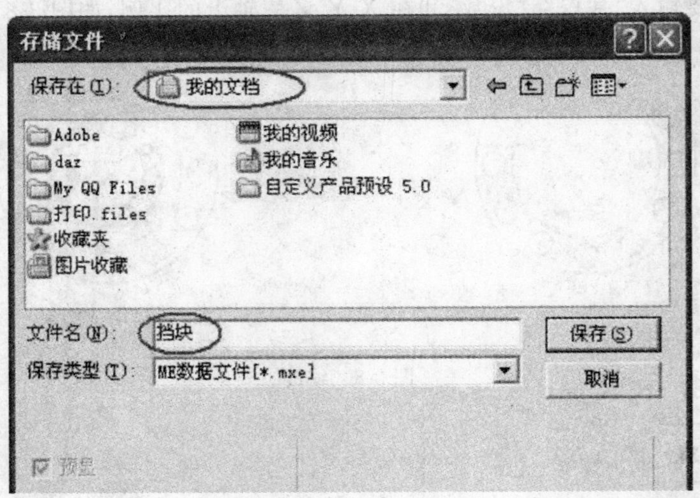

图 3-10　存储目录

4. 在"文件名"框内输入文件名"挡块",单击【保存】按钮。文件创建、保存成功。如图 3-11 所示。

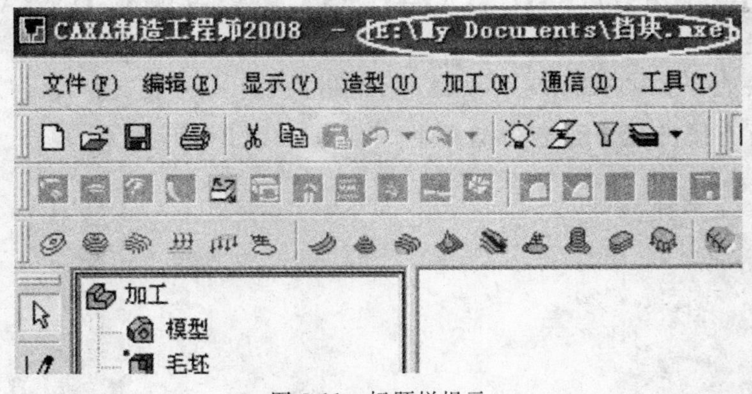

图 3-11　标题栏提示

注意:在工作过程中,要及时单击保存按钮 ,保护劳动成果。避免因计算机、电源或软件出现故障,造成已完成操作内容的丢失。

小提示:软件具有自动存盘功能。系统默认为 50 次操作保存一次,用户可根据需要修改。方法如下:单击【设置】→【系统设置】出现“系统设置”对话框,把“自动存盘操作次数”由默认的 50 次改为 6 次(最小值),如图 3-12 所示。这样,每进行 6 次操作,系统自动保存一次。[无名文件]的自动存盘默认路径为 *:\CAXA\CAXAME,默认文件名为 autosave. mxe. tmp(也可在“自动存盘文件名”框内自己设定)。如果“自动备份文件”处于选中状态,在保存文件时,会自动生成备份文件(原文件名+. bak)。如果出现故障,而又没有及时保存,就可以打开自动存盘文件,另存为新的文件名;如果原文件损坏,可以把备份文件的后缀(. bak)删掉。

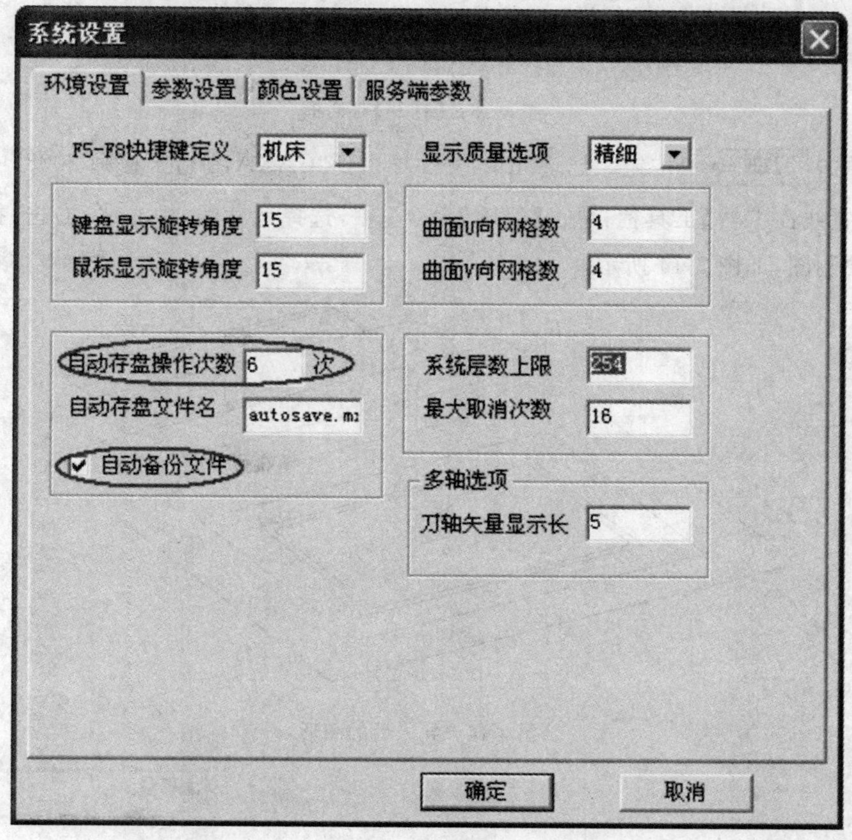

图 3-12 文件保存参数设置

二、零件造型

1. 在【菜单栏】,单击【文件】→【 并入文件】命令,弹出【打开】对话框。

2. 设置文件类型,选择文件,如图 3-13 所示。

小提示:CAXA 制造工程师可直接打开的文件格式有:

三维零件设计数据 EPB、CSN 格式文件。

基于 Parasolid 几何核心的 x-t、x-b 格式文件。

基于曲面的 DXF 和 IGES 格式文件。

面向快速成型设备的 STL 格式文件。

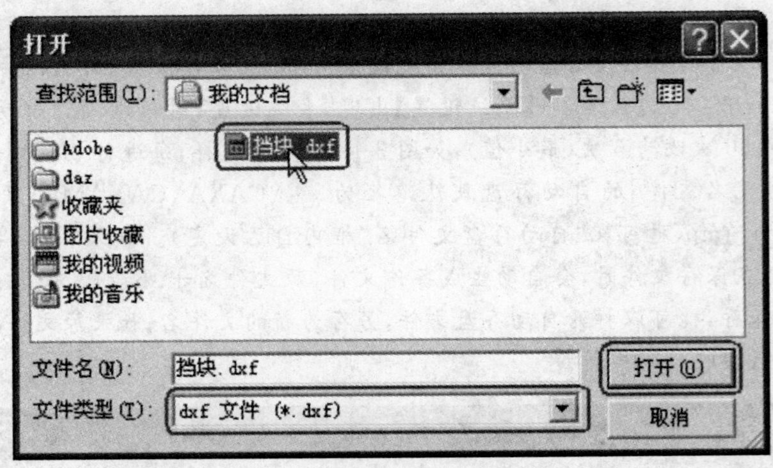

图 3-13 【打开】对话框

3. 单击 打开(O) 按钮,"挡块.dxf"文件导入到"CAXA 制造工程师 2008"中。

4. 在【线面编辑】工具栏,单击【删除】命令 ,选择尺寸线、中心线,右击;按【F8】键切换到轴测图,如图 3-14 所示。

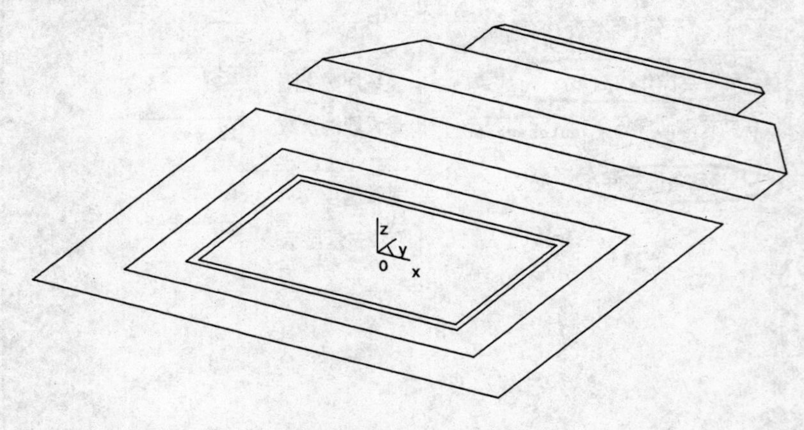

图 3-14 导入后的图形

5. 在【几何变换】工具栏,单击【平移】命令 ,在弹出的【立即菜单】中,选择"偏移量"、"移动"、输入"DX=0"、"DY=0"、"DZ=-50",如图 3-15 所示;拾取 120×100 矩形的四条边,右击,如图 3-16 所示。

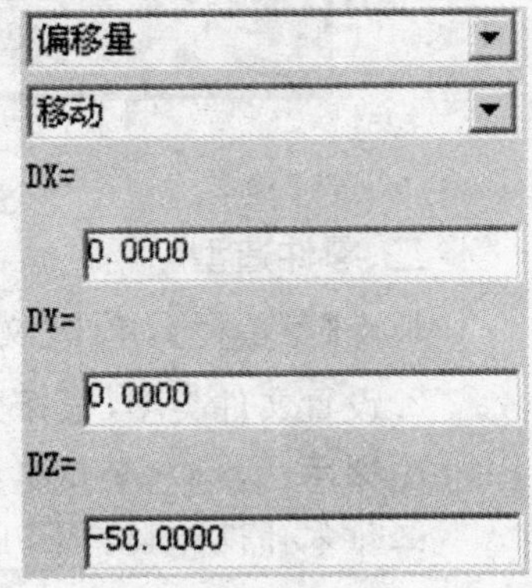

图 3-15 立即菜单

6. 在【立即菜单】中，修改“DZ=－15”；拾取 90mm×70mm 矩形的四条边，右击，如图 3-17 所示。

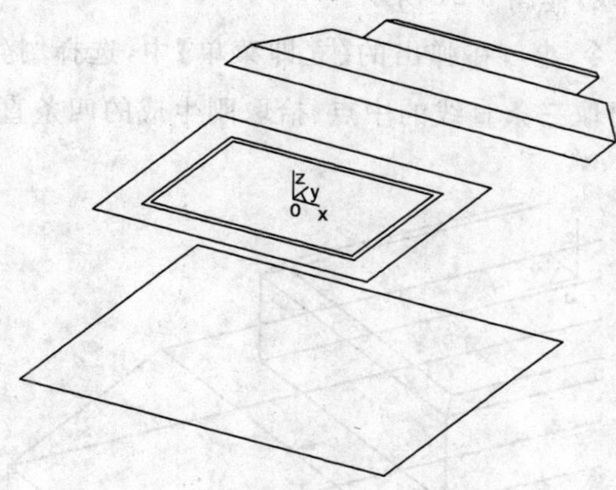

图 3-16　平移 120mm×100mm 矩形

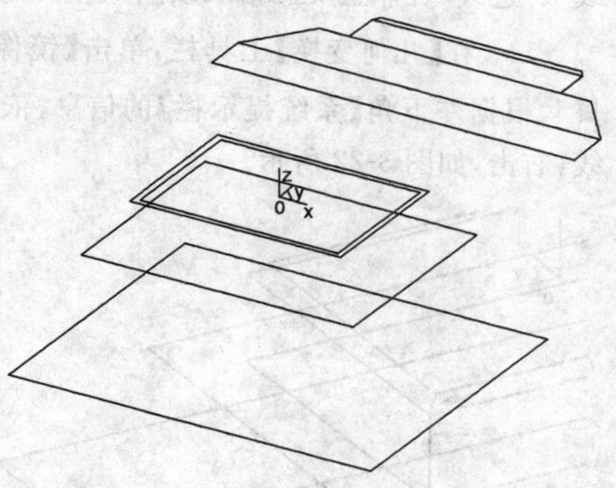

图 3-17　平移 90mm×70mm 矩形

7. 在【立即菜单】中，修改“DZ=－2”；拾取 70mm×50mm 矩形的四条边，右击，如图 3-18 所示。

8. 在【立即菜单】中，将“平移”切换为“拷贝”，输入“DZ=－13”；拾取 70mm×50mm 矩形的四条边，右击，如图 3-19 所示。

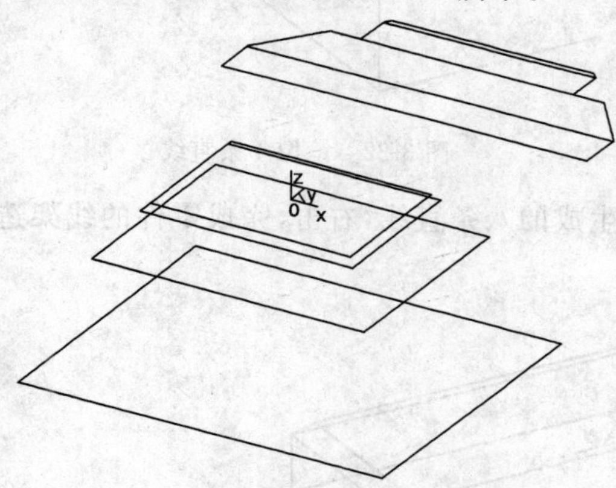

图 3-18　平移 70mm×50mm 矩形

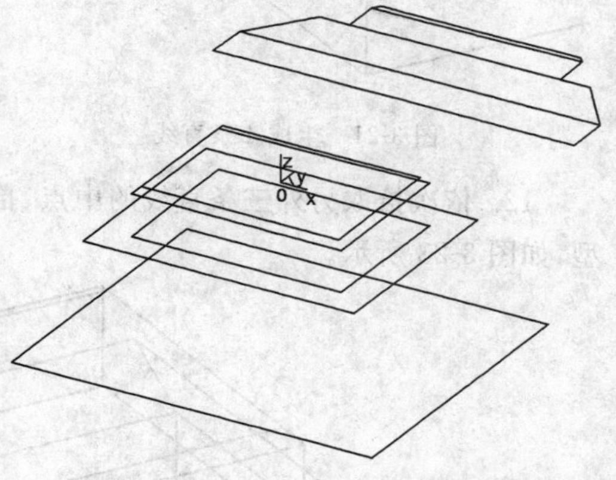

图 3-19　拷贝 70mm×50mm 矩形

9. 在【立即菜单】中，修改“DZ=15”；拾取 120mm×100mm 矩形的四条边，右击，如图 3-20 所示。

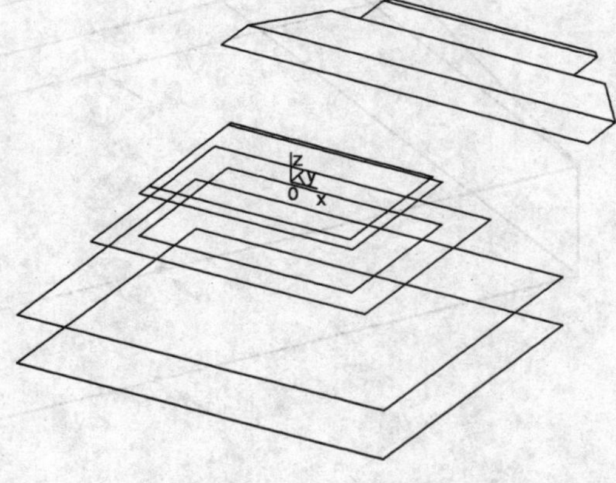

图 3-20　拷贝 120mm×100mm 矩形

10. 在【曲线生成】工具栏，选择【直线】命令 ，在弹出的【立即菜单】中，选择“两点线”、“连续”、“非正交”，拾取顶点，生成 4 条直线，如图 3-21 所示。

11. 在【几何变换】工具栏，单击【镜像】命令 ，在弹出的【立即菜单】中，选择“拷贝”，根据左下角【系统提示栏】的信息，依次拾取三条直线的中点、拾取刚生成的四条直线，右击，如图 3-22 所示。

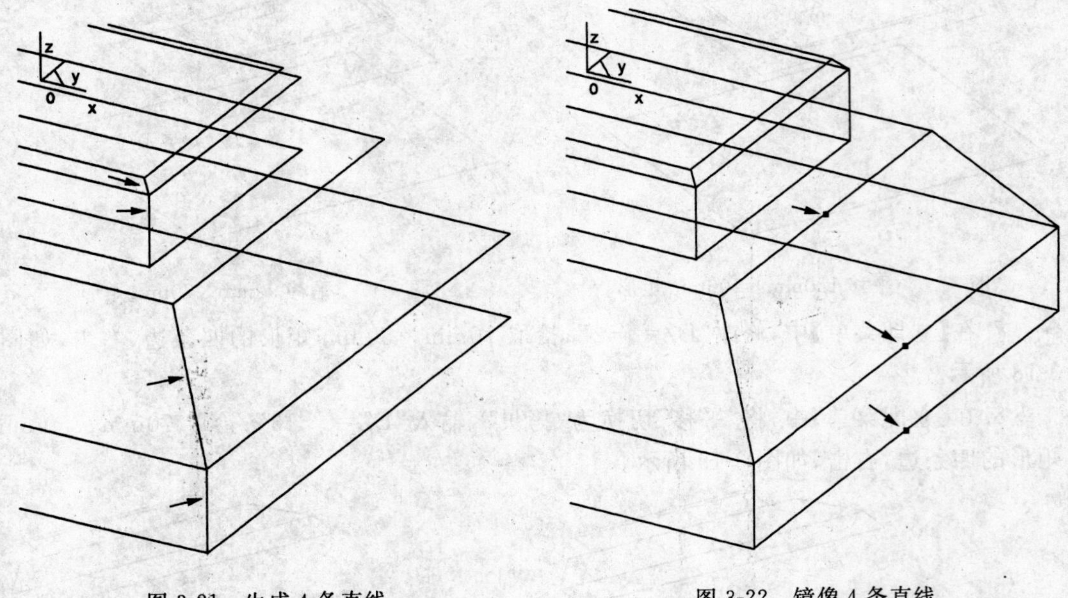

图 3-21　生成 4 条直线　　图 3-22　镜像 4 条直线

12. 依次拾取另外三条直线的中点、拾取生成的八条直线，右击，完成零件的线架造型，如图 3-23 所示。

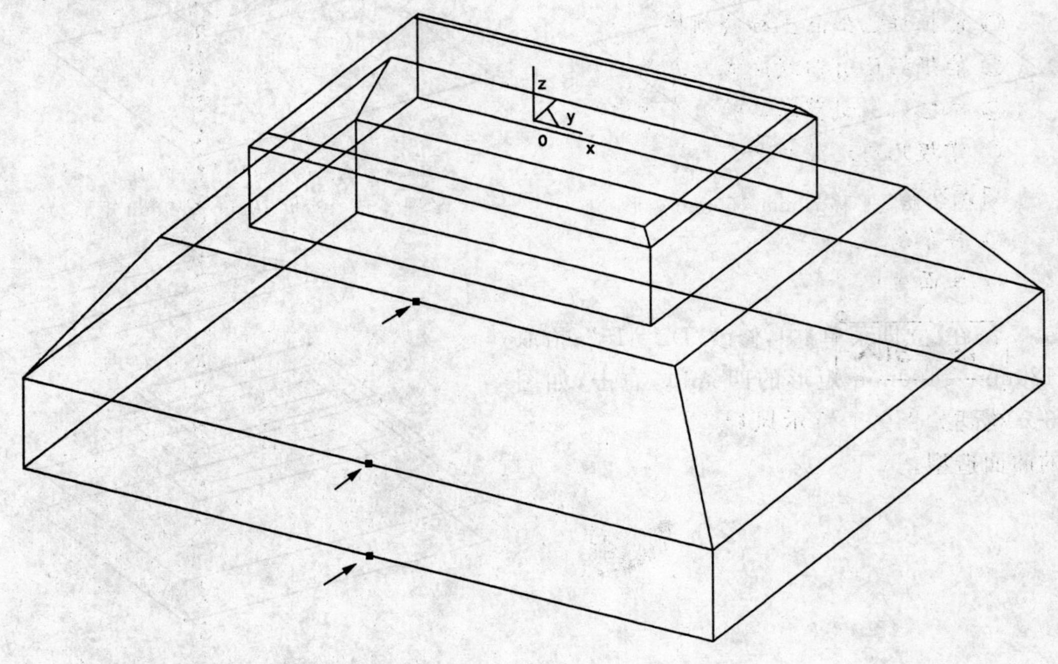

图 3-23　镜像 8 条直线

思考练习

完成图 3-24 所示零件的线架造型。

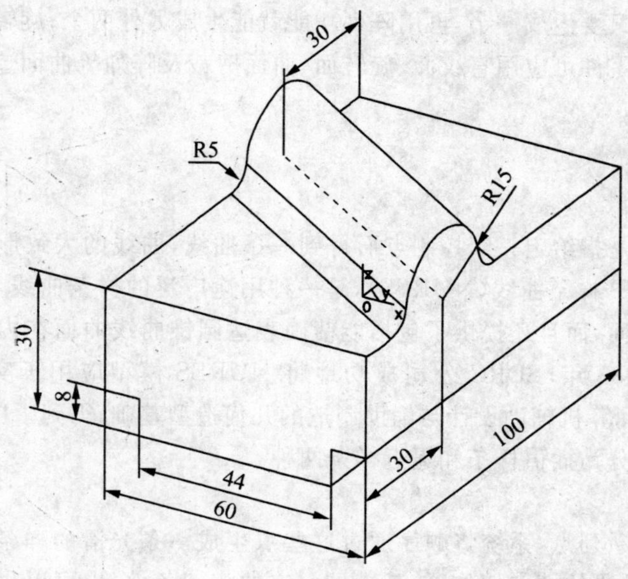

图 3-24 零件轴测图

任务四 风扇的造型

能力目标

◎ 能根据已知点坐标绘制样条线
◎ 能根据已有曲线生成直纹面
◎ 掌握曲面裁剪工具的使用方法
◎ 掌握几何元素的阵列方法

知识准备

◎ 样条线
◎ 曲面生成

任务引入

构建如图 4-1 所示风扇的曲面造型。

图 4-1 风扇

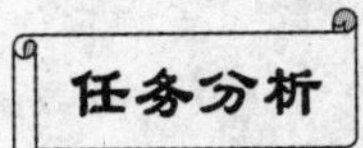

图 4-1 所示的风扇可分解为叶片和旋转头两个部分。三个叶片的形状和大小完全一样，属于空间曲面，只要生成一个，再用阵列功能就能生成另外两个；旋转头是典型的旋转成型面。经分析该零件可应用直纹面、旋转面、曲面剪裁及阵列等曲面造型功能完成。

一、样条线

所谓样条曲线是指给定一组控制点而得到一条曲线，曲线的大致形状由这些点予以控制。非均匀有理 B 样条曲线(NURBS)，是一种用途广泛的样条曲线，它不仅能够用于描述自由曲线和曲面，而且还提供了包括能精确表达圆锥曲线曲面在内的各种几何体的统一表达式。自 1983 年，SDRC 公司成功地将 NURBS 模型应用于实体造型软件中，NURBS 已经成为计算机辅助设计与辅助制造的几何造型基础，得到了广泛应用。

样条线一般可分为插值样条和逼近样条两种。

1. 插值

按顺序输入一系列点，系统将顺序通过这些点生成一条光滑的样条曲线。通过设置参数，可以控制样条线的端点切矢，使其满足一定的相切条件，也可以生成一条封闭的样条曲线，如图 4-2(a)所示。

2 逼近

按顺序输入一系列点，系统根据给定的精度生成拟合这些点的光滑样条曲线。用逼近方式拟合一批点所生成的样条曲线品质比较好，适用于数据点比较多且排列不规则的情况，如图 4-2(b)所示。

两种方式生成的样条线形状不一样。插值样条线经过给定点；逼近样条线不经过给定点，生成的曲线按指定精度接近给定点且符合系列点的变化趋势。

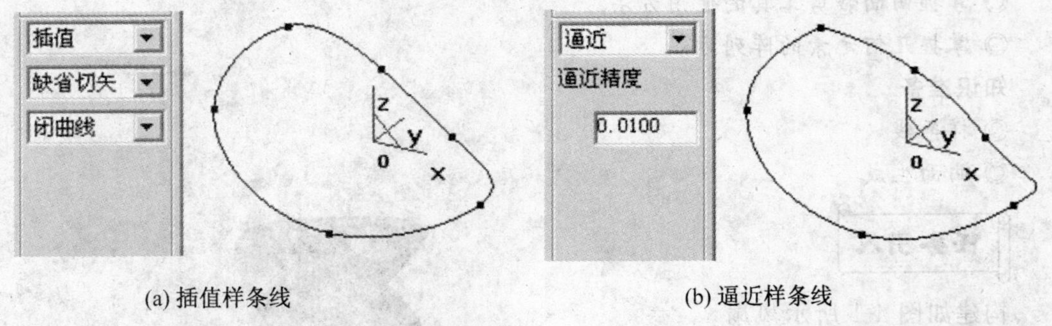

(a) 插值样条线　　(b) 逼近样条线

图 4-2　样条线

二、曲面生成工具

1. 直纹面

直纹面是由一根假想直线，当两端点分别沿两曲线匀速运动而形成的轨迹曲面。

直纹面有三种生成方式：“曲线＋曲线”、“点＋曲线”和“曲线＋曲面”。

1)“曲线＋曲线”是指在两条自由曲线之间生成直纹面，如图 4-3 所示。

注意：在拾取曲线时应注意拾取点的位置，应拾取曲线的同侧对应位置；否则将使两曲线的方向相反，生成的直纹面发生扭曲。

小提示：如系统提示“拾取失败”，可能是由于拾取设置中没有这种类型的曲线。解决方法是：点取【设置】菜单中的“拾取过滤设置”，在“拾取过滤设置对话框”的“图形元素的类型”中选择“选中所有类型”。

图 4-3 “曲线＋曲线”生成直纹面

2)“点＋曲线”是指在一个点和一条曲线之间生成直纹面，如图 4-4 所示。

图 4-4 “点＋曲线”生成直纹面

3)“曲线＋曲面”是指在一条曲线和一个曲面之间生成直纹面，如图 4-5 所示。

“曲线＋曲面”方式生成直纹面时，曲线沿着某一方向投影到曲面的同时在与这个方向垂直的平面内以一定的锥度扩张或收缩，生成另外一条曲线，在这两条曲线之间生成直纹面。

小提示：输入方向可按空格键调出矢量工具菜单；当曲线沿指定方向以一定的锥度向曲面投影作直纹面时，如果曲线的投影不能全部落在曲面内时，直纹面将无法做出。

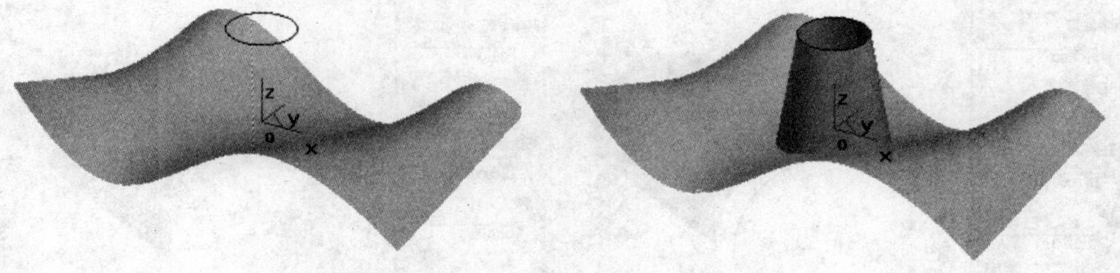

图 4-5 “曲线＋曲面”生成直纹面

2. 旋转面

旋转面是按给定的起始、终止角度将曲线绕旋转轴旋转而生成的轨迹曲面。生成旋转面需要轴线和母线，根据需要设置起始角和终止角。如图 4-6 所示。

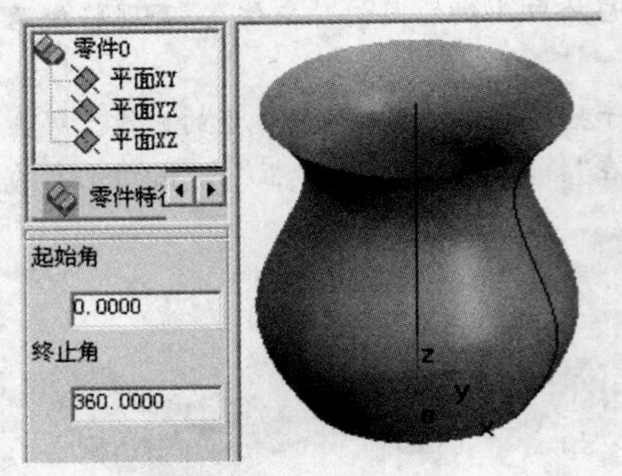

(a) 终止角 360° 生成的旋转面

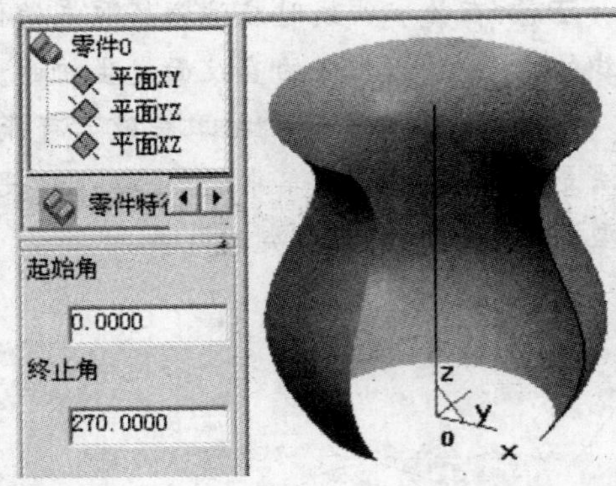

(b) 终止角 270° 生成的旋转面

图 4-6　生成旋转面

注意：选择方向时的箭头方向与曲面旋转方向两者遵循右手螺旋法则。

3. 扫描面

“扫描面”是按照给定的起始位置和扫描距离将曲线沿指定方向以指定的锥度扫描生成曲面。

扫描方向不能与曲线共面，可以沿 X、Y、Z 坐标轴，也可以沿指定直线；起始距离是指在扫描方向上生成曲面与曲线的间距，当起始距离为 0 时，曲面从曲线开始；扫描距离是指在扫描方向上终止位置与起始位置的距离；扫描角度是指生成的曲面母线与扫描方向的夹角，如图 4-7 所示。

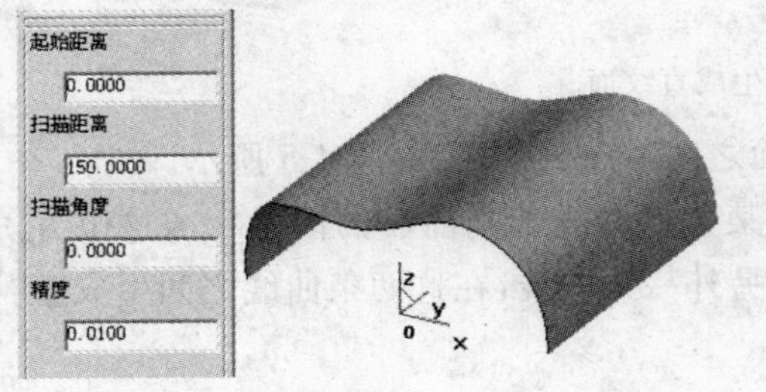

(a) 沿 Y 轴正向扫描

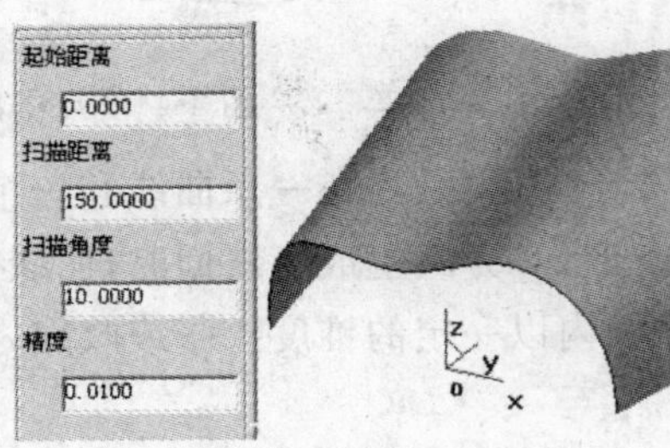

(b) 沿 Y 轴正向扫描角度 10°

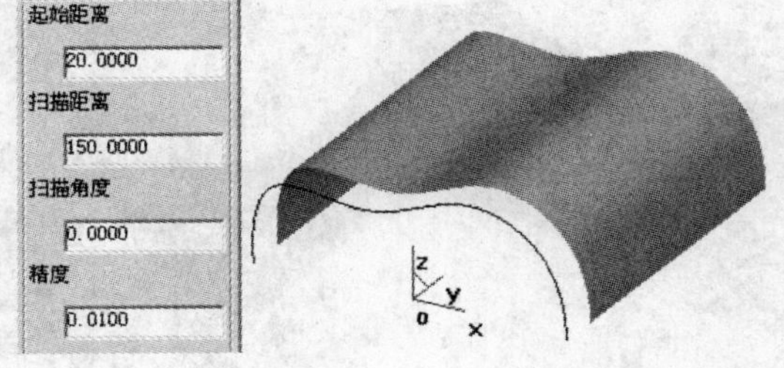

(c) 沿 Y 轴正向扫描起始距离 20

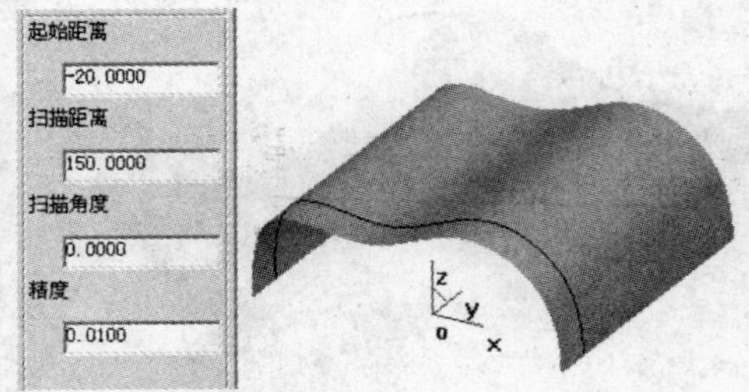

(d) 沿 Y 轴正向扫描起始距离 −20

图 4-7　生成扫描面

注意:选择不同的扫描方向可以产生不同的效果。

4.导动面

导动面是特征截面线沿着特征轨迹线(导动线)的某一方向扫动生成曲面。

为了满足不同形状的要求,可以在扫动过程中,对截面线和轨迹线施加不同的几何约束,让截面线和轨迹线之间保持不同的位置关系,就可以生成形状变化多样的导动曲面。

生成导动面有六种方式:平行导动、固接导动、导动线 & 平面、导动线 & 边界线、双导动线和管道曲面。

注意:导动曲线、截面曲线应当是光滑曲线。

1)平行导动

平行导动是指截面线沿导动线趋势始终平行它自身地移动而扫动生成曲面,截面线在运动过程中没有任何旋转,如图 4-8 所示。

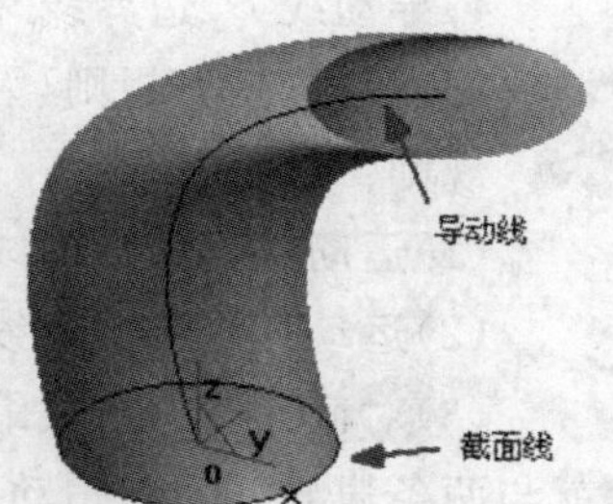

图 4-8 平行导动

2)固接导动

固接导动是指在导动过程中,截面线和导动线保持固接关系,即让截面线平面与导动线的切矢方向保持相对角度不变,且截面线在自身相对坐标系中的位置关系保持不变,截面线沿导动线变化的趋势导动生成曲面。

固接导动又有单截面线和双截面线两种,也就是说截面线可以是一条或两条,如图 4-9 所示。

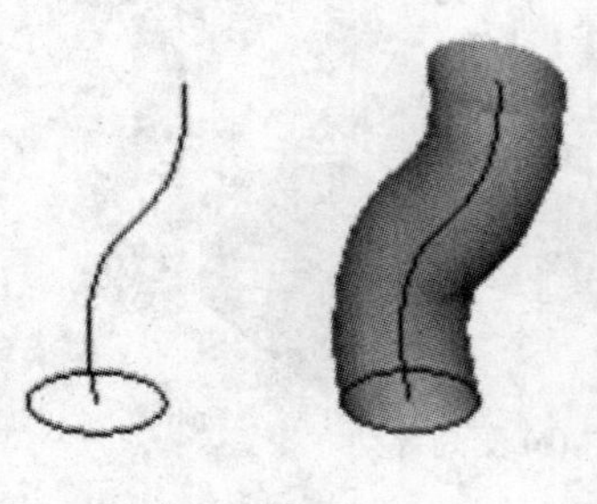

(a) 单截面线

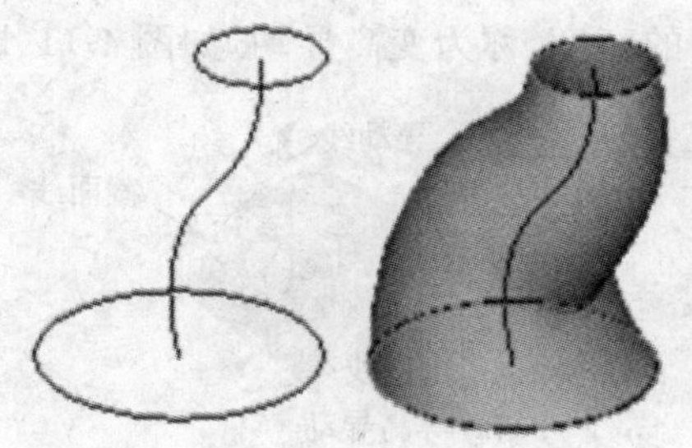

(b) 双截面线

图 4-9 固接导动

3)导动线 & 平面

截面线按以下规则,沿一条平面或空间导动线(脊线)扫动生成曲面。

规则:

(1)截面线平面的方向与导动线上每一点的切矢方向之间相对夹角始终保持不变;

(2)截面线的平面方向与所定义的平面法矢的方向始终保持不变。

注意:"导动线 & 平面"中给定的平面法矢尽量不要和导动线的切矢方向相同。

这种导动方式尤其适用于导动线是空间曲线的情形,截面线可以是一条或两条,图 4-10 所示。

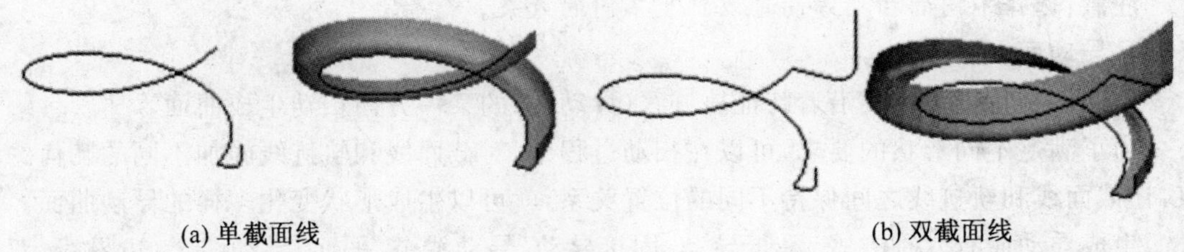

(a) 单截面线　　(b) 双截面线

图 4-10　导动线 & 平面

4)导动线 & 边界线

截面线按以下规则,沿一条导动线扫动生成曲面。

规则:

(1)运动过程中截面线平面始终与导动线垂直。

(2)运动过程中截面线平面与两边界线需要有两个交点。

(3)对截面线进行放缩,将截面线横跨于两个交点上。截面线沿导动线如此运动时,就与两条边界线一起扫动生成曲面。

在导动过程中,截面线始终在垂直于导动线的平面内摆放,并求得截面线平面与边界线的两个交点。在两截面线之间进行混合变形,并对混合截面进行放缩变换,使截面线正好横跨在两个边界线的交点上。

若对截面线进行放缩变换时,仅变化截面线的长度,而保持截面线的高度不变,称为等高导动。如图 4-11(a)所示;若对截面线,不仅变化截面线的长度,同时等比例地变化截面线的高度,称为变高导动,如图 4-11(b)所示。

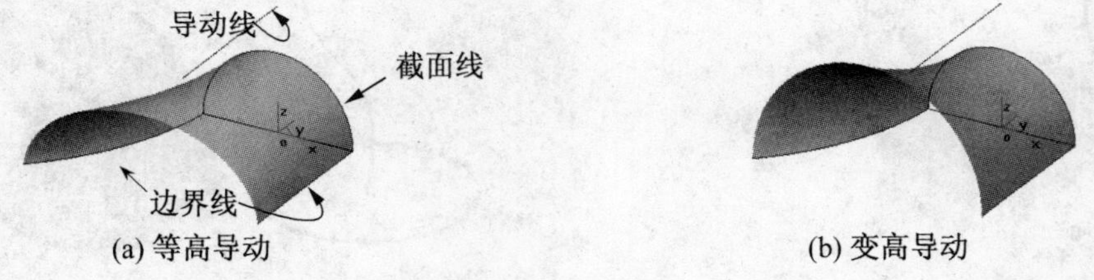

(a) 等高导动　　(b) 变高导动

图 4-11　导动线 & 边界线

5)双导动线

将一条或两条截面线沿着两条导动线匀速地扫动生成曲面。双导动线导动支持等高导动和变高导动,如图 4-12 所示。

注意:在两根截面线之间进行导动时,拾取两根截面线时应使得它们方向一致,否则曲面将发生扭曲,形状不可预料。

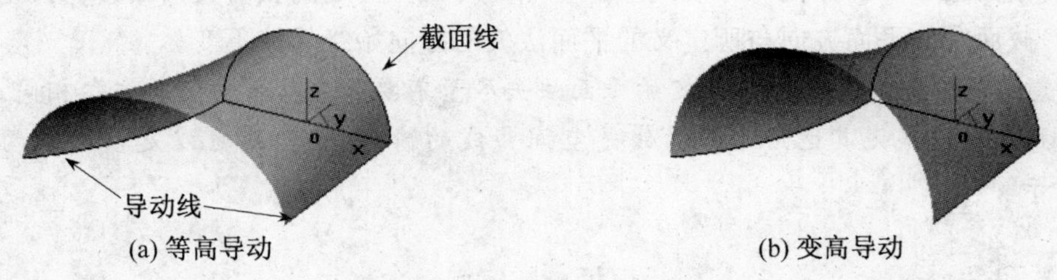

(a) 等高导动　　(b) 变高导动

图 4-12　双导动线

6)管道曲面

给定起始半径和终止半径的圆形截面沿指定的中心线扫动生成曲面。

(1)截面线为一整圆,截面线在导动过程中,其圆心总是位于导动线上,且圆所在平面总是与导动线垂直。如图 4-13(a)所示。

(2)圆形截面可以是两个,由起始半径和终止半径分别决定,生成变半径的管道面。如图 4-13(b)所示。

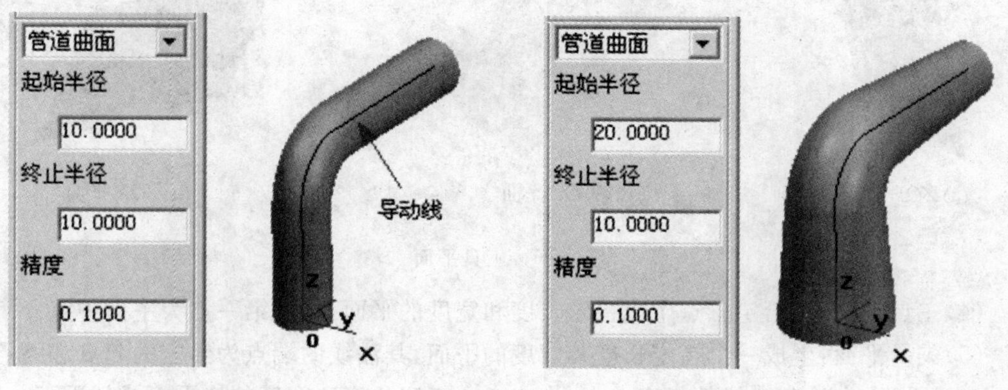

(a) 单截面等半径　　(b) 双截面变半径

图 4-13　管道曲面

5. 等距面

按给定距离及等距方向生成与已知平面(曲面)等距的平面(曲面),如图 4-14 所示。

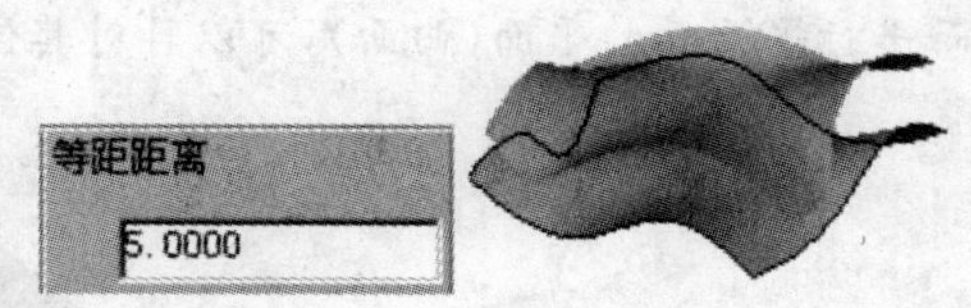

图 4-14　等距面

注意:如果曲面的曲率变化太大,等距距离应小于最小曲率半径。

6. 平面

利用多种方式生成平面,有裁剪平面和工具平面两种方式。

小提示:基准面是在绘制草图时的参考面,而平面则是一个实际存在的面。

1)裁剪平面

裁剪平面是由封闭内轮廓进行裁剪形成的有一个或者多个边界的平面。封闭内轮廓可以有多个,如图 4-15 所示。

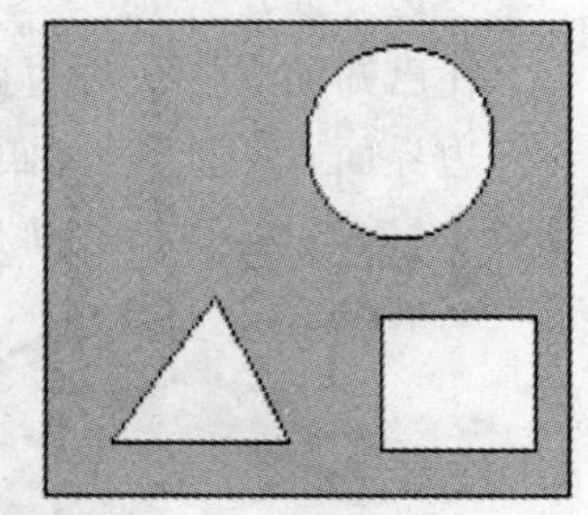

图 4-15　裁剪平面

2)工具平面

工具平面包括 *XOY* 平面、*YOZ* 平面、*ZOX* 平面、三点平面、矢量平面、曲线平面和平行平面等 7 种方式。

(1)*XOY* 平面:绕 *X* 或 *Y* 轴旋转指定角度生成一个指定长度和宽度的平面,如图 4-16(a)所示。

(2)*YOZ* 平面:绕 *Y* 或 *Z* 轴旋转指定角度生成一个指定长

度和宽度的平面，如图 4-16(b)所示。

(3)*ZOX* 平面：绕 *Z* 或 *X* 轴旋转指定角度生成一个指定长度和宽度的平面，如图 4-16(c)所示。

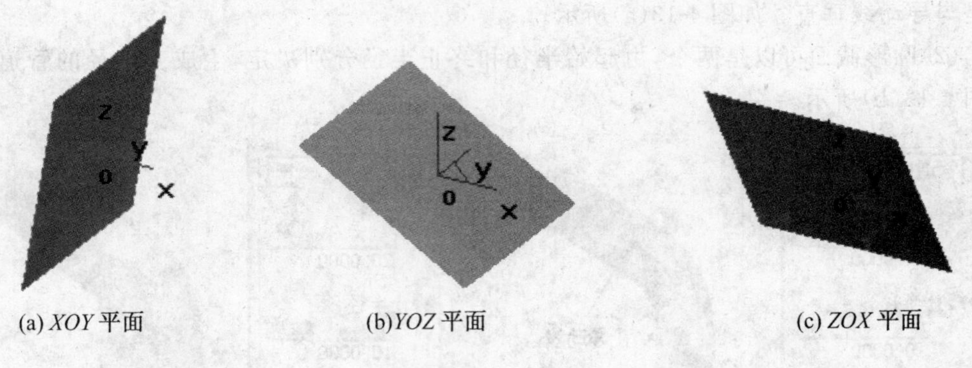

(a) *XOY* 平面　　(b)*YOZ* 平面　　(c) *ZOX* 平面

图 4-16　工具平面

(4)三点平面：按给定三点生成指定长度和宽度的平面，其中第一点为平面中点。

(5)矢量平面：生成一个指定长度和宽度的平面，其法线的端点为给定的起点和终点。

曲线平面：在给定曲线的指定点上，生成一个指定长度和宽度的法平面或切平面。有法平面和包络面两种方式，如图 4-17 所示。

(6)平行平面：按指定距离，移动给定平面或生成一个拷贝平面(也可以是曲面)，如图 4-18 所示。

注意：平行平面功能与等距面功能相似，但等距面后的平面(曲面)，不能再对其使用平行平面，只能使用等距面；而平行平面后的平面(曲面)，可以再对其使用等距面或平行平面。

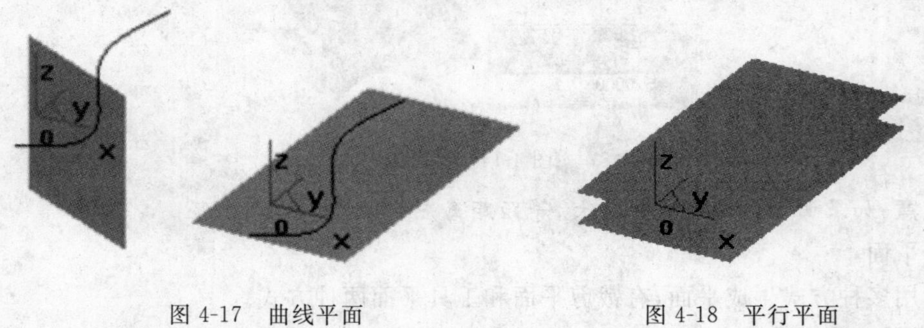

图 4-17　曲线平面　　图 4-18　平行平面

7. 边界面

在已知曲线围成的边界区域上生成的曲面。

边界面有两种类型：四边面和三边面。所谓四边面是指通过四条空间曲线生成平面，如图 4-19(a)所示；三边面是指通过三条空间曲线生成平面，如图 4-19(b)所示。

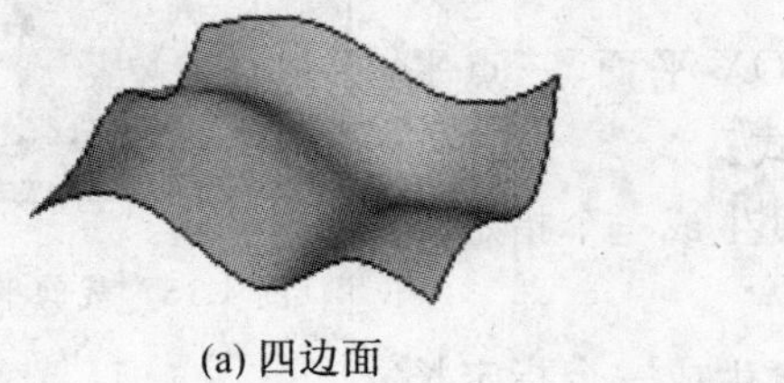

(a) 四边面

(b) 三边面

图 4-19　边界面

注意：拾取的四条曲线必须首尾相连成封闭环，才能做出四边面；并且拾取的曲线应当是光滑曲线。

8. 放样面

以一组互不相交、方向相同、形状相似的特征线（或截面线）为骨架进行形状控制，过这些曲线蒙面生成的曲面称之为放样曲面。

有截面曲线和曲面边界两种类型。截面曲线通过一组空间曲线作为截面来生成封闭或者不封闭的曲面，如图 4-20(a)所示；曲面边界以曲面的边界线和截面曲线并与曲面相切来生成曲面如图 4-20(b)所示。

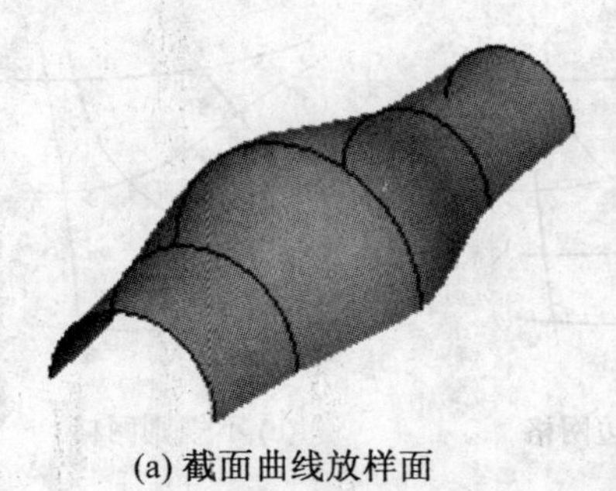
(a) 截面曲线放样面

(b) 曲面边界放样面

图 4-20 放样面

注意：拾取的一组特征曲线应互不相交，方向一致，形状相似，否则生成结果将发生扭曲，形状不可预料；截面线需保证其光滑性。

9. 网格面

以网格曲线为骨架，蒙上自由曲面生成的曲面称之为网格曲面。网格曲线是由特征线组成横竖相交线。

(1)网格面的生成思路：首先构造曲面的特征网格线确定曲面的初始骨架形状。然后用自由曲面插值特征网格线生成曲面。

(2)特征网格线可以是曲面边界线或曲面截面线等。由于一组截面线只能反应一个方向的变化趋势，还可以引入另一组截面线来限定另一个方向的变化，这形成一个网格骨架，控制住两方向（U 和 V 两个方向）的变化趋势，如图 4-21 所示，使特征网格线基本上反映出设计者想要的曲面形状，在此基础上插值网格骨架生成的曲面必然能满足设计者的要求。

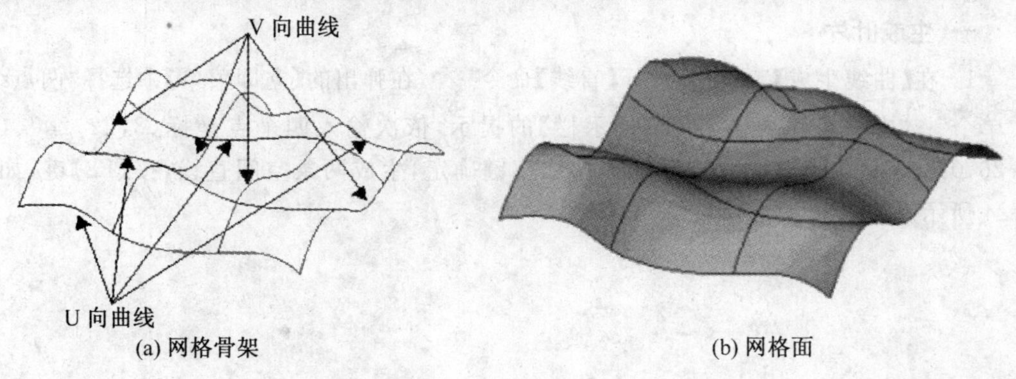

(a) 网格骨架　　(b) 网格面

图 4-21 网格面

(3)可以生成封闭的网格面。此时拾取U向、V向的曲线必须从靠近曲线端点的位置拾取,否则封闭网格面失败。

注意:每一组曲线都必须按其方位顺序拾取,而且曲线的方向必须保持一致。由拾取点的位置来确定曲线的起点;每条U向曲线与所有V向曲线都必须有交点;每条曲线应当是光滑曲线。

注意:对特征网格线有以下要求:网格曲线组成网状四边形网格,规则四边网格与不规则四边网格均可。插值区域是四条边界曲线围成的,如图4-22(a)、(b)所示,不允许有三边域、五边域和多边域如图4-22(c)所示。

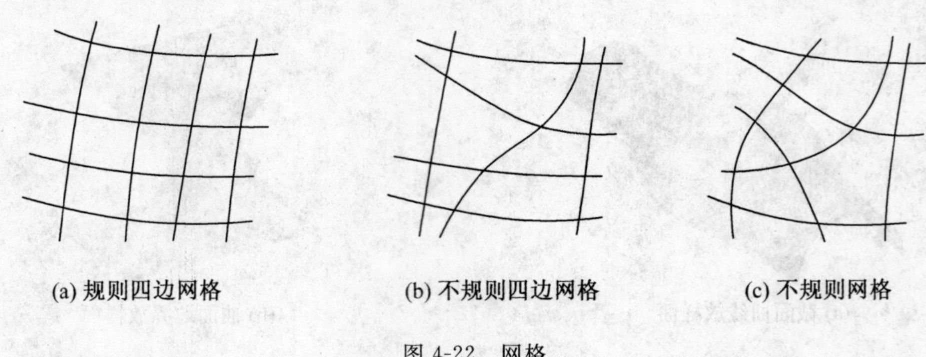

图4-22 网格

10. 实体表面

把实体特征表面剥离出来而形成一个独立的面,如图4-23所示。

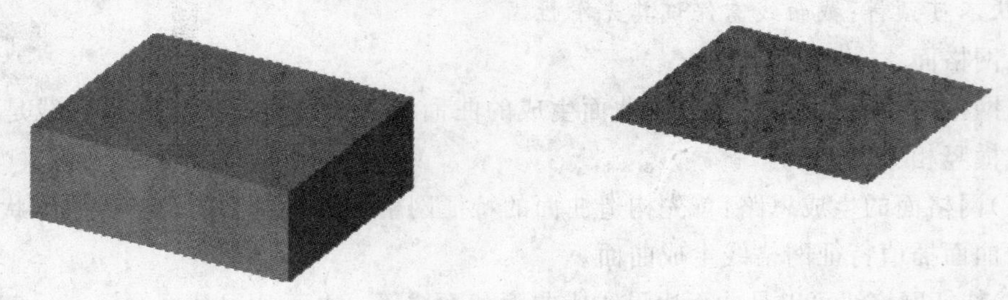

图4-23 实体表面

任务实施

一、生成叶片

1. 在【曲线生成】工具栏,选择【直线】命令,在弹出的【立即菜单】中选择“两点线”、“单个”、“非正交”,根据【系统提示栏】的提示,依次输入四个点坐标(8,22,20)、(8,−26,0)、(84,32,0)、(84,−35,20),按回车键确定,生成两条空间直线,按【F8】键,如图4-24所示。

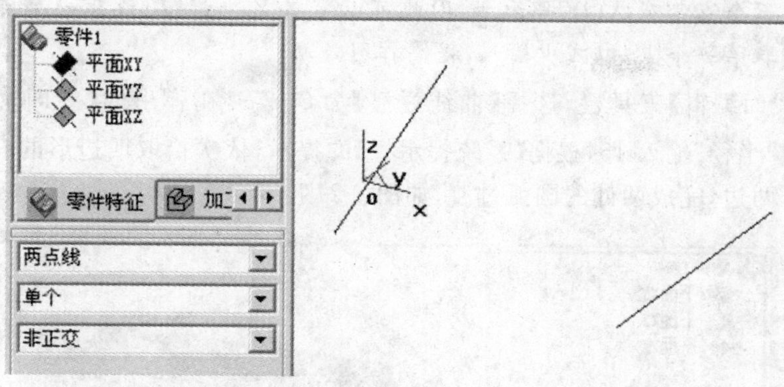

图 4-24　生成两条空间直线

2. 在【曲面生成】工具栏，选择【直纹面】命令，在弹出的【立即菜单】中选择【曲线+曲线】，依次拾取两条空间直线，生成直纹面，如图 4-25 所示。

注意：拾取两条直线时，拾取位置应在直线的同一端，否则生成的曲面扭曲。

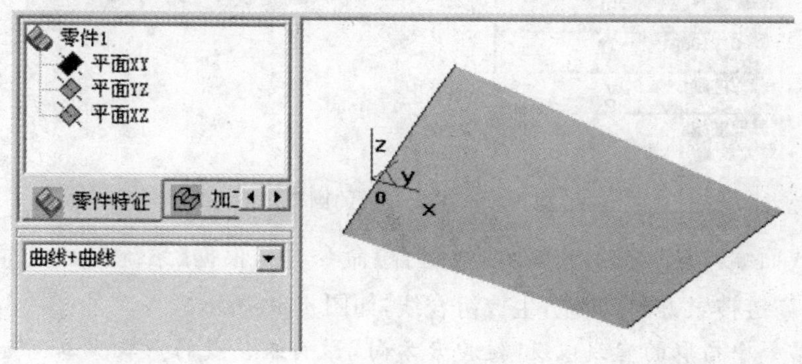

图 4-25　生成直纹面

3. 在【曲线生成】工具栏，选择【直线】命令，在弹出的【立即菜单】中选择"两点线"、"连续"、"非正交"，根据【系统提示栏】的提示，依次输入五个点坐标(−10,10,0)、(−10,−18,0)、(78,−22,0)、(78,22,0)、(−10,10,0)，按回车键确定，生成四条直线，按【F5】键，如图 4-26 所示。

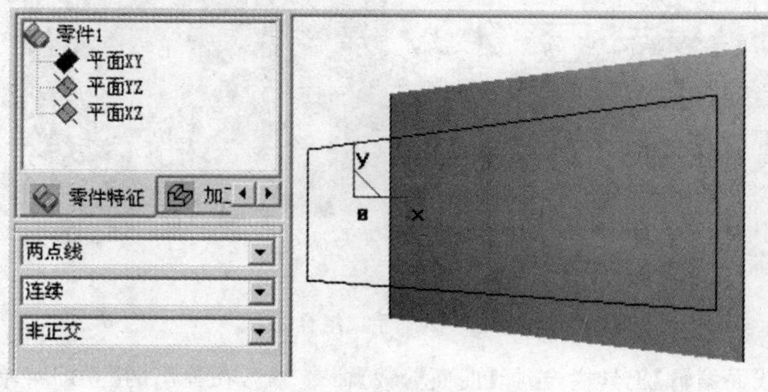

图 4-26　生成四条直线

小提示：五个点都在 *XOY* 平面上，因此可以省略 *Z* 坐标值；最后一个点与第一个点重合，可以拾取第一个点，以减少输入，提高作图效率。

4. 在【线面编辑】工具栏，选择【曲线过渡】命令 ，在弹出的【立即菜单】中，选择"圆弧过渡"，"半径"输入 15，根据【系统提示栏】的提示，依次拾取四边形的右、上两边；继续拾取右、下两边，完成两处的圆弧过渡，如图 4-27 所示。

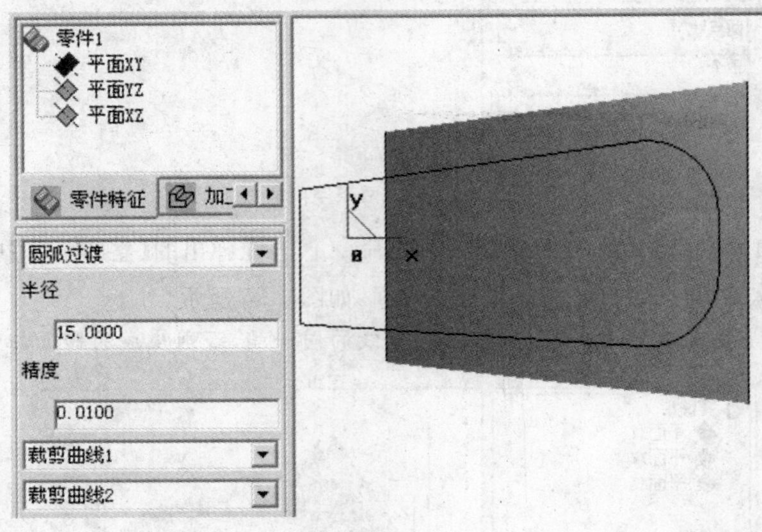

图 4-27 生成两处的圆弧过渡

5. 在【线面编辑】工具栏，选择【曲线组合】命令 ，根据【系统提示栏】的提示，拾取下边的直线，"链搜索方向"向左，生成组合线，如图 4-28 所示。

注意：第一个拾取的直线以及"链搜索方向"影响组合线的形状。本例如果拾取左边直线，不论"链搜索方向"向上还是向下都不能得到需要的组合线形状；如果拾取下边的直线而"链搜索方向"向右，也不能得到需要的组合线形状。

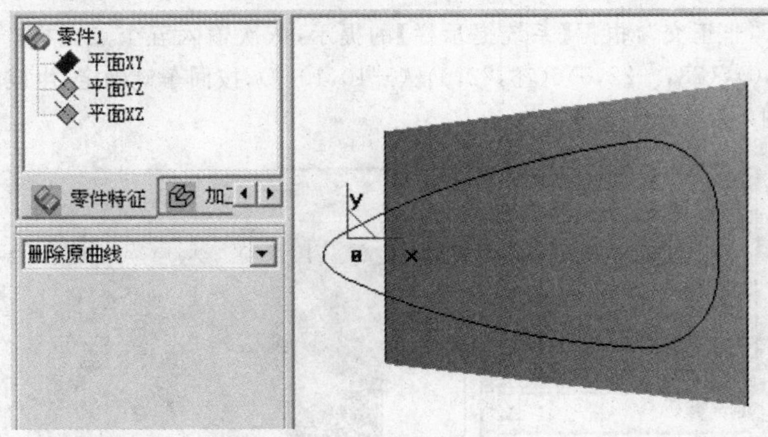

图 4-28 生成组合线

6. 在【线面编辑】工具栏，选择【曲面剪裁】命令 ，在弹出的【立即菜单】中选择"投影线剪裁"、"剪裁"，根据【系统提示栏】的提示，拾取被剪裁曲面，按空格键，弹出"矢量工具”菜单，选择【Z 轴正方向】，根据【系统提示栏】的提示，拾取生成的组合线，确定链搜索方向(两个方向都可以)，得到一个风扇叶片，如图 4-29 所示。

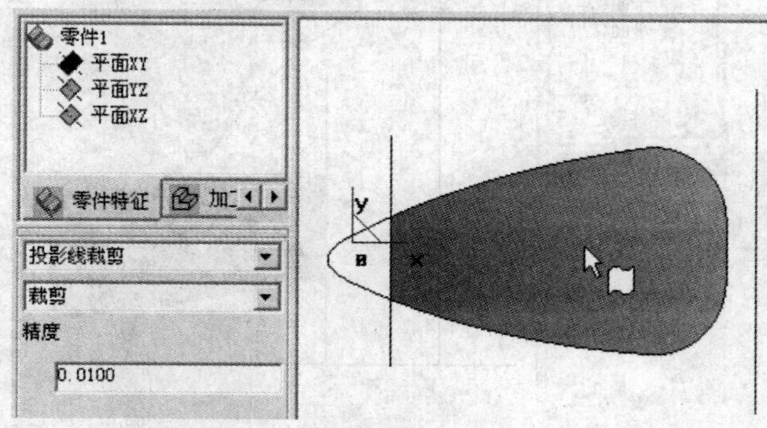

图 4-29 生成一个风扇叶片

二、生成旋转头

1. 按【F7】键，把工作平面切换到 *XOZ* 平面。在【曲线生成】工具栏，选择【直线】命令 ，在弹出的【立即菜单】中选择“两点线”、“连续”、“正交”、“长度方式”，“长度”输入 27，根据【系统提示栏】的提示，第一点拾取坐标系原点，观察预览线正确后，单击任意点，生成铅垂线，如图 4-30 所示。

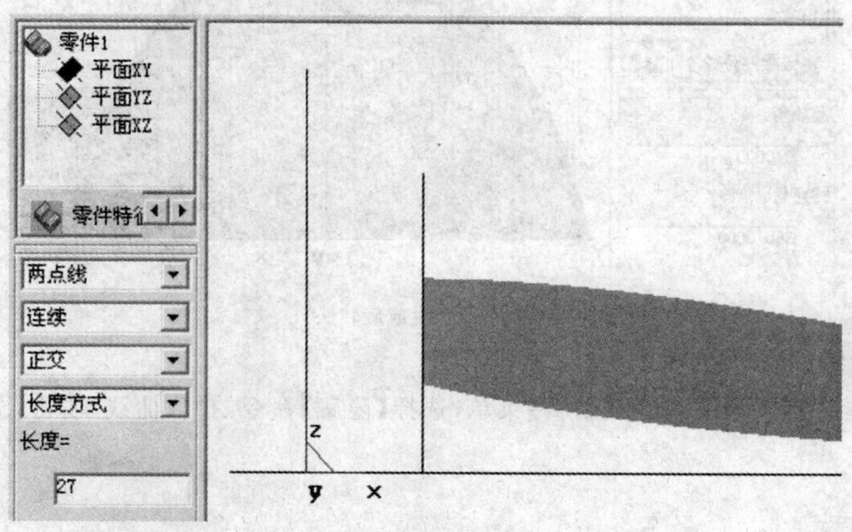

图 4-30 生成铅垂线

2. 在【曲线生成】工具栏，选择【样条线】命令 ，在弹出的【立即菜单】中选择“插值”、“缺省切矢”、“开曲线”，根据【系统提示栏】的提示，依次输入点坐标(0,0,27)、(8,0,23)、(22,0,0)，按回车键确认，得到截面线，如图 4-31 所示。

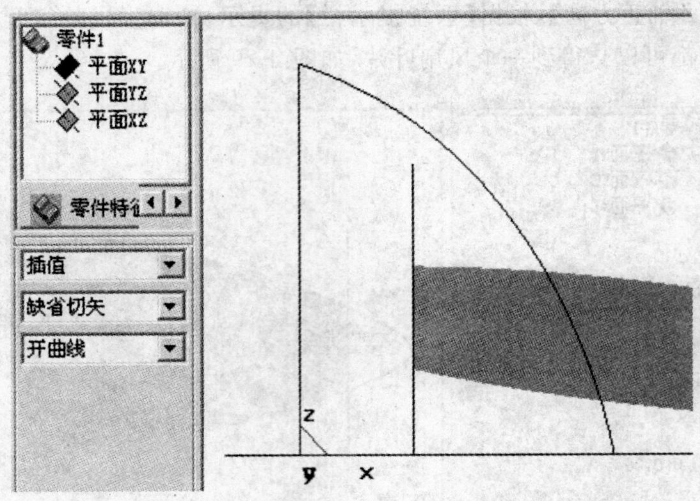

图 4-31　生成截面线

3. 在【曲面生成】工具栏，选择【旋转面】命令，根据【系统提示栏】的提示，拾取旋转轴，方向任意，拾取母线（截面线），生成旋转头，如图 4-32 所示。

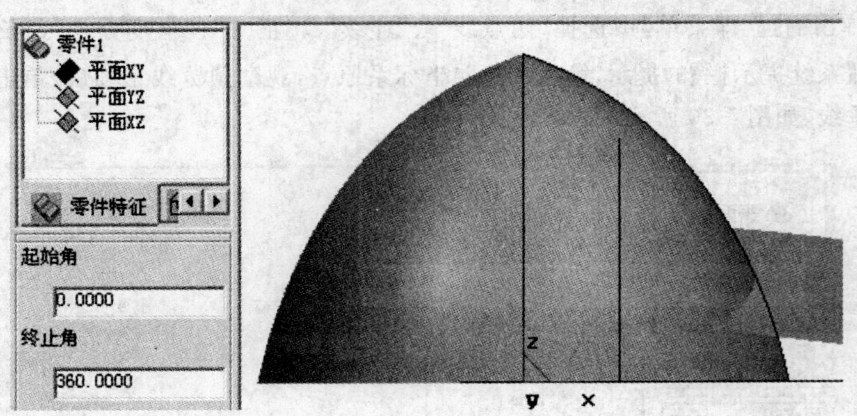

图 4-32　生成旋转头

三、修剪叶片并阵列

1. 在【主菜单】中，打开【编辑】菜单，选择【隐藏】命令，拾取曲线，右击，如图 4-33 所示。

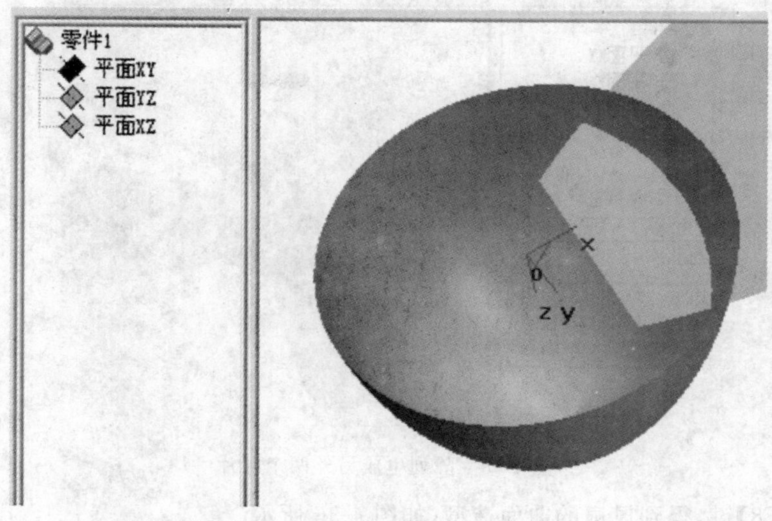

图 4-33 隐藏辅助线

2. 在【线面编辑】工具栏，选择【曲面剪裁】命令 ，在弹出的【立即菜单】中选择“面剪裁”、“剪裁”，“剪裁曲面 1”，根据【系统提示栏】的提示，拾取风扇叶片（选取须保留的部分），拾取旋转头曲面，得到一个完整的风扇叶片，如图 4-34 所示。

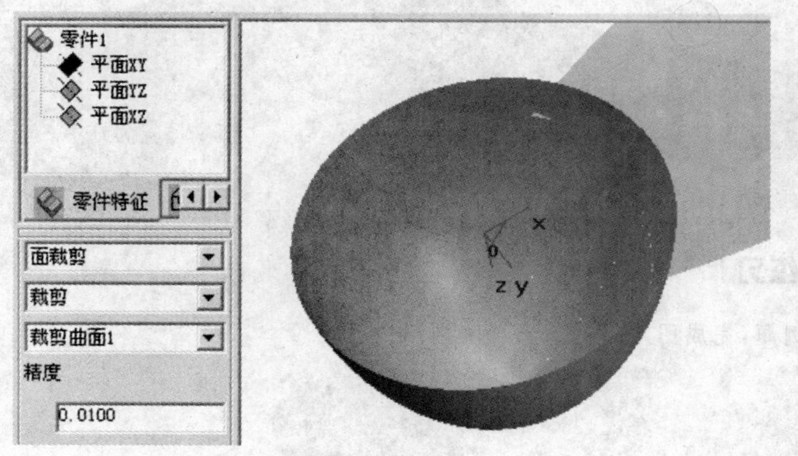

图 4-34 裁剪叶片

3. 按【F5】键，把工作平面切换到 XOY 平面，在【几何变换】工具栏，选择【阵列】命令 ，在弹出的【立即菜单】中选择“圆形”、“均布”，“份数”输入 3，根据【系统提示栏】的提示，拾取“风扇叶片”，拾取坐标系原点，得到另外两个风扇叶片，如图 4-35 所示。

小提示：也可以使用【平面旋转】或【旋转】命令获得另外两个风扇叶片。

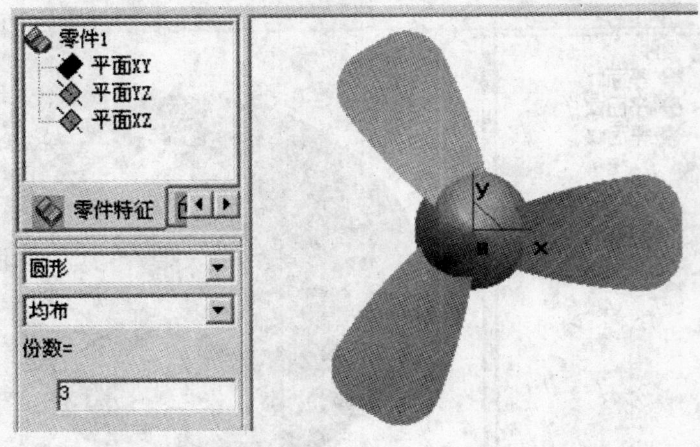

图 4-35　阵列生成另外两个叶片

4. 按【F8】键，得到风扇的曲面造型，如图 4-36 所示。

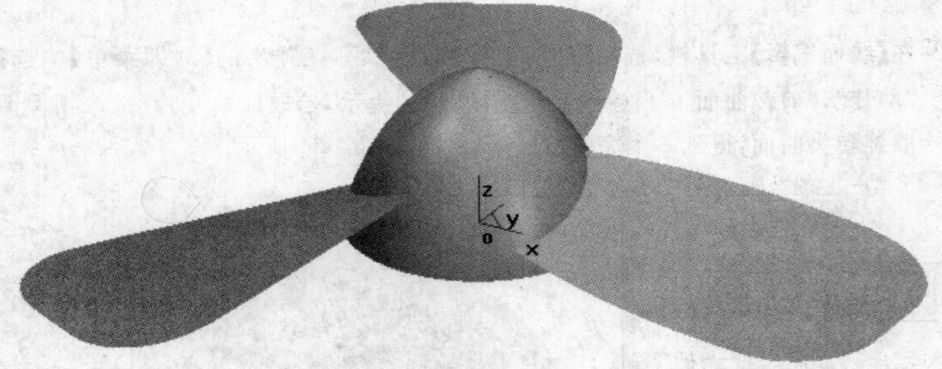

图 4-36　风扇的曲面造型

思考练习

参照例题，完成图 4-37 所示风扇的曲面造型。

图 4-37　四叶风扇

模块二　实体造型

任务五　支架的造型

能力目标

◎ 能根据零件结构特点构建草图基准面

◎ 能熟练使用键盘功能键进行视图变换

◎ 能熟练运用“拉伸增料”、“拉伸除料”功能进行零件实体特征建模

知识准备

◎ 草图的基本知识

◎ 草图基准平面的基本知识

◎ 特征生成功能—拉伸增料

◎ 特征生成功能—拉伸除料

任务引入

根据图 5-1 所示的零件图，构建支架零件的实体造型。

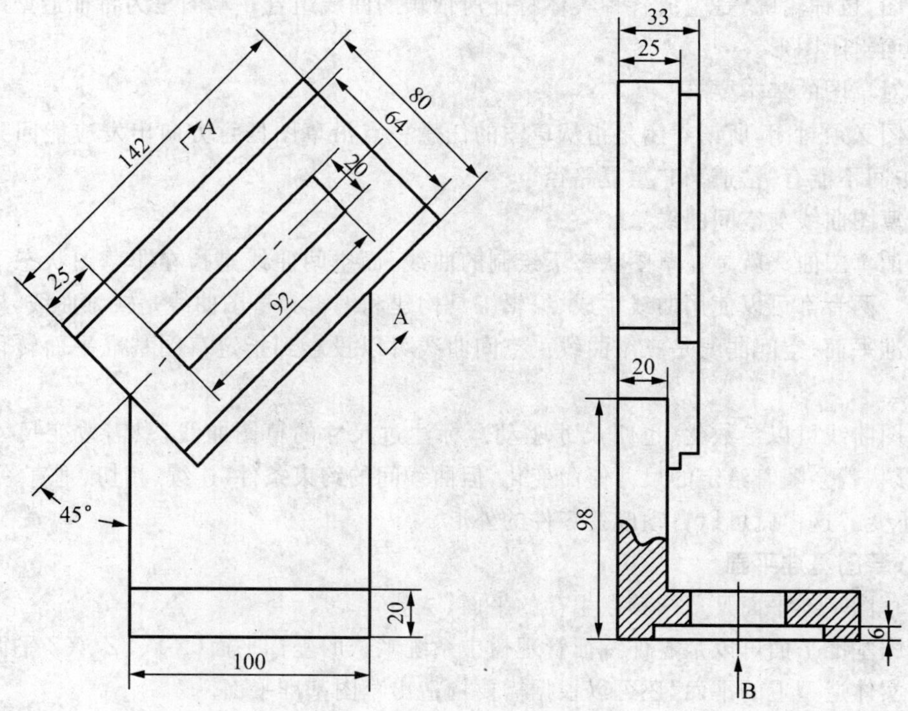

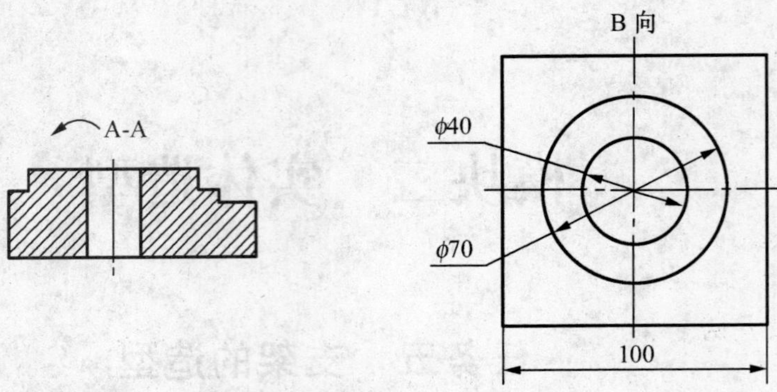

图 5-1 支架零件图

本次任务的主要目的是掌握零件实体造型中的一般技巧，为复杂零件的建模打基础。

支架零件图由主视图、左视图、A-A 剖视图和 B 向视图构成。其结构主要由底板、立柱和 45°“凸”型板组成，底板下表面有沉孔；“凸”型板中间有贯通的矩形孔。

CAXA 制造工程师不支持多实体造型，因此，应先从底板造型开始，在此基础上进行立柱和 45°“凸”形板的造型。整个零件可采用拉伸增料、拉伸除料方式生成；其中 45°“凸”型板可以采用多种造型方法。

相关知识

一、草图的基本知识

1. 草图的概念

草图，也称轮廓，是生成各种实体特征所依赖的曲线组合。草图是为特征造型准备的一个平面封闭图形。

2. 对草图的基本要求

草图必须封闭，所谓封闭是指从草图的任意一点沿草图任意方向出发应能回到出发点，且中间不能有“岔道”和“重复路径”。

3. 草图曲线与空间曲线

所谓草图曲线就是在草图状态下绘制的曲线，而空间曲线是指在非草图状态下绘制的曲线。两者都可以使用曲线生成、编辑工具构建和编辑。草图曲线是二维曲线，依赖于草图基准平面；空间曲线是三维曲线。空间曲线可以投影到指定草图基准平面转化为草图曲线。

草图曲线可以参数化（也叫尺寸驱动），标注过尺寸的草图曲线，只需改变尺寸的数值，其形状就会随着给定的尺寸值而变化，但曲线间的约束条件（连续、相切、垂直、平行等关系）不变。这样就可以自动改变零件的外形。

二、草图基准平面

1. 草图基准平面是草图赖以生存的平面。

草图基准平面可以是零件特征管理树中系统默认的坐标平面（XY、YZ、XZ 平面），也可以是实体造型上的平面，还可以根据需要构造出草图基准平面。

2. CAXA 制造工程师 2008 提供了"等距平面确定基准平面"、"过直线与平面成夹角确定基准平面"、"生成曲面上某点的切平面"、"过点切垂直于曲线确定基准平面"、"过点切平行平面确定基准平面"、"过点和直线确定基准平面"、"三点确定基准平面"和"根据当前坐标系构造基准平面"八种构造基准平面的方式，可满足复杂零件造型时的需要。

3. 任务中 45°"凸"型板的造型，根据草图基准平面的不同给出了两种典型造型方法。方法一是选用实体造型上的平面作为基准平面绘制草图；方法二是采用"过直线与平面成夹角确定基准平面"构建出一个基准平面绘制草图。两种方法都可以实现造型要求，但方法一需要建两个草图、进行两次拉伸才能完成任务；而方法二构建基准面后，绘制一个草图即可完成拉伸增料任务。两种方法各有优缺点，要根据实际情况灵活选用。

三、特征生成功能——拉伸增料

拉伸增料是将草图曲线根据所选的拉伸类型做拉伸操作，生成一个增加材料的特征，如图 5-2 所示。根据增加材料的形状不同又有"拉伸为实体特征"和"拉伸为薄壁特征"两种子功能。

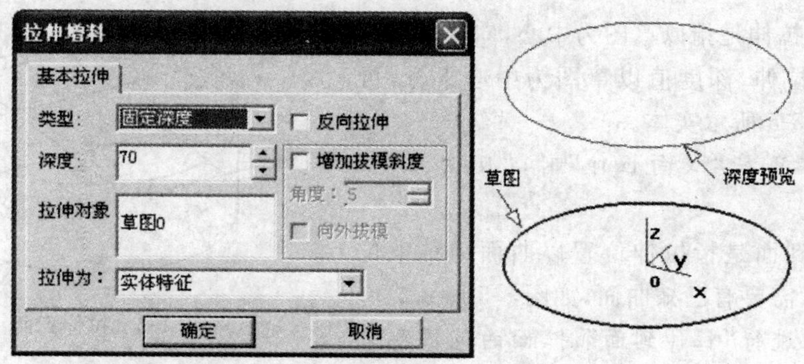

图 5-2　拉伸增料参数框

实体特征是在封闭的草图内部生成实心实体；薄壁特征是以草图所形成的轮廓为外壁、内壁或中间层，分别向内、外或两侧生成管状实体。

拉伸类型包括"固定深度"、"双向拉伸"和"拉伸到面"三种。

1. 固定深度是指按照给定的深度数值进行单向拉伸，参数"深度"是给定的拉伸尺寸；拉伸对象是指需要拉伸的草图，如图 5-3(a)所示。

当选中"反向拉伸"时，相对于草图基准平面，生成的实体方位与默认方向相反，如图 5-3(b)所示。

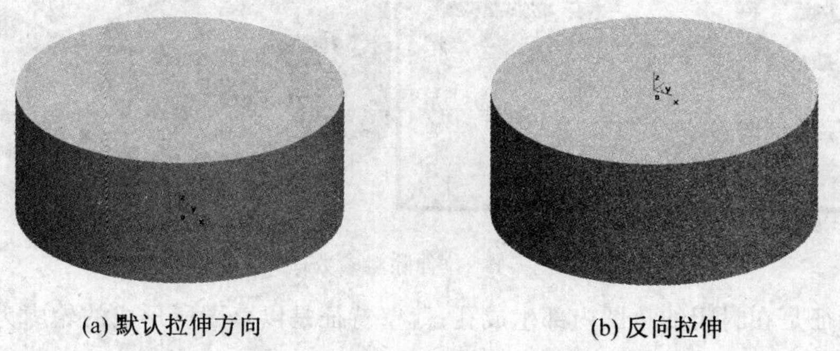

(a) 默认拉伸方向　　(b) 反向拉伸

图 5-3　固定深度拉伸增料

如果选中"增加拔模斜度"将得到带有锥度的实体，锥度大小由参数"角度"指定；"角度"是锥体母线与中心线的夹角，如图 5-4(a)所示。

选中"向外拔模"时得到的锥体比默认锥体大，默认锥体草图轮廓线为锥体大端尺寸，如图 5-4(b)所示。

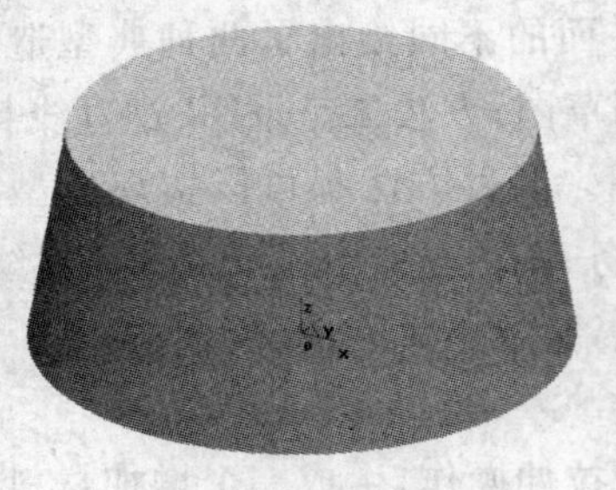

(a) 默认拔模方向　　(b) 向外拔模

图 5-4　增加拔模斜度

2. 双向拉伸是指以草图为中心，向相反的两个方向进行拉伸，深度值以草图为中心平分，可以生成如图 5-5 所示实体。

注意：在进行"双向拉伸"时，"反向拉伸"无效。

3. 拉伸到面是指拉伸位置以曲面为结束位置进行拉伸，需要有已知曲面，如图 5-5 所示。

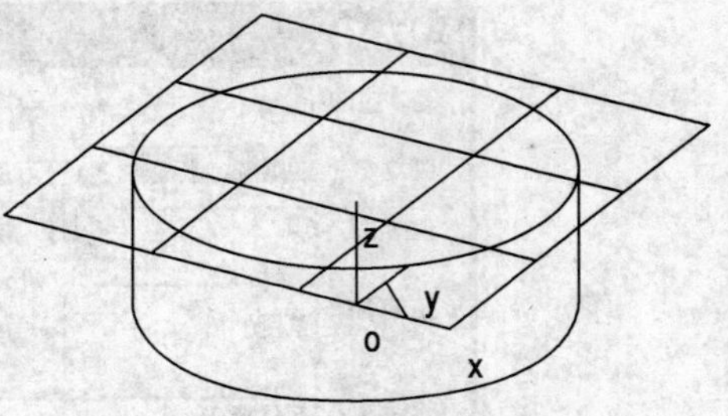

图 5-5　拉伸到面

注意：在进行"拉伸到面"时，面的范围要大于草图，否则会产生操作失败；"深度"和"反向拉伸"无效。

四、特征生成功能—拉伸除料

拉伸除料是将草图曲线根据所选的拉伸类型做拉伸操作，生成一个去除材料的特征，如图 5-6 所示。根据增加材料的形状不同又有"拉伸为实体特征"和"拉伸为薄壁特征"两种子功能。

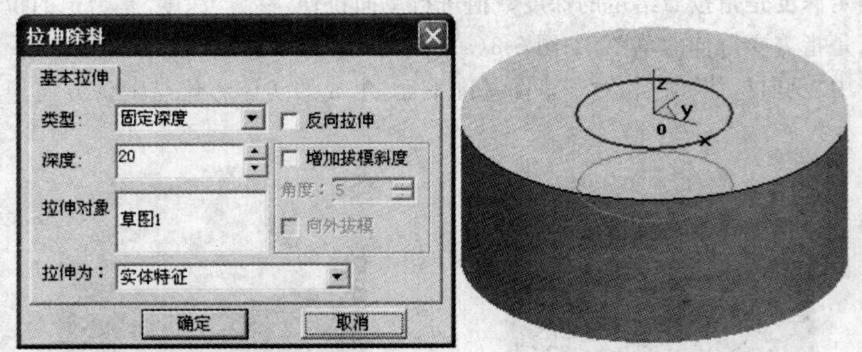

图 5-6　拉伸除料参数框

实体特征是在封闭的草图内部生成孔；薄壁特征是以草图所形成的轮廓为外壁、内壁或中间层，分别向内、外或两侧生成环形槽。

拉伸类型包括“固定深度”、“双向拉伸”、“拉伸到面”和“贯穿”四种。

1. 固定深度是指按照给定的深度数值进行单向拉伸，参数“深度”是给定的拉伸尺寸；拉伸对象是指需要拉伸的草图，如图 5-7 所示。

注意：如果选择“反向拉伸”选项，必须确保此方向有实体存在。

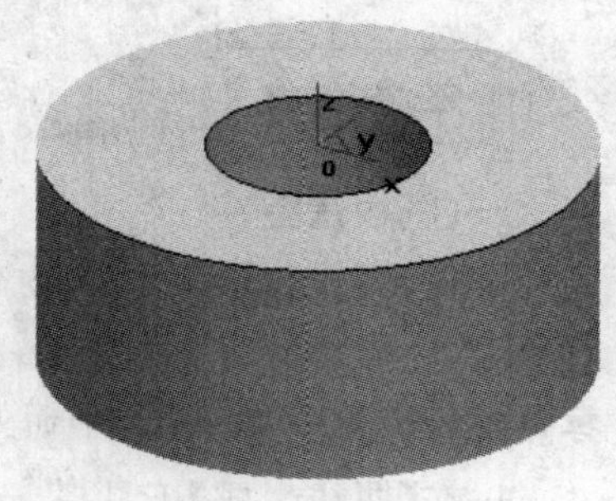

图 5-7　固定深度拉伸除料

如果选中“增加拔模斜度”将得到带有锥度的孔，锥度大小由参数“角度”指定；“角度”是锥孔母线与中心线的夹角，如图 5-8(a)所示。

选中“向外拔模”时得到的锥孔与默认锥孔方向相反，此时草图轮廓线为锥孔小端，如图 5-8(b)所示。

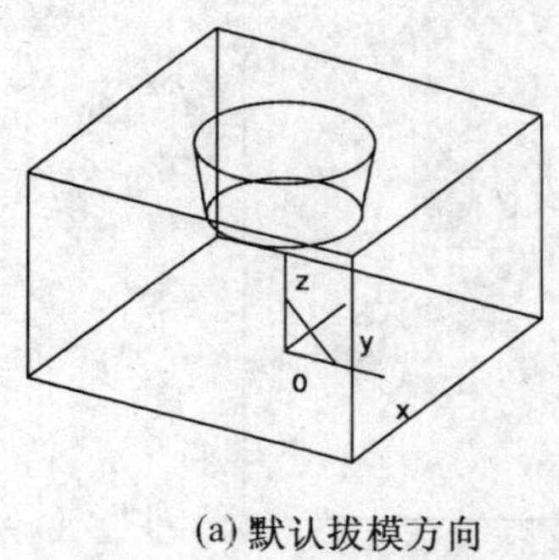

(a) 默认拔模方向

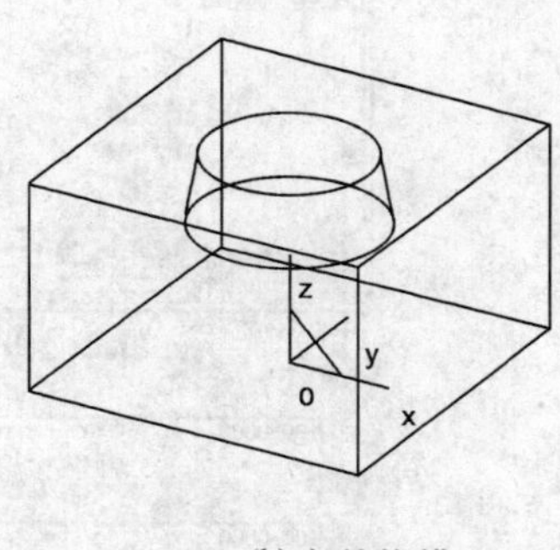

(b) 向外拔模

图 5-8　增加拔模斜度

2. 双向拉伸是指以草图为中心，向相反的两个方向进行拉伸，深度值以草图为中心平分。

注意：在进行“双向拉伸”时，“反向拉伸”无效。

3. 拉伸到面是指拉伸位置以曲面为结束位置进行拉伸，需要有已知曲面，如图 5-9 所示。

注意：在进行“拉伸到面”时，面的范围要大于草图，否则会产生操作失败；“深度”和“反向拉伸”无效。

4. 贯穿是指草图拉伸后，将基体整个穿透，如图 5-10 所示。

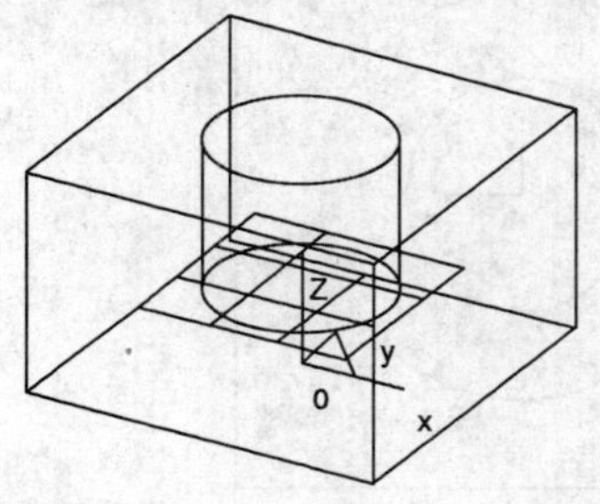

图 5-9　拉伸到面

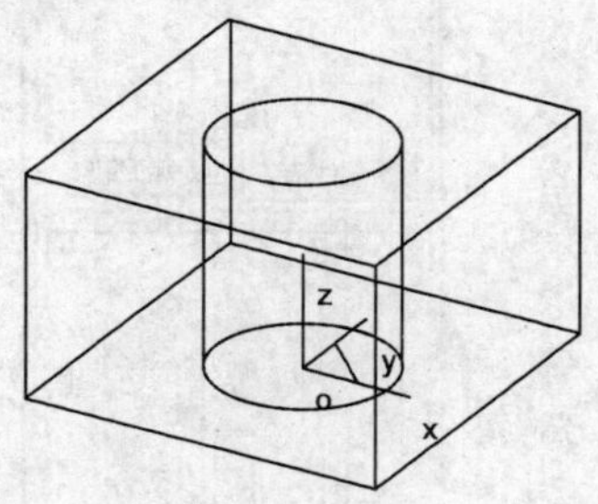

图 5-10　贯穿

一、底板造型

小提示：底板为一个长方体，长方体的造型一般有三种方法：分别选择 *XOY*、*YOZ*、*ZOX* 平面作为草图基准平面，根据图纸尺寸绘制相应平面上的矩形草图，沿第三轴方向拉伸增料。本例在 *XOY* 平面做 100mm×100mm 的矩形草图，沿 Z 轴方向拉伸增料。

1. 在【曲线生成】工具栏，选择【矩形】命令 ，在弹出的【立即菜单】中选择"中心_长_宽"方式，"长度＝"栏输入 100，"宽度＝"栏输入 100，根据【系统提示栏】的提示，"矩形中心"拾取坐标系原点，生成如图 5-11 所示 *XOY* 平面内的矩形。

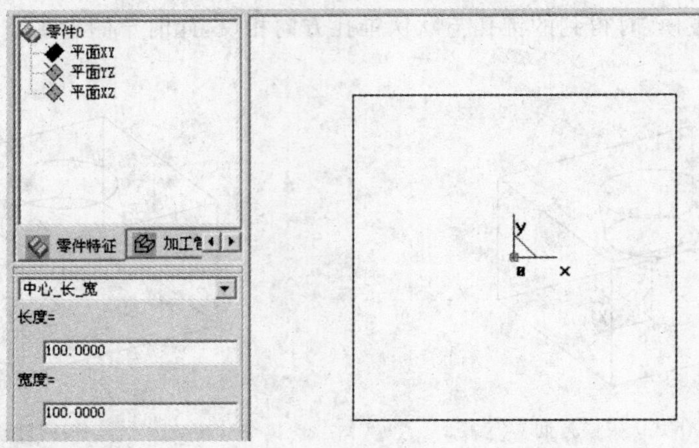

图 5-11　生成矩形

2. 在【曲线生成】工具栏，选择【圆】命令 ，在弹出的【立即菜单】中选择"圆心_半径"方式，根据【系统提示栏】的提示，"圆心点"拾取坐标系原点，按确定键，弹出"半径输入条"，输入圆半径 35，按确定键，生成Ø70 圆；再按一次确定键，再次弹出"半径输入条"，输入圆半径 20，按确定键，生成Ø40 圆。两次操作后，生成如图 5-12 所示的两个圆。

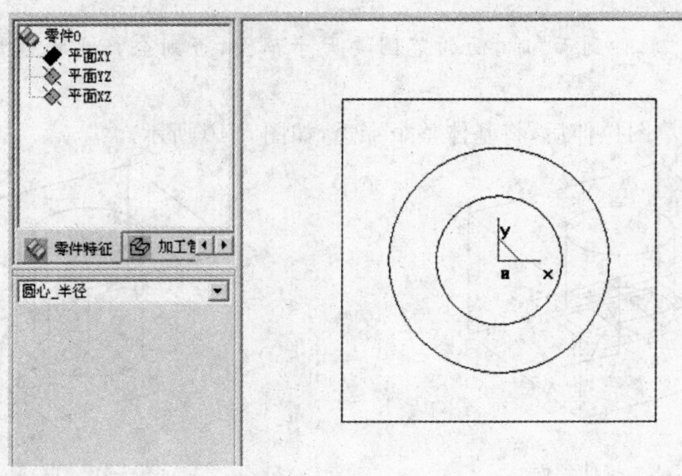

图 5-12　生成两个圆

3. 按【F8】键，切换到轴测图；右击零件特征树中的平面 XY ，选择【创建草图】命令，进入草图编辑状态。

4. 在【曲线生成】工具栏，选择【曲线投影】命令 ，依次拾取矩形的四条边，将矩形投影到 XOY 草图平面上，生成如图 5-13 所示的草图 0。

小提示：生成的基准面、草图、实体特征显示在左侧的零件特征树中，便于编辑和选择。

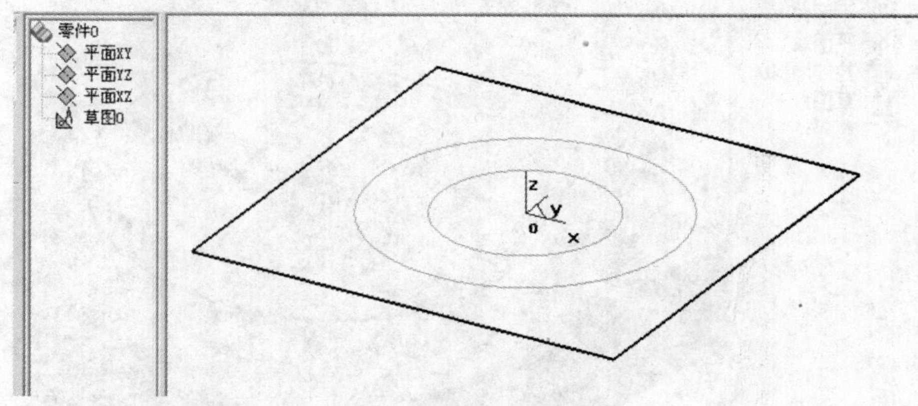

图 5-13 生成草图 0

5. 在【特征生成】工具栏，选择【拉伸增料】命令 ，"类型"选择固定深度，"深度"输入 20，其他选项默认，点击 确定 ，生成如图 5-14 所示的长方体。

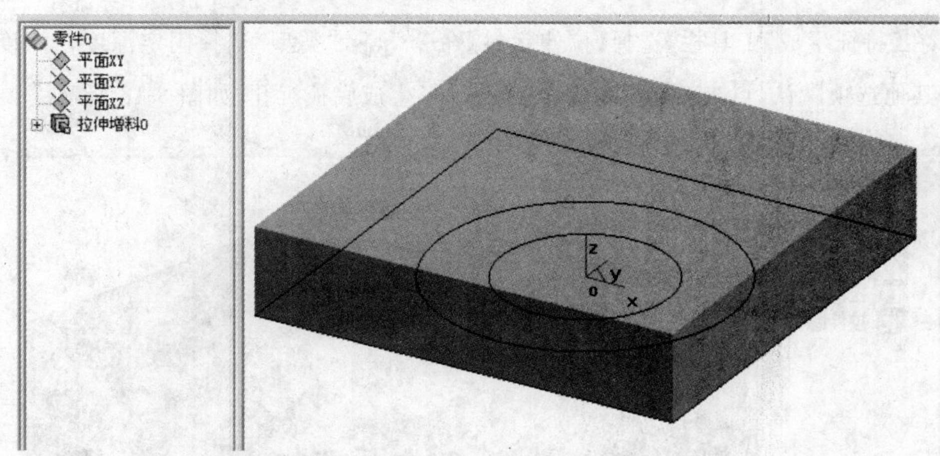

图 5-14 生成长方体

6. 将长方体进行显示旋转，使其底面向上，左击选中长方体的下表面，然后右击，选择【创建草图】命令，进入草图编辑状态。

小提示：在作图过程中，为方便观察，经常要进行显示旋转操作，用鼠标中键比用【显示旋转】命令 ，方便、快捷。具体操作方法为：按住鼠标中键（滚轮）拖动鼠标，可以把视图旋转到任意角度。另外，滚动鼠标中键可以替代【显示缩放】命令 ，进行视图缩放;通过改变鼠标在绘图区的位置进行显示缩放操作,可以替代【显示平移】命令 ,起到平移视图的作用。

7. 在【曲线生成】工具栏,选择【曲线投影】命令 ,拾取⌀70 圆,投影生成草图 1,如图 5-15 所示。

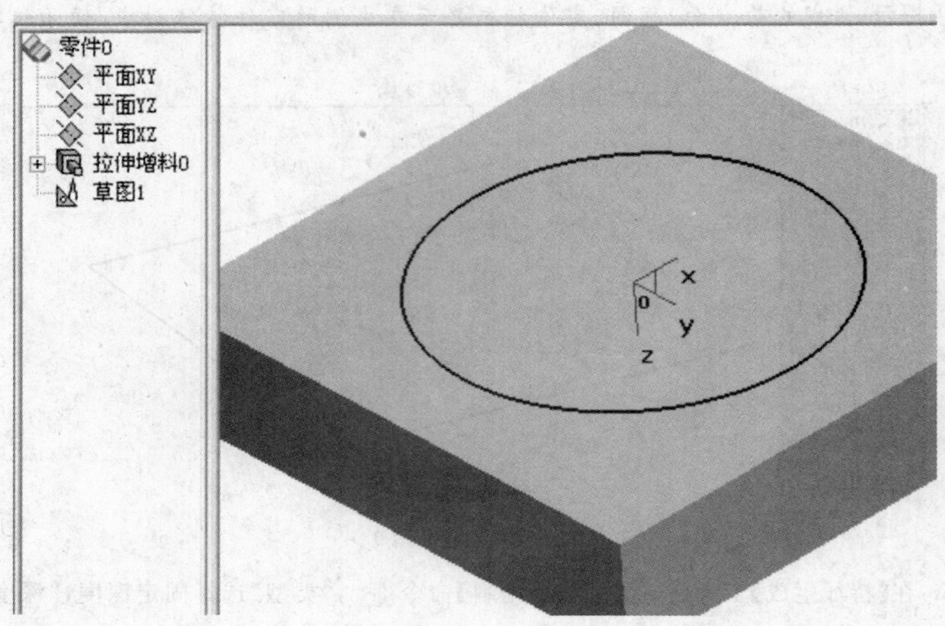

图 5-15　生成草图 1

8. 在【特征生成】工具栏,选择【拉伸除料】命令 ,“类型”选择固定深度,“深度”输入 10,其他选项默认,点击 确定 ,拉伸除料生成底板沉孔,如图 5-16 所示。

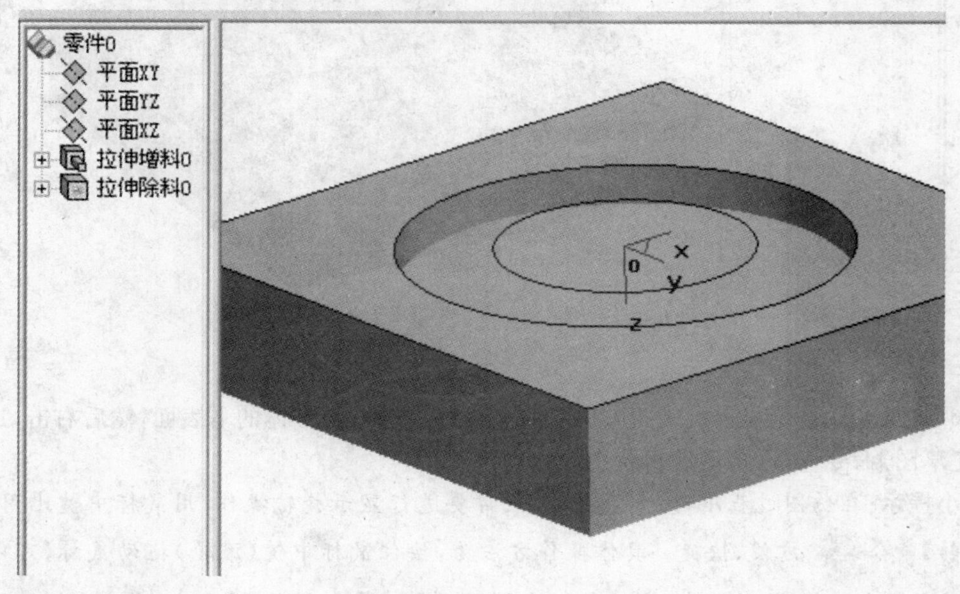

图 5-16　生成沉孔

9. 左击选中沉孔孔底面，然后右击，选择【创建草图】命令，进入草图编辑状态。

10. 在【曲线生成】工具栏，选择【曲线投影】命令 ，拾取Ø40 圆，生成草图 2，如图 5-17 所示。

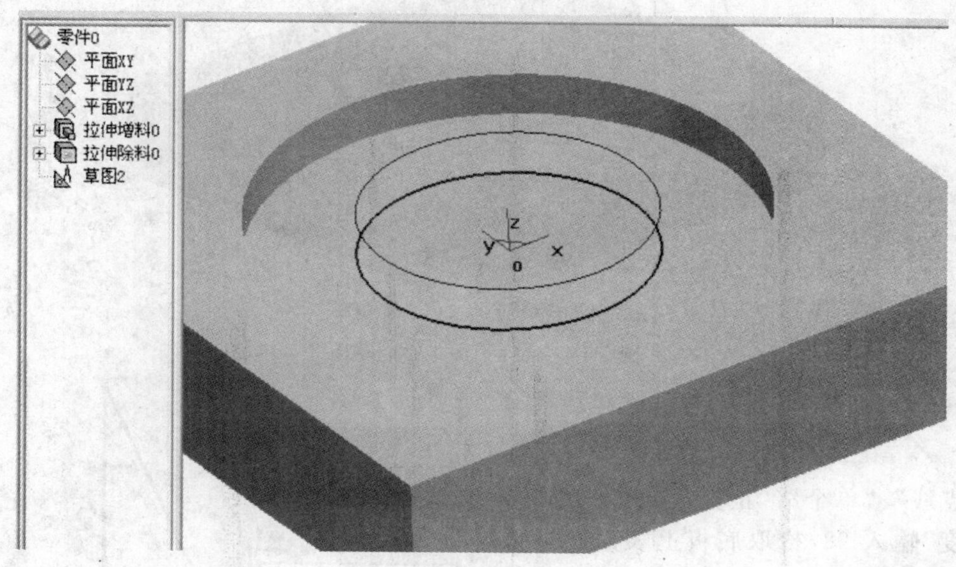

图 5-17 生成草图 2

11. 在【特征生成】工具栏，选择【拉伸除料】命令 ，“类型”选择贯穿，其他选项默认，点击 确定 ，生成Ø40 的通孔，如图 5-18 所示。

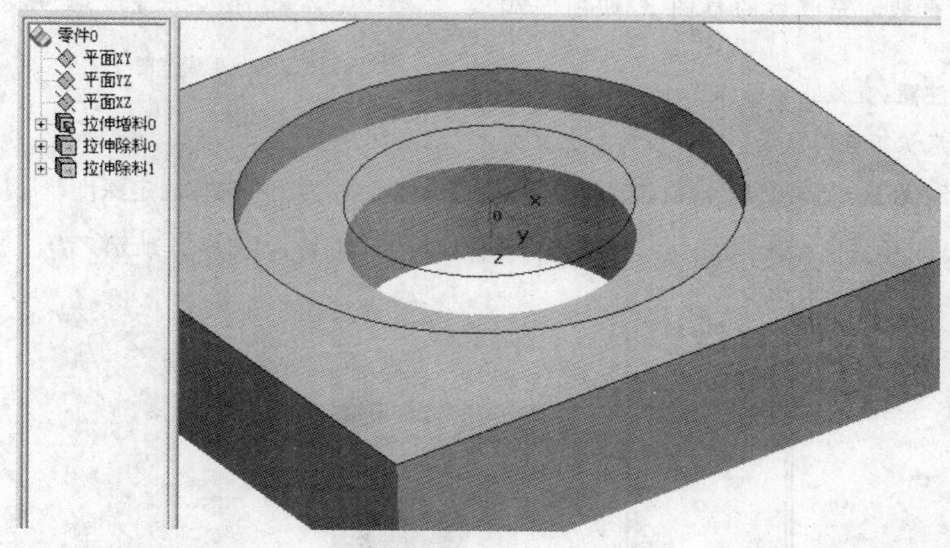

图 5-18 生成通孔

12. 隐藏Ø70、Ø40 圆，完成底板的造型。

二、立柱造型

小提示：立柱沿 Y 轴方向截面尺寸没有变化，因此，选择 Y 轴方向为拉伸增料方向，草图应建立在与 Y 轴垂直的 XOZ 基准面内。

1. 将视图旋转到图5-19所示的位置，左击选中图示平面1，然后右击，选择【创建草图】命令，进入草图编辑状态，绘制草图3。

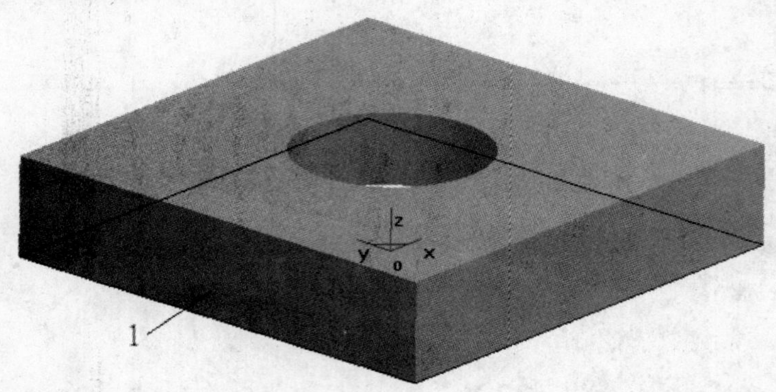

图5-19 选择平面1绘制草图3

2. 在【曲线生成】工具栏，选择【直线】命令，在弹出的【立即菜单】中，选择"两点线"、"单个"、"正交"、"长度方式"，"长度"输入98，拾取底板上表面左边顶点，生成铅垂线1；"长度"修改为198，拾取底板上表面右边顶点，生成铅垂线2；在【立即菜单】中将"正交"改为"非正交"，连接铅垂线1和铅垂线2的对应端点，生成两条直线。完成后的草图3，如图5-20所示。

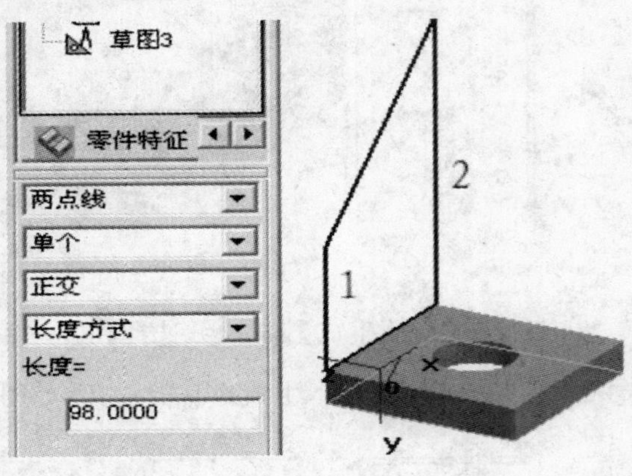

图5-20 生成草图3

注意：直线1和直线2的下端点不能拾取底板下表面顶点，否则，拉伸后会把Ø70沉孔破坏。

3. 在【特征生成】工具栏，选择【拉伸增料】命令，"类型"选择固定深度，"深度"输入20，其他选项默认，点击 确定 ，拉伸增料生成立柱，如图5-21所示。

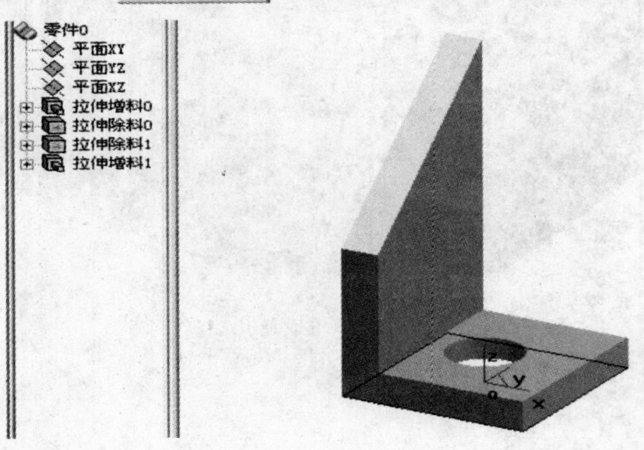

图5-21 生成立柱

三、45°“凸”形板造型

方法一 选择已有的平面-立柱后表面，作为草图基准面。

1. 左击选中立柱的后表面，然后右击，选择【创建草图】命令，进入草图编辑状态。

2. 按【F8】键，将视图调整到图5-22所示位置。

3. 在【曲线生成】工具栏，选择【曲线投影】命令，拾取立柱斜面棱边，投影生成辅助线，如图5-22所示。

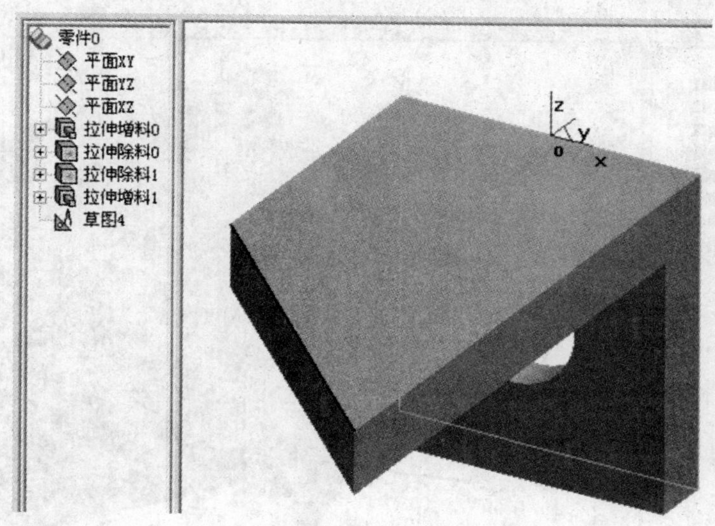

图5-22 生成辅助线

注意：草图状态下和非草图状态下按【F8】键，有不同的显示结果。

4. 在【曲线生成】工具栏，选择【直线】命令，在弹出的【立即菜单】中，选择“切线/法线”、“法线”，“长度=”输入80，根据【系统提示栏】的提示，拾取辅助线，根据【系统提示栏】提示，“直线中点”拾取辅助线的端点，生成辅助线的法线，如图5-23所示。

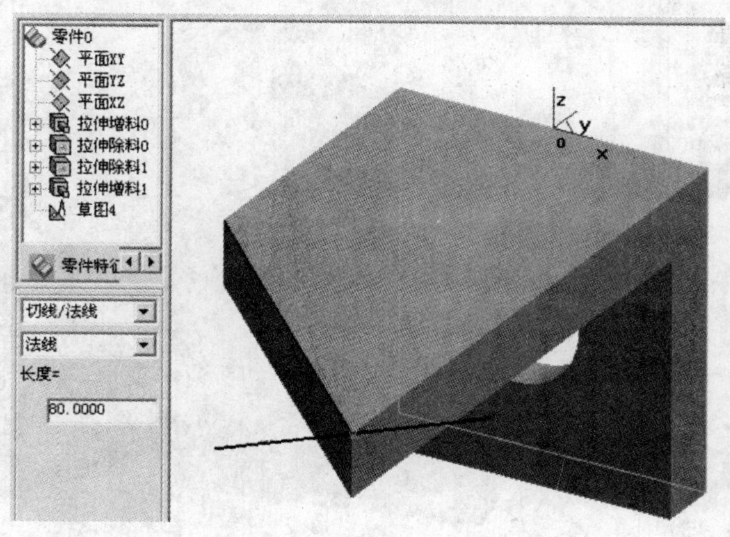

图5-23 生成辅助线的法线

5. 在【曲线生成】工具栏，选择【等距线】命令 ，在弹出的【立即菜单】中，选择“单根曲线”、“距离”输入 142、“精度”输入 0.01，根据【系统提示栏】的提示，拾取法线，方向向上，生成法线的等距线，如图 5-24 所示。

6. 在【曲线生成】工具栏，选择【直线】命令 ，在弹出的【立即菜单】中，选择“两点线”、“单个”、“非正交”，连接法线及其等距线的对应端点，删除辅助线后，生成草图 4，如图 5-24 所示。

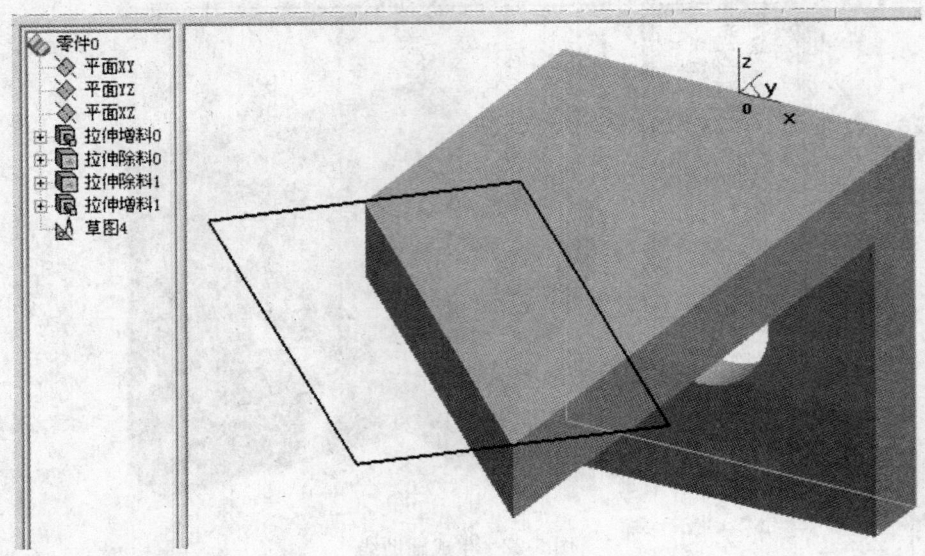

图 5-24　生成草图 4

7. 在【特征生成】工具栏，选择【拉伸增料】命令 ，“类型”选择固定深度，“深度”输入 25，其他选项默认，点击 确定 ，拉伸生成 25mm 厚板，如图 5-25 所示。

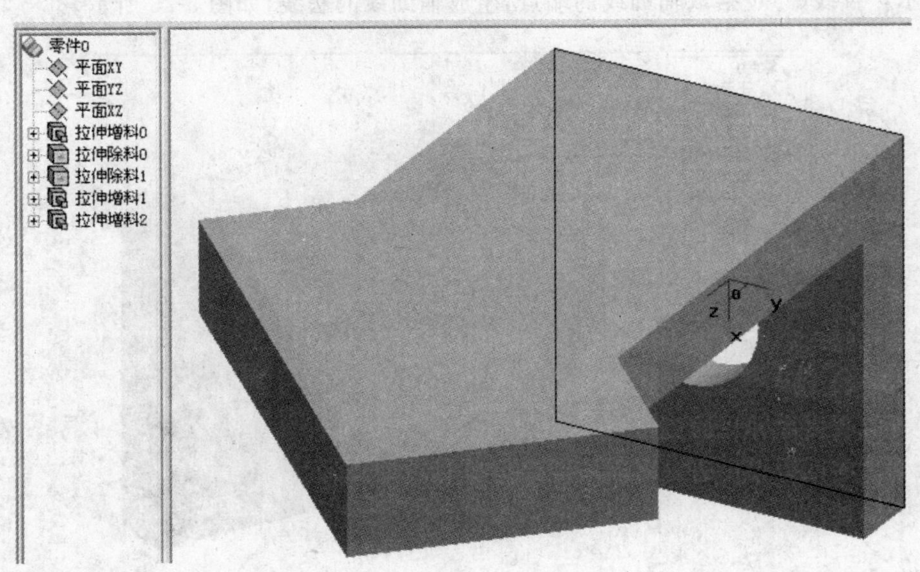

图 5-25　生成 25mm 厚板

8. 根据图纸尺寸，在厚板的表面新建草图 5，如图 5-26 所示。

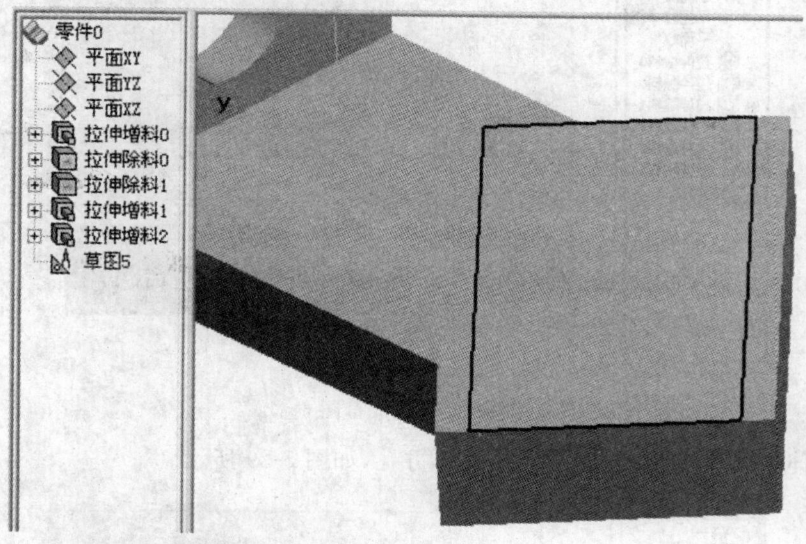

图 5-26　生成草图 5

9. 拉伸增料生成 8mm 薄板，如图 5-27 所示。

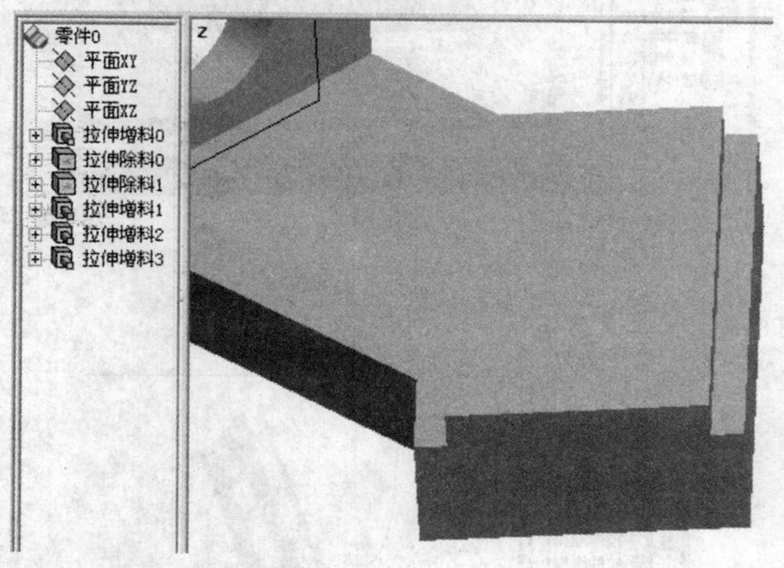

图 5-27　生成 8mm 薄板

10. 根据图纸尺寸，在 8mm 薄板的表面创建草图 6，如图 5-28 所示。

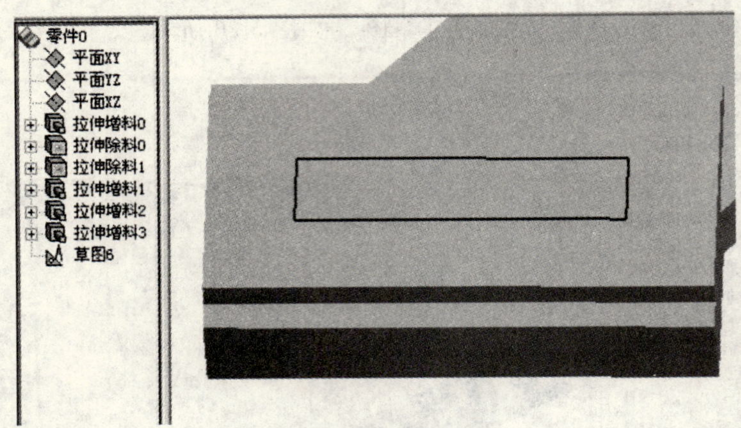

图 5-28　生成草图 6

11. 拉伸除料生成 20mm×92mm 矩形方孔，如图 5-29 所示。

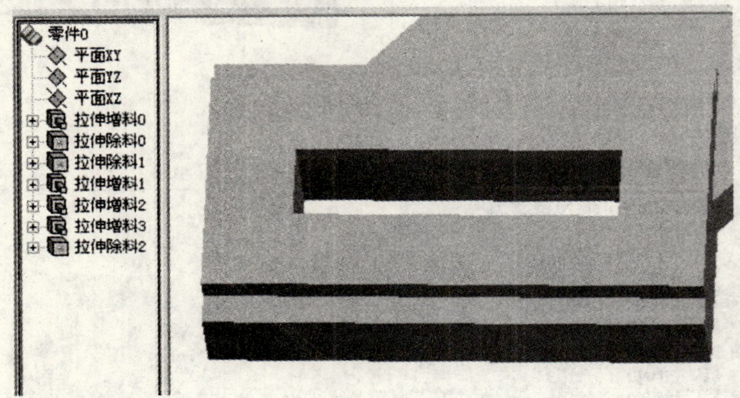

图 5-29　生成矩形孔

12. 按【F8】键，切换到轴测图，如图 5-30 所示。

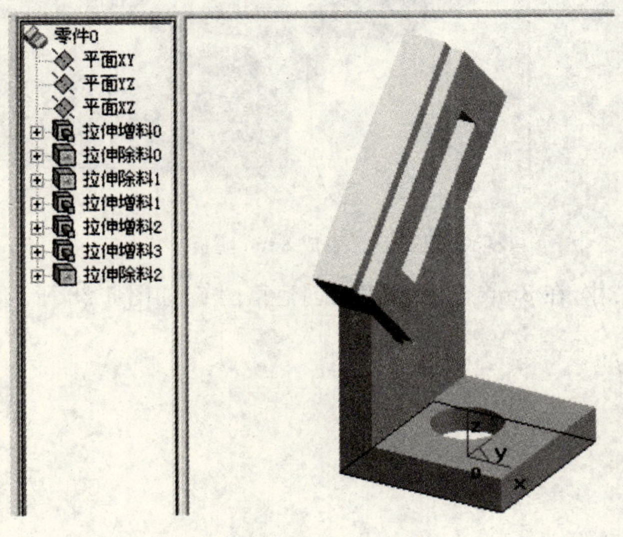

图 5-30　支架轴测图

方法二　根据已知条件构造基准平面，作为草图基准面

1. 在【曲线生成】工具栏，选择【相关线】命令 ，在弹出的【立即菜单】中，选择"实体边界"，根据【系统提示栏】的提示，"边界"拾取立柱斜面与垂直面的交线，生成如图 5-31 所示的辅助线。

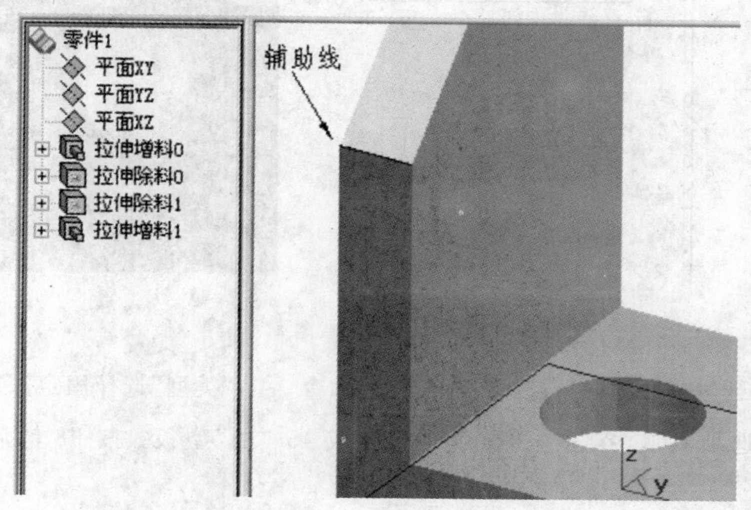

图 5-31　生成辅助线

2. 在【特征生成】工具栏，选择【构造基准面】命令 ，"构造方法"选用"过直线与平面成夹角确定基准平面"，"角度＝"输入 45°，选中"相反方向"，根据【系统提示栏】的提示，选择辅助线和平面 XY，如图 5-32 所示，点击 确定 ，生成平面 5。

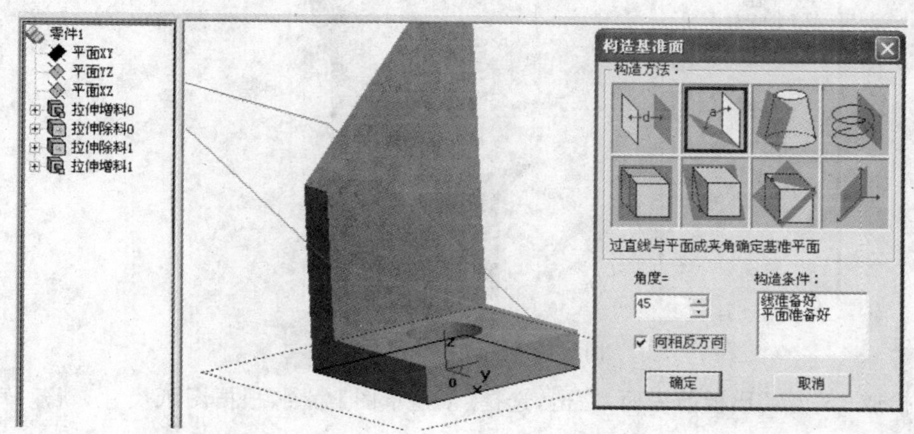

图 5-32　构造基准面

3. 选择平面 5，右击，选择【创建草图】命令，进入草图编辑状态。

4. 按 F5 键，将视图调整到合适位置，使用曲线生成及编辑命令，生成草图 4，如图 5-33 所示。

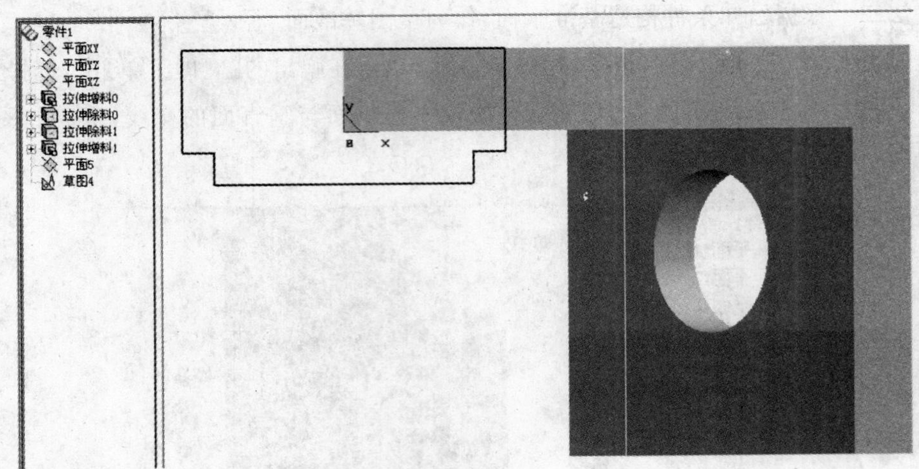

图 5-33　生成草图 4

5. 在【特征生成】工具栏，选择【拉伸增料】命令 ，“类型”选择固定深度，“深度”输入 142，其他选项默认，点击 确定 ，生成 45°“凸”型板。按 F8 键后，如图 5-34 所示。

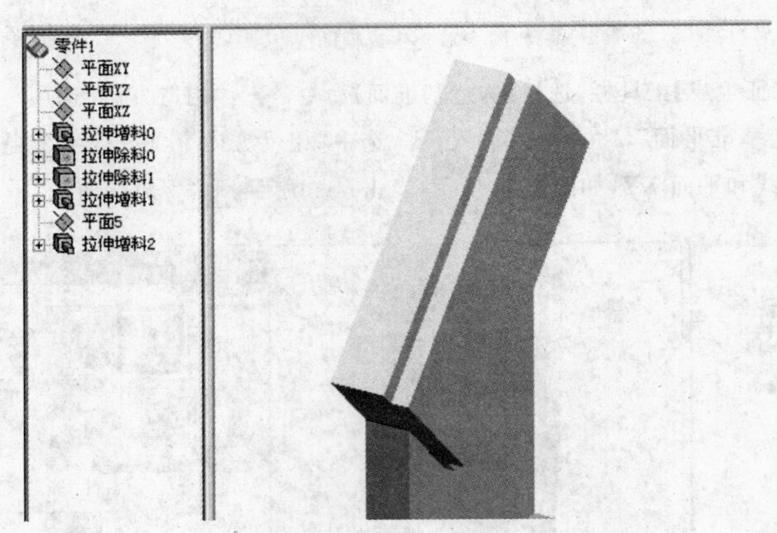

图 5-34　生成 45°“凸”形板

6. 拾取 45°“凸”形板前表面，右击，选择【创建草图】命令，根据图纸尺寸，新建草图 5，如图 5-35 所示。

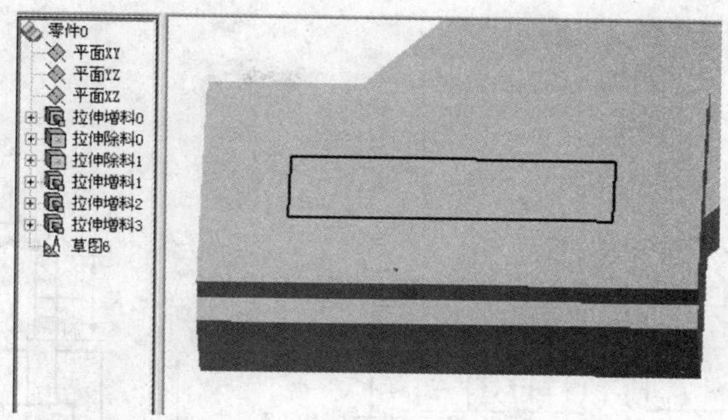

图 5-35　生成草图 5

7. 拉伸除料生成 20mm×92mm 矩形方孔，如图 5-36 所示。

图 5-36　生成矩形孔

8. 按 F8 键，切换到轴测图，如图 5-37 所示。

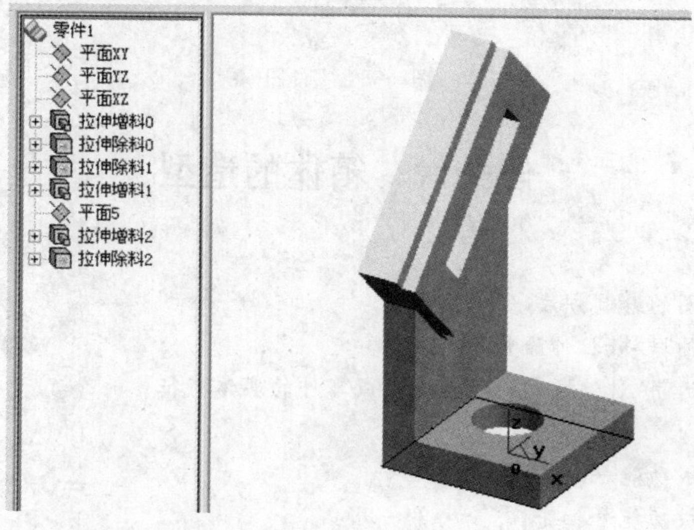

图 5-37　支架轴测图

思考练习

完成图 5-38 所示零件的实体造型。

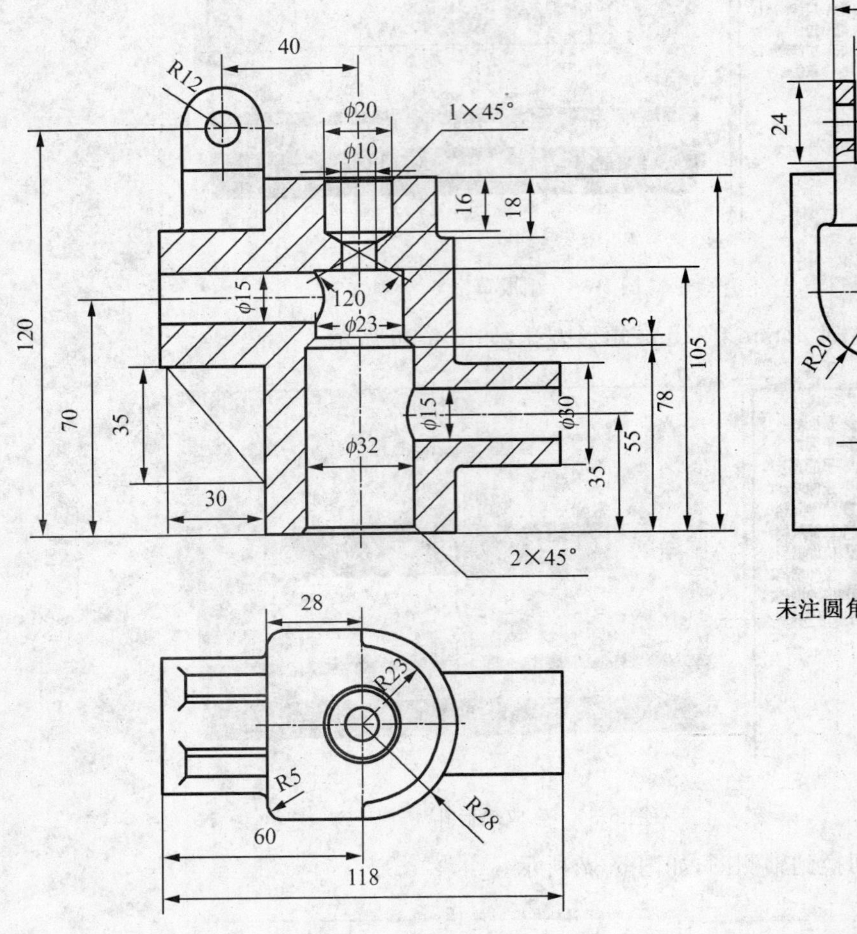

图 5-38 零件图

任务六 箱体的造型

能力目标

◎ 巩固草图的绘制方法

◎ 巩固拉伸增料、拉伸除料

◎ 能熟练运用“过渡”、“抽壳”功能生成零件的实体特征

知识准备

◎ 特征生成功能—过渡

◎ 特征生成功能—抽壳

任务引入

根据图 6-1 所示的零件图样,生成箱体零件的实体造型。

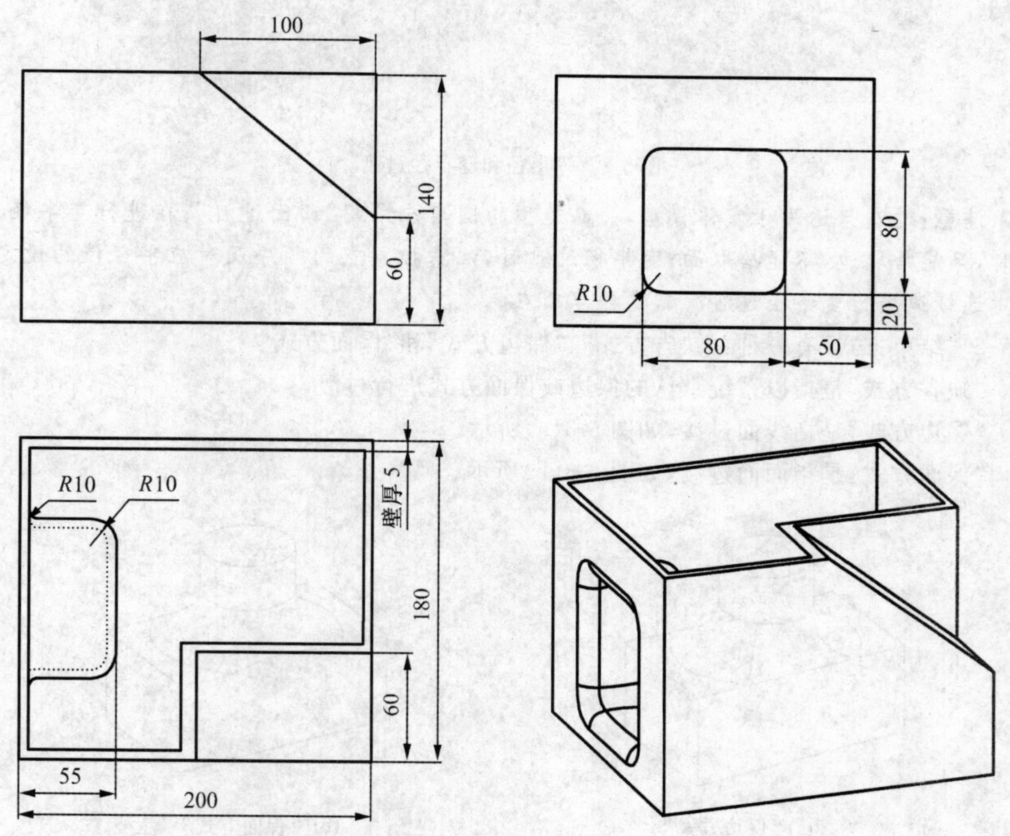

图 6-1 箱体零件图

任务分析

箱体类零件一般采用实体建模,实体建模可以有效利用软件的“抽壳”功能,简化箱体内部特征的造型。实体造型离不开草图,而草图又依赖草图基准面。

本例采用拉伸增料构造长方体基体,然后运用拉伸除料进行局部修整,运用过渡命令对圆角部位进行过渡,最后用抽壳命令构建内部结构。

相关知识

一、过渡

“过渡”是指以给定半径或半径规律在实体棱角处作光滑连接。

1.“过渡”有“等半径”和“变半径”两种方式。“等半径”指整条边或面以固定的半径值进行过渡;“变半径”是指在边或面上以渐变的尺寸值进行过渡,需要分别指定各点的半径。图 6-2 所示为等半径和变半径过渡的区别。

图 6-2　等半径和变半径过渡

注意：过渡只适用于实体模型，曲面造型的圆角应采用“曲面过渡”；在进行变半径过渡时，只能拾取边，不能拾取面；变半径过渡时，注意控制点的顺序及对应半径值的设定；当对连续边进行变半径过渡时需要构建顶点。

2.“结束方式”有三种：“缺省方式”、“保边方式”和“保面方式”。

“缺省方式”是指以系统默认的保边或保面方式进行过渡。

“保边方式”是指线面过渡，如图 6-3(a)所示。

“保面方式”是指面面过渡，如图 6-3(b)所示。

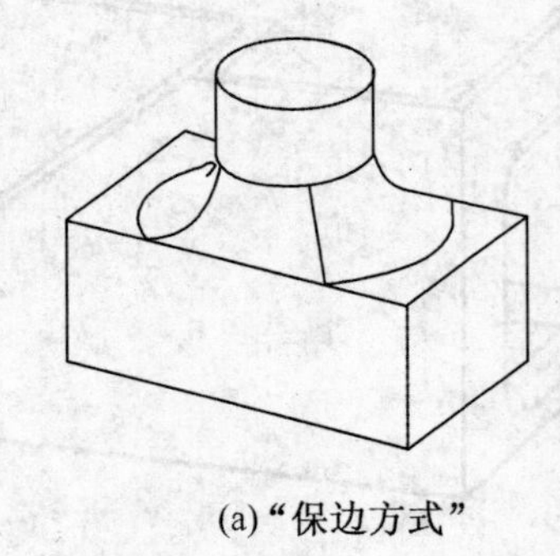

(a)“保边方式”

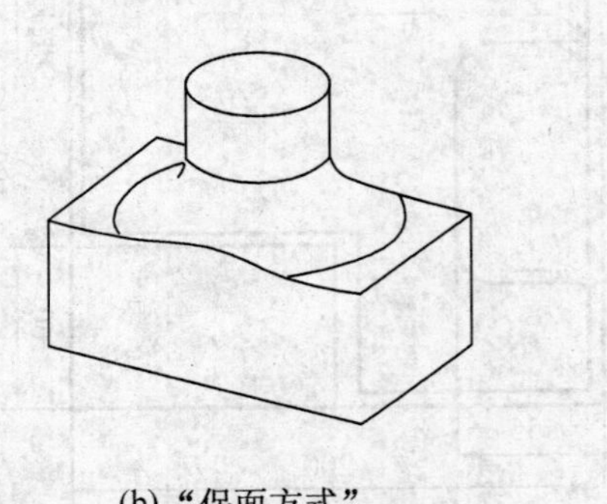

(b)“保面方式”

图 6-3　过渡结束方式

3.“线性变化”是指在变半径过渡时，过渡边界为直线。

4.“光滑变化”是指在变半径过渡时，过渡边界为光滑的曲线。

5.“需要过渡的元素”是指需要过渡的实体上的棱边或实体表面。

6.“顶点”是指在变半径过渡时，所拾取的边上的顶点。

7.“沿切面顺延”是指在相切的几个表面的边界上，只拾取一条边就可以将全部边界过渡。一般先过渡垂直边，再选取任意一条水平边即可，过渡结果如图 6-4 所示。

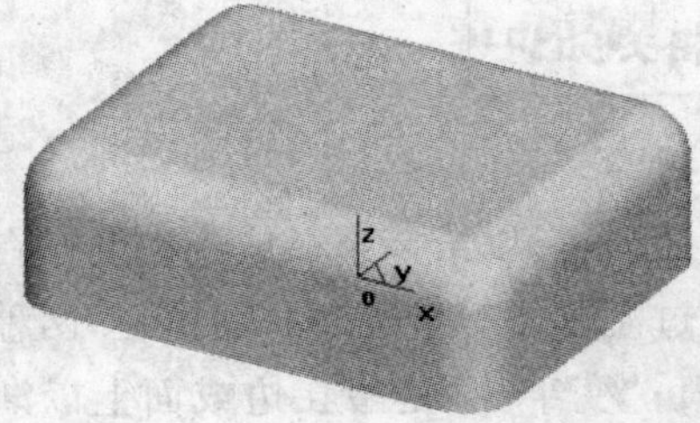

图 6-4　“沿切面顺延”过渡

二、抽壳

根据指定壳体的厚度将实心物体抽成内空的薄壳体。

1."厚度"是指抽壳后实体的壁厚。

2."需抽去的面"是指要抽空的实体表面。

3."向外抽壳"是指向零件外部抽壳,比原有零件增大一个"抽壳厚度",如图 6-5 所示。

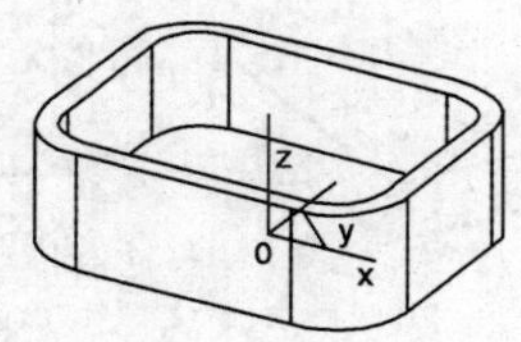

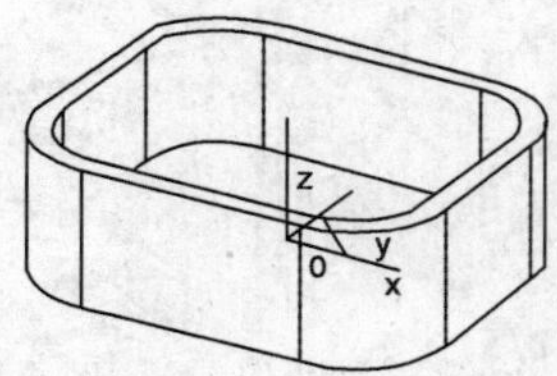

图 6-5 "抽壳"与"向外抽壳"效果

注意:抽壳厚度要合理。

任务实施

一、生成基体

1. 按【F5】键,将作图平面切换到 *XOY* 平面。

2. 在【曲线生成】工具栏,选择【矩形】命令,在弹出的【立即菜单】中选择"中心_长_宽"、"长度"输入 200、"宽度"输入 180,根据【系统提示栏】的提示,拾取系统坐标原点,按回车键确定,生成矩形。按【F8】键,如图 6-6 所示。

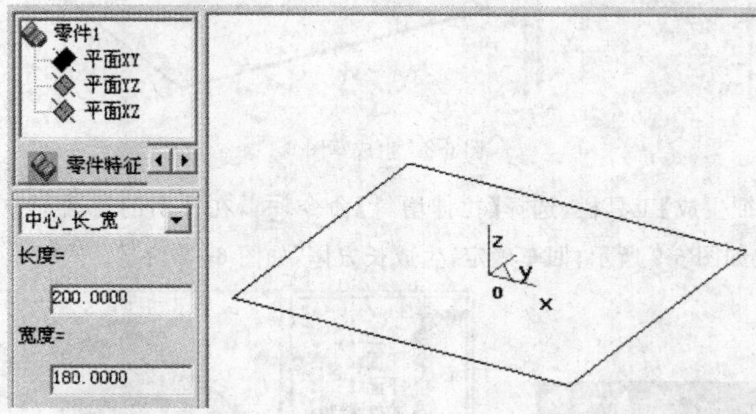

图 6-6 生成矩形

3. 在【特征树】右击 平面XY,选择【创建草图】命令,如图 6-7 所示。

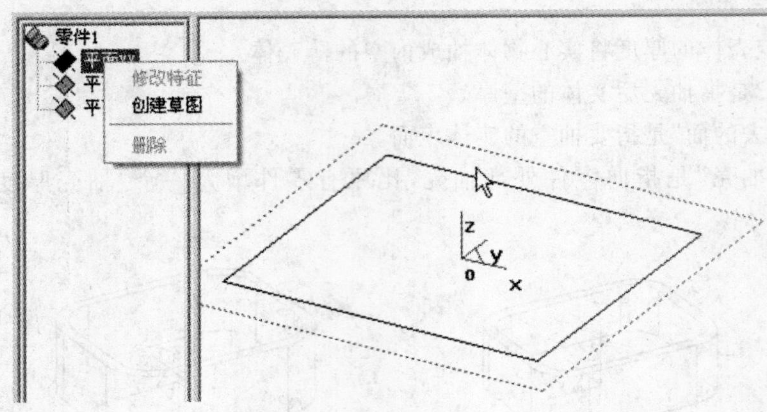

图 6-7　选择草图平面

4. 在【曲线生成】工具栏，选择【曲线投影】命令 ，根据【系统提示栏】的提示，框选矩形的四条边，生成草图 0，并显示在【零件特征树】中，如图 6-8 所示。

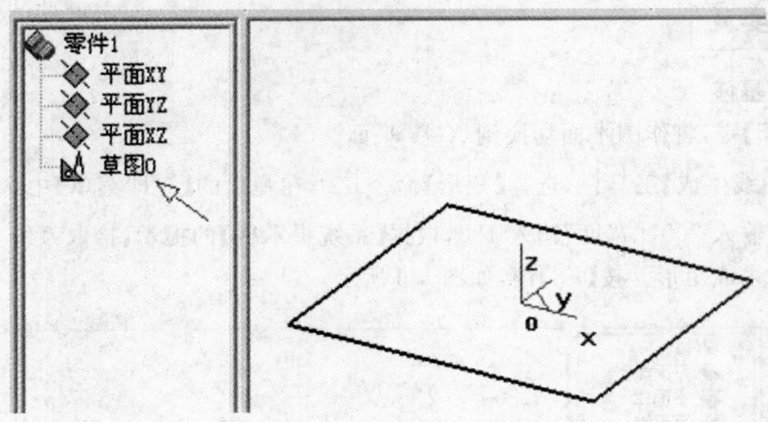

图 6-8　生成草图 0

5. 在【特征生成】工具栏，选择【拉伸增料】命令 ，在弹出的对话框中"深度"输入 140，其他参数如图 6-9 所示；回车确定，生成长方体，如图 6-10 所示。

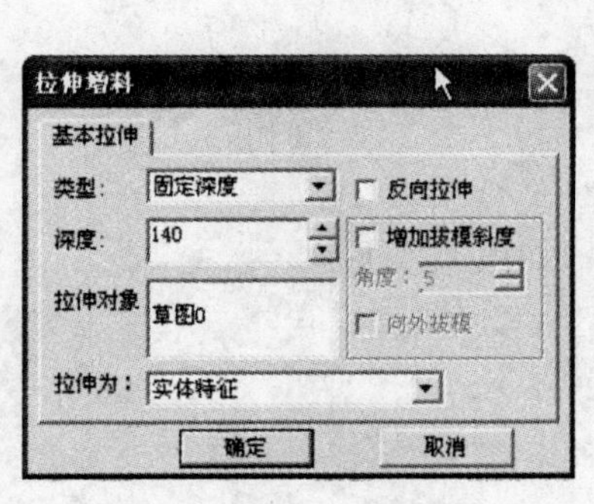

图 6-9　拉伸增料参数表

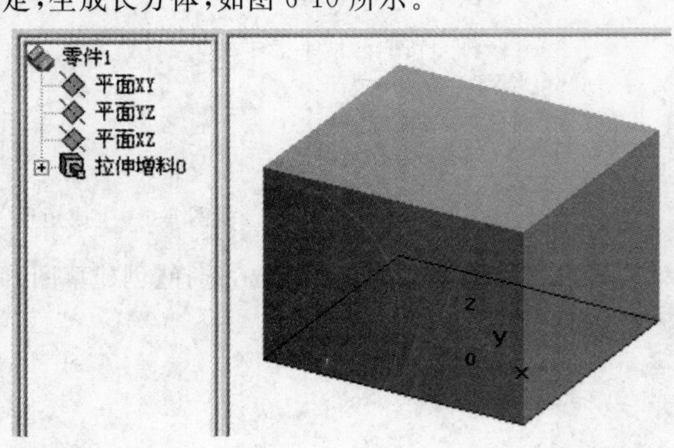

图 6-10　生成长方体

二、拉伸除料

1. 选择长方体的前面,右击,在弹出的【快捷菜单】中选择“创建草图”命令。

2. 在【曲线生成】工具栏,选择【直线】命令 ,在弹出的【立即菜单】中,选择“两点线”、“单个”、“正交”、“长度方式”,“长度”输入 100,拾取长方体上表面右下角顶点,在左侧单击,生成水平线;“长度”修改为 80,拾取同一点,在下方单击,生成铅垂线;在【立即菜单】中将“正交”改为“非正交”,连接水平线和铅垂线端点生成斜线。完成三角形草图 1 的绘制,如图 6-11 所示。

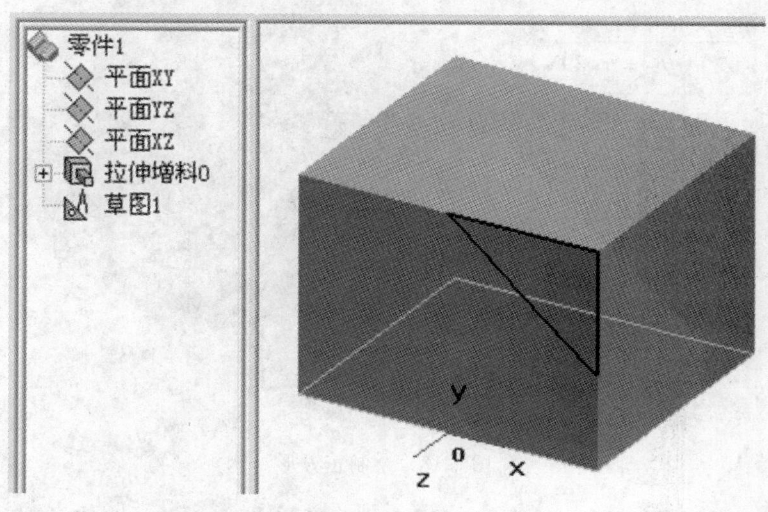

图 6-11 绘制草图 1

3. 在【特征生成】工具栏,选择【拉伸除料】命令 ,在弹出的对话框中“深度”输入 60,回车确定,生成三角形斜面,如图 6-12 所示。

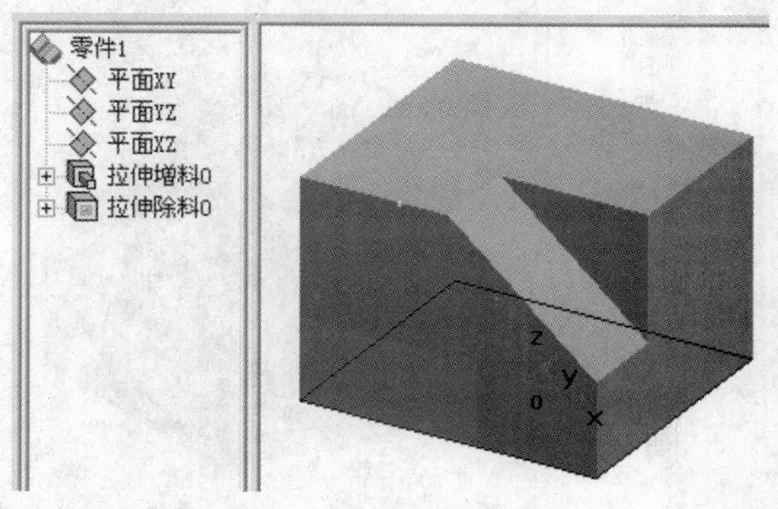

图 6-12 生成三角形斜面

4. 将长方体的左端面旋转到合适的视图位置并选中,右击,在弹出的【快捷菜单】中选择“创建草图”命令。

5. 在【曲线生成】工具栏，选择【矩形】命令 ，在弹出的【立即菜单】中选择“中心_长_宽”、“长度”输入 80、“宽度”输入 80，根据【系统提示栏】的提示，拾取左端面底边中点，按回车键确定，绘制正方形，如图 6-13 所示。

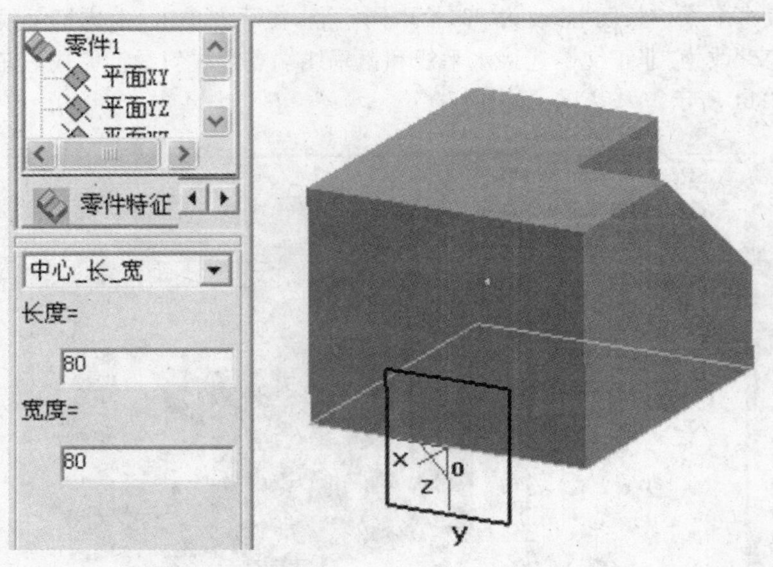

图 6-13　绘制正方形

6. 在【几何变换】工具栏，单击【平移】命令 ，在弹出的【立即菜单】中，选择“偏移量”、“移动”、输入“DX=0”、“DY=－60”；拾取 80×80 正方形四条边，右击，生成草图 2，如图 6-14 所示。

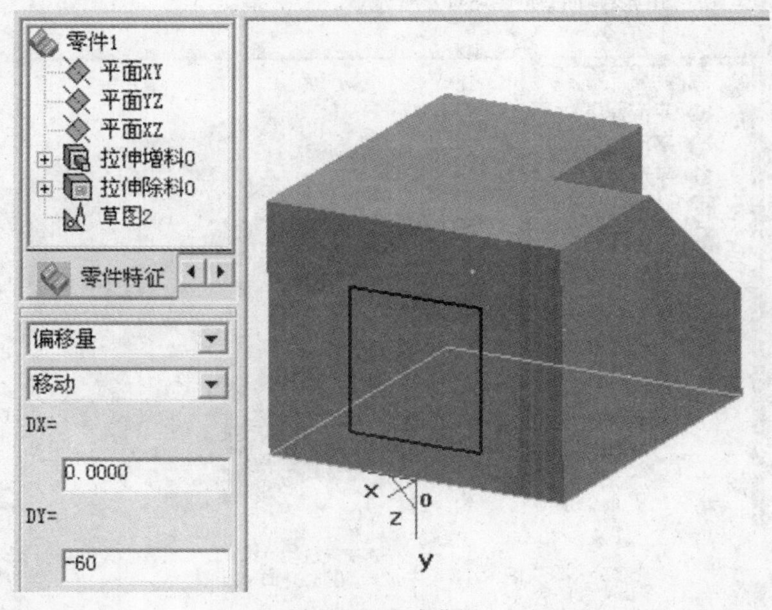

图 6-14　生成草图 2

7. 在【特征生成】工具栏，选择【拉伸除料】命令，在弹出的对话框中"深度"输入50，回车确定，生成正方孔，如图 6-15 所示。

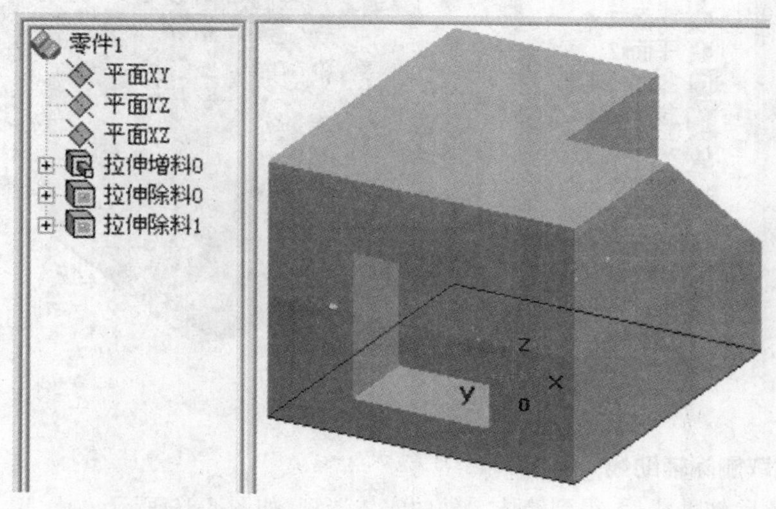

图 6-15 生成正方孔

三、过渡

在【特征生成】工具栏，选择【过渡】命令，在弹出的对话框中"半径"输入 10，其他参数如图 6-16 所示；依次拾取正方孔的五个面，单击 确定 ，生成过渡 0，如图 6-17 所示。

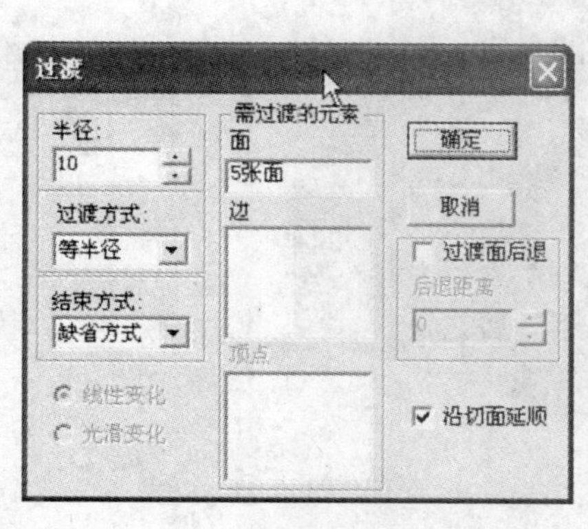

图 6-16 过渡参数表

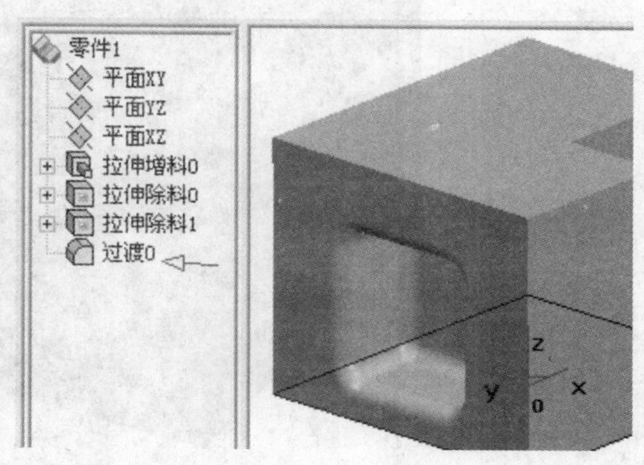

图 6-17 过渡

四、抽壳

1. 按【F8】键切换到轴测图。

2. 在【特征生成】工具栏，选择【抽壳】命令，在弹出的对话框中"厚度"输入 5，拾取零件的上表面，单击 确定 ，生成抽壳，如图 6-18 所示。

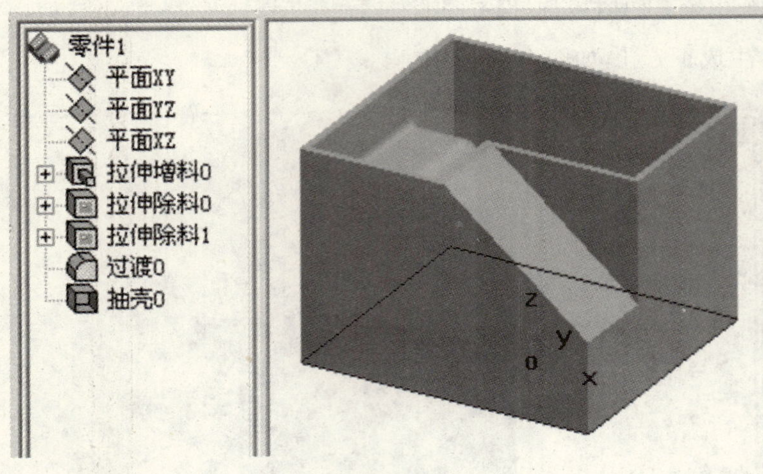

图 6-18　抽壳

五、隐藏或删除辅助线

隐藏或删除辅助线后，得到箱体零件的实体造型，如图 6-19 所示。

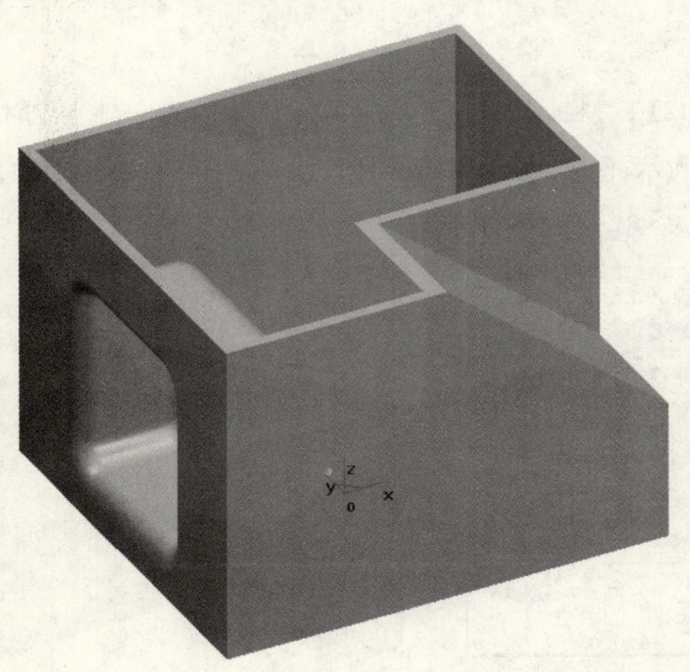

图 6-19　箱体零件的实体造型

思考练习

完成图 6-20 所示零件的实体造型。

A-A
B-B
50
φ131
32
64
47.5
5
5
80.5
4-φ20
R10
R10
25°
R58.5
φ110
R10
4-φ10
R10
R8
φ131
R8
R21
R10
φ27.5
R15
95.39
45
21
12
30
177
155
6-φ10.5
80
9
φ42
9
32
125
105
7
44
φ22
6
62.5
70
134
R21.5
未注圆角R3～5

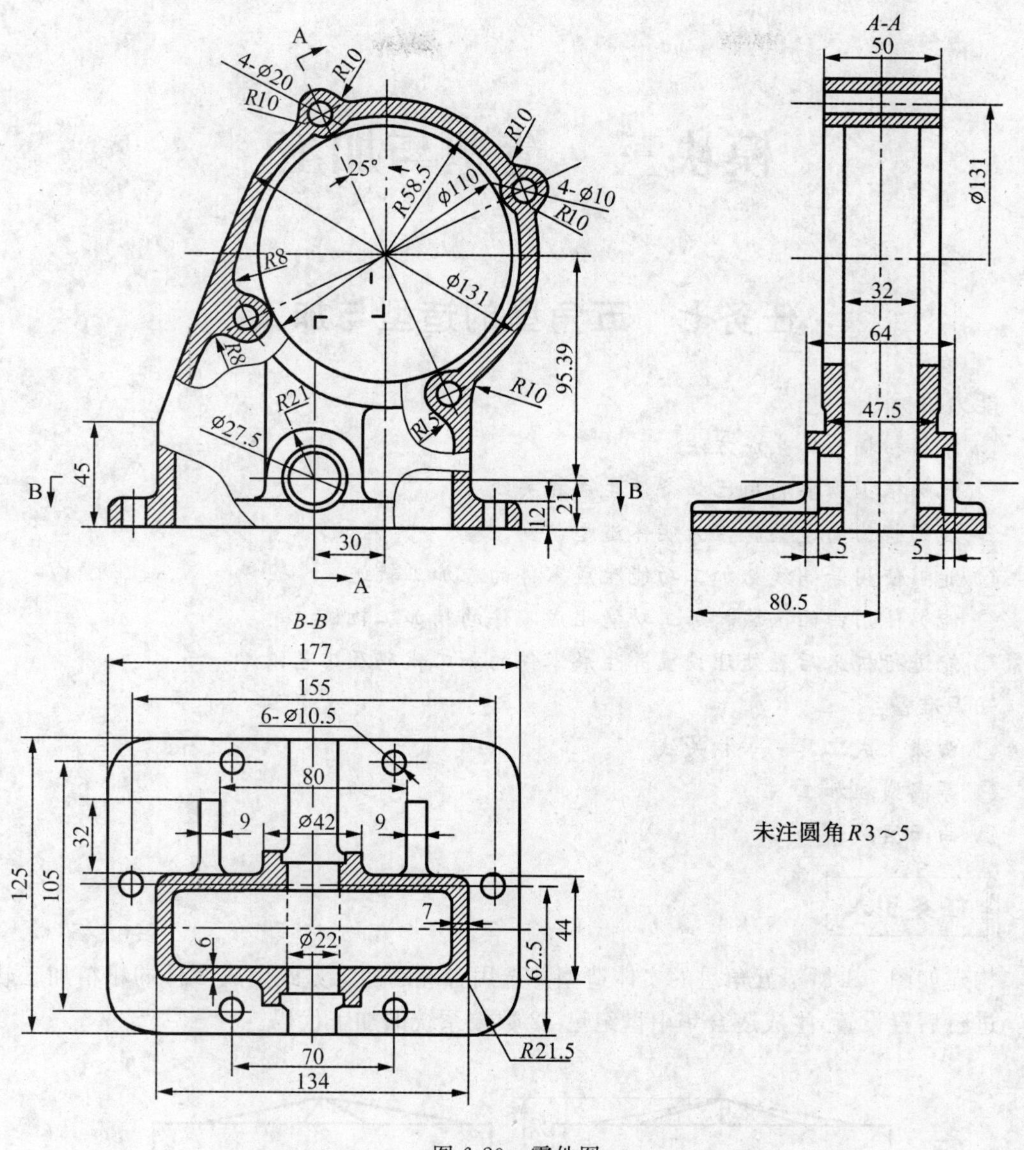

图 6-20　零件图

模块三　造型与加工

任务七　五角星的造型与加工

能力目标

◎ 掌握扫描面的生成方法

◎ 能够根据需要利用已知条件生成相关线

◎ 能够将曲面造型转化为实体造型

◎ 能够使用等高线粗加工功能生成零件的粗加工轨迹

◎ 能够使用曲面区域精加工功能生成零件的精加工轨迹

◎ 能进行机床后置处理设置并生成零件的加工代码及工艺清单

知识准备

◎ 曲线生成工具——相关线

◎ 等高线粗加工

◎ 曲面区域精加工

任务引入

构建如图 7-1 所示五角星的实体造型并选用合理的加工方式生成零件的粗精加工轨迹。进行后置设置，生成适合华中世纪星 22 数控系统的加工代码。

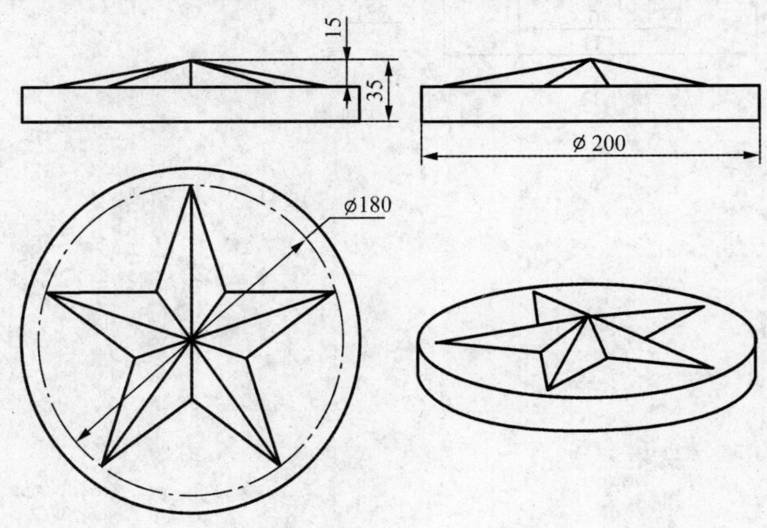

图 7-1　五角星零件图

任务分析

五角星的实体造型采用以前学过的拉伸增料、拉伸除料等方式不易构建，根据零件特点，决定先使用空间曲线构建空间线架，然后利用直纹面命令生成曲面，再由曲面生产实体。最后一步有多种方式，可以在水平平面内绘制草图，使用拉伸增料命令中的拉伸到面，构建五星；也可以先拉伸一个圆柱体，使用曲面剪裁功能，生成实体；还可以使用曲面加厚增料功能，直接将曲面造型转化成实体。这里采用最后一种方式，其他方式读者可作为练习。

五角星的整体特征较为平坦，选用等高粗加工和曲面区域精加工即可。根据零件特点及机床特性，选用 10 立铣刀。工件坐标系设定在零件的上表面中心。

相关知识

一、曲线生成工具——相关线

“相关线”命令可以生成曲面或实体的交线、边界线、参数线、法线、投影线和实体边界。有曲面交线、曲面边界线、曲面参数线、曲面法线、曲面投影线和实体边界六种方式。每种方式所使用的条件不尽相同。

1. 曲面交线可以生成两相交曲面的交线，如图 7-2 所示。

2. 曲面边界线可以生成曲面的外边界线或内边界线，如图 7-3 所示。

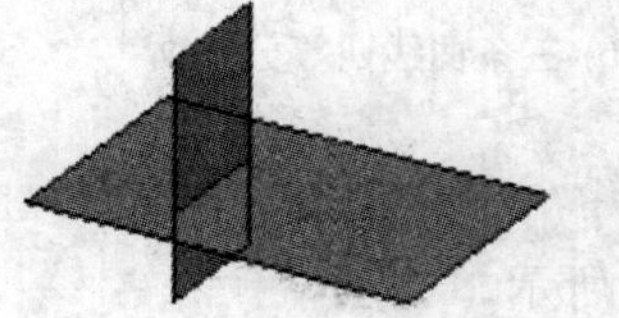

图 7-2 生成曲面交线

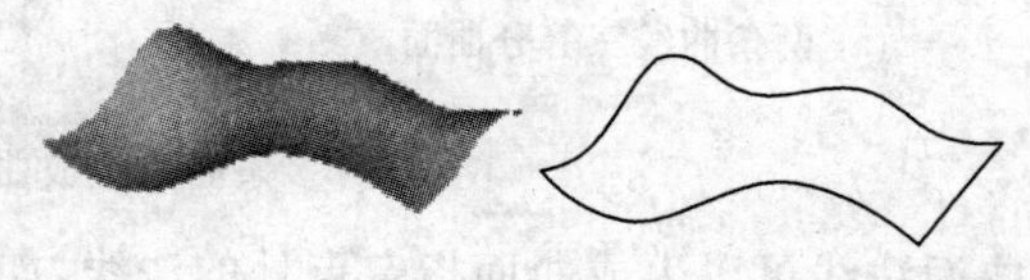

图 7-3 生成曲面边界线

3. 曲面参数线可以生成曲面的 U 向或 V 向的参数线。当生成 U 向参数线时，有指定参数、过点和多条曲线三种方式确定曲线沿 V 方向的位置。同样，当生成 V 向参数线时，也可以用以上三种方式确定曲线沿 U 方向的位置。

1）当使用指定参数方式时，以 U 向参数线为例，参数值实质是指定沿 V 向整个曲面宽度的百分比。如图 7-4(a)所示沿 Y 轴从正到负曲面宽度的 10%处生成 X 轴方向参数线；如图 7-4(b)所示沿 Y 轴从正到负曲面宽度的 90%处生成 X 轴方向参数线。

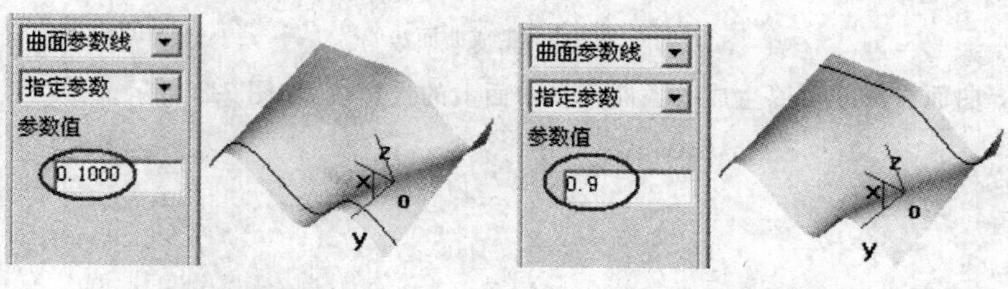

(a) 参数值 0.1处 (b) 参数值 0.9处

图 7-4 指定参数生成曲面参数线

2)当使用过点方式生成参数线时,需要先有已知点,图 7-5(a)所示是通过坐标系原点生成的 U 向参数线;图 7-5(b)所示是通过点(0,30,0)生成的 U 向参数线。

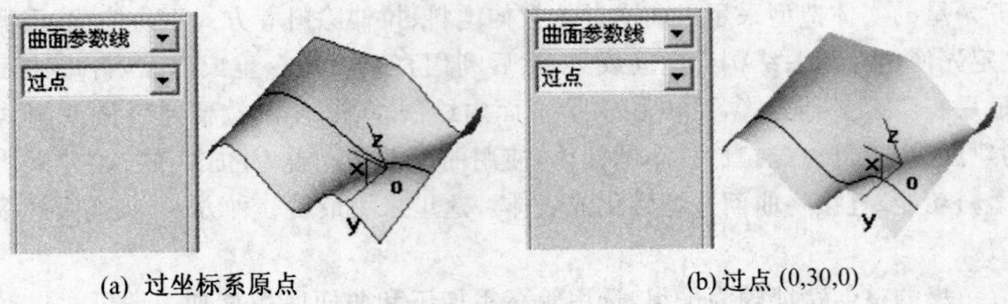

(a) 过坐标系原点　　(b) 过点 (0,30,0)

图 7-5　过点生成曲面参数线

3)当使用多条曲线生成参数线时,实际就是同时生成指定数量的参数线,并且生成的所有参数线将曲面平分,如图 7-6 所示。

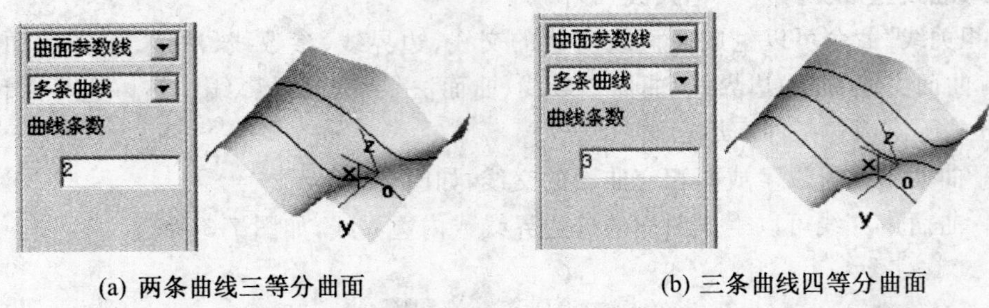

(a) 两条曲线三等分曲面　　(b) 三条曲线四等分曲面

图 7-6　多条曲线生成曲面参数线

4. 曲面法线可以生成曲面指定点处的法线,如图 7-7 所示。

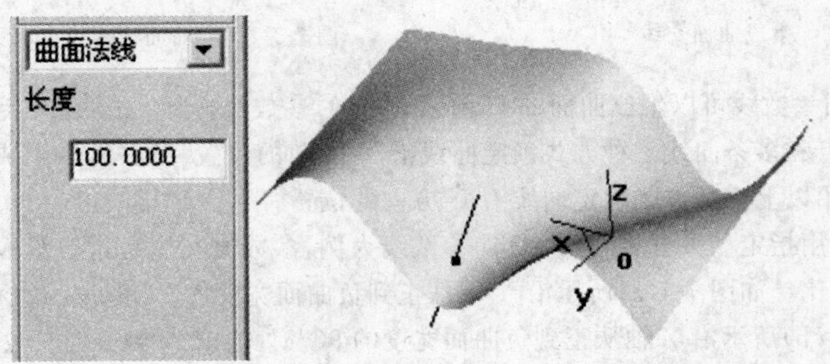

图 7-7　生成曲面法线

5. 曲面投影线可以生成一条曲线在曲面上的投影线,如图 7-8 所示。

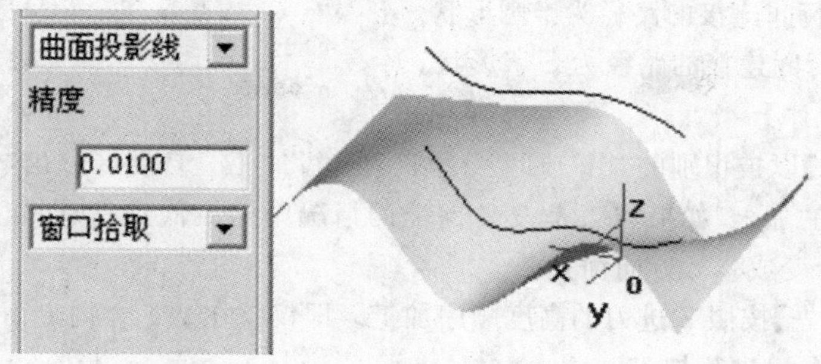

图 7-8　生成投影线

6. 实体边界可以生成实体的边界线，如图 7-9 所示。

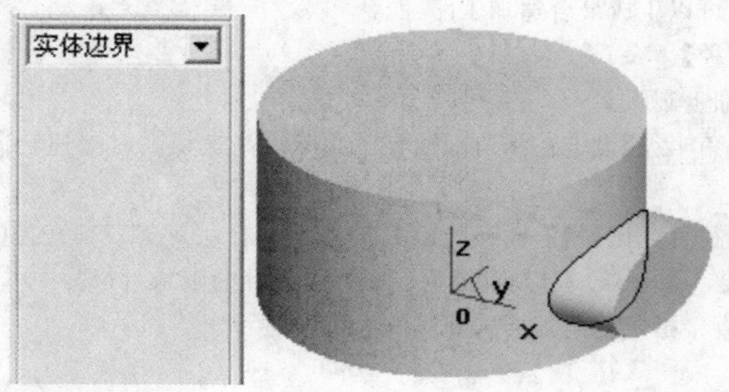

图 7-9　生成实体的边界线

二、等高线粗加工

1.【加工方向】

加工方向有顺铣和逆铣两种方式。

2.【Z 切入】

1)【层高】沿 Z 轴方向加工层的切削深度。

2)【残留高度】系统根据输入的残留高度的大小计算 Z 向层高。

3)【最大层间距】最大 Z 向切削深度。根据残留高度求得 Z 向的层高时，为防止在加工较陡斜面时可能层高过大，限制层高在最大层间距的设定值之下。

4)【最小层间距】最小 Z 向切削深度。根据残留高度求得 Z 向的层高时，为防止在加工平坦面时可能层高过小，限制层高在最小层间距的设定值之上。

3.【XY 切入】

1)【行距】XY 方向的相邻扫描行的距离。

2)【残留高度】使用球刀铣削时，限制铣削后的残余量(残留高度)。

3)【前进角度】当【XY 切削模式】为【单向】或【往复】时可以进行设定。输入 0°，生成与 X 轴平行的扫描线轨迹；输入 90°，生成与 Y 轴平行的扫描线轨迹；输入值范围是 0°～360°。

4.【行间连接方式】

1)【直线】行间连接的路径为直线形状。

2)【圆弧】行间连接的路径为半圆形状。

3)【S 形】行间连接的路径为 S 字形状。

5.【加工顺序】

1)【Z 优先】以被识别的“山”或“谷”为单位进行加工。自动区分出“山”和“谷”,逐个进行由高到低的加工(如果加工是按 Z 向上的情况则是由低到高)。如果断面为不封闭形状时,有时会变成 *XY* 方向优先。

2)【XY 优先】按照 Z 进刀的高度顺序加工。即仅仅在 *XY* 方向上由系统自动区分的“山”或“谷”按顺序进行加工。

6.【镶片刀的使用】

在使用镶片刀具时生成最优化路径。因为考虑到镶片刀具的底部存在不能切削的部分,选中本选项可以生成最合适加工路径。

7.【拐角半径】

在拐角处加上圆弧。

1)【添加拐角半径】设定在拐角部插补圆角 R。高速切削时减速转向,防止拐角处的过切。

2)【刀具直径百分比】指定插补圆角 R 的圆弧半径相对于刀具直径的比率(%)。例,刀具直径百分比为 20(%),刀具直径为 50 的话,插补的圆角半径为 10。

3)【半径】直接指定拐角处插入圆弧的大小(半径)。

8.【选项】

1)【删除面积系数】基于输入的删除面积系数,设定是否生成微小轨迹。刀具截面积和等高线截面面积若满足下面的条件时,删除该等高线截面的轨迹:等高线截面面积<刀具截面积×删除面积系数(刀具截面积系数)。要删除微小轨迹时,该值比较大。相反,要生成微小轨迹时,请设定小一点的值。通常使用初始值。

2)【删除长度系数】基于输入的删除长度系数,设定是否生成微小轨迹。刀具截面积和等高截面线长度若满足下面的条件时,删除该等高线截面的轨迹:等高截面线长度<刀具直径×删除长度系数(刀具直径系数)。要删除微小轨迹时,该值比较大。相反,要生成微小轨迹时,请设定小一点的值。通常使用初始值。

9.【参数】

1)【加工精度】输入模型的加工精度。计算模型的轨迹的误差小于此值。加工精度越大,模型形状的误差也增大,模型表面越粗糙。加工精度越小,模型形状的误差也减小,模型表面越光滑,但是,轨迹段的数目增多,轨迹数据量变大。

2)【加工余量】相对模型表面的残留高度,可以为负值,但不要超过刀角半径。

三、曲面区域加工

1.【走刀方式】

走刀方式有平行加工和环切加工两种方式。根据被加工区域的几何形状特点,选择合理的走刀方式。

平行加工有单向和往复两种方式,平行加工方式是指刀具以单一的顺铣或逆铣方式加工工件,有利于提高零件的表面质量;往复加工方式是指刀具以顺逆混合方式加工工件,有利于提高加工效率。“角度”参数是指轨迹线与指定方向的夹角。

环切加工有从里往外和从外往里两种方式。指定从毛坯的内侧切入还是从毛坯的外侧向内侧切入，凹的部分必须从内侧向外侧切入生成轨迹。

2.【参数】

1)【加工余量】相对模型表面的残留高度，精加工时为0。

2)【轮廓余量】相对区域轮廓的残留高度，精加工时为0。

3)【岛余量】相对岛轮廓的残留高度，精加工时为0。

4)【加工精度】零件的加工精度。计算模型的轨迹的误差小于此值。加工精度值越大，模型形状的误差也增大，模型表面越粗糙。加工精度值越小，模型形状的误差也减小，模型表面越光滑，但轨迹段的数目增多，轨迹数据量变大。

5)【行距】刀具轨迹线在XOY平面内的距离，对立铣刀而言，行距一般不超过刀具直径的70%；对球头刀来说，行距值由被加工曲面的加工精度决定，一般小于刀具直径的10%。

3.【拐角过渡方式】

是在切削过程遇到拐角时的处理方式，本系统提供尖角和圆弧两种过渡方法。

1)尖角是指刀具从轮廓的一边到另一边的过程中，以二条边延长后相交的方式连接。

2)圆弧是指刀具从轮廓的一边到另一边的过程中，以圆弧的方式过渡。过渡半径＝刀具半径＋余量。

4.【轮廓补偿】轮廓补偿是指刀心线与轮廓的位置关系，有如下三种方式：ON 刀心线与轮廓线重合；TO 刀心线未到轮廓线一个刀具半径；PAST 刀心线超过轮廓线一个刀具半径。

5.【轮廓清根】有不清根和清根两种方式。清根轨迹线最后按指定补偿方式生成沿轮廓的一行；不清根则直接按指定的行距生成轨迹线。

6.【岛补偿】岛补偿是指刀心线与岛轮廓的位置关系，有如下三种方式：ON 刀心线与岛轮廓线重合；TO 刀心线未到岛轮廓线一个刀具半径；PAST 刀心线超过岛轮廓线一个刀具半径。

7.【岛清根】有不清根和清根两种方式。清根轨迹线最后按指定补偿方式生成沿岛轮廓的一行；不清根则直接按指定的行距生成轨迹线。

8.【行间连接方式】有传统和HSM两种方式。HSM方式适用于高速加工。

9.【曲面边界】轨迹线在曲面边缘部分的处理方式，有抬刀和保护两种方式。

任务实施

一、生成五角星线架造型

1. 在【曲线生成】工具栏，选择【直线】命令 ╱，在弹出的【立即菜单】中选择“两点线”、“单个”、“正交”、“长度方式”、“长度＝”输入15，第一点拾取坐标系原点，单击Z轴负方向，生成15mm铅垂线，如图7-10所示。

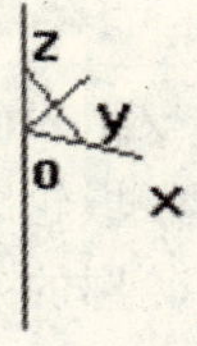

图 7-10 生成 15mm 铅垂线

小提示:沿 Z 轴负方向建模,就是把零件模型的最高点设定在 Z 轴坐标系零点,也就是把工件坐标系设定在零件的上表面。

2. 在【曲线生成】工具栏,选择【圆】命令 ,在弹出的【立即菜单】中选择"圆心_半径",根据【系统提示栏】的提示,"圆心点"拾取铅垂线的下端点,输入圆半径 90,按确定键,生成半径为 R90 的圆,如图 7-11 所示。

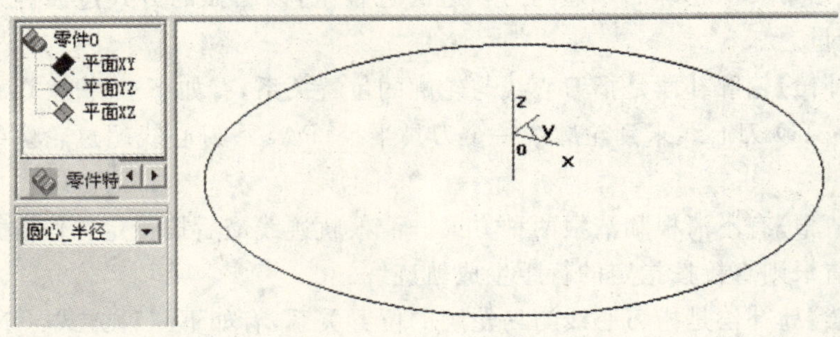

图 7-11 生成半径为 R90 的圆

3. 在【曲线生成】工具栏,选择【正多边形】命令 ,在弹出的【立即菜单】中选择"中心"、"边数"输入 5、"内接",根据【系统提示栏】的提示,"中心"拾取铅垂线的下端点,"边起点"拾取 R90 圆的起始点,生成五边形辅助线,如图 7-12 所示。

小提示:CAXA 制造工程师中,整圆的默认起、终点与 X 轴的正方向上一点重合。

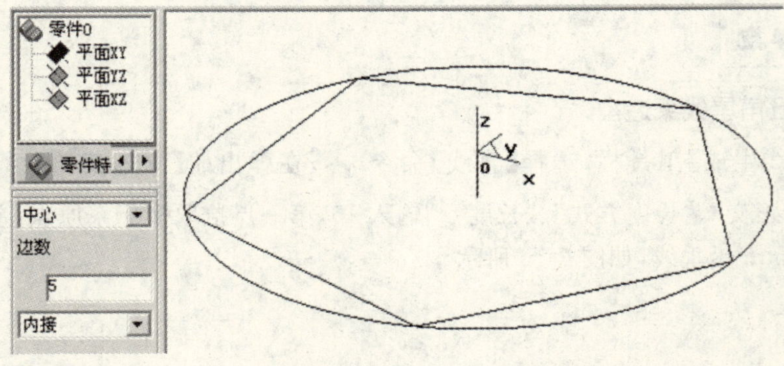

图 7-12 生成五边形辅助线

4. 在【曲线生成】工具栏,选择【直线】命令 ,在弹出的【立即菜单】中选择"两点线"、"连续"、"非正交",依次拾取五边形的五个顶点,生成五角星,如图 7-13 所示。

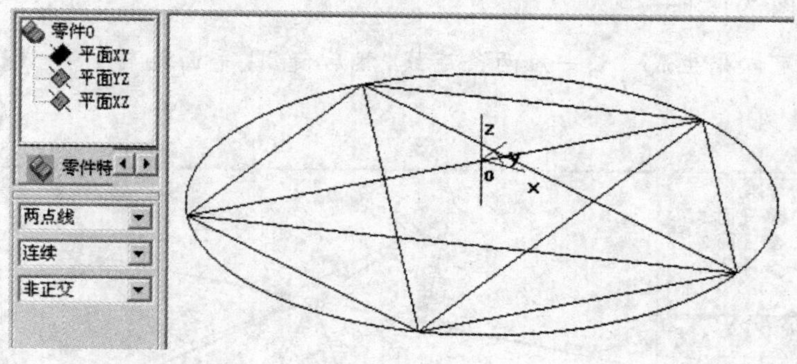

图 7-13 生成五角星

5. 在【线面编辑】工具栏,选择【删除】命令 ,拾取 R90 圆及五边形辅助线,右击,如图 7-14 所示。

小提示:也可以使用【隐藏】命令将辅助线暂时隐藏。调用【隐藏】命令有两种方法:一种是从【菜单】→【编辑】→【隐藏】,依次选择需要隐藏的全部元素,右击,完成元素的隐藏;另一种是先拾取一个需要隐藏的元素,右击弹出快捷菜单,选择【隐藏】,再右击,拾取其他需要隐藏的元素,右击,完成元素的隐藏。

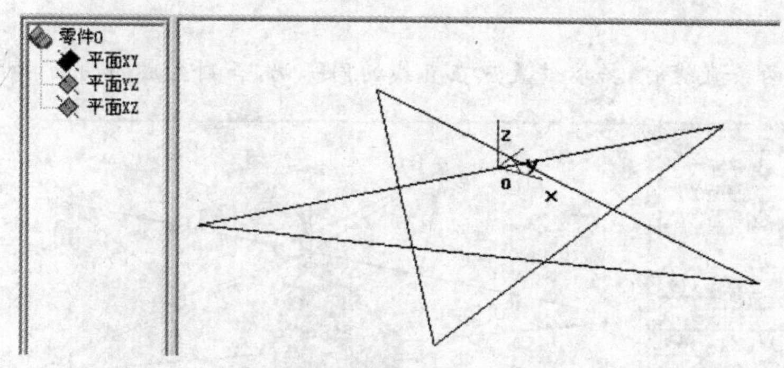

图 7-14 隐藏辅助线

6. 在【线面编辑】工具栏中,选择【曲线裁剪】命令 ,如图 7-15 所示裁剪出五角星的轮廓形状。

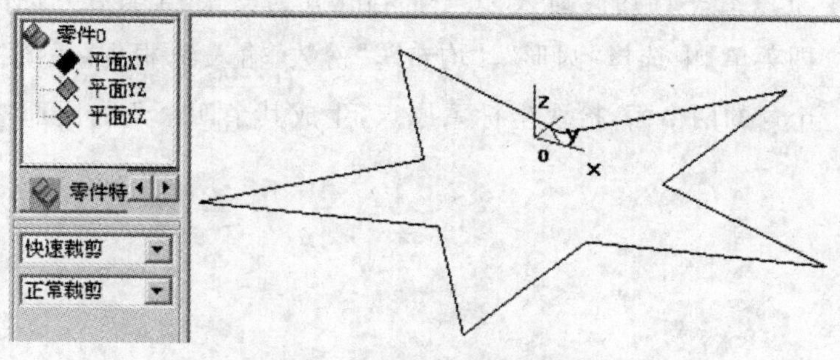

图 7-15 生成五角星轮廓

7. 在【曲线生成】工具栏，选择【直线】命令 ，在弹出的【立即菜单】中选择“两点线”、“连续”、“非正交”，将五角星轮廓线的 10 个顶点分别与坐标系原点连接，生成五角星的线架造型，如图 7-16 所示。

小提示：也可以先生成一长一短两条连线，然后使用【平面旋转】 或【阵列】 命令生成所有的连线。

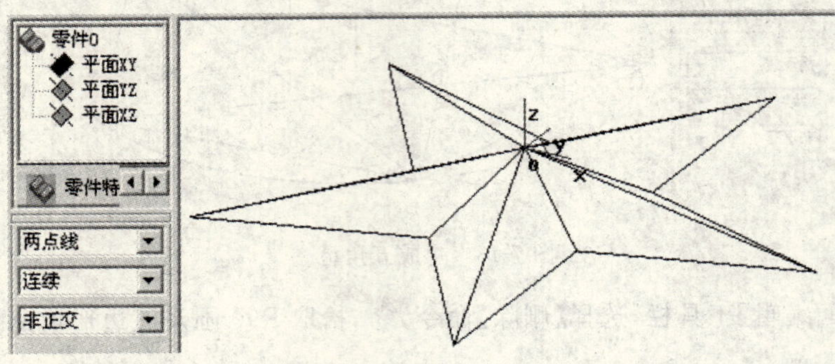

图 7-16　五角星的线架造型

二、生成五角星曲面造型

1. 在【曲面生成】工具栏，选择【直纹面】命令 ，在弹出的【立即菜单】中选择【曲线＋曲线】，根据【系统提示栏】的提示，依次拾取直线，生成五角星一个角的直纹面造型，如图 7-17 所示。

注意：拾取两条直线时，拾取位置应在直线的同一端，否则生成的曲面扭曲。

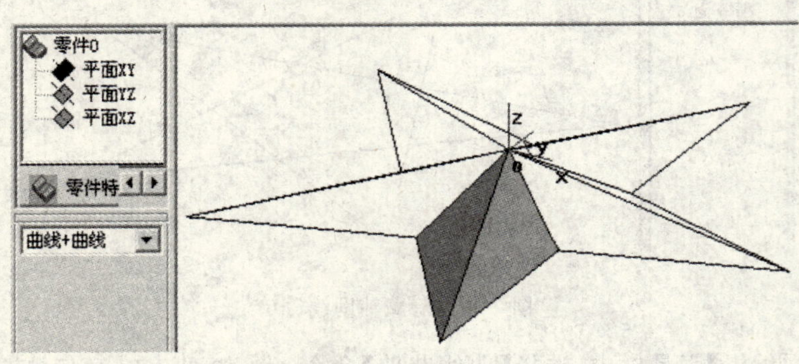

图 7-17　五角星一个角的直纹面造型

2. 按【F5】键，把工作平面切换到 *XOY* 平面，在【几何变换】工具栏，选择【阵列】命令 ，在弹出的【立即菜单】中选择“圆形”、“均布”，“份数”输入 5，根据【系统提示栏】的提示，拾取五角星一个角的两个面，拾取坐标系原点，生成其余四个角的曲面造型，如图 7-18 所示。

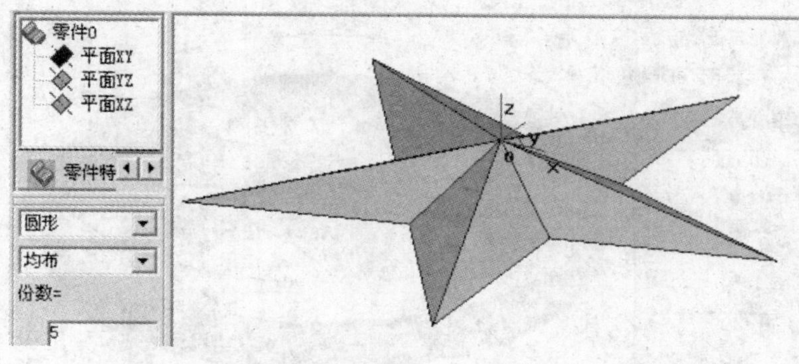

图 7-18 生成其余四个角的曲面造型

3. 在【曲线生成】工具栏，选择【圆】命令，在弹出的【立即菜单】中选择“圆心_半径”，根据【系统提示栏】的提示，“圆心点”拾取坐标系原点，输入圆半径 100，按确定键，生成半径 R100 的圆，如图 7-19 所示。

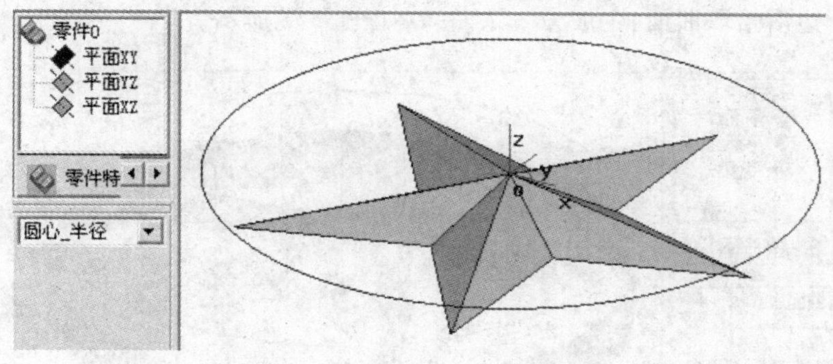

图 7-19 生成半径 R100 的圆

4. 在【曲面生成】工具栏，选择【扫描面】命令，在弹出的【立即菜单】中，“起始距离”输入-15、“扫描距离”输入 20，按空格键，弹出【矢量选择】快捷菜单，选择“Z 轴负方向”，如图 7-20 所示。

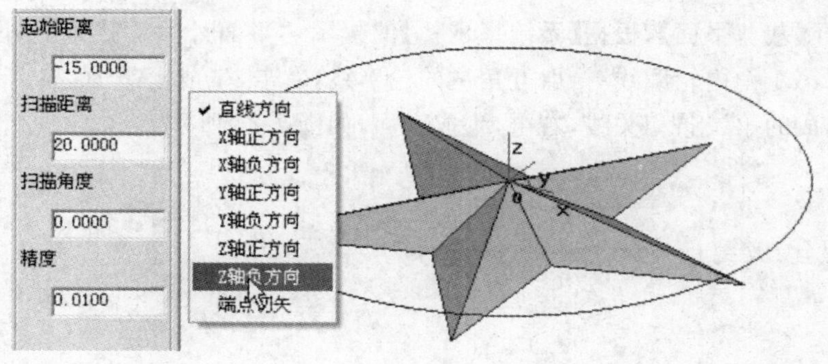

图 7-20 【扫描面】参数设置

5. 根据【系统提示栏】的提示，拾取 R100 圆，生成侧面，如图 7-21 所示。

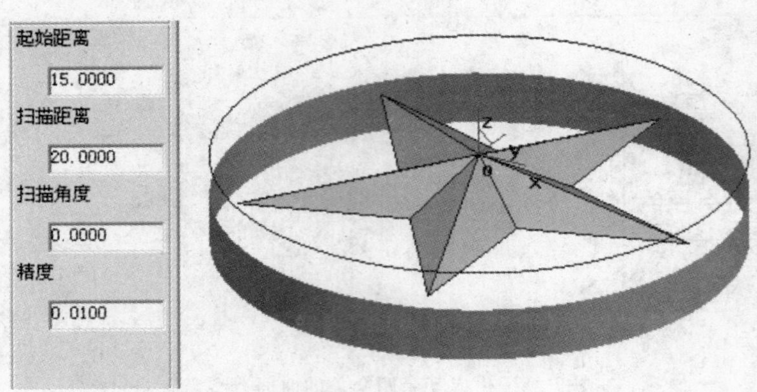

图 7-21 生成侧面

6. 在【曲线生成】工具栏，选择【相关线】命令，在弹出的【立即菜单】中选择“曲面边界线”、“单根”，根据【系统提示栏】的提示，靠近侧面的上边沿拾取曲面，生成一条曲线；靠近侧面的下边沿拾取曲面，生成另一条曲线，如图 7-22 所示。

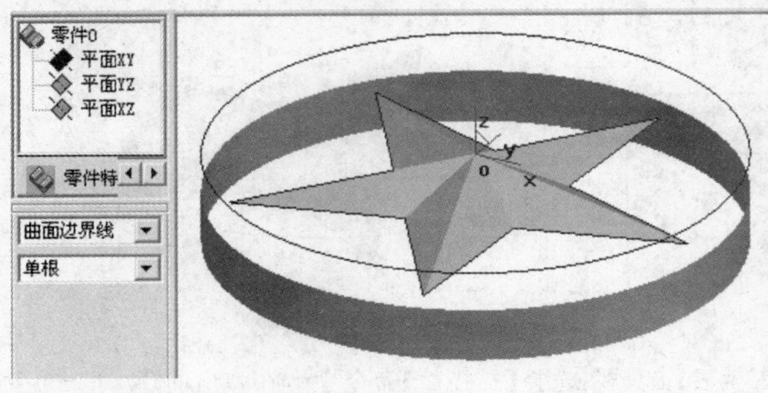

图 7-22 生成两条相关线

7. 将视图选择到合适位置，在【曲面生成】工具栏，选择【平面】命令，在弹出的【立即菜单】中选择【裁剪平面】，根据【系统提示栏】的提示，“平面外轮廓线”拾取刚生成的第一条相关线、“第 1 个内轮廓线”拾取五角星的轮廓线，右击，生成上表面，如图 7-23 所示；继续拾取刚生成的第二条相关线，右击，生成底面，如图 7-24 所示。

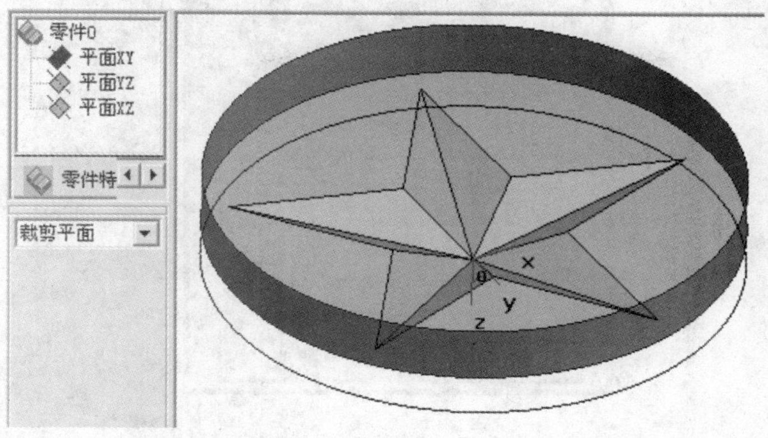

图 7-23 生成上表面

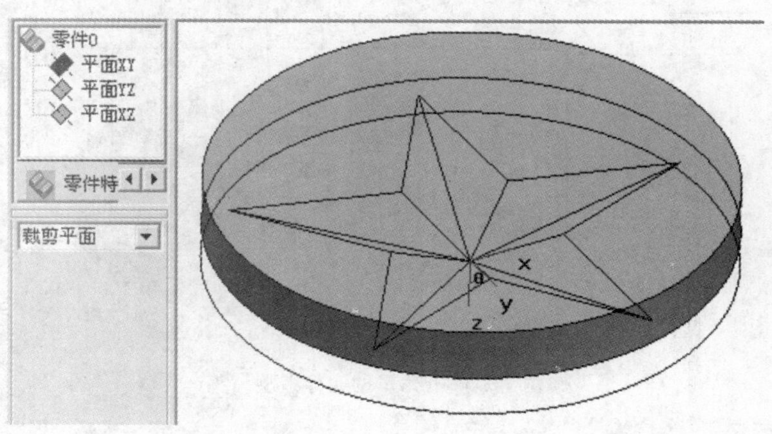

图 7-24 生成下表面

8. 按【F8】键，切换到轴测图，完成零件的曲面造型，如图 7-25 所示。

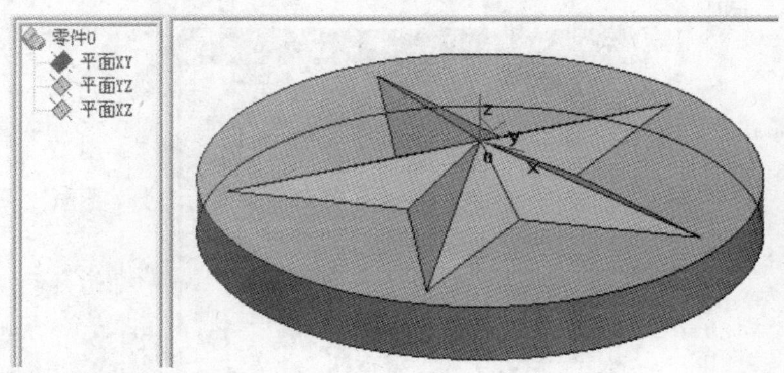

图 7-25 五角星的曲面造型

三、生成五角星实体造型

1. 在【特征生成】工具栏，选择【曲面加厚增料】命令，弹出“曲面加厚”参数设置对话框，“精度”输入 0.02，选中“闭合曲面填充”，拾取生成的 13 个曲面，如图 7-26 所示。

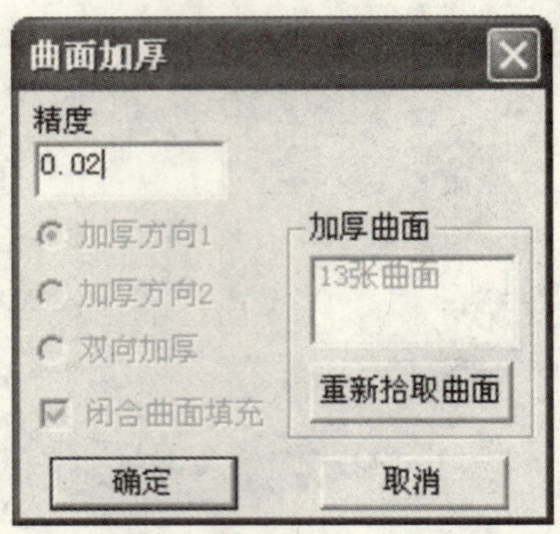

图 7-26　曲面加厚对话框

2. 点击 确定 ,生成五角星的实体造型,如图 7-27 所示。

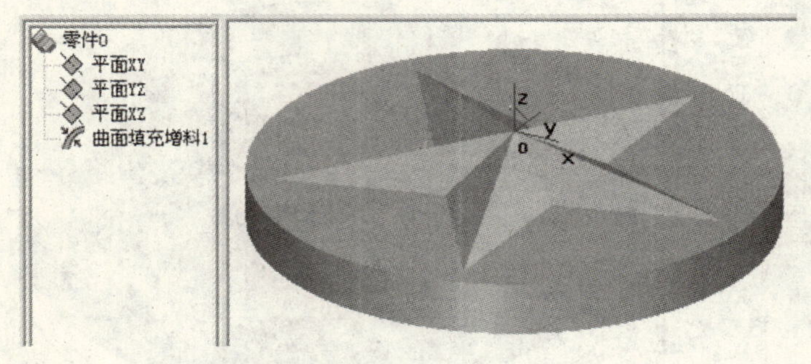

图 7-27　五角星的实体造型

四、生成毛坯

1. 按【TAB】键切换到加工管理树,双击 毛坯,打开【定义毛坯】对话框,选中【参照模型】,单击 参照模型 键,自动生成适合当前零件的毛坯数据,如图 7-28 所示。

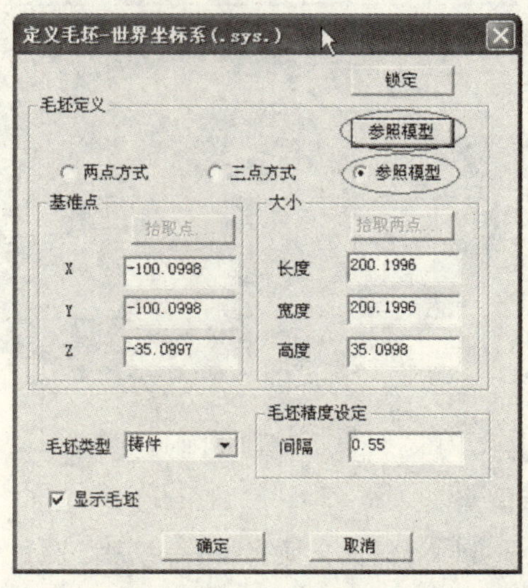

图 7-28　定义毛坯

2. 点击 确定 键，生成毛坯，如图 7-29 所示。

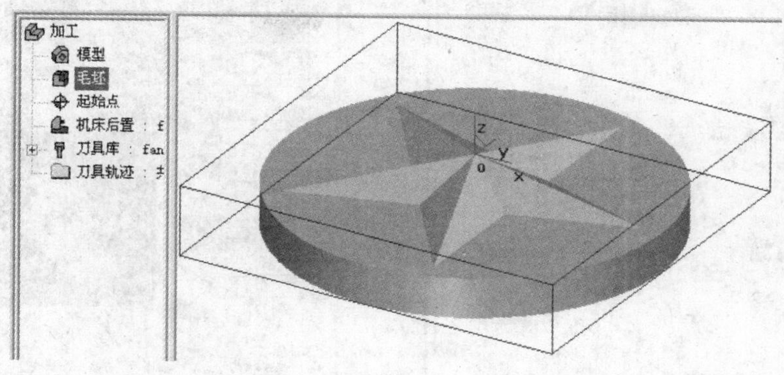

图 7-29 生成毛坯

五、等高线粗加工

1. 在【加工】工具栏，选择【等高线粗加工】命令，填写加工参数 1，如图 7-30 所示；填写加工参数 2，如图 7-31 所示；填写下刀方式参数，如图 7-32 所示；填写切削用量参数，如图 7-33 所示；填写加工边界参数，如图 7-34 所示；填写刀具参数，如图 7-35 所示。全部填写完毕后，点击 确定 。

等高线粗加工
切削用量 | 加工边界 | 公共参数 | 刀具参数
加工参数 1 | 加工参数 2 | 切入切出 | 下刀方式
加工方向：○ 顺铣 ⊙ 逆铣
Z切入：⊙ 层高 层高 4；○ 残留高度 最小层间距 0.1 最大层间距 1
XY切入：⊙ 行距 ○ 残留高度；行距 5；前进角度 0；切削模式 ⊙ 环切 ○ 单向 ○ 往复
行间连接方式：⊙ 直线 ○ 圆弧 ○ S形
加工顺序：⊙ Z优先 ○ XY优先
拐角半径：□ 添加拐角半径；⊙ 刀具直径百分比(%) ○ 半径；刀具直径百分比(%) 20
镶片刀的使用：□ 使用镶片刀具
选项：删除面积系数 0.1；删除长度系数 0.1
参数：加工精度 0.1 加工余量 0.5
确定 取消 悬挂

图 7-30 加工参数 1

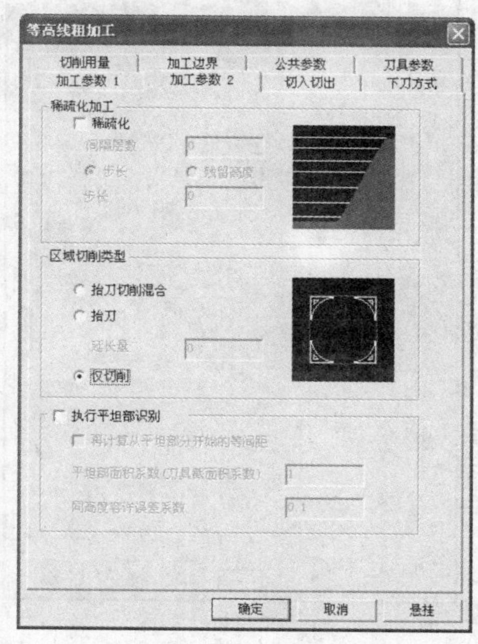

图 7-31 加工参数 2

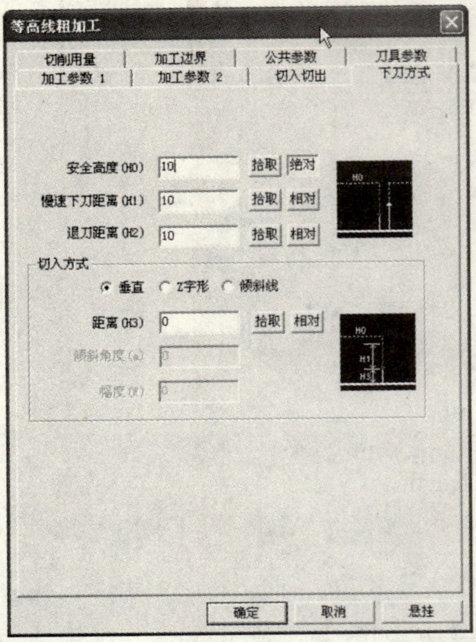

图 7-32　下刀方式参数

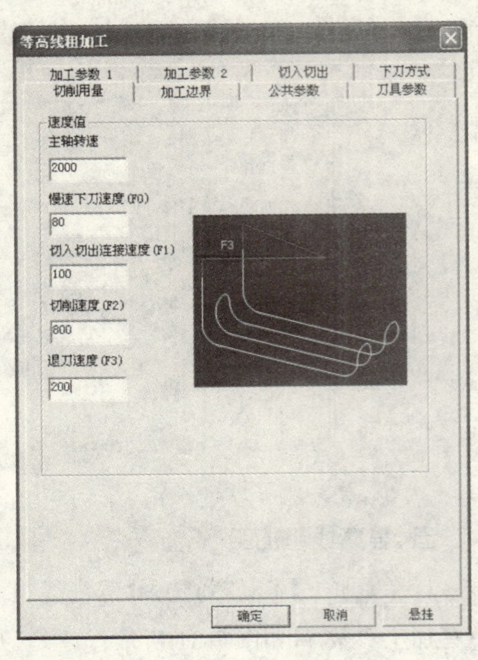

图 7-33　切削用量参数

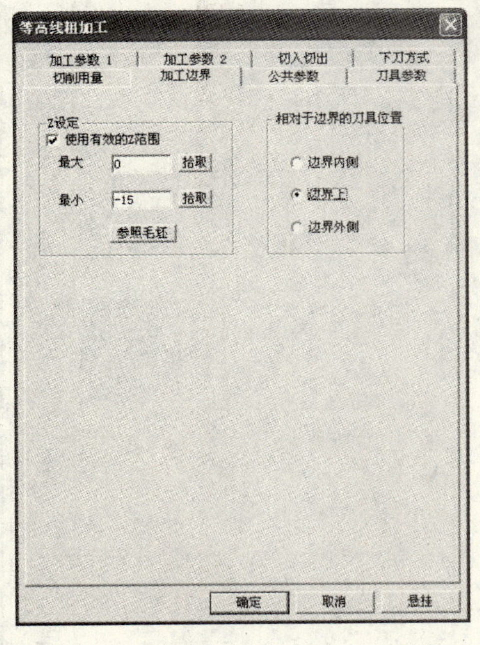

图 7-34　加工边界参数

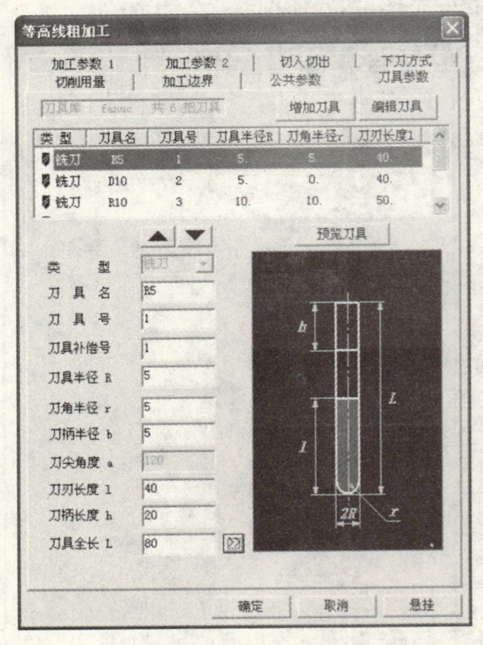

图 7-35　刀具参数

2. 根据【系统提示栏】的提示，“加工对象”拾取模型的任意位置，右击；“加工边界”拾取 R100 圆；“链搜索方向”逆时针；右击，计算结束后，生成粗加工轨迹，并显示在轨迹树中，如图 7-36 所示。

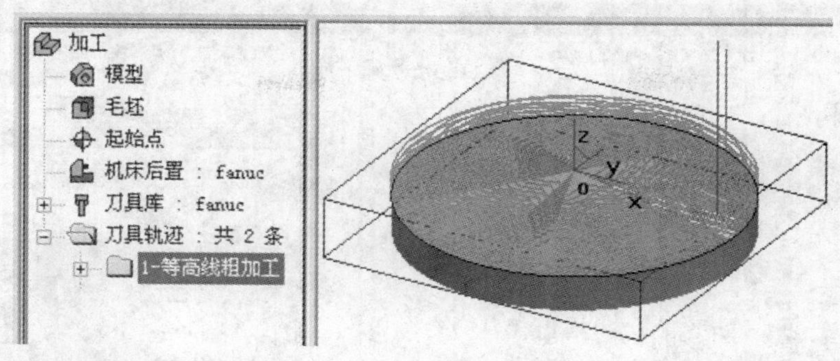

图 7-36　生成粗加工轨迹

3. 在轨迹树轨迹文件夹或绘图区拾取轨迹线，右击，在弹出的快捷菜单中选择【实体仿真】，进入仿真界面。点击【仿真加工】图标，弹出【仿真加工】对话框，点击【播放】按钮，仿真结果如图 7-37 所示。通过仿真，检查加工零件是否有过切或欠切现象，是否需要修改轨迹。无误后，在主界面轨迹树中右击轨迹文件夹，隐藏粗加工轨迹。

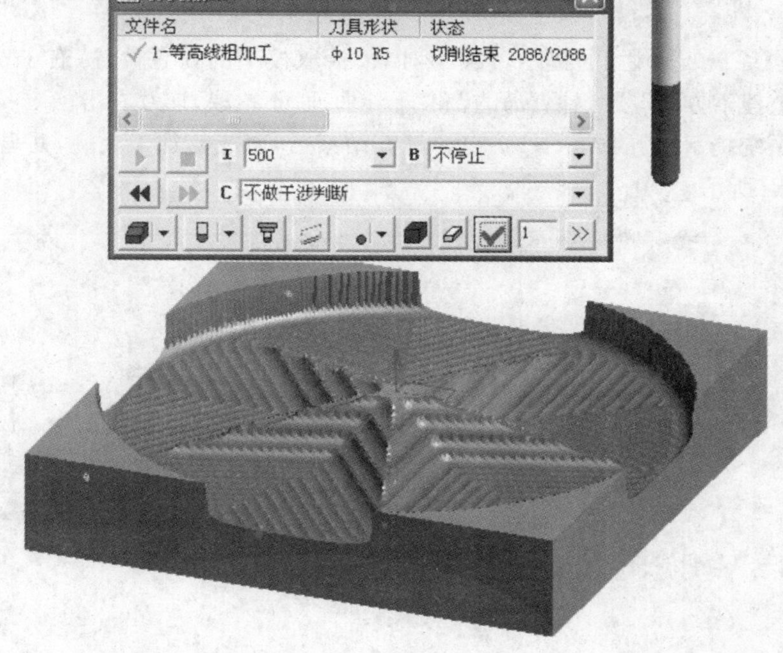

图 7-37　仿真效果

六、曲面区域精加工

1. 在【加工】工具栏，选择【曲面区域精加工】命令，填写加工参数，如图 7-38 所示；填写刀具参数，如图 7-39 所示。全部填写完毕后，点击 确定 。

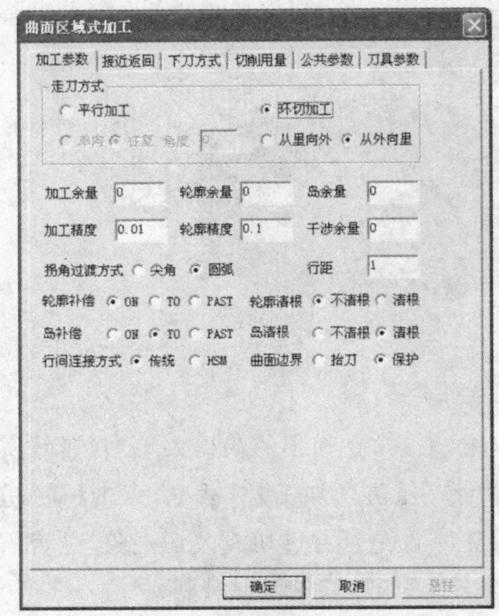

图 7-38　加工参数

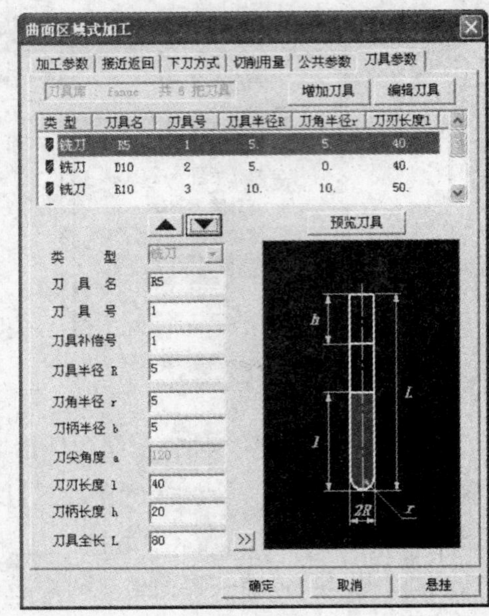

图 7-39　刀具参数

2. 根据【系统提示栏】的提示,“加工对象”拾取模型的任意位置,右击;“轮廓”拾取 R100 圆;“链搜索方向”顺时针;“岛屿”和“干涉曲面”不拾取,连续右击。

根据【系统提示栏】的提示计算进度,计算结束后,生成精加工轨迹,并显示在轨迹树中,如图 7-40 所示。

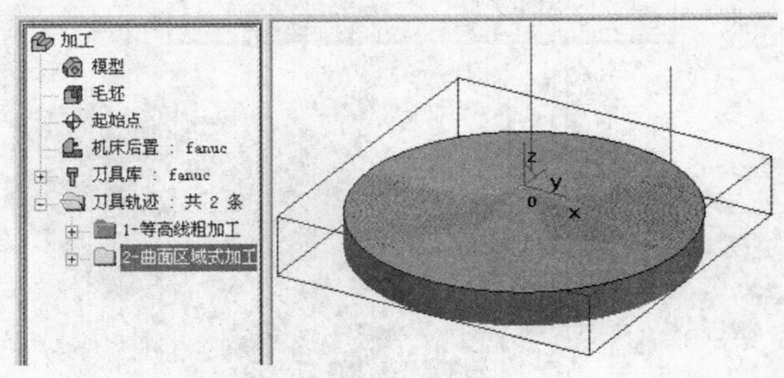

图 7-40　精加工轨迹

3. 通过仿真,检查加工零件是否有过切或欠切现象,是否需要修改轨迹。仿真效果如图 7-41 所示。

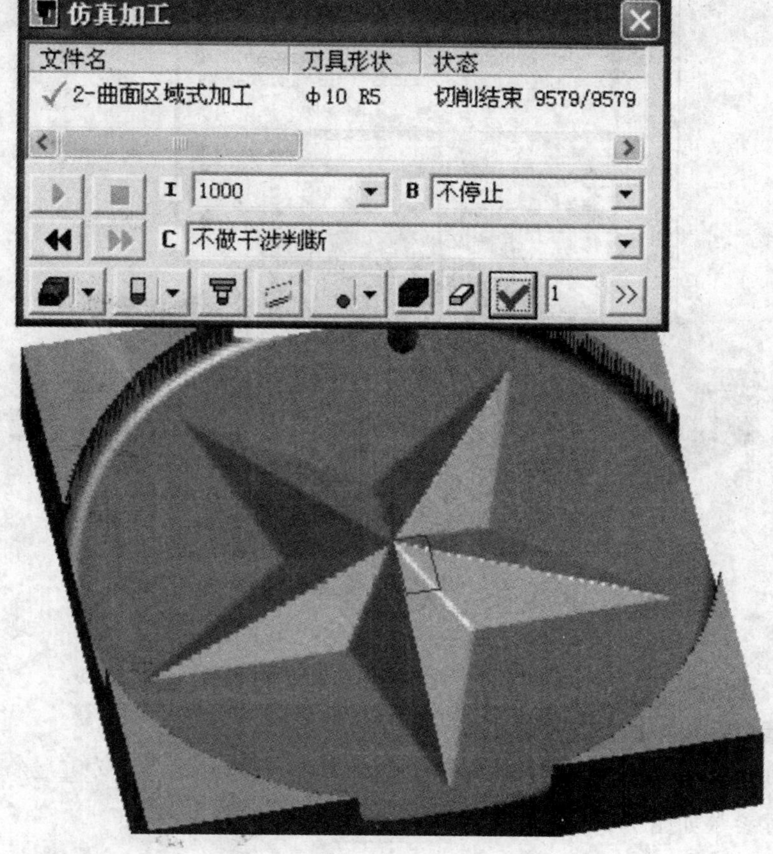

图 7-41 仿真效果

七、综合仿真验证

显示并拾取所有轨迹，右击，在弹出的快捷菜单中选择【实体仿真】，进入仿真界面。点击【仿真加工】图标，在仿真加工对话框中，点击【播放】按钮，仿真结果如图 7-42 所示。

通过仿真，检查是否有过切或欠切现象，是否需要修改轨迹。可根据仿真情况对轨迹进行必要的修改，然后再进行仿真检验，直到满足加工要求。

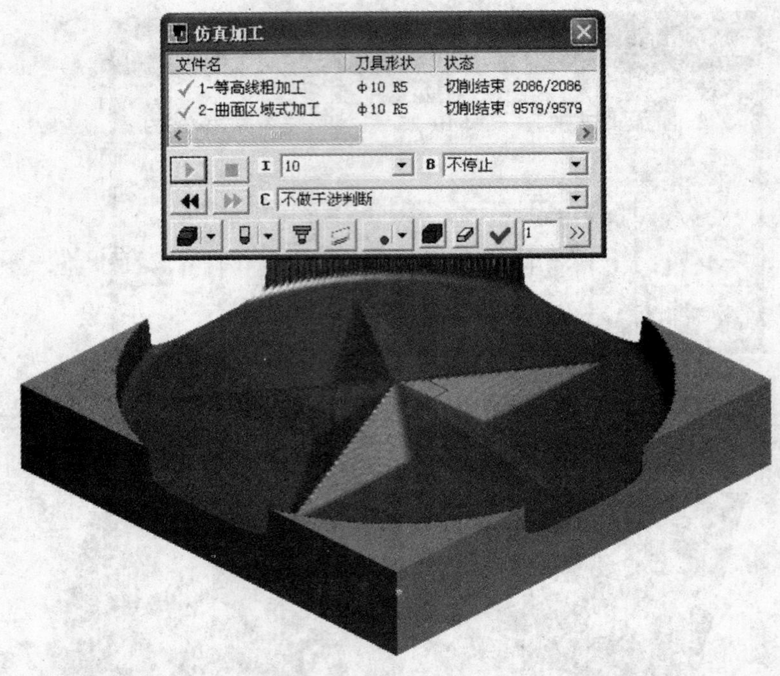

图 7-42 综合仿真验证

八、后置处理及生成加工代码

1. 在【加工管理】树，双击【机床后置】。机床信息参数(华中世纪星 22)如图 7-43 所示，后置设置参数如图 7-44 所示，点击 确定 。

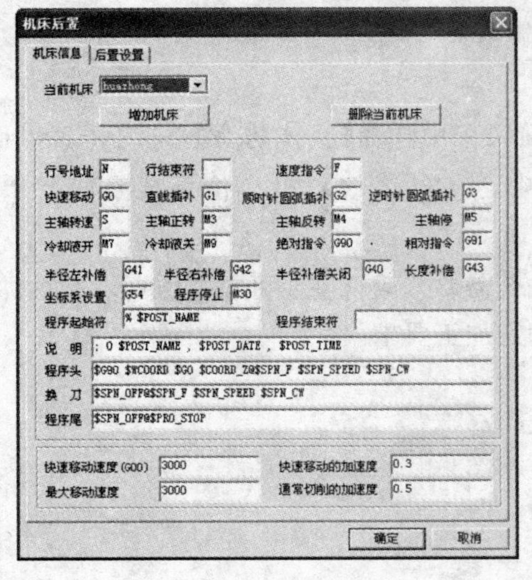

图 7-43 机床信息参数

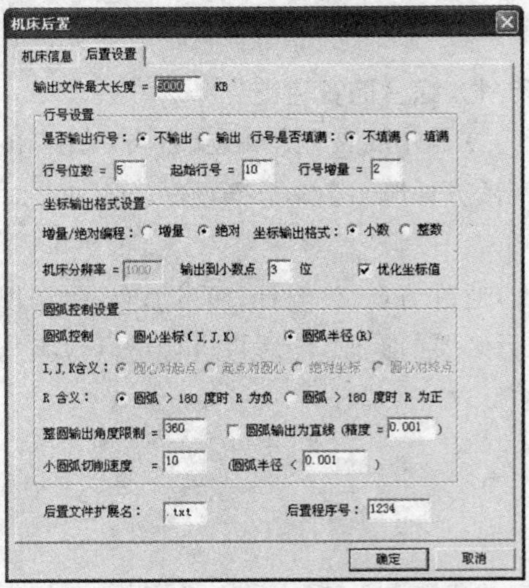

机床后置
机床信息 后置设置
输出文件最大长度 = 3000 KB
行号设置
是否输出行号：不输出 输出 行号是否填满：不填满 填满
行号位数 = 5 起始行号 = 10 行号增量 = 2
坐标输出格式设置
增量/绝对编程：增量 绝对 坐标输出格式：小数 整数
机床分辨率 = 1000 输出到小数点 3 位 优化坐标值
圆弧控制设置
圆弧控制 圆心坐标(I,J,K) 圆弧半径(R)
I,J,K含义：圆心对起点 起点对圆心 绝对坐标 圆心对终点
R 含义：圆弧 > 180 度时 R 为负 圆弧 > 180 度时 R 为正
整圆输出角度限制 = 360 圆弧输出为直线 (精度 = 0.001)
小圆弧切削速度 = 10 (圆弧半径 < 0.001)
后置文件扩展名：.txt 后置程序号：1234
确定 取消

图 7-44 后置设置参数

2. 在【加工管理】树中右击，选择快捷菜单中的【后置处理】→【生成 G 代码】，在弹出【选择后置文件】窗口中，选择文件的保存路径，输入文件名 0001，点击 保存(S) 关闭窗口，如图 7-45 所示。

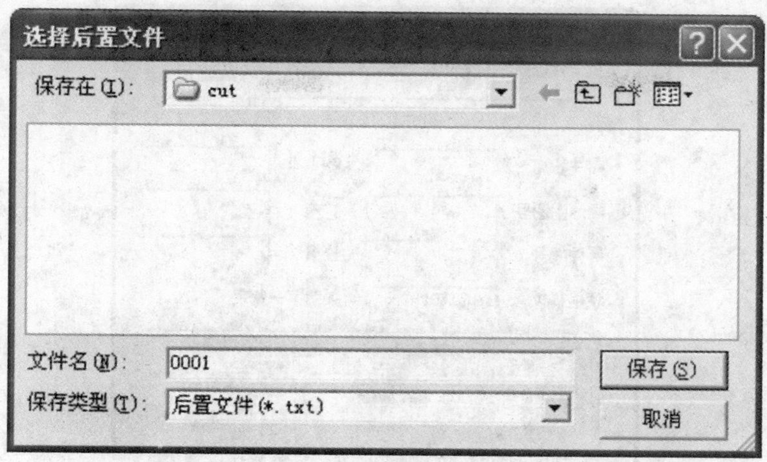

图 7-45 “选择后置文件”窗口

3. 在【加工管理】树或绘图区拾取“等高线粗加工”轨迹，右击，生成粗加工 G 代码，如图 7-46 所示。

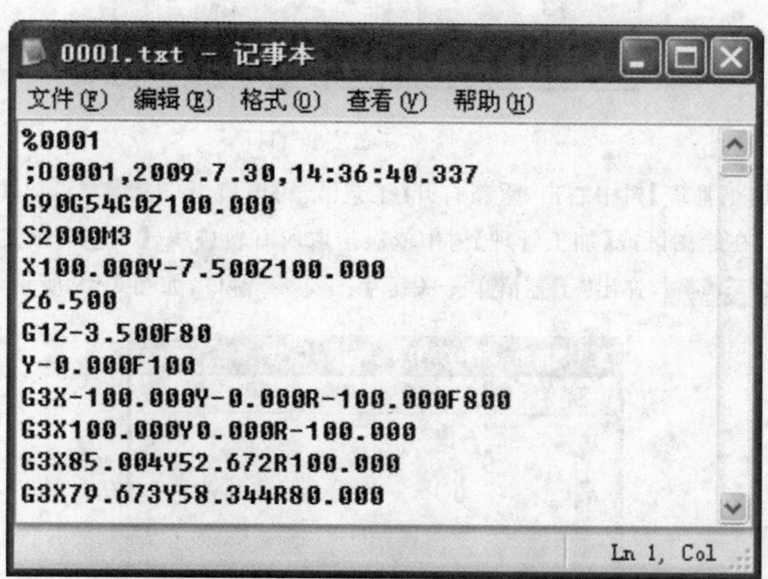

图 7-46 生成粗加工 G 代码

4. 同样方法，重复 2、3 步，拾取“曲面区域精加工”轨迹，生成 G 代码 0002。

九、生成工艺清单

1. 在【加工管理】树中右击，选择快捷菜单中的【工艺清单】，弹出【工艺清单】窗口（如图 7-47 所示），单击【浏览】[......]，选择工艺清单的保存路径，输入零件名称、图号、编号等零件信息，输入设计、工艺、校核人员信息，选择使用模板“sample01”，点击[确定]，关闭窗口。

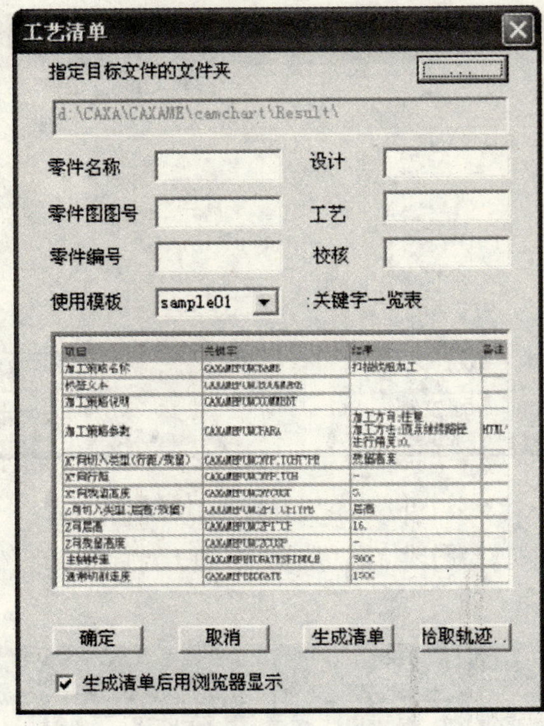

图 7-47　“工艺清单”窗口

2. 在【加工管理】树中右击，重新打开【工艺清单】窗口，单击 拾取轨迹.. ，【工艺清单】窗口暂时关闭，在绘图区或【加工管理】树中依次拾取所有轨迹线，【工艺清单】窗口自动重新打开，单击 生成清单 ，弹出“工艺清单—关键字一览表”窗口，如图 7-48 所示。

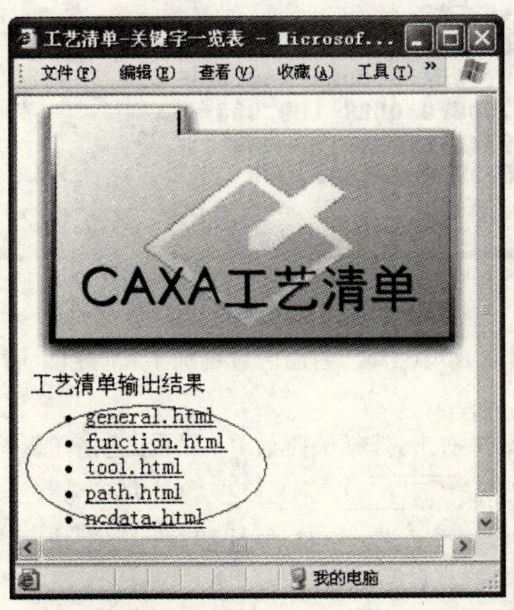

图 7-48　工艺清单—关键字一览表

3. 单击“工艺清单输出结果”下面的链接，可以打开各项的详细信息网页，如图 7-49、图 7-50、图 7-51 所示。

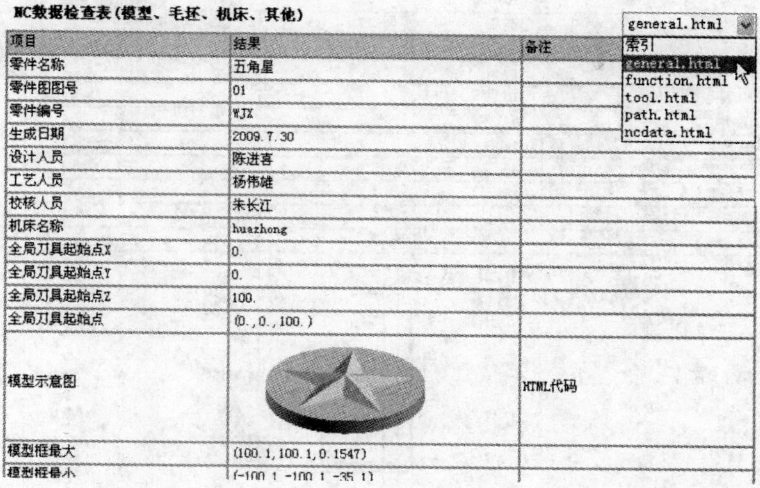

NC数据检查表(模型、毛坯、机床、其他)

general.html
索引
general.html
function.html
tool.html
path.html
ncdata.html

项目	结果	备注
零件名称	五角星	
零件图图号	01	
零件编号	WJX	
生成日期	2009.7.30	
设计人员	陈进喜	
工艺人员	杨伟雄	
校核人员	朱长江	
机床名称	huazhong	
全局刀具起始点X	0.	
全局刀具起始点Y	0.	
全局刀具起始点Z	100.	
全局刀具起始点	(0.,0.,100.)	
模型示意图		HTML代码
模型框最大	(100.1,100.1,0.1547)	
模型框最小	(-100.1,-100.1,-35.1)	

图 7-49　模型、毛坯、机床及其他

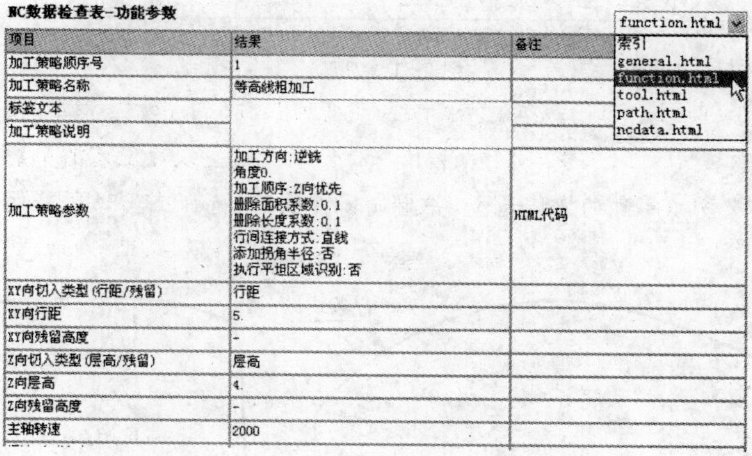

NC数据检查表-功能参数

function.html
索引
general.html
function.html
tool.html
path.html
ncdata.html

项目	结果	备注
加工策略顺序号	1	
加工策略名称	等高线粗加工	
标签文本		
加工策略说明		
加工策略参数	加工方向:逆铣 角度0. 加工顺序:Z向优先 删除面积系数:0.1 删除长度系数:0.1 行间连接方式:直线 添加拐角半径:否 执行平坦区域识别:否	HTML代码
XY向切入类型(行距/残留)	行距	
XY向行距	5.	
XY向残留高度	-	
Z向切入类型(层高/残留)	层高	
Z向层高	4.	
Z向残留高度	-	
主轴转速	2000	

图 7-50　功能参数

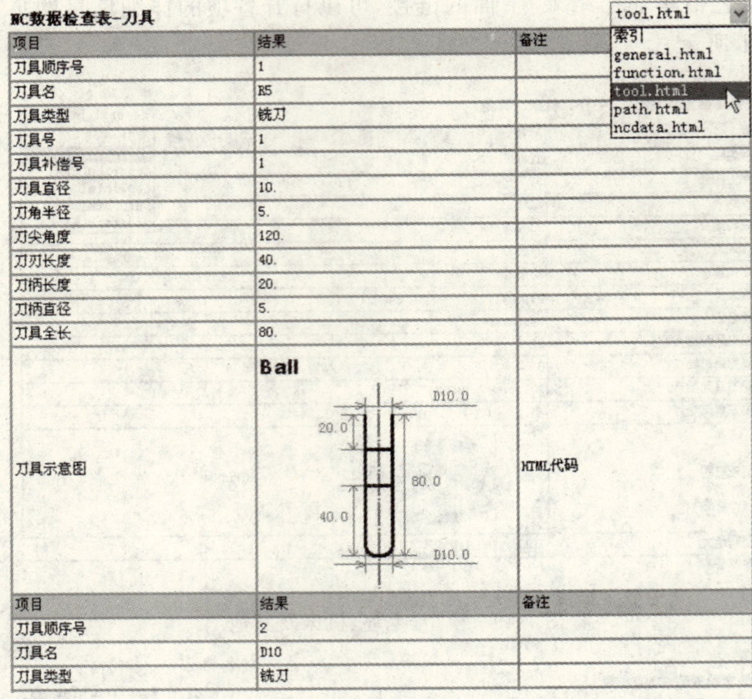

NC数据检查表-刀具

tool.html
索引
general.html
function.html
tool.html
path.html
ncdata.html

项目	结果	备注
刀具顺序号	1	
刀具名	R5	
刀具类型	铣刀	
刀具号	1	
刀具补偿号	1	
刀具直径	10.	
刀角半径	5.	
刀尖角度	120.	
刀刃长度	40.	
刀柄长度	20.	
刀柄直径	5.	
刀具全长	80.	
刀具示意图	Ball D10.0 20.0 80.0 40.0 D10.0	HTML代码

项目	结果	备注
刀具顺序号	2	
刀具名	D10	
刀具类型	铣刀	

图 7-51　刀具

思考练习

完成图 7-52 所示零件的实体造型，并生成零件的粗、精加工代码。零件的轴测图如图 7-53 所示。

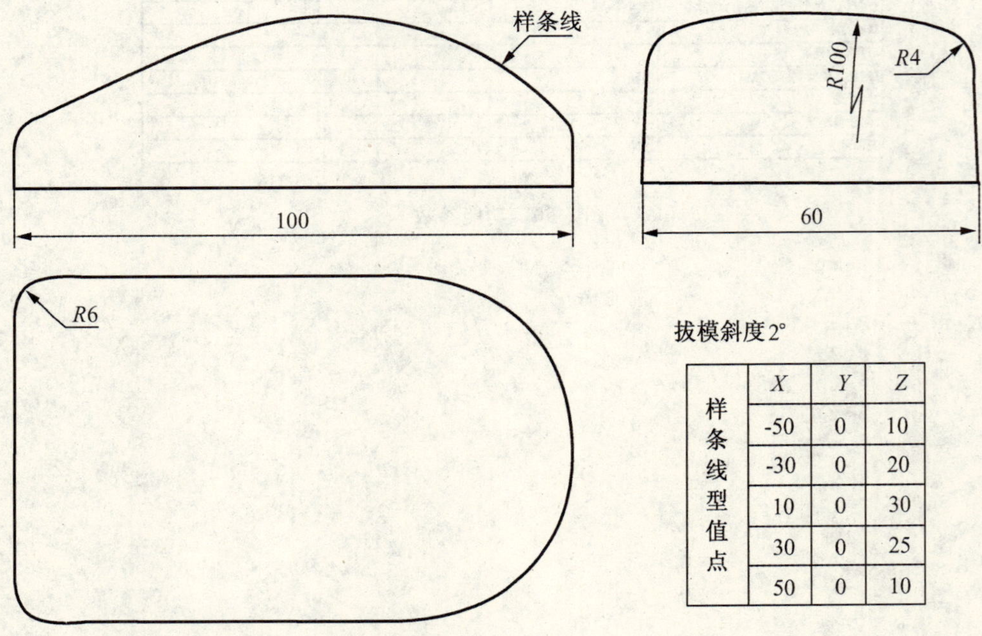

样条线型值点	X	Y	Z
	-50	0	10
	-30	0	20
	10	0	30
	30	0	25
	50	0	10

图 7-52　鼠标零件图

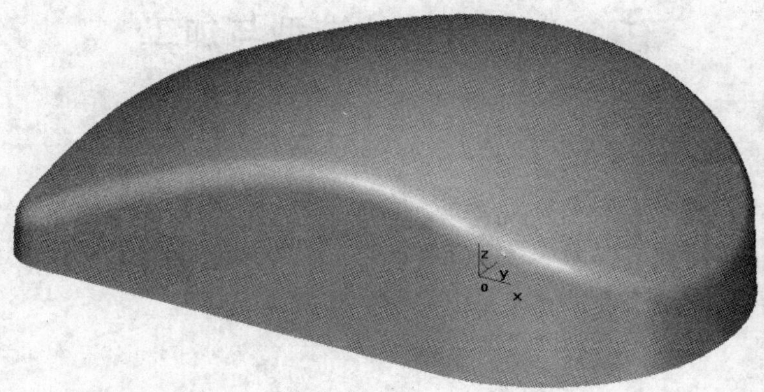

图 7-53　鼠标轴测图

任务八　吊钩的造型与加工

能力目标

◎ 能对线面进行空间旋转

◎ 能根据已有条件进行网格面造型

◎ 会使用参数线加工功能生成零件的精加工轨迹

◎ 能通过机床后置处理生成零件的加工代码

知识准备

◎ 网格面

◎ 曲线编辑工具

任务引入

根据图 8-1 所示零件图，完成零件的加工造型。选择合理的加工方式生成零件的加工轨迹并进行必要的后置处理生成加工代码(毛坯为 80mm×98mm×30mm 的长方体)。

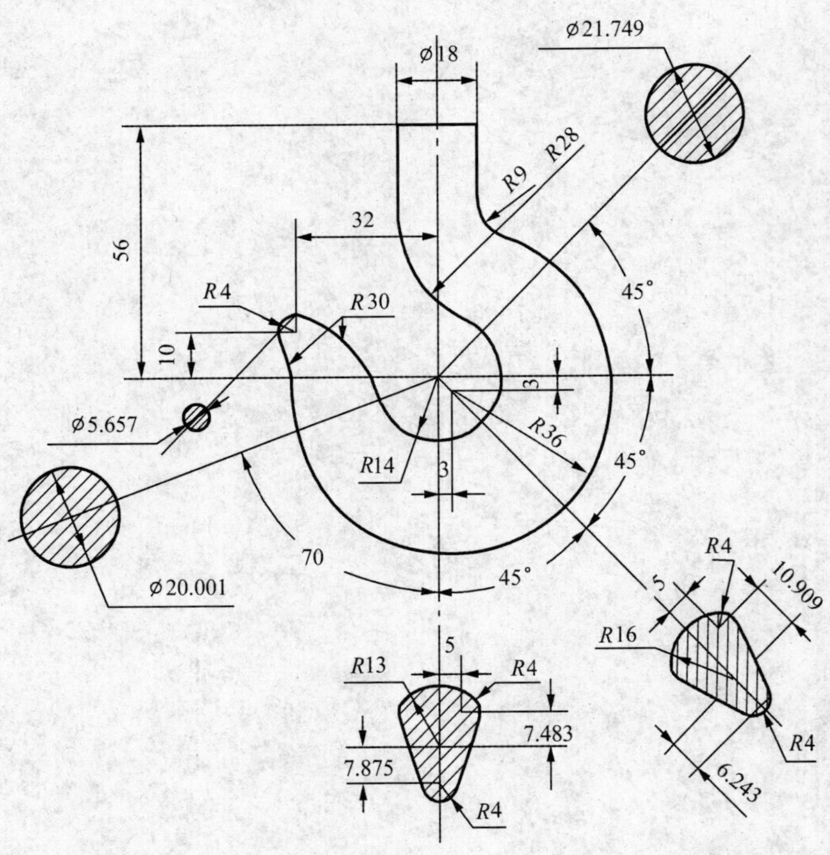

图 8-1　吊钩零件图

任务分析

吊钩零件图由主视图和五个截面视图组成。

根据零件的特点，采用网格面造型。造型过程分为生成轮廓线、生成七条截面线和生成网格面三个步骤。七条截面线包括图纸给定的五个截面图轮廓线、吊钩柄部的 R9 圆弧和吊钩尖端的工艺圆弧。

粗加工采用等高线粗加工，可以尽快地去除毛坯材料，为精加工留有 1mm 的加工余量；精加工采用参数线精加工。加工过程分为生成加工边界和定义毛坯、粗精加工轨迹生成及校验、后置处理及加工代码生成三个步骤。

一、网格面

网格面是以网格曲线为骨架，蒙上自由曲面而形成的。网格曲线是由特征线组成的横竖相交线。

1. 网格面的生成思路：首先构造曲面的特征网格线确定曲面的初始骨架形状，然后用自由曲面插值特征网格线生成曲面。

2. 特征网格线可以是曲面边界线或曲面截面线等。由于一组截面线只能反应一个方向的变化趋势，还可以引入另一组截面线来限定另一个方向的变化，这样形成一个网格骨架，控制住两方向（U 和 V 两个方向）的变化趋势，使特征网格线能基本上反映出设计者想要的曲面形状，在此基础上插值网格骨架，所生成的曲面必然满足设计者的要求。

3. 生成网格面的必要条件：具有 U、V 两个方向的截面线；同方向的截面线不能相交；一个方向的任意一条截面线，必须与另一方向的任意一条截面线有且只有一个交点。

4. 拾取截面线时，应注意拾取部位及先后顺序。U 向截面线应沿着 V 向截面线按序拾取，如果 V 向截面线是封闭的，第一条 U 向截面线应拾取 V 向截面线端点位置的。封闭曲线也是有起始点的，只是两者重合。

二、曲线编辑

曲线编辑是有关曲线的常用编辑命令及操作方法，它是交互式绘图软件不可缺少的基本功能，对于提高绘图速度及质量都具有至关重要的作用。

曲线编辑包括曲线裁剪、曲线过渡、曲线打断、曲线组合、曲线拉伸、曲线优化、样条型值点、样条控制点和样条端点切矢等功能。

1. 曲线裁剪

使用曲线做剪刀，裁掉曲线上不需要的部分。即利用一个或多个几何元素（曲线或点，称为剪刀）对给定曲线（称为被裁剪线）进行修整，删除不需要的部分，得到新的曲线。

曲线裁剪共有四种方式：快速裁剪、线裁剪、点裁剪、修剪。

1）快速裁剪是指系统对曲线修剪具有指哪裁哪的快速反应。

快速裁剪的方式：正常裁剪和投影裁剪。正常裁剪适用于裁剪同一平面上的曲线，投影裁剪适用于裁剪不共面的曲线。

2)线裁剪是指以一条曲线作为剪刀，对其他曲线进行裁剪。

线裁剪的方式:正常裁剪和投影裁剪。正常裁剪的功能是以选取的剪刀线为参照,对其他曲线进行裁剪。投影裁剪的功能是曲线在当前坐标平面上施行投影后,进行求交裁剪。

线裁剪具有曲线延伸功能。如果剪刀线和被裁剪曲线之间没有实际交点,系统在分别依次自动延长被裁剪线和剪刀线后进行求交，在得到的交点处进行裁剪。延伸的规则是:直线和样条线按端点切线方向延伸,圆弧按整圆处理。由于采用延伸的做法,可以利用该功能实现对曲线的延伸。

在拾取了剪刀线之后，可拾取多条被裁剪曲线。系统约定拾取的段是裁剪后保留的段，因而可实现多根曲线在剪刀线处齐边的效果。

3)点裁剪。利用点(通常是屏幕点)作为剪刀，对曲线进行裁剪。点裁剪具有曲线延伸功能,用户可以利用本功能实现曲线的延伸。

2. 曲线过渡

曲线过渡对指定的两条曲线进行圆弧过渡、尖角过渡或对两条直线倒角。曲线过渡共有三种方式:圆弧过渡、尖角过渡和倒角过渡。

小提示:对尖角、倒角及圆弧过渡中需裁剪的情形,拾取的段均是需保留的段。

1)圆弧过渡用于在两条曲线之间进行给定半径的圆弧光滑过渡。圆弧在两曲线的哪个侧边生成取决于两条曲线上的拾取位置。可利用立即菜单控制是否对两条曲线进行裁剪,此处裁剪是用生成的圆弧对曲线进行裁剪。系统约定只生成劣弧(圆心角小于180°的圆弧)。

2)尖角过渡用于在给定的两条曲线之间进行过渡,过渡后在两曲线的交点处呈尖角。尖角过渡后，一条曲线被另一条曲线裁剪。

3)倒角过渡用于在给定的两直线之间进行过渡，过渡后在两直线之间有一条按给定角度和长度的直线。

3. 曲线打断

用于把拾取到的一条曲线在指定点处打断,形成两条曲线。

4. 曲线组合

曲线组合用于把拾取到的多条相连曲线组合成一条样条曲线。曲线组合有两种方式:保留原曲线和删除原曲线。

把多条曲线组成一条曲线可以得到两种结果:一种是把多条曲线用一条样条曲线表示,要求首尾相连的曲线是光滑的;如果首尾相连的曲线有尖点,系统会自动生成一条光顺的样条曲线。

5. 曲线拉伸

曲线拉伸用于将指定曲线拉伸到指定点。

拉伸有伸缩和非伸缩两种方式。伸缩方式就是沿曲线的方向进行拉伸,而非伸缩方式是以曲线的一个端点为定点,不受曲线原方向的限制进行自由拉伸。

6. 曲线优化

对控制顶点太密的样条曲线在给定的精度范围内进行优化处理,减少其控制顶点。

7. 样条型值点

对已经生成的样条进行修改，编辑样条的型值点。本功能适合高级用户进行修改。

8. 样条控制顶点

对已经生成的样条进行修改，编辑样条的控制顶点。本功能适合高级用户进行修改。

9. 样条端点切矢

对已经生成的样条进行修改，编辑样条的端点切矢。本功能适合高级用户进行修改。

一、生成轮廓线

为满足铣削工艺要求，将轮廓线绘制在 *XOY* 坐标平面内，即将工件坐标系设定在零件上表面。

1. 在【曲线生成】工具栏，选择【直线】命令，在弹出的【立即菜单】中选择"水平/铅垂线"、"水平＋铅垂"、"长度"输入 100，根据【系统提示栏】的提示，"直线中点"拾取坐标系原点，生成水平线和铅垂线。

小提示：在 *XOY* 坐标平面内，水平线是指与 *X* 轴平行的正交直线；铅垂线是指与 *Y* 轴平行的正交直线。在 *YOZ* 坐标平面内，水平线是指与 *Y* 轴平行的正交直线；铅垂线是指与 *Z* 轴平行的正交直线。在 *XOZ* 坐标平面内，水平线是指与 *X* 轴平行的正交直线；铅垂线是指与 *Z* 轴平行的正交直线。

2. 在【曲线生成】工具栏，选择【圆】命令，根据【系统提示栏】的提示，"圆心点"拾取坐标系原点，按确定键，弹出"半径输入条"，输入圆半径 36，按确定键，生成半径为 R36 的圆；再按一次确定键，弹出"半径输入条"，输入圆半径 14，按确定键，生成半径为 R14 的圆；同样方法生成半径为 R4 的圆，如图 8-2 所示。

小提示：尽量在一次命令中，绘制出所有同类曲线，以提高作图效率。

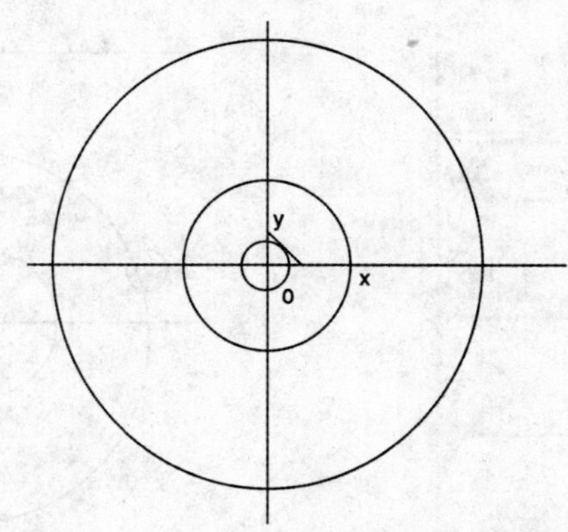

图 8-2　生成直线及圆

3. 在【几何变换】工具栏，选择【平移】命令，【立即菜单】如图 8-3 所示设定，根据【系统提示栏】的提示，"元素"拾取半径为 R36 的圆，右击，将半径为 R36 圆向 *X* 轴正方向、*Y* 轴负方向平移 3mm，如图 8-4 所示。

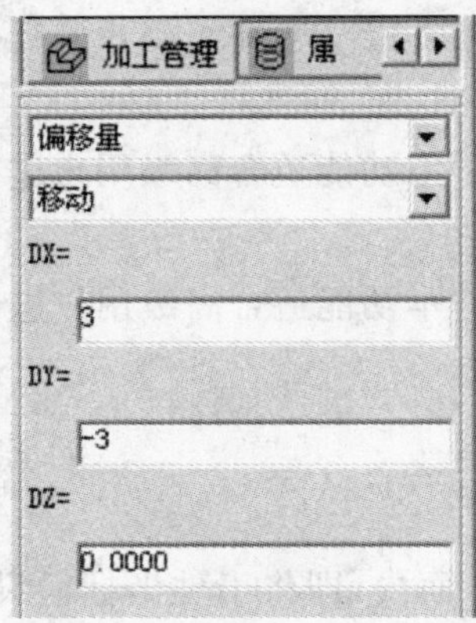

图 8-3 平移立即菜单设定

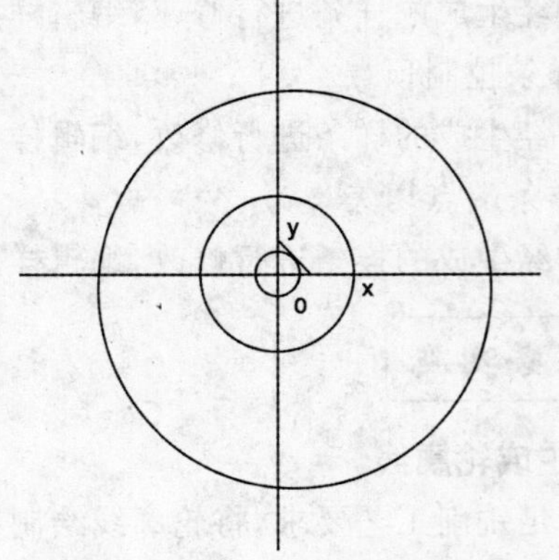

图 8-4 平移 R36 的圆

4. 在【平移】命令立即菜单中，将“DX＝”修改为－32、“DY＝”修改为 10，根据【系统提示栏】的提示，“元素”拾取半径为 R4 的圆，右击，将半径为 R4 的圆向 X 轴负方向平移 32mm、Y 轴正方向平移 3mm，如图 8-5 所示。

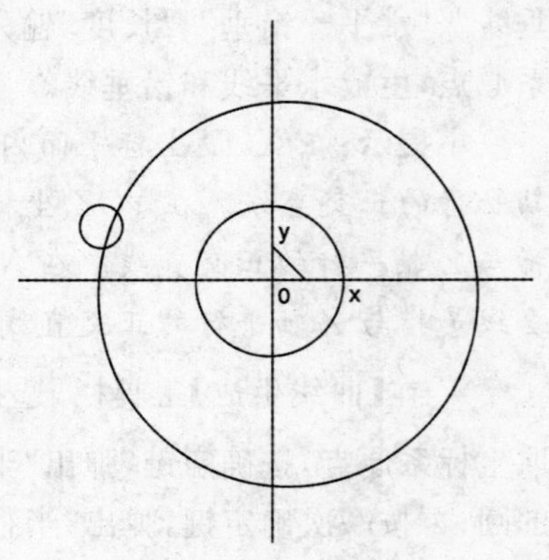

图 8-5 平移 R4 的整圆

5. 在【曲线生成】工具栏，选择【等距线】命令 ，【立即菜单】如图 8-6 所示设定，根据【系统提示栏】的提示，拾取水平线，“等距方向”选择 Y 轴正向，生成水平线的等距直线，如图 8-7 所示。

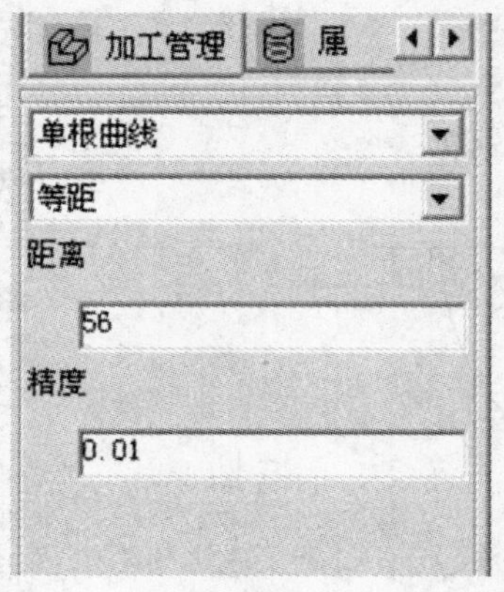

图 8-6 【等距】立即菜单的设定

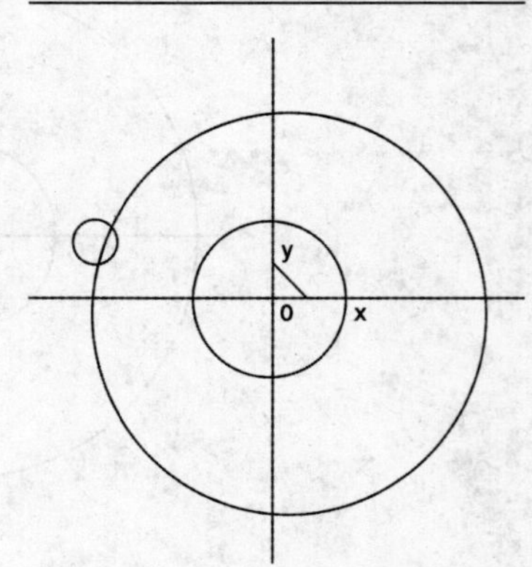

图 8-7 等距水平线

6. 修改“距离”栏为 9，根据【系统提示栏】的提示，选择铅垂线，分别向左右等距两条直线，如图 8-8 所示。

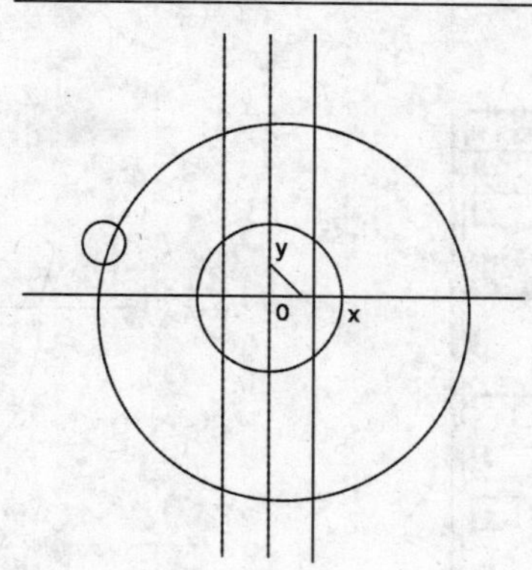

图 8-8 等距铅垂线

7. 在【曲线编辑】工具栏中，选择【曲线裁剪】命令，如图 8-9 所示剪切半径为 R36 及 R14 的圆。

小提示：剪切 R36 及 R14 圆是为了把一个整圆变成圆弧，从而改变曲线的起终点，便于以后的圆弧过渡。CAXA 制造工程师中，整圆的默认起终点在 *X* 轴的正方向，不打断的话，在第 9 步的过渡中得不到希望的结果。

8. 选择【曲线过渡】命令，在弹出的【立即菜单】中选择“尖角”、“精度”输入 0.01，如图 8-10 所示；分别拾取左铅垂线和等距水平线、右铅垂线和等距水平线，尖角过渡后的结果如图 8-11 所示。

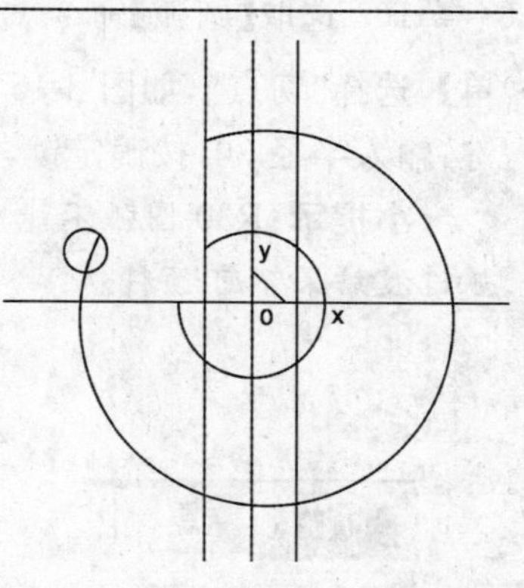

图 8-9 剪切 R36 及 R14 圆

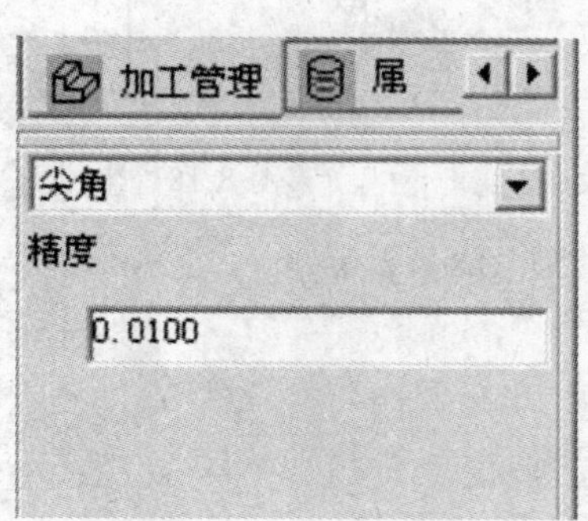

图 8-10 尖角过渡立即菜单设定

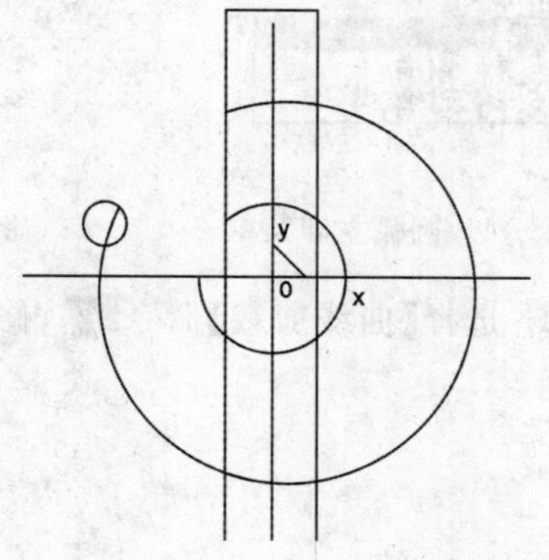

图 8-11 过渡水平线和铅垂线

9. 在【曲线过渡】立即菜单中，选择“圆弧过渡”，如图 8-12 所示，根据图纸要求，分别输入半径 R28、R9，拾取相应部分，进行两次圆弧过渡后的结果如图 8-13 所示。

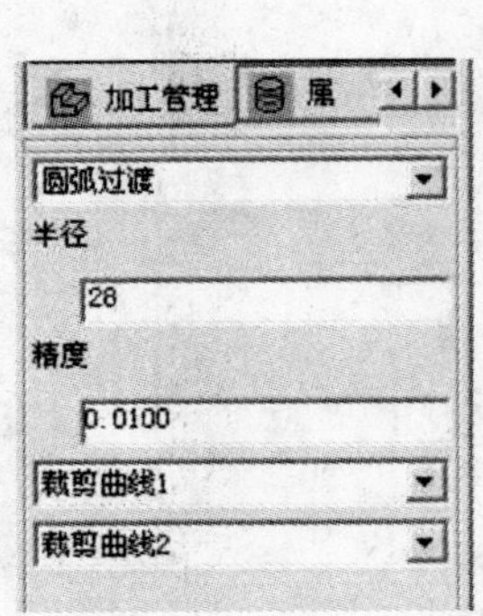

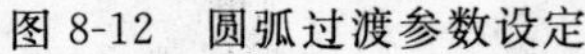

图 8-12　圆弧过渡参数设定

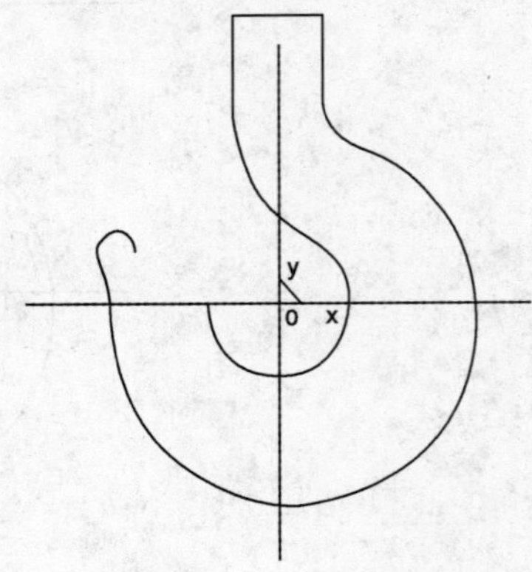

图 8-13　两次过渡圆弧

10. 选取【圆弧】命令 ，【立即菜单】如图 8-14 所示设定；按空格键，出现【点工具菜单】，选择“切点”，如图 8-15 所示，根据【系统提示栏】的提示，拾取 R4、R14 圆弧，按确定键，输入半径 30，按确定键，生成 R30，如图 8-16 所示。

小提示：R30 圆弧不能用曲线过渡方法生成，是因为 R4、R14 圆弧处于临界位置，圆弧过渡结果不可预料。

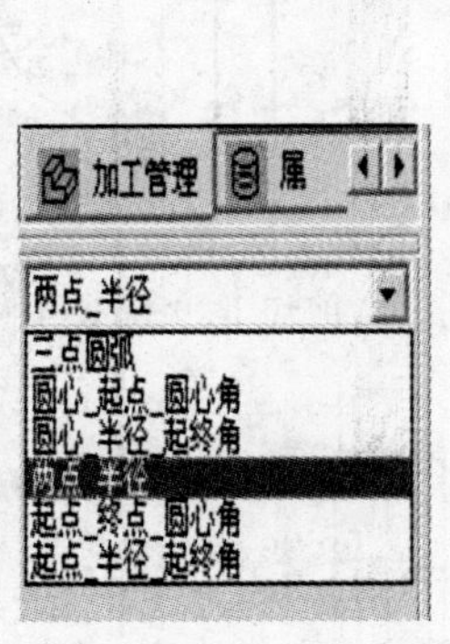

图 8-14　圆弧立即菜单

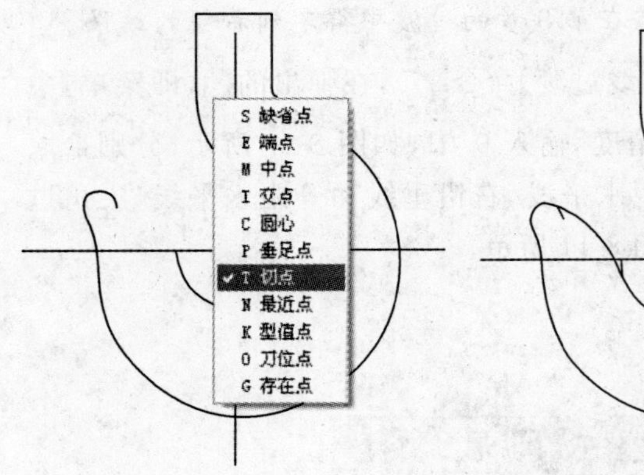

图 8-15　点工具菜单　　图 8-16　生成 R30

11. 选择【曲线剪裁】命令 ，修剪掉多余部分，如图 8-17 所示。

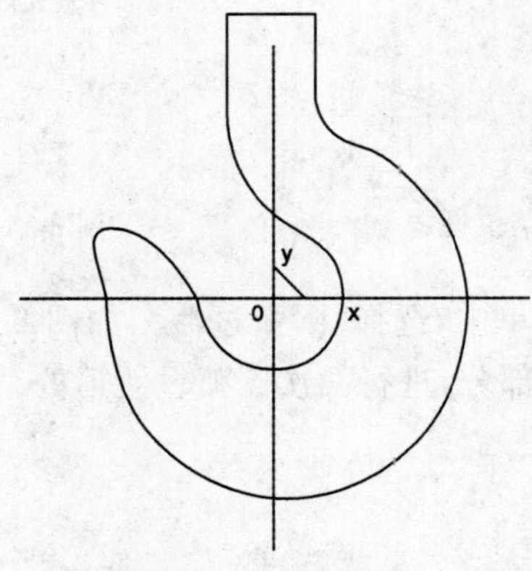

图 8-17　圆弧剪裁

二、生成截面线

小提示:吊钩截面线是垂直 *XOY* 坐标平面的曲线,直接作图不方便,因此,先在 *XOY* 坐标平面内绘制,然后使用【旋转】命令 ,使其沿轴线旋转 90°,得到所需截面线。

1. 按 F5 键,切换到 *XOY* 坐标平面。

2. 在【曲线生成】工具栏,选择【直线】命令 ,【立即菜单】如图 8-18 所示设定;按空格键,出现【点工具菜单】,选择【缺省点】,根据【系统提示栏】的提示,拾取坐标系原点,拖动鼠标到轮廓外,单击生成角度线。分别修改"角度="为 200、−45,同样方法做出另外两条角度线,如图 8-19 所示。

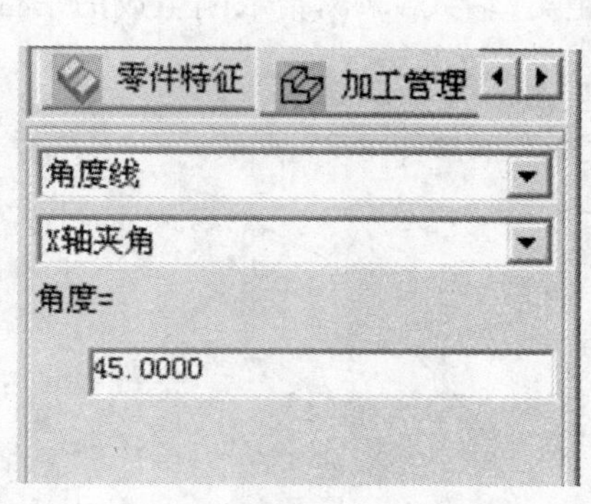

图 8-18 角度线立即菜单设置

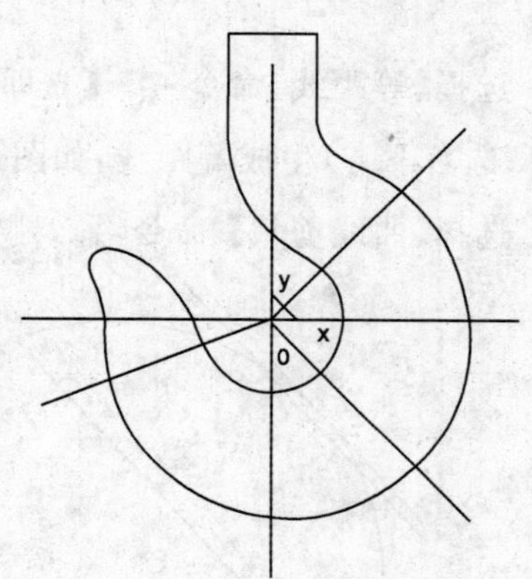

图 8-19 生成三条角度线

3. 修改【立即菜单】如图 8-20 所示设定;选择【显示窗口】命令 ,放大吊钩头部,拾取半径为 R4 的圆弧两端点生成直线,如图 8-21 所示。

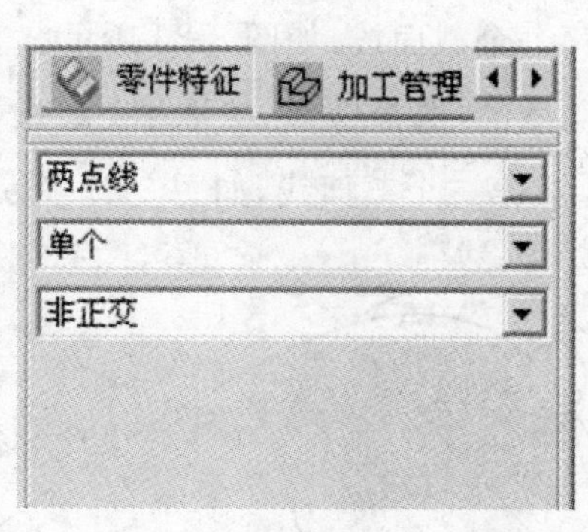

图 8-20 两点线立即菜单设置

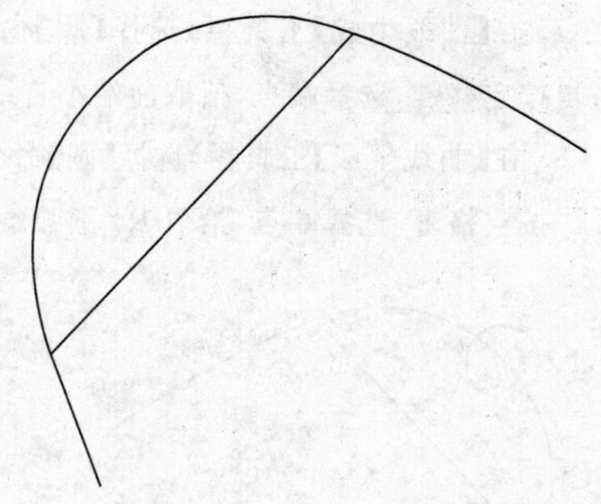

图 8-21 R4 圆弧端点直线

4. 修改【立即菜单】如图 8-22 所示设定,根据【系统提示栏】的提示,"直线"拾取 R4 圆弧端点直线,"点"拾取 R4 圆弧中点(默认点),生成平行线如图 8-23 所示。

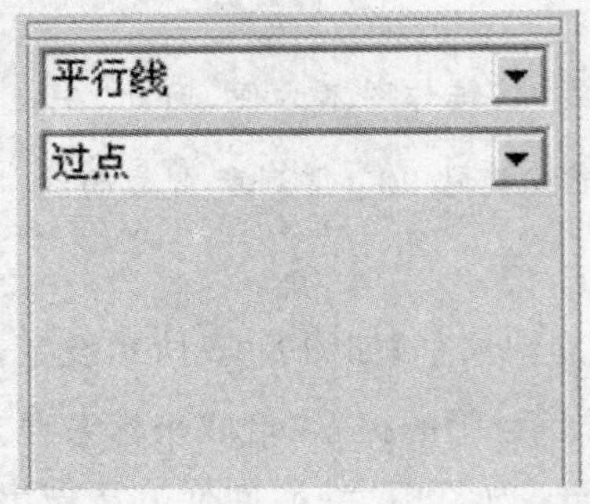

图 8-22　平行线立即菜单

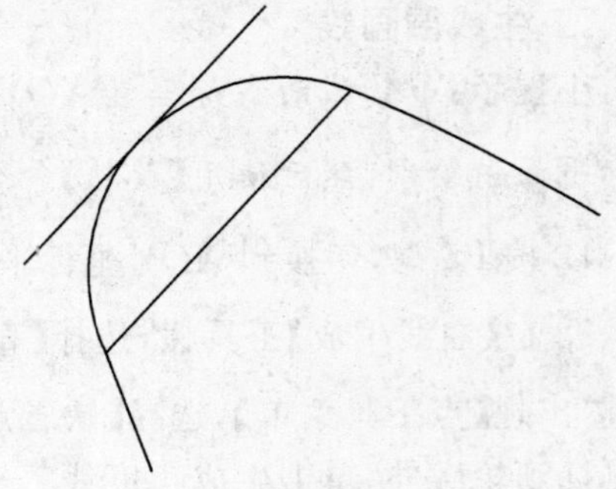

图 8-23　生成平行线

5. 选择【等距线】命令 ，【立即菜单】中“距离”输入 0.05，拾取刚生成的平行线，“等距方向”选右下方，生成等距线，如图 8-24 所示。

6. 选择【曲线剪裁】命令 ，删除多余部分，结果如图 8-25 所示。

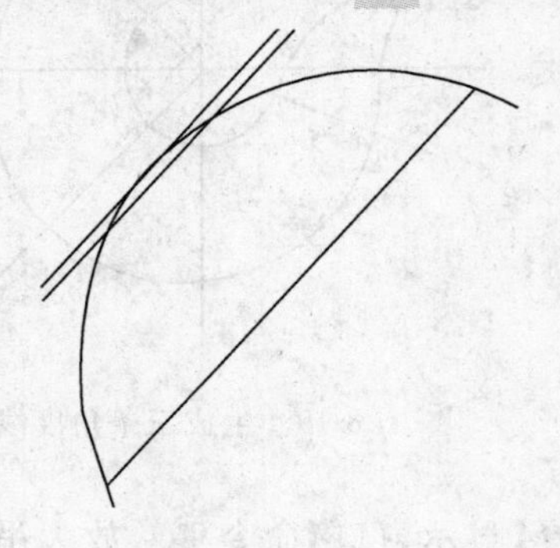

图 8-24　生成等距线

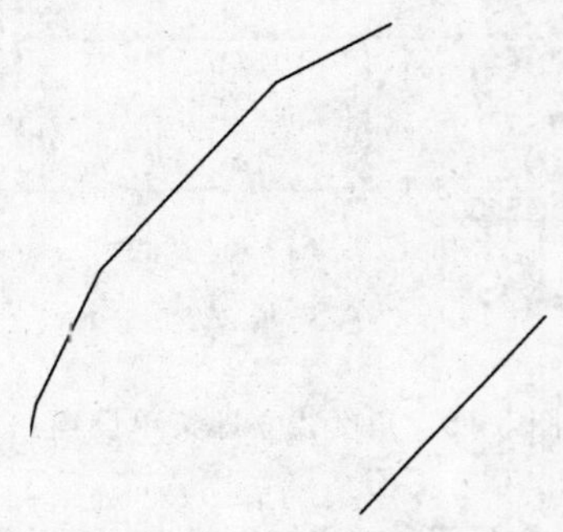

图 8-25　曲线剪裁、删除

7. 在【曲线生成】工具栏，选择【圆】命令 ，按空格键，选择中点，拾取前端小直线段；再按空格键，选择端点，拾取前端小直线段，生成第一个截面线，如图 8-26 所示。

8. 在【曲线生成】工具栏，选择【圆】命令 ，按空格键，选择中点，拾取 R4 圆弧端点直线；按空格键，选择端点，拾取 R4 圆弧端点直线，生成第二个截面线，如图 8-27 所示。

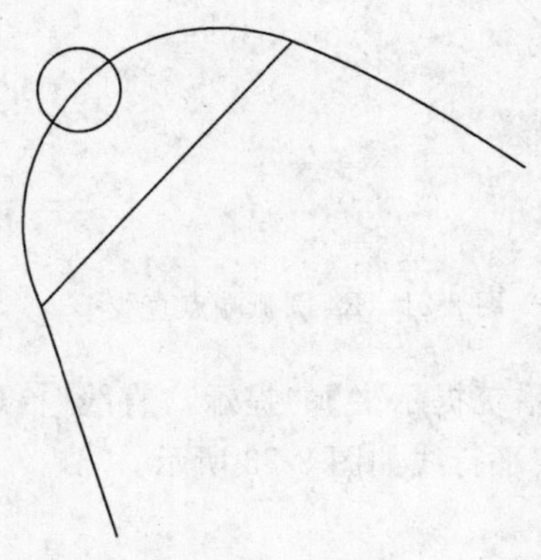

图 8-26　生成第一个截面线

图 8-27　生成第二个截面线

小提示：步骤3、4、5、6的主要目的是把R4圆弧分成两个部分，作为两条轮廓线的起始线段，便于下一步的网格面造型。因为中间的直线段很小，不影响加工精度，可以忽略。这也体现了加工造型与零件造型的区别。

9. 点击【显示全部】按钮；选择【曲线剪裁】工具，剪掉200°和45°角度线的多余部分，如图8-28所示。

10. 重复第7步方法，生成第三、六、七个截面线，如图8-29所示。

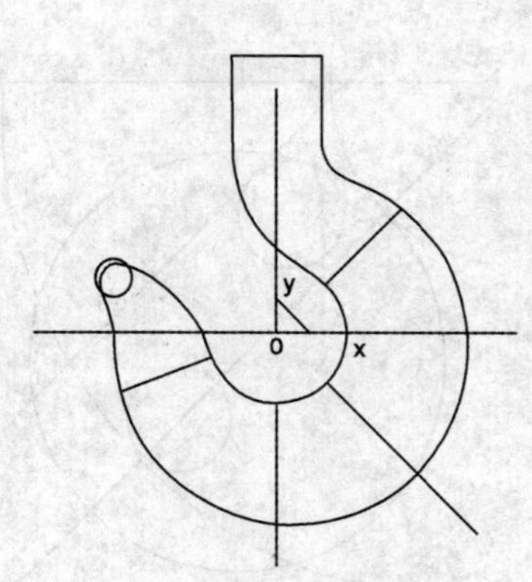

图8-28 角度线剪裁

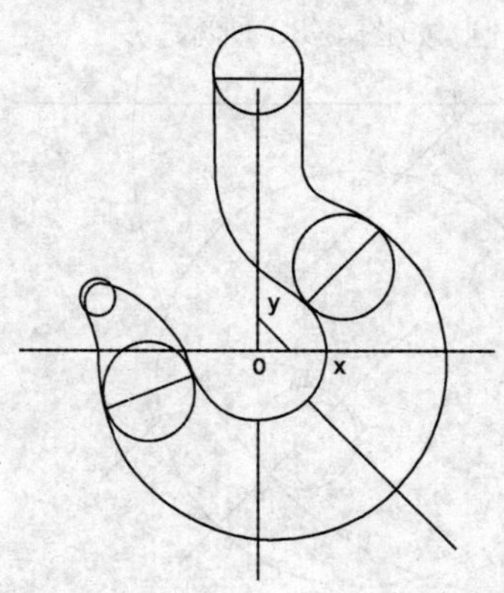

8-29 生成第三、六、七个截面线

11. 在【曲线生成】工具栏，选择【圆】命令，根据【系统提示栏】的提示，“圆心”拾取−45°直线和R36圆弧的交点，按确定键，输入半径16，按确定键；按确定键，输入半径4，按确定键，生成两个同心圆，如图8-30所示。

12. 在【几何变换】工具栏，选择【平移】命令，在弹出的【立即菜单】中选择“两点”、“移动”、“非正交”方式，根据【系统提示栏】的提示，“元素”拾取R14大圆，右击，“基点”拾取圆和直线的交点，“目标点”拾取直线和内轮廓的交点，平移R14大圆；拾取R4小圆，右击，“基点”拾取小圆和直线的右下交点，“目标点”拾取直线和外轮廓线的交点，平移R4圆。结果如图8-31所示。

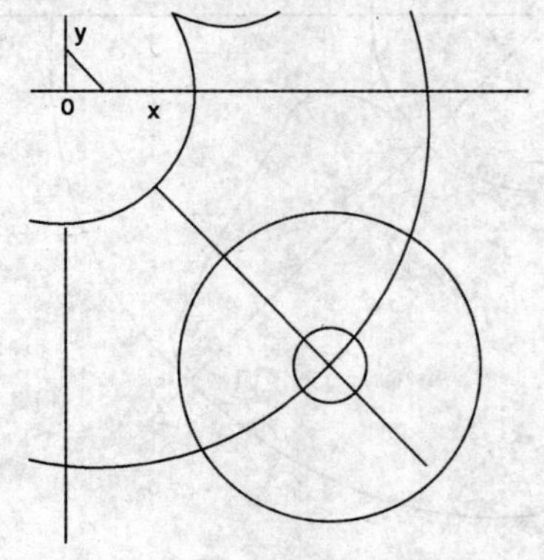

图8-30 生成R14、R4圆

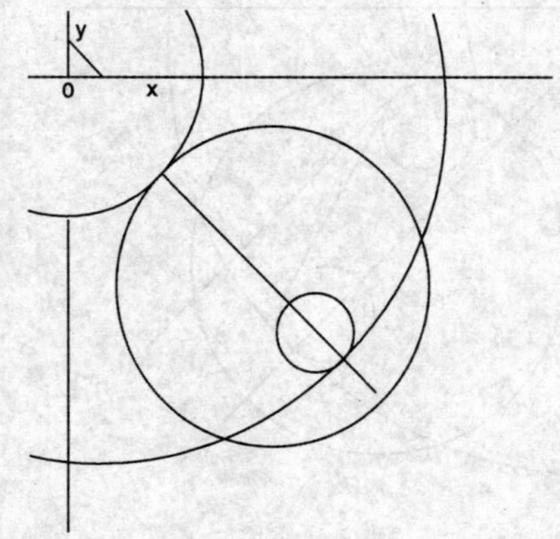

图8-31 平移R14、R4圆

13. 在【曲线生成】工具栏，选择【等距线】命令，往右上方等距−45°直线9mm，生成 R4 圆弧的切线，如图 8-32 所示。

小提示：这里生成切线，是为下一步采用两切点生成 R4 圆弧做准备的。图纸虽然已经给出圆弧圆心坐标，但有小数位，精确度不够，如果按圆心点数据作图，将造成截面线不连续。

14. 在【曲线生成】工具栏，选择【圆】命令 ⊙，在弹出的【立即菜单】中选择“两点半径”方式，按空格键选择切点，分别拾取 R16 圆和等距直线，按确定键，输入半径 4，生成半径为 R4 的圆，如图 8-33 所示。

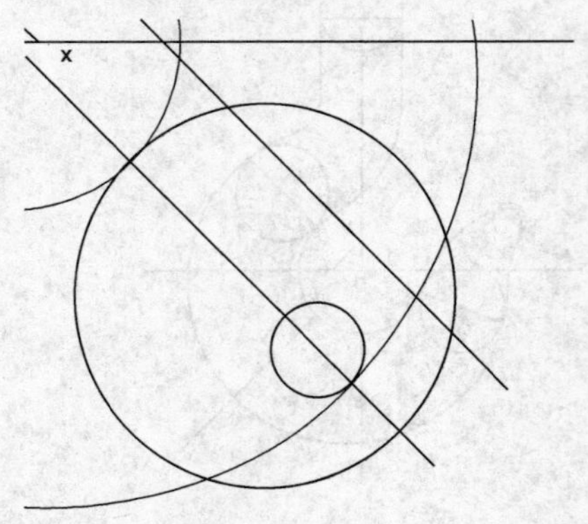

图 8-32 生成 R4 圆弧的切线

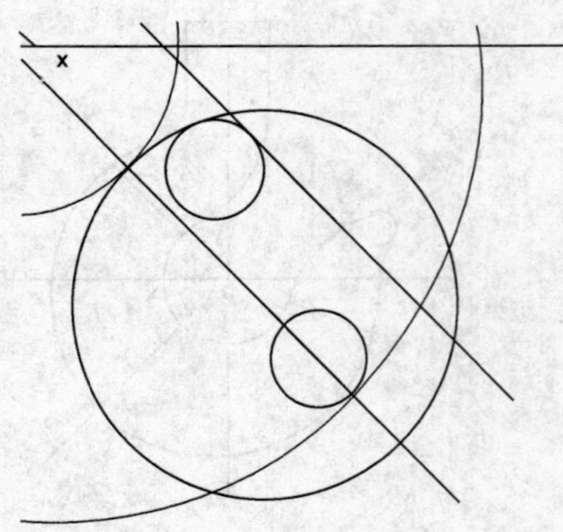

图 8-33 生成 R4 圆

15. 在【曲线生成】工具栏，选择【直线】命令 ╱，在弹出的【立即菜单】中选择“两点线”方式，“非正交”，根据【系统提示栏】的提示，分别拾取两个 R4 小圆，生成两个 R4 小圆的公切线，如图 8-34 所示。

16. 经过删除及剪裁后，选择【曲线组合】命令 ⮌，按空格键，选择“限制链拾取”，根据【系统提示栏】的提示，拾取 R4 小圆弧，“链搜索方向”向上，“限制线”拾取 R16 大圆弧，右击，生成第五条截面线，如图 8-35 所示。

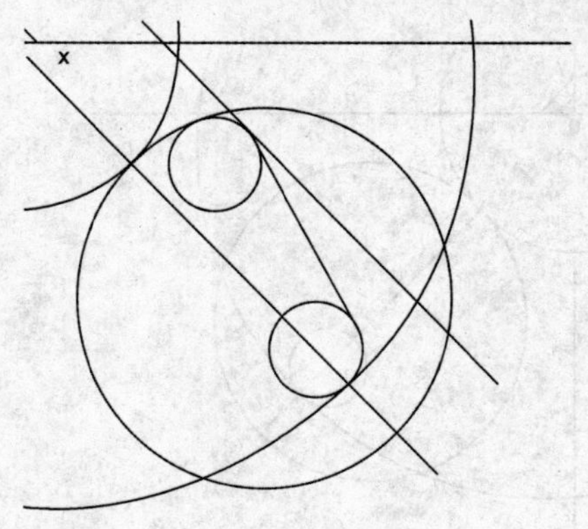

图 8-34 生成公切线

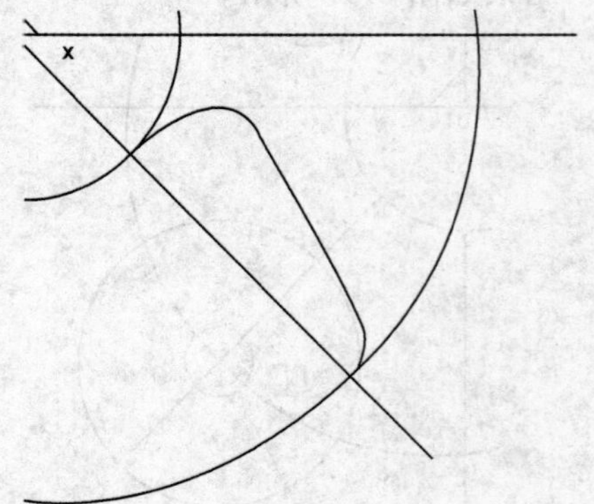

图 8-35 生成第五条截面线

17. 同样方法生成第四条截面线，如图 8-36 所示。

18. 经过剪裁后，得到所有截面线，如图 8-37 所示。

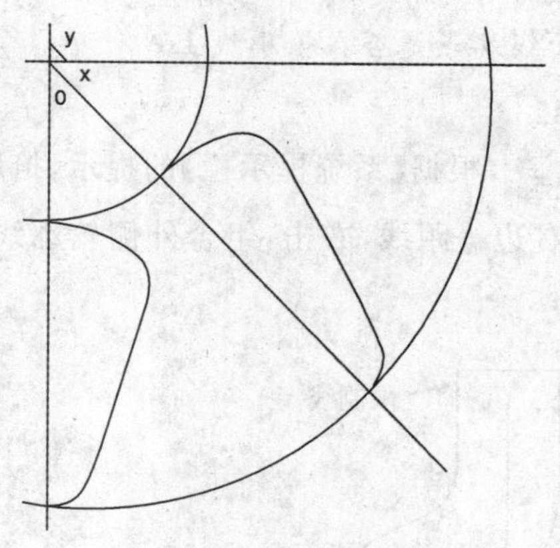

图 8-36　生成第四条截面线

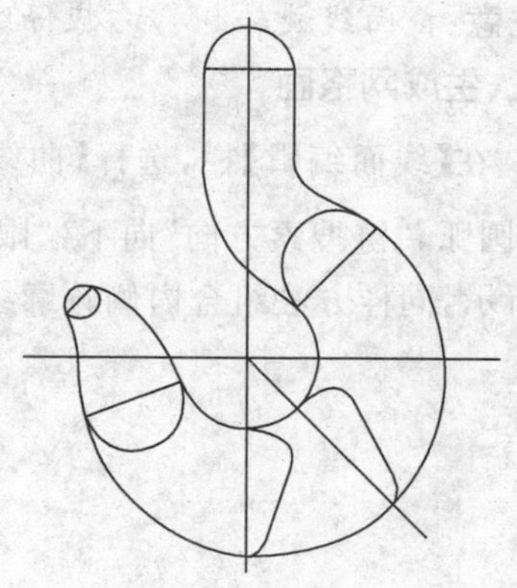

图 8-37　全部截面线

19. 在【几何变换】工具栏，选择【旋转】命令，在弹出的【立即菜单】中选择，“移动”，“角度”输入 90°，根据【系统提示栏】的提示，“旋转轴起点”拾取靠近内侧轮廓线的截面线的轴线端点，“旋转轴末点”拾取靠近外侧轮廓线的截面线的轴线端点，如图 8-38 所示，拾取第七条截面线，右击，将第七条截面线旋转 90°，如图 8-39 所示。

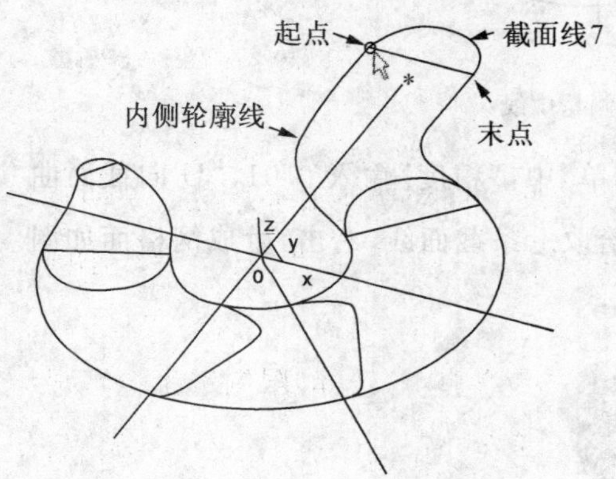

图 8-38　第七条截面线空间旋转之前

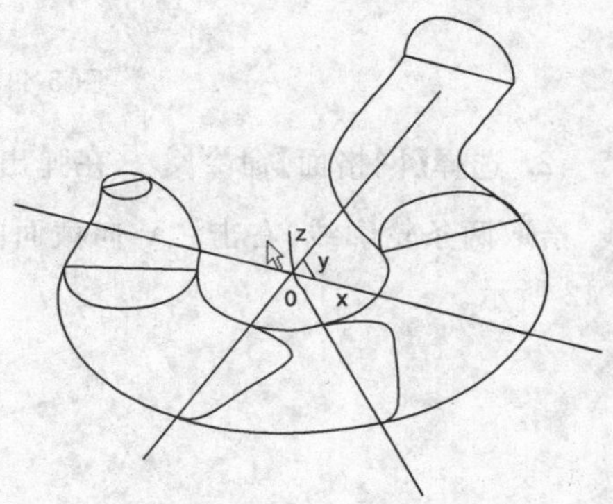

图 8-39　第七条截面线空间旋转之后

20. 同样方法，将其他六条截面线空间旋转 90°，剪裁各截面线与轮廓线交界处的多余曲线，如图 8-40 所示。

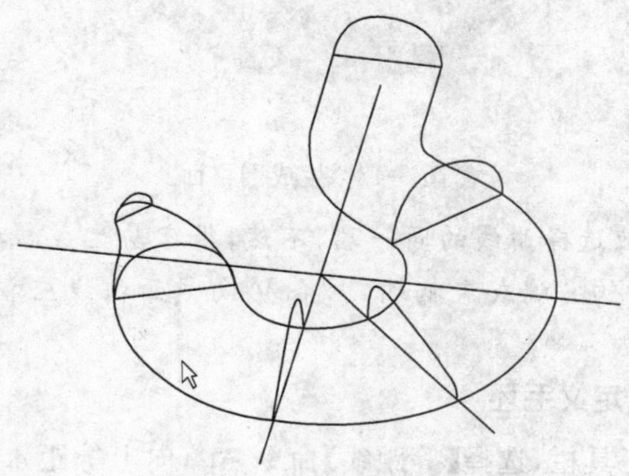

图 8-40　旋转所有截面线

注意:截面线旋转90°后,应仔细检查各截面线端点是否在轮廓线上。

三、生成网格面

1. 在【线面编辑】栏,选择【曲线组合】命令,根据【系统提示栏】的提示,拾取下边的R4圆弧,"链搜索方向"向下,"限制线"拾取右边等距线,右击,组合外侧轮廓线,如图8-41所示,同样方法组合内侧轮廓线。

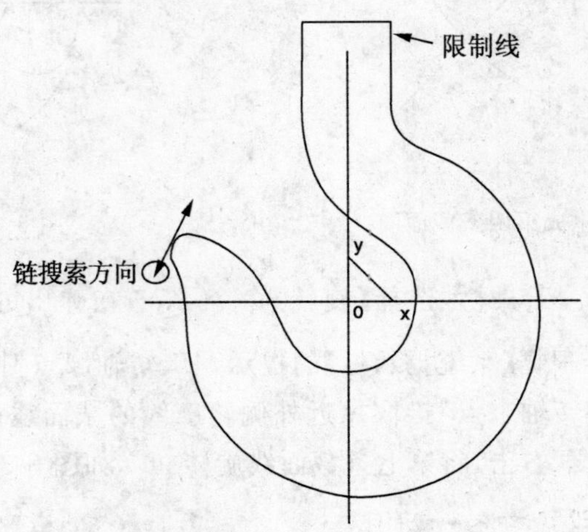

图8-41 组合内、外侧轮廓线

2. 选择【网格面】命令,在弹出的【立即菜单】中,"精度"输入0.01,"U向截面曲线"拾取两条轮廓线,右击;"V向截面曲线"依次拾取七条截面线,右击,生成网格面如图8-42所示。

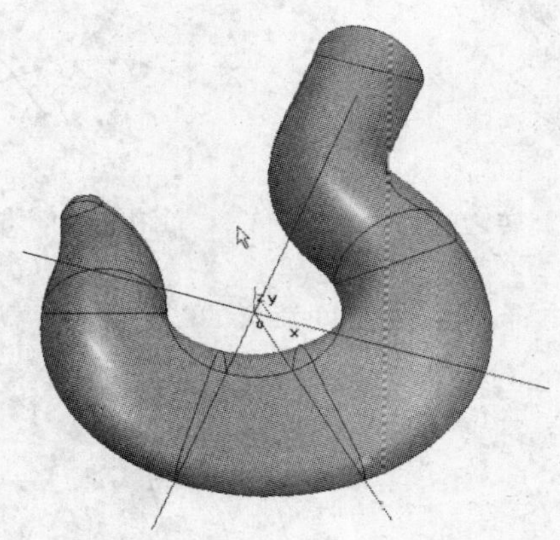

图8-42 生成网格面

注意:拾取曲线时应选择曲线的同一端,不然,很容易生成扭曲面。本例中拾取两条U向截面线时应靠近吊钩尖端或者柄端,七条V向截面曲线应靠近内侧或外侧轮廓线,按序拾取。

四、生成加工边界、定义毛坯

1. 在【曲线生成】工具栏,选择【等距线】命令,向上等距水平线58,向下等距水平线 40，向左、右分别等距铅垂线 40，如图 8-43 所示；选择【曲线过渡】命令，立即菜单选择【尖角】，对四条等距线进行尖角处理，生成封闭的加工边界线，如图 8-44 所示。

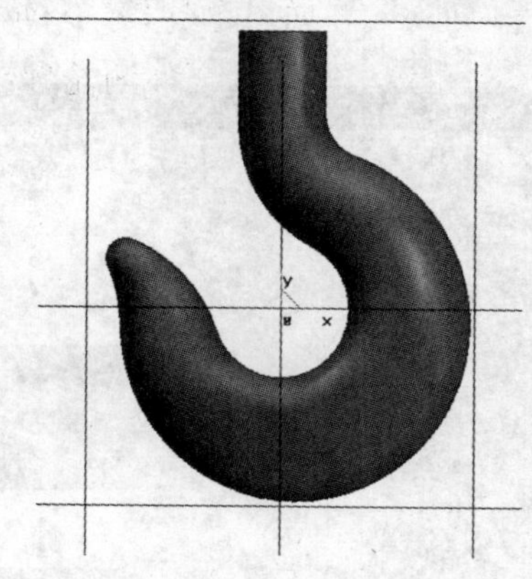

图 8-43　等距水平、铅垂线

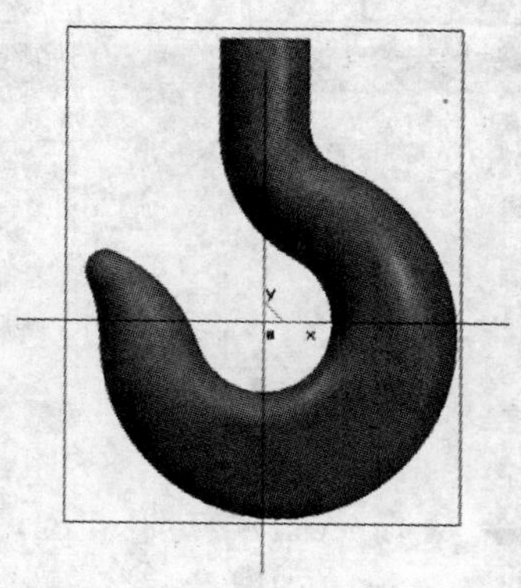

图 8-44　生成加工边界线

小提示：加工边界线是指生成有效加工轨迹的界限，不是所有的加工方法都需要加工边界线。加工边界线的设定与零件结构特点、所用刀具直径及工序余量有关。分析图纸、制定加工工艺是合理设定加工边界线的关键。

2. 在特征树中双击【毛坯】图标，弹出【定义毛坯】对话框，参数设定如图 8-45 所示，点击 确定 ，生成加工毛坯。

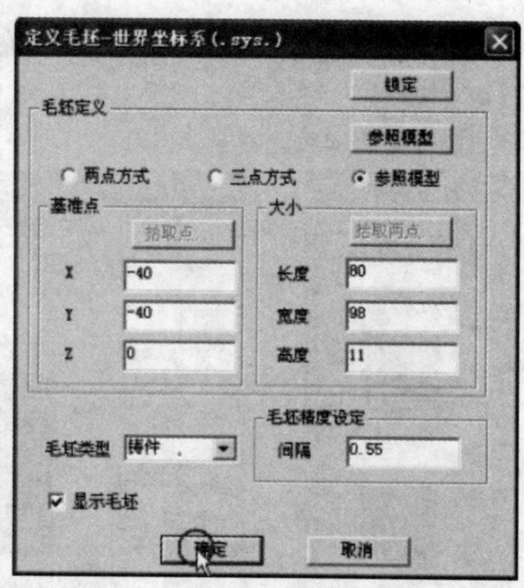

图 8-45　毛坯设定

注意：生成加工轨迹前，必须设定毛坯。毛坯尺寸与加工边界一样，也影响加工轨迹。

五、粗精加工轨迹生成及校验

1. 粗加工—等高线粗加工

1)选择【等高线粗加工】命令，填写加工参数 1，如图 8-46 所示；填写切入切出参数,如图 8-47 所示;填写下刀方式参数,如图 8-48 所示;填写切削用量参数,如图 8-49 所示;填写加工边界参数,如图 8-50 所示;填写刀具参数,如图 8-51 所示。全部填写完毕后,点击 确定 。

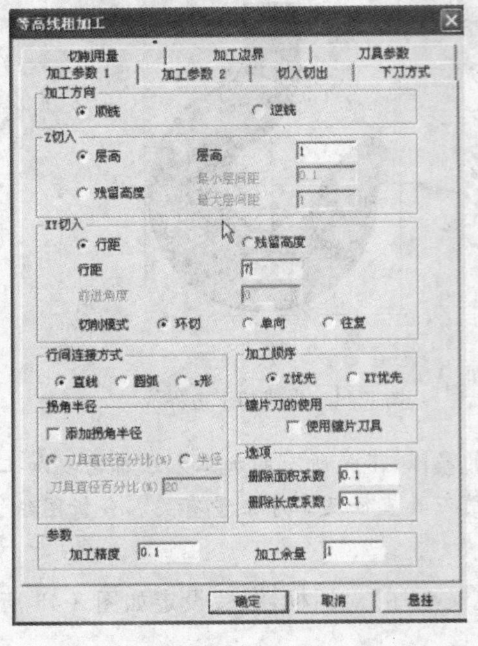

图 8-46　加工参数对话框

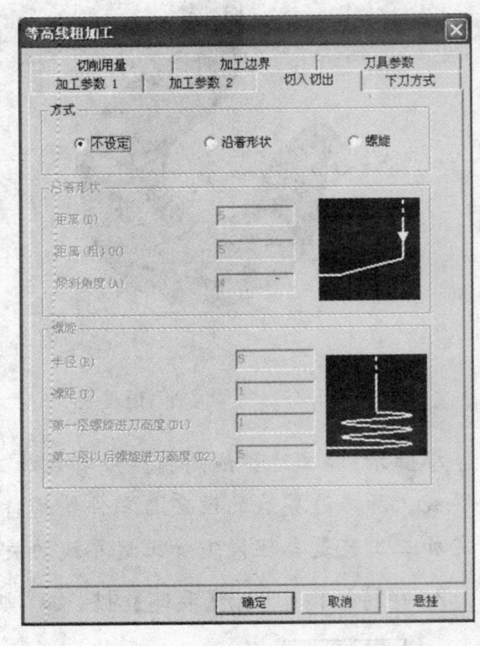

图 8-47 切入切出参数

小提示:图 8-46 加工参数对话框中“行距”栏数据,要根据所使用的刀具直径及被加工面的陡峭程度设置。使用立铣刀加工时,行距一般不大于刀具直径的 75%,当被加工表面较为陡峭时应适当减小行距,以尽量减少残留余量。

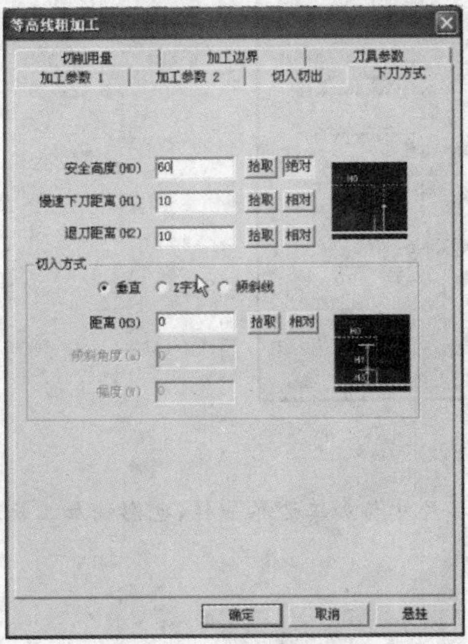

图 8-48　下刀方式参数

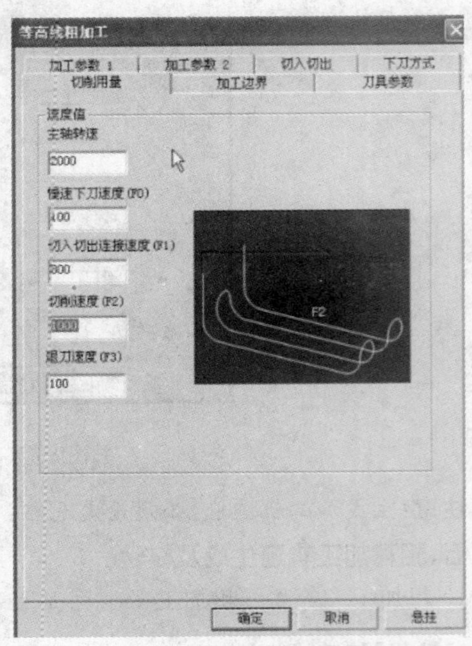

图 8-49　切削用量参数

小提示：图 8-50 加工边界参数设定中，Z 轴有效范围“最小”设为－5，是根据精加工需要而设定的。精加工由于使用的是球头刀，当刀具最大直径切削到 Z0 时，刀尖位置为 Z－5。

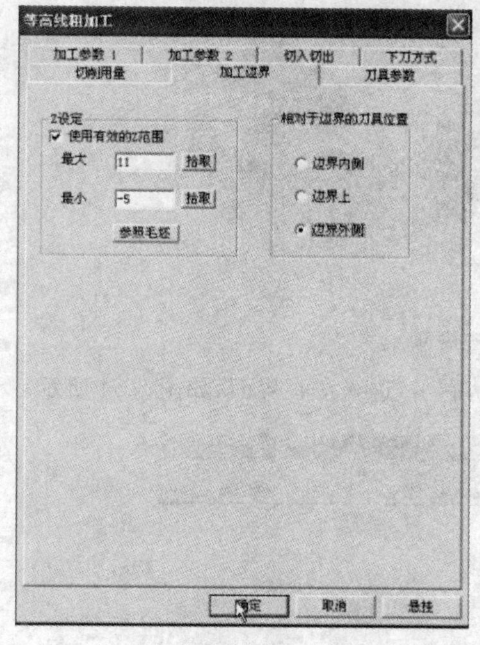

图 8-50　加工边界参数

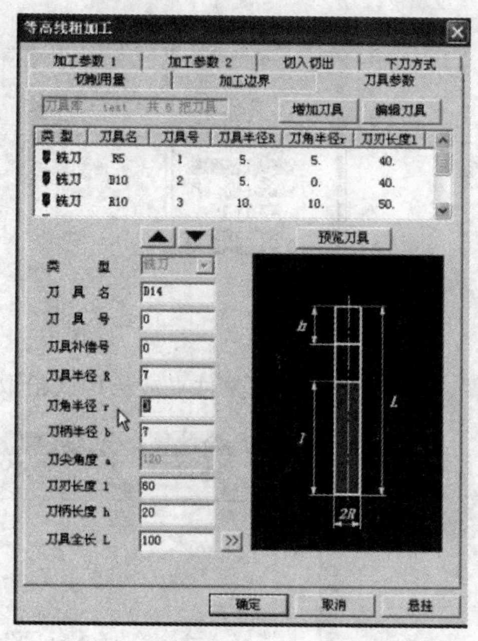

图 8-51　刀具参数

2）根据【系统提示栏】的提示，“加工对象”拾取吊钩曲面，右击；“加工边界”拾取长方形的一条边，按空格键，弹出“拾取快捷菜单”，选择“链拾取”，“链搜索方向”与加工参数中的顺逆铣加工相对应；右击，状态栏显示“正在计算轨迹，请稍候……”，计算结束后，生成粗加工轨迹，并在轨迹树中显示，如图 8-52 所示。

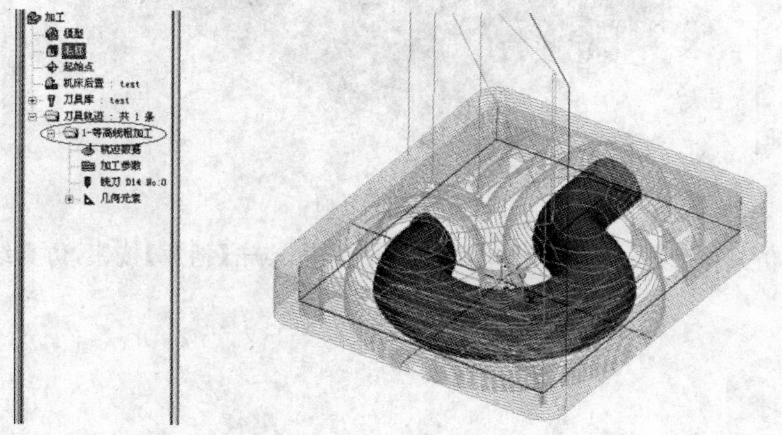

图 8-52　生成粗加工轨迹

3）在轨迹树空白处右击，选择快捷菜单中的【轨迹仿真】，如图 8-53 所示。

小提示：也可以通过菜单栏，点击【加工】，选择【轨迹仿真】。

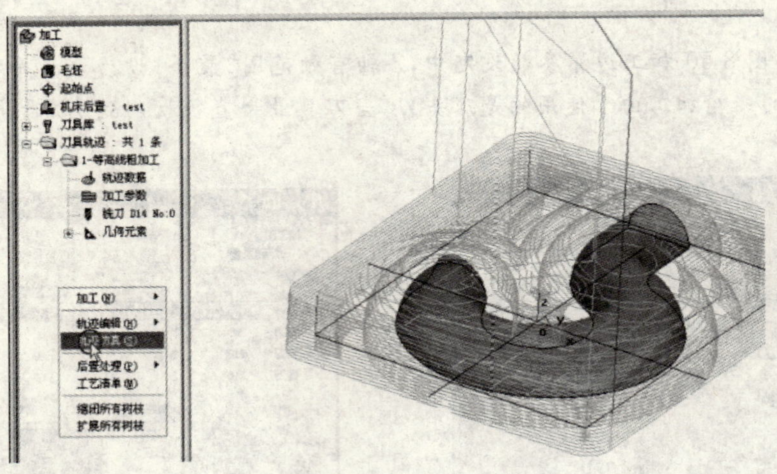

图 8-53　选择轨迹仿真

4)在轨迹树轨迹文件夹或绘图区拾取轨迹线，右击，进入仿真界面，如图 8-54 所示。

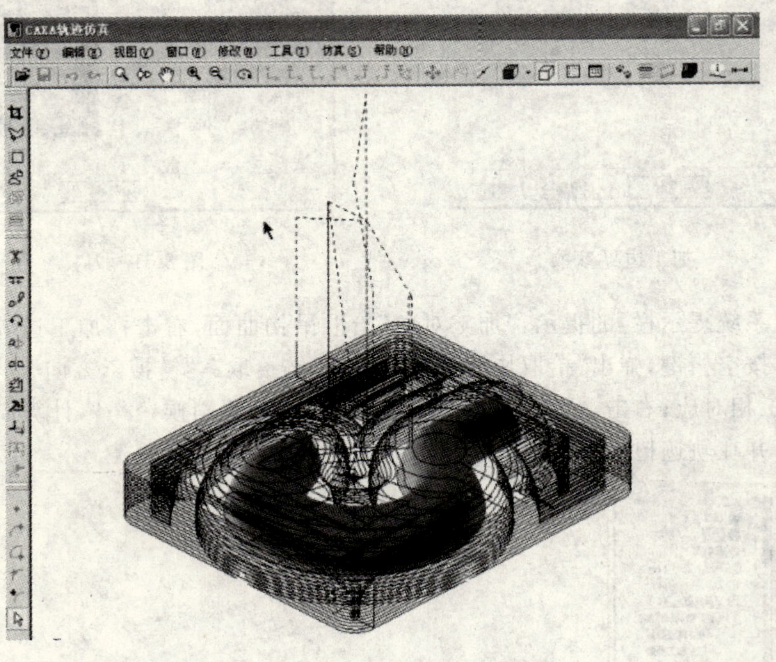

图 8-54 仿真界面

5)点击【仿真加工】图标■，在仿真加工对话框中，点击【播放】按钮，仿真结果如图 8-55 所示。

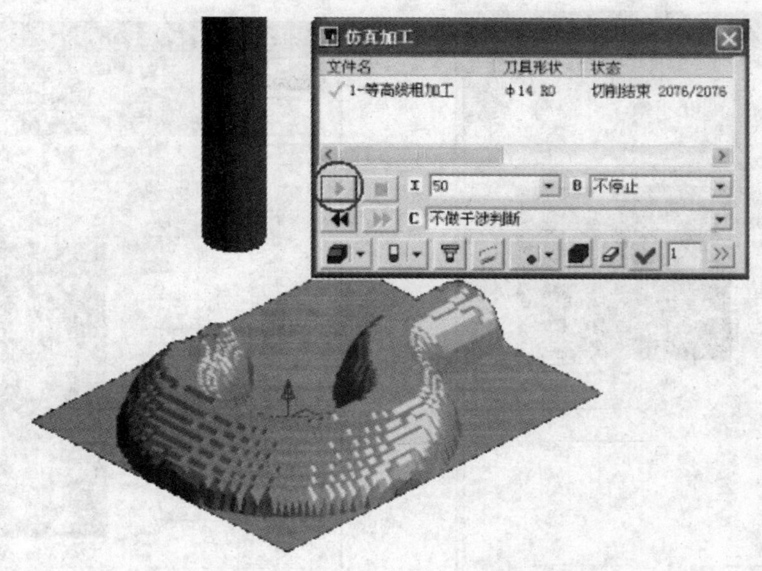

图 8-55 仿真结果

6)检查加工零件是否有过切或欠切现象,是否需要修改轨迹。可根据仿真结果对轨迹进行必要的修改,然后再进行仿真检验。无误后,关闭仿真窗口,在主界面轨迹树中右击轨迹文件夹,隐藏粗加工轨迹。

2. 精加工—参数线精加工

1)在【加工】工具栏,选择【参数线精加工】命令 ,填写加工参数,如图 8-56 所示;填写下刀方式参数,如图 8-57 所示;填写切削用量参数,如图 8-58 所示;填写刀具参数,如图 8-59 所示。全部填写完毕后,点 确定 。

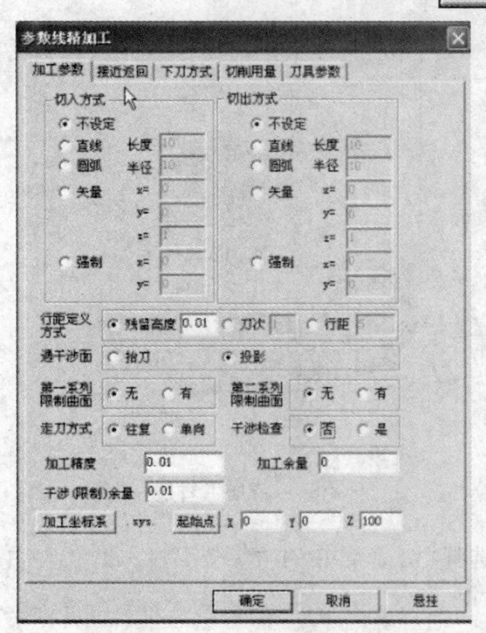

图 8-56 参数线精加工参数对话框

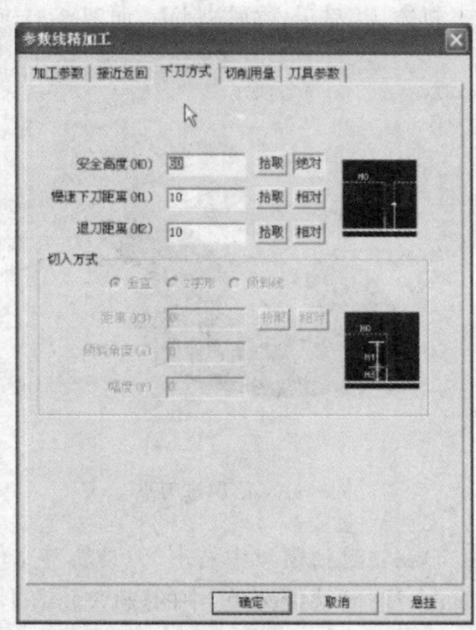

图 8-57 下刀方式参数

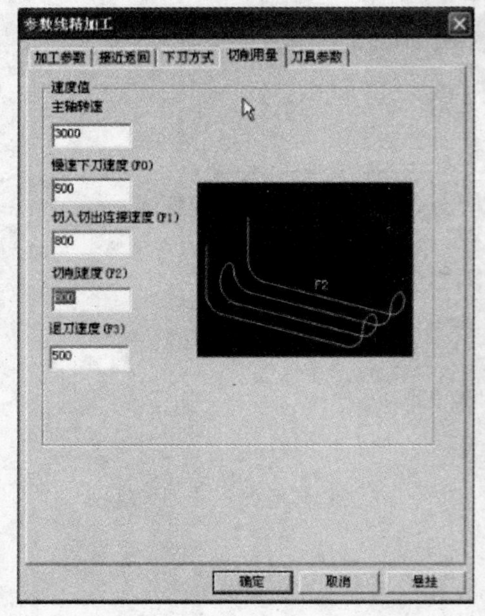

图 8-58 切削用量参数

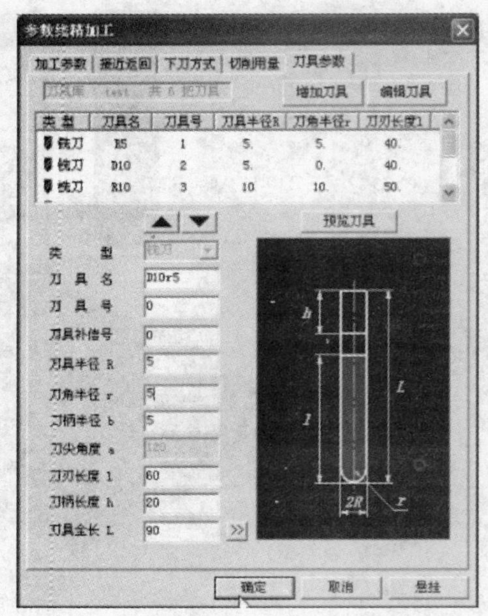

图 8-59 刀具参数

小提示:在图 8-56 中,行距定义方式,选择“残留高度”,可以在较陡的曲面上产生较多的走刀次数,便于保证加工精度,“残留高度”值就是需要保证的加工精度,比选择“行距”直观。

2)根据【系统提示栏】的提示,“加工对象”拾取吊钩曲面,右击;“进刀点”拾取吊钩外侧轮廓与截面线 7 的交点,如图 8-60 所示;“加工方向”默认,右击;“曲面方向”默认,右击;“干涉面”无,右击;“状态栏”显示处理曲面信息及计算轨迹进度,计算结束后,生成精加工轨迹,并显示在轨迹树中,如图 8-61 所示。

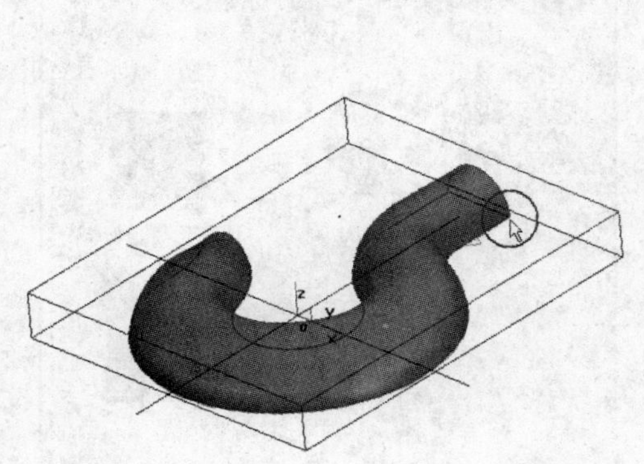

图 8-60 拾取进刀点

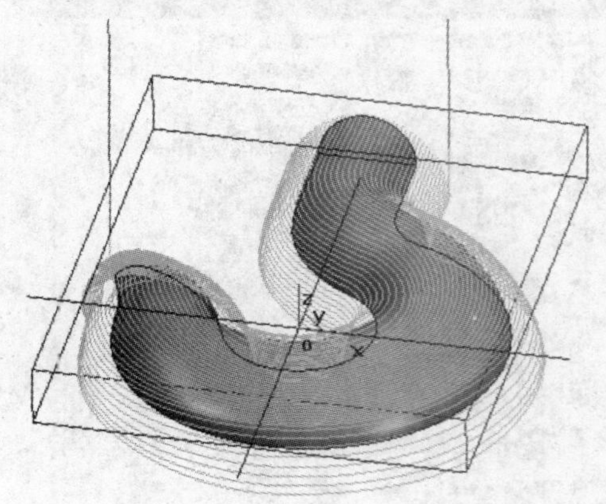

图 8-61 精加工轨迹

3)在轨迹树窗口中右击“刀具轨迹文件夹”,选择“快捷菜单”中的【全部显示】;在空白处右击,选择“快捷菜单”中的【轨迹仿真】,如图 8-62 所示。

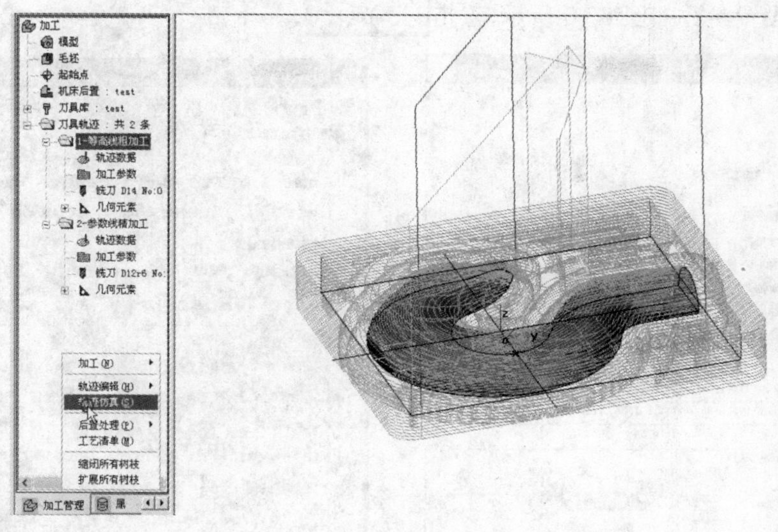

图 8-62 轨迹仿真选择

4)在轨迹树轨迹文件夹或绘图区拾取全部轨迹线，右击，进入仿真界面。

5)点击【仿真加工】图标，在【仿真加工】对话框中，点击【播放】按钮，仿真结果如图 8-63 所示。

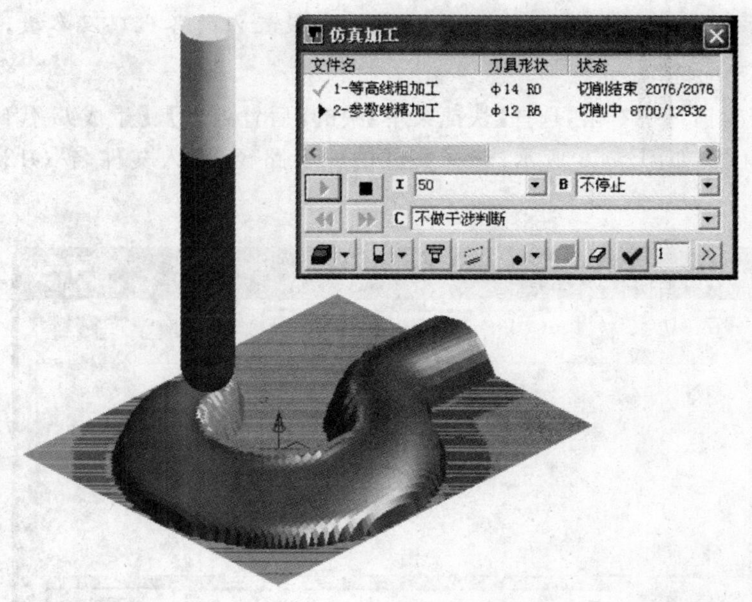

图 8-63 粗、精加工仿真结果

6)检查加工零件是否有过切或欠切现象，是否需要修改轨迹。

小提示：可根据仿真情况对轨迹进行必要的修改，然后再进行仿真检验，直到满足加工要求。

六、后置处理及生成加工代码

1. 在加工管理树窗口中，双击【机床后置】，机床信息参数设定如图 8-64 所示(Fanuc

系统);后置设置参数如图 8-65 所示,点击 确定 。

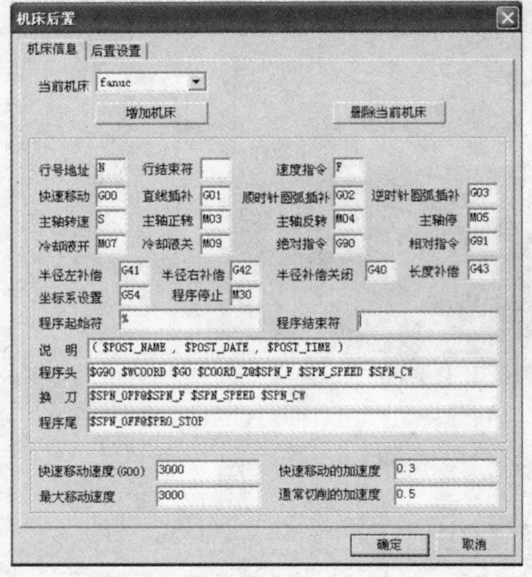

图 8-64　机床信息参数

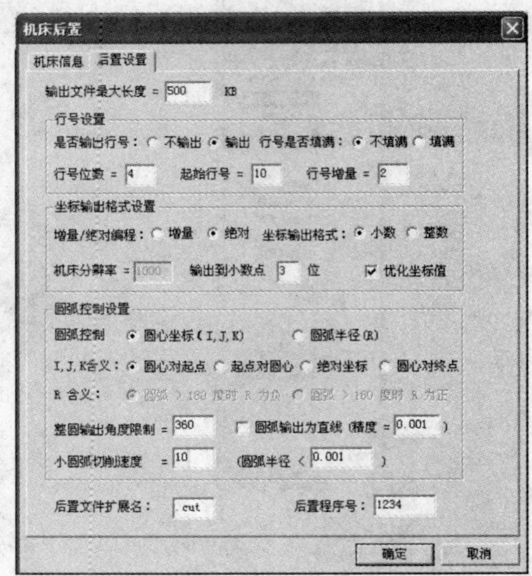

图 8-65　后置设置参数

小提示:根据实际使用机床的数控系统从“当前机床”下拉框中选择,如果没有,可单击 增加机床 新建。机床信息参数表及后置设置内的各代码及参数,必须按照实际使用的数控系统填写。

2. 在轨迹树窗口中右击,选择【快捷菜单】中的【后置处理】、【生成 G 代码】,弹出【选择后置文件】窗口,如图 8-66 所示;选择文件的保存路径,输入文件名“O123”,点击【保存】按钮。

图 8-66　加工轨迹文件保存路径

3. 在轨迹树轨迹文件夹或绘图区拾取等高线粗加工轨迹,右击,生成粗加工 G 代码,如图 8-67 所示。

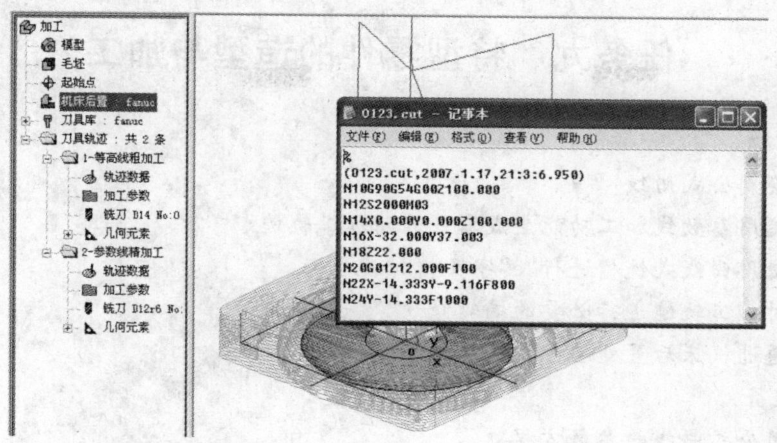

图 8-67 生成粗加工 G 代码

4. 同样方法，重复 2、3 步，拾取参数线精加工轨迹，生成精加工 G 代码。

思考练习

根据零件图 8-68 所示零件图，进行可乐瓶底胎具的造型与加工。

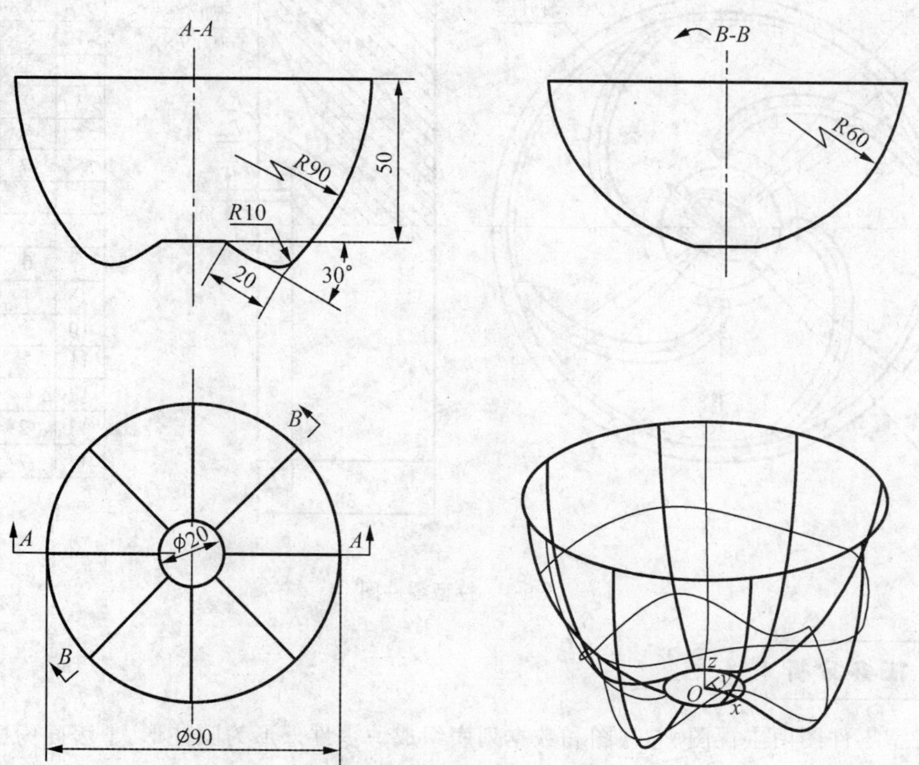

图 8-68 可乐瓶底

任务九　特型零件的造型与加工

能力目标

◎ 能绘制公式曲线

◎ 会使用参数线加工功能生成零件的精加工轨迹

◎ 会使用曲线式铣槽进行"e"字及槽加工

◎ 能对加工轨迹进行必要的编辑修改

◎ 能通过机床后置处理生成零件的加工代码

知识准备

◎ 常用公式曲线的参数方程

◎ 等高线精加工加工参数 2

任务引入

根据图 9-1 所示零件图，完成特型零件的造型与加工。

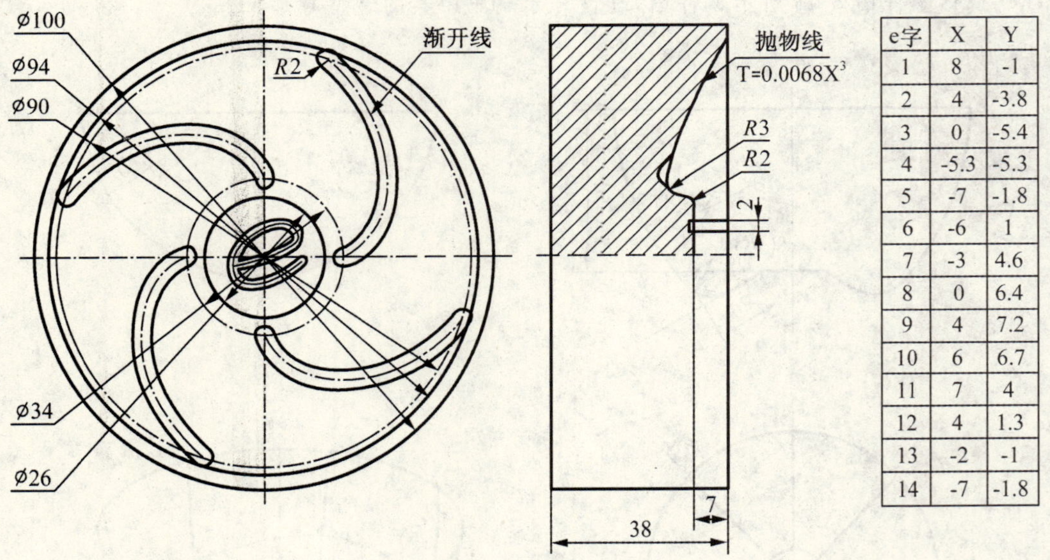

e字	X	Y
1	8	-1
2	4	-3.8
3	0	-5.4
4	-5.3	-5.3
5	-7	-1.8
6	-6	1
7	-3	4.6
8	0	6.4
9	4	7.2
10	6	6.7
11	7	4
12	4	1.3
13	-2	-1
14	-7	-1.8

图 9-1　特型零件图

任务分析

特型零件图由主视图、左视图和数据列表组成。零件外形为圆柱形，上表面为抛物线形成的凹面，其上均布四条渐开线凹槽；凹面中间有⌀26 圆柱台，其上表面有 R2 的圆弧过渡，中心有一"e"字型凹槽；圆柱与抛物面交界处有 R3 过渡。

根据加工需要，抛物面和圆弧过渡采用实体造型，所有凹槽采用线架造型。

粗加工采用等高线粗加工，精加工采用等高线精加工，补加工采用区域式粗加工，凹槽采用曲线式铣槽加工。

相关知识

一、常用公式曲线的参数方程

1. 圆的参数方程

$X(t)=R*\cos(t)$; $Y(t)=R*\sin(t)$; $Z(t)=0$

t:参变量(0°～360°)

R:圆半径

2. 螺旋线的参数方程

$X(t)=R*\cos(t)$; $Y(t)=R*\sin(t)$; $Z(t)=\pm T*t/360$

t:参变量(角度),起始值决定螺旋线的起点,终止值决定螺旋线的圈数

R:螺旋半径

T:螺旋线的导程/螺距

±:"+"号右旋;"-"号右旋

3. 变螺距螺旋线的参数方程

$X(t)=R*\cos(t)$; $Y(t)=R*\sin(t)$; $Z(t)=\pm T*(t-a)/360$

t:参变量(角度),"起始值"决定螺旋线的起点,"终止值"决定螺旋线的圈数

R:螺旋半径

T:螺旋线的最大导程/螺距

a:常数,导程/螺距的每圈变化量

±:"+"号右旋;"-"号右旋

4. 椭圆的参数方程

$X(t)=a*\cos(t)$; $Y(t)=b*\sin(t)$; $Z(t)=0$

t:参变量(0°～360°)

a:X 轴方向椭圆半轴长度

b:Y 轴方向椭圆半轴长度

5. 渐开线参数方程

$X(t)=R*[\cos(t)+t*\sin(t)]$;$Y(t)=R*[\sin(t)-t*\cos(t)]$;$Z(t)=0$

t:参变量(0°～360°)

R:基圆半径

6. 二次曲线参数方程

$X(t)=t$;$Y(t)=a*t*t$;$Z(t)=0$

t:参变量(数值,$-\infty$～$+\infty$)

a:常数

7. 正弦函数曲线参数方程

$X(t)=t$;$Y(t)=\sin(t)$;$Z(t)=0$

t:参变量(角度)

二、等高线精加工加工参数 2

1.【执行平坦部识别】 自动识别模型的平坦区域,选择是否根据该区域所在的高度生成轨迹。

(1)【再计算从平坦部分开始的等间距】设定是否根据平坦部区域所在高度重新度量 Z 向层高,生成轨迹。选择不再计算时,在 Z 向层高的路径间,插入平坦部分的轨迹。

(2)【平坦部面积系数】根据输入的平坦部面积系数(刀具截面积系数),设定是否在平坦部生成轨迹。比较刀具的截面积和平坦部分的面积,满足下列条件时,生成平坦部轨迹:平坦部分面积>刀具截面积×平坦部面积系数(刀具截面积系数)。

(3)【同高度容许误差系数(Z 向层高系数)】同一高度的容许误差量(高度量)=Z 向层高×同高度容许误差系数(Z 向层高系数)。

2.【路径生成方式 】

(1)【不加工平坦部】仅仅生成等高线路径。

(2)【交互】将等高线断面和平坦部分交互进行加工。这种加工方式可以减少对刀具的磨损,以及热膨胀引起的段差现象。

(3)【等高线加工后加工平坦部】生成等高线路径和平坦部路径连接起来的加工路径。

(4)【仅加工平坦部】仅仅生成平坦部分的路径。

3.【平坦部加工方式】

(1)【行距】XY 加工方向的切削量。

(2)【残留高度】根据输入的残留高度,求出 Z 方向的切削量。

(3)【角度】扫描线切削路径的角度。仅在选择了【平坦部角度指定】时可作设定。可输入的角度为:-180°≤角度≤180°。

4.【平坦部角度指定】　设定是否指定被认为平坦的面。

【最小倾斜角度】识别为平坦部的角度。在指定值以下的面被认为是平坦面,不生成等高线路径,而生成扫描线路径。

5.【加工坐标系】　生成轨迹所在的局部坐标系,单击“加工坐标系”按钮可以从工作区中拾取。

6.【起始点】　刀具的初始位置和沿某轨迹走刀结束后的停留位置,单击“起始点按钮”可以从工作区中拾取。

三、曲线式铣槽加工参数说明

1. 路径类型

(1)【投影到模型】在模型上生成投影路径。注意,选择这一项必须在交互的时候选择了模型,否则计算失败,并且不能和偏移同时使用。

(2)【投影】设定是否生成考虑刀尖的路径。根据考虑刀尖,在模型表面定义线框形状可生成不干涉模型的路径。

2.【偏移】　在生成指定线框的偏移路径时指定。

(1)【左】生成各线框形状箭头方向左侧的偏移路径。

(2)【右】生成各线框形状箭头方向右侧的偏移路径。垂直向下线框时,使用垂直部前一要素的偏移形状和后一要素的偏移形状间的垂直要素进行补间处理。在垂直要素的后一要素的矢量优先位置上输出垂直要素。

3.【行间连接方式 】　当选取多条曲线时,确定刀具轨迹的连接方式

(1)【距离顺序】依据各条曲线间起点与终点间距离的最优值(尽可能最小)来确定刀具轨迹连接顺序。

(2)【生成顺序】依据曲线选择顺序来确定加工路径连接顺序。

4.【执行切入】 设定在导向曲线上是否执行复数段加工。

(1)【简易铣槽加工】在 Z 方向上,复制指定数条导向曲线,形成轨道,然后按照这些轨道生成刀具轨迹。

(2)【3D 铣槽加工】在 Z 方向上,按照指定数导向曲线,形成轨道,然后按照这些轨道生成加工路径。

(3)【层高】设定 Z 方向复制的间隔或 Z 方向切入的间隔。

(4)【开始位置】:【高度】用于指定加工开始高度;【刀次】用于指定加工次数。

(5)【加工方向】当【加工方法】设定为【简易铣槽加工】时,加工方向有【单向】、【往复】两种选择;当【加工方法】设定为【3D 铣槽加工】时,加工方向有【平行】、【Z 字形】两种选择。

(6)【附加延迟】设定是否在 NC 数据内添加延迟信息。【NC 代码】用于指定作为延迟信息输出的 NC 代码;【始点侧】在相对于导向曲线的起点侧添加延迟信息;【终点侧】在相对于导向曲线的终点侧添加延迟信息。

任务实施

一、生成渐开线及辅助线

1. 在【曲线生成】工具栏,选择【圆】命令 ,根据【系统提示栏】的提示,“圆心点”拾取坐标系原点,按确定键,在弹出的“半径输入条”中,输入圆半径 50,按确定键,生成⌀100 的圆;再按一次确定键,在“半径输入条”中输入圆半径 45,按确定键,生成⌀90 的圆;同样方法生成⌀26 的圆,如图 9-2 所示。

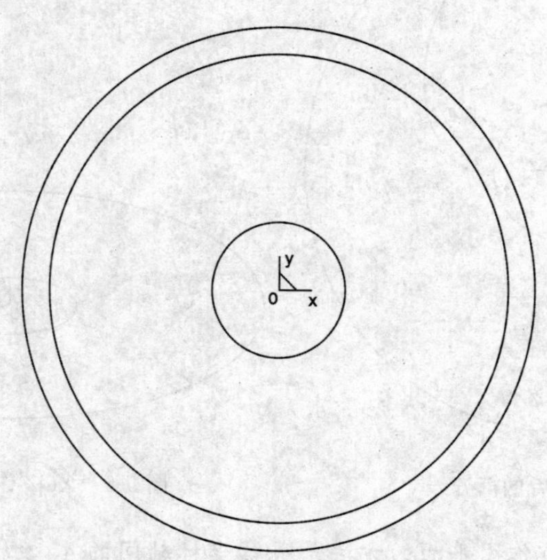

图 9-2 生成三个同心圆

2. 在【曲线生成】工具栏,选择【公式曲线】命令 f(x),根据图纸要求填写各参数,如图 9-3 所示;点击【预显】,检查无误后,点击 确定[O] ;根据【系统提示栏】的提示,“曲线定位点"拾取坐标系原点,生成 XOY 平面内的渐开线,如图 9-4 所示。

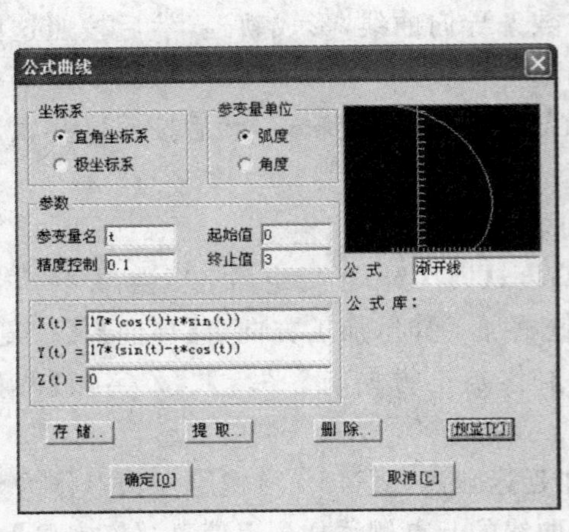

图 9-3　渐开线参数设定

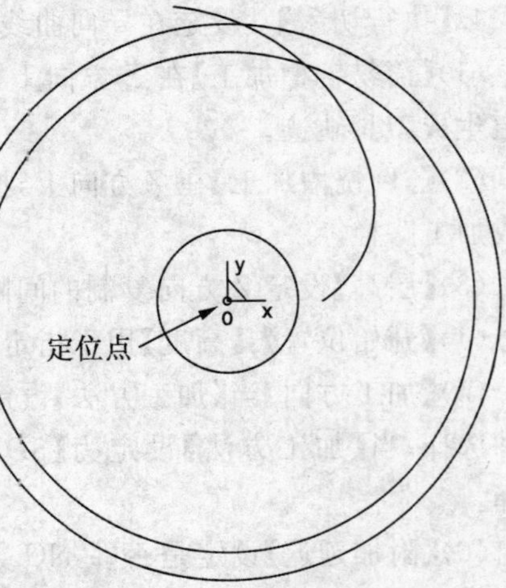

定位点

图 9-4　生成 XOY 平面内的渐开线

功能介绍: 生成公式曲线的条件是必须有曲线的参数方程,可把曲线其他形式的方程参数化,填写在相应栏里。

3. 在【曲线编辑】工具栏,选择【曲线剪裁】命令 ,拾取渐开线Ø90 圆外的部分;在【编辑】下拉菜单中,选择【隐藏】,拾取Ø90 圆,如图 9-5 所示。

4. 按 F7 键,切换到 *XOZ* 作图平面,再按 F8 键,切换到轴测图,如图 9-6 所示。

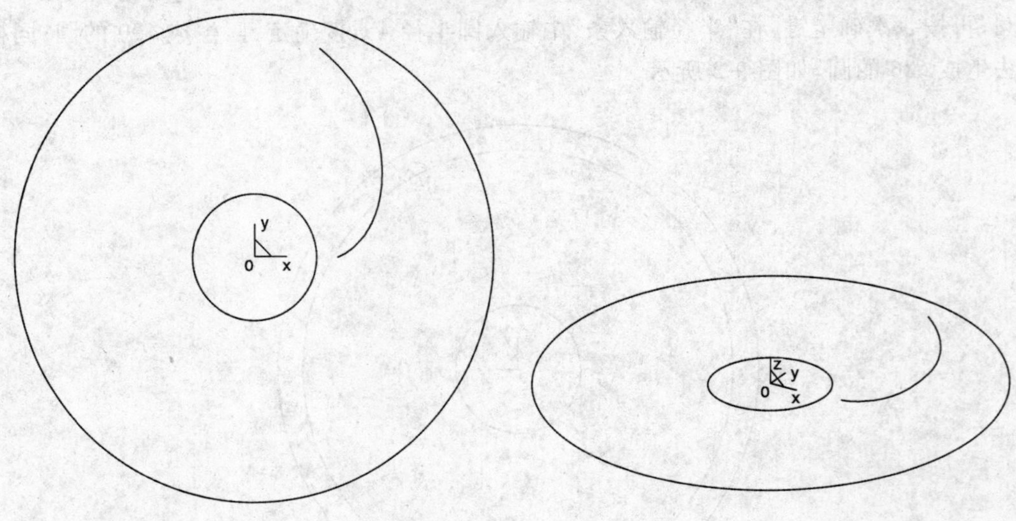

图 9-5　修剪后的渐开线　　　　图 9-6　*XOZ* 作图平面轴测图

功能介绍: 判断当前作图平面的方法是观察坐标轴间的 45°红线,红线连接的两个轴确定的平面即为当前作图平面。可以用 F8 键切换当前作图平面;也可使用 F5 键、F6 键、F7 键分别将 *XOY*、*YOZ*、*ZOX* 坐标平面作为当前作图平面。

5. 在【曲线生成】工具栏,选择【公式曲线】命令 f(x),根据图纸要求填写各参数,如图 9-7 所示;点击【预显】,检查无误后,点击 确定 ;根据【系统提示栏】的提示,"曲线定位点”拾取坐标系原点，生成 *XOZ* 平面内的抛物线，如图 9-8 所示。

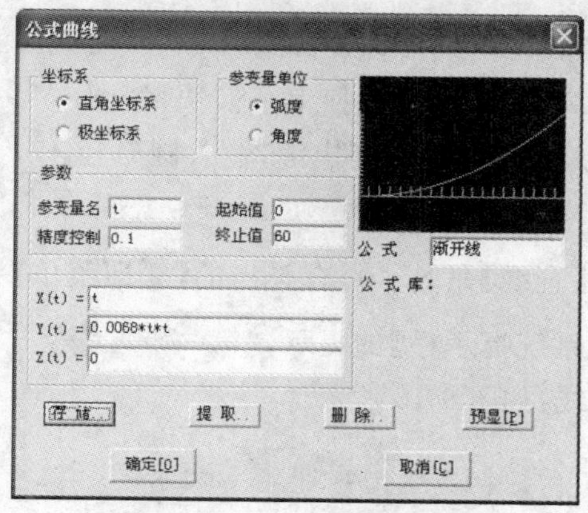

图 9-7 抛物线参数设定

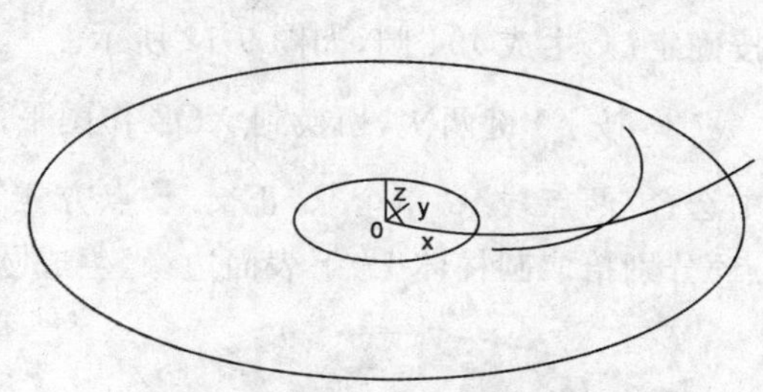

图 9-8 生成 *XOZ* 平面内的抛物线

二、生成圆柱体

1. 右击零件特征树中的平面 *XY*，选择【创建草图】命令，进入草图编辑状态。

2. 在【曲线生成】工具栏，选择【曲线投影】命令，拾取⌀100 圆，生成草图 0，如图 9-9 所示。

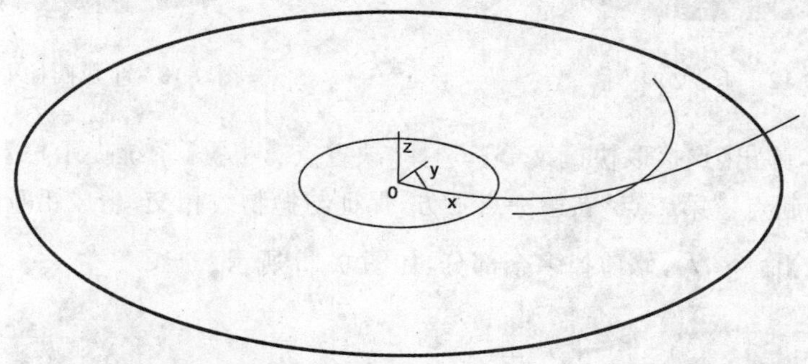

图 9-9 生成草图 0

3. 在【特征生成】工具栏，选择【拉伸增料】命令，参数设置如图 9-10 所示；点击 确定，生成⌀100、高 38 圆柱体，如图 9-11 所示。

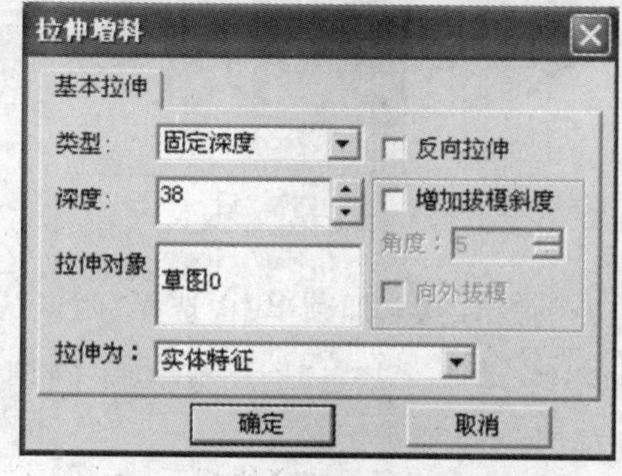

图 9-10 【拉伸增料】参数对话框

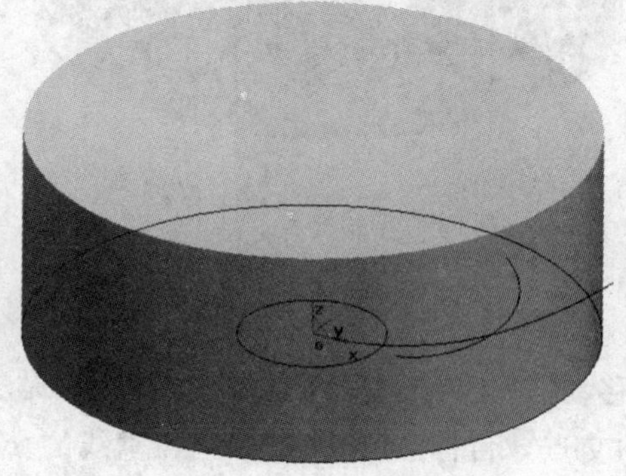

图 9-11 直径 100、高 38 圆柱体

三、生成抛物面

1. 按 F9 键一次，切换到 *XOY* 作图平面；在【曲线生成】工具栏，选择【圆】命令 ⊕，在弹出的【立即菜单】中选择“圆心_半径”，按空格键，弹出【点拾取快捷菜单】，选择“圆心”，根据【系统提示栏】的提示，“圆心点”拾取圆柱体上表面边缘，按确定键，输入圆半径 47，按确定键，生成Ø94 圆，如图 9-12 所示。

2. 按 F9 键两次，切换到 *XOZ* 作图平面；选取【直线】命令 ╱，在弹出的【立即菜单】中选择“两点线”、“单个”、“正交”、“点方式”，根据【系统提示栏】的提示，“第一点”、“第二点”分别拾取圆柱体上、下表面边缘，生成圆柱中心线，如图 9-13 所示。

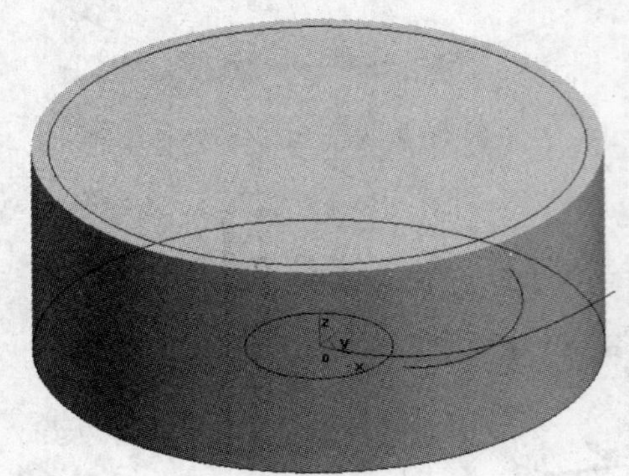

图 9-12　生成Ø94 圆

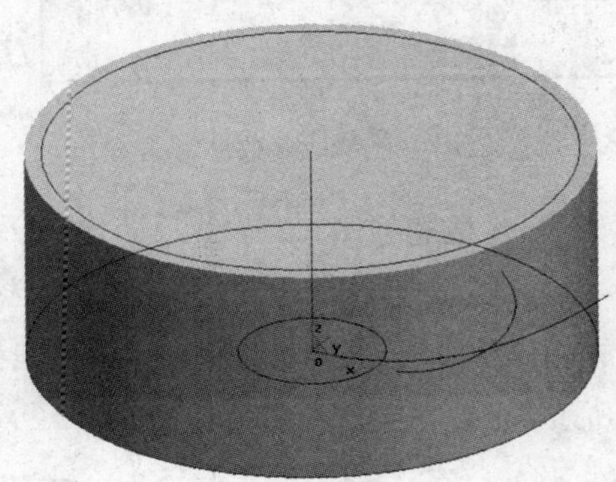

图 9-13　生成圆柱中心线

3. 按空格，弹出【点拾取快捷菜单】，选择“缺省点”，根据【系统提示栏】的提示，“第一点”拾取Ø94 圆起点，“第二点”在第一点下方，保证与抛物线相交，生成铅垂线，如图 9-14；选择【曲线剪裁】命令，修剪掉多余部分，如图 9-15 所示。

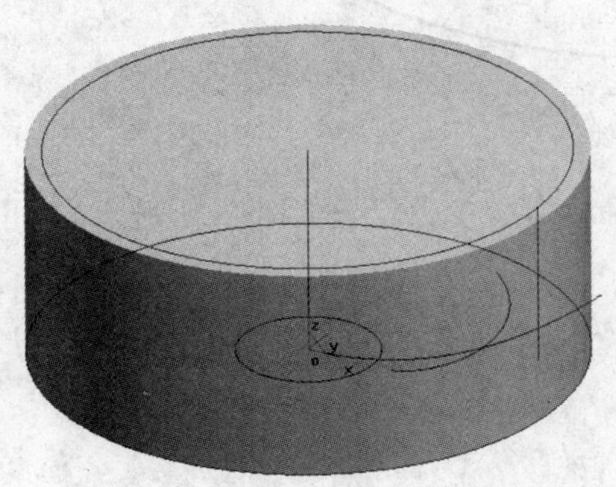

图 9-14　生成铅垂线

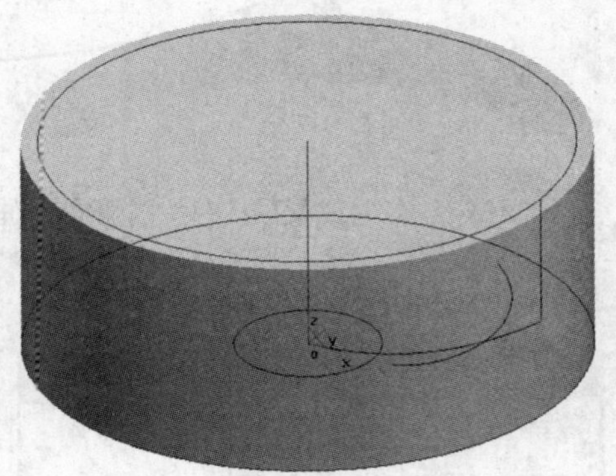

图 9-15　剪裁后

4. 在【几何变换】工具栏，选择【平移】命令，在弹出的【立即菜单】中选择“两点”、“移动”、“正交”，根据【系统提示栏】的提示，拾取抛物线，右击；“基点”拾取抛物线与垂线的交点，“目标点”拾取Ø50 圆与垂线的交点，右击，如图 9-16 所示。

5. 右击零件特征树中的平面 *XZ*，选择创建草图命令，进入草图编辑状态。

6. 在【曲线生成】工具栏，选择【曲线投影】命令，拾取抛物线、中心线；在【曲线生成】工具栏，选取【直线】命令，连接抛物线与中心线的上边交点；经剪裁后，生成草图1，如图 9-17 所示。

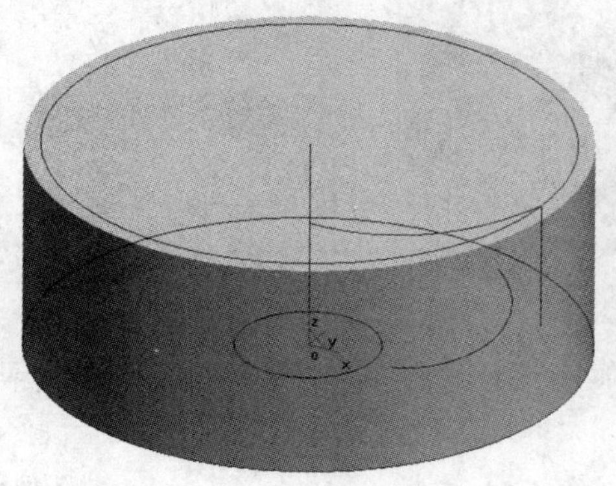

图 9-16 移动抛物线

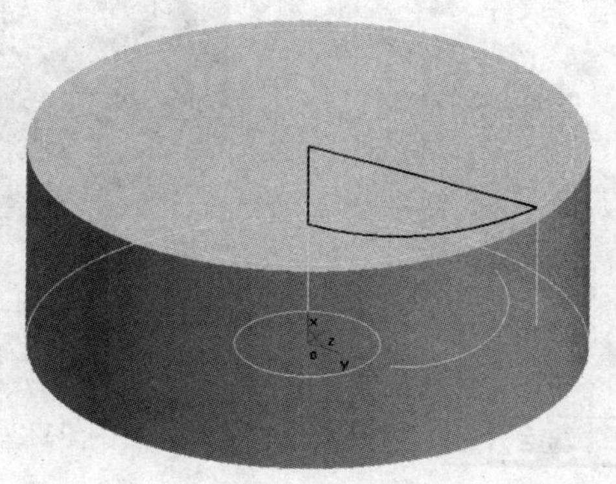

图 9-17 草图 1

7. 在【特征生成】工具栏，选择【旋转除料】命令，参数设定如图 9-18 所示，根据【系统提示栏】的提示，“轴线”拾取中心线，点击 确定 ，生成抛物面；将中心线、铅垂线、Ø90圆隐藏，如图 9-19 所示。

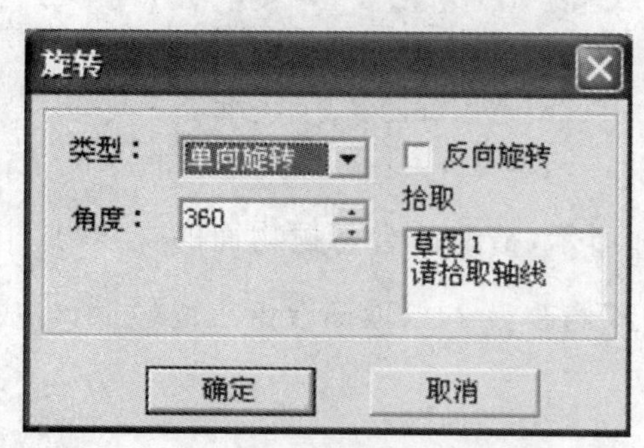

图 9-18 旋转除料参数设定

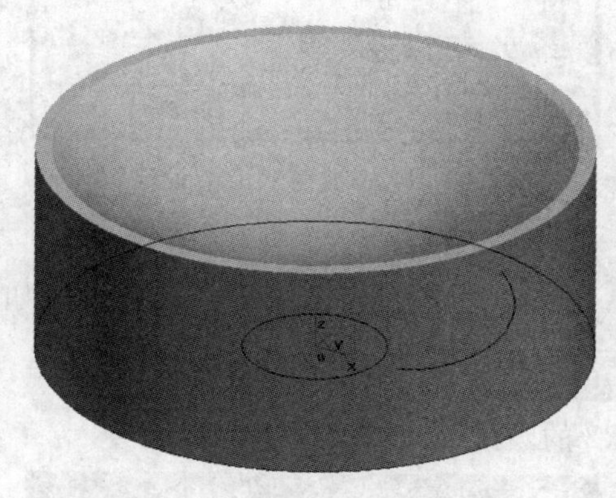

图 9-19 生成抛物面

四、生成直径 26 凸台及圆弧过渡

1. 右击零件特征树中的平面 XY，选择创建草图命令，进入草图编辑状态。

2. 在【曲线生成】工具栏，选择【曲线投影】命令，拾取Ø26 圆，生成草图 2，如图 9-20 所示。

图 9-20　草图 2

3. 在【特征生成】工具栏，选择【拉伸增料】命令，参数设定如图 9-21 所示，点击 确定 ，生成直径 26 凸台，如图 9-22 所示。

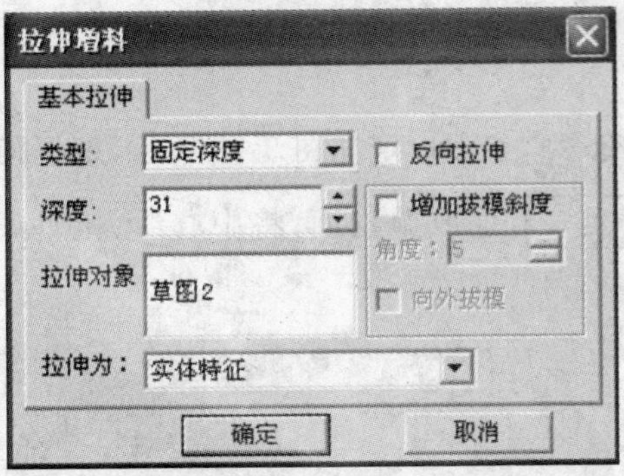

图 9-21　拉伸增料参数设定

图 9-22　生成直径 26 凸台

4. 选择【过渡】命令，参数设定如图 9-23 所示，拾取凸台与抛物面的交线，点击 确定 ，生成 R3 的圆弧过渡；同样方法，“半径”修改为 2，拾取凸台上表面边缘，生成 R2 的圆弧过渡，如图 9-24 所示。

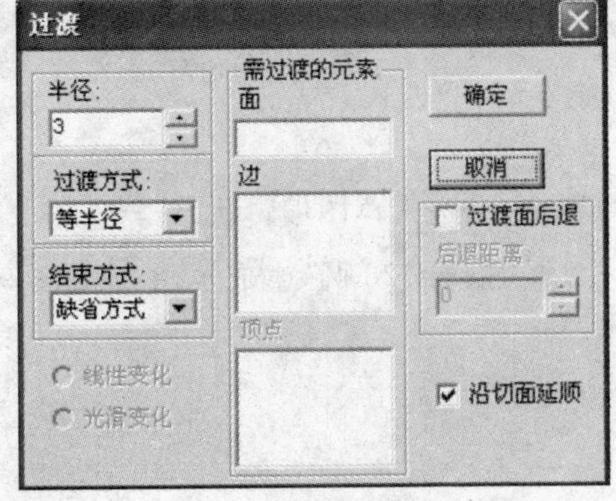

图 9-23　过渡参数设定

图 9-24　圆弧过渡

五、生成"e"字样条线

按 F5 键回到 *XOY* 作图平面。在【曲线生成】工具栏，选择【样条线】命令，在弹出的【立即菜单】中选择"差值"、"缺省切矢"、"开曲线"；按确定键，弹出"坐标点输入条"，输入"第一点"的坐标(8,－1,0)，按确定键；同样方法，依次输入其余 13 个点的坐标；右击，生成"e"字样条线，如图 9-25 所示。

图 9-25 生成"e"字样条线

六、定义毛坯

在加工管理特征树中双击【毛坯】图标，在图 9-26 所示的【定义毛坯】对话框中，选择【参照模型】单选项，点击 参照模型 ，点击 确定 ，生成加工毛坯，如图 9-27 所示。

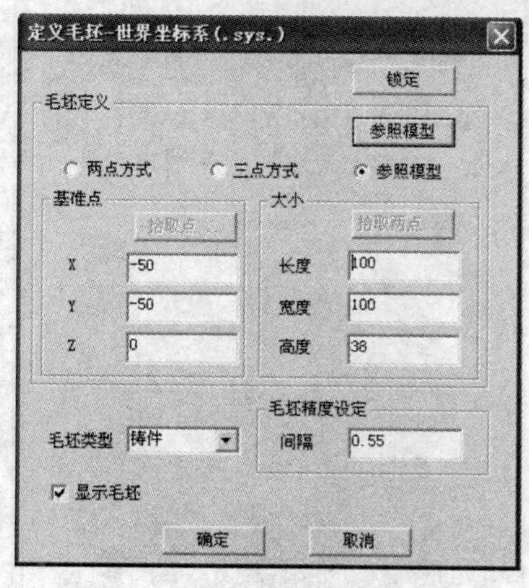

图 9-26 毛坯尺寸设定

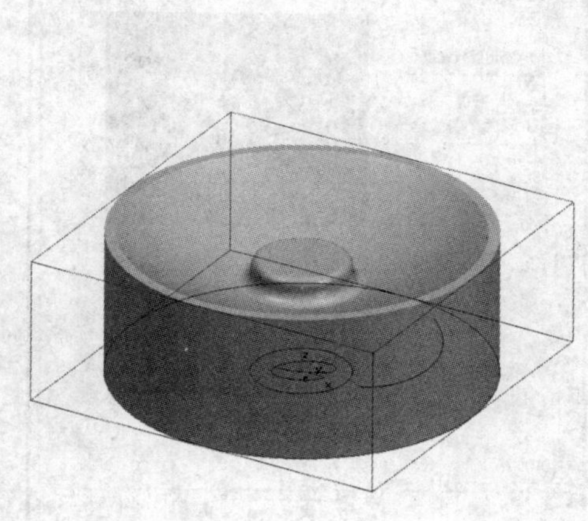

图 9-27 生成加工毛坯

七、粗精加工轨迹生成及校验

1. 粗加工—等高线粗加工

(1)选择【等高线粗加工】命令,填写加工参数 1,如图 9-28 所示;填写下刀方式参数,如图 9-29 所示;填写切削用量参数,如图 9-30 所示;填写加工边界参数,如图 9-31 所示;填写刀具参数,如图 9-32 所示。全部填写完毕后,点击 确定 。

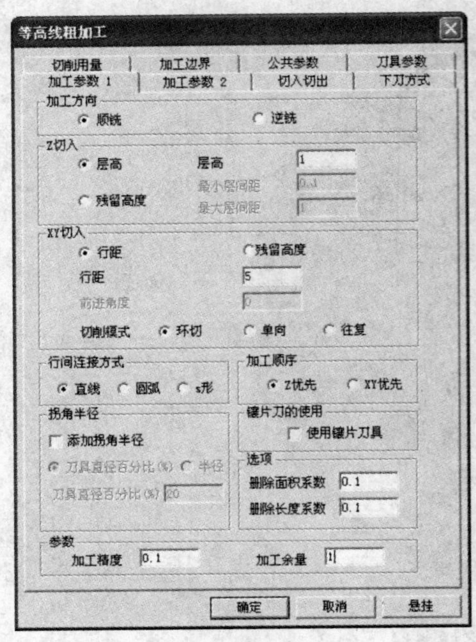

图 9-28　加工参数 1

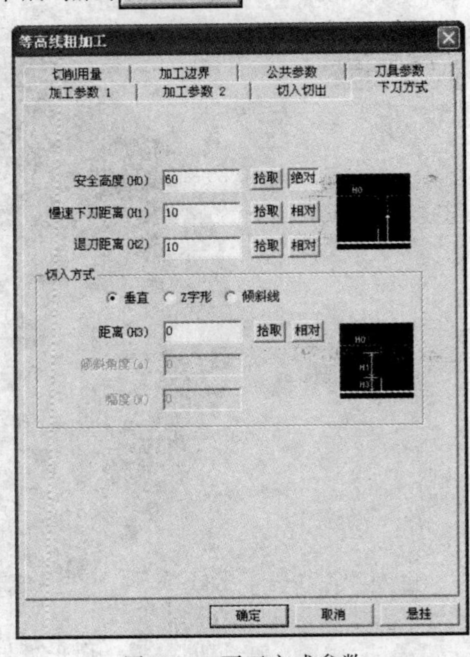

图 9-29　下刀方式参数

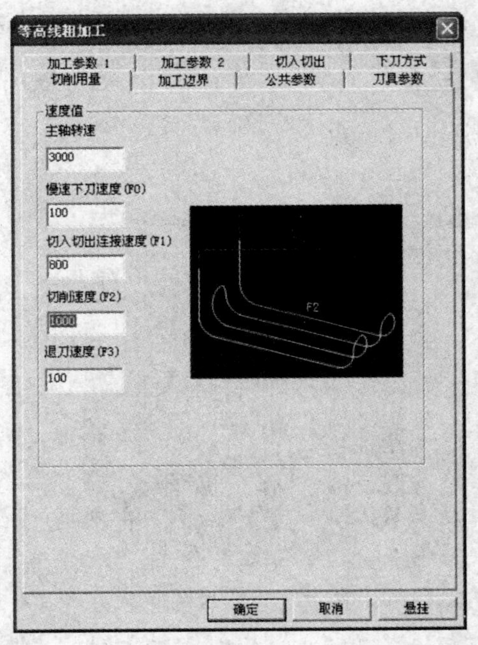

图 9-30　切削用量参数

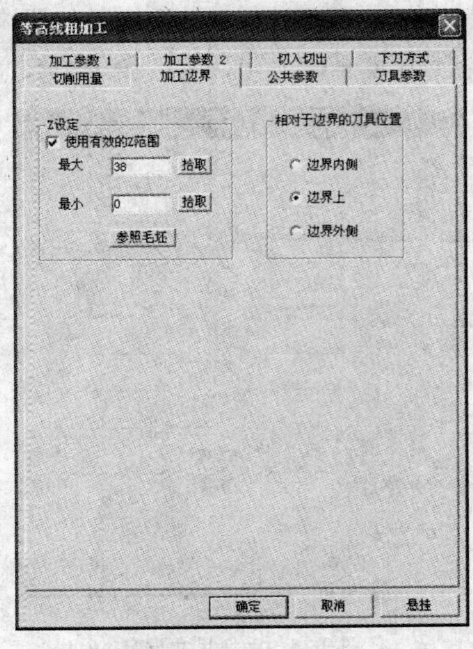

图 9-31　加工边界参数

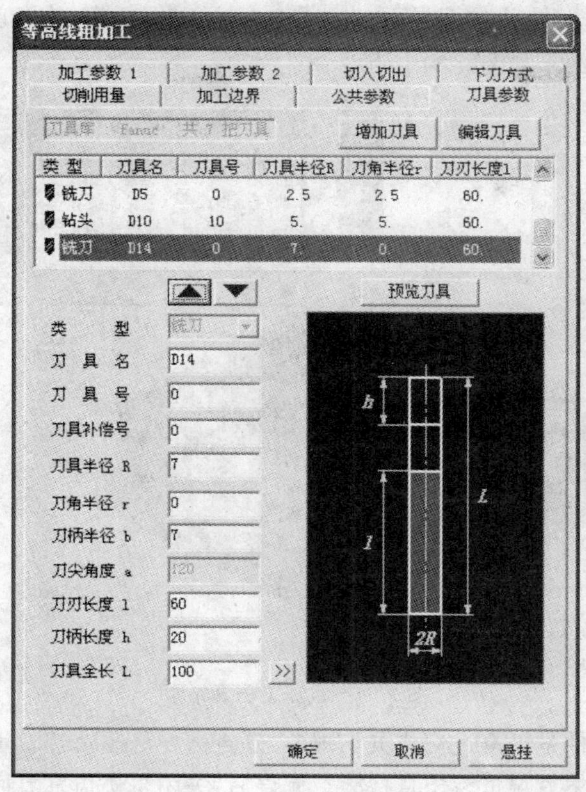

图 9-32 刀具参数

(2)根据【系统提示栏】的提示,"加工对象"拾取模型的任意位置,右击;"加工边界"拾取 100 圆,"链搜索方向"与加工参数中的顺逆铣方向对应;右击;计算结束后,生成粗加工轨迹,并显示在轨迹树中,如图 9-33 所示。

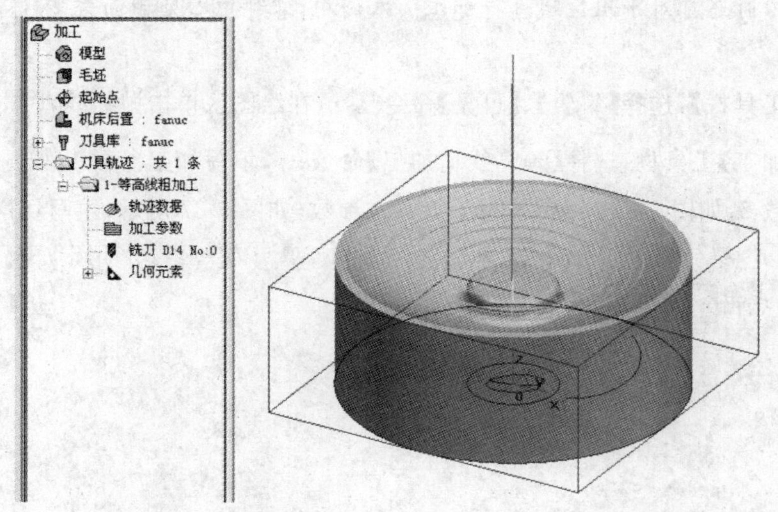

图 9-33 生成粗加工轨迹

(3)在轨迹树空白处右击,选择快捷菜单中的【轨迹仿真】,在轨迹树轨迹文件夹或绘图区拾取轨迹线，右击，进入仿真界面；点击【仿真加工】图标，在仿真加工对话框中，点击【播放】按钮，仿真结果如图 9-34 所示。

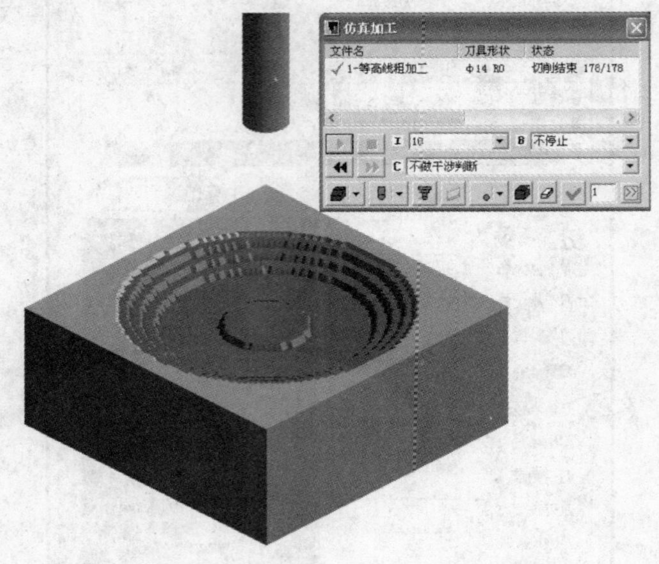

图 9-34　粗加工仿真结果

(4)检查加工零件是否有过切或欠切现象，是否需要修改轨迹。可根据仿真情况对轨迹进行必要的修改，然后再进行仿真检验。无误后，关闭轨迹仿真界面。在主界面轨迹树中右击轨迹文件夹，隐藏粗加工轨迹。

2. 精加工—等高线精加工

小提示：等高线精加工应用非常广泛，用于大部分“直壁”或者斜度不大的“侧壁”精加工，一般与等高线粗加工配合使用。可以根据需要，生成带有刀具半径补偿的加工路径。当采用立铣刀时还可对平坦区域进行加工。本例中，零件中心处曲面较多，不适合使用参数线精加工。

(1)在【工具栏】，选择【编辑】、【可见】命令，在绘图区单击抛物线，右击。

(2)在【加工】工具栏，选择【等高线精加工】命令，填写加工参数 1，如图 9-35 所示；填写加工参数 2，如图 9-36 所示；填写下刀方式参数，如图 9-37 所示；填写切削用量参数，如图 9-38 所示；填写加工边界参数，如图 9-39 所示；填写刀具参数，如图 9-40 所示。全部填写完毕后，点击 确定 。

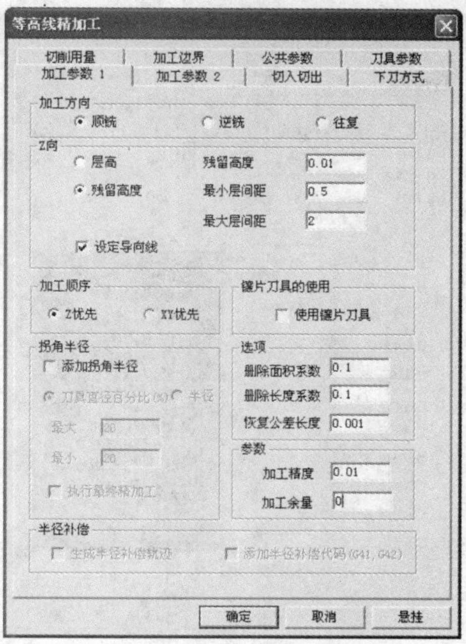

图 9-35 加工参数 1

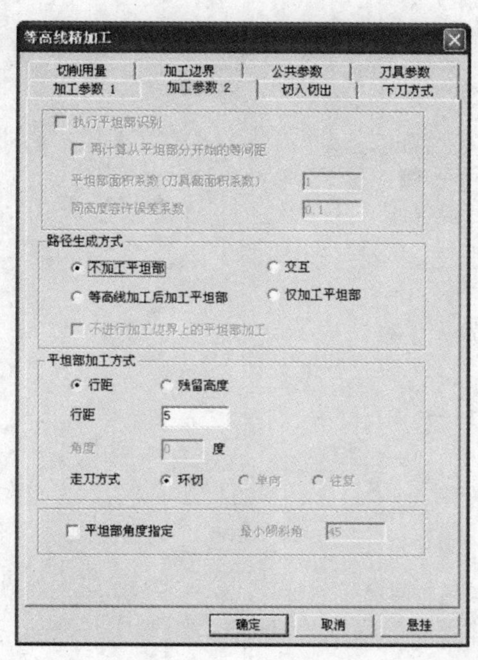

图 9-36 加工参数 2

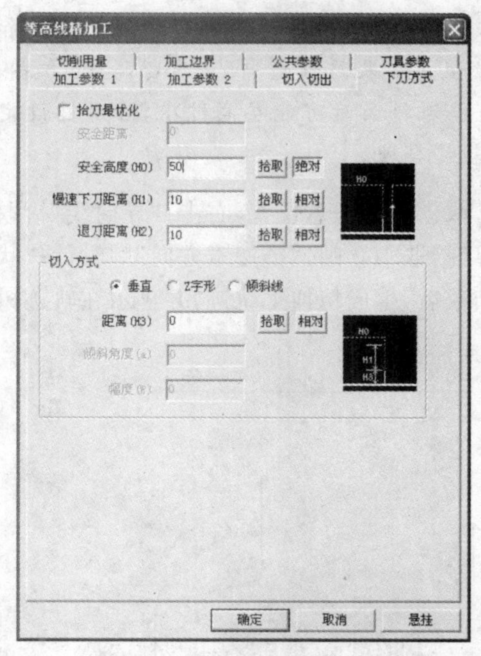

图 9-37 下刀方式参数

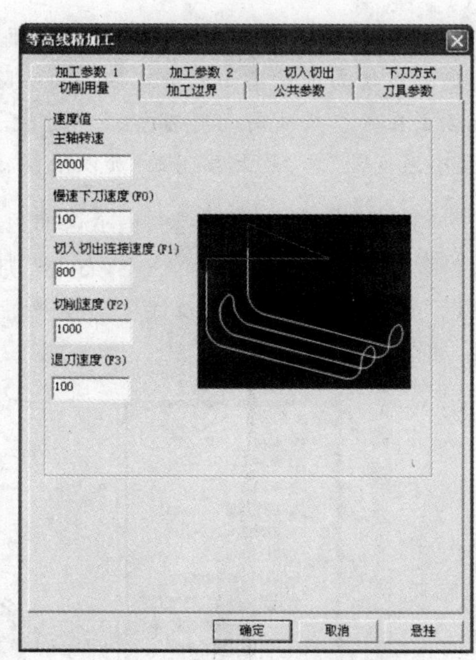

图 9-38 切削用量参数

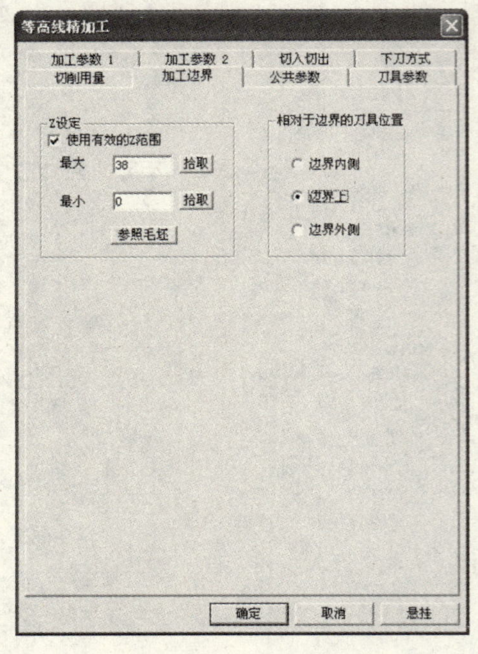

图 9-39　加工边界参数

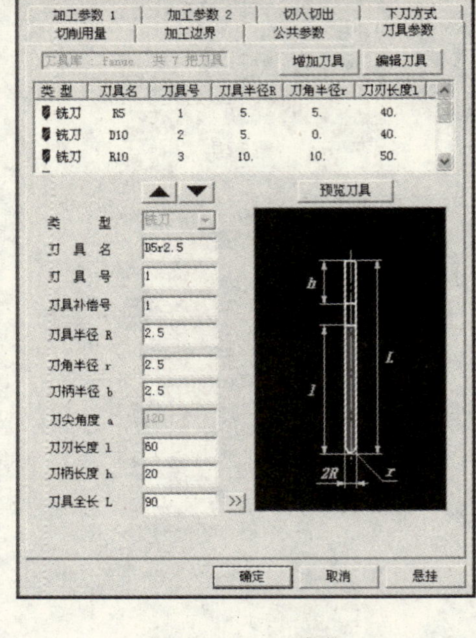

图 9-40　刀具参数

小提示：选中“设定导向线”功能选项后，生成加工轨迹时，系统根据导向线的坡度和设定的残留高度或层高来确定各层的实际高度数值。如果同时选中了“残留高度”方式，为防止在加工较陡斜面时可能层高过大、加工较平坦斜面时可能层高过小，可通过设定“最小层间距”和“最大层间距”加以限制，使加工轨迹合理。

(3)根据【系统提示栏】的提示，“加工对象”拾取模型的任意位置，右击；“导向线”拾取抛物线，“链搜索方向”由下往上，右击；“加工边界”拾取 100 圆，“链搜索方向”顺时针；“状态栏”显示处理模型信息及计算轨迹进度，计算结束后，生成精加工轨迹，并显示在轨迹树中，如图 9-41 所示。

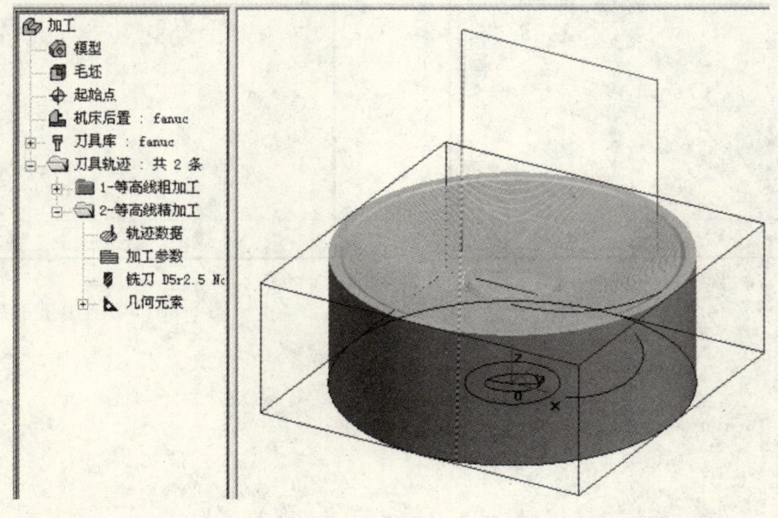

图 9-41　精加工轨迹

(4)在轨迹树轨迹文件夹或绘图区拾取全部轨迹线,右击,进入仿真界面,如图 9-42 所示。

(5)点击【仿真加工】图标,在仿真加工对话框中,点击【播放】按钮,仿真结果如图 9-43 所示。

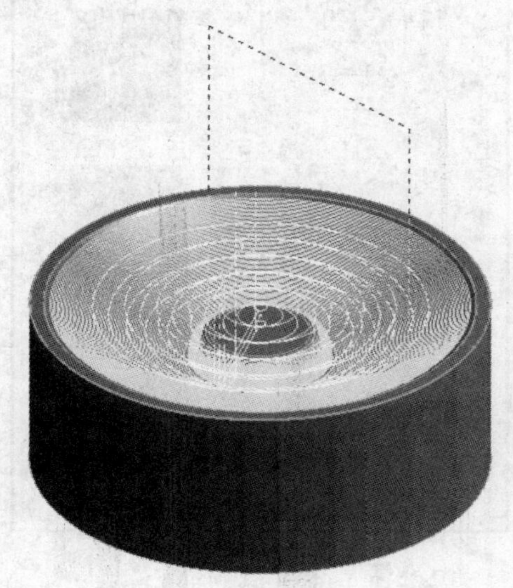

图 9-42 仿真界面

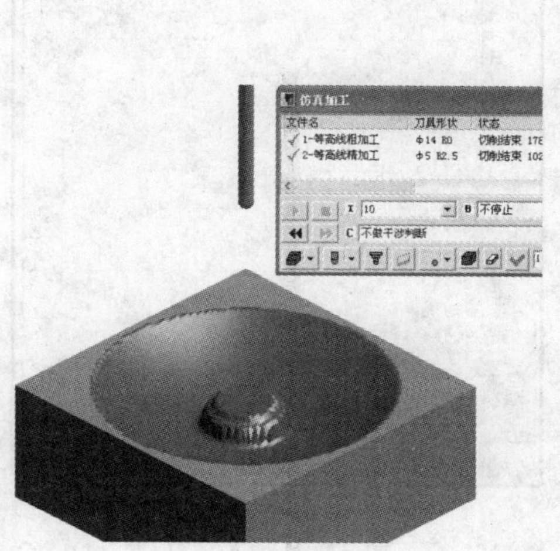

图 9-43 仿真结果

(6)检查加工零件是否有过切或欠切现象,是否需要修改轨迹。可根据仿真情况对轨迹进行必要的修改,然后再进行仿真检验,直到满足加工要求。无误后,关闭轨迹仿真界面,在主界面轨迹树中右击轨迹文件夹,隐藏粗加工轨迹。

3. 补加工—区域式粗加工

小提示:“补加工”属于精加工,可采用任何一种加工方式来完成。一般用于精加工中不太好处理的较小区域,如小平面加工、清根加工等。本任务中,精加工中了使用球头刀,加工平面不理想,为提高加工精度,使用立铣刀,选择“区域式粗加工”方式,并通过合理设定“加工精度”和“加工余量”参数,完成圆台顶面的精加工,如图 9-44 所示。

(1)在【加工】工具栏,选择【区域式粗加工】命令,填写加工参数,如图 9-44 所示;填写切入切出参数,如图 9-45 所示;填写下刀方式参数,如图 9-46 所示;填写切削用量参数,如图 9-47 所示;填写加工边界参数,如图 9-48 所示;填写刀具参数,如图 9-49 所示。全部填写完毕后,点击 确定 。

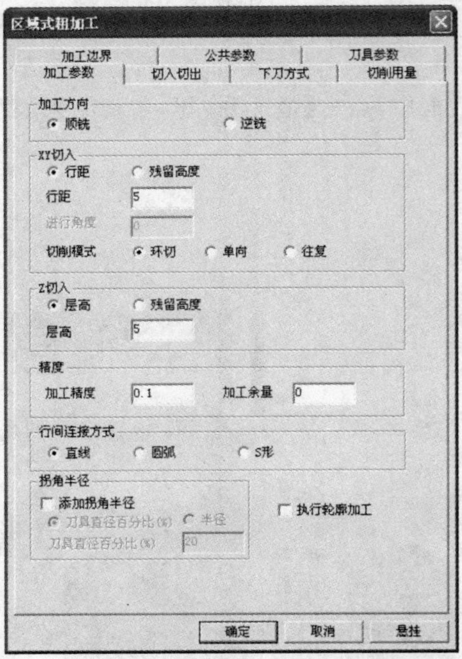

图 9-44　加工参数

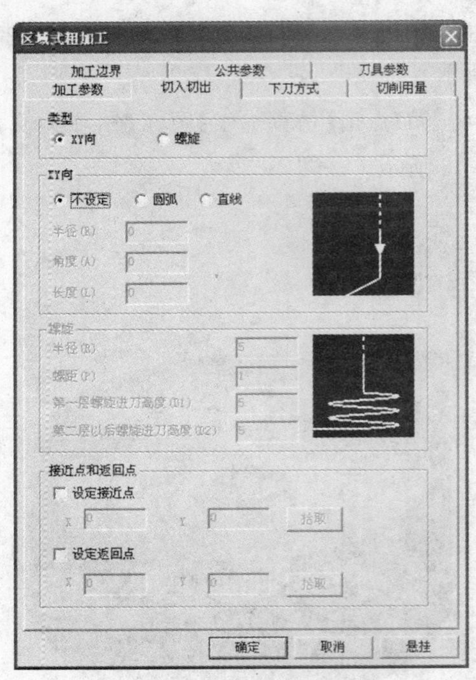

图 9-45　切入切出参数

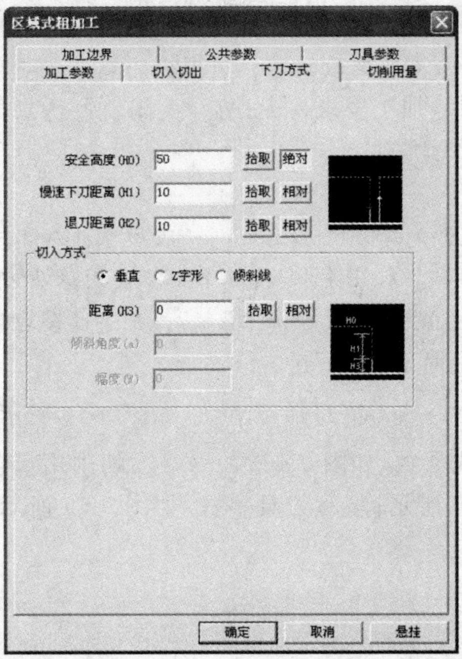

图 9-46　下刀方式参数

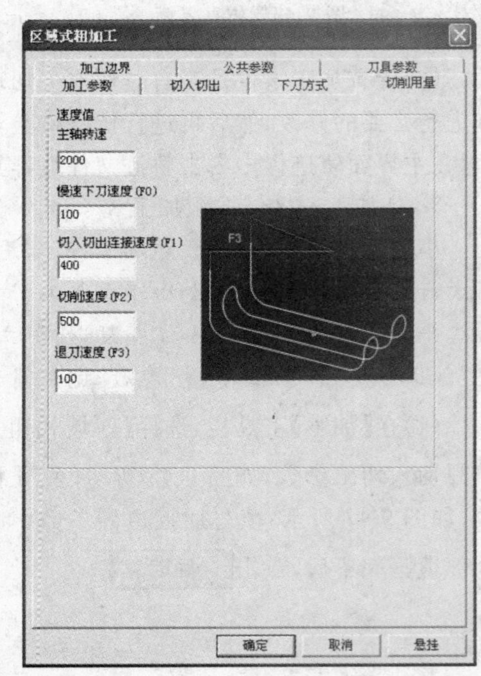

图 9-47　切削用量参数

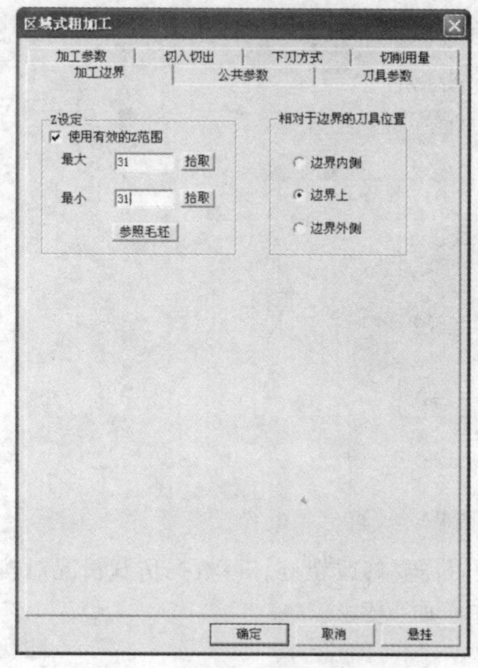

图 9-48 加工边界参数

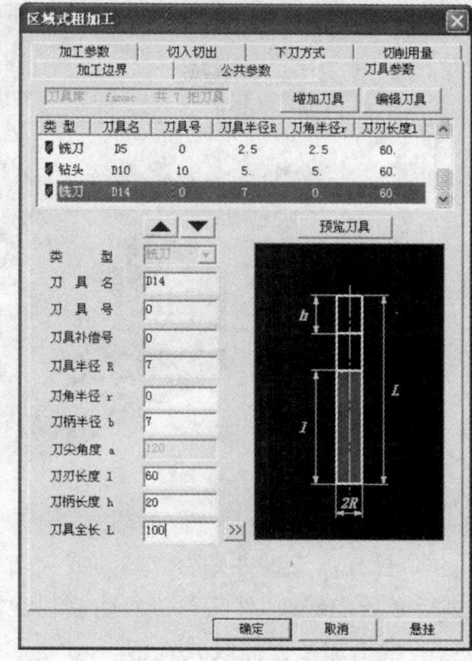

图 9-49 刀具参数

(2)根据【系统提示栏】的提示,"加工轮廓"拾取 26 圆,"链搜索方向"顺时针,右击;右击;计算结束后,生成补加工轨迹,并显示在轨迹树中,如图 9-50 所示。

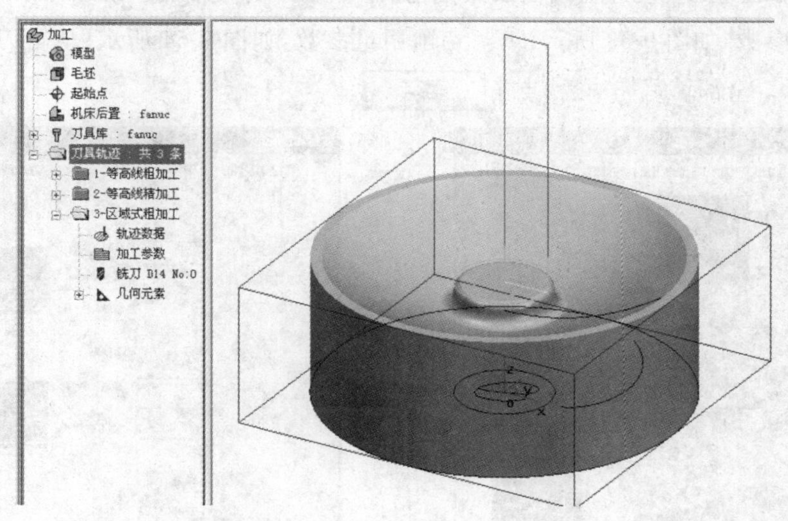

图 9-50 区域式粗加工轨迹

(3)在轨迹树窗口中右击刀具轨迹文件夹,选择"快捷菜单"中的【全部显示】;点击刀具轨迹文件夹,在空白处右击,选择"快捷菜单"中的【轨迹仿真】,进入仿真界面,仿真结果如图 9-51 所示。

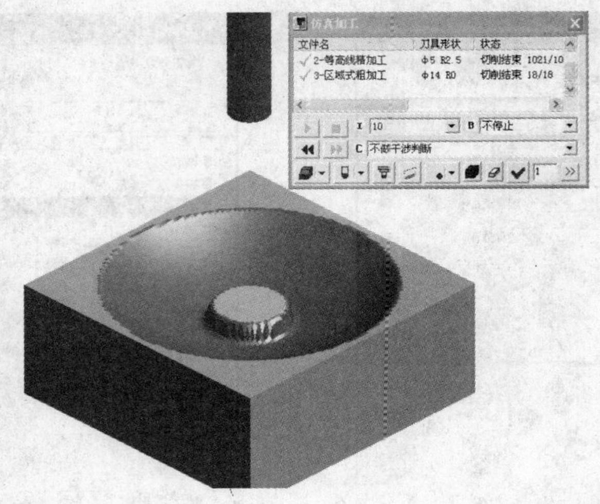

图 9-51　仿真结昊

(4)检查加工零件是否有过切或欠切现象,是否需要修改轨迹。可根据仿真情况对轨迹进行必要的修改,然后再进行仿真检验,直到满足加工要求。

4. 浅槽加工—曲线式铣槽

小提示:“曲线式铣槽”加工方式可沿给定曲线,生成槽加工轨迹。当路径类型选择了“投影到模型”时,可以将平面曲线投影到模型,生成随模型曲面变化的空间曲线槽,特别适合于“曲面字”的加工。

(1)在【加工】工具栏,选择【曲线式铣槽】命令,填写加工参数,如图 9-52 所示;填写下刀方式参数,如图 9-53 所示;填写切削用量参数,如图 9-54 所示;填写刀具参数,如图 9-55 所示。全部填写完毕后,点击 确定 。

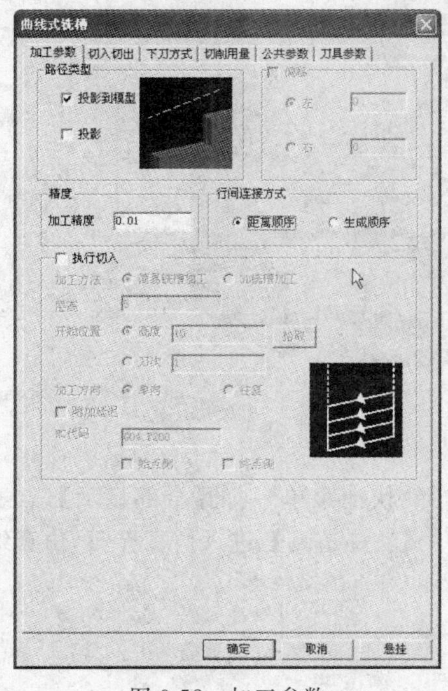

图 9-52　加工参数

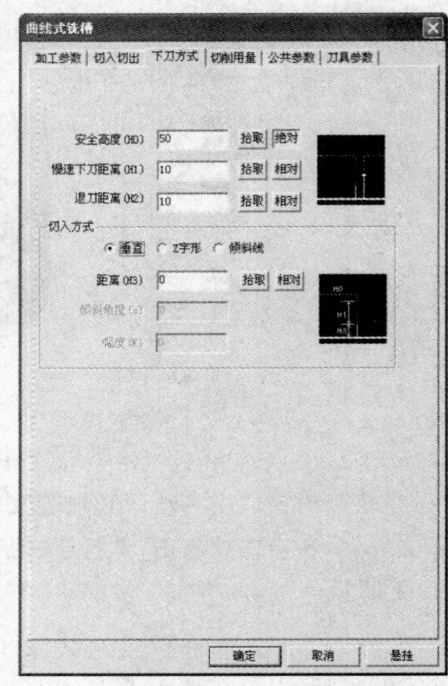

图 9-53　下刀方式参数

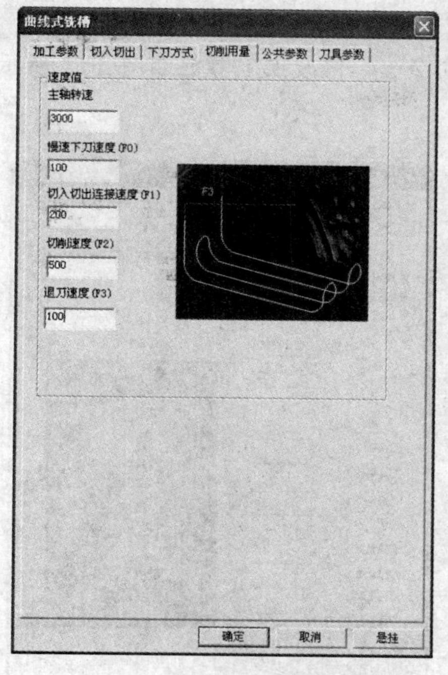

图 9-54 切削用量参数

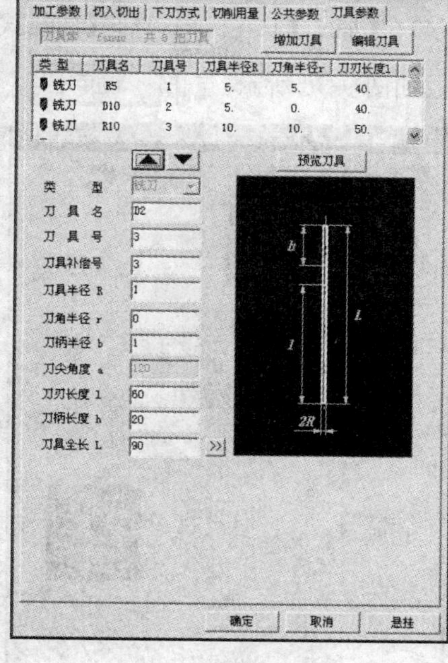

图 9-55 刀具参数

(2)根据【系统提示栏】的提示,“曲线路径”拾取“e”字,“链搜索方向”任意,右击两次;“加工对象”拾取模型,右击;计算结束后,生成“e”字槽加工轨迹,并显示在轨迹树中,如图 9-56 所示。

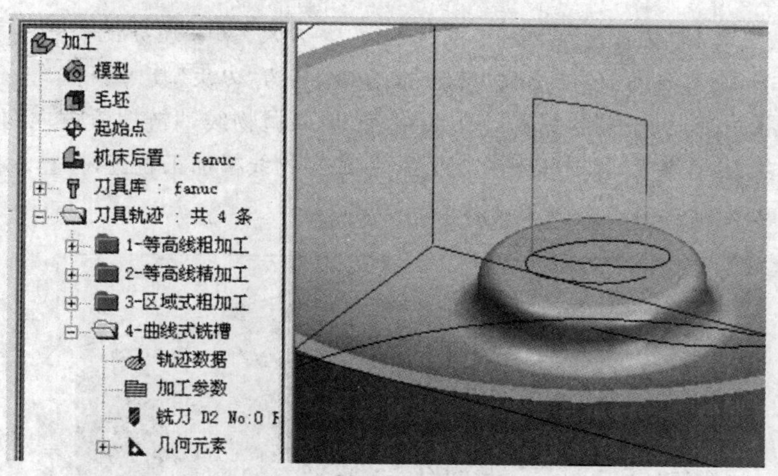

图 9-56 “e”字槽加工轨迹

(3)在【几何变换】工具栏,选择【平移】命令,在弹出的【立即菜单】中选择“偏移量”、“移动”、“DX=”输入 0、“DY=”输入 0、“DZ=”输入−1、“轨迹安全高度相应变化”,根据【系统提示栏】的提示,拾取“e”字加工轨迹,右击,将轨迹线沿 Z 轴负方向移动 1mm。

小提示:轨迹线可以与一般曲线一样进行平移、阵列等几何变换。在 CAXA 工程师 2008 中,各种加工方式所形成的轨迹是以刀尖点计算的,曲线式铣槽生成的轨迹线在模型的上表面，因此需要将轨迹线向 Z 轴负方向平移一定距离，以获得需要的槽深。

(4)在【加工】工具栏中，选择【曲线式铣槽】命令 ，修改加工参数如图 9-57 所示，刀具参数如图 9-58 所示，点击 确定 。

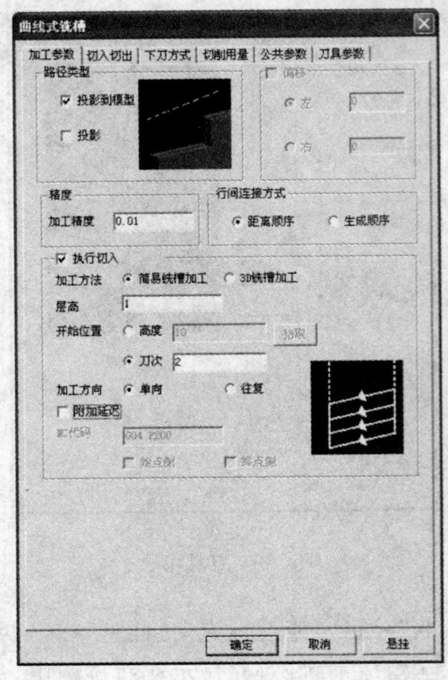

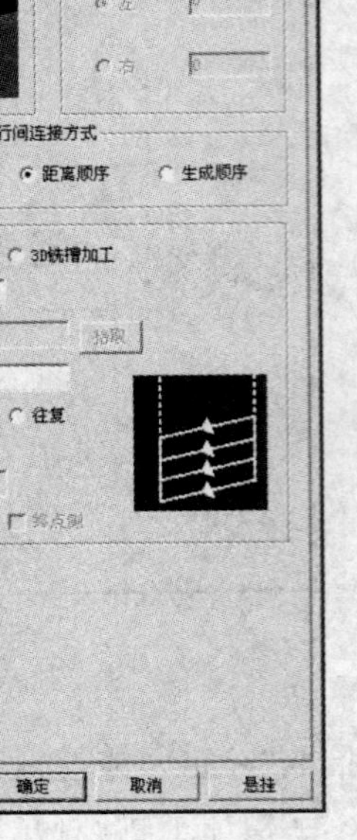

图 9-57　加工参数

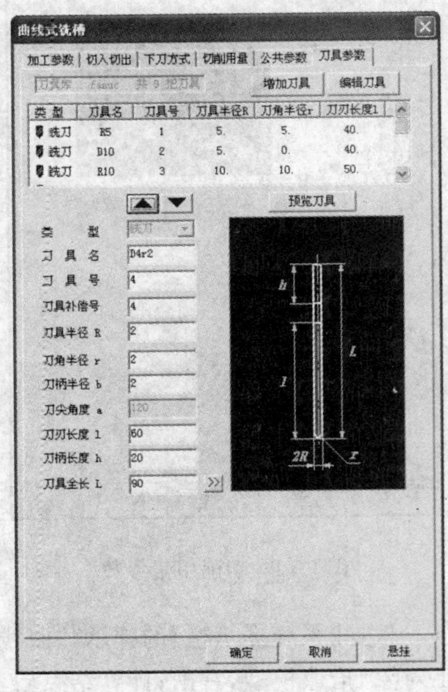

图 9-58　刀具参数

小提示：当选择“执行切入”后，可以通过设定“刀次”来合理分配曲线槽的切削层高，便于深槽的加工。“层高”值应能被“槽深”值整除，商为“刀次”数。

(5)根据【系统提示栏】的提示，“曲线路径”拾取抛物线，“链搜索方向”任意，右击两次；“加工对象”拾取模型，右击；计算结束后，生成抛物线槽加工轨迹，并显示在轨迹树中，如图 9-59 所示。

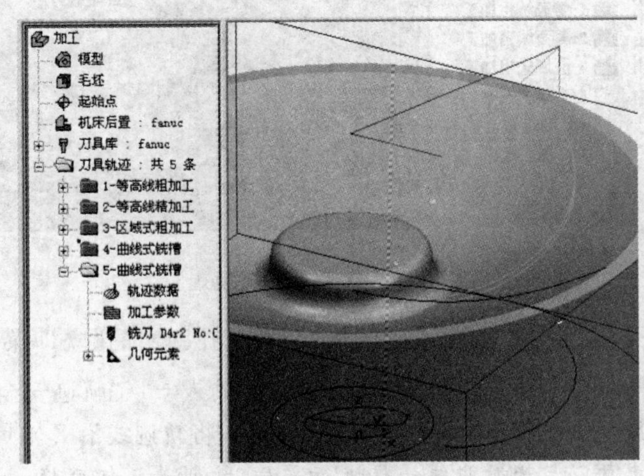

图 9-59　抛物线槽加工轨迹

(6)选择【阵列】命令，在弹出的【立即菜单】中选择“圆形”、“均布”、“份数＝”输入4，根据【系统提示栏】的提示，拾取抛物线加工轨迹，右击，将抛物线加工轨迹阵列成四份，如图 9-60 所示。

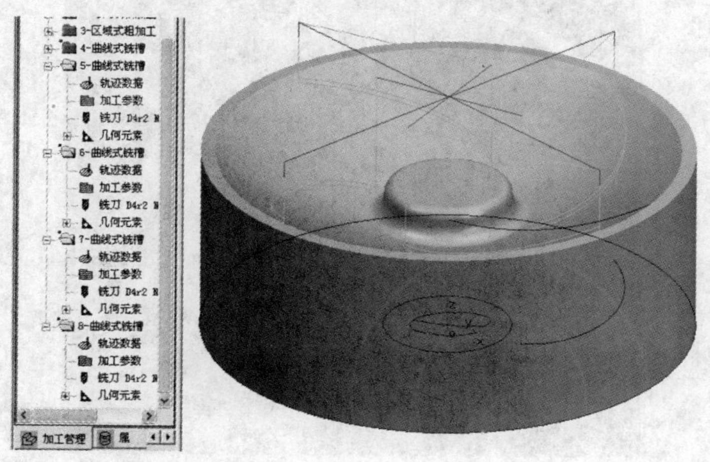

图 9-60 阵列抛物线加工轨迹

(7)在【菜单】栏打开【加工】→【轨迹编辑】→【轨迹连接】，在弹出的【立即菜单】中选择“直接连接”，依次拾取四条轨迹线，右击，如图 9-61 所示。

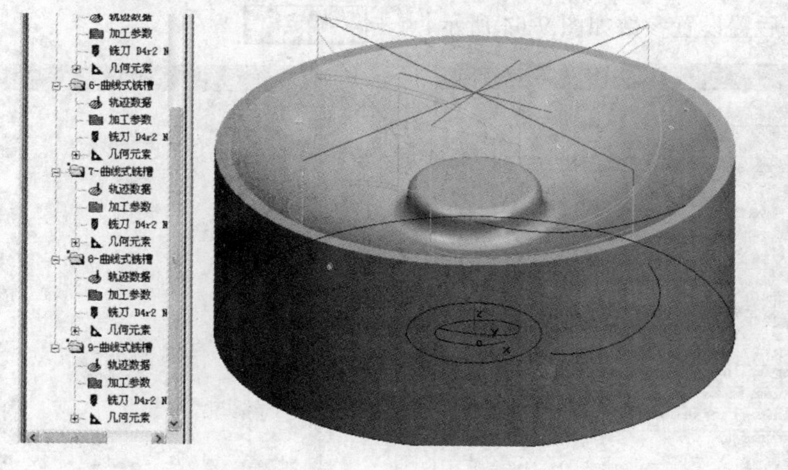

图 9-61 组合抛物线加工轨迹

(8)在【几何变换】工具栏，选择【平移】命令，在弹出的【立即菜单】中选择“偏移量”、“移动”、“DX＝”输入 0、“DY＝”输入 0、“DZ＝”输入－2、“轨迹安全高度相应变化”，根据【系统提示栏】的提示，拾取抛物线加工轨迹，右击，将轨迹线沿 Z 轴负方向移动 2mm。

(9)在轨迹树中，将曲线式铣槽 6、7、8、9 删除。

(10)显示全部轨迹，选中后，进行轨迹校验，结果如图 9-62 所示。

图 9-62　轨迹仿真结果

八、后置处理及生成加工代码

1. 在加工管理树窗口中，双击【机床后置】。机床信息参数（西门子 802D 系统）如图 9-63 所示，后置设置参数如图 9-64 所示，点击 确定 。

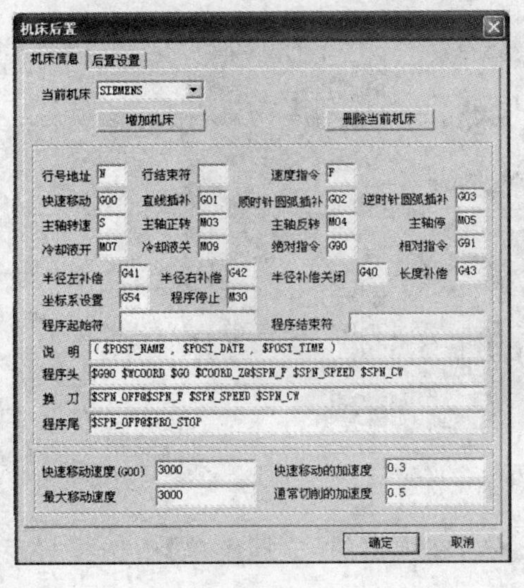

图 9-63　机床信息参数

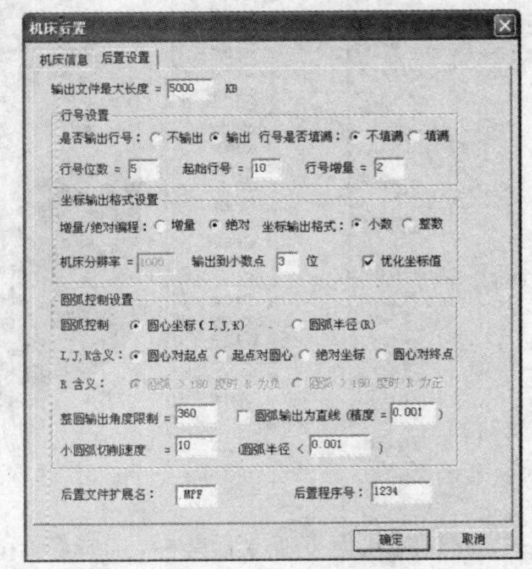

图 9-64　后置设置参数

2. 在轨迹树窗口中右击，选择快捷菜单中的【后置处理】→【生成 G 代码】，在弹出【选择后置文件】窗口中，选择文件的保存路径，输入文件名 tx1，点击保存按钮关闭窗口。

3. 在轨迹树轨迹文件夹或绘图区拾取等高线粗加工轨迹，右击，生成粗加工 G 代码，如图 9-65 所示。

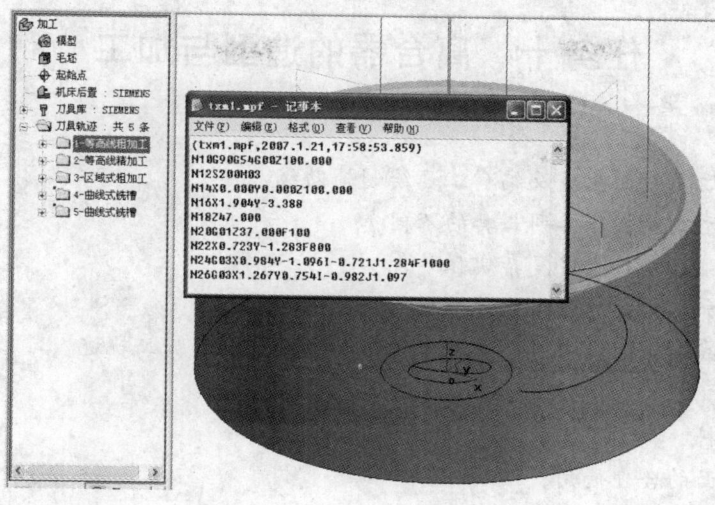

图 9-65 生成粗加工 G 代码

4. 同样方法，重复 2、3 步，拾取其他四条加工轨迹，生成 G 代码 tx2、tx3、tx4、tx5。

思考练习

根据零件图 9-66，完成圆柱凸轮的造型与加工。并合理进行后置设置，生成加工程序。

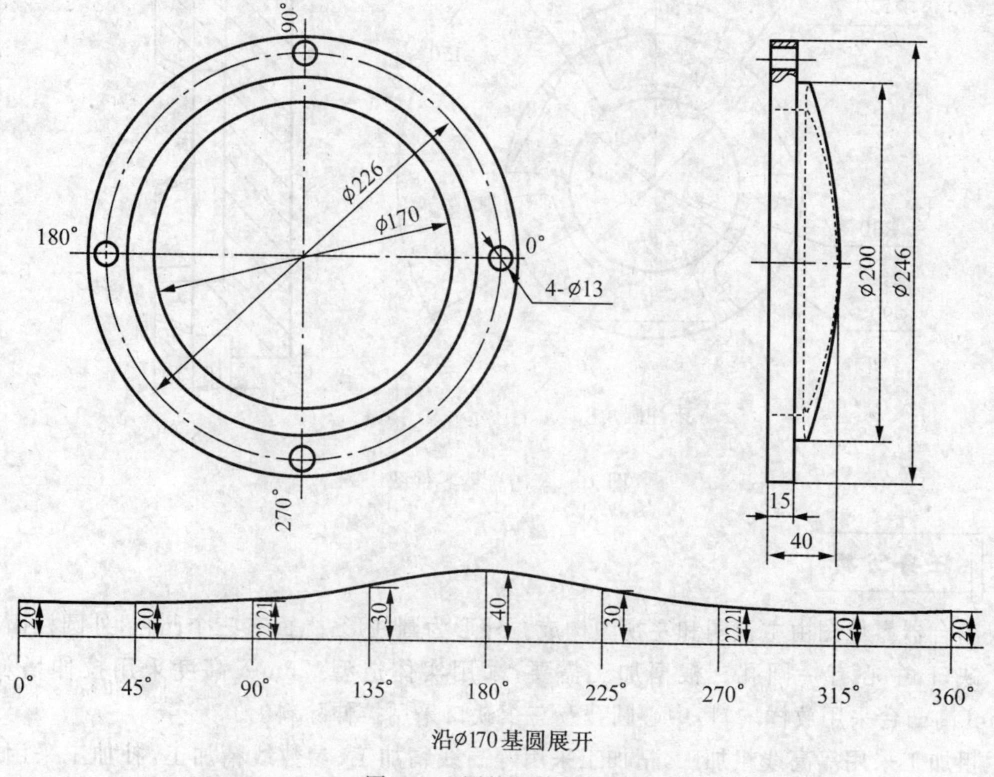

图 9-66 圆柱凸轮零件图

任务十　离合器的造型与加工

能力目标

◎ 能熟练运用线面生成及编辑工具绘制辅助线

◎ 能区别元素及实体阵列工具的不同

◎ 会使用放样增料生成复杂实体

◎ 能根据加工方式的要求生成合理的加工边界

◎ 在参数线加工方式中能合理利用干涉面生成需要的加工轨迹

知识准备

◎ 放样增料

◎ 干涉曲面的合理使用

◎ 笔式清根加工

任务引入

根据图 10-1 所示零件图,完成离合器的造型与加工。

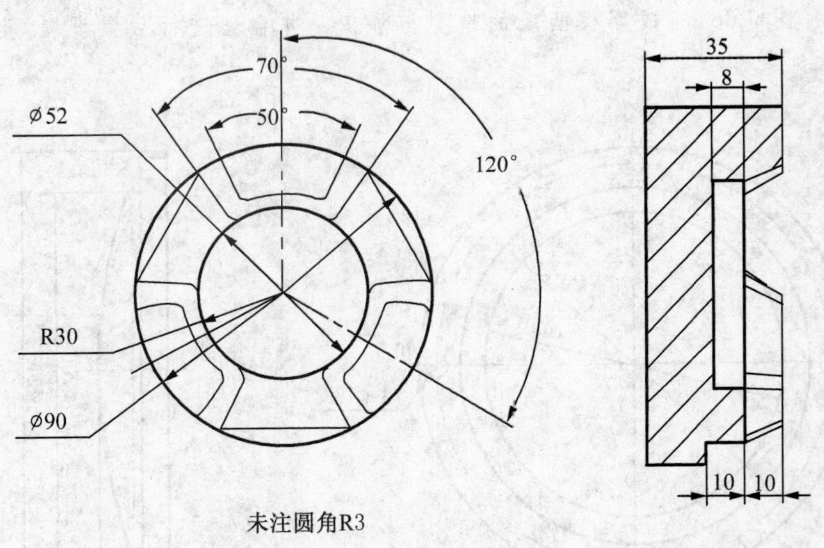

图 10-1　离合器零件图

任务分析

离合器零件图由主视图和左视图构成。外形为圆柱形,上面有三个凸台,外圆柱面有三个缺口,中心有一圆孔。根据加工需要,采用实体造型,25mm 高度采用拉伸增料,10mm 高凸台采用放样增料,中心圆孔及三个缺口采用拉伸除料。

粗加工采用等高线粗加工,精加工采用等高线精加工、参数线精加工,补加工采用笔式清根加工。

相关知识

一、放样增料

1. 放样增料

根据至少两个截面线轮廓生成一个实体，截面线应为草图。

2. 对放样草图的要求

(1)生成放样实体的各草图必须封闭。

(2)各草图的起始点应对齐，不然可能会生成扭曲实体或者操作失败。当某一草图与其他草图的起始点错位时，可使用【曲线打断】命令，“打断点”为其他草图的起始点，这样就为该草图建立了一个与其他草图一致的起始点。

(3)各草图的线段数量最好相等，这样放样出的实体表面光滑。

二、“干涉曲面”的合理使用

1. 在使用参数线精加工时，为使生成的加工轨迹正确，避免出现“过切”现象，一般应选中“干涉检查”选项。此功能除了对零件“自身干涉”进行检查外，还可以通过生成“干涉曲面”，利用“面间干涉”检查，对加工轨迹进行有目的的限制，从而满足加工需要。

2. 本任务中，凸台使用了参数线精加工，当满足凸台与孔的光滑连接时，会使 25mm 高度平面处过切。为此，预先生成了一个高度与平面一致、中间带有⌀52 孔的“干涉曲面”，参见图 10-40。生成加工轨迹的交互过程中，拾取此曲面，就能生成满足需要的加工轨迹，参见图 10-47。

三、笔式清根加工参数说明

1.【加工方法】

(1)【顺铣】生成顺铣的轨迹。

(2)【逆铣】生成逆铣的轨迹。

(3)【下坡式】生成下坡式的轨迹。

(4)【上坡式】生成上坡式的轨迹。

2.【Z 向】

(1)【层高】设定 Z 向多层切削时相邻加工层距离。

(2)【刀次】Z 方向多层切削的层数。

3.【加工顺序】 Z 向多层切削时，加工优先方向有以下两种选择方式。

(1)【Z 向优先】每个未加工区域 Z 向多层切削优先。

(2)【XY 向优先】所有未加工区域每加工层的切削优先。

4.【沿面方向】 设定沿模型表面方向多行切削。

(1)【切削宽度】被加工区域切削范围沿面方向的延伸宽度，设定后沿未加工区域会生成多条轨迹。设定延伸宽度为 0 时，沿被加工区域只生成一条轨迹。

(2)【行距】切削宽度方向多行切削相邻行间的间隔。

(3)【加工方向】生成沿模型表面方向多行切削有以下三种选择：

【由外到里的两侧】由外到里，从两侧往中心的交互方式生成轨迹。

【由外到里的单侧】由外到里，从一侧往另一侧的方式生成轨迹。

【由里到外】由里到外，一个单侧轨迹生成后再生成另一单侧的轨迹。

5.【计算类型】

(1)【深模型】生成适合具有深沟的模型或者极端浅沟的模型的轨迹。

(2)【浅模型】生成适合冲压用的大型模型，和深模型相比，计算时间短。

6.【选项】

(1)【面面夹角】如果面面夹角大时我们不希望在这里做出补加工轨迹。所以系统计算出的面面之间的夹角小于面面夹角的凹棱线处才会做出补加工轨迹。范围0°≤面面夹角≤180°。

(2)【凹棱形状分界角】补加工区域可以分为平坦区和垂直区两个类别进行轨迹的计算。这两个类别通过凹棱形状分界角为分界线进行区分。凹棱形状分界角的范围，0°≤凹棱形状分界角≤90°。凹棱形状角度指面面成凹状的棱线与水平面所成的角度，“凹棱形状角度”＞“凹棱形状分界角”的补加工区域为垂直区；“凹棱形状角度”≤“凹棱形状分界角”的补加工区域为平坦区。

(3)【近似系数】原则上建议使用“1.0”。它是一个调整计算加工精度的系数。近似系数×加工精度被作为将轨迹点拟合成直线段轨迹时的拟合误差。

(4)【删除长度系数】根据输入的删除长度系数，设定是否生成微小轨迹。删除长度＝刀具半径×删除长度系数。删除大于删除长度且大于凹棱形状分界角的轨迹，这是由于较陡峭且较长的轨迹不利于走刀。也就是说，垂直区轨迹的长度＜删除长度，平坦区轨迹不受删除长度系数的影响。一般采用删除长度系数的初始值。

7.【调整计算网格因子】设定轨迹光滑的计算间隔因子，因子的推荐值为0.5～1.0，一般设定为1.0。虽然因子越小生成的轨迹越光滑，但计算时间会越长。

一、生成辅助线

1.按F5键，切换到*XOY*作图平面；在【曲线生成】工具栏，选择【圆】命令，根据【系统提示栏】的提示，“圆心点”拾取坐标系原点，按确定键，输入圆半径45，按确定键，生成Ø90的圆；再按一次确定键，输入圆半径26，按确定键，生成Ø52的圆；同样方法生成R30的圆，如图10-2所示。

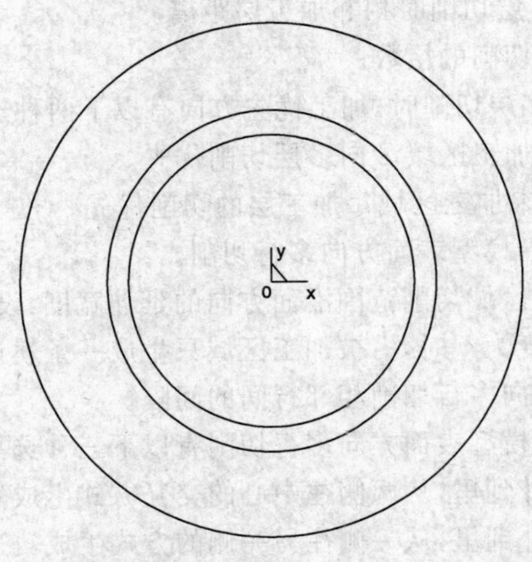

图10-2　生成三个圆

2. 在【曲线生成】工具栏，选择【直线】命令 ，在弹出的【立即菜单】中选择“角度线”、“Y 轴夹角”、“角度＝” 输入 35，根据【系统提示栏】的提示，“第一点”选择坐标原点，“第二点”拾取Ø90 圆外的任意一点，生成与 Y 轴 35°夹角直线；“角度＝”修改为 25，生成与 Y 轴 25°夹角直线，如图 10-3 所示。

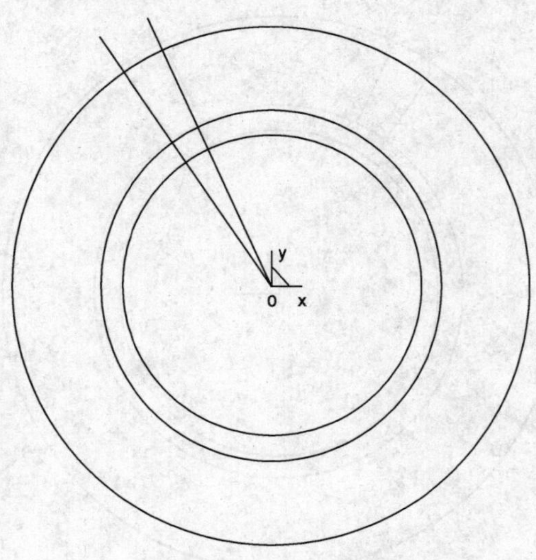

图 10-3　生成两条角度线

3. 选择【曲线过渡】命令 ，在弹出的【立即菜单】中选择“圆弧过渡” 、“半径 3” 、“精度”输入 0.01、“剪裁曲线 1” 、“不剪裁曲线 2” ，根据【系统提示栏】的提示，“第一条曲线”拾取 35°角度线，拾取部位为Ø90 圆以内，“第二条曲线”拾取Ø90 圆，拾取部位为 35°角度线的右边，生成第一个曲线过渡；继续拾取 35°角度线作为第一条直线，拾取Ø52 圆作为第二条曲线，生成第二个曲线过渡；同样方法，生成 25°角度线与Ø90 圆、Ø60 圆的过渡，如图 10-4 所示。

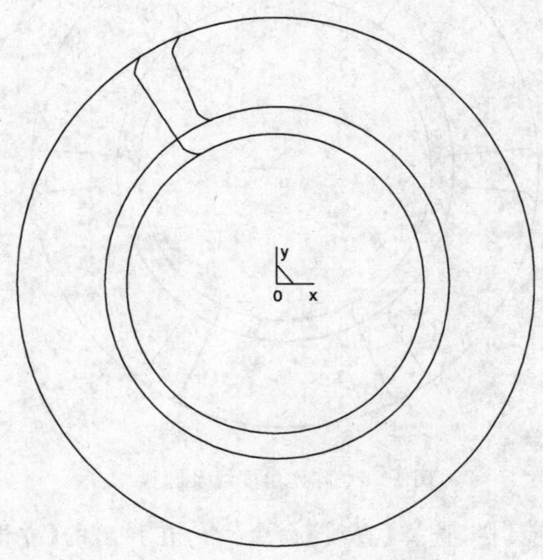

图 10-4　生成曲线过渡

4. 选择【平面镜像】命令 ，在弹出的【立即菜单】中选择“拷贝”，按空格键，选择“型值点”，根据【系统提示栏】的提示，镜像轴首、末点分别拾取∅90 圆的上下两个型值点；“镜像元素”拾取两条角度线和四个 R3 圆弧，右击，生成另外两条角度线和四个 R3 圆弧，如图 10-5 所示。

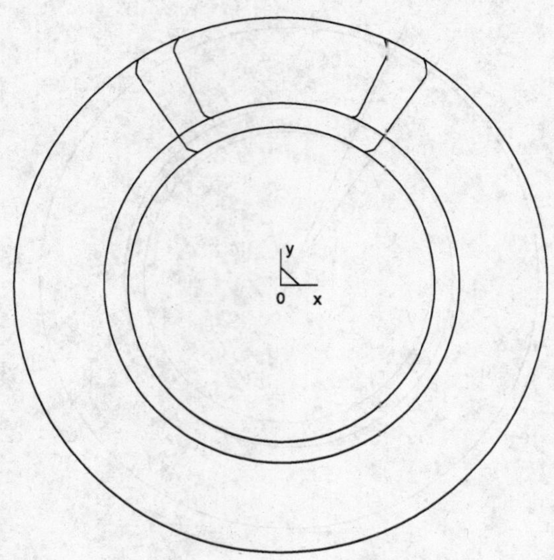

图 10-5　镜像角度线及圆弧

5. 选择【阵列】命令 ，在弹出的【立即菜单】中选择“圆形”、“均布”、“份数＝”输入 3，拾取四条角度线及八个 R3 圆弧，右击，按空格键，选择“缺省点”，根据【系统提示栏】的提示，“中心点”拾取坐标系原点，如图 10-6 所示。

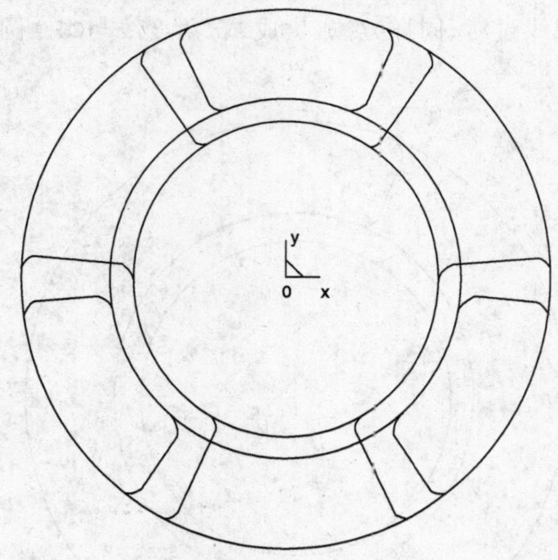

图 10-6　阵列角度线及圆弧

6. 在【曲线生成】工具栏，选择【直线】命令 ，在弹出的【立即菜单】中选择“两点线”、“单个”、“非正交”，按空格键选择“切点”，分别拾取对应的 R3 圆弧，生成切线；选择

【曲线拉伸】命令 ，拾取“切线”，按空格键，选择“缺省点”，向两端拉伸出适当长度；选择【阵列】命令 ，拾取切线，右击，根据【系统提示栏】的提示，“中心点”拾取坐标系原点，如图 10-7 所示。

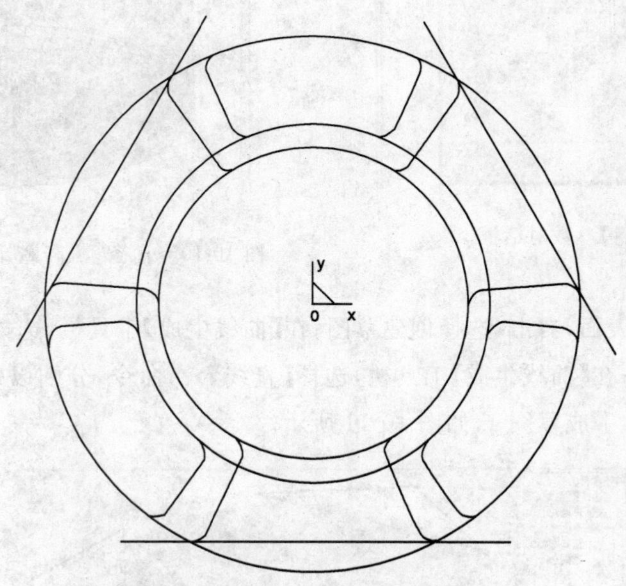

图 10-7 生成编辑切线

二、生成圆柱体

1. 右击零件特征树中的 平面 XY，在弹出的快捷菜单中，选择创建草图命令，进入草图编辑状态。

2. 按 F8 键，切换到轴测图，在【曲线生成】工具栏，选择【曲线投影】命令 ，拾取Ø90 圆，生成草图 0，如图 10-8 所示。

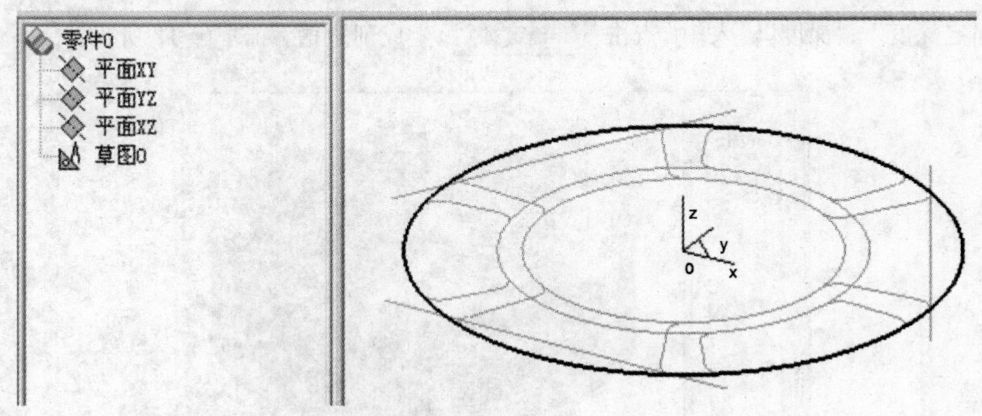

图 10-8 生成草图 0

3. 在【特征生成】工具栏，选择【拉伸增料】命令 ，参数设定如图 10-9 所示；点击 确定 ，生成Ø90、高 25 圆柱体，如图 10-10 所示。

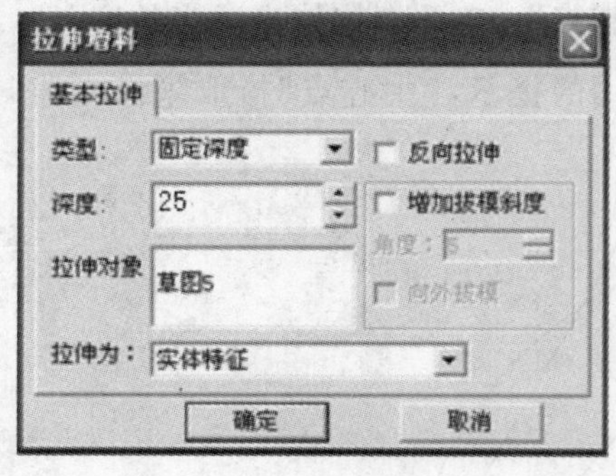

图 10-9 【拉伸增料】参数对话框

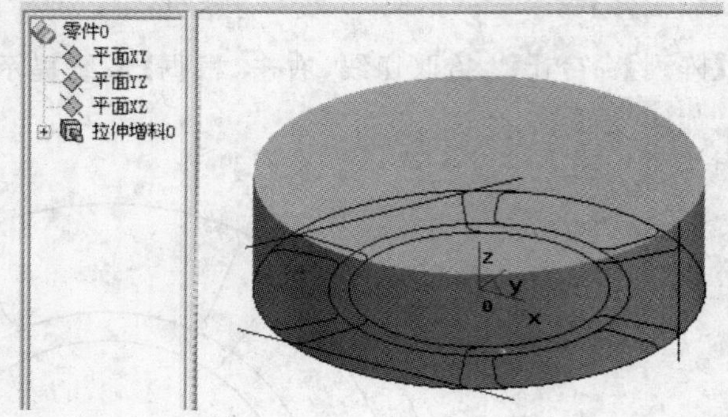

图 10-10 直径 90、高 25 圆柱体

三、生成削边槽

1. 单击圆柱上表面，右击，选择创建草图；在【曲线生成】工具栏，选择【曲线投影】命令 ，拾取 3 条切线；在【曲线生成】工具栏，选择【直线】 命令，分别以每条切线为底，做出三个任意三角形，生成草图 1，如图 10-11 所示。

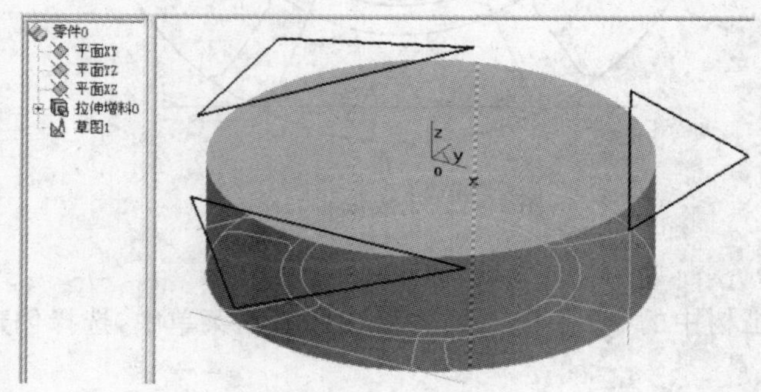

图 10-11 生成草图 1

2. 在【特征生成】工具栏，特征选择【拉伸除料】命令 ，弹出【参数设定】对话框，选择“固定深度”、“深度”输入 10，点击 确定 ，生成削边槽，如图 10-12 所示。

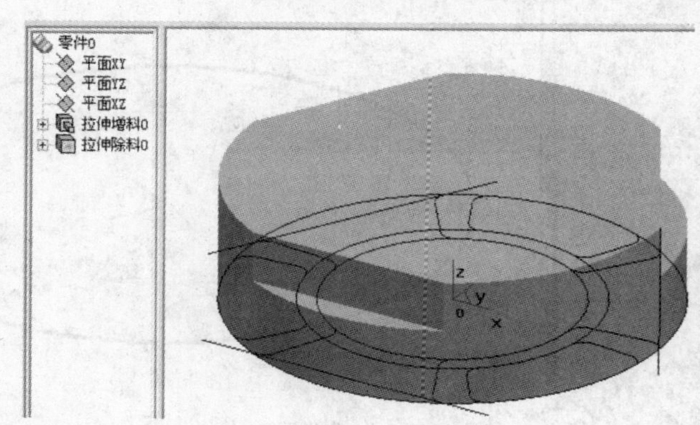

图 10-12 生成削边槽

四、生成三个凸块

1. 单击圆柱上表面，右击，选择创建草图，进入草图编辑状态。

2. 在【曲线生成】工具栏，选择【曲线投影】命令 ，拾取Ø90 圆、Ø52 圆、两条 70°角度线及 4 个 R3 圆弧，剪裁掉多余部分，生成草图 2，如图 10-13 所示；按 F2 键退出草图编辑状态。

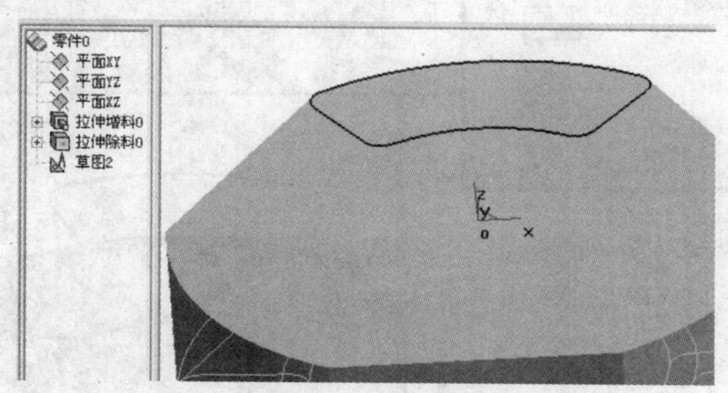

图 10-13　草图 2

3. 选择【构造基准面】命令 ，弹出【参数设定】对话框，选择“等距平面确定基准面”、“距离”输入 10 ，拾取圆柱上表面，点击 确定 ，生成平面 6。

4. 在特征树上右击平面 6，选择创建草图，进入草图编辑状态。

5. 在【曲线生成】工具栏，选择【曲线投影】命令 ，拾取Ø90 圆、Ø60 圆、两条 50°角度线及 4 个 R3 圆弧，剪裁掉多余部分，生成草图 3，如图 10-14 所示。

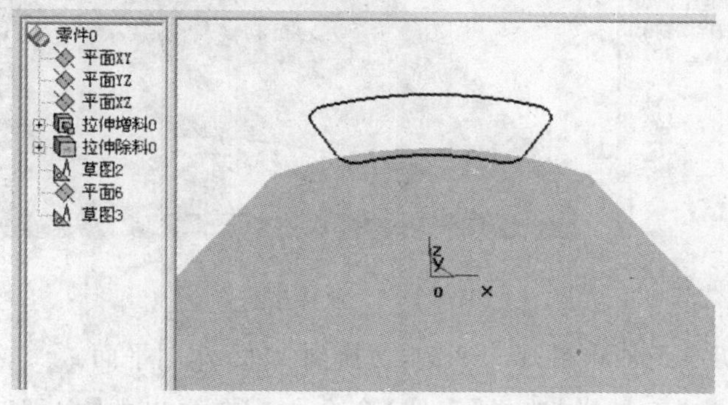

图 10-14　生成草图 3

6. 在【特征生成】工具栏，选择【放样增料】命令 ，拾取草图 2 和草图 3 的对应部位，观察预览线（两草图间的连线）是否如图 10-15 所示。

小提示：拾取草图时，拾取点应位于两个草图的对应曲线的同端点处。

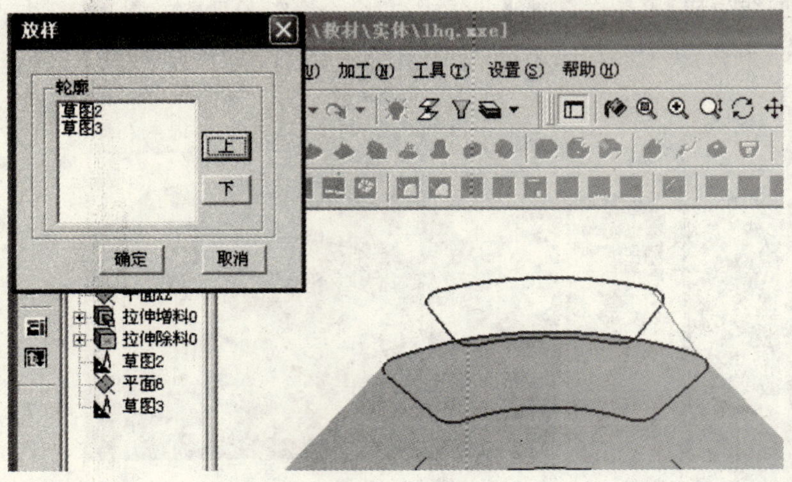

图 10-15　放样增料预览线

7. 点击 确定 ，生成放样凸台，如图 10-16 所示。

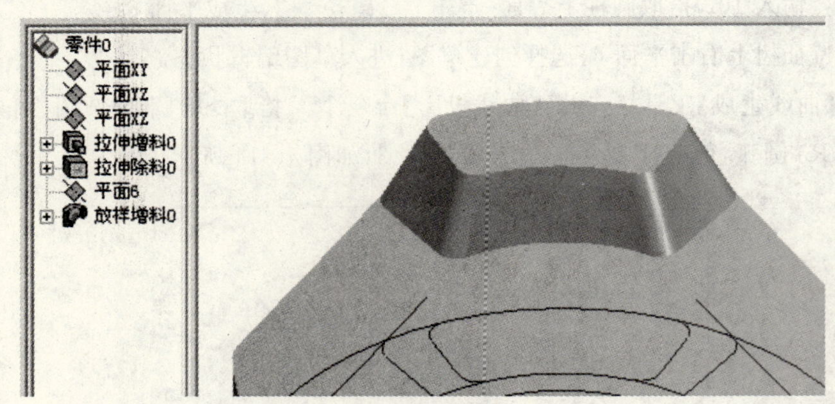

图 10-16　放样增料

8. 按 F8 键，切换到轴测图；按 F9 键，切换到 *YOZ* 作图平面。

9. 在【曲线生成】工具栏，选择【直线】命令 ，在弹出的【立即菜单】中选择“两点线”、“单个”、“正交”、“点方式”，根据【系统提示栏】的提示，“第一点”拾取坐标系原点，“第二点”向上任一点，生成轴线。

10. 在【特征生成】工具栏，选择【环形阵列】命令 ，参数设定如图 10-17 所示，根据【系统提示栏】的提示，“阵列对象”拾取凸台，“旋转轴线”拾取刚生成的轴线，点击 确定 ，生成三个凸台，如图 10-18 所示。

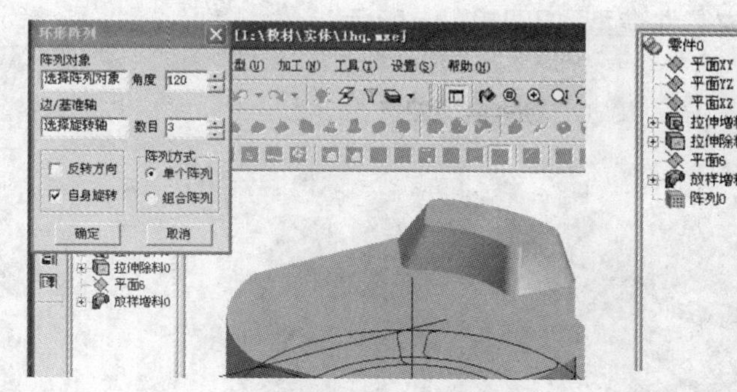

图 10-17　环形阵列参数设定

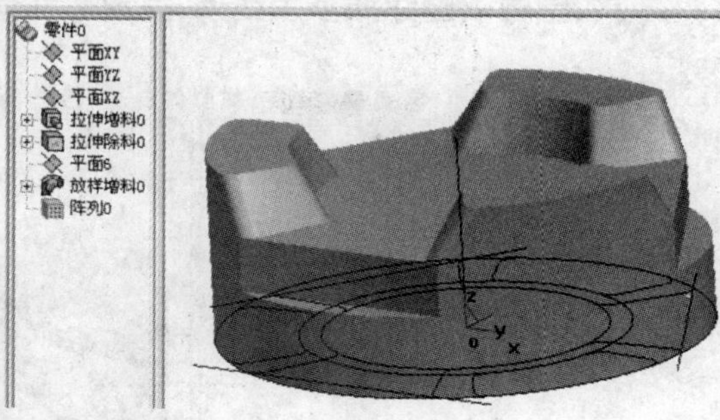

图 10-18　阵列凸台

五、生成圆柱孔

1. 单击圆柱上表面，右击，选择创建草图。

2. 在【曲线生成】工具栏，选择【曲线投影】命令，拾取∅52 圆，生成草图 4，如图 10-19 所示。

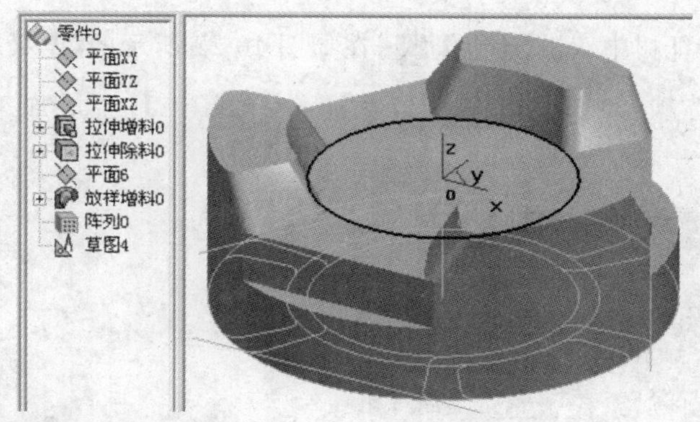

图 10-19　生成草图 4

3. 在【特征生成】工具栏，选择【拉伸除料】命令，弹出【参数设定】对话框，选择"固定深度"、"深度"输入 8，点击 确定 ，生成圆孔，如图 10-20 所示。

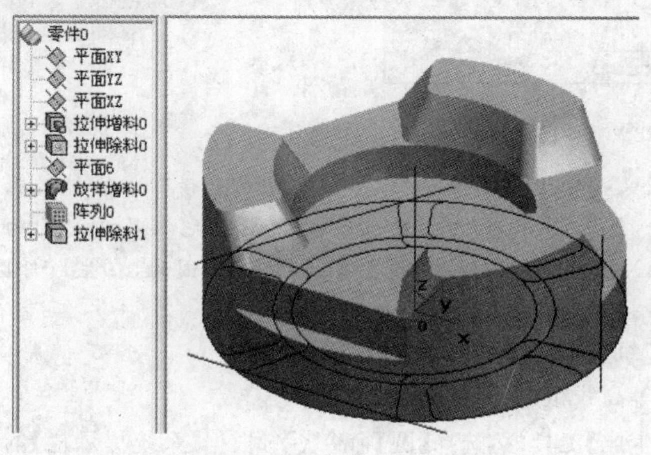

图 10-20　生成圆柱孔

六、隐藏或删除掉多余线条，完成零件造型，如图 10-21 所示。

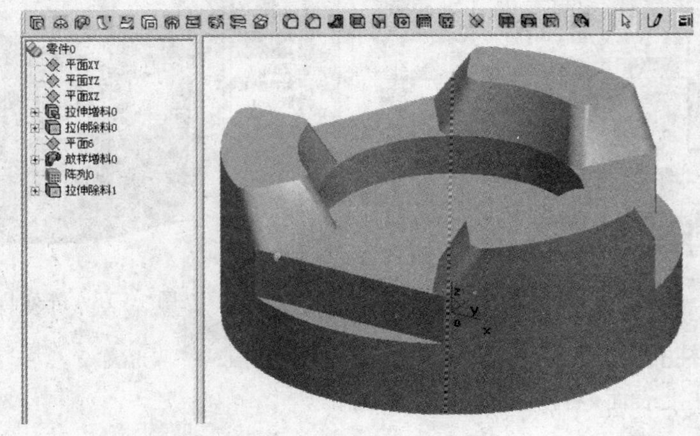

图 10-21　离合器零件造型

七、定义毛坯

在加工管理特征树中双击【毛坯】，在如图 10-22 所示的【定义毛坯】对话框中，选择“参照模型”单选项，点击 参照模型，点击 确定，生成加工毛坯，如图 10-23 所示。

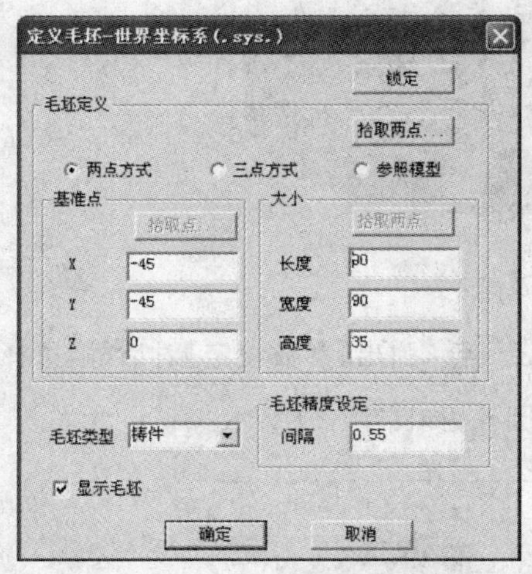

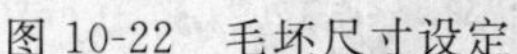

图 10-22　毛坯尺寸设定

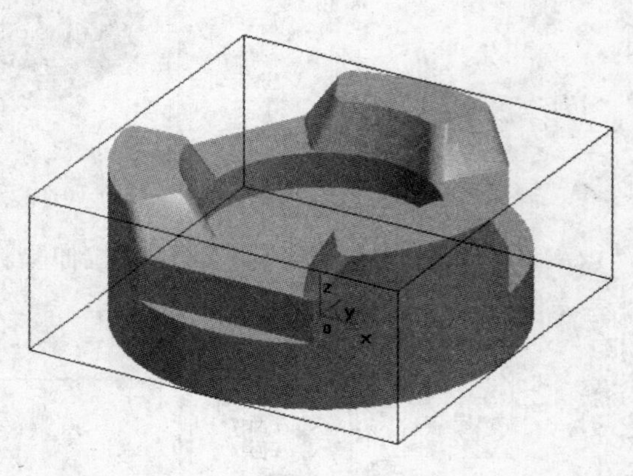

图 10-23　生成加工毛坯

功能介绍：定义毛坯除参照模型生成外，还可以直接输入零件数据生成。本例在“基准点坐标”输入－45、－45、0，“大小”输入 90、90、35。毛坯尺寸影响加工轨迹，应根据实际毛坯输入。CAXA 制造工程师 2008 没有圆柱毛坯，因此，在生成外圆柱面的加工轨迹前，一定要建加工边界线。

八、粗精加工轨迹生成及校验

1. 粗加工—等高线粗加工

(1)在【曲线生成】工具栏，选择【圆】命令，根据【系统提示栏】的提示，“圆心点”拾取坐标系原点，按确定键，输入圆半径 46，按确定键，生成Ø92 的加工边界，如图 10-24

所示。

小提示:加工边界直径应比零件直径大两倍的加工余量。

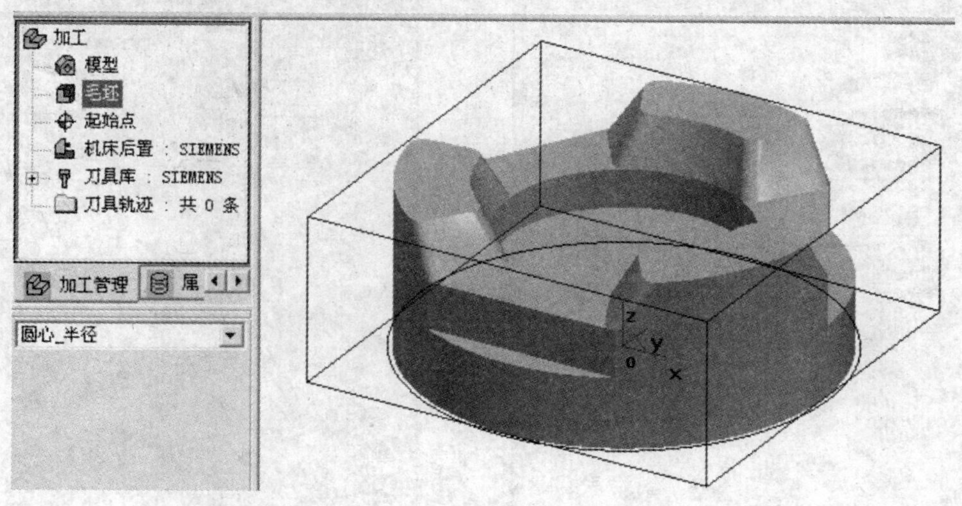

图 10-24　加工边界

(2)在【加工】工具栏,选择【等高线粗加工】命令,填写加工参数 1,如图 10-25 所示;填写下刀方式参数,如图 10-26 所示;填写切削用量参数,如图 10-27 所示;填写加工边界参数,如图 10-28 所示;填写刀具参数,如图 10-29 所示。全部填写完毕后,点击 确定 。

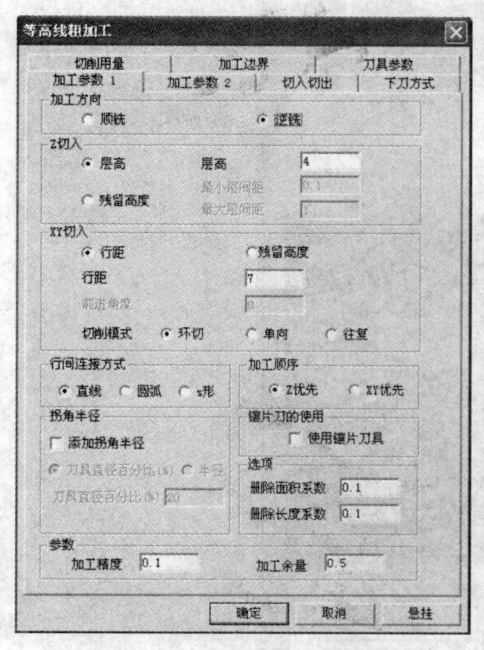

图 10-25　加工参数 1

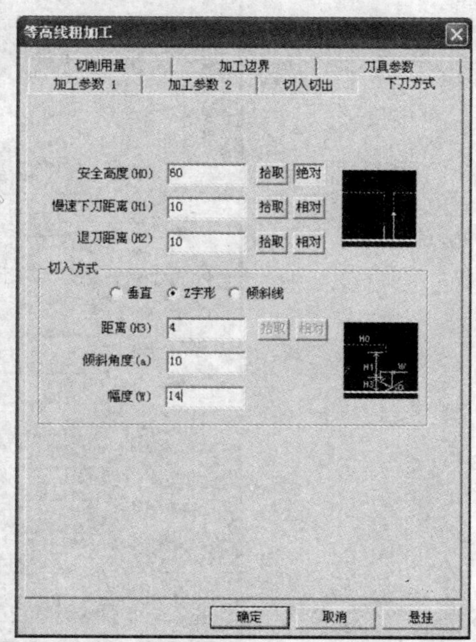

图 10-26　下刀方式参数

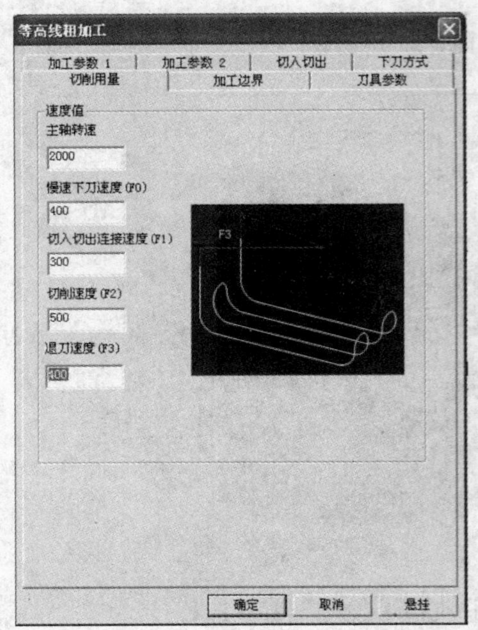

图 10-27　切削用量参数

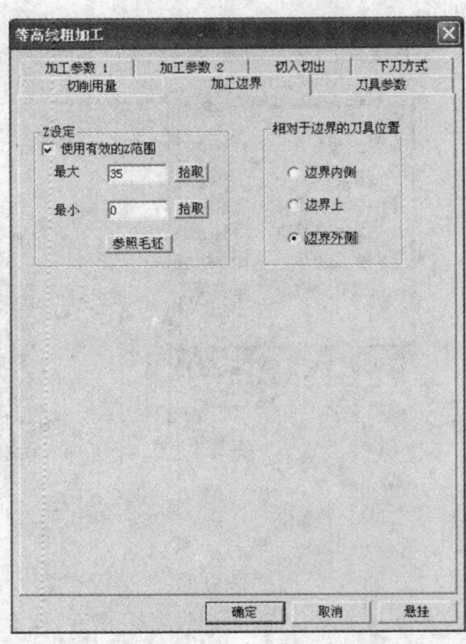

图 10-28　加工边界参数

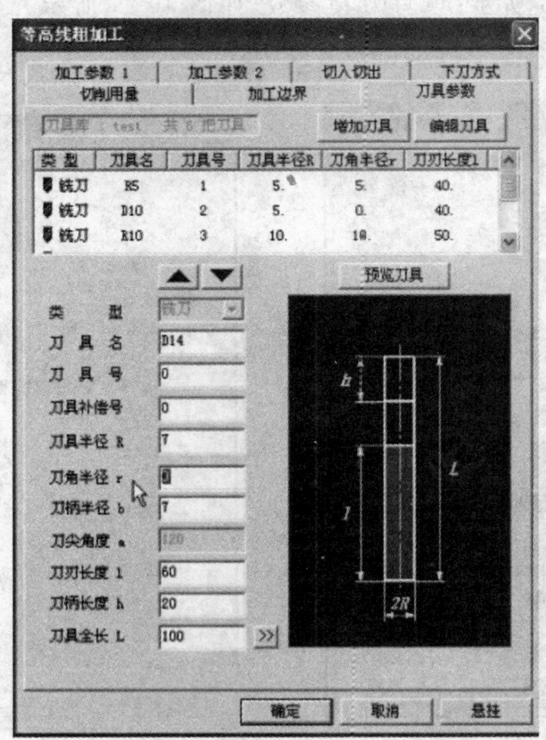

图 10-29　刀具参数

(3)根据【系统提示栏】的提示，“加工对象”拾取模型的任意位置，右击；“加工边界”拾取 100 圆，“链搜索方向”与顺逆铣方向对应；右击，计算结束后，生成粗加工轨迹，并显示在轨迹树中，如图 10-30 所示。

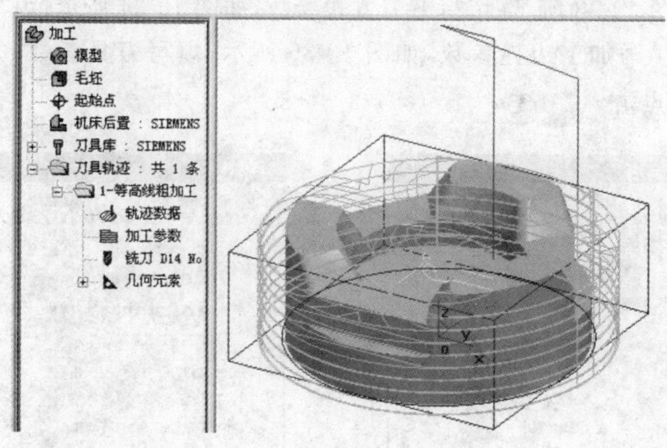

图 10-30 生成粗加工轨迹

(4)在轨迹树空白处右击，选择快捷菜单中的【轨迹仿真】，在轨迹树轨迹文件夹或绘图区拾取轨迹线，右击，进入仿真界面；点击【仿真加工】图标，在仿真加工对话框中，点击【播放】按钮，仿真结果如图 10-31 所示。

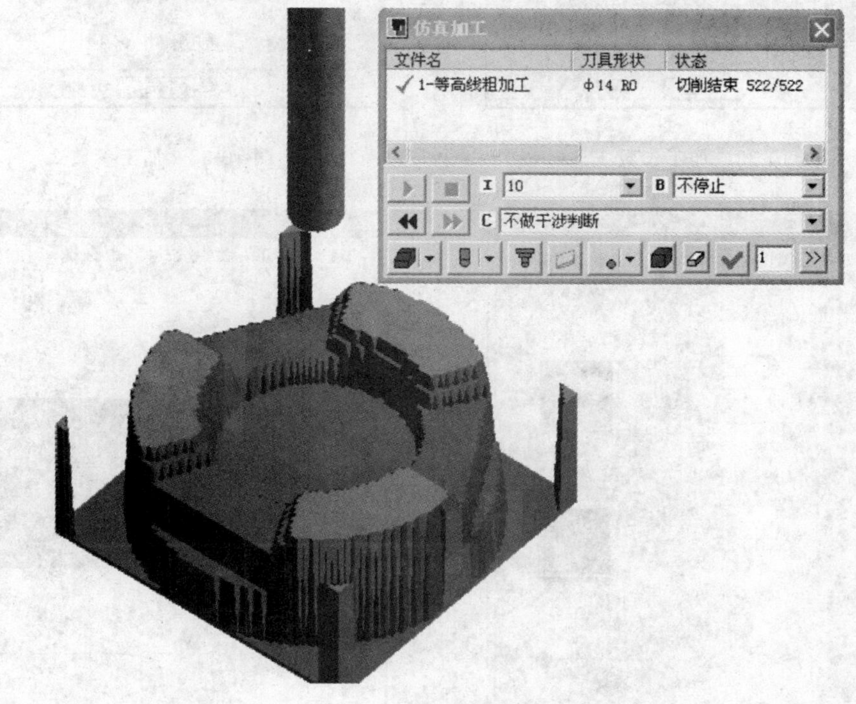

图 10-31 粗加工仿真结果

(5)检查加工零件是否有过切或欠切现象，是否需要修改轨迹。可根据仿真结果对轨迹进行必要的修改，然后再进行仿真检验。无误后，关闭轨迹仿真界面，在主界面轨迹树中右击轨迹文件夹，隐藏粗加工轨迹及加工边界线。

2.精加工 1—等高线精加工

(1)在【加工】工具栏,选择【等高线精加工】命令,填写加工参数 1,如图 10-32 所示;填写加工参数 2,如图 10-33 所示;填写下刀方式参数,如图 10-34 所示;填写切削用量参数,如图 10-35 所示;填写加工边界参数,如图 10-36 所示;填写刀具参数,如图 10-37 所示。全部填写完毕后,点击 确定 。

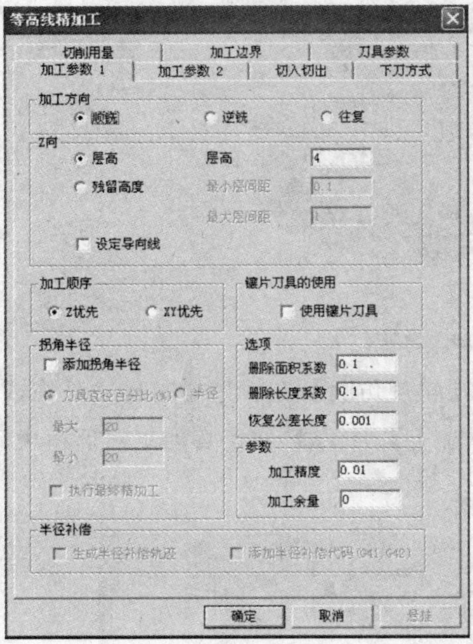

图 10-32　加工参数 1

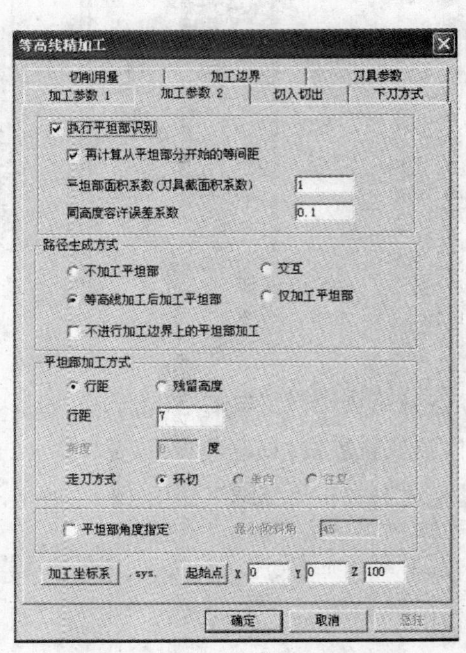

图 10-33　加工参数 2

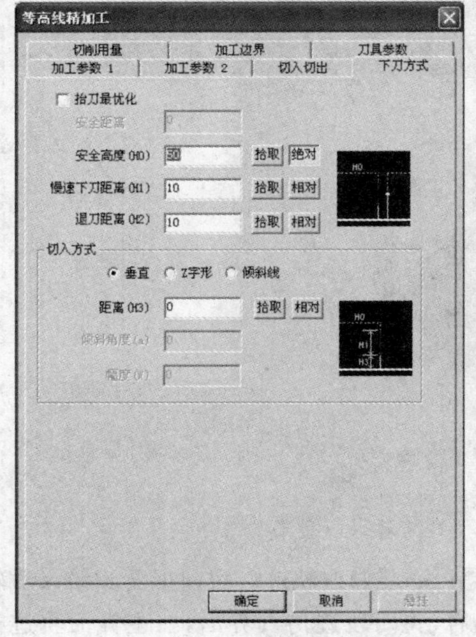

图 10-34　下刀方式参数

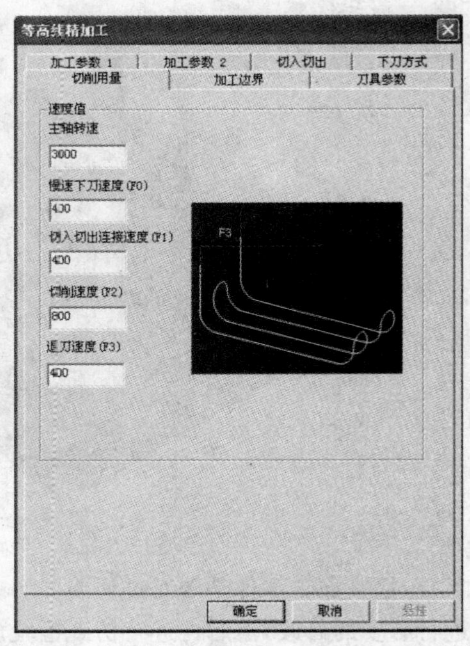

图 10-35　切削用量参数

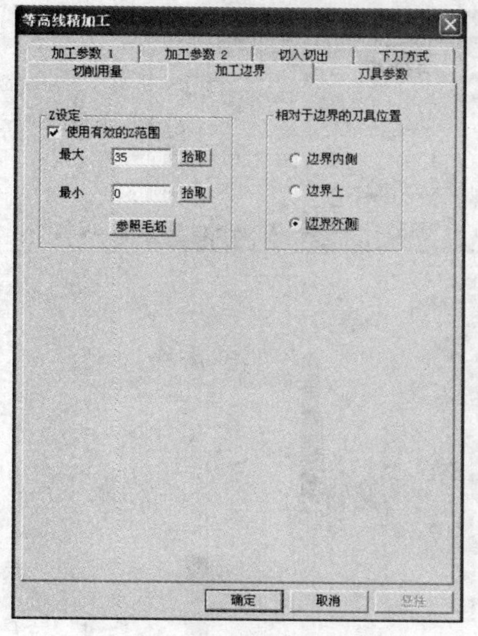

图 10-36 加工边界参数

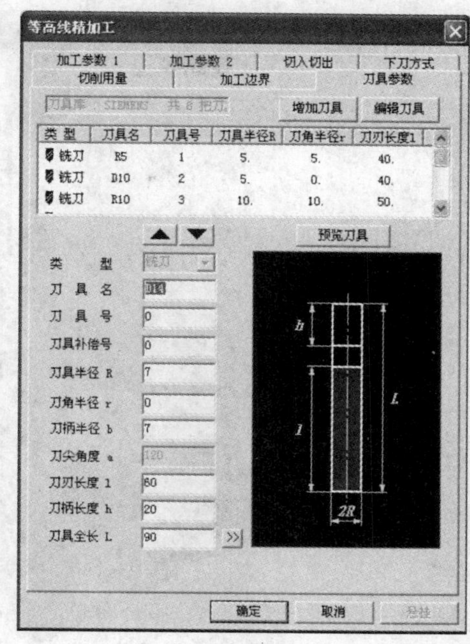

图 10-37 刀具参数

(2)根据【系统提示栏】的提示,"加工对象"拾取模型的任意位置,右击;"加工边界"默认,右击;"状态栏"显示处理模型信息及计算轨迹进度,计算结束后,生成精加工轨迹,并显示在轨迹树中,如图 10-38 所示。

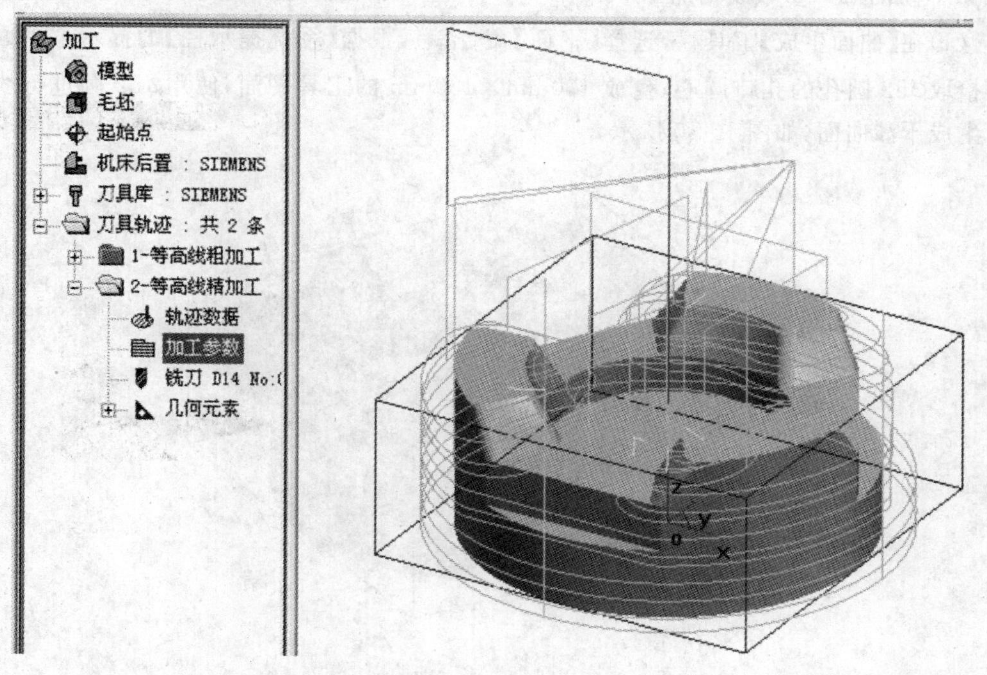

图 10-38 精加工轨迹

(3)在轨迹树轨迹文件夹或绘图区拾取全部轨迹线,右击,进入仿真界面,仿真结果如图 10-39 所示。

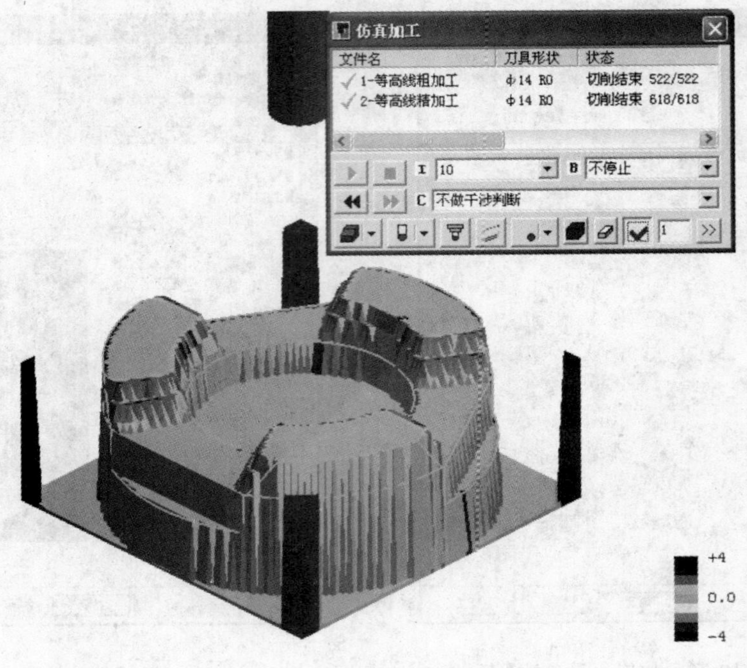

图 10-39　仿真结果

(4)检查加工零件是否有过切或欠切现象,无误后,关闭轨迹仿真界面在主界面轨迹树中右击轨迹文件夹,隐藏所有加工轨迹。

3.精加工 2—参数线精加工

(1)在【曲面生成】工具栏,选择【平面】命令,根据【系统提示栏】的提示,“平面中点”拾取∅52 圆孔的孔口圆心,生成 100mm×100mm 的工具平面,使用∅52 圆进行线剪裁,生成干涉曲面,如图 10-40 所示。

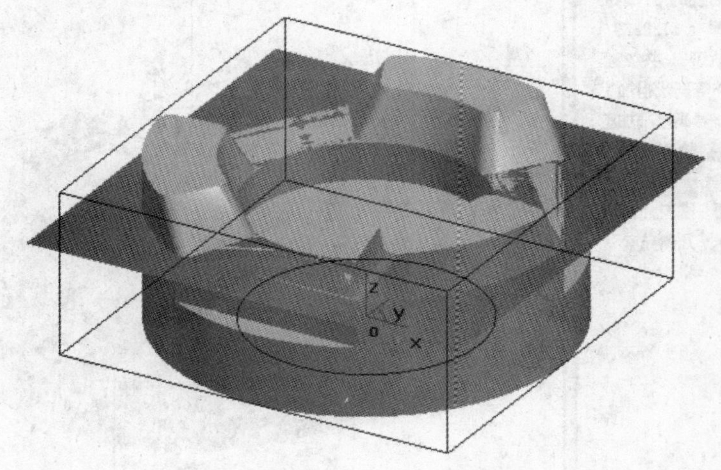

图 10-40　生成干涉曲面

(2)在【加工】工具栏,选择【参数线精加工】命令,填写加工参数,如图 10-41 所示;填写下刀方式参数,如图 10-42 所示;填写切削用量参数,如图 10-43 所示;填写刀具参数，如图 10-44 所示。全部填写完毕后，点击 确定 。

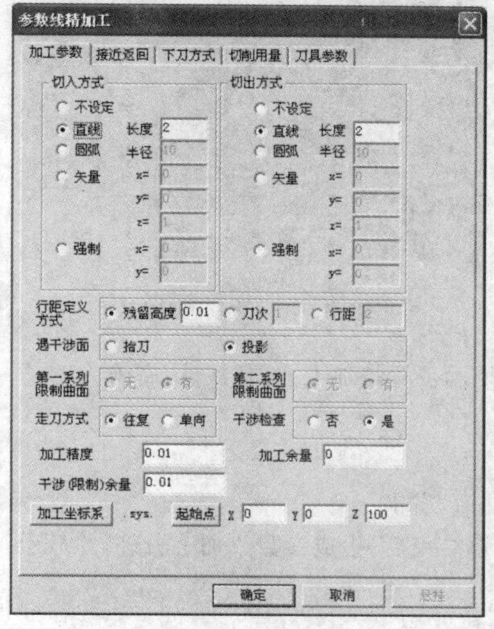

图 10-41 加工参数

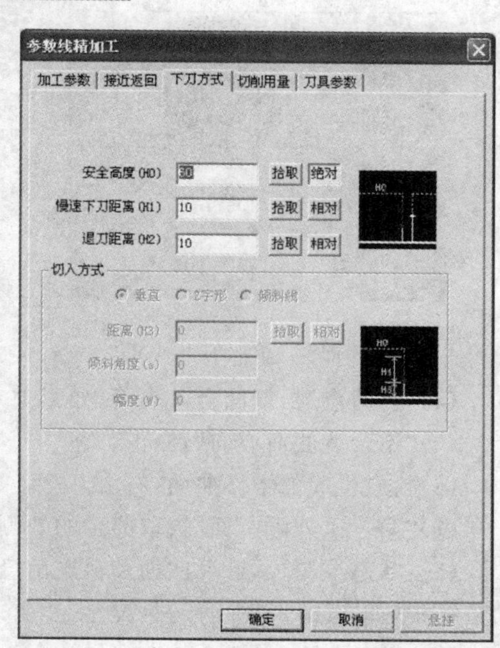

图 10-42 下刀方式

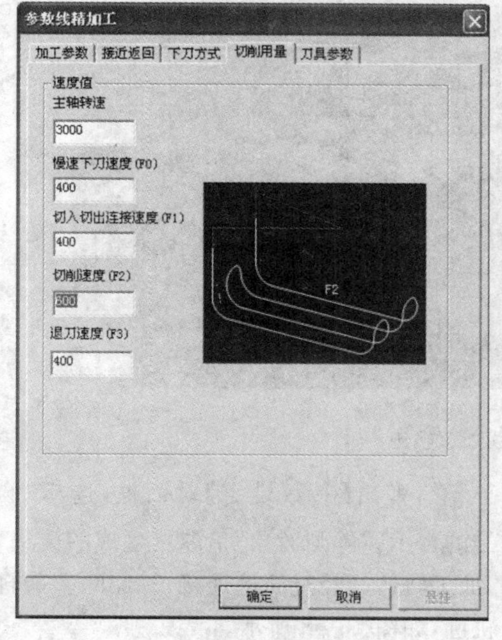

图 10-43 切削用量参数

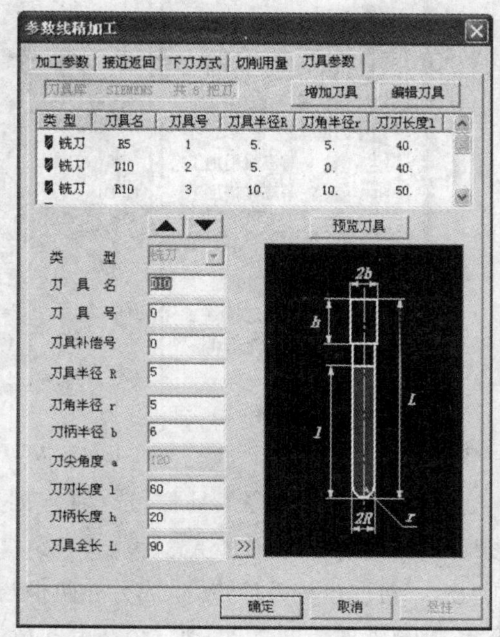

图 10-44 刀具参数

(3)根据【系统提示栏】的提示，“加工对象”拾取凸台的七个侧面，如图 10-45 所示，右击。

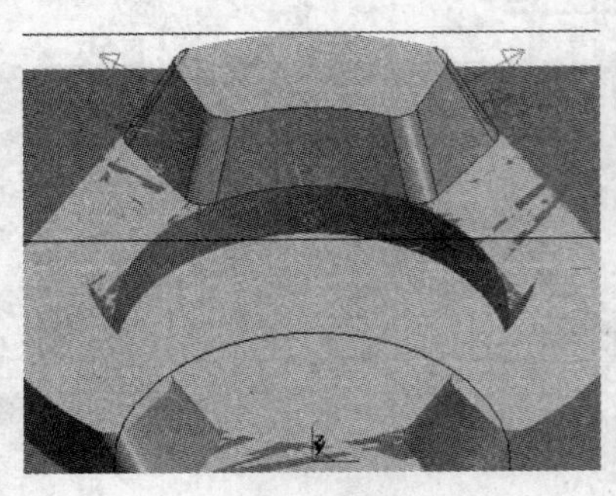

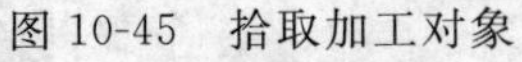
图 10-45　拾取加工对象

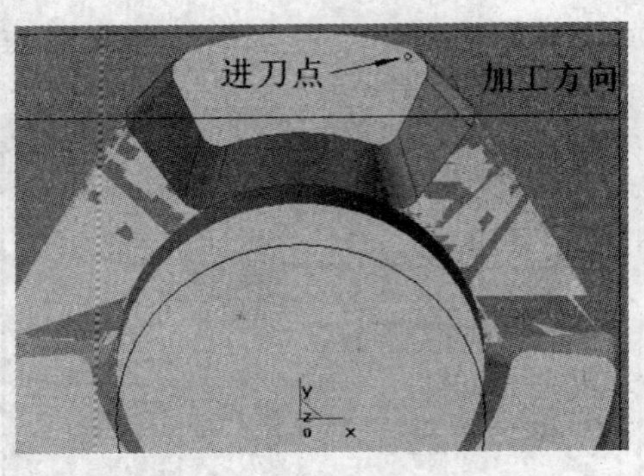

图 10-46　拾取进刀点

(4)“进刀点”拾取凸台上表面，如图 10-46 所示位置，“加工方向”默认，右击。

(5)“不改变曲面方向”，右击。

(6)拾取生成的干涉曲面，右击。

(7)“第一系列限制面”拾取凸台的外侧圆柱面，右击。

(8)“状态栏”显示计算曲面及轨迹信息，计算结束后，生成参数线加工轨迹，并显示在轨迹树中，如图 10-47 所示。

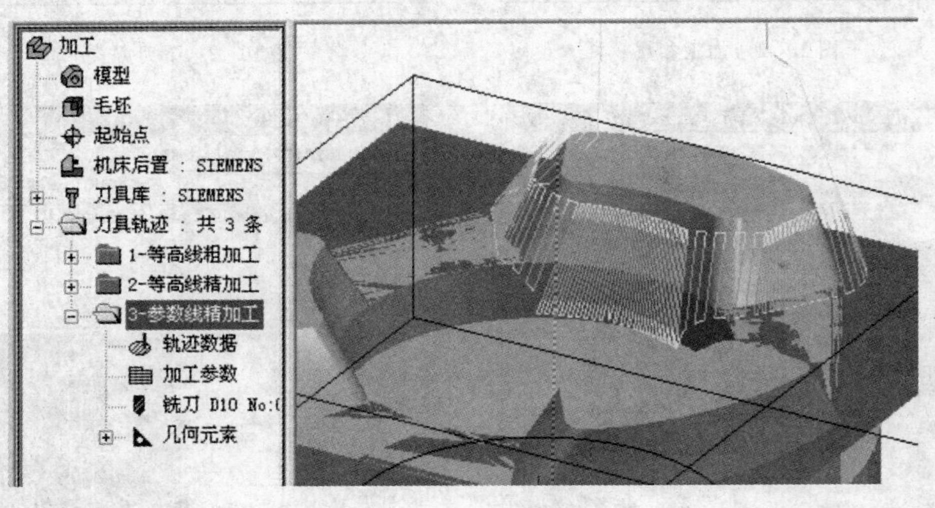

图 10-47　参数线加工轨迹

(9)在【几何变换】工具栏，选择【阵列】命令 ，弹出【参数设定】对话框，选择“圆形”、“均布”、“份数＝” 输入 3，根据【系统提示栏】的提示，“阵列对象”拾取刚生成的轨迹，“中心点”拾取坐标系原点，生成另外两个凸台的加工轨迹。经过轨迹连接，并删除多余轨迹线、隐藏辅助线面后，得到三个凸台的精加工轨迹，如图 10-48 所示。

小提示：在 CAXA 制造工程师 2008 中，加工轨迹线可以像一般线、面一样进行几何变换。此处只是展示轨迹线的阵列及连接功能，可以不做。实际加工中，常利用机床的旋转功能进行加工。

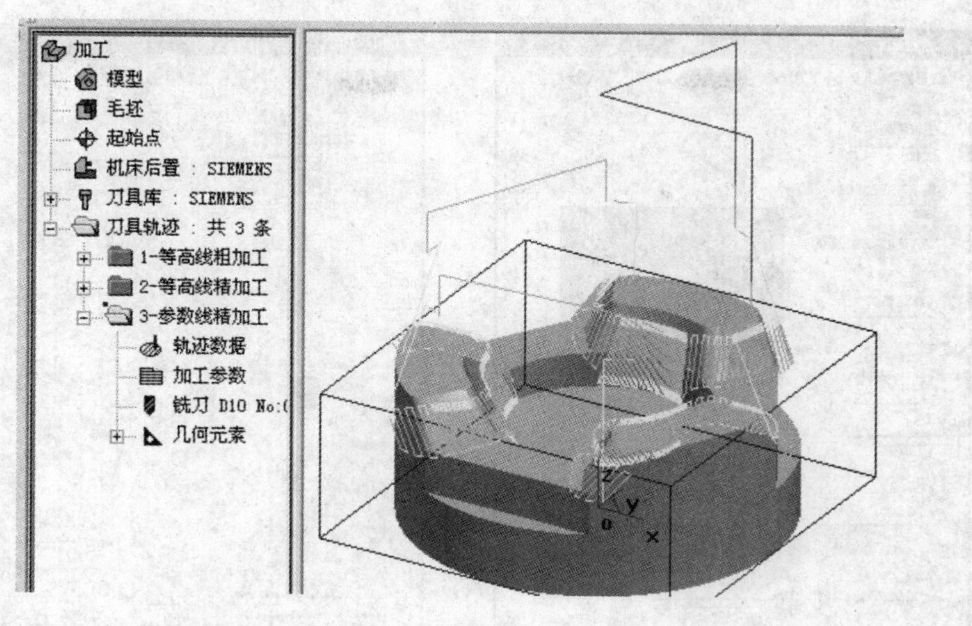

图 10-48 三个凸台的精加工轨迹

4. 补加工—笔式清根

(1)在【加工】工具栏，选择【笔式清根】命令 ，填写加工参数，如图 10-49 所示；填写下刀方式参数，如图 10-50 所示；填写切削用量参数，如图 10-51 所示；填写加工边界参数，如图 10-52 所示；填写刀具参数，如图 10-53 所示。全部填写完毕后，点击 确定 。

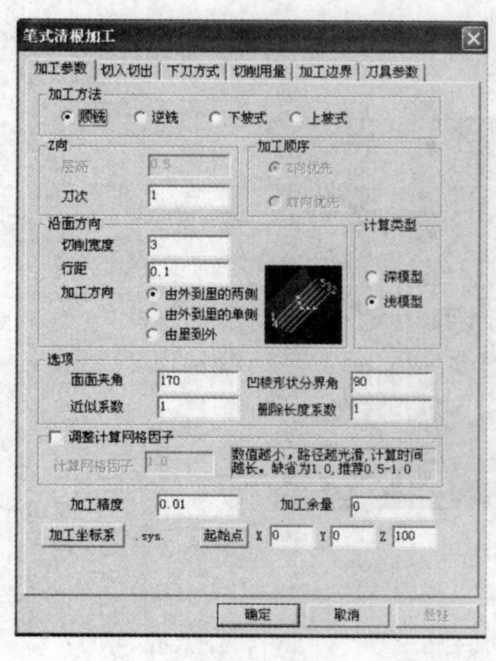

图 10-49 加工参数

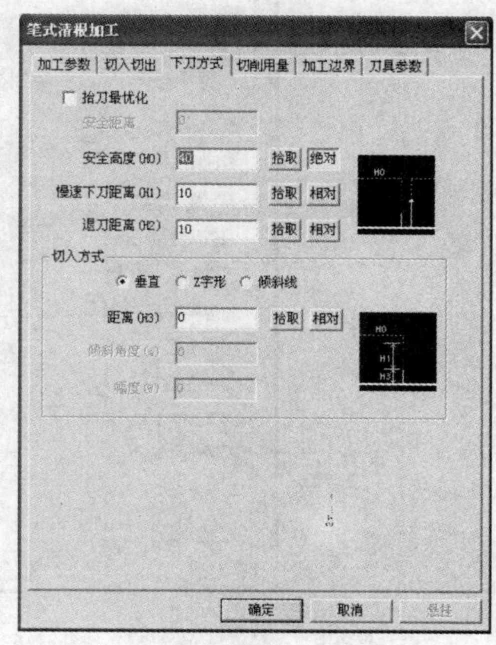

图 10-50 下刀方式参数

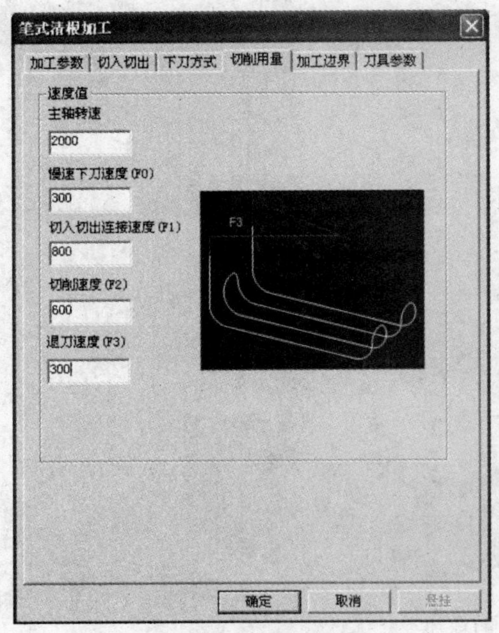

图 10-51　切削用量参数

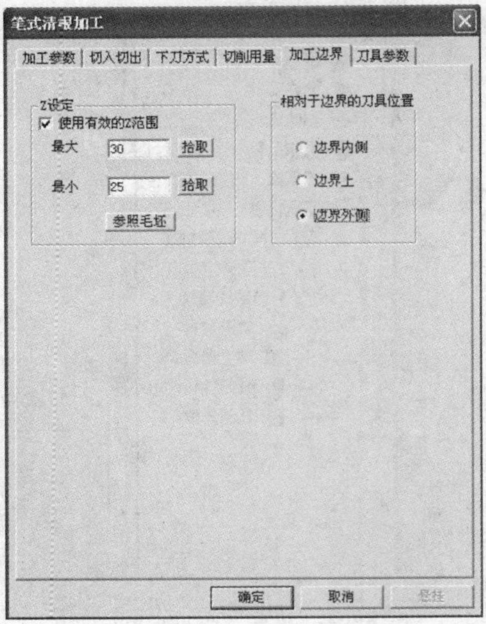

笔式清根加工
加工参数 | 切入切出 | 下刀方式 | 切削用量 | 加工边界 | 刀具参数
Z设定
使用有效的Z范围
最大 30 拾取
最小 25 拾取
参照毛坯
相对于边界的刀具位置
边界内侧
边界上
边界外侧
确定　取消　悬挂

图 10-52　加工边界参数

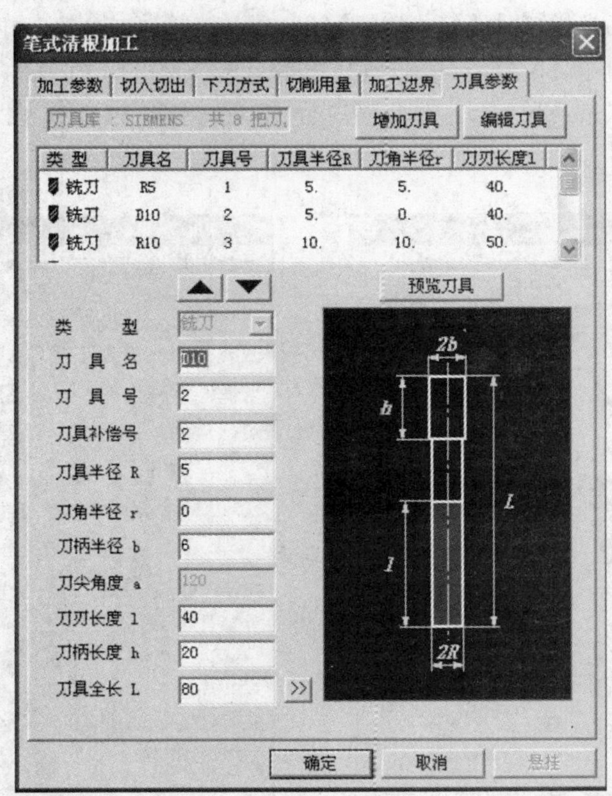

图 10-53　刀具参数

(2)根据【系统提示栏】的提示，"加工对象"拾取零件模型任意部位，右击。

(3)"加工边界"默认，右击。

(4)计算结束后,生成补加工轨迹,并显示在轨迹树中,如图 10-54 所示。

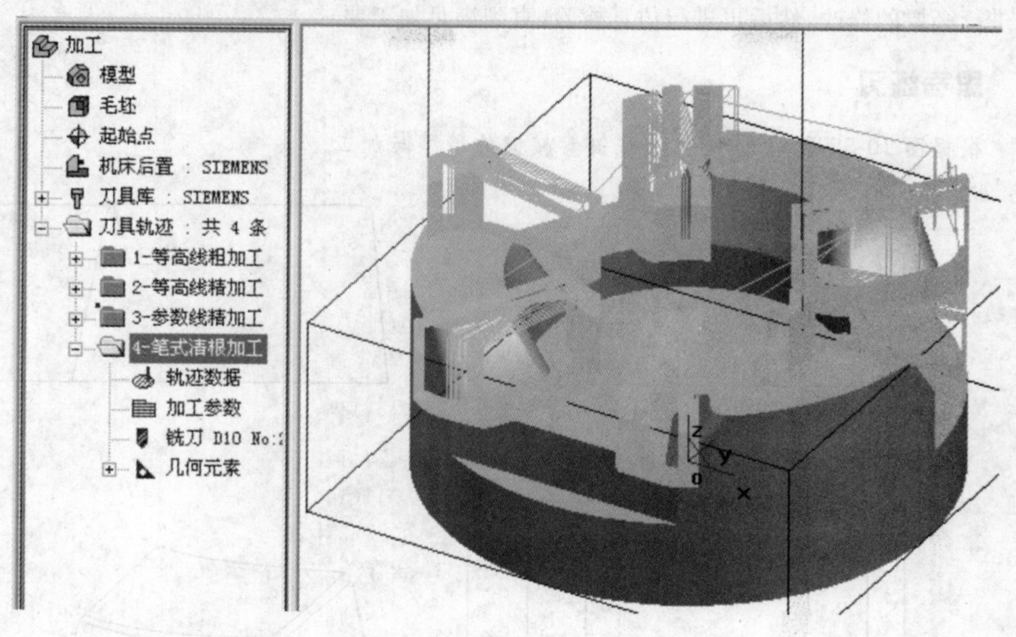

图 10-54　笔式清根加工轨迹

(5)在轨迹树窗口中右击刀具轨迹文件夹,选择快捷菜单中的【全部显示】;点击刀具轨迹文件夹,在空白处右击,选择快捷菜单中的【轨迹仿真】,进入仿真界面,仿真结果如图 10-55 所示。

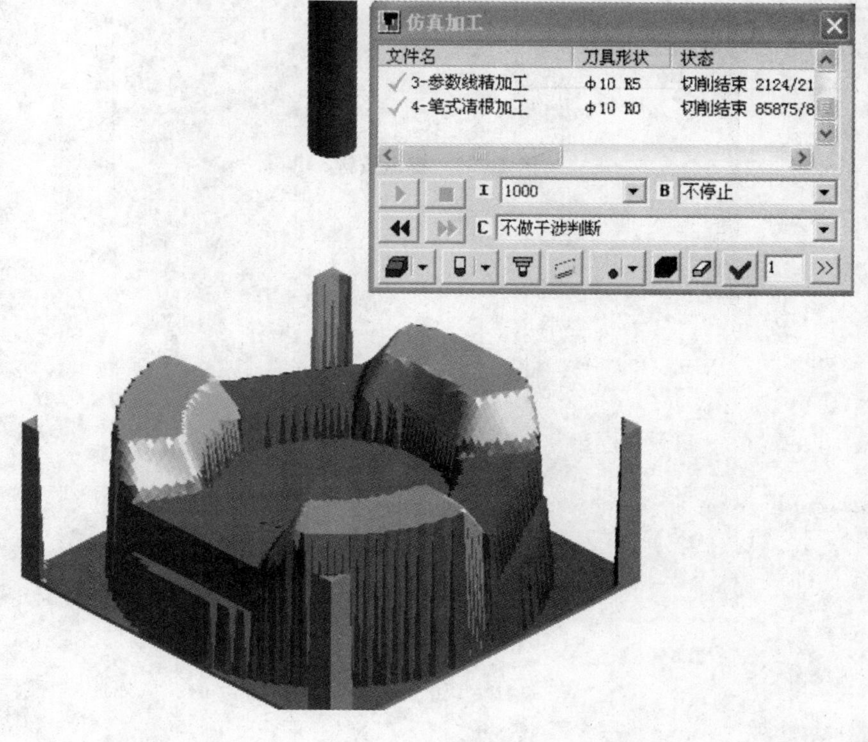

图 10-55　仿真结果

(6)检查加工零件是否有过切或欠切现象，是否需要修改轨迹。可根据仿真情况对轨迹进行必要的修改，然后再进行仿真检验，直到满足加工要求。

思考练习

根据图 10-55 所示零件图，完成键盘按键的造型与加工。

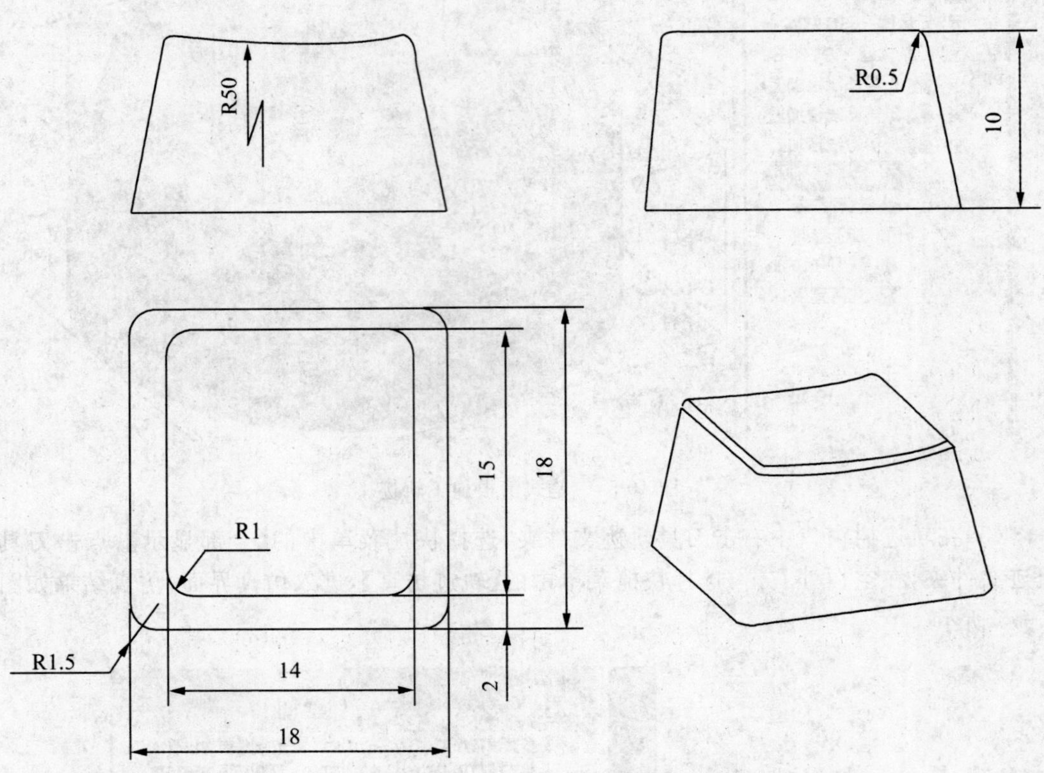

图 10-55　键盘按键

模块四　造型与模具设计

任务十一　连杆的造型与模具设计

能力目标

◎ 能对异型零件进行造型

◎ 能生成零件的型腔

◎ 能对零件进行分模

◎ 能对模具进行必要的处理

知识准备

◎ 型腔

◎ 分模

任务引入

根据图 11-1 所示尺寸，生成零件—连杆的实体造型并进行铸模设计。

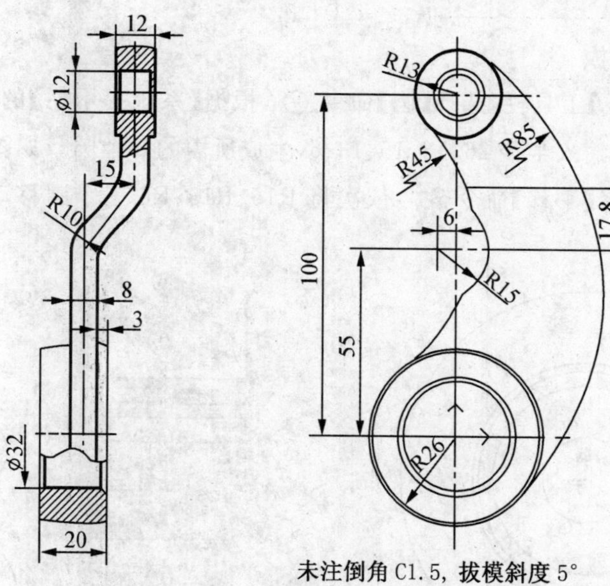

图 11-1　连杆零件图

任务分析

连杆零件图由主视图和局部剖的右视图组成。属于连杆类零件，造型难点在中间的连接弯板。主要任务是设计零件的模具。

模具的加工比较简单，通过前几个任务的学习，应该能够选择合理的加工方法生成加工轨迹及加工程序。

相关知识

一、型腔

1. 功能 以零件为型腔生成包围零件的模具。

2. 参数说明

(1)【收缩率】放大或缩小的比率。收缩率介于－20％至 20％之间。

(2)【毛坯放大尺寸】可以直接输入所需数值，也可以点击按钮来调节。

二、分模

1. 型腔生成后，通过分模，使模具按照给定的方式分成几个部分。

2. 分模形式包括两种：【草图分模】和【曲面分模】。

(1)【草图分模】是指通过所绘制的草图进行分模。

(2)【曲面分模】是指通过曲面进行分模，参与分模的曲面可以是多个边界相连的曲面。

3. 除料方向选择：是指除去哪一部分实体的选择，分别按照不同方向生成实体。

一、生成连接弯板

1. 在【曲线生成】工具栏，选择【圆】命令 ，根据【系统提示栏】的提示，“圆心点”拾取坐标系原点，分别输入半径 26、16、15、13、6，生成所需的 5 个圆。如图 11-2 所示；在【几何变换】工具栏，选择【平移】命令 ，依次将 R15、R13、R6 三个圆移动到图纸要求的位置，如图 11-3 所示。

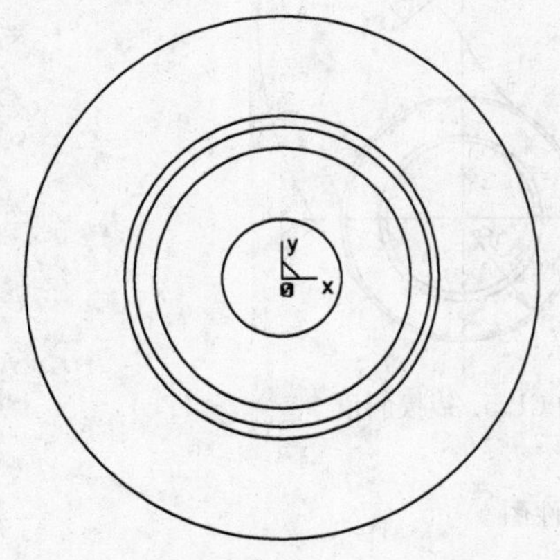

图 11-2 生成 5 个圆

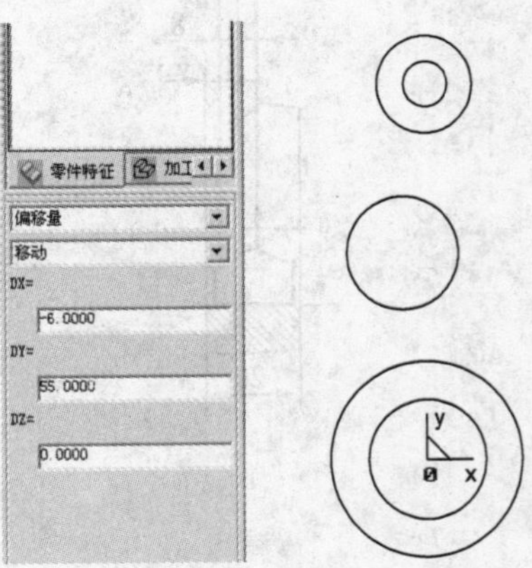

图 11-3 生成渐开线

2. 在【曲线生成】工具栏，选择【圆弧】命令 ，分别生成 R85 和 R45 两个圆弧，如图 11-4 所示。

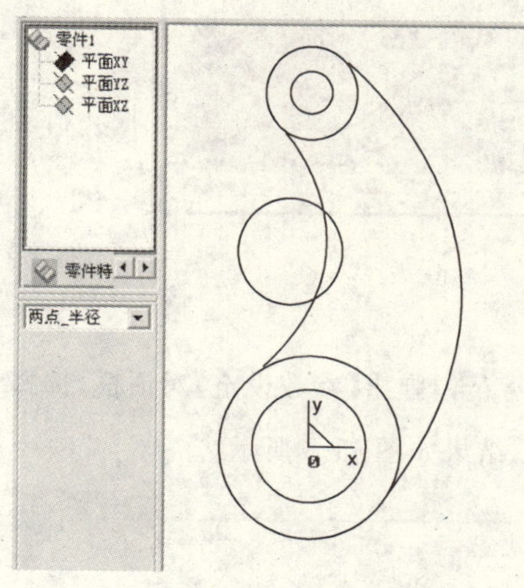

图 11-4 生成 R85 和 R45 圆弧

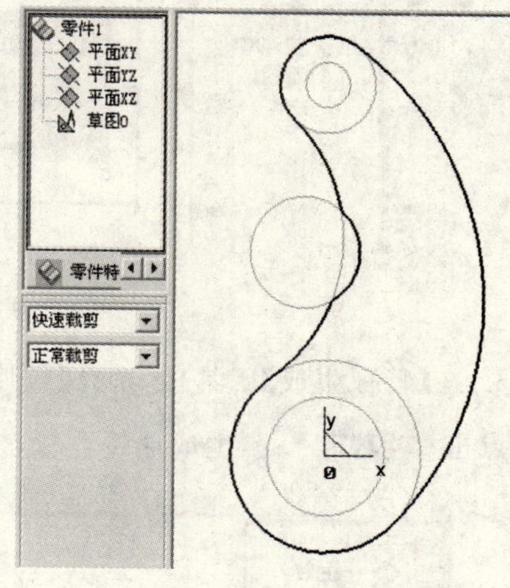

图 11-5 生成草图 0

3. 右击零件特征树中的 平面 *XY*，选择【创建草图】命令，进入草图编辑状态。在【曲线生成】工具栏，选择【曲线投影】命令 ，拾取三个圆（R26、R15、R13）和两个圆弧（R85、R45）；选择【曲线裁剪】命令 ，裁剪后生成草图 0，如图 11-5 所示。

4. 在【特征生成】工具栏，选择【拉伸增料】命令 ，弹出【参数设定】对话框，选择“固定深度”，“深度”输入 34，点击 确定 ，生成连杆基体，按 F8 键后，结果如图 11-6 所示。

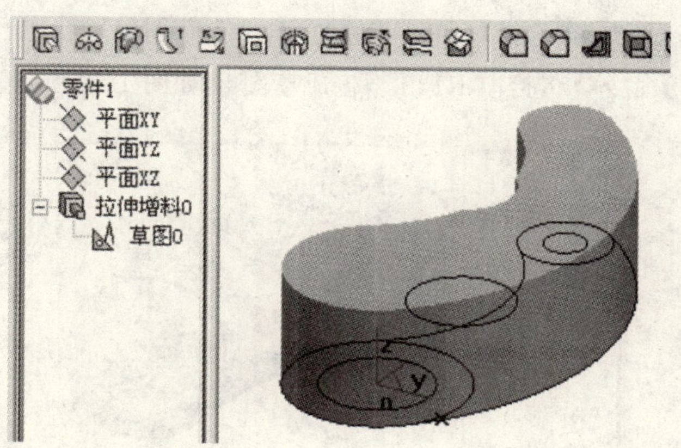

图 11-6 生成连杆基体

5. 右击零件特征树中的平面 *YZ* ，选择【创建草图】命令，进入草图编辑状态；使用曲线生成及编辑命令，生成草图 1，如图 11-7 所示。

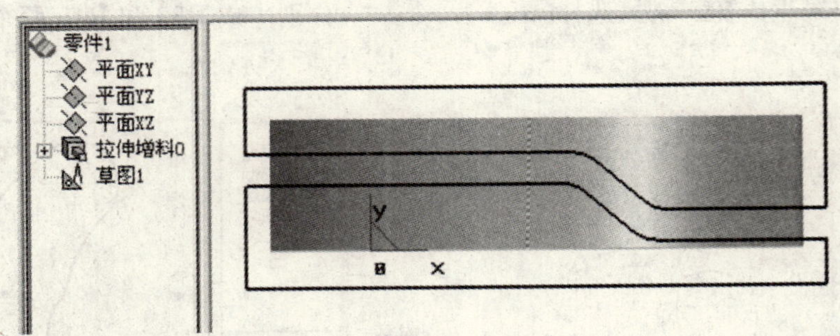

图 11-7 生成草图 1

6. 在【特征生成】工具栏，选择【拉伸除料】命令 ，弹出【参数设定】对话框，选择"贯穿"，点击 确定 ，生成连接弯板，按 F8 键后，结果如图 11-8 所示。

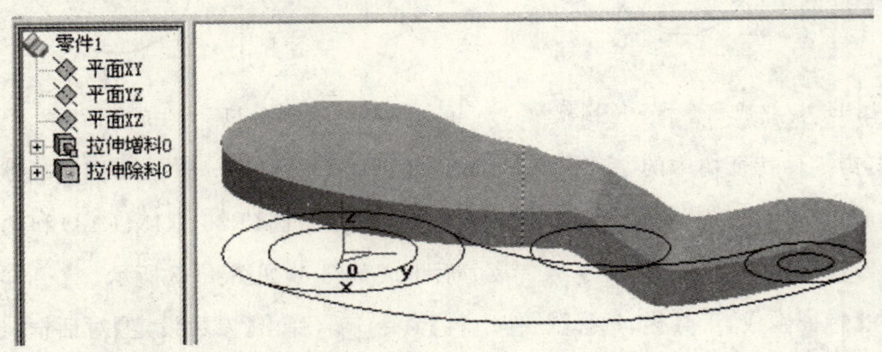

图 11-8 生成连接弯板

二、生成小锥体

1. 单击零件底面，右击，选择【创建草图】命令，进入草图编辑状态；在【曲线生成】工具栏，选择【曲线投影】命令 ，拾取 R13 圆，生成草图 2，如图 11-9 所示。

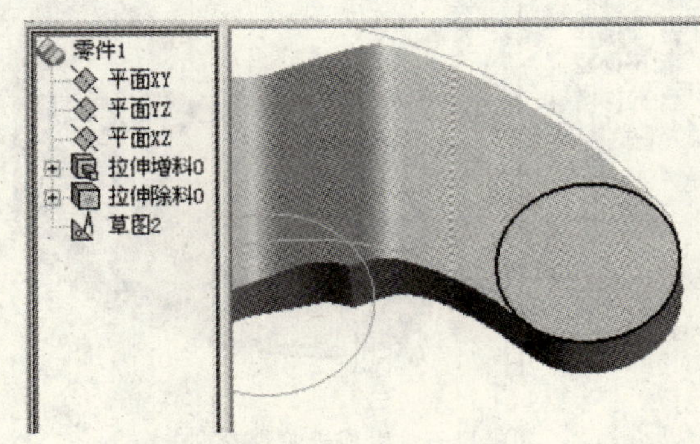

图 11-9 生成草图 2

2. 在【特征生成】工具栏，选择【拉伸增料】命令 ，参数如图 11-10 所示设置；点击 确定 ，生成小锥体，如图 11-11 所示。

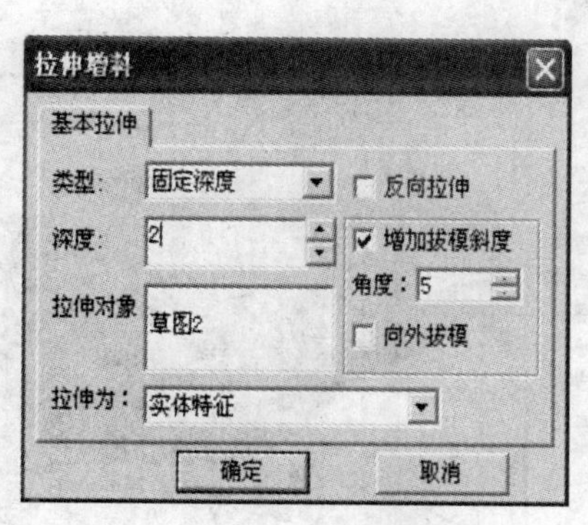

图 11-10 拉伸增料参数设定

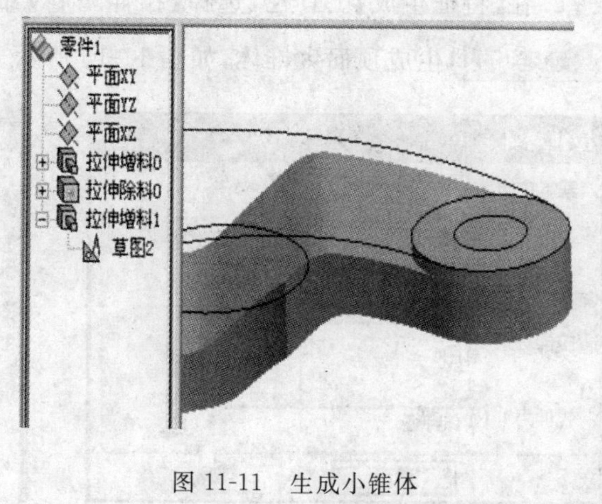

图 11-11 生成小锥体

3. 同样方法,生成对应的顶面小锥体,如图 11-12 所示。

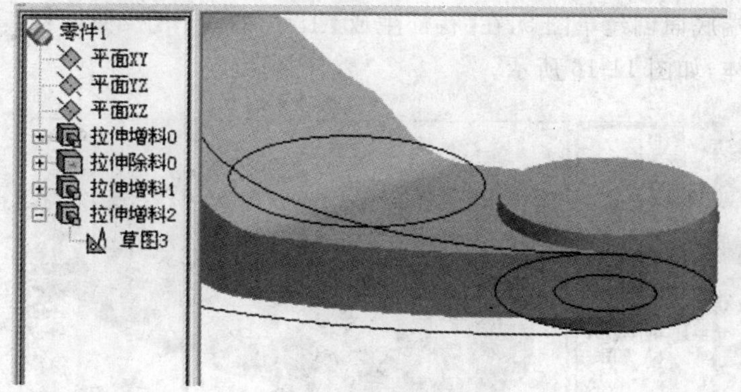

图 11-12 生成顶面小锥体

三、生成大锥体

1. 单击大端顶面,右击,选择【创建草图】命令,进入草图编辑状态;在【曲线生成】工具栏,选择【曲线投影】命令 ,拾取 R26 圆,生成草图 4,如图 11-13 所示。

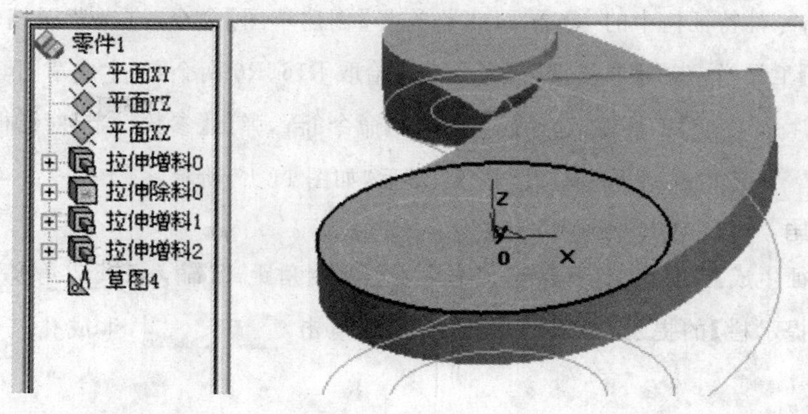

图 11-13 生成草图 4

2.在【特征生成】工具栏，选择【拉伸增料】命令 ，参数设置如图 11-14 所示；点击 确定 ，生成顶面大锥体，如图 11-15 所示。

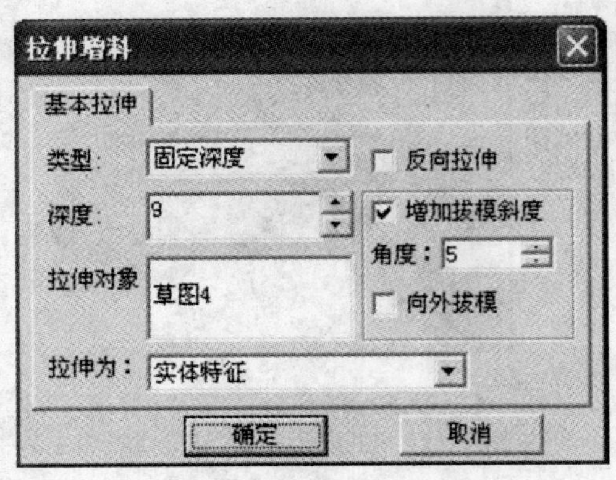

图 11-14 拉伸增料参数设定

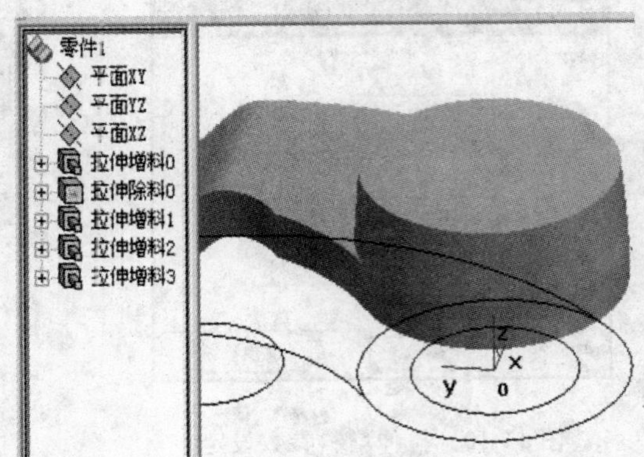

图 11-15 生成顶面大锥体

3.选择大端底面创建草图 5，在【特征生成】工具栏，选择【拉伸增料】，“深度”输入 3，生成底面大锥体，如图 11-16 所示。

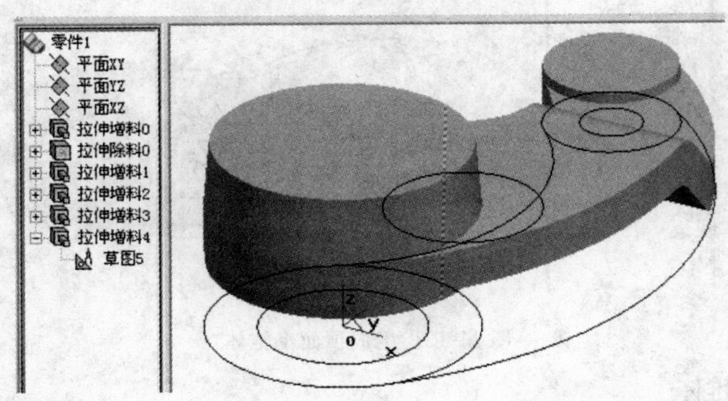

图 11-16 生成底面大锥体

四、生成圆柱孔

1.右击零件特征树中的 平面 *XY*，选择【创建草图】命令，进入草图编辑状态；在【曲线生成】工具栏，选择【曲线投影】命令 ，拾取 R16、R6 两个圆，生成草图 6。

2. 在【特征生成】工具栏，选择【拉伸除料】命令 ，弹出【参数设定】对话框，选择“贯穿”，点击 确定 ，生成圆柱孔，按 F8 键后，如图 11-17 所示。

五、倒角

在【特征生成】工具栏，选择【倒角】命令 ，“倒角距离”输入 1.5，“角度”输入 45°，根据【系统提示栏】的提示，拾取两个孔的孔口，点击 确定 ，生成孔口倒角，如图 11-18 所示。

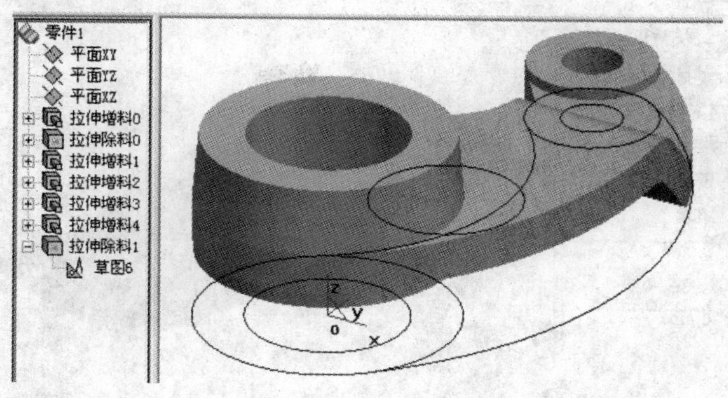

图 11-17　生成圆柱孔

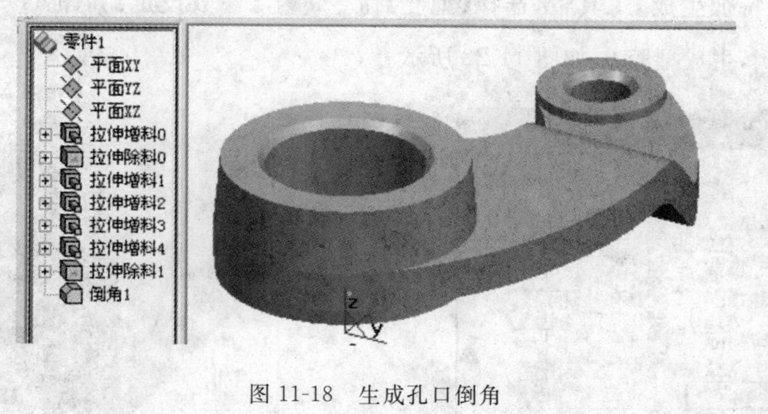

图 11-18　生成孔口倒角

六、分模

1.生成分模曲面及型腔

(1)在 *YOZ* 平面,根据图纸尺寸,生成如图 11-19 所示的三条直线。

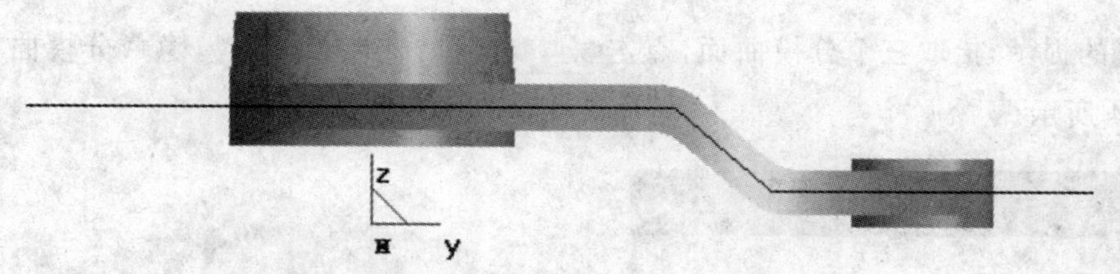

图 11-19　生成三条直线

(2)在【曲面生成】工具栏,选择【扫描面】命令,【立即菜单】设置如图 11-20 所示,按空格键,根据【系统提示栏】的提示,“扫描方向”选择 *X* 轴正方向,依次拾取三条直线,生成分模曲面,如图 11-20 所示。

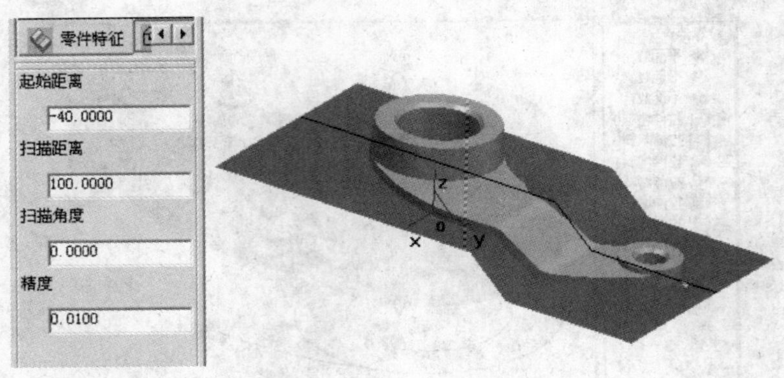

图 11-20 生成分模曲面

(3)在【特征生成】工具栏，选择【型腔】命令，【参数设定】如图 11-21 所示，点击 确定 ，生成型腔 0，如图 11-22 所示。

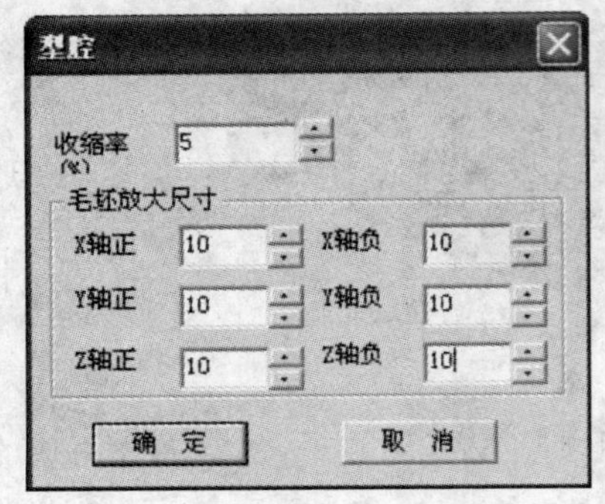

图 11-21 型腔参数

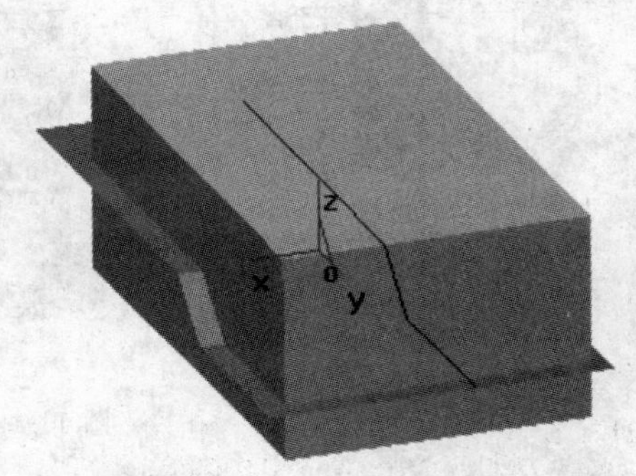

图 11-22 生成型腔 0

2. 生成下模

(1)打开【文件】下拉菜单，另存文件为 lg1. mxe。

(2)在【特征生成】工具栏，选择【分模】命令，参数设定如图 11-23 所示，根据【系统提示栏】的提示，拾取三个分模曲面，点击 确定 ，生成分模 0，隐藏分模曲面后，如图 11-24 所示。

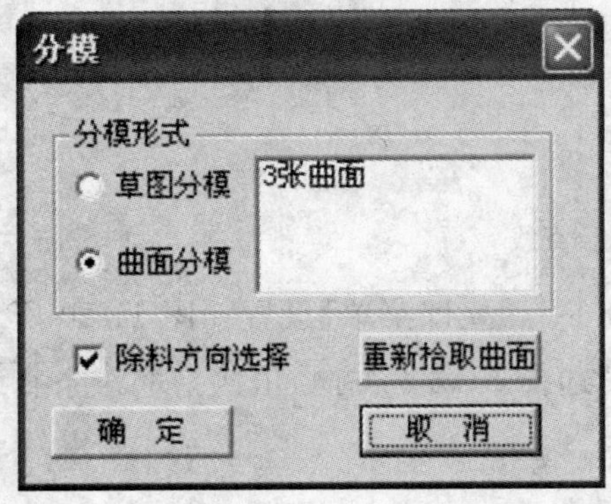

图 11-23 下模分模参数

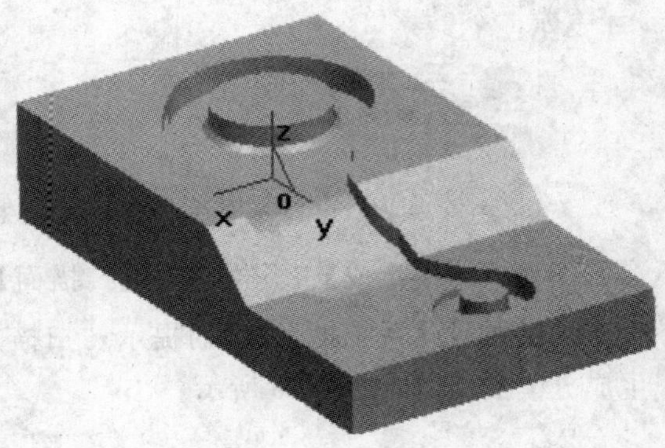

图 11-24 生成分模 0

(3)单击大圆柱，右击，选择【创建草图】命令，进入草图编辑状态。在【曲线生成】工具栏，选择【曲线投影】命令，拾取大圆柱棱边，生成草图7；在【特征生成】工具栏，选择【拉伸增料】命令，参数设置如图11-25所示，点击 确定 ，生成大型芯，如图11-26所示。

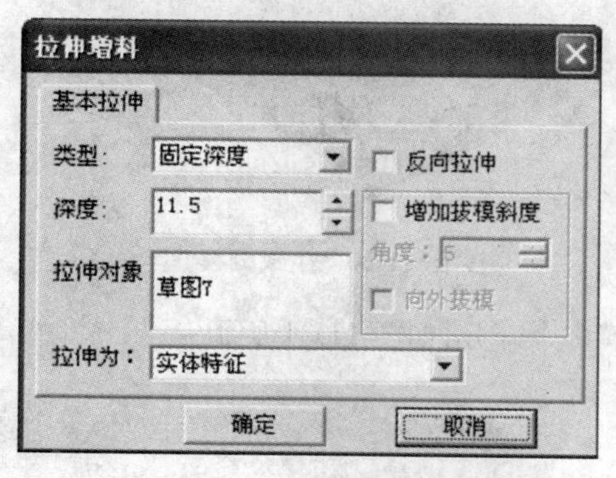

图11-25 拉伸增料参数设置

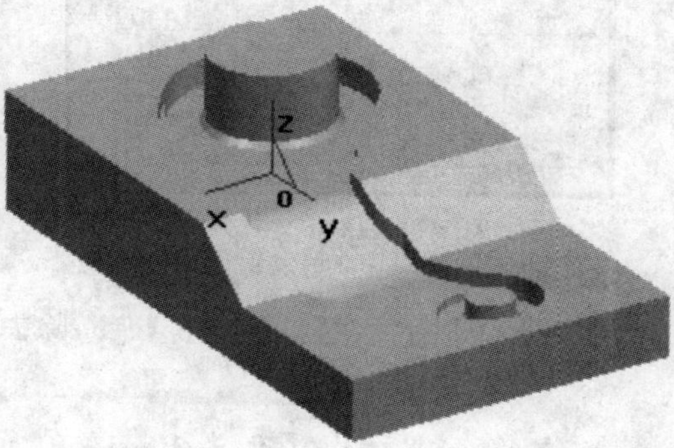

图11-26 生成大型芯

(4)单击小圆柱，右击，选择【创建草图】命令，进入草图编辑状态。在【曲线生成】工具栏，选择【曲线投影】命令，拾取小圆柱棱边，生成草图8；在【特征生成】工具栏，选择【拉伸增料】命令，参数设置如图11-27所示，点击 确定 ，生成小型芯，如图11-28所示。

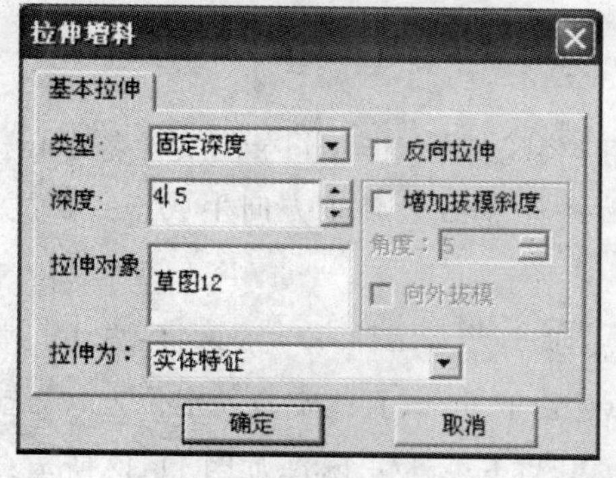

图11-27 拉伸增料参数设置

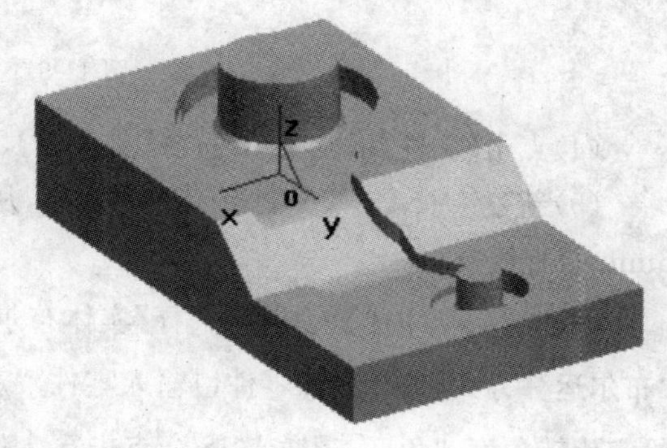

图11-28 生成小型芯

3.生成上模

(1)打开lg.mxe文件 。

(2)在【特征生成】工具栏，选择【分模】命令，参数设置如图11-29所示，拾取三个分模曲面，点击 确定 ，生成分模0，隐藏分模曲面后，如图11-30所示。

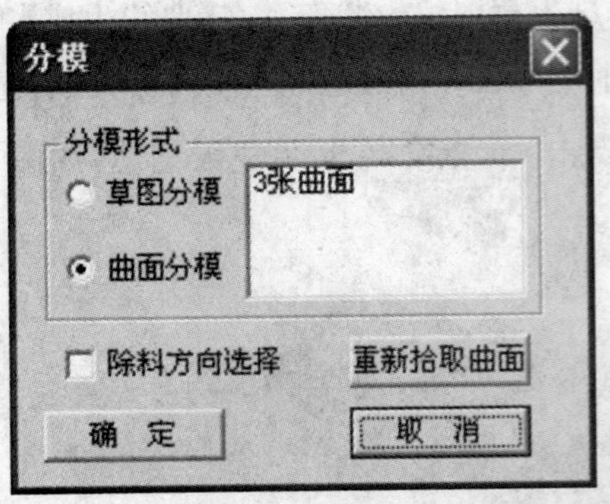

图 11-29　上模分模参数

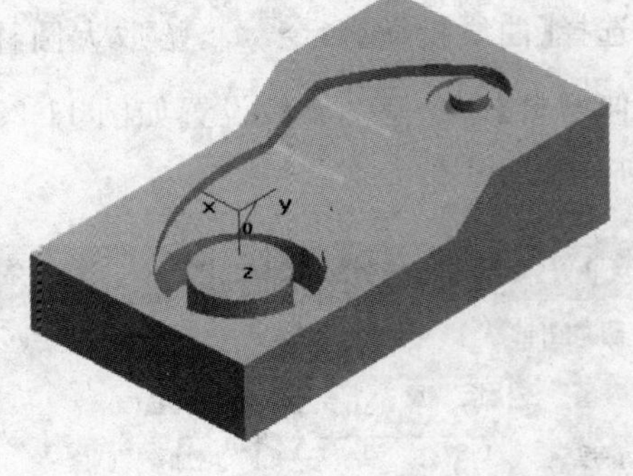

图 11-30　生成分模 0

(3)分别进行两次【拉伸除料】，除去下模多余部分，如图 11-31 所示。

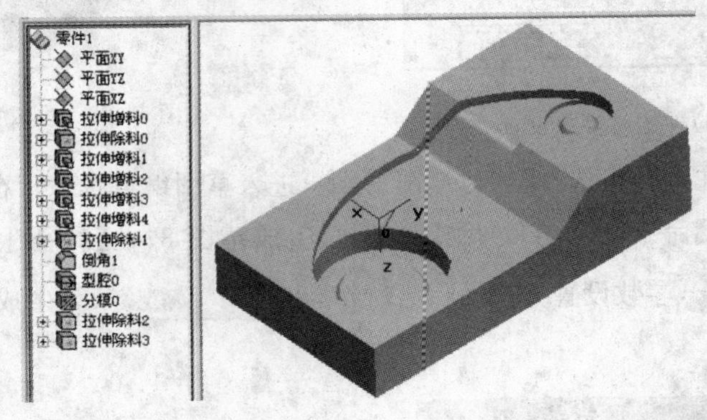

图 11-31　生成下模

(4)点击【文件】下拉菜单，选择【另存为】，“保存类型”选择 parasolid x_t，文件名为 lg 。

(5)新建一个 CAXA 制造工程师文件，从坐标系原点沿 Z 轴正方向生成一条长度为 6mm 的直线。

(6)在【特征生成】工具栏，选择【实体布尔运算】命令，选择 lg. x_t 文件，点击打开。“布尔运算方式”选择当前零件∪输入零件，“定位点”拾取 6mm 直线端点，“定位方式”选择给定旋转角度，“角度二”输入 180°，点击 确定 ，将下模翻转 180°，如图 11-32 所示。

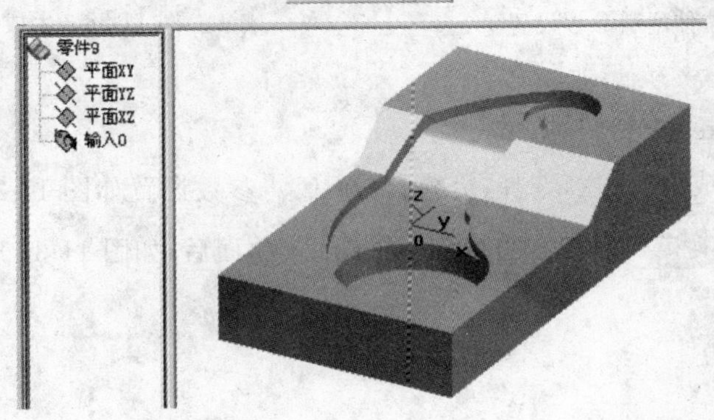

图 11-32　翻转 180°的下模

思考练习

根据图 11-33 所示的零件图,进行连杆的造型和分模。

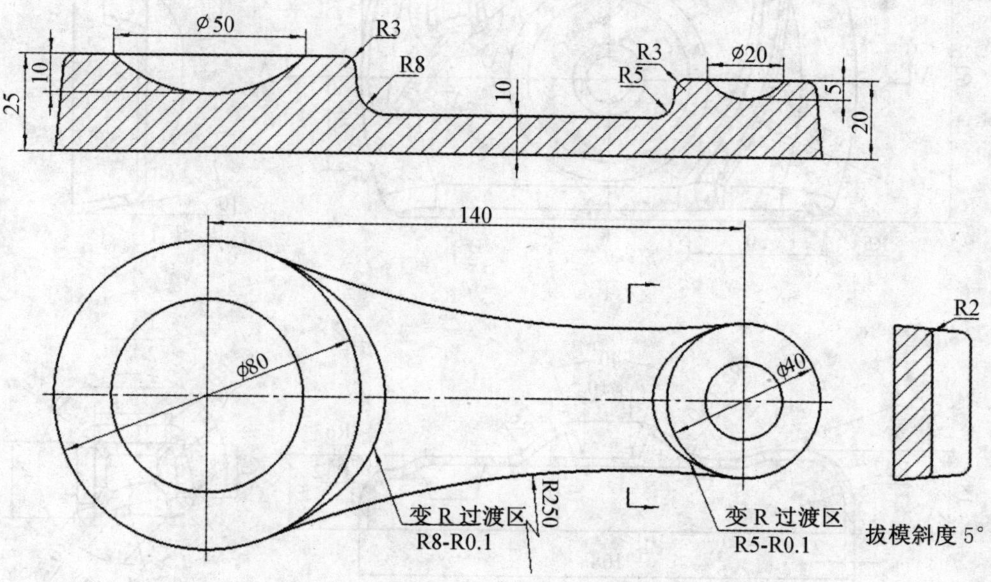

图 11-33 连杆零件图

任务十二 照相机壳的造型与模具设计

能力目标

◎ 能使用旋转增料简化零件建模

◎ 能熟练运用过渡命令

◎ 能熟练使用拔模命令

◎ 能使用布尔运算功能进行型腔、型芯的设计

知识准备

◎ 实体布尔运算

完成图 12-1 所示零件—相机壳体的造型与模具设计

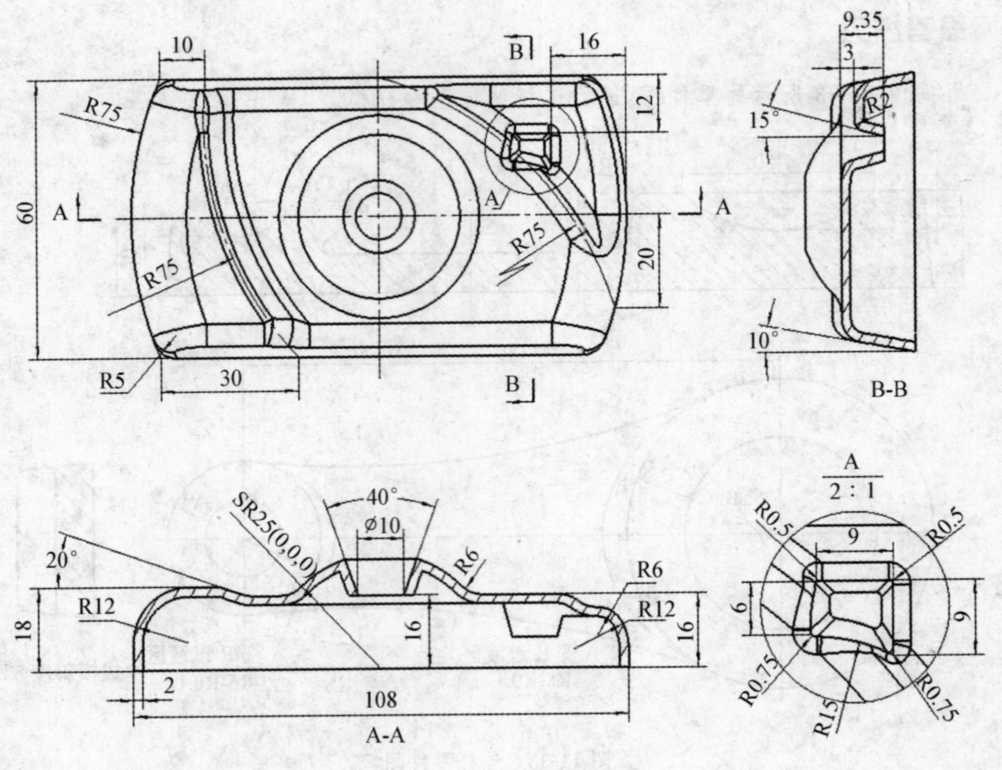

图 12-1　相机壳体零件图

任务分析

相机壳体零件图由主视图、A-A 全剖视图、B-B 全剖视图及放大图组成。为壳体类零件,外形有较多的圆弧过渡,各过渡间有严格的次序要求。型芯、型腔设计使用实体布尔运算比用分模命令简单。

相关知识

实体布尔运算

1. 实体布尔运算就是将另一个实体并入,与当前零件实现交、并、差的运算。

2. 参数说明

(1)【文件类型】输入的文件种类。一般为:*. x_t 文件。

(2)【布尔运算方式】当前零件与输入零件的交、并、差,包括如下三种:

【当前零件∪输入零件】当前零件与输入零件的交集。

【当前零件∩输入零件】当前零件与输入零件的并集。

【当前零件－输入零件】当前零件与输入零件的差。

(3)【定位方式】用来确定输入零件的具体位置,包括以下两种方式:

【拾取定位的 X 轴】以空间直线作为输入零件自身坐标架的 X 轴(坐标原点为拾取的定位点),旋转角度是用来对 X 轴进行旋转以确定 X 轴的具体位置。

【给定旋转角度】以拾取的定位点为坐标原点,用给定的两个角度来确定输入零件自

身坐标的 X 轴，包括【角度一】和【角度二】:【角度一】为 X 轴与当前世界坐标系的 X 轴的夹角;【角度二】为 X 轴与当前世界坐标系的 Z 轴的夹角

(4)【反向】将输入零件自身坐标系的 X 轴的方向反向，然后重新构造坐标系进行布尔运算。

任务实施

一、相机壳体外部造型

1. 生成基体

(1)在【曲线生成】工具栏，选择【矩形】命令 ，在弹出的【立即菜单】中选择“中心_长_宽”、“长度=”输入 108、“宽度=”输入 60，根据【系统提示栏】的提示，“矩形中心”选择坐标系原点，生成长方形轮廓线。

(2)在【曲线生成】工具栏，选择【圆弧】命令 ，在弹出的【立即菜单】中选择“两点_半径”，根据【系统提示栏】的提示，拾取矩形右边两个顶点，拖动鼠标，使预览线显示在边的右方，按确定键，输入半径 75，按确定键。

(3)在【几何变换】工具栏，选择【平移】命令 ，在弹出的【立即菜单】中选择“两点”、“移动”、“非正交”，根据【系统提示栏】的提示，拾取 R75 圆弧，右击，“基点”拾取圆弧中点，“目标点”拾取直线中点。

(4)在【几何变换】工具栏，选择【平面镜像】命令 ，在弹出的【立即菜单】中选择“拷贝”，根据【系统提示栏】的提示，镜像轴首、末点分别拾取两条长边的中点，拾取 R75 圆弧，右击。

(5)删除两个短边，并剪裁多余的线条。

(6)右击零件特征树中的 平面 XY，在弹出的快捷菜单中，选择创建草图命令，进入草图编辑状态。

(7)在【曲线生成】工具栏，选择【曲线投影】命令 ，拾取轮廓线，生成草图 0，如图 12-2 所示。

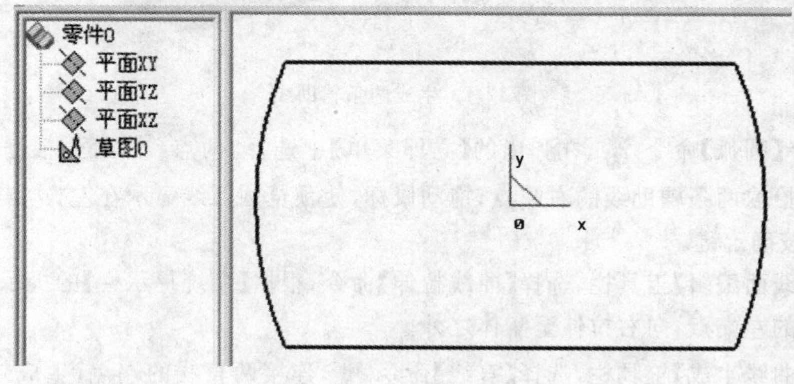

图 12-2 生成草图 0

(8)在【特征生成】工具栏，选择【拉伸增料】命令，弹出【参数设定】对话框，选择"固定深度"、"深度"输入 18，点击 确定 ，生成相机壳主体，如图 12-3 所示。

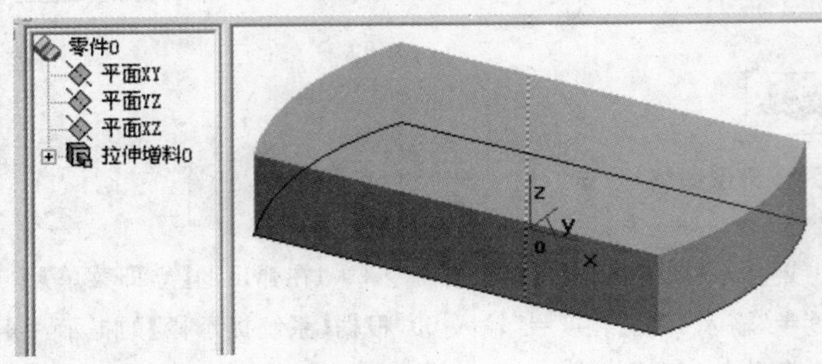

图 12-3　生成相机壳主体

2. 生成 16mm 台阶

(1)点击相机壳基体上表面，右击，选择创建草图命令，进入草图编辑状态。

(2)在【曲线生成】工具栏，选择【直线】命令，在弹出的【立即菜单】中选择"两点线"、"单个"、"正交"、"长度方式"、"长度＝"输入 10，根据【系统提示栏】的提示，"第一点"拾取左上角默认点，"第二点"拾取右侧任意位置："长度＝"修改为 30，根据【系统提示栏】的提示，"第一点"拾取左下角默认点，"第二点"拾取右侧任意位置，生成两条定长辅助线，如图 12-4 所示。

图 12-4　生成两条辅助线

(3)选择【圆弧】命令，在弹出的【立即菜单】中选择"两点_半径"，根据【系统提示栏】的提示，拾取两条辅助线的右端点，拖动鼠标，使预览圆弧线显示在左方，按确定键，输入半径 75，按确定键。

(4)在【线面编辑】工具栏，选择【曲线拉伸】命令，根据【系统提示栏】的提示，分别拾取两条辅助线的左端点，向右拉伸至实体之外。

(5)在【曲线生成】工具栏，选择【直线】命令，连接两直线的端点，生成封闭的草图 1，如图 12-5 所示。

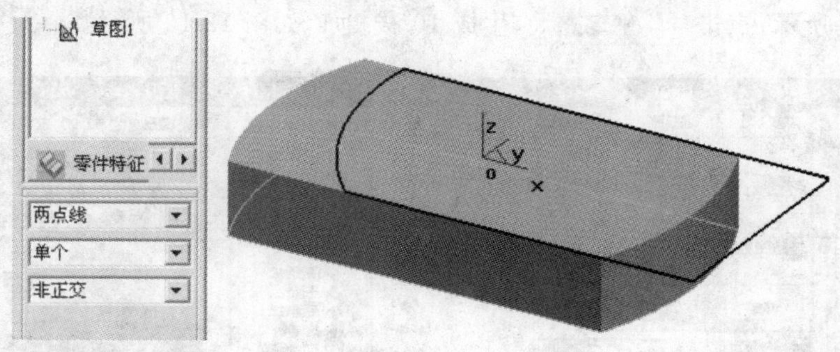

图 12-5 生成草图 1

(6)在【特征生成】工具栏，选择【拉伸除料】命令 ，弹出【参数设定】对话框，选择“固定深度”、“深度”输入 2，点击 确定 ，生成 16mm 台阶，如图 12-6 所示。

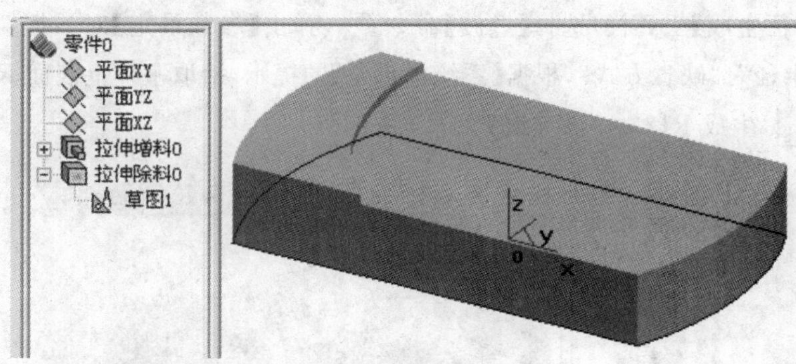

图 12-6 生成 16mm 台阶

3.生成两处拔模面

(1)在【特征生成】工具栏，选择【拔模】命令 ，根据【系统提示栏】的提示，“中性面”拾取主体上表面，“拔模角度”输入 70°，“拔模面”拾取台阶侧面，“拔模方向”箭头向外，如图 12-7 所示；点击 确定 ，生成 20°拔模 0，如图 12-8 所示。

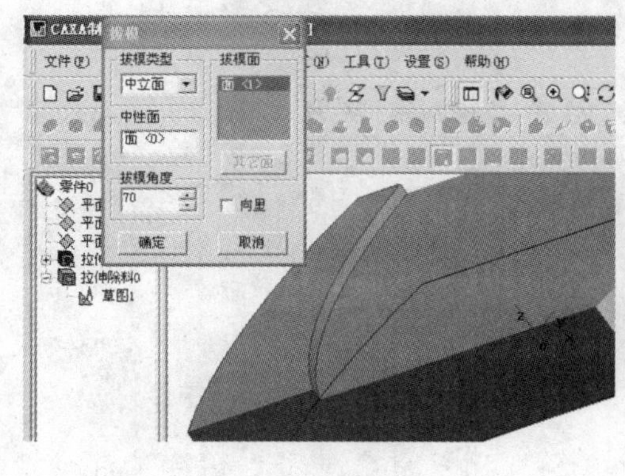

图 12-7 拔模参数设定

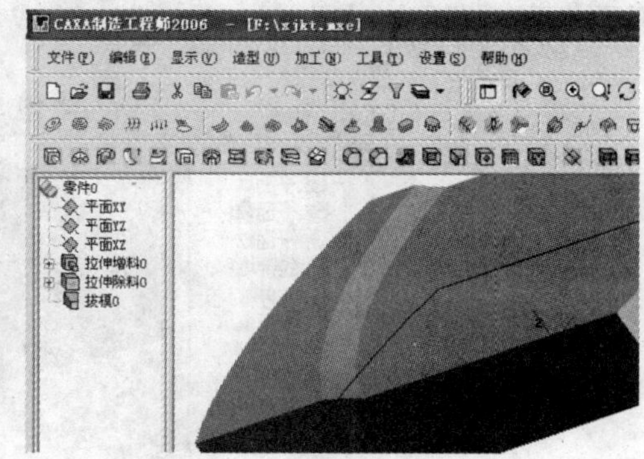

图 12-8 生成 20°拔模 0

(2)在【特征生成】工具栏，选择【拔模】命令 ，根据【系统提示栏】的提示，“中性面”拾取主体下表面，“拔模角度”输入 10°，“拔模面”拾取前后两个侧面，“拔模方向”箭头向里，如图 12-9 所示；点击 确定 ，生成 10°拔模 1，如图 12-10 所示。

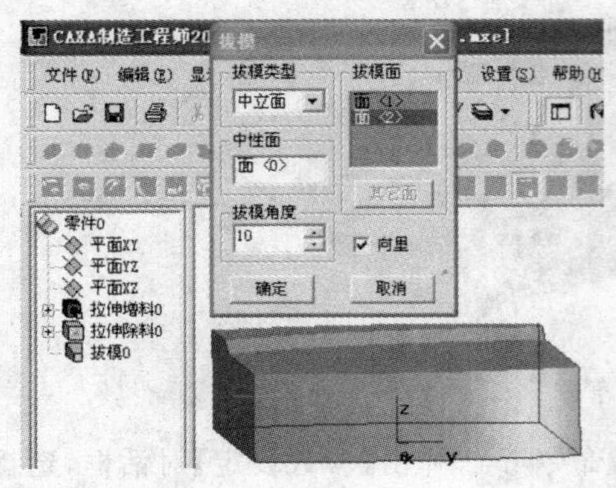

图 12-9　拔模参数设定

图 12-10　生成 10°拔模 1

4. 在【特征生成】工具栏，选择【过渡】命令 ，弹出【参数设定】对话框，“过渡半径”输入 12、“等半径”、“缺省方式”，根据【系统提示栏】的提示，拾取基体上表面 R75 棱边，点击 确定 ，生成 R12 过渡 0，如图 12-11 所示。

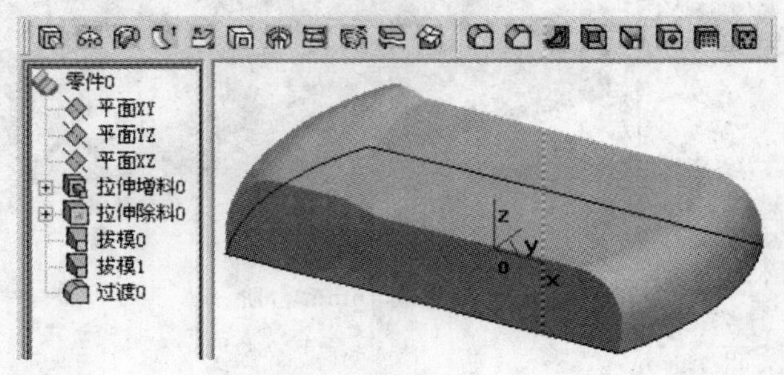

图 12-11　生成 R12 过渡 0

5. 在【特征生成】工具栏，选择【过渡】命令 ，弹出【参数设定】对话框，“过渡半径”输入 6、“等半径”、“缺省方式”、选中【沿切面延顺】，根据【系统提示栏】的提示，拾取 20°拔模面的两个圆弧边，点击 确定 ，生成 R6 过渡 1，如图 12-12 所示。

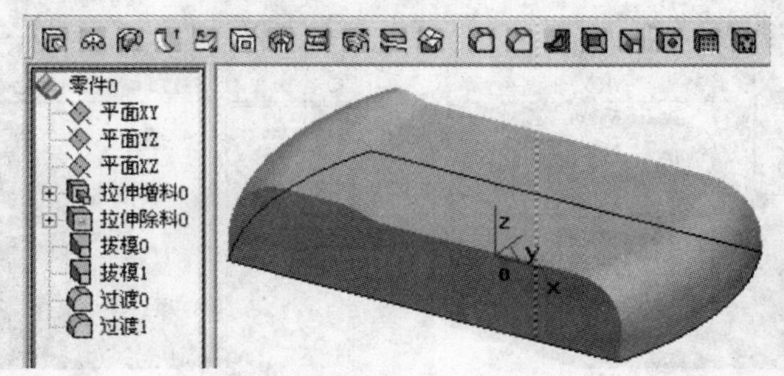

图 12-12　生成 R6 过渡 1

6. 生成 13mm 台阶

(1)点击 16mm 台阶上表面，右击，选择创建草图命令，进入草图编辑状态。

(2)在【曲线生成】工具栏,选择【直线】命令 ,生成一条通过原点的沿 X 轴正方向的辅助线。

(3)选择【等距线】命令 ,将辅助线向 Y 轴负方向等距 20mm。

(4)在【曲线生成】工具栏,选择【曲线投影】命令 ,分别拾取主体底面右端 R75 棱边和上端棱边。

(5)选择【圆弧】命令 ,在弹出的【立即菜单】中选择“两点_半径”,根据【系统提示栏】的提示,“第一点”拾取上端棱边投影线的中点,“第二点”拾取 20mm 等距线和 R75 棱边投影线的交点,拖动鼠标,使预览圆弧线显示在右方,按确定键,输入半径 75,按确定键。删除辅助线,剪裁多余线段后,生成草图 2,如图 12-13 所示。

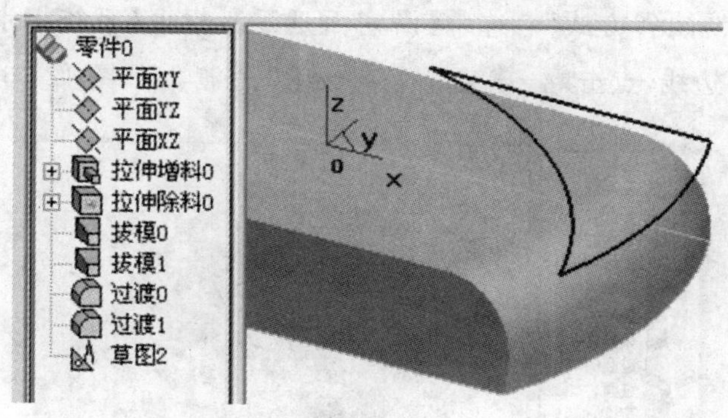

图 12-13 生成草图 2

(6)在【特征生成】工具栏,选择【拉伸除料】命令 ,弹出【参数设定】对话框,选择“固定深度”、“深度”输入 3,点击 确定 ,生成 13mm 台阶,如图 12-14 所示。

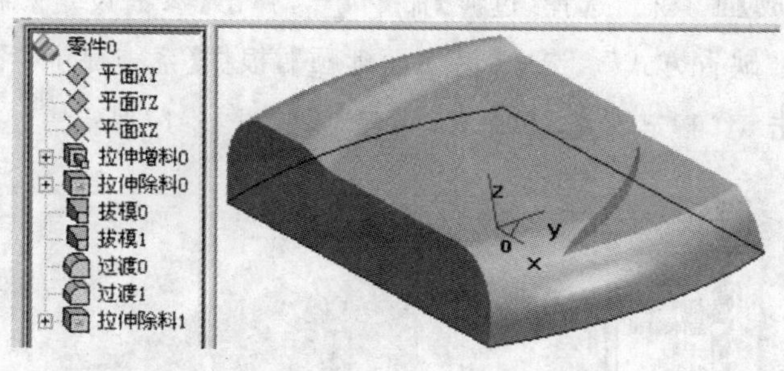

图 12-14 生成 13mm 台阶

7. 在【特征生成】工具栏,选择【过渡】命令 ,弹出【参数设定】对话框,“过渡半径”输入 6、“等半径”、“缺省方式”、选中【沿切面延顺】,根据【系统提示栏】的提示,拾取 13mm 台阶面内角线,点击 确定 ,生成 R6 过渡 2,如图 12-15 所示。

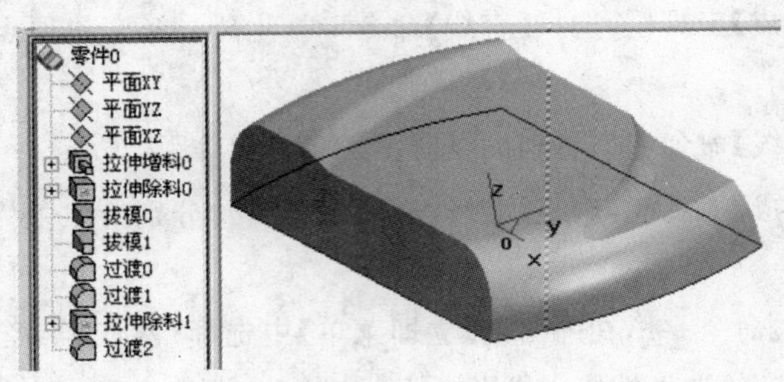

图 12-15　生成 R6 过渡 2

8. 在【特征生成】工具栏，选择【过渡】命令 ，弹出【参数设定】对话框，“过渡半径”输入 6、“等半径”、“缺省方式”、选中【沿切面延顺】，根据【系统提示栏】的提示，拾取 13mm 台阶面 R75 边线，点击 确定 ，生成 R6 过渡 3，如图 12-16 所示。

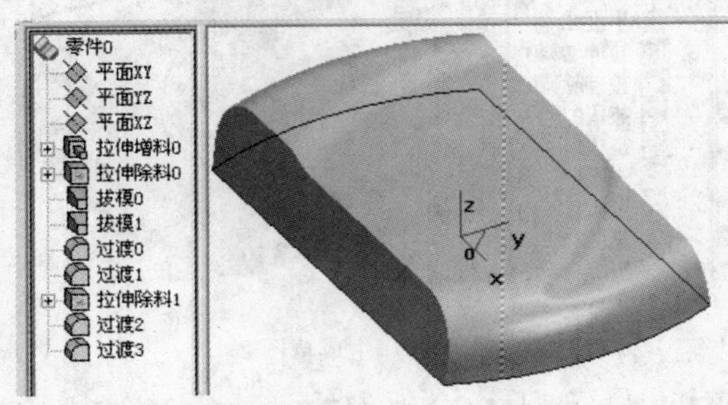

图 12-16　生成 R6 过渡 3

9. 在【特征生成】工具栏，选择【过渡】命令 ，弹出【参数设定】对话框，“过渡半径”输入 5、“等半径”、“缺省方式”、选中【沿切面延顺】，根据【系统提示栏】的提示，拾取相机壳体两侧边线，点击 确定 ，生成 R5 过渡 4，如图 12-17 所示。

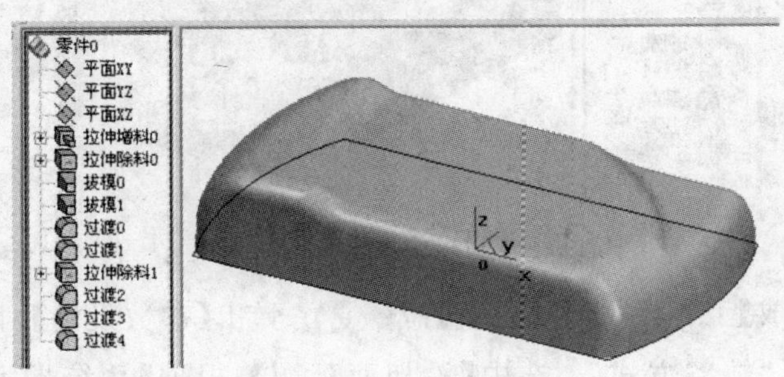

图 12-17　生成 R5 过渡 4

小提示：此处 R5 过渡，因为选中了【沿切面延顺】功能，只要拾取任意一条过渡边即可。

10. 生成凹槽

(1)按 F5 键，切换到 *XOY* 平面。

(2)在【曲线生成】工具栏，选择【直线】命令 ，在弹出的【立即菜单】中选择“两点线”、“单个”、“正交”，根据【系统提示栏】的提示，拾取右端 R75 圆弧，做一条平行于 Y 轴的直线。

(3)在【曲线生成】工具栏，选择【等距线】命令 ，按照图纸主视图及放大图中给定的尺寸，等距 5 条辅助线，如图 12-18 所示。

(4)在【曲线生成】工具栏，选择【圆弧】命令 ，在弹出的【立即菜单】中选择“两点_半径”，根据【系统提示栏】的提示，拾取相应交点，输入半径 15，按确定键，生成 R15 圆弧；删除辅助线，剪裁多余线段后，生成凹槽轮廓线，如图 12-19 所示。

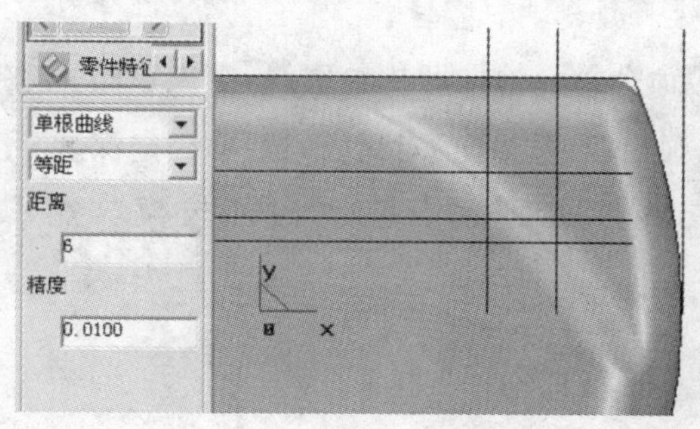

图 12-18 等距 5 条辅助线

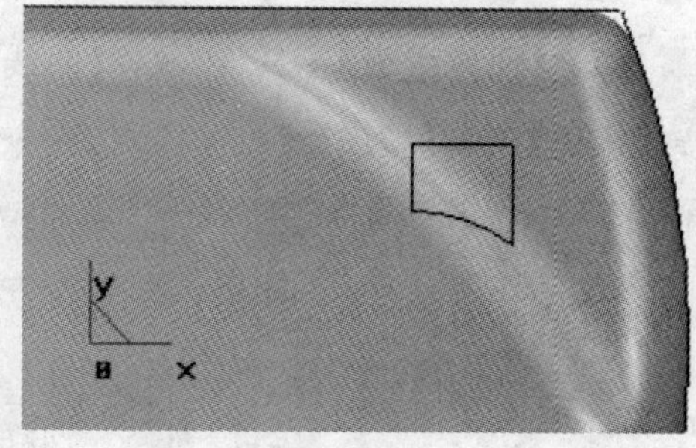

图 12-19 生成凹槽轮廓线

(5)按 F8 键，切换到轴测图，点击 13mm 台阶上表面，右击，选择创建草图命令，进入草图编辑状态。

(6)在【曲线生成】工具栏，选择【曲线投影】命令 ，拾取凹槽轮廓线，生成草图 3，如图 12-20 所示。

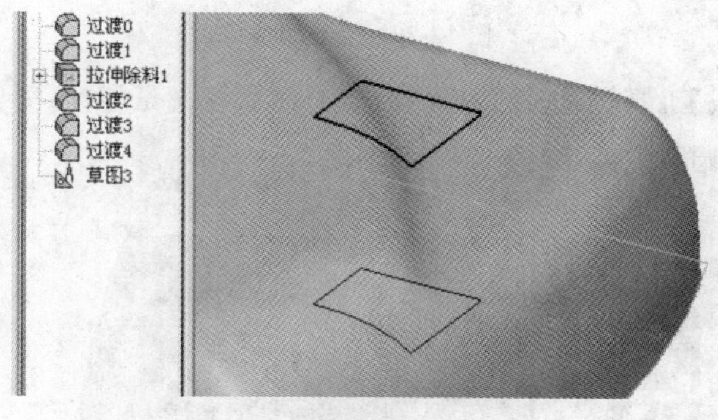

图 12-20 生成草图 3

(7)在【特征生成】工具栏，选择【拉伸除料】命令 ，弹出【参数设定】对话框，选择“固定深度”、“深度”输入 6.35、“增加拔模斜度”输入 15°，点击 确定 ，如图 12-21 所示。

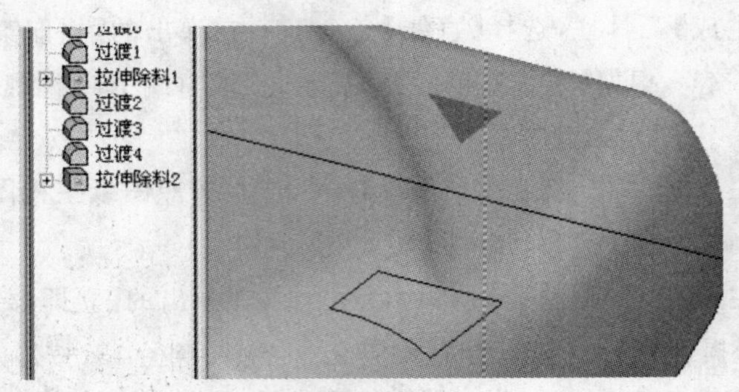

图 12-21　拉伸除料 2

(8)在【曲线生成】工具栏，选择【曲线投影】命令，拾取凹槽轮廓线，生成草图 4；在【特征生成】工具栏，选择【拉伸除料】命令，弹出【参数设定】对话框，选择“固定深度”、“深度”输入 6.35、“反向拉伸”、“增加拔模斜度”输入 15°、“向外拔模”，点击 确定 ，生成凹槽，如图 12-22 所示。

图 12-22　生成凹槽

(9)在【特征生成】工具栏，选择【过渡】命令，根据图纸标注，分别对凹槽侧棱及槽口进行 0.5、0.75、2 圆弧过渡，如图 12-23 所示。

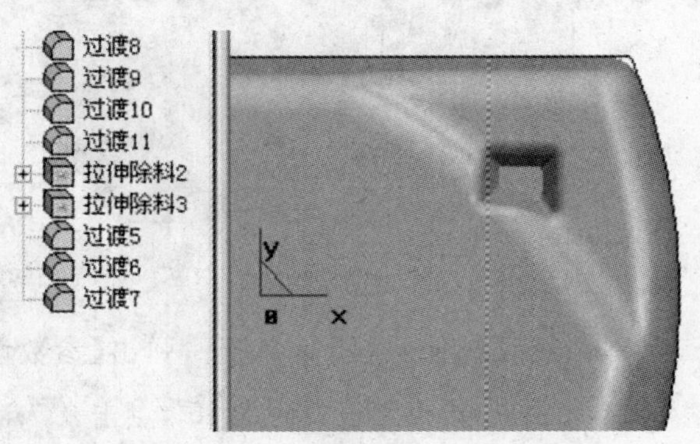

图 12-23　凹槽圆弧过渡

11. 生成圆球凸起

(1)按 F9 键切换到 *XOY* 作图平面。

(2)在【曲线生成】工具栏，选择【直线】命令，生成一条铅垂线。

(3)点击特征树中 *XOZ* 平面,右击,选择创建草图命令,进入草图编辑状态。

(4)在【曲线生成】工具栏,选择【曲线投影】命令,拾取铅垂线及底面边线,生成两条草图线,如图 12-24 所示。

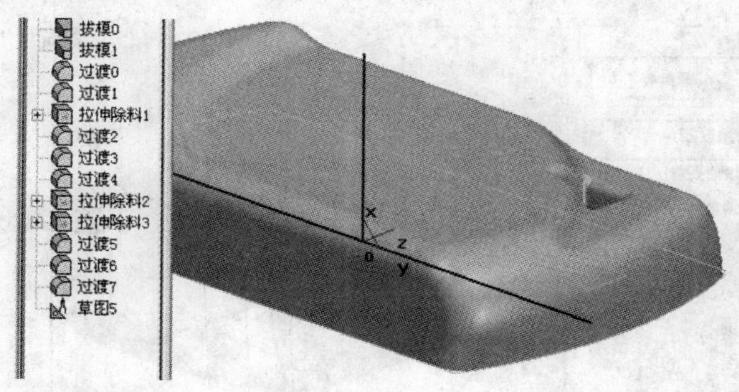

图 12-24　生成两条草图线

(5)选择【等距线】命令,将“水平线”向上等距 16mm;“垂直线”向右等距 5mm,等距出两条辅助线,如图 12-25 所示。

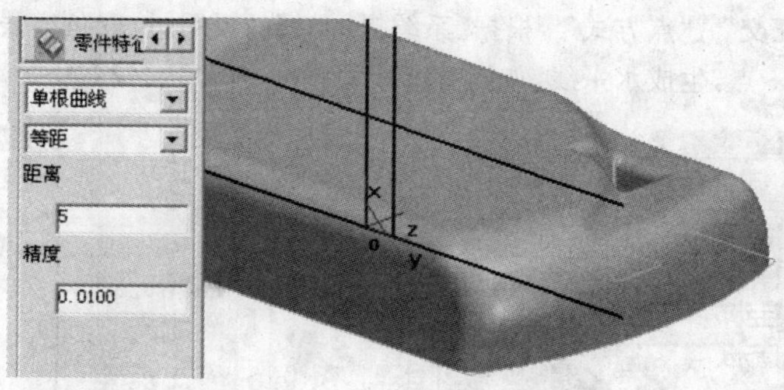

图 12-25　等距 2 条辅助线

(6)在【曲线生成】工具栏,选择【圆】命令,根据【系统提示栏】的提示,“圆心点”拾取坐标系原点,生成 R25 的圆,如图 12-26 所示

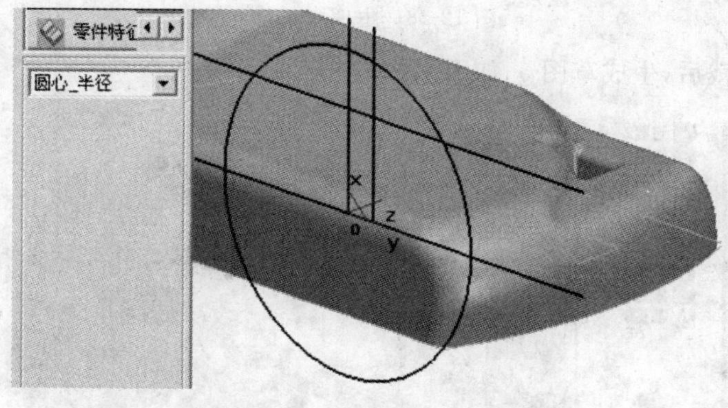

图 12-26　生成 R25 的圆

(7)在【曲线生成】工具栏，选择【直线】命令 ╱ ，在弹出的【立即菜单】中选择“角度线”、“X 轴夹角”、“角度＝”输入 20，根据【系统提示栏】的提示，拾取两条等距线的交点，点击圆外任一点，生成角度线，如图 12-27 所示。

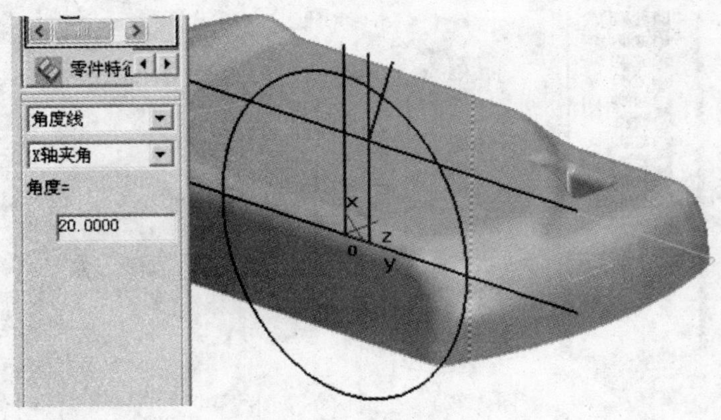

图 12-27　生成角度线

(8)在【曲线生成】工具栏，选择【直线】命令 ╱ ，在弹出的【立即菜单】中选择“两点线”、“单个”、“正交”、“点方式”，根据【系统提示栏】的提示，拾取角度线与圆的交点，点击垂直线左侧任一点，生成水平线，如图 12-28 所示

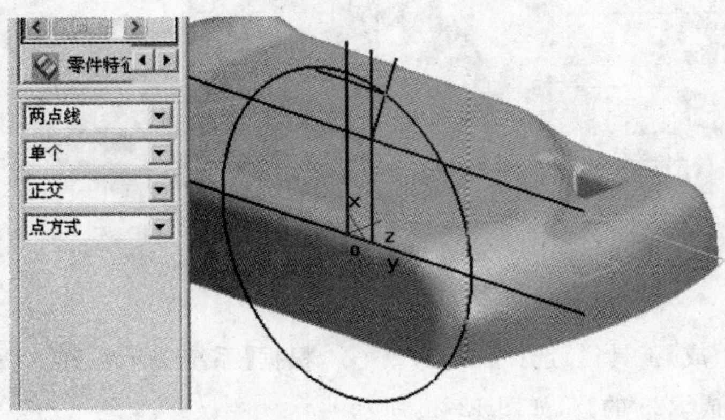

图 12-28　生成水平线

(9)删除、剪裁后，生成草图 5，如图 12-29 所示。

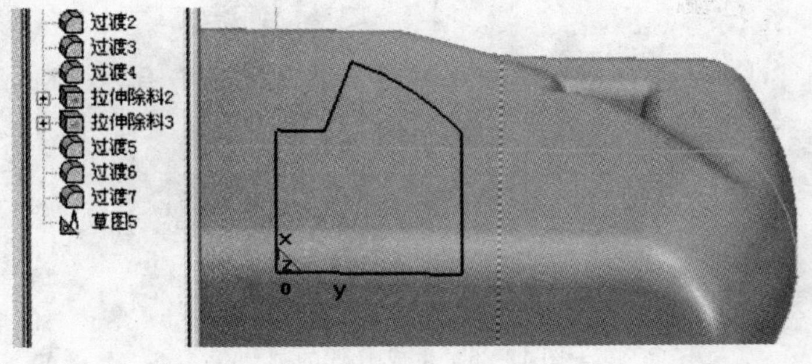

图 12-29　生成草图 5

(10)在【特征生成】工具栏，选择【旋转增料】命令，根据【系统提示栏】的提示，拾取草图 5 和轴线，点击 确定 ，生成圆球凸起，如图 12-30 所示。

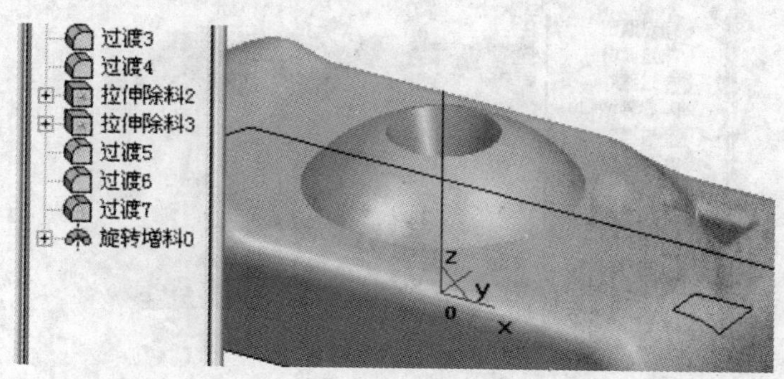

图 12-30 生成圆球凸起

12. 在【特征生成】工具栏，选择【过渡】命令，弹出【参数设定】对话框，“过渡半径”输入 6mm，拾取圆球底线，生成 R6 的圆弧过渡 8。删除或隐藏辅助线后，完成零件的外部造型，如图 12-31 所示。

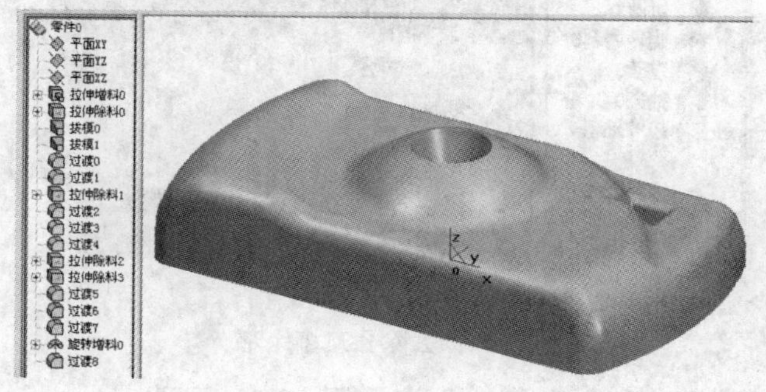

图 12-31 零件的外部造型

二、将此文件另存为 xjkt1. x_t 备用。

三、内部造型

1. 在【特征生成】工具栏，选择【抽壳】命令，“抽壳厚度”输入 2mm，根据【系统提示栏】的提示，拾取底面，点击 确定 ，如图 12-32 所示。

图 12-32 抽壳

2. 点击中间圆锥顶面，右击，选择创建草图命令。

3. 在【曲线生成】工具栏，选择【曲线投影】命令 ，拾取圆锥底部交线，生成草图 6，如图 12-33 所示。

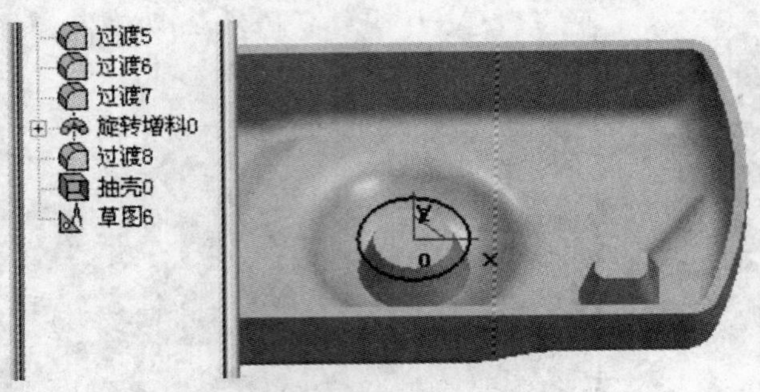

图 12-33　生成草图 6

4. 在【特征生成】工具栏，选择【拉伸除料】命令 ，弹出【参数设定】对话框，选择"固定深度"、"深度"输入 2，点击 确定 ，去除孔口多余部分，如图 12-34 所示。

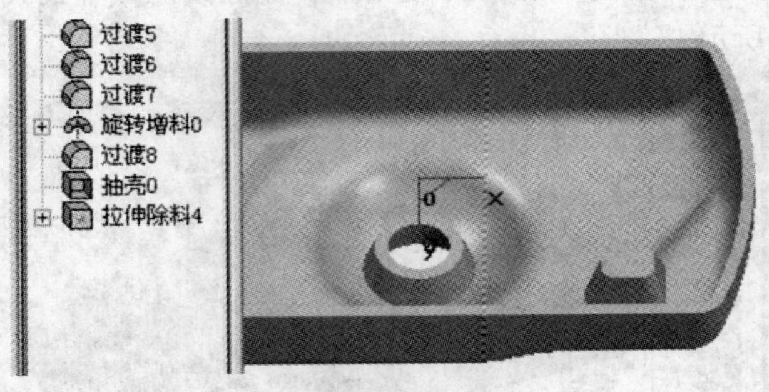

图 12-34　去除孔口多余部分

5. 同样方法，去除另一孔口的多余部分，如图 12-35 所示。

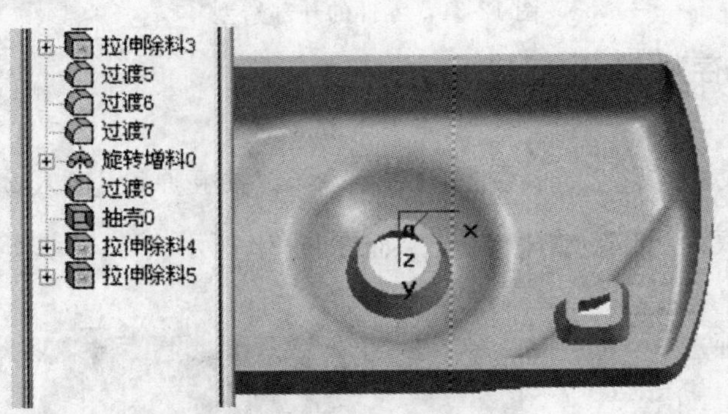

图 12-35　去除另一孔口多余部分

四、将此文件另存为 xjkt2. x_t 备用。

五、生成型腔

1. 新建一个 CAXA 制造工程师文件 xjxq. mxe。

2. 右击零件特征树中的 平面 *XY*，在弹出的快捷菜单中，选择创建草图命令，进入草图编辑状态。

3. 在【曲线生成】工具栏，选择【矩形】命令 ，在弹出的【立即菜单】中选择“中心_长_宽”、“长度＝”输入 128、“宽度＝”输入 80、根据【系统提示栏】的提示，“矩形中心”选择坐标系原点，生成草图 0。

4. 在【特征生成】工具栏，选择【拉伸增料】命令 ，弹出【参数设定】对话框，选择“固定深度”、“深度”输入 40、“反向拉伸”，点击 确定 ，生成长方体，如图 12-36 所示。

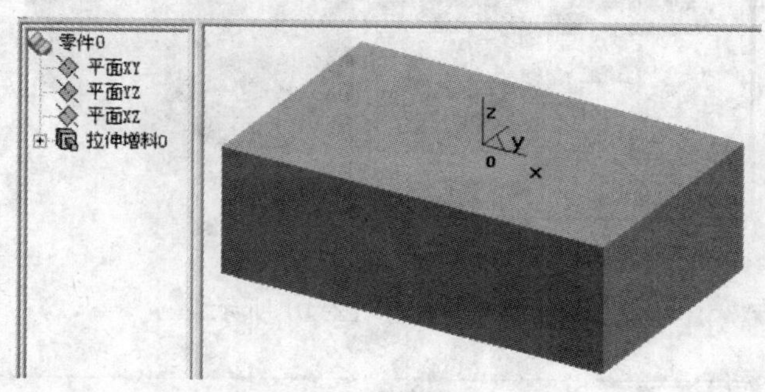

图 12-36 生成长方体

5. 在【特征生成】工具栏，选择【实体布尔运算】命令 ，在打开文件对话框内，选择备用文件：xjkt1. x_t，如图 12-37 所示，点击【打开】。

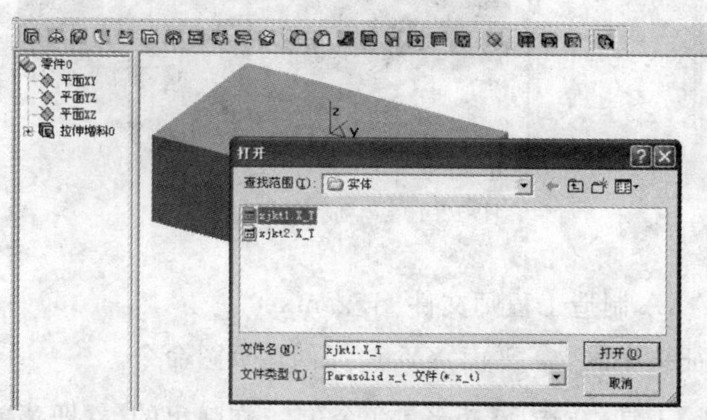

图 12-37 打开文件对话框

6. “输入特征”设定“当前零件—输入零件”；根据【系统提示栏】的提示，“定位点”拾取坐标系原点，如图 12-38 所示。

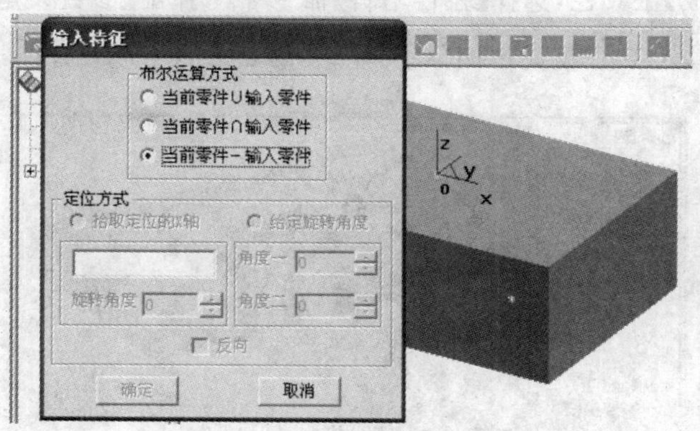

图 12-38 布尔运算方式及定位点

7. "定位方式"选择"给定旋转角度"，"角度一"输入 0、"角度二"输入 180，如图 12-39 所示。

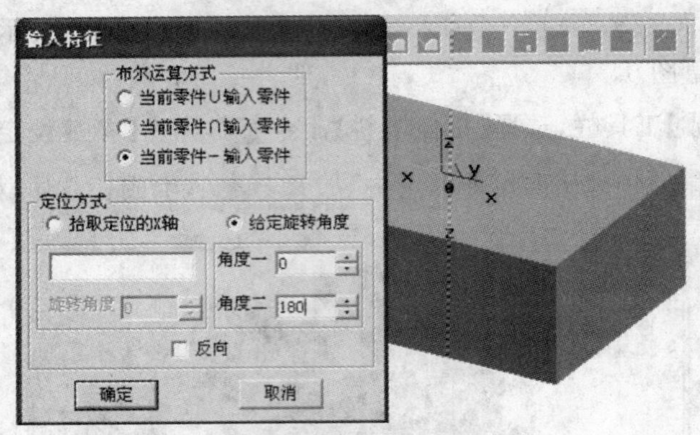

图 12-39　定位方式

8. 点击 确定，生成零件型腔，如图 12-40 所示。

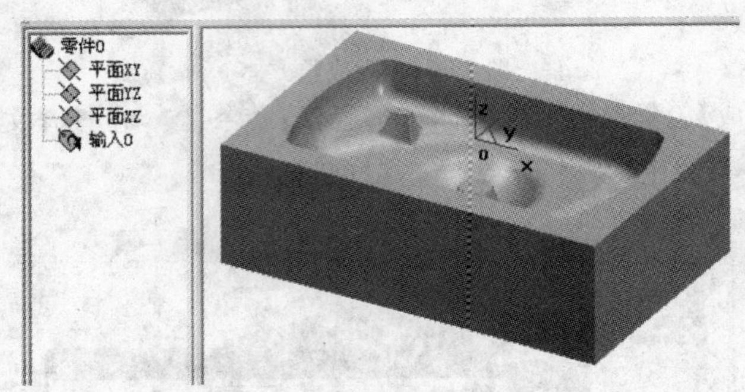

图 12-40　生成零件型腔

六、生成型芯

1. 新建一个 CAXA 制造工程师文件 xjxx. mxe。

2. 右击零件特征树中的 平面 XY，选择创建草图命令。

3. 在【曲线生成】工具栏，选择【矩形】命令，在弹出的【立即菜单】中选择"中心_长_宽"、"长度＝"输入 128、"宽度＝"输入 80，根据【系统提示栏】的提示，"矩形中心"选择坐标系原点，生成草图 0。

4. 在【特征生成】工具栏，选择【拉伸增料】命令，弹出【参数设定】对话框，选择"固定深度"、"深度"输入 10、"反向拉伸"，点击 确定，生成长方体，如图 12-41 所示。

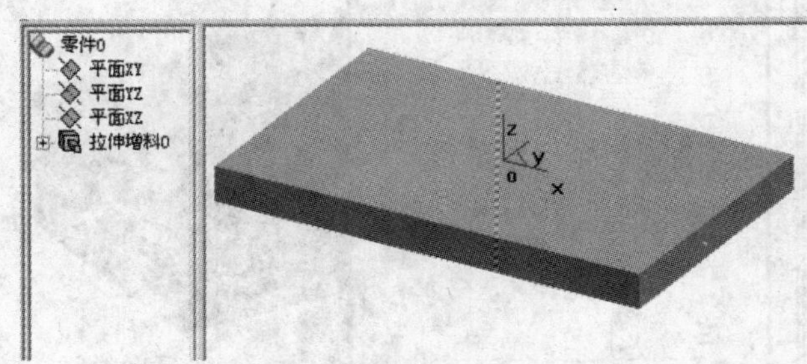

图 12-41　生成长方体

5. 在【特征生成】工具栏，选择【实体布尔运算】命令 ，在打开文件对话框内，选择备用的文件：xjkt1. x_t，如图 12-42 所示，点击【打开】。

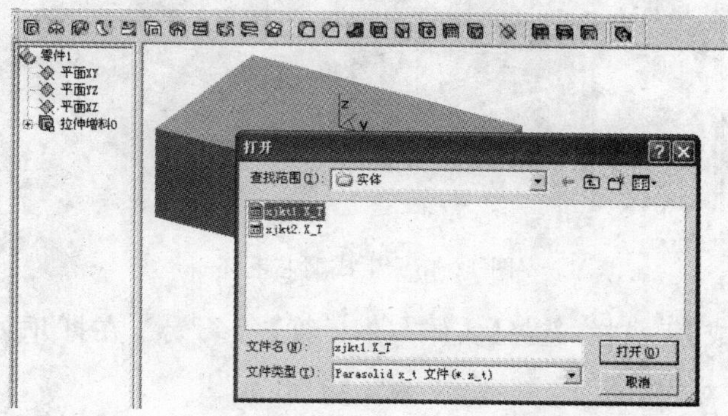

图 12-42 打开文件对话框

6.“输入特征”设定为“当前零件∪输入零件”，根据【系统提示栏】的提示，“定位点”拾取坐标系原点，如图 12-43 所示。

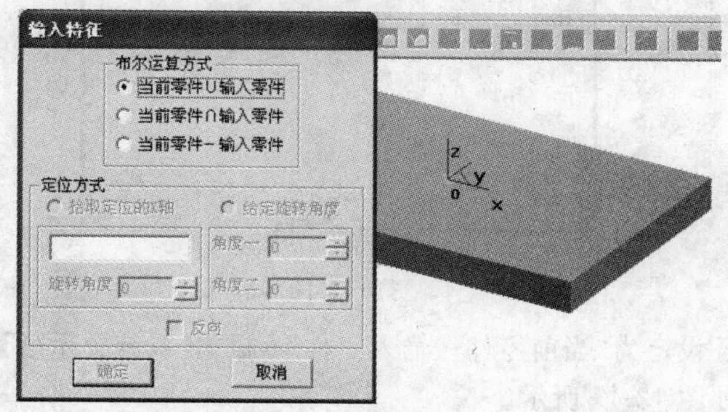

图 12-43 布尔运算方式及定位点

7.“定位方式”选择“给定旋转角度”，“角度一”输入 0、“角度二”输入 0，如图 12-44 所示。

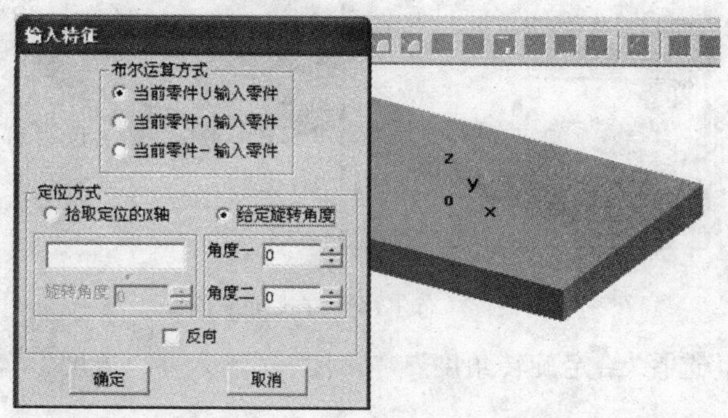

图 12-44 定位方式

8. 点击 确定 ，生成型芯毛坯，如图 12-45 所示。

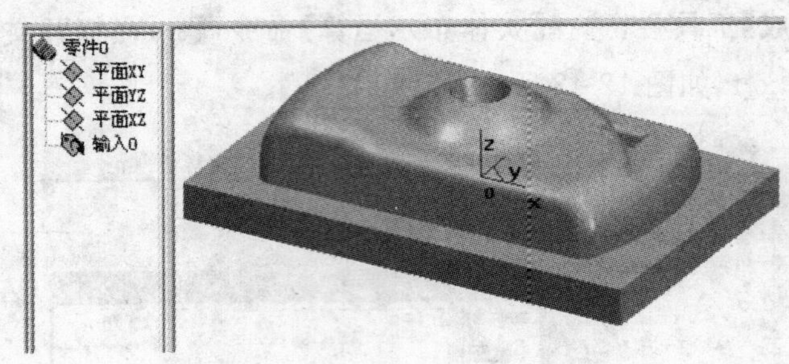

图 12-45　生成型芯毛坯

9. 在【特征生成】工具栏，选择【实体布尔运算】命令 ，在打开文件对话框内，选择备用的文件：xjkt2. x_t，如图 12-46 所示，点击【打开】。

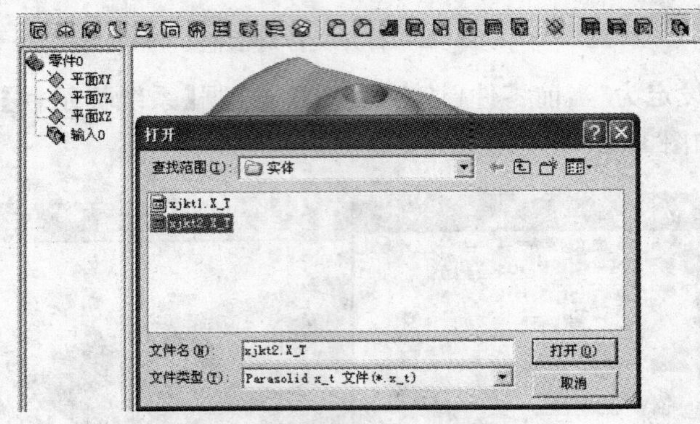

图 12-46　打开文件对话框

10. "输入特征"设定为"当前零件—输入零件"，根据【系统提示栏】的提示，"定位点"拾取坐标系原点，如图 12-47 所示。

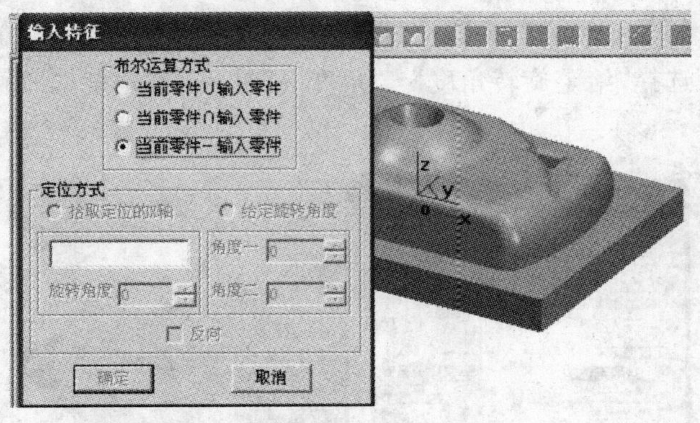

图 12-47　布尔运算方式及定位点

11. "定位方式"选择"给定旋转角度"，"角度一"输入 0、"角度二"输入 0，如图 12-48 所示。

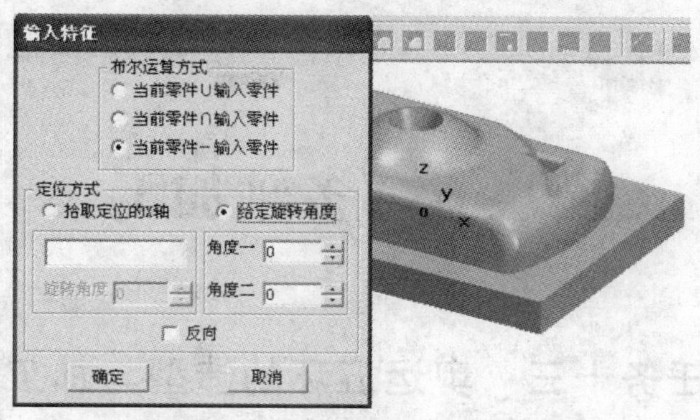

图 12-48 定位方式

12. 点击 确定 ,生成型芯,如图 12-49 所示。

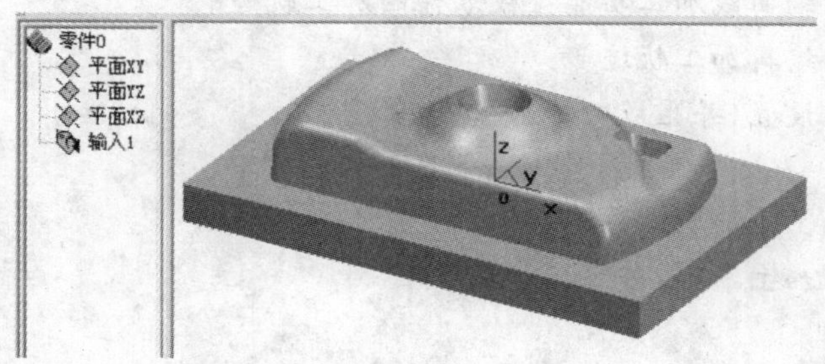

图 12-49 生成型芯

思考练习

根据图 12-50 零件图,完成手机壳体零件的实体造型并进行模具设计。

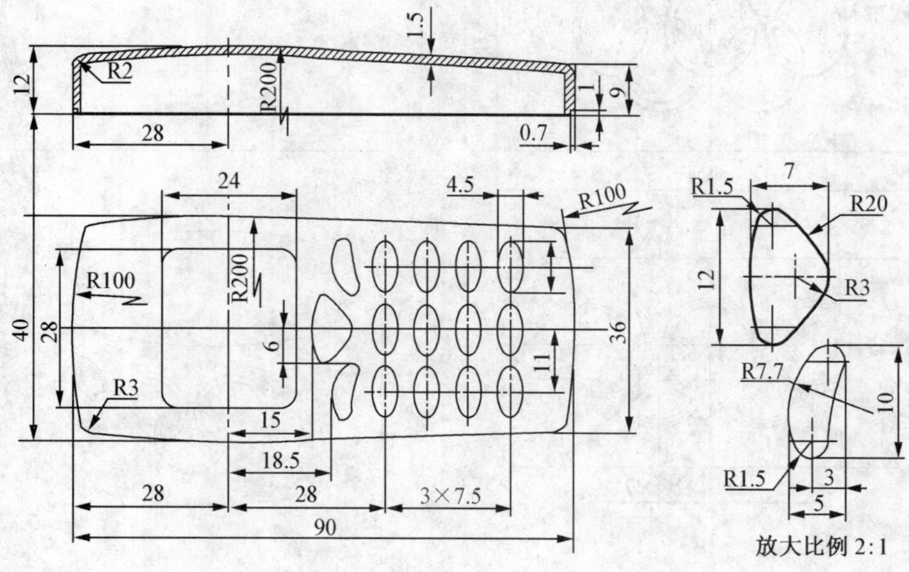

图 12-50 手机壳体

模块五　多轴加工

任务十三　奥运五环的造型与加工

能力目标

◎ 能使用线面映射生成空间曲线

◎ 能够使用四轴曲线加工功能生成零件的加工轨迹

◎ 能根据需要编辑加工轨迹

◎ 能进行后置设置，并生成四轴加工代码

知识准备

◎ 四轴曲线加工

◎ 四轴平切面加工

某零件上需要加工如图 13-1 所示的五环标志，请使用 CAXA 制造工程师 2008 建模并生成加工程序。现有机床为 Fanuc 数控系统的四轴加工中心，旋转轴为 A 轴。

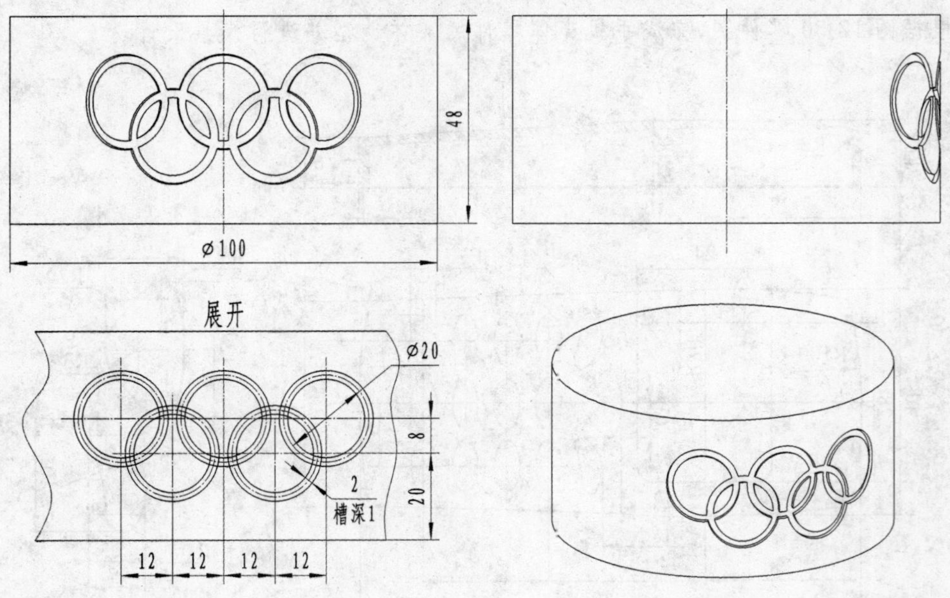

图 13-1　五环图样

任务分析

从零件图可以看出，五环标志在圆柱面上，没有明确要求构建实体模型，考虑使用CAXA制造工程师2008的四轴曲线加工方式生成加工轨迹，这种加工方式不需要实体模型，只要构建出五环的中心轮廓线即可。圆柱面上的中心轮廓线是空间曲线，可以使用线面映射功能将二维曲线映射到空间曲面上而得到。因此，应构建圆柱曲面和平面圆。

为简化编程，可以利用软件的轨迹编辑功能，只生成一个环的轨迹线，然后对其进行平移和旋转等操作，就可以复制出其余四个环的加工轨迹。根据给定的机床系统，可选用软件提供的后置文件生成数控加工代码。

一、多轴加工—四轴曲线加工

小提示：多轴加工包括“四轴曲线加工”、“四轴平切平面加工”、“叶轮粗加工”、“叶轮精加工”、“五轴G01钻孔”、“五轴侧铣”、“五轴等参数线”、“五轴曲线加工”、“五轴曲面区域加工”、“五轴转四轴轨迹”及“五轴定向加工”等11项功能。本例涉及到“四轴曲线加工”。

1. 功能

四轴曲线加工是根据给定的曲线，生成四轴加工轨迹。多用于在回转体的表面加工槽。铣刀轴线始终垂直于第四轴(旋转轴A或B)的轴线。

2. 参数说明

四轴曲线加工参数表如图13-2所示。

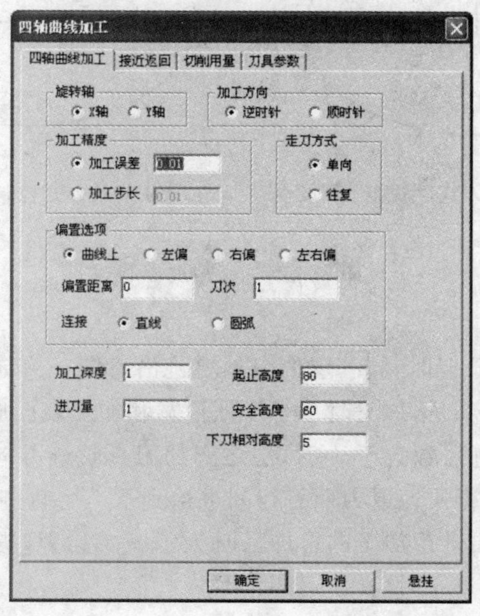

图13-2 四轴曲线加工参数表

1)旋转轴

(1) X 轴:机床的第四轴绕 X 轴旋转,生成加工代码时角度地址为 A。

(2) Y 轴:机床的第四轴绕 Y 轴旋转,生成加工代码时角度地址为 B。

小提示:选择“X 轴”还是“Y 轴”要根据实际加工机床的第四轴是“A 轴”还是“B 轴”。如果机床的第四轴是 A 轴,那么这里就应该选择“X 轴”,同时,零件造型时也应该与之对应,选择 X 轴作为模型的旋转轴。

2)加工方向

生成四轴加工轨迹时,下刀点与拾取曲线的位置有关,在曲线的哪一端拾取,就会在曲线的哪一端点下刀。生成轨迹后如想改变下刀点,则可以不用重新生成轨迹,而只需双击轨迹树中的加工参数,在加工方向中的“顺时针”和“逆时针”二项之间进行切换即可改变下刀点。对于闭合曲线,建模时应注意曲线起终点的位置。

3)加工精度

(1)加工误差:控制零件的加工精度。计算模型的轨迹的误差小于此值。加工精度值越大,模型形状的误差也增大,模型表面越粗糙。加工精度值越小,模型形状的误差也减小,模型表面越光滑,但轨迹段的数目增多,轨迹数据量变大。

(2)加工步长:控制零件的加工精度。生成加工轨迹的刀位点沿曲线按弧长均匀分布。当曲线的曲率变化较大时,不能保证每一点的加工误差都相同。

两种方式生成的四轴加工轨迹如图 13-3 所示。其中环形曲线加工轨迹,点为刀位点,小直线段代表刀具轴线方向。

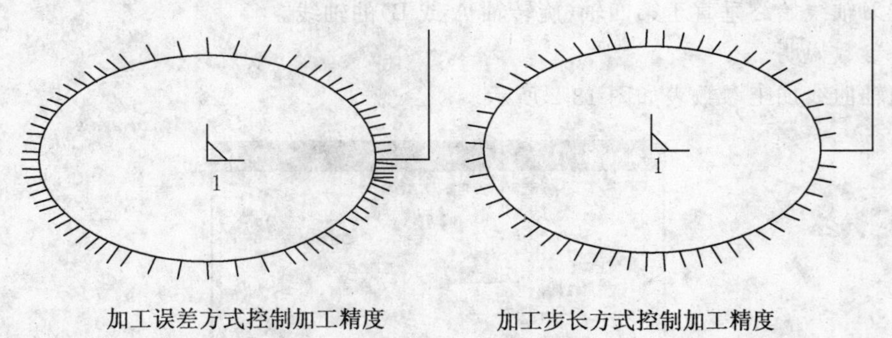

图 13-3　加工精度控制

4)走刀方式

(1)单向:在刀次大于 1 时,同一层的刀具轨迹沿着同一方向进行加工,这时,层间轨迹会自动以抬刀方式连接。精加工时为了保证槽宽和加工表面质量多采用此方式。

(2)往复:在刀具轨迹层数大于 1 时,层之间的刀具轨迹方向可以往复进行加工。刀具到达加工终点后,不进行快速退刀而是行间进给到下一层轨迹的最近点,然后沿着与原来的加工方向相反的方向进行加工的。加工时为了减少抬刀,提高加工效率多采用此种方式。

两种走刀方式比较如图 13-4 所示。

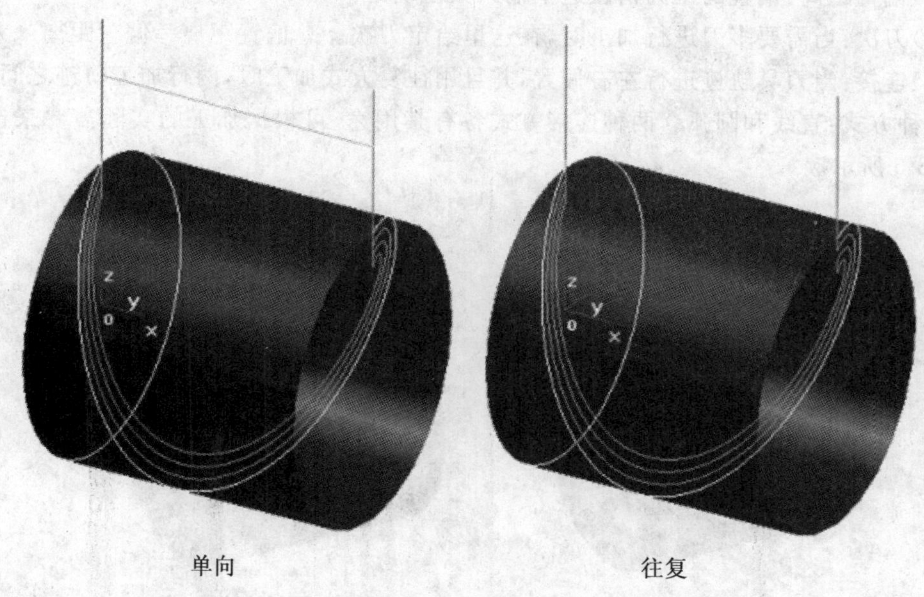

单向　　　　往复

图 13-4　走刀方式

5)偏置选项

用四轴曲线方式加工槽时,有时也需要像在平面上加工槽那样,对槽宽做一些调整,以达到图纸所要求的尺寸。这样我们可以通过偏置选项来达到目的。

(1)曲线上:铣刀的中心沿曲线加工,不进行偏置,如图 13-5(a)所示。

(2)左偏:向被加工曲线的左边进行偏置。左方向的判断方法与 G41 相同,即刀具加工方向的左边,如图 13-5(b)所示。

(3)右偏:向被加工曲线的右边进行偏置。右方向的判断方法与 G42 相同,即刀具加工方向的右边,如图 13-5(c)所示。

(4)左右偏:向被加工曲线的左边和右边同时进行偏置。下图为当加工方式为"单向"时左右偏置时的加工轨迹,如图 13-5(d)所示。

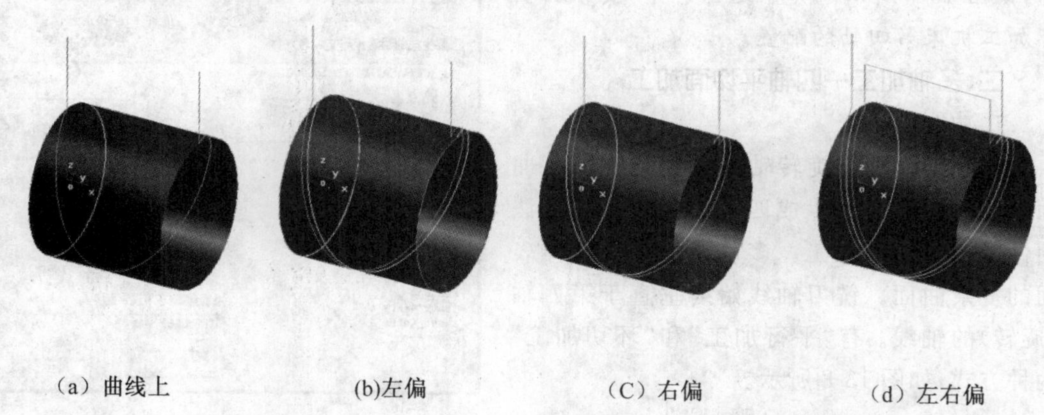

(a) 曲线上　　(b)左偏　　(C) 右偏　　(d) 左右偏

图 13-5　偏置

(5)偏置距离:偏置的距离请在这里输入数值确定。

(6)刀次:当需要多刀进行加工时,在这里给定刀次。总偏置距离=偏置距离×刀次。

(7)连接:当刀具轨迹进行左右偏置,并且用往复方式加工时,两行加工轨迹之间的连接有两种方式:直线和圆弧。两种连接方式各有其用途,可根据加工的实际需要来选用。如图 13-6 所示。

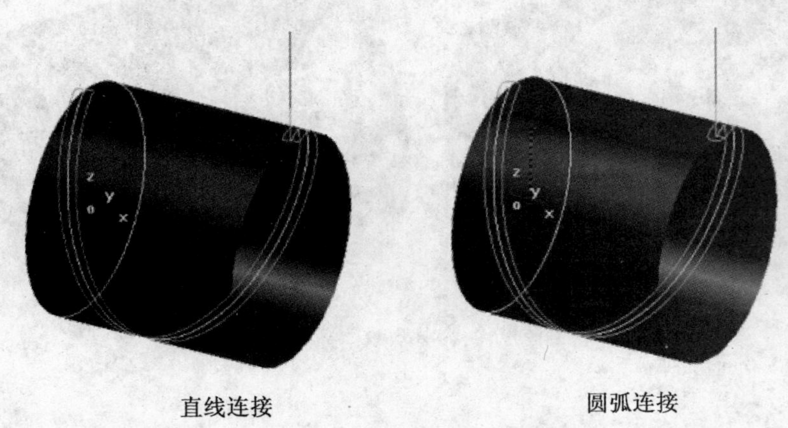

图 13-6 行间连接

6)加工深度:从曲线当前所在的位置向下加工的深度,也就是槽的深度。

7)进给量:当加工深度比较大时,需要分层加工,进给量指定每层深度。

8)起止高度:刀具初始位置。起止高度通常大于或等于安全高度。

9)安全高度:刀具在此高度以上任何位置,均不会碰伤工件和夹具,一般应大于零件的回转半径。

10)下刀相对高度:在切入或切削开始前的一段刀具轨迹的长度,这段轨迹以慢速下刀速度垂直向下进给。

注意:生成加工代码时选用后置设置 2 中的 fanuc_4axis_A 或 fanuc_4axis_B 后置文件,如图 13-7 所示。具体选择哪个,要根据实际加工机床第四轴的配置。

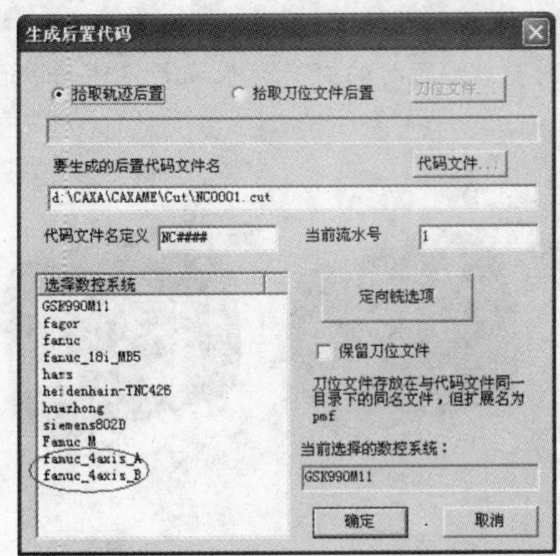

图 13-7 后置文件

二、多轴加工—四轴平切面加工

1. 功能

用一组垂直于旋转轴的平面与被加工曲面的等距面求交而生成四轴加工轨迹的方法叫做四轴平切面加工。多用于加工旋转体表面的复杂曲面。铣刀轴线始终垂直于第四轴(旋转)的轴线。有“平行加工”和“环切加工”两种方式,如图 13-8 所示。

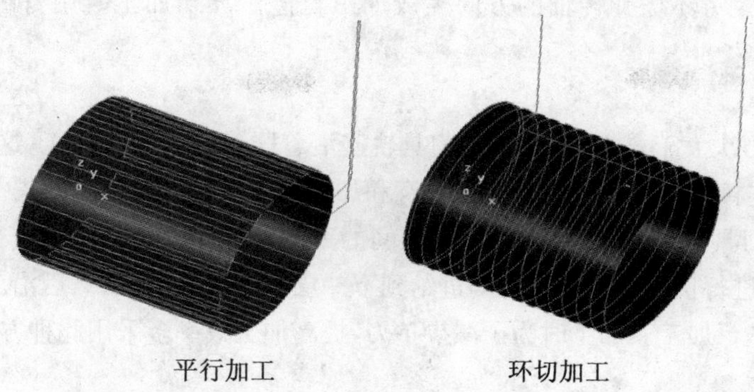

图 13-8　四轴平切面加工

2. 参数说明

四轴平切面加工参数表如图 13-9 所示。

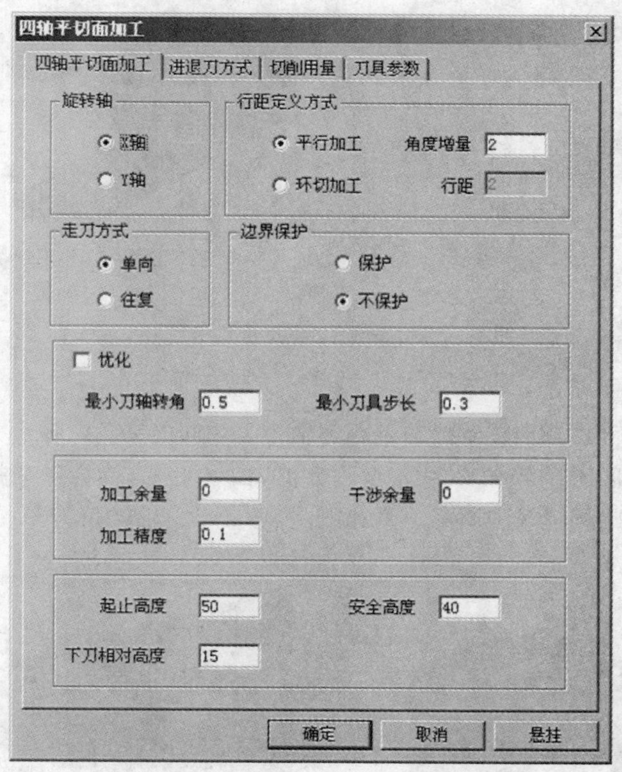

图 13-9　四轴曲线加工参数表

1)旋转轴

(1) X 轴:机床的第四轴绕 X 轴旋转,生成加工代码时角度地址为 A。

(2) Y 轴:机床的第四轴绕 Y 轴旋转,生成加工代码时角度地址为 B。

2)行距定义方式

(1)平行加工:用平行于旋转轴的方向生成加工轨迹。平行加工时用“角度增量”来定义两平行轨迹之间的距离。

(2)环切加工:用环绕旋转轴的方向生成加工轨迹。环切加工时用行距来定义二环切轨迹之间的距离。

3)走刀方式

(1)单向:在刀次大于 1 时,同一层的刀具轨迹沿着同一方向进行加工,这时,层间轨迹会自动以抬刀方式连接。精加工时为了保证槽宽和加工表面质量多采用此方式。

(2)往复:在刀具轨迹层数大于 1 时,层之间的刀具轨迹方向可以往复进行加工。刀具到达加工终点后,不进行快速退刀而是行间进给到下一层轨迹的最近点,然后沿着与原来的加工方向相反的方向进行加工。加工时为了减少抬刀,提高加工效率多采用此种方式。

4)边界保护

(1)保护:在边界处生成保护边界的轨迹。如图 13-10(a)所示。

(2)不保护:到边界处停止,不生成轨迹。如图 13-10(b)所示。

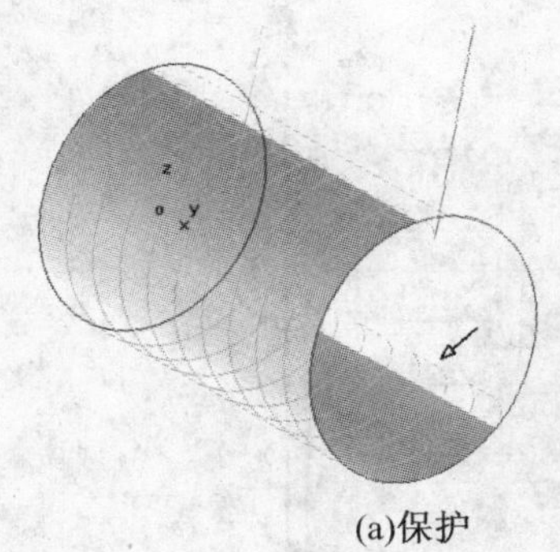

(a)保护

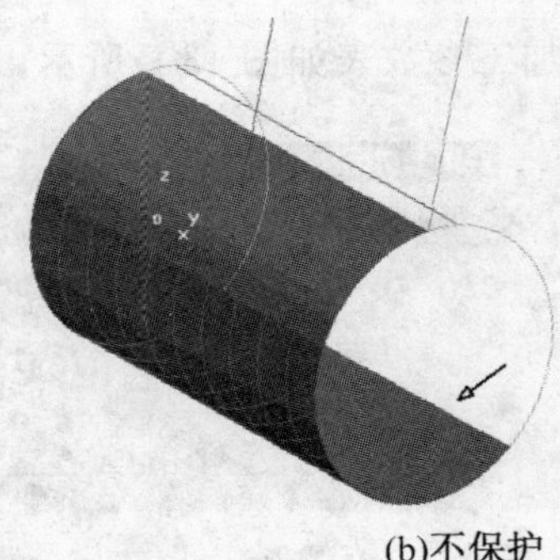

(b)不保护

图 13-10　边界保护

5)优化

(1)最小刀轴转角:刀轴转角指的是相邻两个刀轴间的夹角。最小刀轴转角限制的是两个相邻刀位点之间刀轴转角必须大于此数值,如果小了,就会忽略掉。如图 13-11 所示,(a)图没有添加此限制,(b)图添加了此限制,且最小刀轴转角为 10。

(a)没有最小刀轴转角限制

(b)最小刀轴转角限制

图 13-11　优化

(2)最小刀具步长:指的是相邻两个刀位点之间的直线距离必须大于此数值,若小于此数值,可忽略不要。使用效果与最小刀轴转角类似。如果与最小刀轴转角同时设置,则两个条件哪个满足哪个起作用。

6)加工余量　相对模型表面的残留高度。

7)干涉余量　干涉面处的加工余量。

8)加工精度　指定零件的加工精度。计算模型轨迹的误差小于此值。加工精度值越大,模型形状的误差也增大,模型表面越粗糙。加工精度值越小,模型形状的误差也减小,模型表面越光滑,但轨迹段的数目增多,轨迹数据量变大。

9)起止高度　刀具初始位置。

10)安全高度　刀具在此高度以上任何位置,均不会碰伤工件和夹具。

11)下刀相对高度　在切入或切削开始前的一段刀位轨迹的位置长度,这段轨迹以慢速下刀速度垂直向下进给。

一、零件造型

1. 按【F8】键,切换到轴测图;按【F9】键,切换到 *YOZ* 作图平面。

小提示:确定当前作图平面的方法是观察三个坐标轴之间的红色45°连线,被此线连接的两个坐标轴构成当前作图平面。

2. 在【曲线生成】工具栏,选择【圆】命令 ⊙,在弹出的【立即菜单】中选择“圆心_半径”,根据【系统提示栏】的提示,“圆心点”拾取坐标系原点,输入半径50,按回车键,生成半径为R50的圆,如图13-12所示。

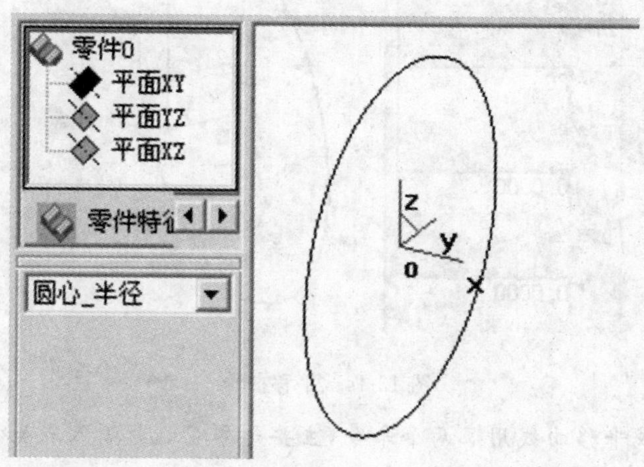

图 13-12　生成半径为 R50 的圆

3. 在【曲线生成】工具栏,选择【直线】命令 ╱,在弹出的【立即菜单】中选择“两点线”、“单个”、“正交”、“长度方式”、“长度=”输入50,第一点拾取坐标系原点,单击Z轴正方向,生成50mm铅垂线,如图13-13所示。

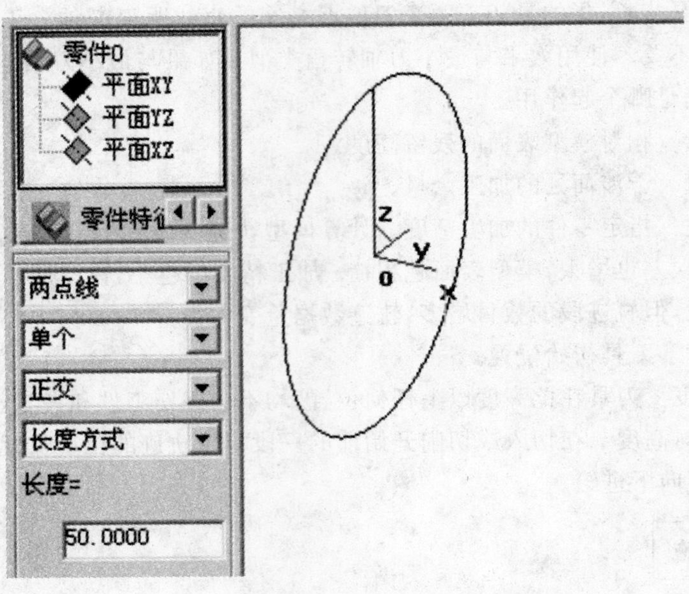

图 13-13　生成 50mm 铅垂线

4. 在【几何变换】工具栏，单击【平移】命令 ，在弹出的【立即菜单】中，选择“偏移量”、“移动”、输入“(D)X=20”、“(D)Y=0”、“(D)Z=0”，如图 13－14 所示；拾取 50 mm 铅垂线，右击，生成平移曲线，如图 13-14 所示。

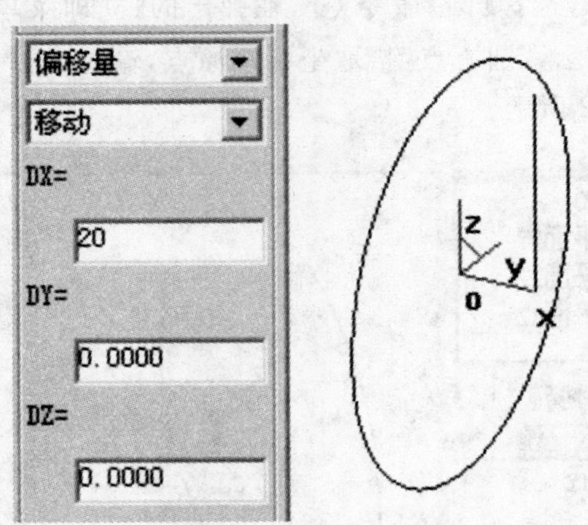

图 13-14　平移曲线

注意：这里生成平移曲线用了两个命令，主要是尽量避免输入点坐标。

5. 按【F9】键，直到切换到 *XOY* 作图平面。

6. 在【曲线生成】工具栏，选择【圆】命令 ，在弹出的【立即菜单】中选择“圆心_半径”，根据【系统提示栏】的提示，“圆心点”拾取平移曲线的下端点，输入半径 10，按回车键，生成半径为 R20 的圆，如图 13-15 所示。

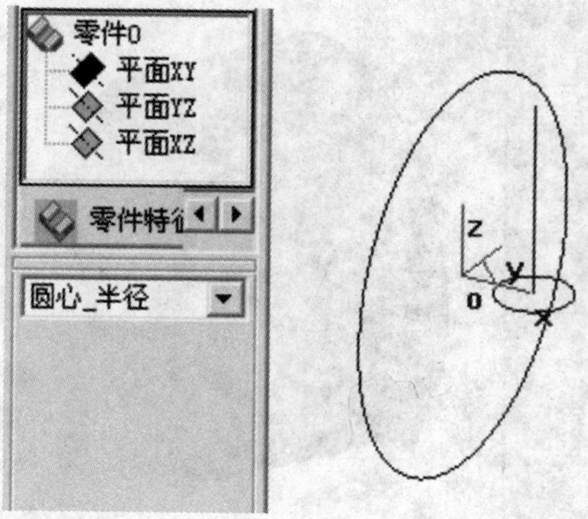

图 13-15 生成半径为 R20 的圆

7. 在【曲面生成】工具栏，选择【扫描面】命令 ，在弹出的【立即菜单】中，“扫描距离”输入 48，按空格键，弹出【矢量选择】快捷菜单，选择“X 轴正方向”，根据【系统提示栏】的提示，拾取 R50 圆，生成圆柱面，如图 3-16 所示。

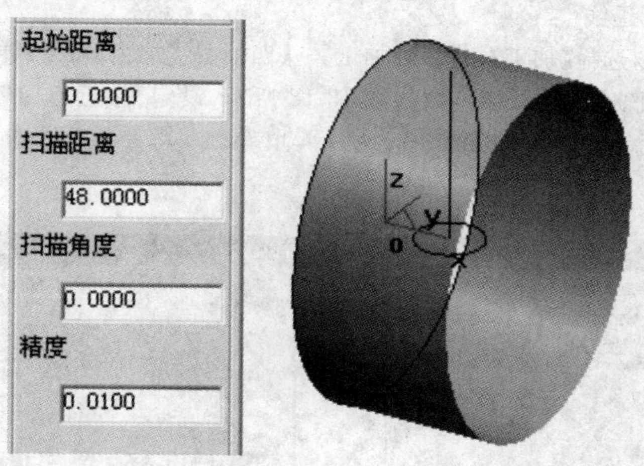

图 3-16 生成圆柱面

8. 在主菜单中，选择【造型】→【曲线生成】→【线面映射】命令，在弹出的【立即菜单】中，“精度”输入 0.01，根据【系统提示栏】的提示，拾取 R10 圆，右击；拾取圆柱面；拾取 50mm 铅垂线的下端点；拾取 50mm 铅垂线的上端点；单击，调整上下两个灰色坐标系的一致，右击，生成曲面圆环，如图 13-17 所示。

注意：生成曲面圆环一定要按【系统提示栏】的提示一步一步地去做。调整上下两个灰色坐标系一致，要经过多次单击。如果不一致，生成曲线的端点位置无法确定，由此曲线生成的轨迹的起始点也就无法预料。

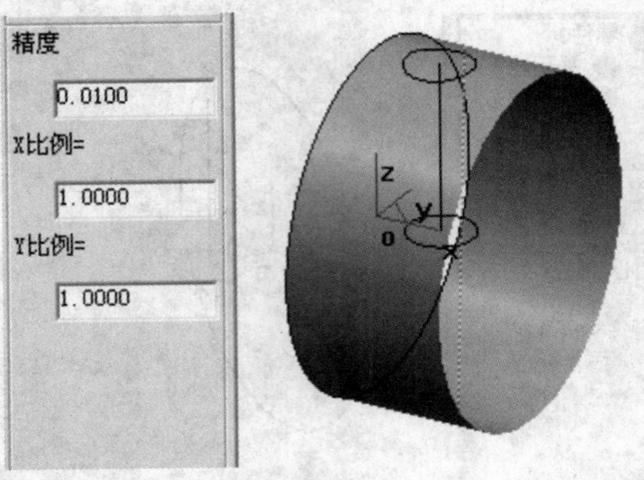

图 13-17　生成曲面圆环

9. 在主菜单中，选择【编辑】→【隐藏】命令，拾取 R50、R10 的圆及铅垂线，右击，将辅助线隐藏。

小提示：这里的辅助线也可以删除。

二、生成加工轨迹线

1. 在主菜单中，选择【加工】→【多轴加工】→【四轴曲线加工】命令，弹出“四轴曲线加工”对话框，填写“四轴曲线加工”参数如图 13-18 所示，设定“接近返回”参数如图 13-19 所示，填写“切削用量”参数如图 13-20 所示，填写“刀具参数”如图 13-21 所示，点击 确定 。

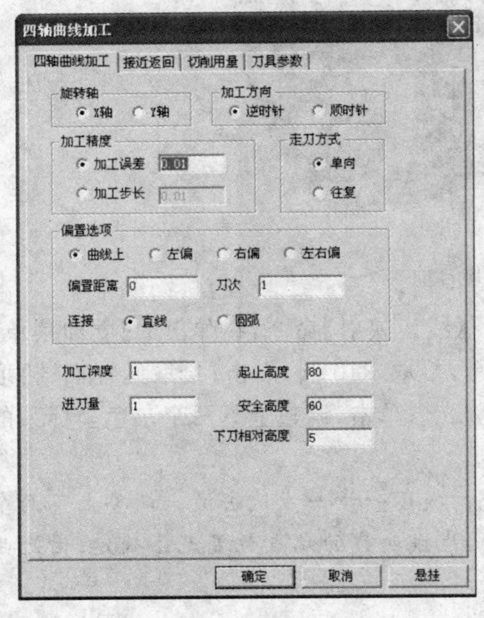

图 13-18　四轴曲线加工参数

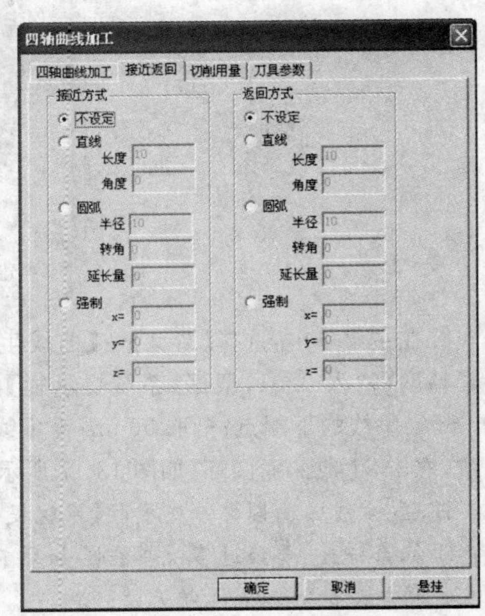

图 13-19　接近往返参数

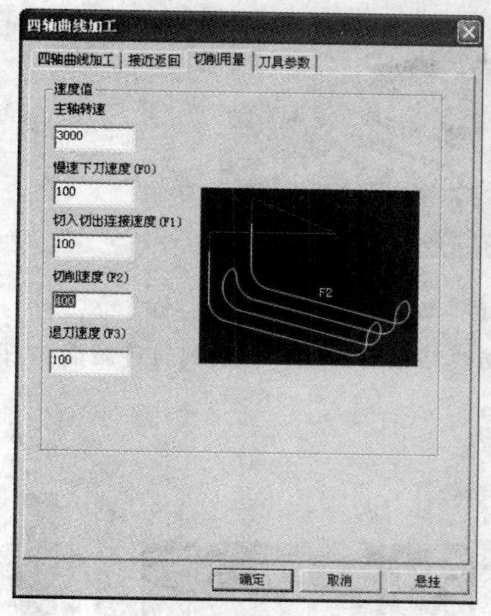

图 13-20　切削用量参数

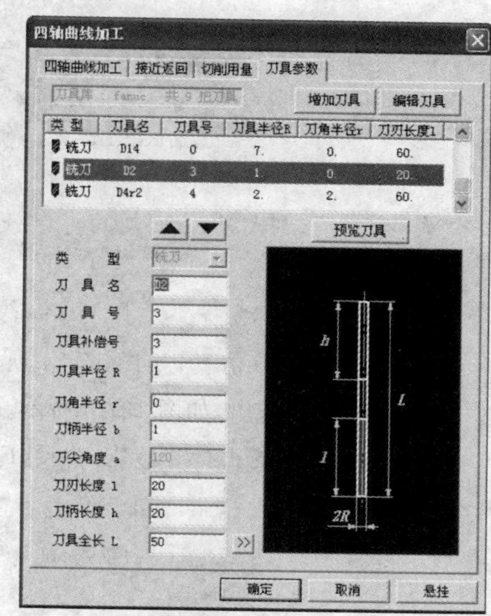

图 13-21　刀具参数

注意:本例选择刀具直径与槽宽相等,直接用刀具尺寸控制槽宽。也可以选择比槽宽小的刀具,在“加工参数页面”选择“左右偏”,并设置相应的偏置距离和刀次。

2. 根据【系统提示栏】的提示,拾取空间圆环曲线,“链搜索方向”顺时针;“加工侧边”单击向上箭头,生成四轴曲线加工轨迹,并显示在轨迹树中,如图 13-22 所示。

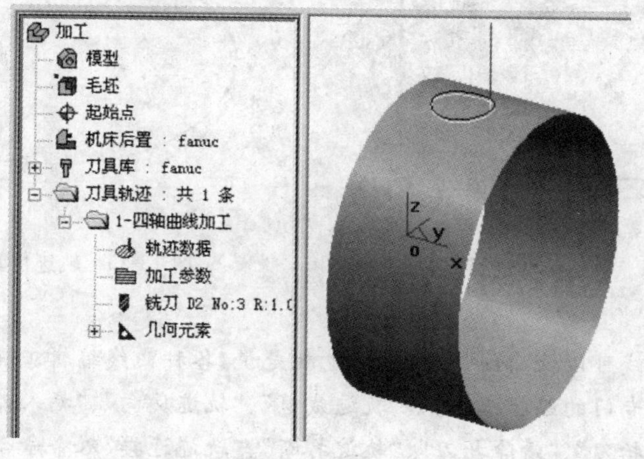

图 13-22　四轴曲线加工轨迹

三、轨迹仿真校验

1. 在绘图区拾取轨迹线,右击弹出快捷菜单,选择【线框仿真】,弹出的【立即菜单】,如图 13-23 所示设置参数。

注意:CAXA 制造工程师 2008 中,多轴加工轨迹不能进行实体仿真。

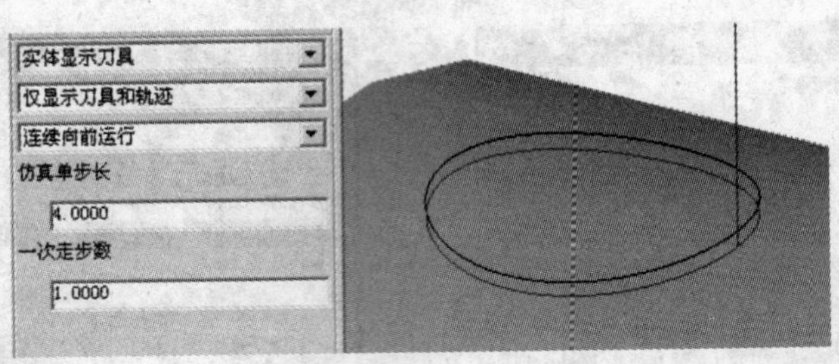

图 13-23 线框仿真参数设置

2. 单击，开始轨迹仿真，如图 13-24 所示；仿真结束后，弹出“仿真到轨迹尾端”对话框。单击 确定 退出，如图 13-25 所示。

小提示：如果要退出仿真功能，要按【Esc】键。

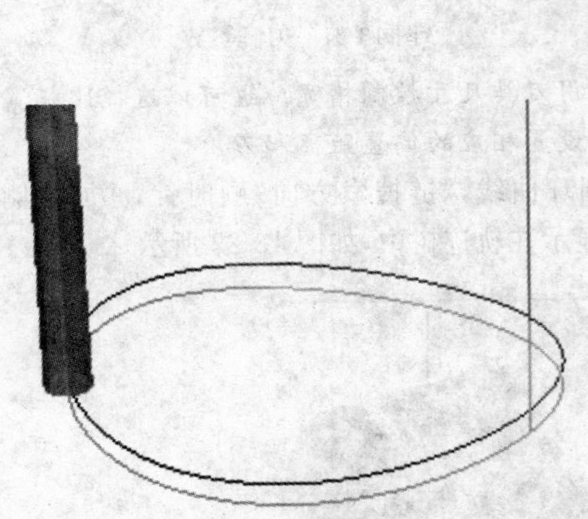

图 13-24 轨迹仿真过程

图 13-25 轨迹仿真过程结束

四、轨迹编辑

小提示：轨迹线可以像曲线一样编辑，也就是说，各种曲线编辑工具都适用于轨迹线。另外，轨迹线还有专门的编辑工具，如“轨迹裁剪”、“轨迹反向”、“插入刀位点”、“删除刀位点”、“两刀位点间抬刀”、“清除抬刀”、“轨迹打断”、“轨迹连接”八个命令。

1. 按【F9】键，直到切换到 *YOZ* 作图平面。

2. 在【几何变换】工具栏，单击【平面旋转】命令，在弹出的【立即菜单】中，选择“拷贝”、“份数＝”输入 2、“角度＝”输入“360 * 12/(3.1415 * 100)”，按【F10】，系统计算出结果为：13.7518，右击，根据【系统提示栏】的提示，拾取坐标系原点，拾取第 1 个加工轨迹，右击，生成第 2 个和第 3 个加工轨迹，如图 13-26 所示。

小提示：在 CAXA 制造工程师 2008 的输入框中，支持用户通过输入表达式来得到具体的数值。在输入框中输入表达式，按【F10】键，就能得到数值。该方法在点坐标输入框、数值参数输入框中都能够实现。

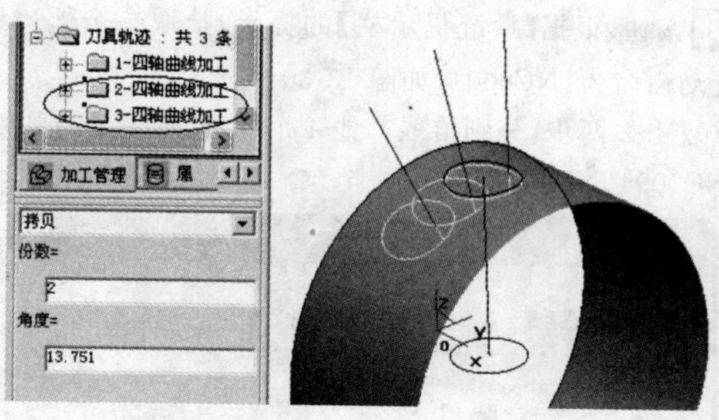

图 13-26 生成第 2 个和第 3 个加工轨迹

3. 保持【平面旋转】命令，将“角度”修改为：－13.7518，其他参数不变，右击，根据【系统提示栏】的提示，拾取坐标系原点，拾取第 1 个加工轨迹，右击，生成第 4 个和第 5 个加工轨迹，如图 13-27 所示。

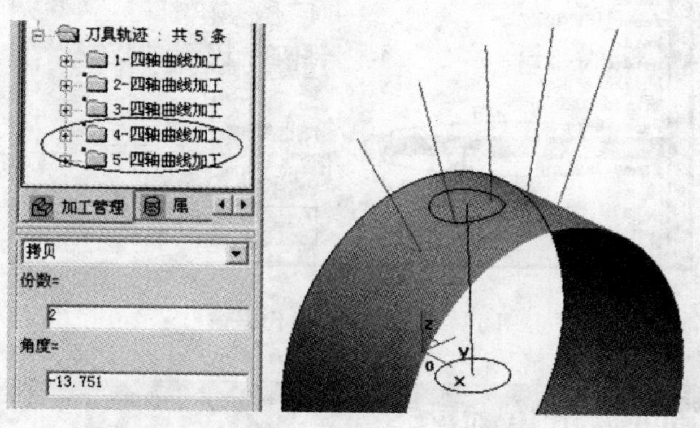

图 13-27 生成第 4 个和第 5 个加工轨迹

4. 在【几何变换】工具栏，单击【平移】命令 ，在弹出的【立即菜单】中，选择“偏移量”、“移动”、输入“(D)X＝8”、“(D)Y＝0”、“(D)Z＝0”，根据【系统提示栏】的提示，拾取中间两个环的加工轨迹，右击，如图 13-28 所示。

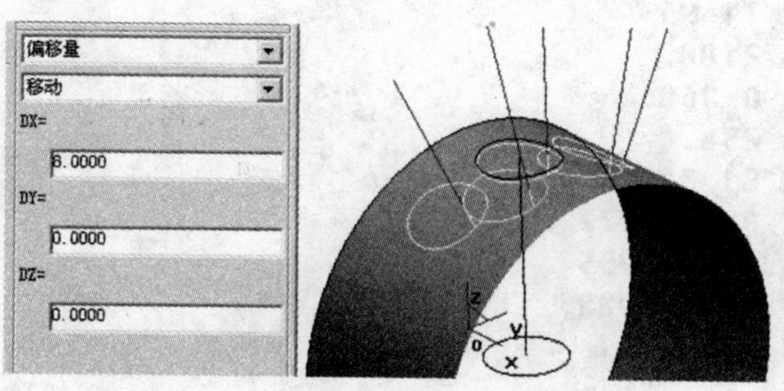

图 13-28 平移上边两个环的加工轨迹

五、生成四轴加工轨迹

1. 在【加工管理树】右击，弹出快捷菜单，选择【后置处理 2】【生成 G 代码】命令，弹出

【生成后置代码】窗口，选择“fanuc_4axis_A”数控系统，如图 13-29 所示。

2. 单击 确定 按钮，根据【系统提示栏】的提示，拾取一个轨迹线，右击，生成选定环的加工代码，并自动命名为：NC0001，如图 13-30 所示。

3. 同样方法，重复 1、2 两步，分别拾取其他 4 个轨迹线，生成另外四个环的加工代码：NC0002、NC0003、NC0004、NC0005。

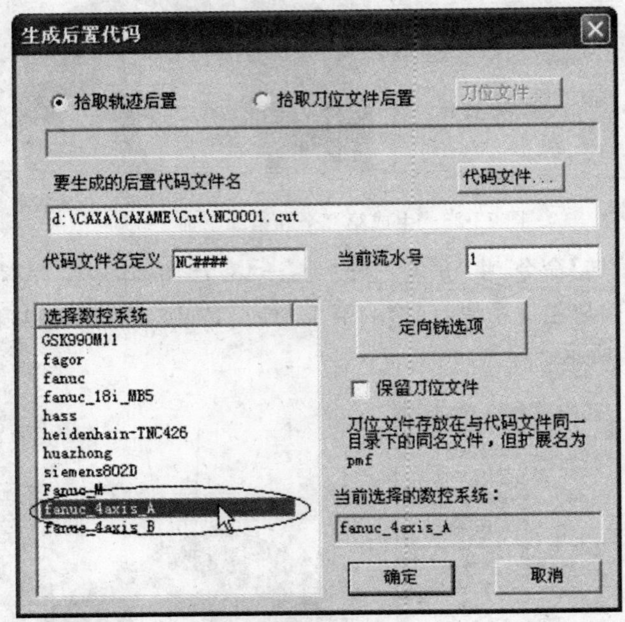

图 13-29 生成后置代码窗口

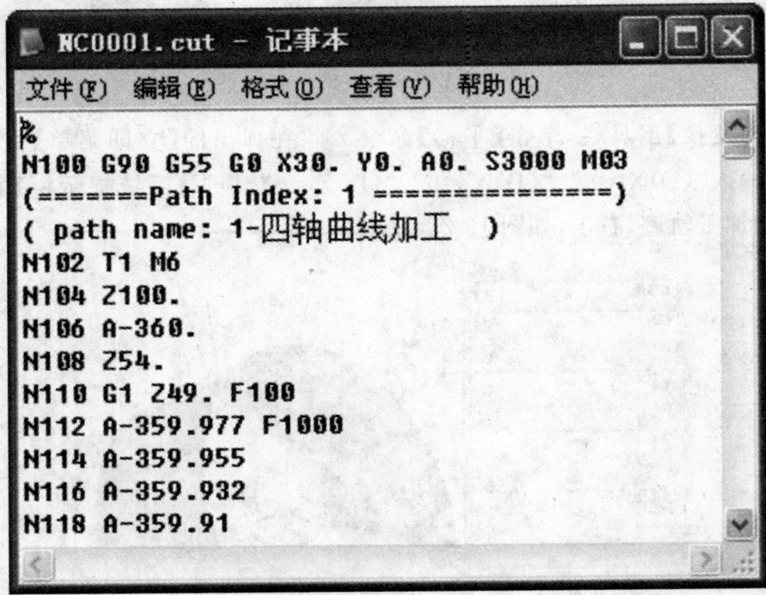

图 13-30 生成 NC0001 加工代码

思考练习

完成图 13-31 所示零件的造型和加工,并生成四轴加工代码。

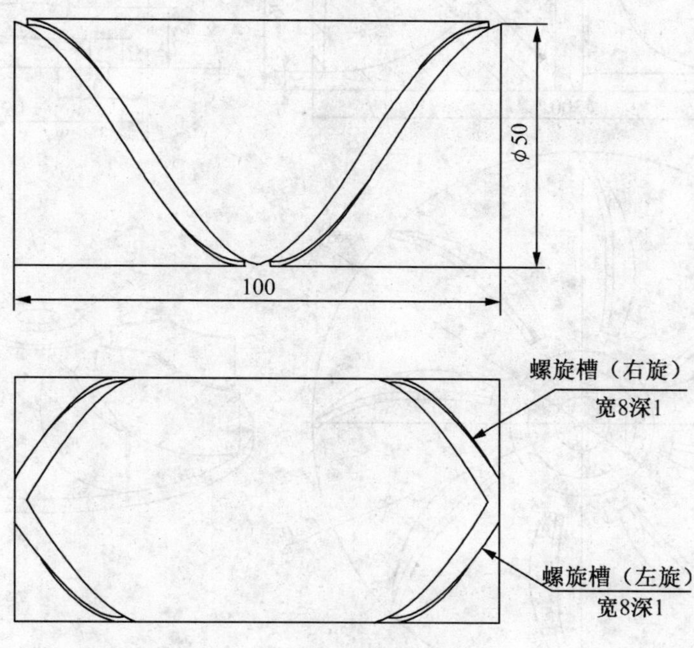

图 13-31 螺旋槽零件图

任务十四 叶轮的造型与加工

能力目标

◎ 能根据零件图确定并绘制零件的加工造型

◎ 能生成给定叶轮零件的粗、精加工轨迹

◎ 能对加工轨迹进行线框仿真校验

知识准备

◎ 叶轮粗加工

◎ 叶轮精加工

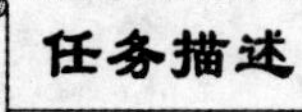

某工厂计划生产如图 14-1 所示的叶轮零件,请根据零件图构建零件的加工造型,并生成叶片的粗、精加工轨迹。

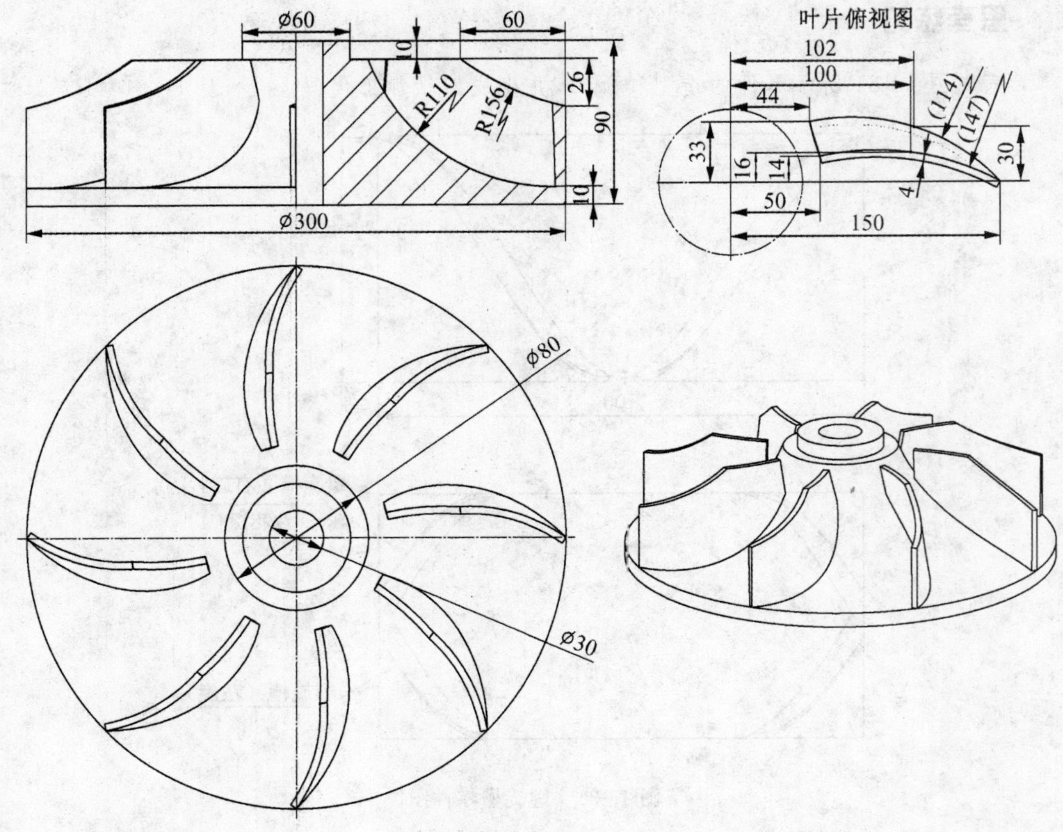

图 14-1　叶轮零件图

从叶轮零件图来看，其建模非常复杂，但 CAXA 制造工程师 2008 中，有针对叶轮的专用加工方式，只要构建出叶轮槽底面曲面和两个叶片的叶面即可，大大简化了加工造型的构建难度，提高了效率。实际加工中，毛坯的形状一般为圆柱体或圆锥体，因此，加工造型中的叶片形状也可以省略一些细节，不用跟零件图完全一致。叶轮零件的加工难点在叶片及叶片槽，加工重点在叶片的叶面。

根据以上分析，构建叶轮零件的加工造型时，先根据零件图，绘制特征曲线，再把这些曲线生成曲面，完成零件的加工造型。加工时使用软件提供的针对叶轮的粗精加工功能，生成零件的粗精加工轨迹。

相关知识

一、叶轮粗加工

1. 功能

对叶轮相邻二叶片之间的余量进行粗加工。

2. 参数

叶轮粗加工参数表，如图 14-2 所示。

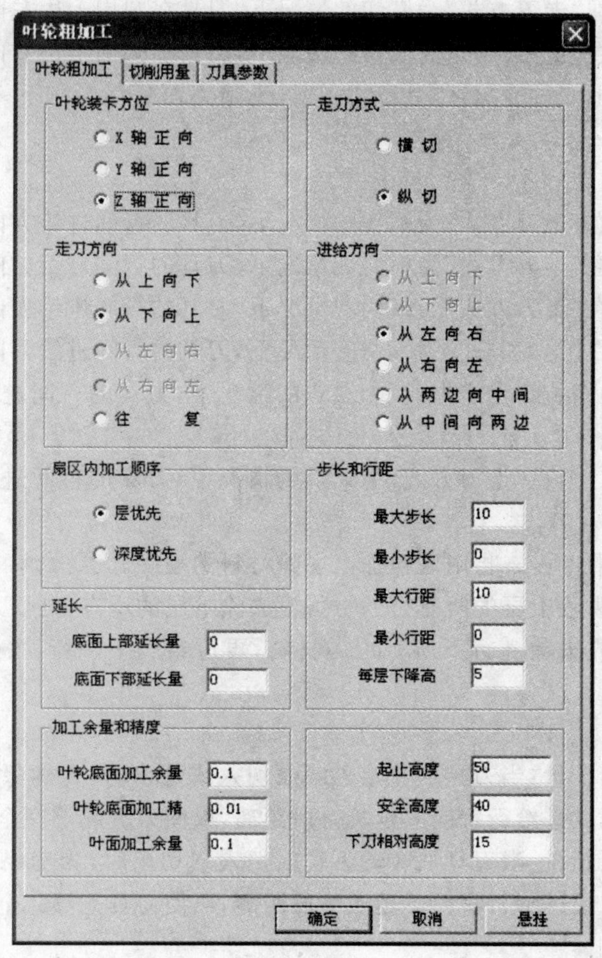

图 14-2 叶轮粗加工参数表

1)叶轮装卡方位

(1)X 轴正向:叶轮轴线平行于 X 轴,从叶轮底面指向顶面同 X 轴正向同向的安装方式。

(2)Y 轴正向:叶轮轴线平行于 Y 轴,从叶轮底面指向顶面同 Y 轴正向同向的安装方式。

(3)Z 轴正向:叶轮轴线平行于 Z 轴,从叶轮底面指向顶面同 Z 轴正向同向的安装方式。

2)走刀方式

(1)横切:在两叶片之间,刀具沿着周向切削。

(2)纵切:在两叶片之间,刀具沿着径向切削。

3)走刀方向

(1)从上向下:在"走刀方式"为纵切的情况下,刀具由叶轮顶面切入从叶轮底面切出,单向走刀。

(2)从下向上:在"走刀方式"为纵切的情况下,刀具由叶轮底面切入从叶轮顶面切出,单向走刀。

(3)从左向右:在“走刀方式”为横切的情况下,刀具在圆周上由左向右单向走刀。

(4)从右向左:在“走刀方式”为横切的情况下,刀具在圆周上由右向左单向走刀。

(5)往复:在以上四种情况下,一行切完后,不抬刀而是切削到下一行,反向走刀完成切削加工。

4)进给方向

(1)从上向下:在“走刀方式”为横切的情况下,刀具的行间进给方向是从上向下。

(2)从下向上:在“走刀方式”为横切的情况下,刀具的行间进给方向是从下向上。

(3)从左向右:在“走刀方式”为纵切的情况下,刀具的行间进给方向是从左向右。

(4)从右向左:在“走刀方式”为纵切的情况下,刀具的行间进给方向是从右向左。

(5)从二边向中间:在“走刀方式”为纵切的情况下,刀具的行间进给方向是从二边向中间。

(6)从中间向二边:在“走刀方式”为纵切的情况下,刀具的行间进给方向是从中间向二边。

5)扇区内工作顺序——指扇区粗加工去除材料的顺序。

(1)层优先:先去除上层的所有行的材料再去除下层的所有材料。

(2)深度优先:先去除一行下所有层的材料,再进给到下一行,去除下一行所有层的材料。

6)延长

(1)底面上部延长量:当刀具从叶轮上底面切入或切出时,为确保刀具不与工件发生碰撞,将刀具的走刀或进给行程向上延长一段距离,以使刀具能够完全离开叶轮上底面。

(2)底面下部延长量:当刀具从叶轮下底面切入或切出时,为确保刀具不与工件发生碰撞,将刀具的走刀或进给行程向下延长一段距离,以使刀具能够完全离开叶轮下底面。

7)步长和行距

(1)最大步长:刀具走刀的最大步长,大于“最大步长”的走刀将被分成两步。

(2)最小步长:刀具走刀的最小步长,小于“最小步长”的走刀将被合并。

(3)最大行距:走刀行间的最大距离。“纵切”方式时,以半径最大处的行距为计算行距。

(4)最小行距:走刀行间的最小距离。“纵切”方式时,以半径最小处的行距为计算行距。

(5)每层下降高度:在叶轮旋转面上刀触点的法线方向上的层间距离。

8)加工余量和精度

(1)叶轮底面加工余量:粗加工结束后,叶轮底面(即旋转面)上留下的材料厚度。也是下道精加工工序的加工量。

(2)叶轮底面加工精度:数值越大,叶轮底面模型形状的误差也增大,模型表面越粗糙。数值越小,模型形状的误差也减小,模型表面越光滑,但是,轨迹段的数目增多,轨迹数据量变大。

(3)叶面加工余量:叶轮槽的左右两个叶片面上留下的下道工序的加工材料厚度。

9)起止高度:刀具初始位置。

10)安全高度:系统认为刀具在此高度以上任何位置,均不会碰伤工件和夹具。所以应该把此高度设置高一些。

11)下刀相对高度：在切入或切削开始前的一段刀具轨迹的长度，这段轨迹以慢速下刀速度垂直向下进给。

二、叶轮精加工

1. 功能

对叶轮底面及叶片进行精加工。可以单独加工底面或叶片。

2. 公共参数

叶轮精加工公共参数，如图 14-3 所示。

1)叶轮装卡方位

(1)X 轴正向：叶轮轴线平行于 X 轴，从叶轮底面指向顶面同 X 轴正向同向的安装方式。

(2)Y 轴正向：叶轮轴线平行于 Y 轴，从叶轮底面指向顶面同 Y 轴正向同向的安装方式。

(3)Z 轴正向：叶轮轴线平行于 Z 轴，从叶轮底面指向顶面同 Z 轴正向同向的安装方式。

2)扇区内加工顺序

(1)叶片优先：先加工叶片，再加工底面。

(2)底面优先：先加工底面，再加工叶片。

3. 底面加工参数，如图 14-3 所示。

1)加工底面

决定底面是否加工。选中加工底面，没选择不加工底面。

2)分度角

分度角指定底面加工的范围，数值为 360/叶片数。

3)走刀方式

(1)横切：在两叶片之间，刀具沿着周向切削。

(2)纵切：在两叶片之间，刀具沿着径向切削。

4)延长

(1)底面上部延长量：当刀具从叶轮上底面切入或切出时，为确保刀具不与工件发生碰撞，将刀具的走刀或进给行程向上延长一段距离，以使刀具能够完全离开叶轮上底面。

(2)底面下部延长量：当刀具从叶轮下

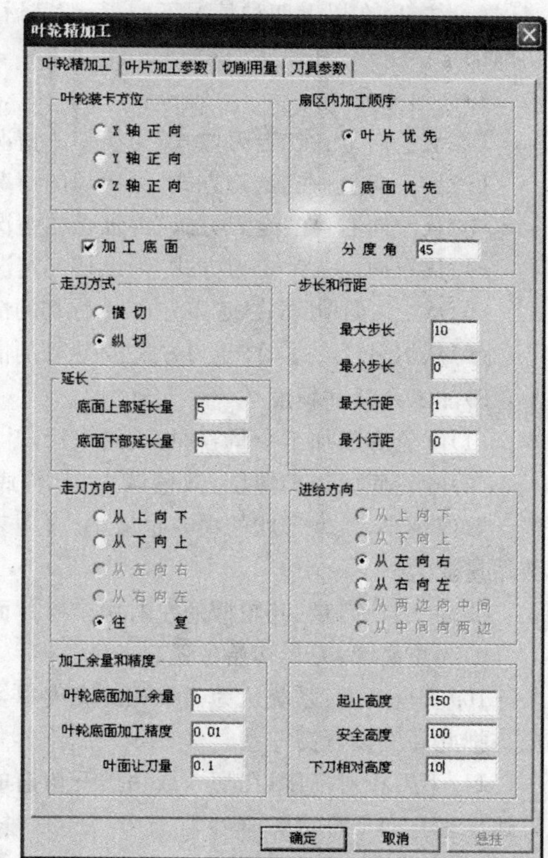

图 14-3 叶轮精加工参数表

底面切入或切出时，为确保刀具不与工件发生碰撞，将刀具的走刀或进给行程向下延长一段距离，以使刀具能够完全离开叶轮下底面。

5)步长和行距

(1)最大步长：刀具走刀的最大步长，大于“最大步长”的走刀将被分成两步。

(2)最小步长：刀具走刀的最小步长，小于“最小步长”的走刀将被合并。

(3)最大行距：走刀行间的最大距离。“纵切”方式时，以半径最大处的行距为计算行距。

(4)最小行距：走刀行间的最小距离。“纵切”方式时，以半径最小处的行距为计算行距。

6)走刀方向

(1)从上向下：在“走刀方式”为纵切的情况下，刀具由叶轮顶面切入从叶轮底面切出，单向走刀。

(2)从下向上：在“走刀方式”为纵切的情况下，刀具由叶轮底面切入从叶轮顶面切出，单向走刀。

(3)从左向右：在“走刀方式”为横切的情况下，刀具在圆周上由左向右单向走刀。

(4)从右向左：在“走刀方式”为横切的情况下，刀具在圆周上由右向左单向走刀。

(5)往复：在以上四种情况下，一行切完后，不抬刀而是切削到下一行，反向走刀完成切削加工。

7)进给方向

(1)从上向下：在“走刀方式”为横切的情况下，刀具的行间进给方向是从上向下。

(2)从下向上：在“走刀方式”为横切的情况下，刀具的行间进给方向是从下向上。

(3)从左向右：在“走刀方式”为纵切的情况下，刀具的行间进给方向是从左向右。

(4)从右向左：在“走刀方式”为纵切的情况下，刀具的行间进给方向是从右向左。

(5)从二边向中间：在“走刀方式”为纵切的情况下，刀具的行间进给方向是从二边向中间。

(6)从中间向二边：在“走刀方式”为纵切的情况下，刀具的行间进给方向是从中间向两边。

8)加工余量和精度

(1)叶轮底面加工余量：精加工结束后，叶轮底面(即旋转面)上留下的材料厚度。

(2)叶轮底面加工精度：数值越大，叶轮底面模型形状的误差也增大，模型表面越粗糙。数值越小，模型形状的误差也减小，模型表面越光滑，但是，轨迹段的数目增多，轨迹数据量变大。

(3)叶面让刀量：叶轮槽的左右两个叶片面上留下的下道工序的加工材料厚度。

9)起止高度：刀具初始位置。

10)安全高度：系统认为刀具在此高度以上任何位置，均不会碰伤工件和夹具。所以应该把此高度设置高一些。

11)下刀相对高度：在切入或切削开始前的一段刀具轨迹的长度，这段轨迹以慢速下刀速度垂直向下进给。

4. 叶片加工参数如图 14-4 所示。

1)加工叶片：决定是否加工叶片。选中加工叶片；没选择不加工叶片。

2)层切入

(1)行距:走刀行间的距离。

(2)刀次:生成的刀位的层数。也就是沿叶片面的法线方向分几层切削至尺寸。

(3)最大步长:刀具走刀的最大步长,大于“最大步长”的走刀将被分成两步。

(4)最小步长:刀具走刀的最小步长,小于“最小步长”的走刀将被合并。

3)顺序——指扇区加工去除材料的顺序。

(1)层优先:先去除上层的所有行的材料再去除下层的所有材料。

(2)深度优先:先去除一行所有层的材料,再进给到下一行,去除下一行所有层的材料。

4)深度切入

加工层数:沿叶片面的切向切削的层数。

5)走刀方向

(1)从上向下:刀具由叶片顶面切入从叶轮底面切出,单向走刀。

(2)从下向上:刀具由叶片底面切入从叶轮顶面切出,单向走刀。

(3)环切:在以上两种情况下,一行切完后,不抬刀而是切削到下一行,反向走刀完成切削加工。有顺铣和逆铣两种走刀方式。

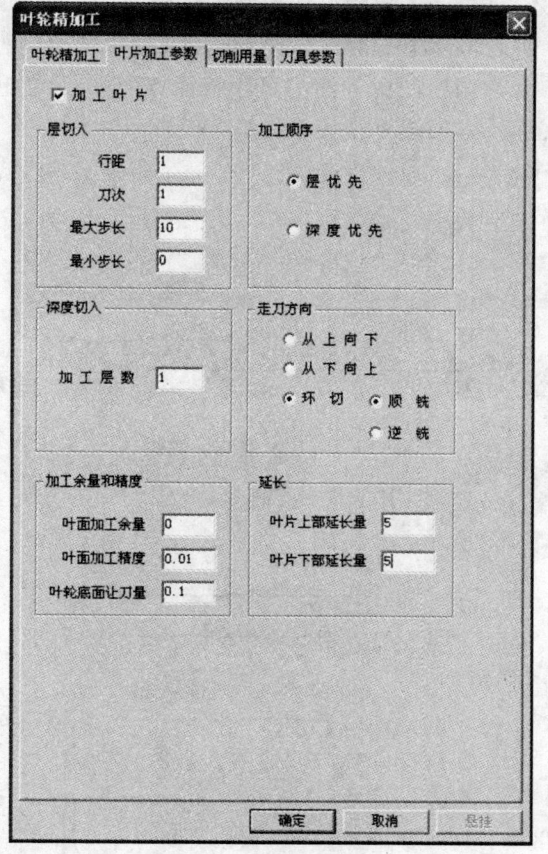

图 14-4 叶片加工参数表

6)加工余量和精度

(1)叶面加工余量:精加工结束后,叶面上留下的材料厚度。

(2)叶面加工精度:数值越大,叶轮底面模型形状的误差也增大,模型表面越粗糙。数值越小,模型形状的误差也减小,模型表面越光滑,但是,轨迹段的数目增多,轨迹数据量变大。

(3)叶轮底面让刀量:叶轮槽的底面上留下的下道工序的加工材料厚度。

7)延长

(1)底面上部延长量:当刀具从叶片面切入或切出时,为确保刀具不与工件发生碰撞,将刀具的走刀或进给行程向上延长一段距离,以使刀具能够完全离开叶片面。

(2)底面下部延长量:当刀具从叶片面切入或切出时,为确保刀具不与工件发生碰撞,将刀具的走刀或进给行程向下延长一段距离,以使刀具能够完全离开叶片面。

一、叶轮加工造型

1. 按【F7】键,切换到 *XOZ* 坐标平面,使用直线和圆弧生成工具,根据主视图尺寸,生成叶轮主体轮廓，如图 14-5 所示。

2. 按【F8】键，切换到轴测图。

3. 按【F9】键，切换到 XOY 坐标平面，使用圆弧生成工具，采用"三点圆弧"方式，输入叶片俯视图中标注的尺寸特征点坐标，绘制叶片右侧的两条轮廓线，如图 14-6 所示。

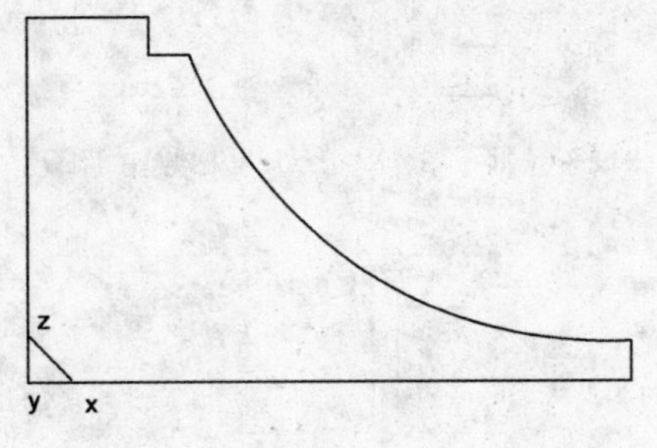

图 14-5 叶轮主体轮廓线

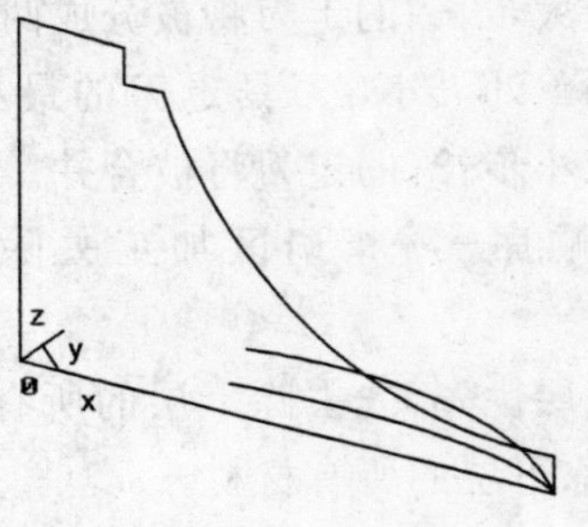

图 14-6 叶片右侧轮廓线

4. 使用"等距线"命令，向圆弧中心方向，分别等距生成叶片左侧的两条轮廓线，如图 14-7 所示。

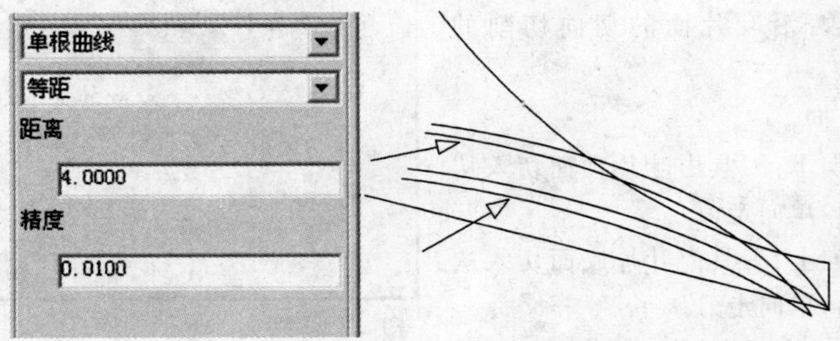

图 14-7 叶片左侧轮廓线

5. 使用"平移"命令，将上面两条轮廓线沿 Z 轴平移 80mm，如图 14-8 所示。

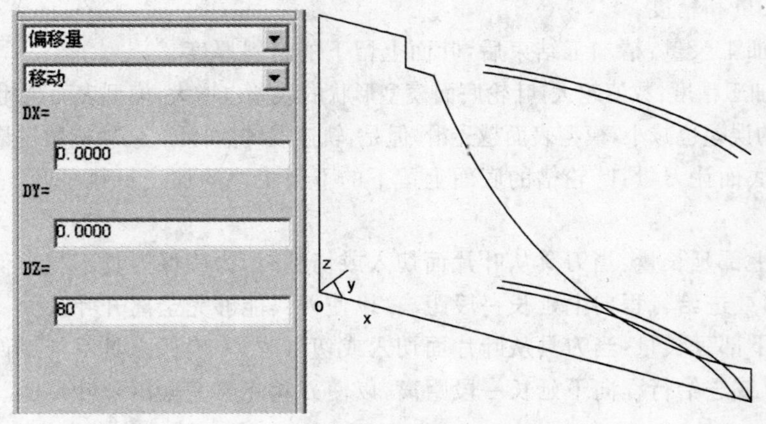

图 14-8 平移上部两条轮廓线

6. 选择"直纹面"命令，分别拾取叶片左侧和右侧的上下两条轮廓线，生成叶片左、右侧面，如图 14-9 所示。

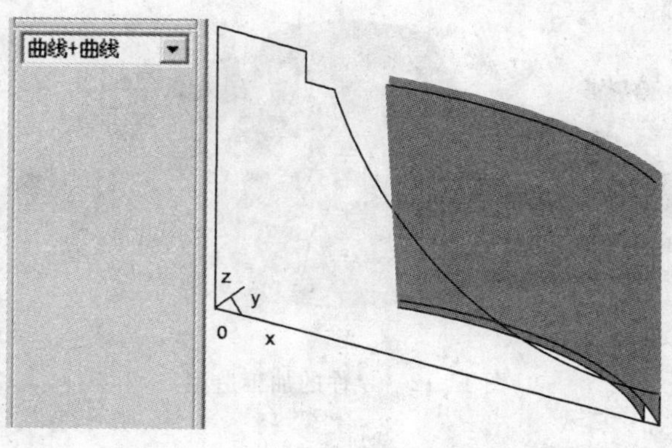

图 14-9 生成叶片的两个侧面

7. 选择“旋转面”命令，拾取叶轮主体轮廓中，与 Z 轴重合铅垂线作为旋转轴；R110 圆弧作为母线，生成叶轮槽底面，如图 14-10 所示。

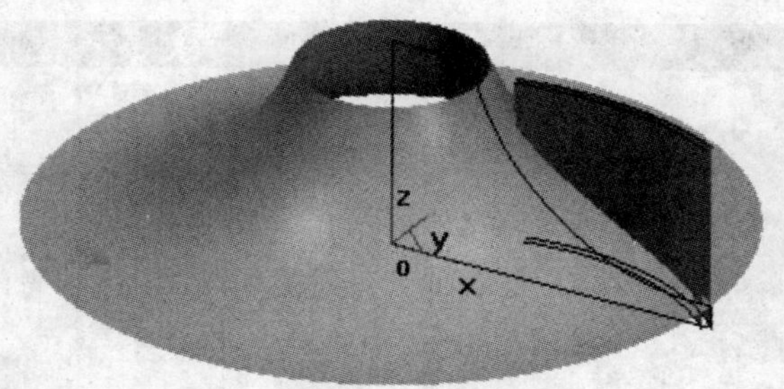

图 14-10 生成叶轮槽底面

8. 选择“平面旋转”命令，拾取坐标系原点作为选择中心；拾取叶片左右侧面，生成另一个叶片侧面，如图 14-11 所示。

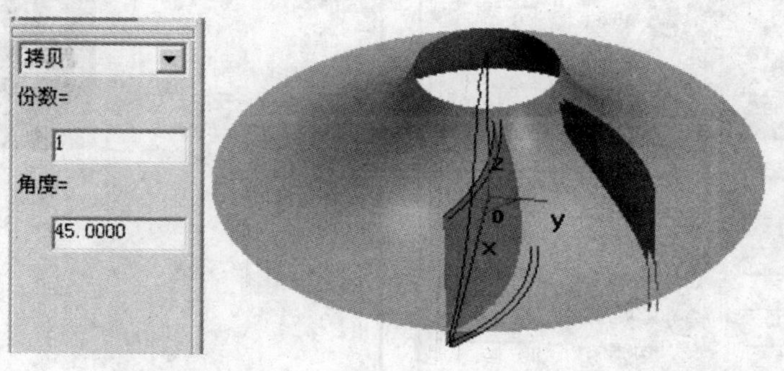

图 14-11 生成第二个叶片的两侧面

9. 隐藏或删除辅助线，完成零件的加工造型，如图 14-12 所示。

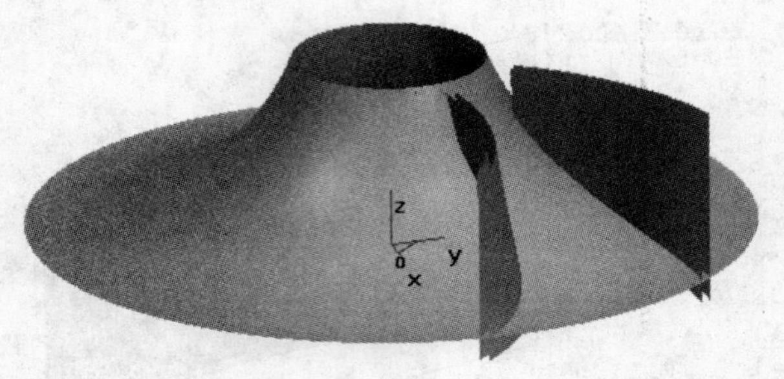

图 14-12 零件的加工造型

二、叶轮粗加工

1. 在主菜单栏,【加工】→【多轴加工】,选择【叶轮粗加工】命令,填写加工参数,如图 14-13 所示;填写刀具参数,如图 14-14 所示。全部填写完毕后,点击 确定 。

小提示: 切削用量参数可参照机床说明书设置。

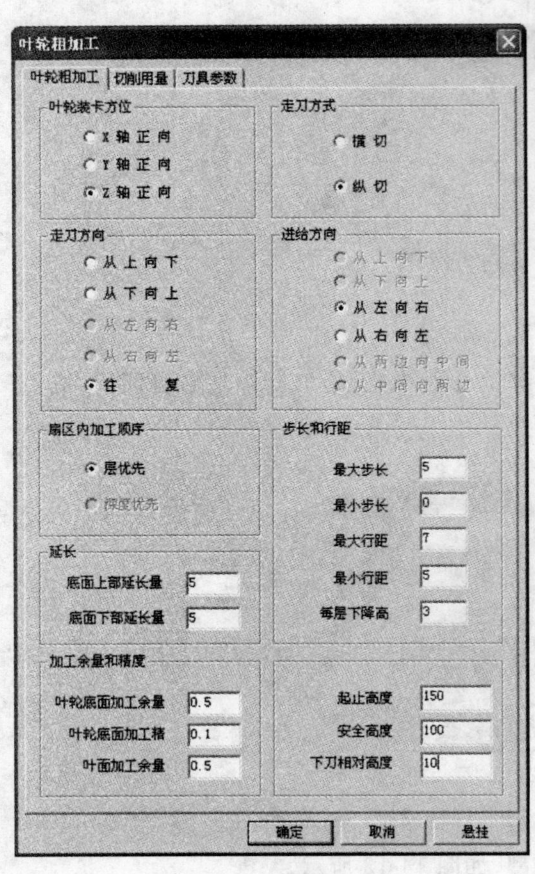

图 14-13 加工参数表

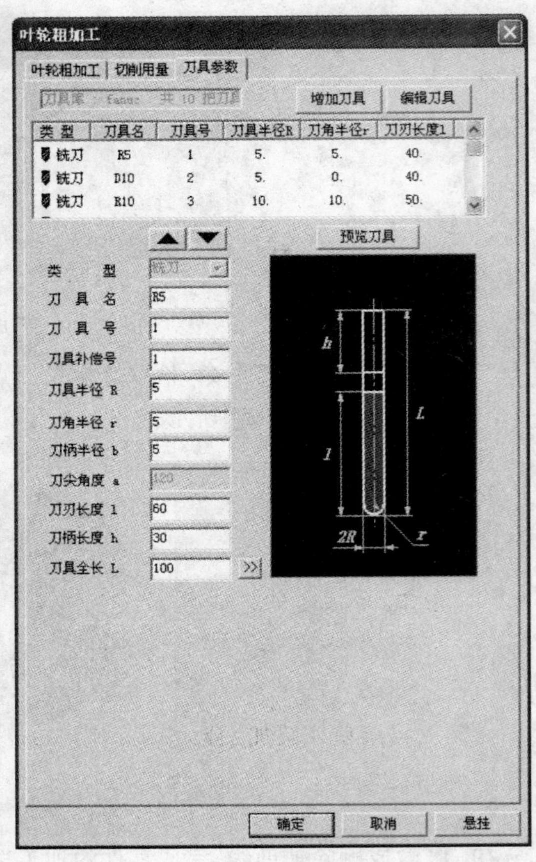

图 14-14 刀具参数表

2. 根据【系统提示栏】的提示,拾取叶轮槽底面(旋转面);拾取同一叶片槽左叶面(第一个叶片的右侧面);拾取同一叶片槽右叶面(第二个叶片的左侧面),生成叶轮粗加工轨迹,如图 14-15 所示。

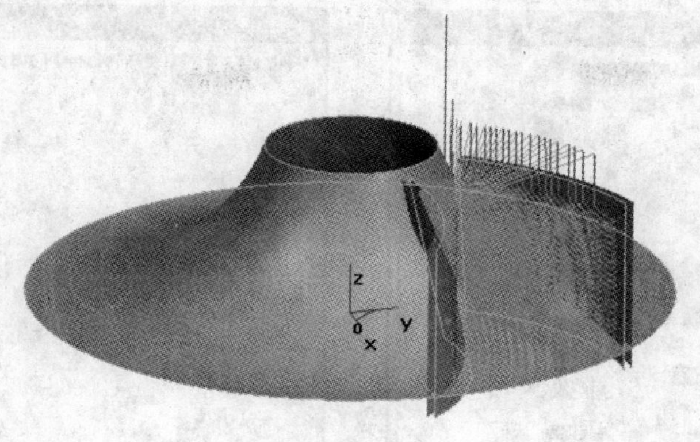

图 14-15　叶轮粗加工轨迹

3. 在绘图区或加工管理树选中轨迹线，右击，选择“线框仿真”命令，设置仿真参数，单击，系统进行仿真校验，如图 14-16 所示。如果发现轨迹有问题，可通过调整加工参数给以修正。

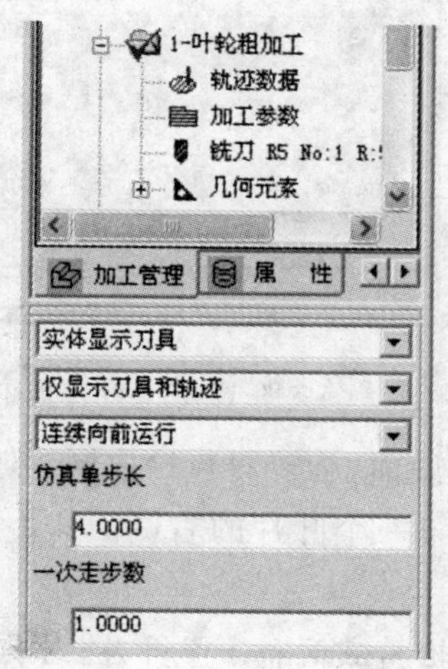

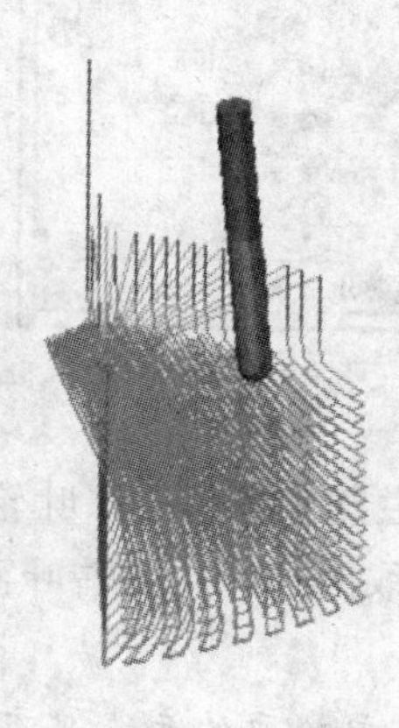

图 14-16　叶轮粗加工仿真校验

小提示：多轴轨迹不能进行实体仿真。

小提示：其余粗加工轨迹，可以通过轨迹线的平面旋转复制得到。

三、叶轮精加工

1. 在主菜单栏，【加工】→【多轴加工】，选择【叶轮精加工】命令，填写加工参数，如图 14-17 所示；填写叶片加工参数，如图 14-18 所示。全部填写完毕后，点击 确定 。

小提示：切削用量参数可参照机床说明书设置；刀具参数可参考叶轮粗加工刀具参数设置。

注意：叶轮精加工参数表中分度角应根据叶片数目计算，本例 8 个叶片，因此分度角为 45°。

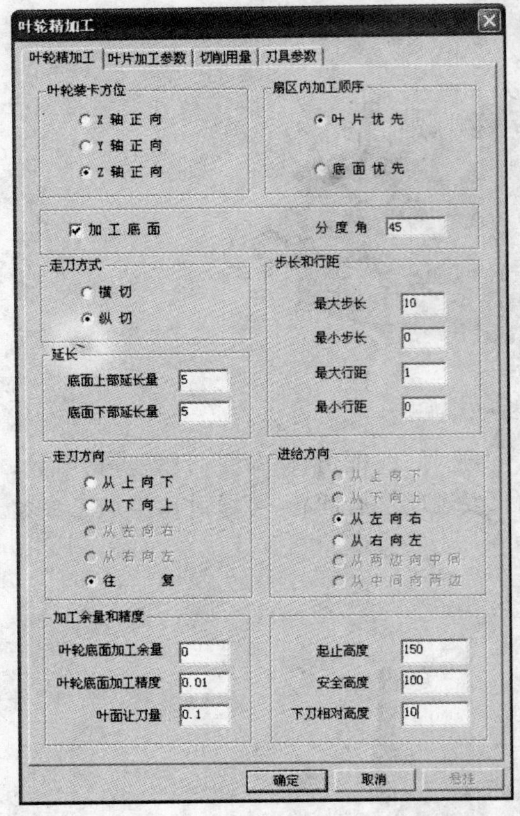

图 14-17　加工参数表

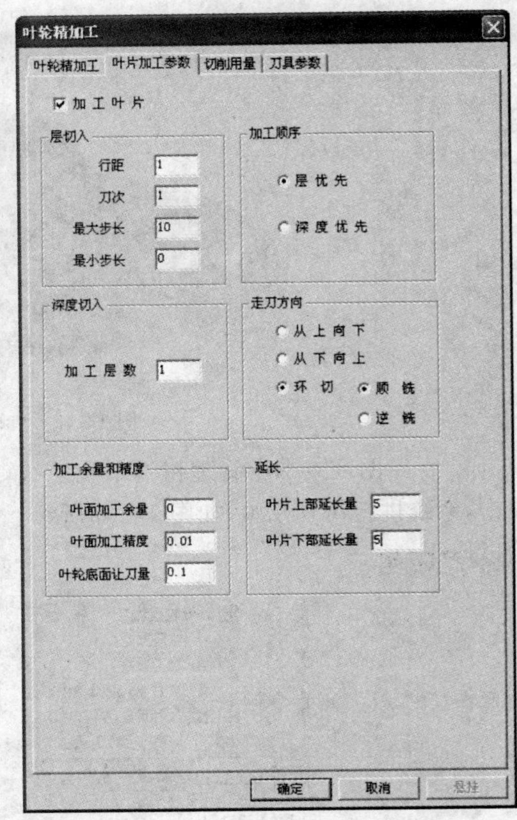

图 14-18　叶片加工参数表

2. 根据【系统提示栏】的提示，拾取叶轮槽底面(旋转面)；拾取同一叶片的左叶面(第一个叶片的左侧面)；拾取同一叶片的右叶面(第一个叶片的右侧面)，生成叶轮精加工轨迹，如图 14-19 所示。

注意：叶轮精加工需要拾取的元素只有叶轮槽底面和一个叶片，与其他叶片无关。

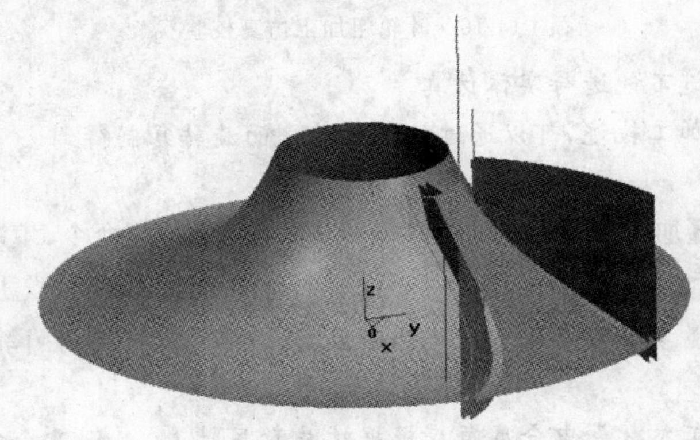

图 14-19　叶轮精加工轨迹

3. 在绘图区或加工管理树选中轨迹线，右击，选择“线框仿真”命令，设置仿真参数，单击，系统进行仿真校验，如图 14-20 所示。如果发现轨迹有问题，可通过调整加工参数给以修正。

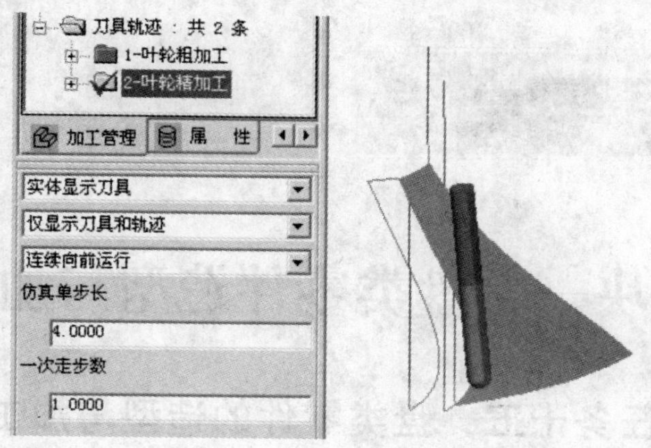

图 14-20 叶轮精加工仿真校验

小提示：其余精加工轨迹，可以通过轨迹线的平面旋转复制得到。

思考练习

完成图 14-21 所示叶轮的造型并生成加工轨迹，图 14-22 为叶轮的三维效果图。

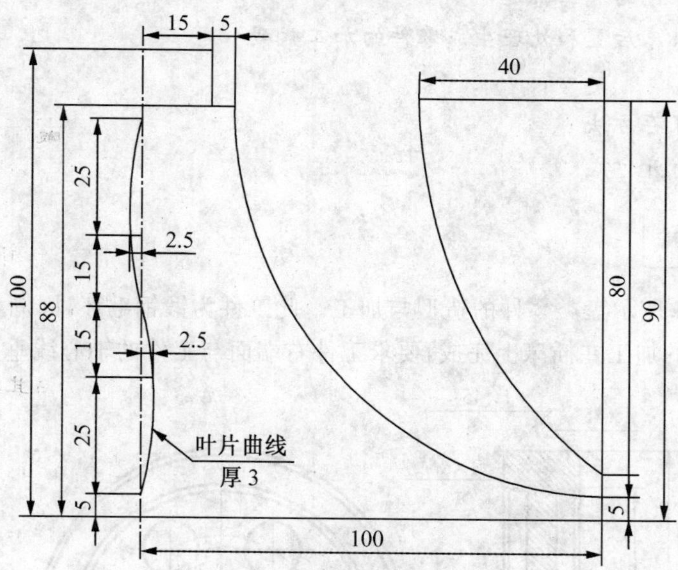

图 14-21 叶轮零件图

图 14-22 叶轮三维效果图

数控车篇

模块一　盘类零件造型与加工

任务十五　盘类零件的造型与加工

能力目标

◎ 会使用 CAXA 数控车 XP 软件进行盘类零件的加工造型

◎ 能正确安排盘类零件加工工艺

◎ 能正确填写加工参数表

◎ 能生成零件的加工轨迹

◎ 能通过机床后置和处理生成零件的加工代码

知识准备

◎ 文件的保存方法

◎ 软件的打开方式

任务引入

完成图 15-1 所示盘类零件的造型与加工。此工件为锻钢毛坯，圆周均布的六个孔不需要加工，键槽的加工在插床上完成，要求工件右端面与工件的轴心线垂直。

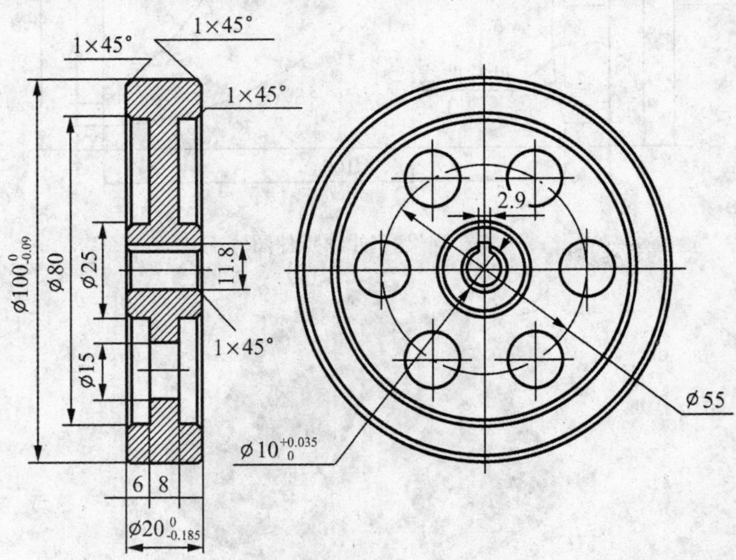

图 15-1　齿轮零件图

任务分析

此零件图形比较简单，尺寸较多，外圆需要外撑内孔进行加工。本题加工中的难点是端面凹槽。应该重点注意右端面和轴心线的垂直度公差。

由以上分析可知，该工件的加工方法为：夹持工件外圆部分，粗加工两端面。然后车削右端面凹槽和镗削内孔，掉头后外撑装夹，加工左端面凹槽和外圆面。其工序见表 15-1 所示。

表 15-1 数控加工工艺卡

工序	工序内容	刀号	刀具规格	刀尖半径(mm)	主轴转速(r/min)	进给速度(mm/min)	吃刀量(mm)	备注
1	车右端面	01	93°	0.4	500	100	2	
2	车右端凹槽	02	93°	0.4	500	100	2	
3	粗车内轮廓	03	15°	0.2	500	80	2	
4	精车内轮廓	04	75°	0.2	600	60	0.2	
5	掉头，粗车左端面	01	93°	0.4	500	100	2	
6	车左端凹槽	02	93°	0.4	500	100	2	
7	外撑装夹，精车左端面	01	93°	0.4	500	100	2	
8	粗车外轮廓	01	93°	0.4	500	100	2	
9	精车外轮廓	05	93	0.2	800	100	0.2	

一、文件的保存

新建一个 CAXA 数控车 XP 文件，并以文件名“带轮”保存在“我的文档”目录下。

1. 双击 Windows 桌面上的“CAXA 数控车 XP”图标，启动软件。

2. 点击保存按钮，出现“存储文件”对话框，如图 15-2 所示。

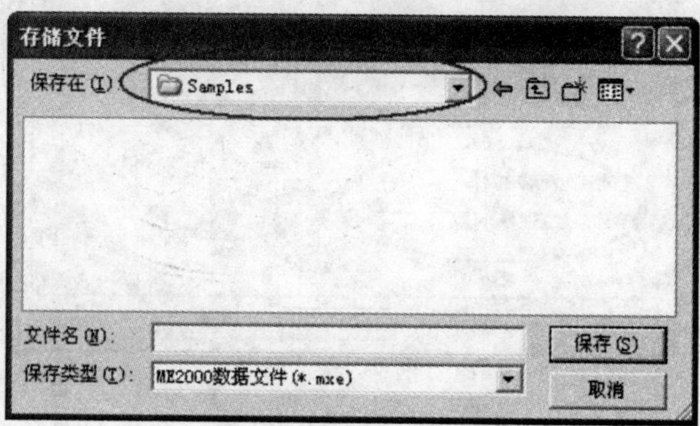

图 15-2 存储文件

诀窍:也可以从【文件】→【保存】/【另存为】打开"存储文件"对话框。

3. 点击"保存在"下拉框右端箭头,选择指定盘"我的文档"作为保存目录,如图 15-3 所示。

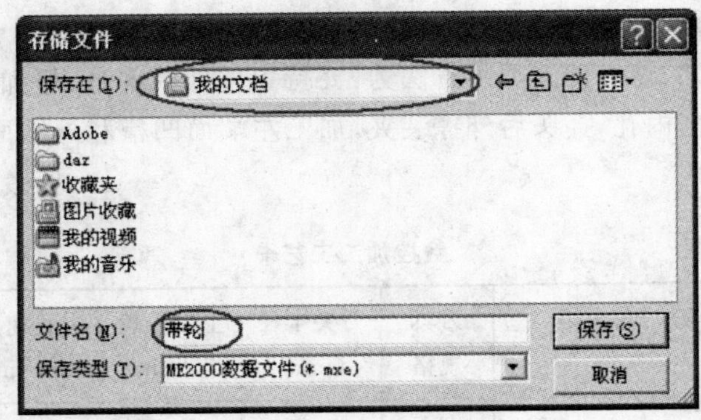

图 15-3　存储地址

4. 在图示位置输入文件夹名"带轮",点击 保存(S) 按钮。

5. 新文件创建、保存成功。如图 15-4 所示。

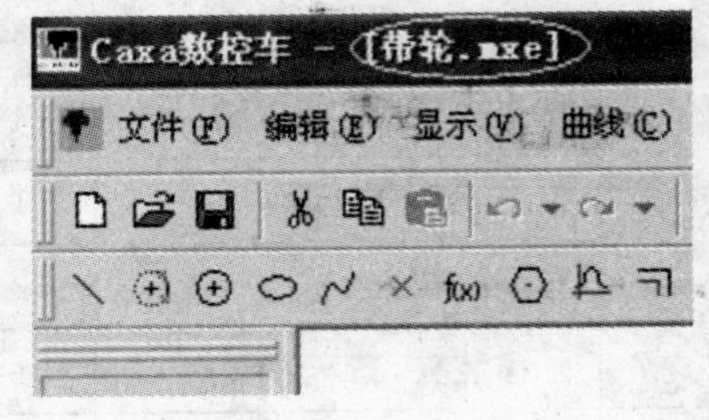

图 15-4　标题栏提示

注意:在工作过程中,要及时点击保存按钮,保护劳动成果。避免因计算机、电源或软件出现故障,造成已完成操作内容的丢失。

小提示:自动存盘。软件具有自动存盘功能。系统默认为 5 分钟保存一次,如认为不合适,可进行修改。方法如下:点击【设置】→【系统设置】出现"系统设置"对话框,把"自动存盘间隔时间"由默认的 5 分钟改为 1 分钟(最小值)。这样,每操作 1 分钟,系统自动保存一次。自动存盘文件的默认路径为 X:\CAXAlathe\,默认文件名为 autosave. mxe(也可在"自动存盘文件名"框内自己设定)。如果出现故障,而又没有及时保存,就可以打开自动存盘文件,以指定的文件名另存,如图 15-5 所示。

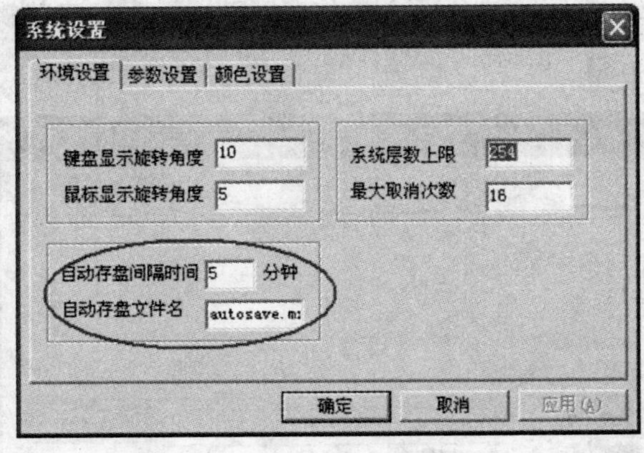

图 15-5　自动保存设置

二、软件的打开方式

1. 双击 Windows 桌面上的“CAXA 数控车 XP”图标 ，启动软件。

2. 从【开始】→【所有程序】→【CAXA 数控车】→ CAXA数控车 点击进入。

3. 从软件安装目录 X:\CAXALATHE \bin\下找到 lathe. exe 文件 ，双击即可启动软件。

一、零件建模

零件建模，使用软件提供的曲线生成和编辑工具，根据零件图样，绘制出零件的线框造型，如图 15-6 所示。

二、零件右端的加工

1. 绘出零件右端的加工造型，如图 15-7 所示。

2. 右端面粗加工

1)绘制粗加工毛坯轮廓，如图 15-8 所示。

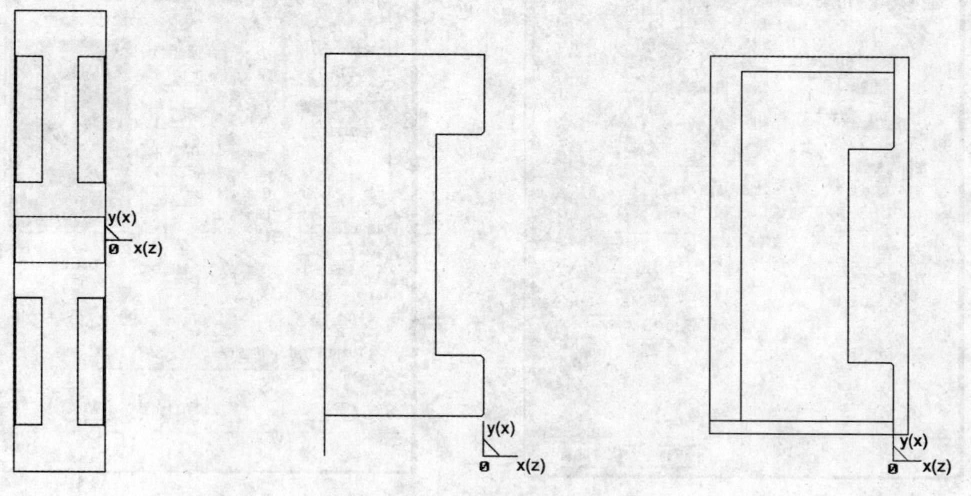

图 15-6 零件建模　　图 15-7 右端加工造型　　图 15-8 绘制粗加工毛坯

2)点击轮廓粗车按钮 。

3)填写粗加工参数表，如图 15-9 所示；填写进退刀方式表，如图 15-10 所示；填写切削用量表，如图 15-11 所示；填写刀具参数表，如图 15-12 所示。

小提示：增加刀具的方法：点击 增加刀具[I] 按钮，出现增加刀具对话框，如图 15-13 所示。按图 15-12 填写刀具参数，点击 确定 按钮，所新增的刀具就会出现在刀具列表里。

注意：把新增车刀置为当前刀时，要注意修改刀补号，然后点击 修改刀具[M] 按钮。

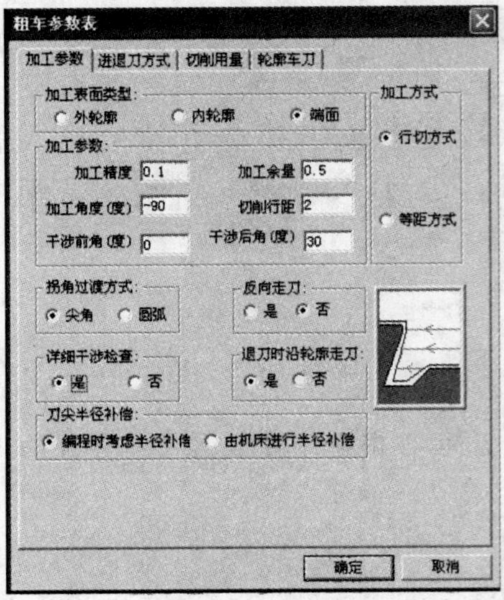

图 15-9　加工参数表

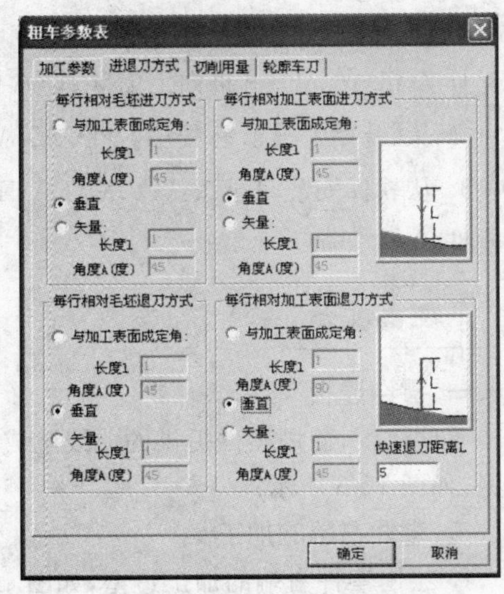

图 15-10　进退刀方式表

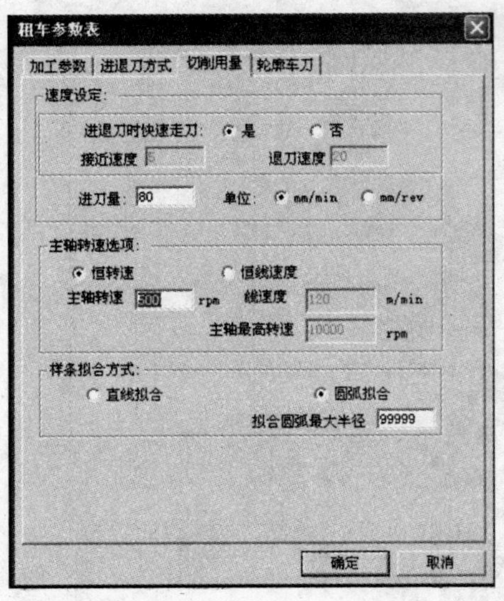

图 15-11　切削用量表

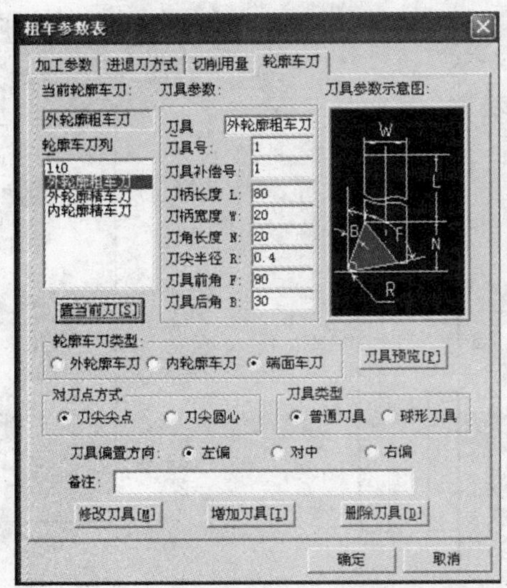

图 15-12　轮廓车刀表

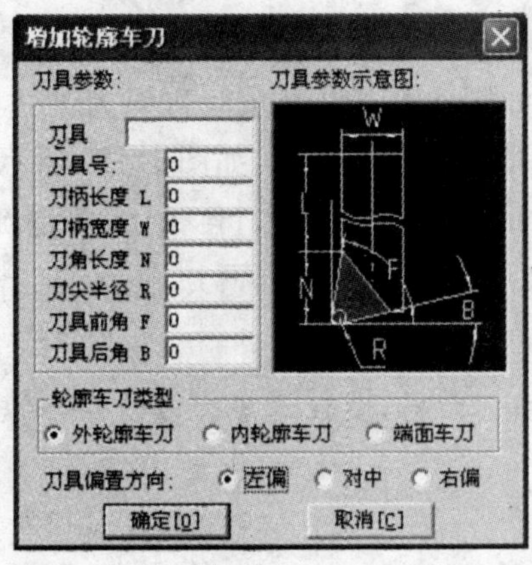

图 15-13　增加刀具对话框

4)点击 确定 ,【系统提示栏】显示“拾取被加工工件表面轮廓”,按键盘空格键,选择【单个拾取】,依次拾取轮廓线,如图 15-14 所示。

5)右击,【系统提示栏】显示“拾取定义的毛坯”,依次拾取毛坯轮廓,如图 15-15 所示。

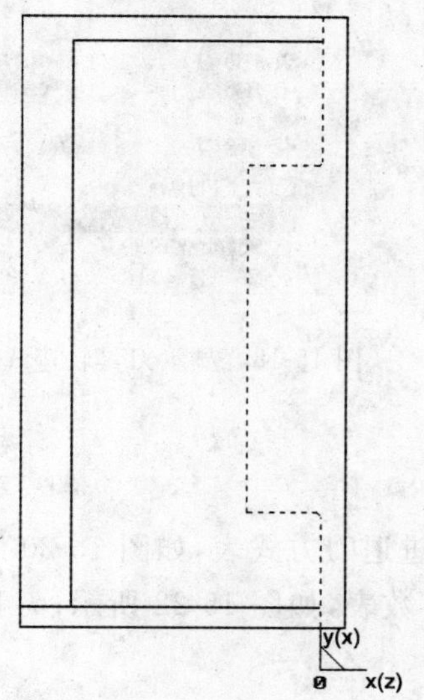

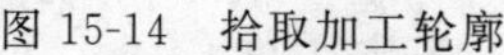

图 15-14 拾取加工轮廓

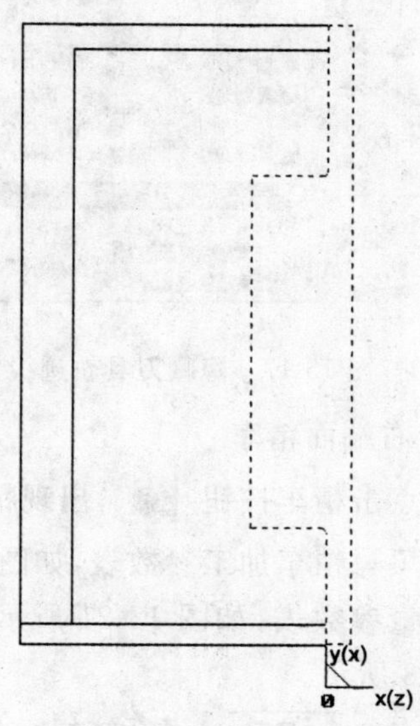

图 15-15 拾取毛坯轮廓

6)右击,【系统提示栏】显示“输入进退刀点”,按回车键,输入换刀点坐标(100,100),按回车键,生成右端面粗加工轨迹,如图 15-16 所示。

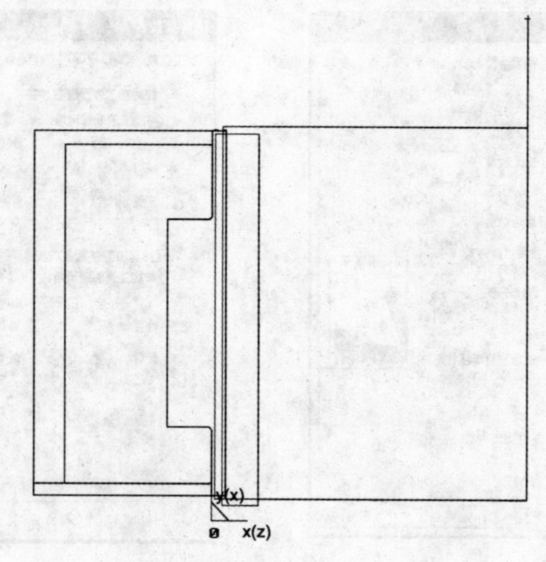

图 15-16 右端面粗加工轨迹线

7)将粗车轨迹线隐藏。

小提示:轨迹线的隐藏:单击【编辑】功能,如图 15-17 所示,选择【元素不可见】,拾取要隐藏的轨迹线,然后鼠标右击;轨迹线的显示:单击【编辑】功能,如图 15-18 所示,选择【元素可见】,这时【系统提示栏】显示“拾取元素”,用鼠标左键拾取要隐藏的轨迹线,然后鼠标右击。

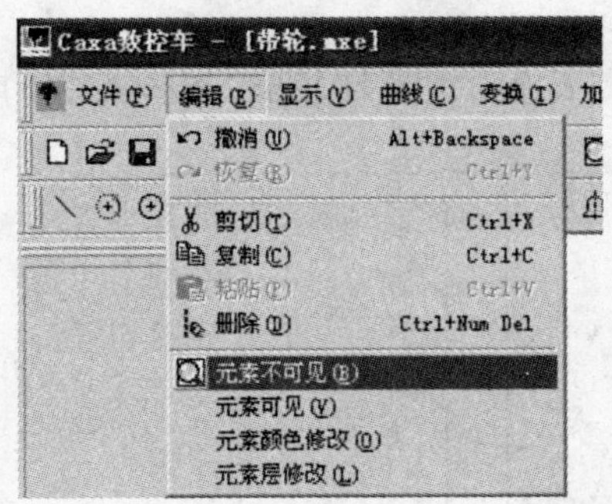

图 15-17　隐藏刀具轨迹线

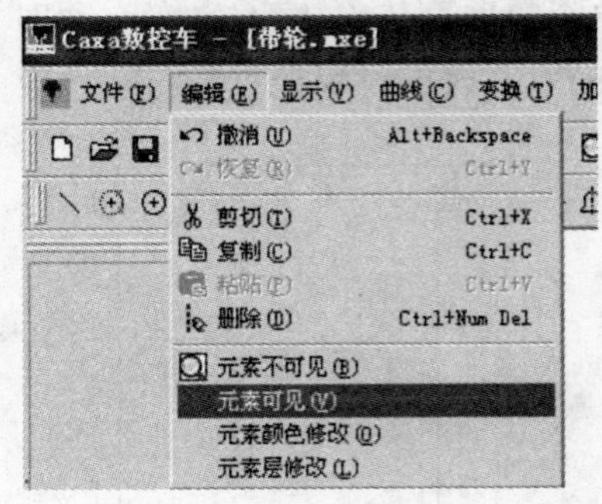

图 15-18　显示刀具轨迹线

3. 右端面精车

1)点击精车按钮 ，出现精车对话框。

2)填写精车加工参数表，如图 15-19 所示；填写进退刀方式表，如图 15-20 所示；填写切削用量参数表，如图 15-21 所示；填写轮廓车刀参数表，如图 15-22 所示；刀具预览：如图 15-23 所示。

3)点击 确定 ，【系统提示栏】显示“拾取被加工工件表面轮廓”，按键盘空格键，选择【单个拾取】，依次拾取轮廓线，如图 15-24 所示。

4)右击，【系统提示栏】显示“输入进退刀点”，按回车键，输入换刀点坐标(100,100)，按回车键，生成外轮廓精加工轨迹，如图 15-25 所示。

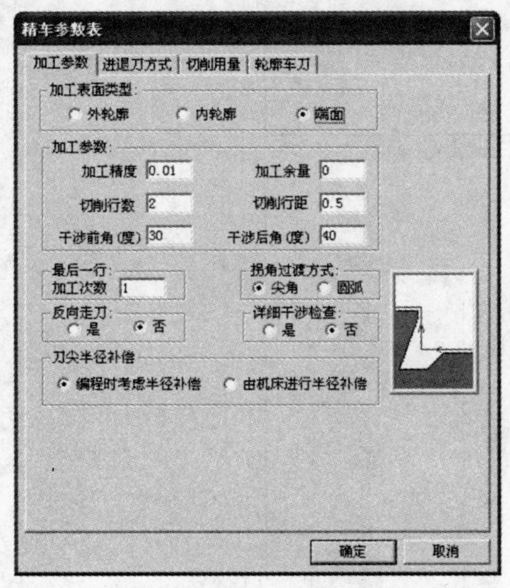

图 15-19　加工参数表

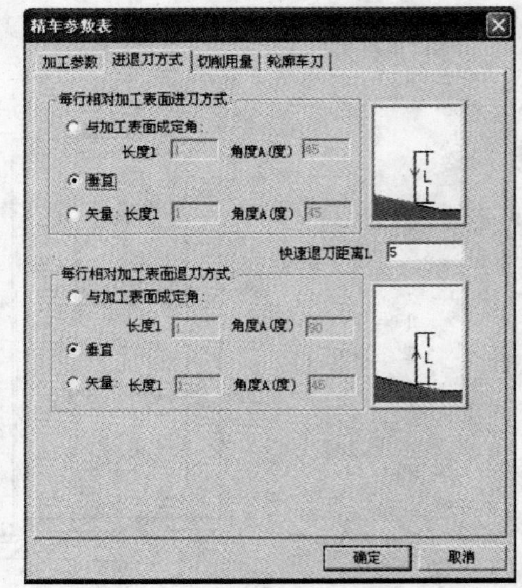

图 15-20　进退刀方式表

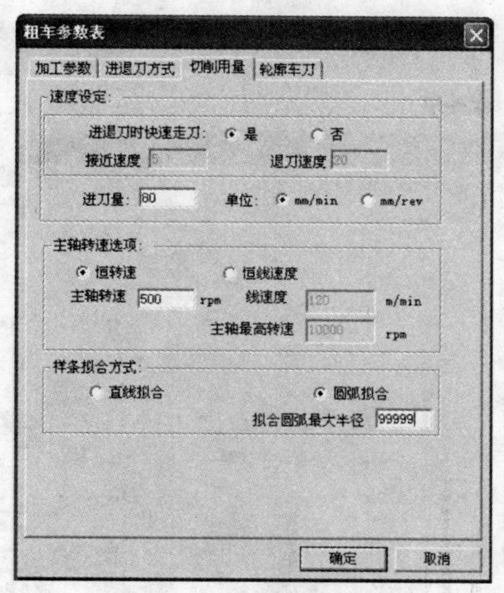

图 15-21 切削用量参数表

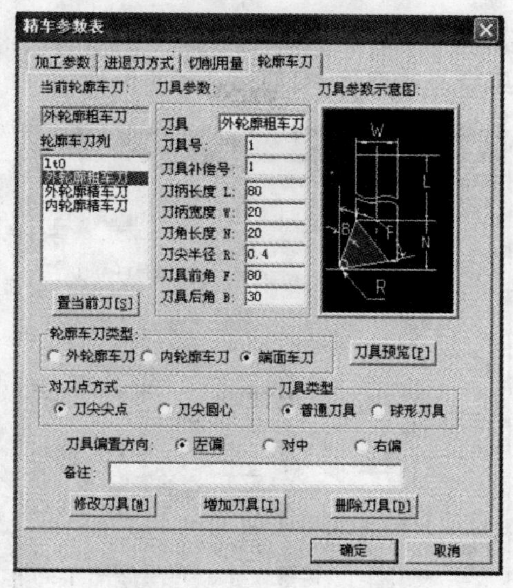

图 15-22 轮廓车刀参数表

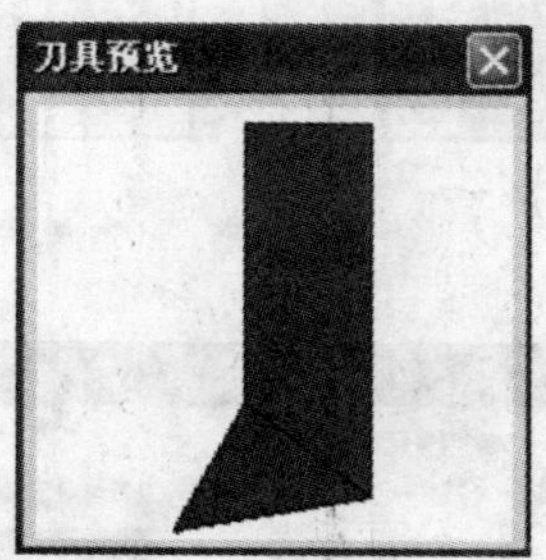

图 15-23 刀具预览

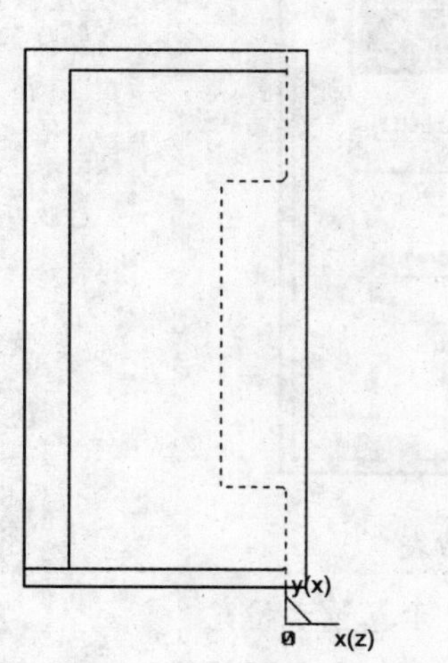

图 15-24 拾取轮廓线

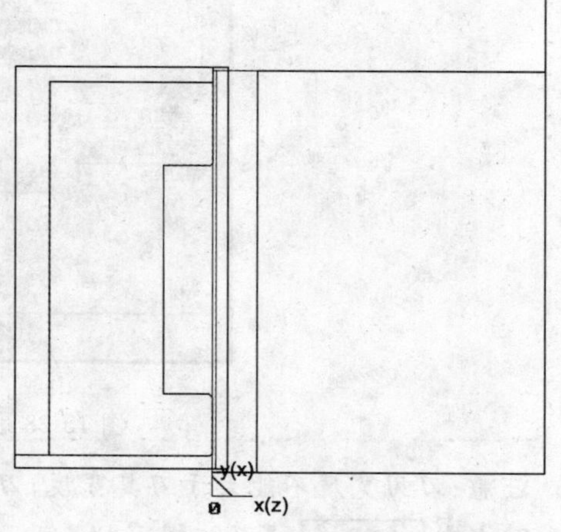

图 15-25 外轮廓精加工轨迹线

5)将精车轨迹线隐藏。

4. 右端面槽的加工

1)点击切槽按钮，出现切槽对话框。

2)填写切槽加工参数表,如图 15-26 所示;填写切削用量参数表,如图 15-27 所示;填写切槽刀具参数表,如图 15-28 所示。

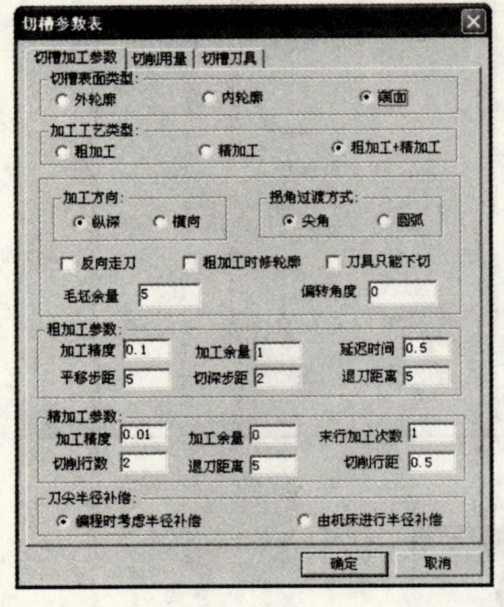

图 15-26　切槽加工参数表

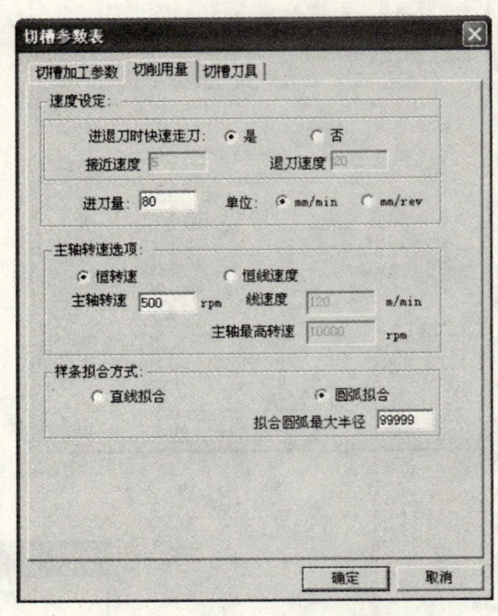

图 15-27　切削用量参数表

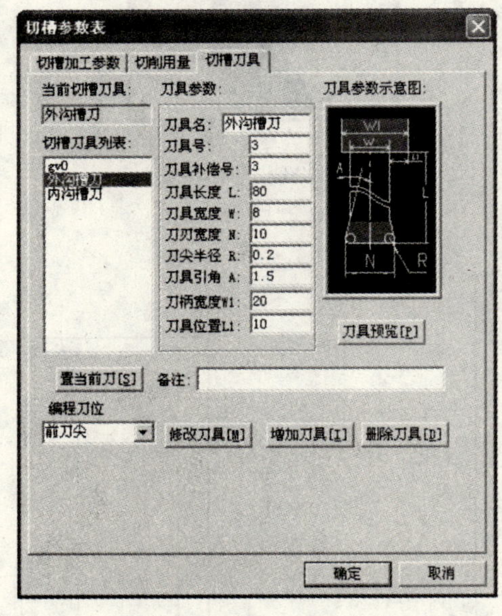

图 15-28　切槽刀具参数表

注意:*刀刃宽度不能大于刀具宽度;刀刃宽度要小于或等于槽宽。*

3)点击 确定 ,【系统提示栏】显示“拾取被加工工件表面轮廓”,按空格键,选择【单个拾取】,依次拾取轮廓线,如图 15-29 所示。

4)右击,【系统提示栏】显示“输入进退刀点”,按回车键,输入换刀点坐标(100,100),按回车键,生成外轮廓切槽轨迹,如图 15-30 所示。

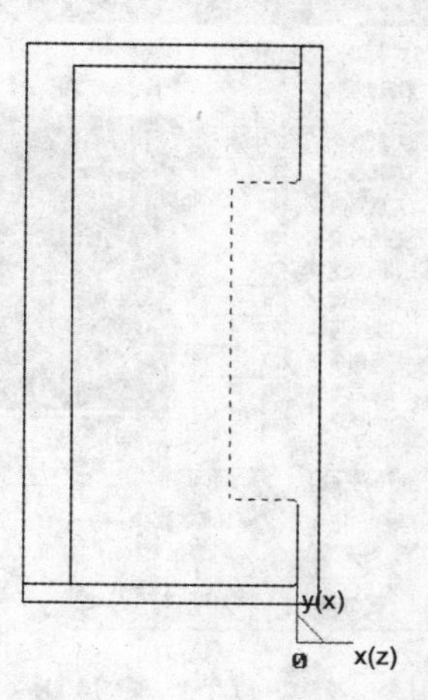

图 15-29　拾取沟槽轮廓

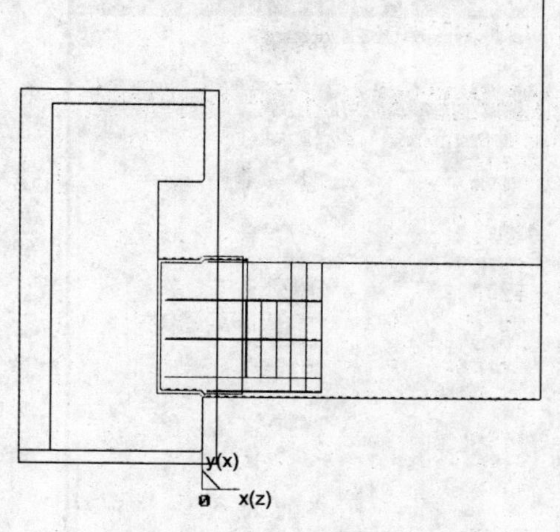

图 15-30　切槽轨迹线

5)将切槽轨迹隐藏

5. 粗车内轮廓

1)点击粗车按钮 ，出现粗车对话框。

2)填写粗车加工参数表，如图 15-31 所示；填写进退刀方式参数表，如图 15-32 所示；填写切削用量参数表，如图 15-33 所示；填写轮廓车刀参数表，如图 15-34 所示。

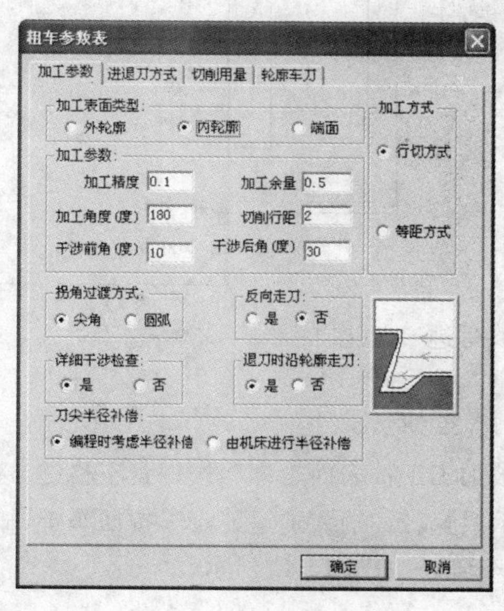

图 15-31　粗车加工参数表

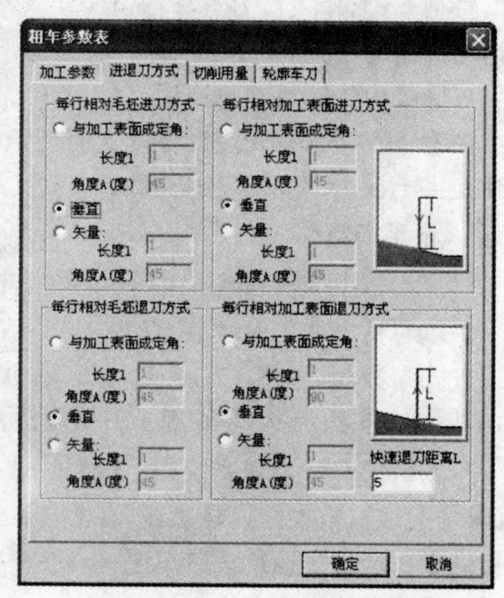

图 15-32　进退刀方式参数表

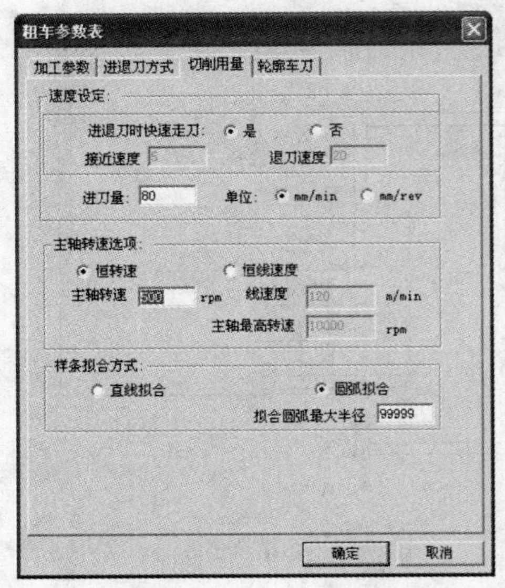

图 15-33　切削用量参数表

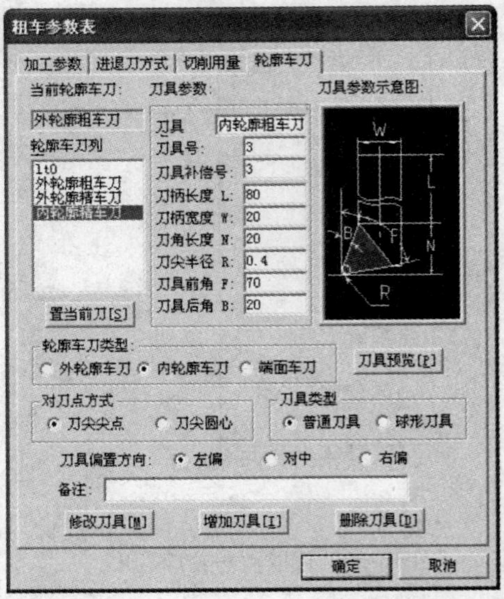

图 15-34　轮廓车刀参数表

3)点击 确定 ,【系统提示栏】显示“拾取被加工工件表面轮廓”,按键盘空格键,选择【单个拾取】,依次拾取轮廓线,右击,【系统提示栏】显示“输入进退刀点”,按回车键,输入换刀点坐标(100,0),按回车键,生成内轮廓粗车轨迹,如图 15-35 所示。

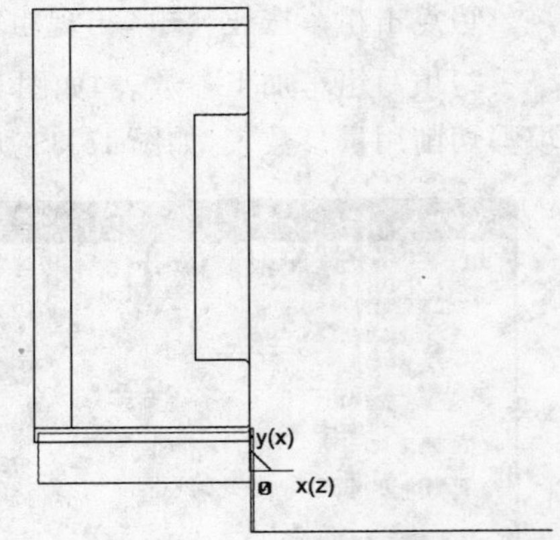

图 15-35　内轮廓粗车轨迹

4)隐藏内轮廓粗车轨迹线。

注意:加工内轮廓时,进退刀点的选择一定不能与工件发生干涉。

6. 精车内轮廓

1)点击精车按钮  ,出现精车对话框。

2)填写精车加工参数表,如图 15-36 所示;填写进退刀方式参数表,如图 15-37 所示;填写切削用量参数表,如图 15-38 所示;填写轮廓车刀参数表,如图 15-39 所示。

3)点击 确定 ,【系统提示栏】显示“拾取被加工工件表面轮廓”,按键盘空格键,选择【单个拾取】,依次拾取轮廓线,右击,【系统提示栏】显示“输入进退刀点”,按回车键,输入换刀点坐标(100,0),按回车键,生成内轮廓精车轨迹,如图 15-40 所示。

4)隐藏内轮廓精车轨迹线。

7. 轨迹仿真

1)显示右端所有轨迹线,如图 15-41 所示。

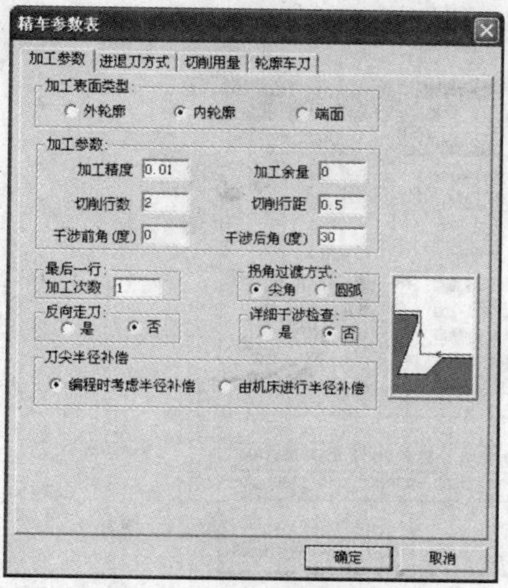

图 15-36　精车加工参数表

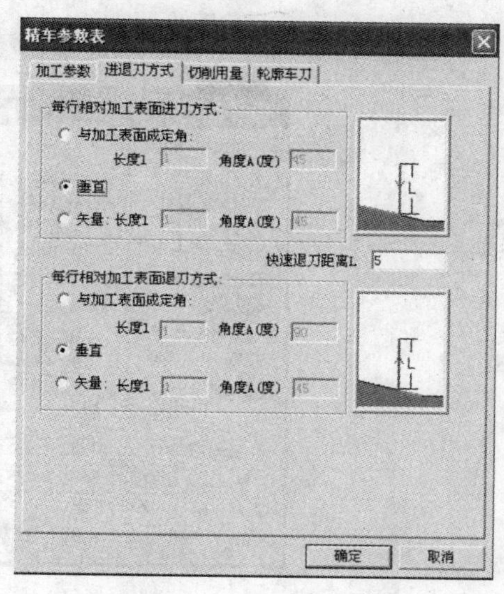

图 15-37　进退刀方式参数表

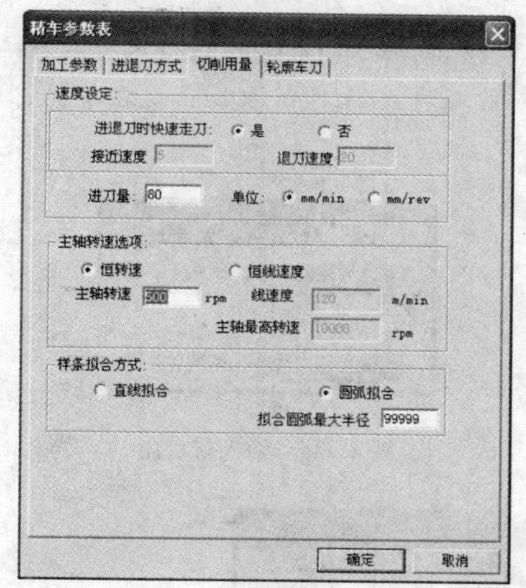

图 15-38　切削用量参数表

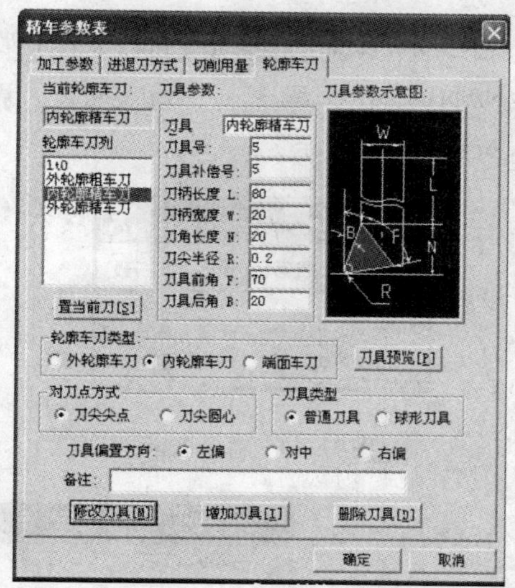

图 15-39　轮廓车刀参数表

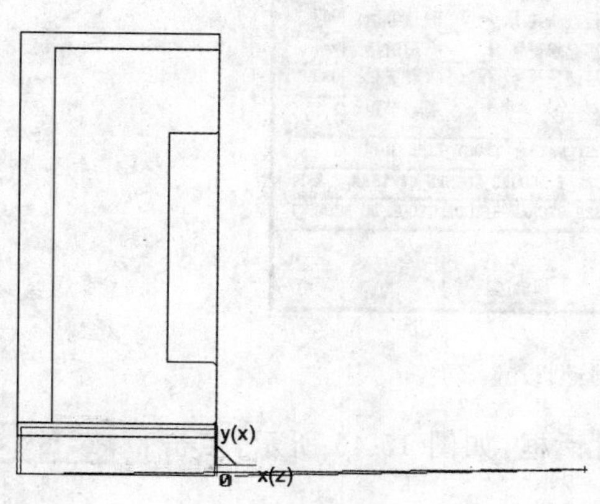

图 15-40　内轮廓精车轨迹

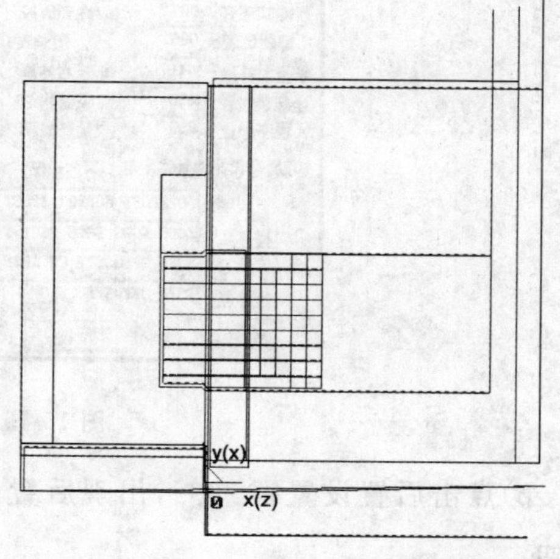

图 15-41　工件右端加工轨迹

2)点击机床设置键，设置机床参数，如图 15-42 示。

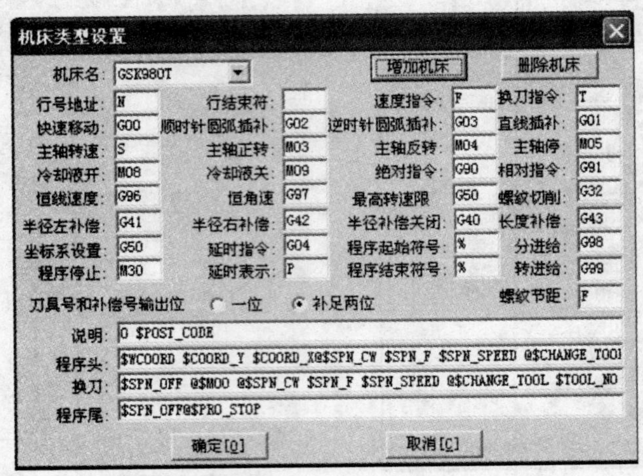

图 15-42　设置机床参数

小提示：点击 增加机床 ，出现增加机床对话框，如图 15-43 所示；输入所使用的系统，如：FANUC 0i，如图 15-44 所示；点击 确定[O] 按钮，FANUC 0i 机床出现在系统列表里，如图 15-45 所示。

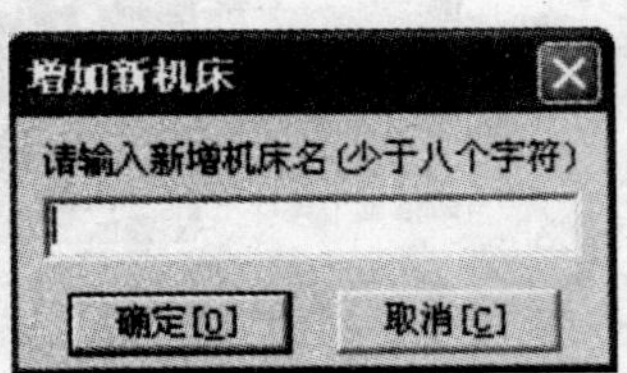

图 15-43　增加机床

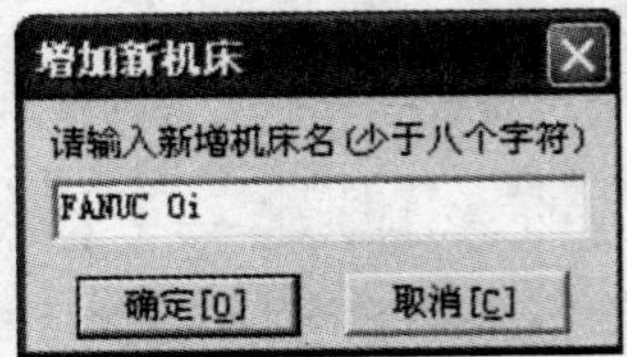

图 15-44　输入新机床

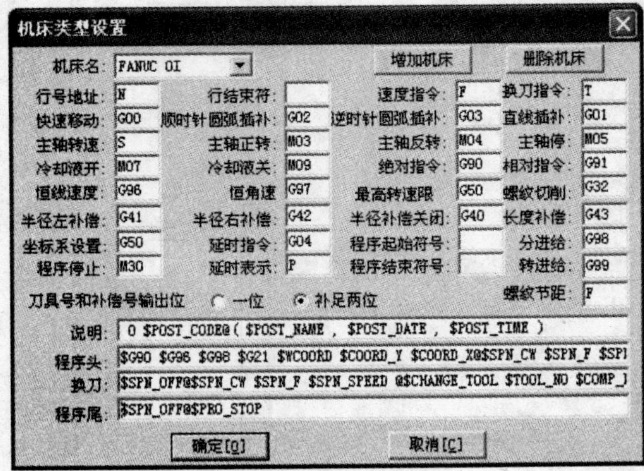

图 15-45　机床类型设置

3)点击后置设置键 ，出现后置设置对话框，如图 15-46 所示，点击 确定[O] 按钮。

4)点击 ，出现机床仿真快捷菜单。参数设置：二维实体、缺省毛坯、步长1.0000，依次拾取刀具轨迹，右击，进入仿真界面，仿真结果如图 15-47 所示。

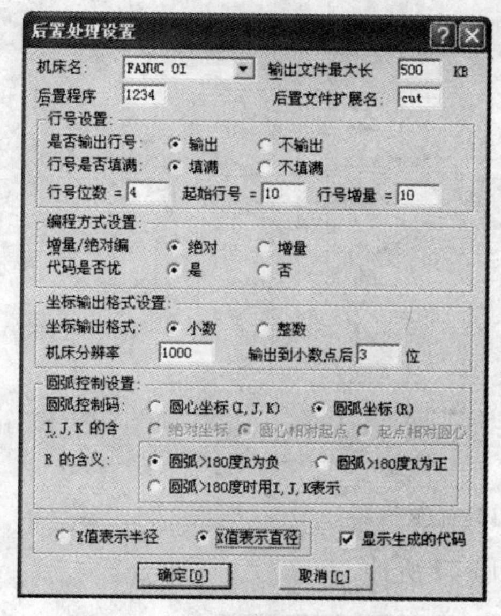

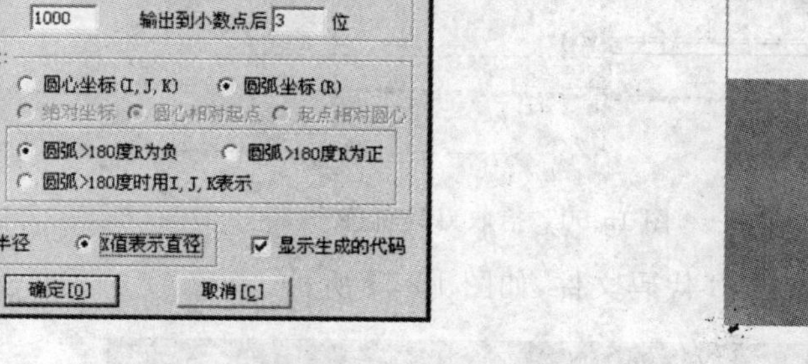

图 15-46 后置设置对话框 图 15-47 仿真结果

注意：仿真时可选用动态、静态、和二维实体进行；采用二维实体仿真时，不能模拟螺纹加工。

8. 生成 G 代码文件

1)点击 按钮，出现选择后置文件对话框，如图 15-48 所示。

2)选择存储位置"我的文档"，文件名输入"000"，然后按 打开(O) 键，弹出提示框，如图 15-49 所示，单击 是(Y) 。

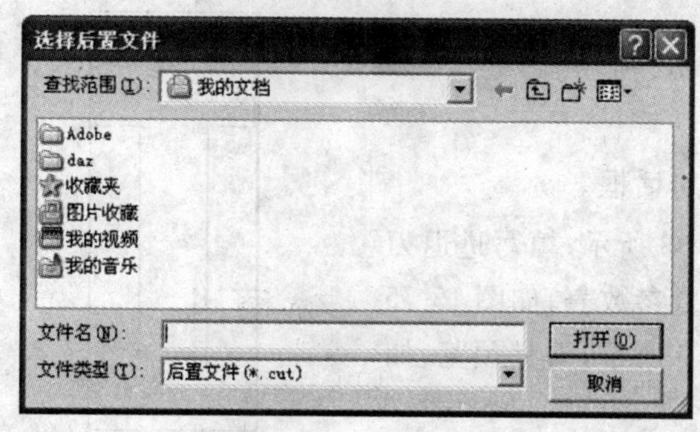

图 15-48 选择后置文件对话框

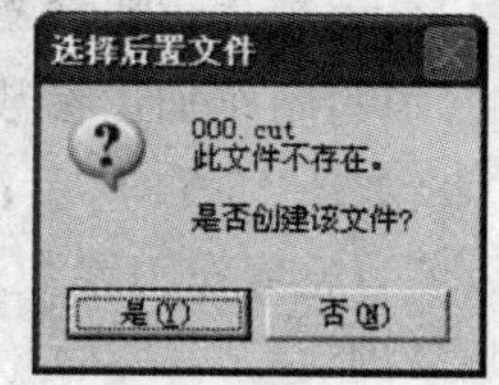

图 15-49 提示框

3)【系统提示栏】显示"拾取刀具轨迹"，依次拾取刀具轨迹，如图 15-50 所示。

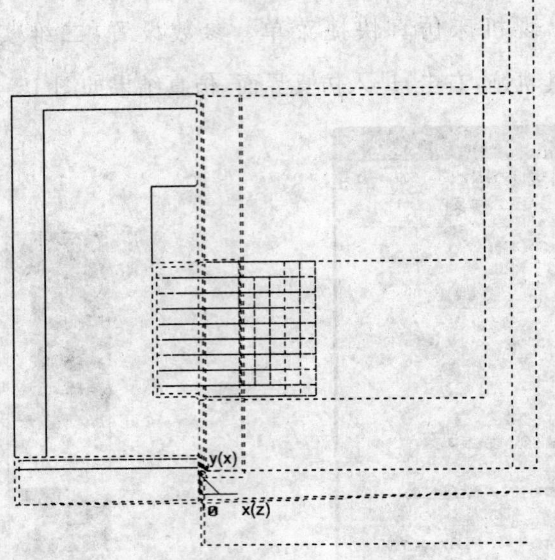

图 15-50　拾取刀具轨迹

4)右击,生成零件右端的 G 代码文件,如图 15-51 所示。

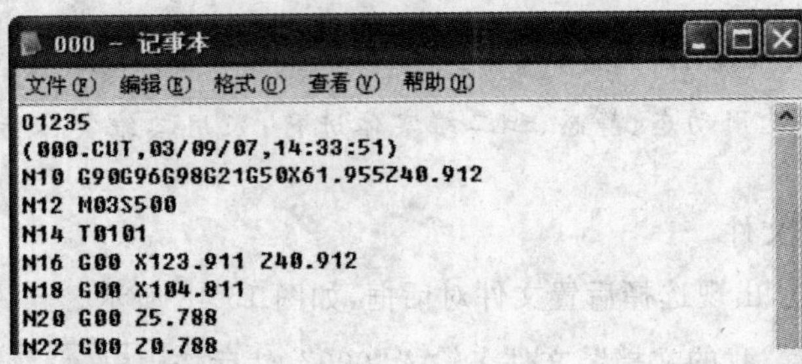

000 - 记事本

文件(F)　编辑(E)　格式(O)　查看(V)　帮助(H)

```
O1235
(000.CUT,03/09/07,14:33:51)
N10 G90G96G98G21G50X61.955Z40.912
N12 M03S500
N14 T0101
N16 G00 X123.911 Z40.912
N18 G00 X104.811
N20 G00 Z5.788
N22 G00 Z0.788
```

图 15-51　零件的右端程序

三、零件左端的加工

1. 绘制粗加工毛坯轮廓,如图 15-52 所示。

2. 左端面精车

1)点击精车按钮 ,出现精车对话框。

2)填写精车加工参数表,如图 15-53 所示;填写进退刀方式表,如图 15-54 所示;填写切削用量参数表,如图 15-55 所示;填写轮廓车刀参数表,如图 15-56 所示;刀具预览,如图 15-57 所示。

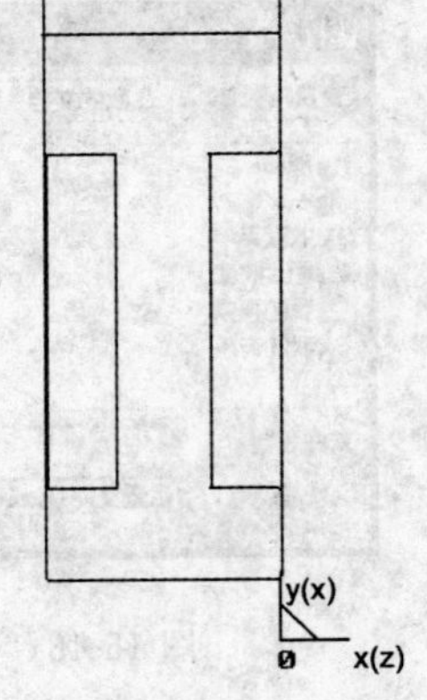

图 15-52　绘制粗加工毛坯

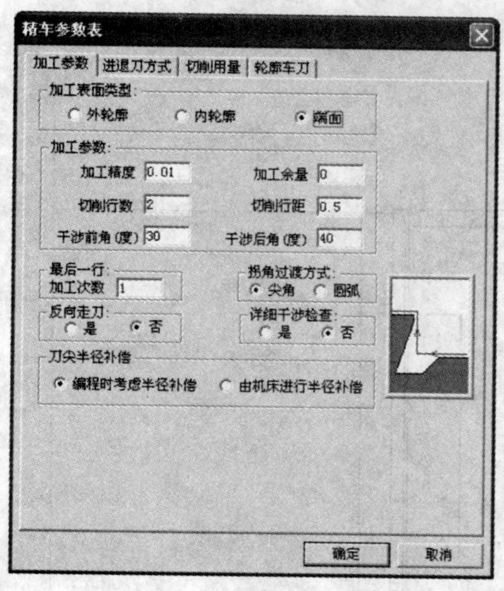

图 15-53 加工参数表

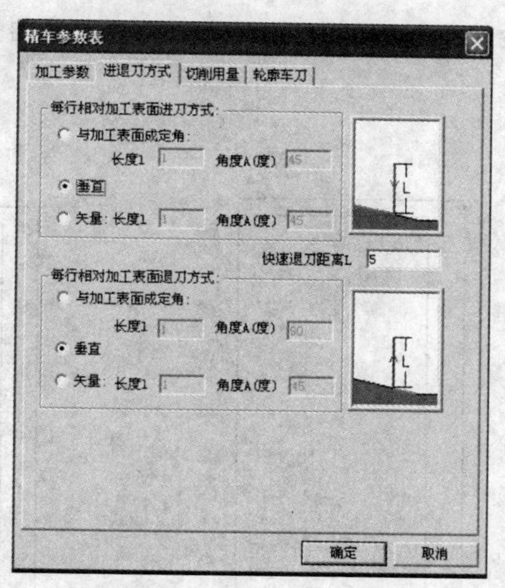

图 15-54 进退刀方式表

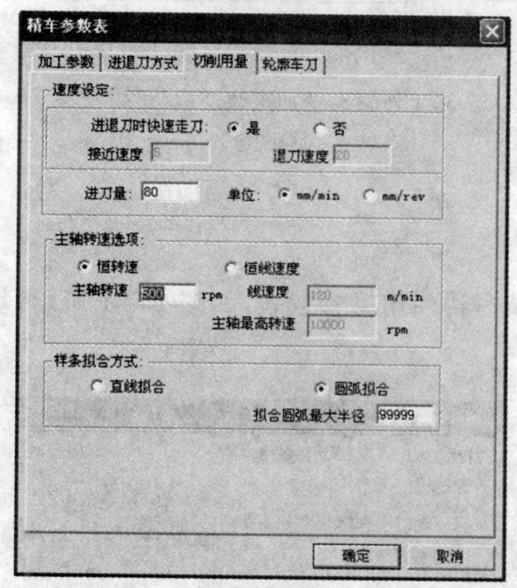

图 15-55 切削用量参数表

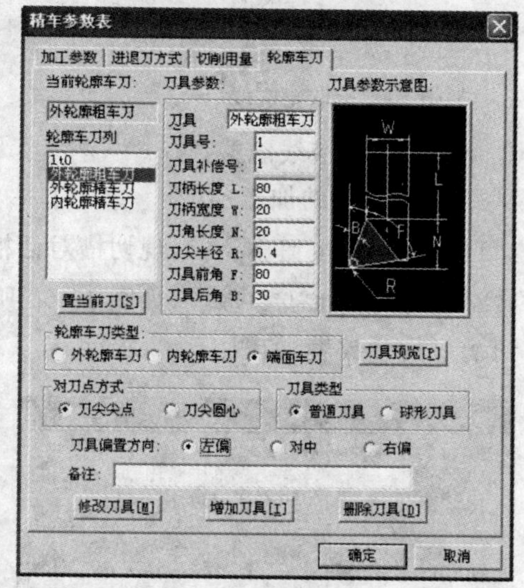

图 15-56 轮廓车刀参数表

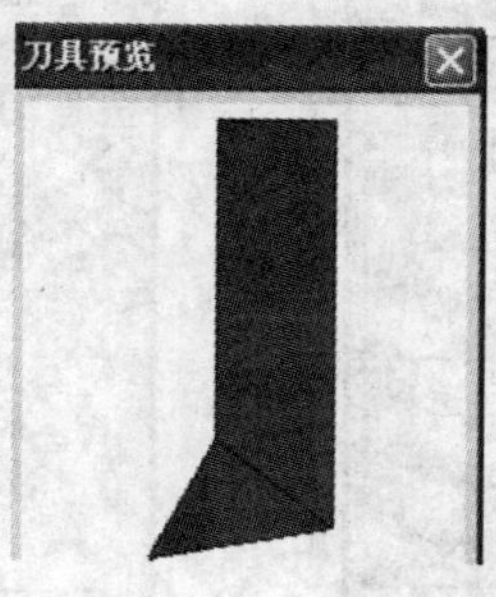

图 15-57 刀具预览

3)点击 确定 ,【系统提示栏】显示“拾取被加工工件表面轮廓”,按键盘空格键,选择【单个拾取】,依次拾取轮廓线,如图 15-58 所示。

4)右击,【系统提示栏】显示“输入进退刀点”,按回车键,输入换刀点坐标(100,100),

按回车键，生成左端面精加工轨迹，如图 15-59 所示。

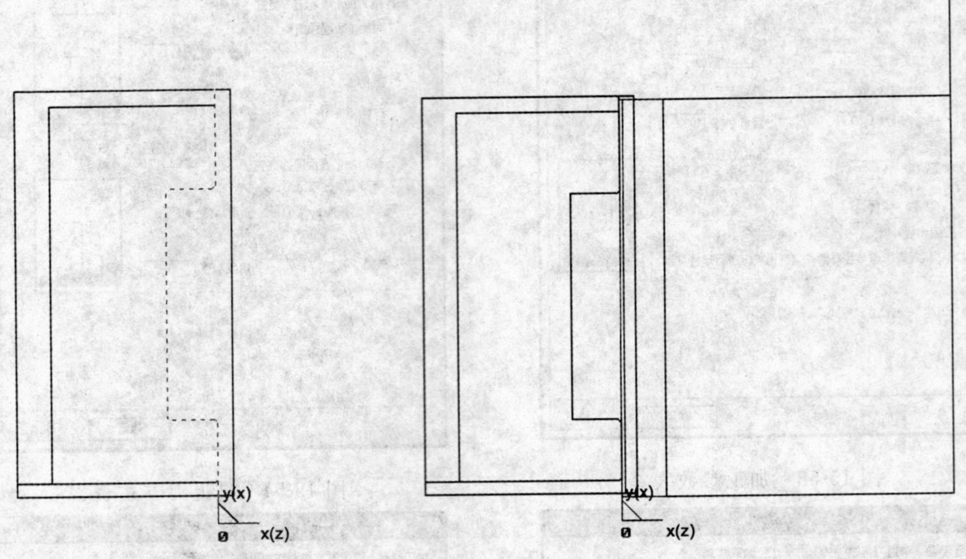

图 15-58　拾取轮廓线　　　　图 15-59　外轮廓精加工轨迹线

5)将精车轨迹线隐藏。

3. 左端面槽的加工

1)点击切槽按钮，出现切槽对话框。

2)填写切槽加工参数表，如图 15-60 所示；填写切削用量参数表，如图 15-61 所示；填写切槽刀具参数表，如图 15-62 所示。

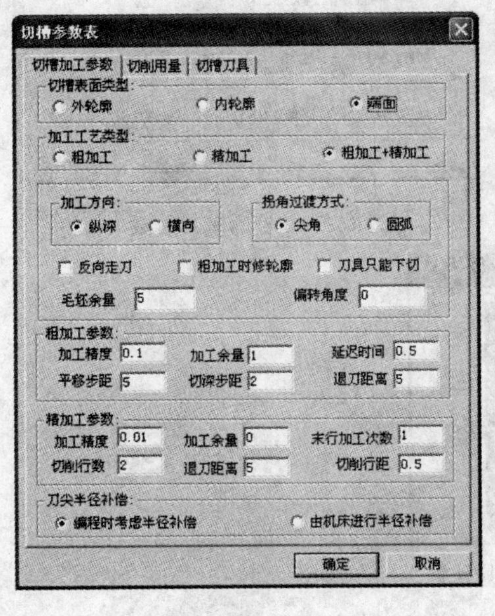

图 15-60　切槽加工参数表

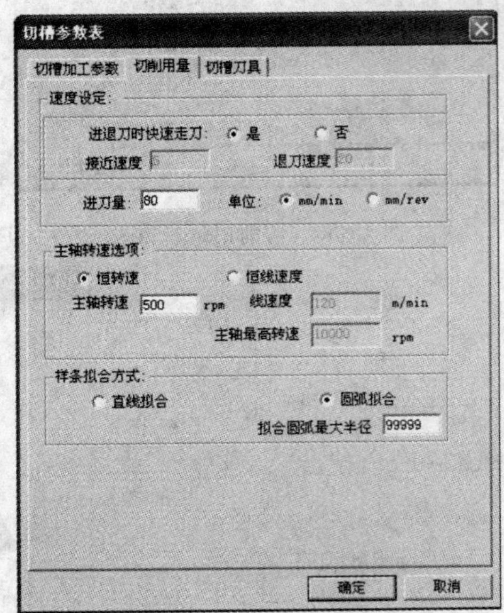

图 15-61　切削用量参数表

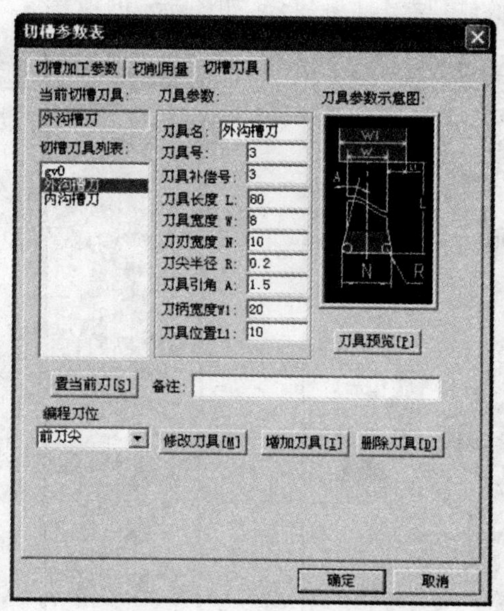

图 15-62 切槽刀具参数表

注意:*刀刃宽度不能大于刀具宽度;刀刃宽度要小于或等于槽宽。*

3)点击 确定 ,【系统提示栏】显示“拾取被加工工件表面轮廓”,按键盘空格键,选择【单个拾取】,依次拾取轮廓线,如图 15-63 所示。

4)右击,【系统提示栏】显示“输入进退刀点”,按回车键,输入换刀点坐标(100,100),按回车键,生成外轮廓切槽轨迹,如图 15-64 所示。

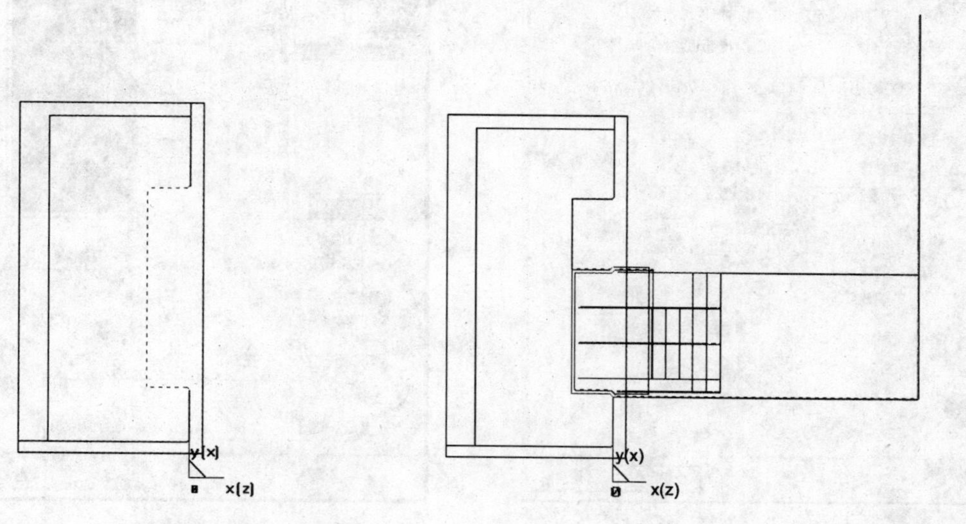

15-63 拾取沟槽轮廓　　　　图 15-64 切槽轨迹线

5)隐藏切槽轨迹。

4. 外轮廓粗加工

1)点击轮廓粗车按钮 。

2)填写粗加工参数表,如图 15-65 所示;填写进退刀方式表,如图 15-66 所示;填写切削用量表,如图 15-67 所示;填写刀具参数表,如图 15-68 所示。

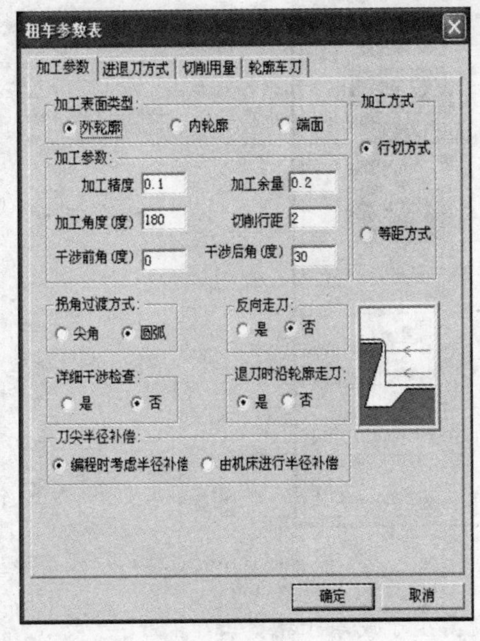

图 15-65 加工参数表

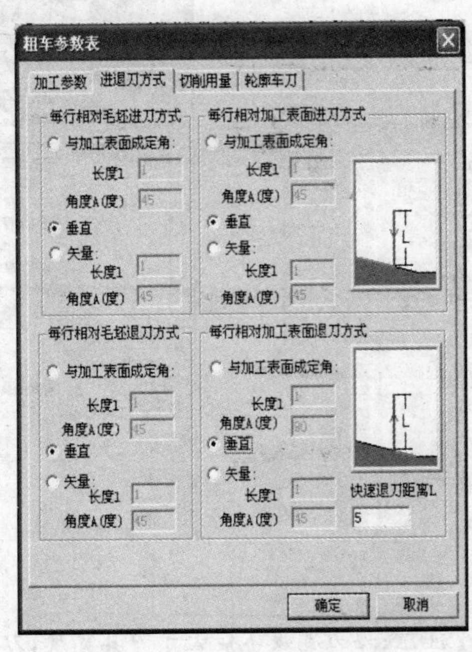

图 15-66 进退刀方式表

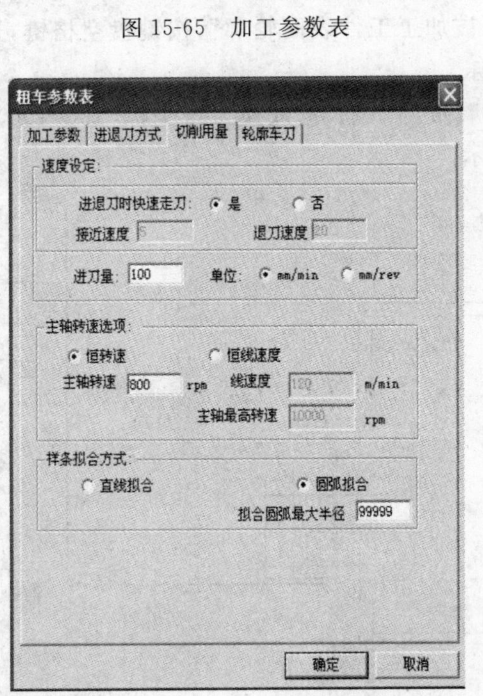

图 15-67 切削用量表

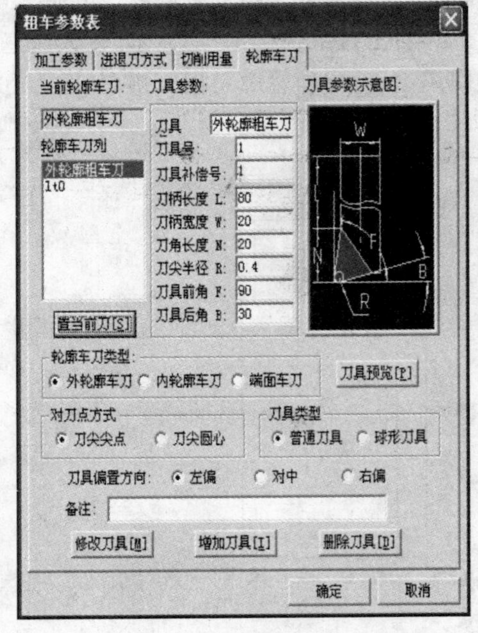

图 15-68 轮廓车刀表

3)点击 确定 ,【系统提示栏】显示“拾取被加工工件表面轮廓”,按键盘空格键,选择【单个拾取】,依次拾取轮廓线,如图 15-69 所示。

4)右击右键,【系统提示栏】显示“拾取定义的毛坯”,依次拾取毛坯轮廓,如图 15-70 所示。

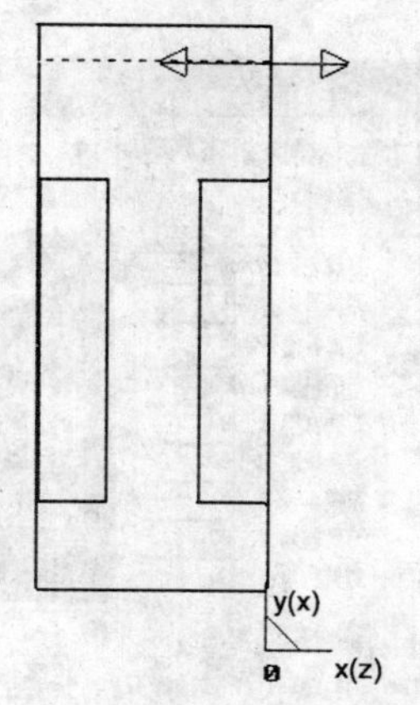

图 15-69 拾取加工轮廓

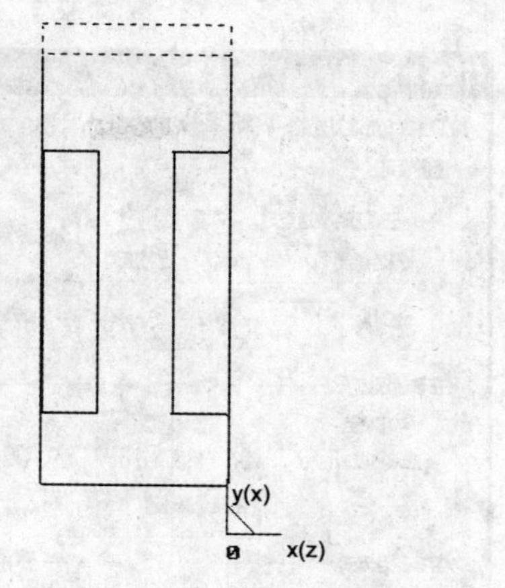

图 15-70 拾取毛坯轮廓

5)右击,【系统提示栏】显示"输入进退刀点",按回车键,输入换刀点坐标(100,100),按回车键,生成外轮廓粗加工轨迹,如图 15-71 所示。

6)将粗车轨迹线隐藏。

5. 外轮廓精车

1)点击精车按钮 ,出现精车对话框。

2)填写精车加工参数表,如图 15-72 所示;填写进退刀方式表,如图 15-73 所示;填写切削用量参数表,如图 15-74 所示;填写轮廓车刀参数表,如图 15-75 所示;刀具预览,如图 15-76 所示。

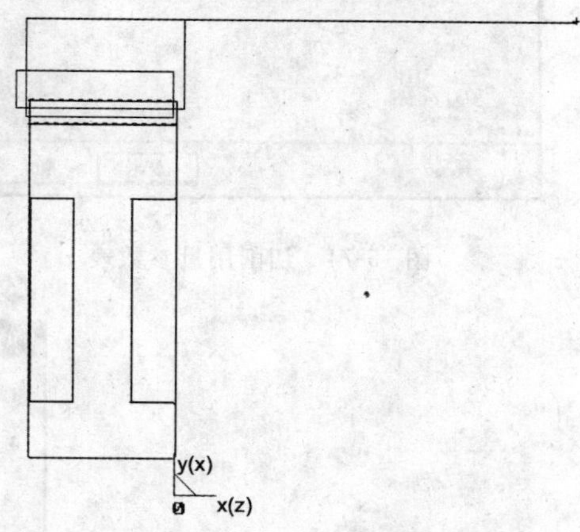

图 15-71 外轮廓粗加工轨迹线

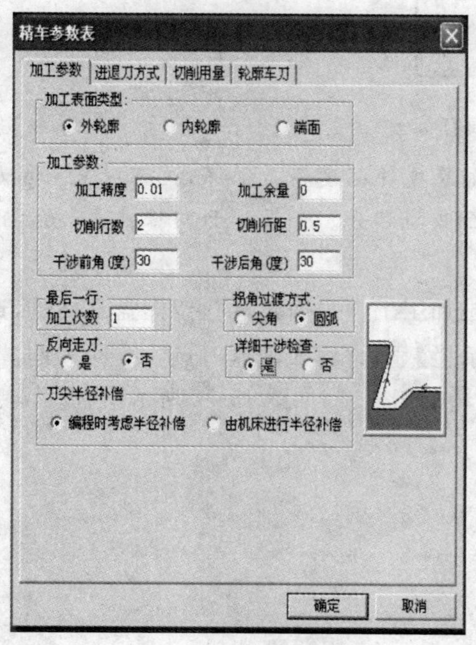

图 15-72 加工参数表

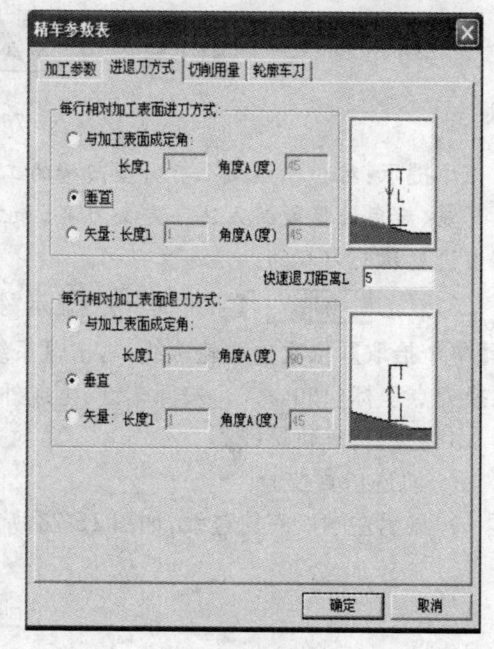

图 15-73 进退刀方式表

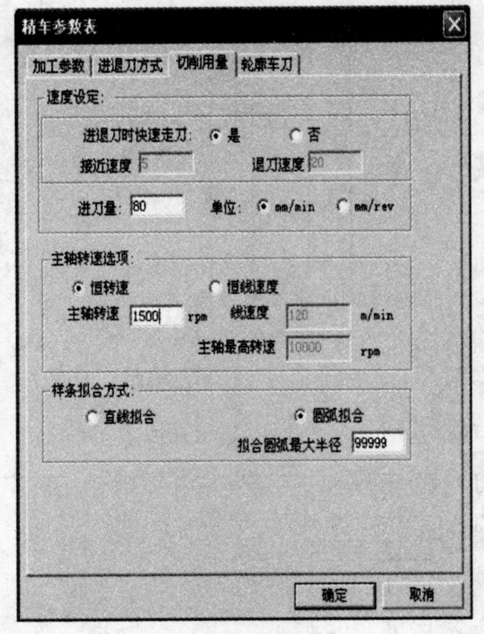

图 15-74　切削用量参数表

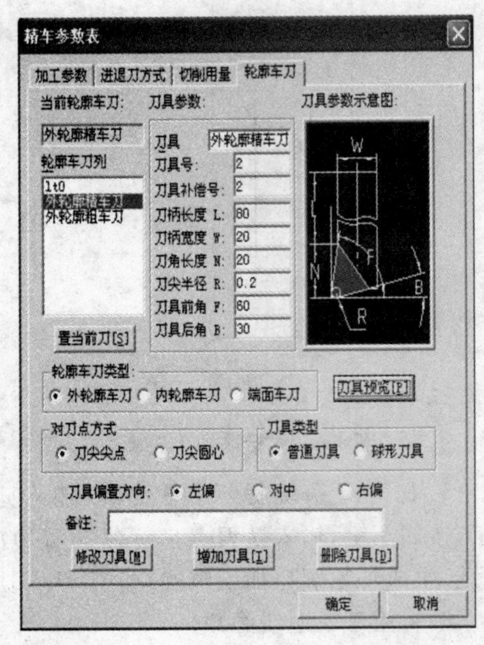

图 15-75　轮廓车刀参数表

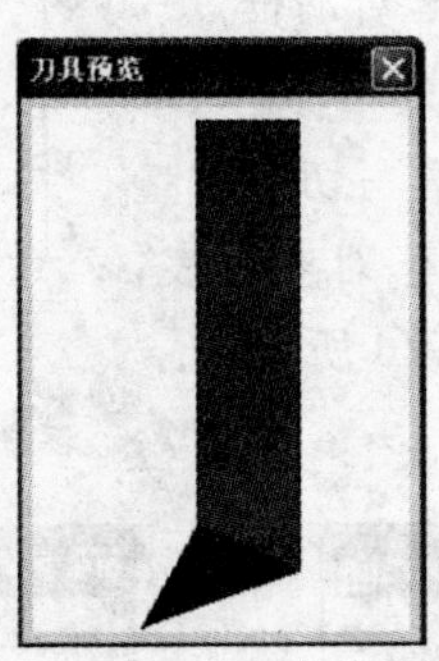

15-76　刀具预览

小提示:对于在端面上有特型凹槽的工件,如果槽的深度不是很深,就可以采用增加刀具前、后角的度数的方法来定义刀具,加工端面凹型部分。如果端面凹槽较深,就可以采用设置端面刀具的方法加工。

3)点击 确定 ,【系统提示栏】显示“拾取被加工工件表面轮廓”,按键盘空格键,选择【单个拾取】,依次拾取轮廓线,右击,【系统提示栏】显示“输入进退刀点”,按回车键,输入换刀点坐标(100,100),按回车键,生成外轮廓精加工轨迹,如图 15-77 所示。

4)隐藏精车轨迹线。

6. 轨迹仿真校验

1)显示左端所有轨迹线,如图 15-78 所示。

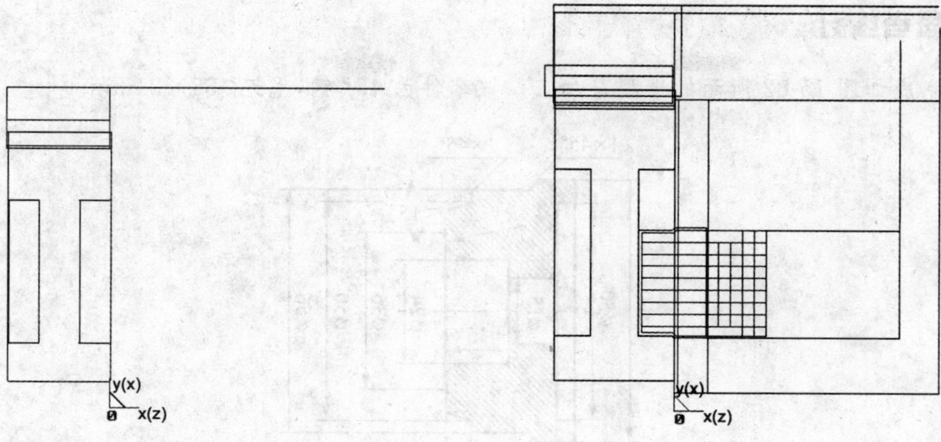

图 15-77　外轮廓精加工轨迹线　　　　图 15-78　工件左端加工轨迹

2)点击 ，出现机床仿真快捷菜单。参数设置：二维实体、缺省毛坯、步长 1.0000，依次拾取刀具轨迹，右击，进入仿真界面，如图 15-79 所示。

7. 生成 G 代码文件

1)点击 按钮，选择保存路径，输入文件名“001”。

2)依次拾取刀具轨迹，如图 15-80 所示。

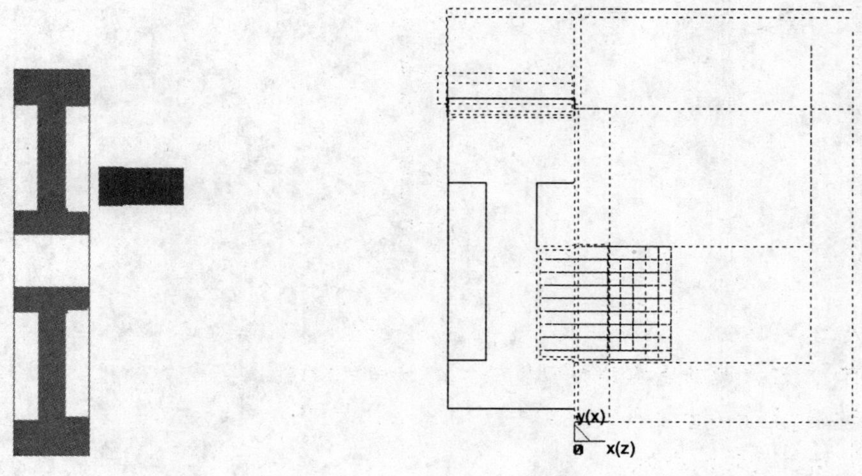

图 15-79　仿真界面　　　　图 15-80　拾取刀具轨迹

3)鼠标右击，生成左端 G 代码文件，如图 15-81 所示。

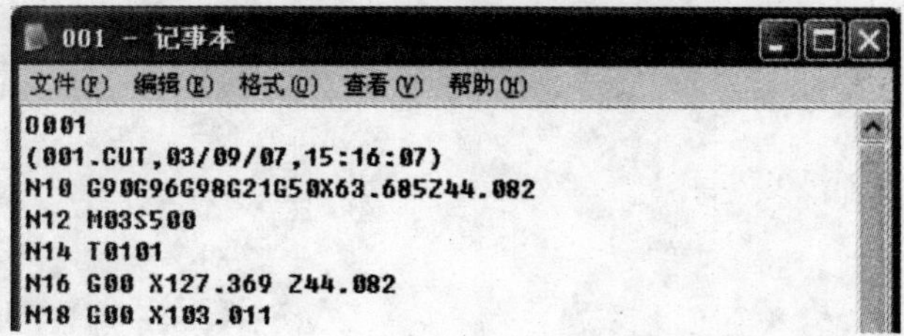

001 - 记事本

文件(F) 编辑(E) 格式(O) 查看(V) 帮助(H)

```
O001
(001.CUT,03/09/07,15:16:07)
N10 G90G96G98G21G50X63.685Z44.082
N12 M03S500
N14 T0101
N16 G00 X127.369 Z44.082
N18 G00 X103.011
```

图 15-81　零件的左端加工程序

思考练习

完成如图 15-82 所示的造型与加工。该零件为 45# 钢，毛坯Ø65×31mm。

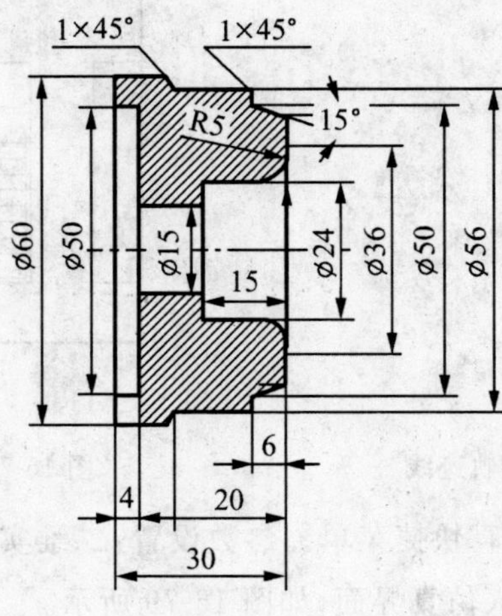

图 15-82　轴套

模块二　轴类零件造型与加工

任务十六　奖杯的造型与加工

能力目标

◎ 会使用 CAXA 数控车 XP 软件进行特型面零件的加工造型

◎ 能生成特型面零件的加工轨迹

◎ 能通过机床后置和处理生成零件的加工代码

知识准备

◎ 曲线的画法技巧

任务引入

完成图 16-1 所示零件的造型与加工。该零件材料为硬铝，毛坯尺寸为∅50×200mm，要求外表面美观，表面粗糙度低。

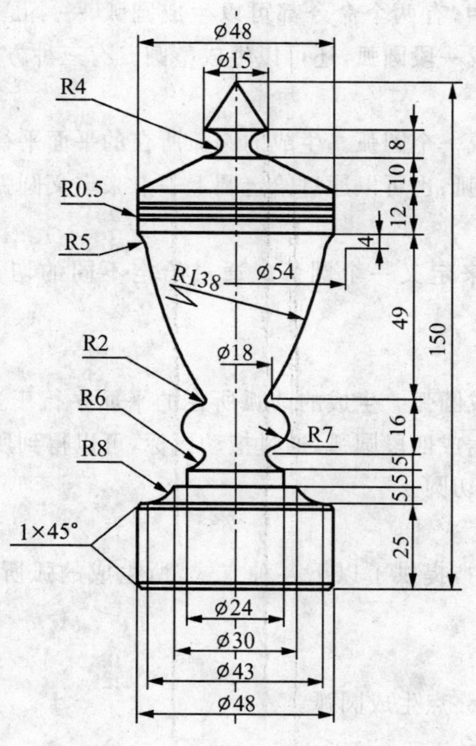

图 16-1　奖杯零件图

任务分析

零件“奖杯”图形比较复杂，尺寸较多但比较单一，且公差不严格，如图 16-1 所示。它主要由一些特型面构成。只有外轮廓尺寸，不涉及内轮廓。由于加工过程中曲面较多，注意在选用刀具时要选用较小的刀尖角。

由以上分析可知，该工件的加工方法为：夹持下端底座部分一次加工成型；最后切断，调头后加工底面的方式。其工序见表 16-1 所示。

表 16-1　　数控加工工艺卡

工序	工序内容	刀号	刀具规格	刀尖半径(mm)	主轴转速(r/min)	进给速度(mm/min)	吃刀量(mm)	备注
1	粗车外轮廓	01	93°	0.4	1000	150	2	
2	精车外轮廓	02	95°	0.2	1200	100	0.2	
3	切断	03	4mm	0.2	500	150	2	
4	调头，齐端面	01	93°	0.4	800	150	1	

相关知识

一、圆

在“曲线生成”模块中，有两个命令都可以生成圆弧，一个是“圆(弧)”，一个是“弧”。“圆(弧)”命令除可以生成一段圆弧，还可以生成整圆。有三种方式：

1. 圆心＋半径

指定圆心和半径生成一个圆弧。生成的圆弧所在的平面平行于当前平面。确定圆心后，可以输入半径定义圆弧；也可以通过给定圆上一点来定义圆弧。

2. 三点圆弧

按顺序给定三个点来定义一个圆弧。通过给定不同的切点可以生成不同的切圆(弧)。

3 两点＋半径

给定两点和半径生成圆弧。生成的圆弧所在的平面平行于当前平面。一般来讲，给定两点和一个半径可以生成四段圆弧，通过拖动鼠标，可以得到所看到的圆弧段。通过给定切点，可以生成不同的切圆。

二、圆弧

在生成“弧”的功能中，提供了以下各种方式，所生成的弧所在的平面均平行于当前平面。

1. 圆心＋两点

给定圆心点，起点和终点生成圆弧。

2. 圆心＋起点＋弦长

给定圆心点，起点和弦长生成圆弧。

用鼠标左键切换显示所有可能的圆弧，当所需要的圆弧段显示出来后，按鼠标右键确认圆弧

3. 起点＋终点＋方向

给定起点，终点和起点处的切线方向生成圆弧。

4. 起点＋终点＋圆心角

给定起点，终点和圆心角生成圆弧。

用鼠标左键切换显示所有可能的圆弧，当所需要的圆弧段显示出来后，按鼠标右键确认圆弧

5. 起点＋半径＋起终角

给定起点，半径，起始点角度，终点角度生成圆弧。

三、样条曲线

在“曲线生成”模块中的“样条”生成功能，可以生成样条曲线。生成样条有两种方式：

1. 插值方式

按顺序输入一系列的点，顺序通过这些点生成一条光滑的B样条曲线。通过设置立即菜单，可以控制生成的样条的端点切矢，使其满足一定的相切条件。也可以生成一条封闭的B样条曲线。

2. 顺序输入一系列点，根据给定的精度生成拟合这些点的光滑的B样条曲线。

用逼近方式拟合一批点生成的B样条曲线有比较少的控制顶点，曲线品质比较好，适用于数据点比较多的情况。

除了样条生成功能可以生成样条曲线外，还可以用文本文件的方式生成样条曲线。这样生成的样条曲线是用插值方式生成的。

在“曲线生成”模块中，有“二次曲线”生成功能，可以生成抛物线、双曲线、椭圆。生成的曲线是用样条曲线来表示的。

在“曲线生成”模块中的“等距线”生成功能生成的等距线也是用样条曲线表示的。

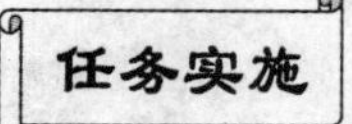

一、零件右端的建模

对图16-1零件进行建模，如图16-2所示。

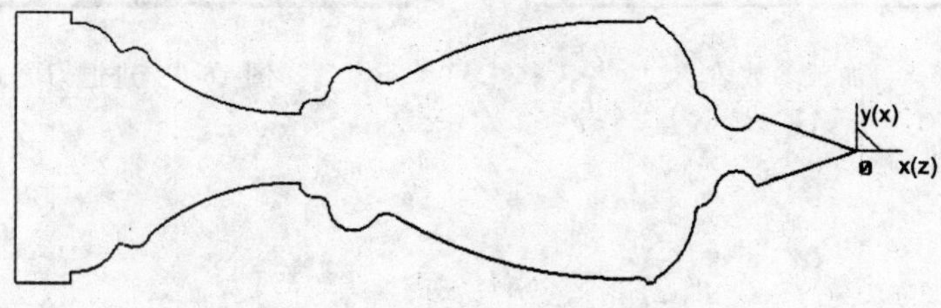

图16-2 零件建模

二、零件右端的加工

1. 绘出零件右端的加工造型，如图16-3所示。

图 16-3　零件的加工造型

2. 外轮廓粗加工

1)绘制粗加工毛坯轮廓,如图 16-4 所示。

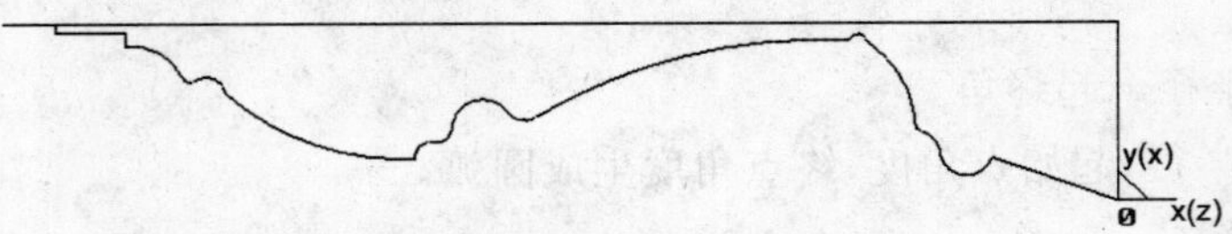

图 16-4　绘制粗加工毛坯

2)点击轮廓粗车按钮 ,填写粗加工参数表。

3)填写加工参数表,如图 16-5 所示;填写进退刀方式表,如图 16-6 所示;填写切削用量表,如图 16-7 所示;填写刀具参数表,如图 16-8 所示。

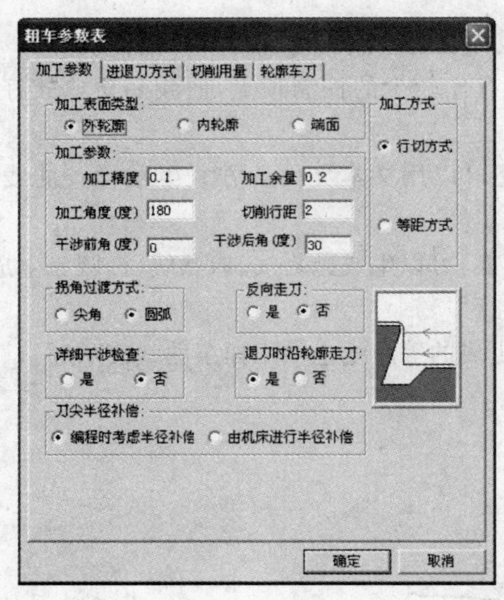

图 16-5　加工参数表

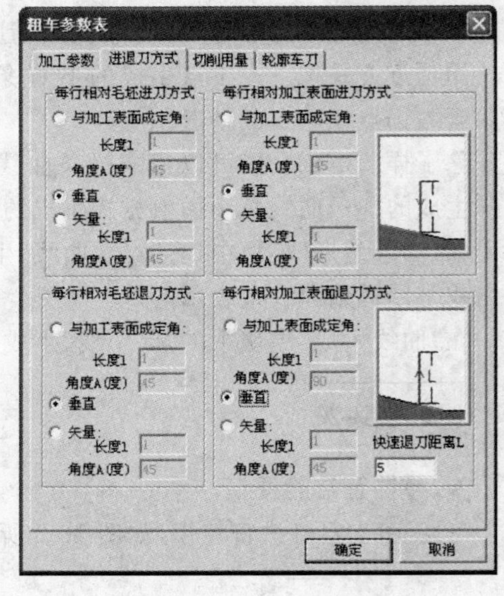

图 16-6　进退刀方式表

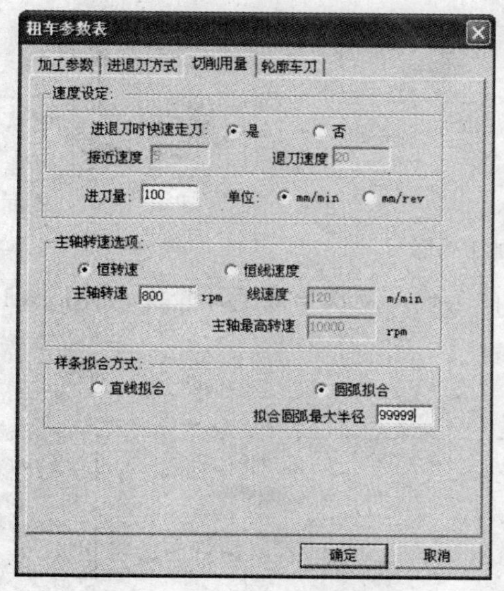

图 16-7 切削用量表

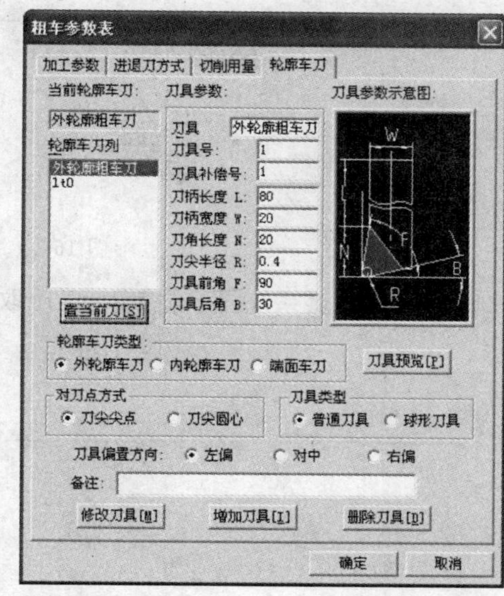

图 16-8 轮廓车刀表

小提示:增加刀具的方法:在图 16-8 中点击 增加刀具[I] 按钮,出现增加刀具对话框,如图 16-9 所示,填写刀具参数,点击 确定 按钮,新增的刀具就会出现在刀具列表里。

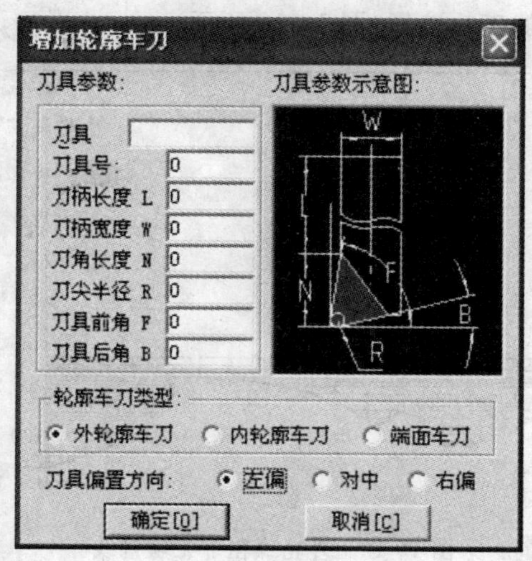

图 16-9 增加刀具对话框

注意:把新增车刀置为当前刀时,要注意修改刀补号,然后点击 修改刀具[M] 按钮。

4)点击 确定 ,左下脚提示"拾取被加工工件表面轮廓",按键盘空格键,选择【单个拾取】,顺次拾取轮廓线,如图 16-10 所示。

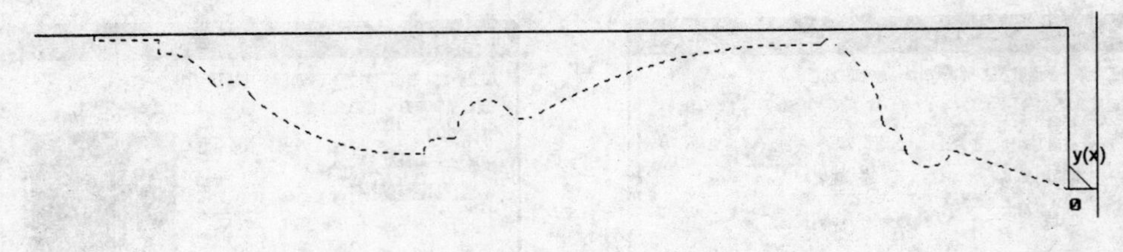

图 16-10　拾取加工轮廓

5)右击右键,【系统提示栏】显示"拾取定义的毛坯",顺次拾取毛坯轮廓,如图 16-11 所示。

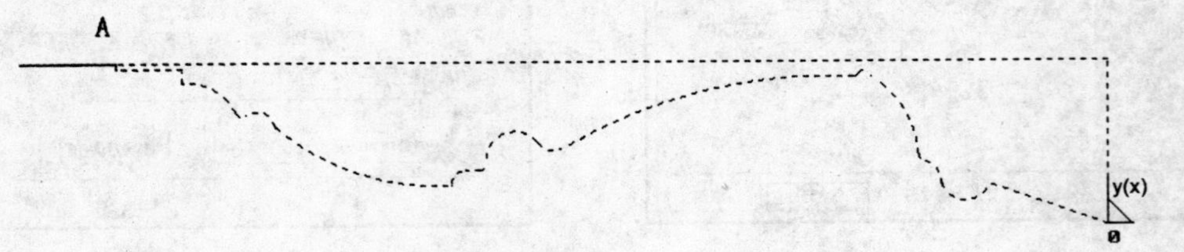

图 16-11　拾取毛坯轮廓

诀窍:拾取毛坯轮廓时,要在 A 点处打断,如图 16-11 所示。

6)右击,【系统提示栏】显示"输入进退刀点",按回车键,输入换刀点坐标(100,100),按回车键,生成外轮廓粗加工轨迹,如图 16-12 所示。

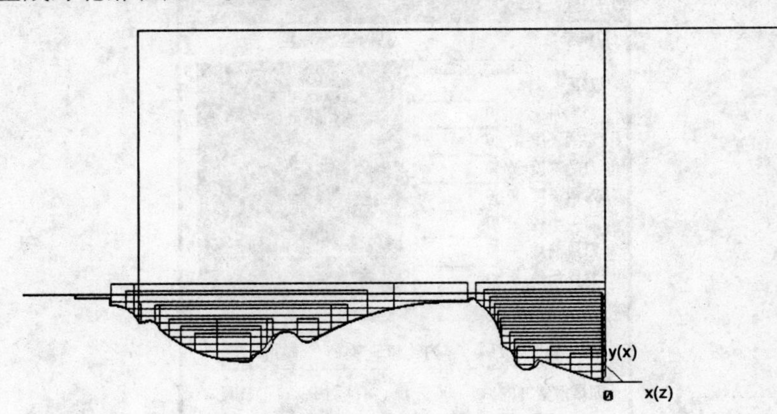

图 16-12　外轮廓粗加工轨迹线

7)将粗车轨迹线隐藏。

3. 外轮廓精车

1)点击精车按钮 ,出现精车对话框。

2)填写精车加工参数表,如图 16-13 所示;填写进退刀方式表,如图 16-14 所示;填写切削用量参数表,如图 16-15 所示;填写轮廓车刀参数表,如图 16-16 所示;刀具预览,如图 16-17 所示。

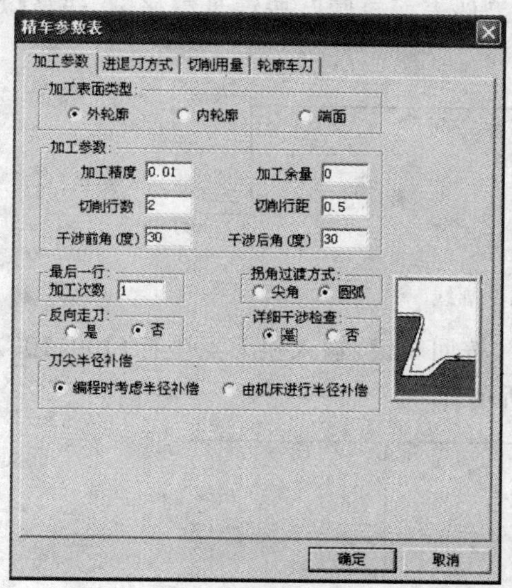

图 16-13 加工参数表

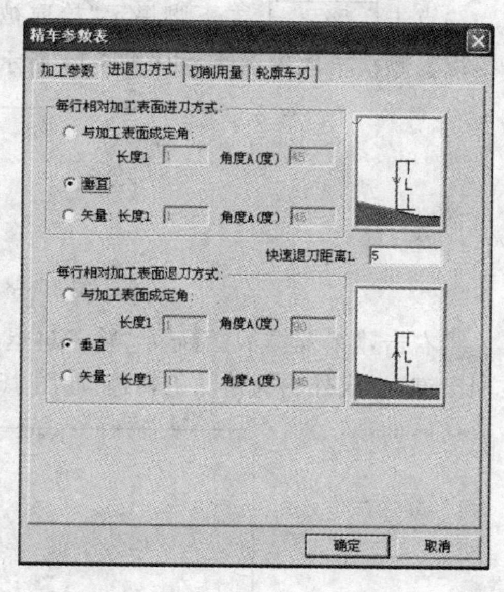

图 16-14 进退刀方式表

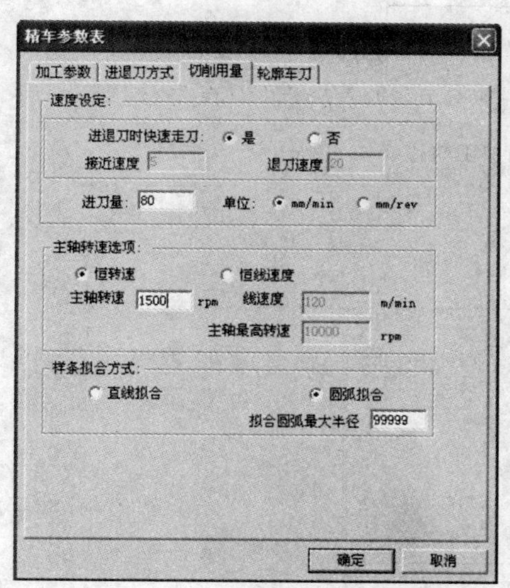

图 16-15 切削用量参数表

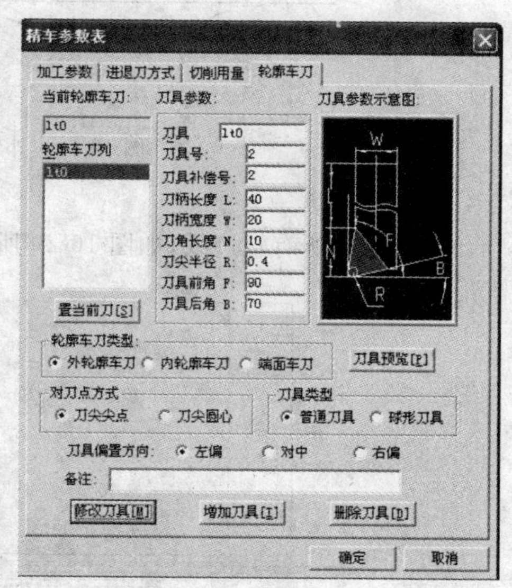

图 16-16 轮廓车刀参数表

图 16-17 刀具预览

3)点击 确定 ,左下脚提示“拾取被加工工件表面轮廓”,按键盘空格键,选择【单个拾取】,顺次拾取轮廓线,如图 16-18 所示。

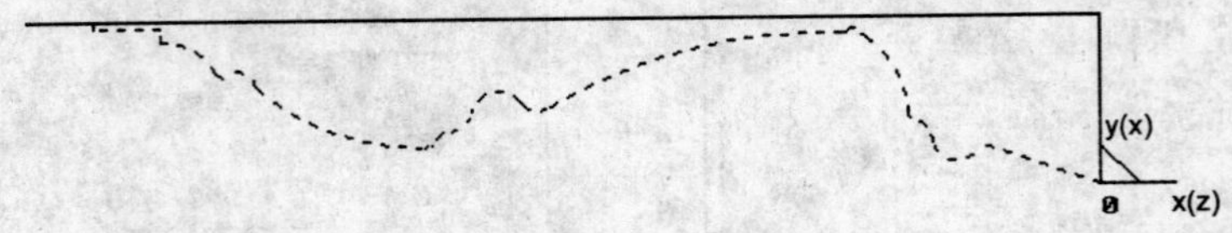

图 16-18　拾取轮廓线

4)右击,【系统提示栏】显示“输入进退刀点”,按回车键,输入换刀点坐标(100,100),按回车键,生成外轮廓精加工轨迹,如图 16-19 所示。

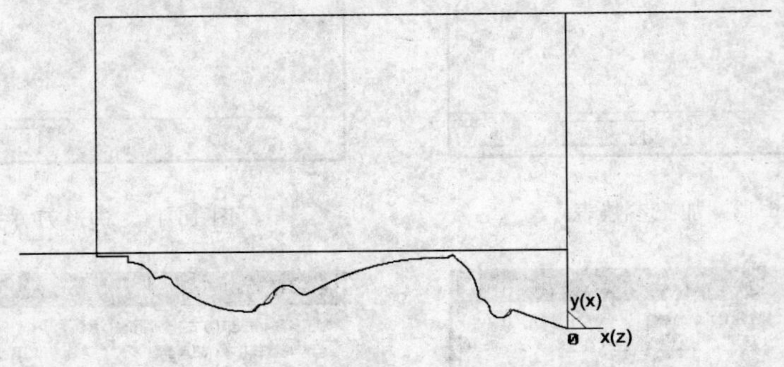

图 16-19　外轮廓精加工轨迹线

4. 仿真校验

1)显示右端所有轨迹线,如图 16-20 所示。

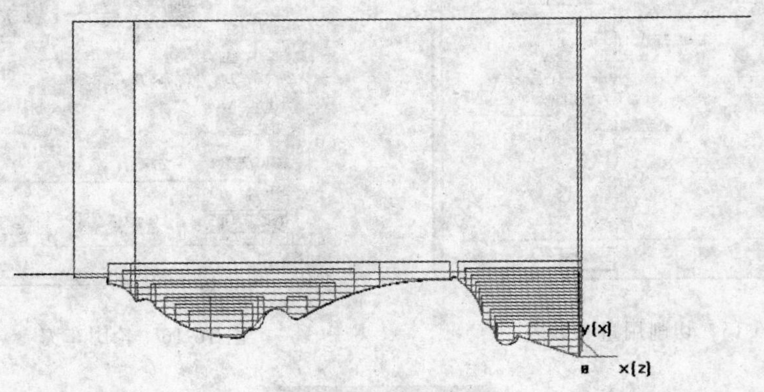

图 16-20　工件左端加工轨迹

2)点击机床设置键 ,设置机床参数,如图 16-21 所示。

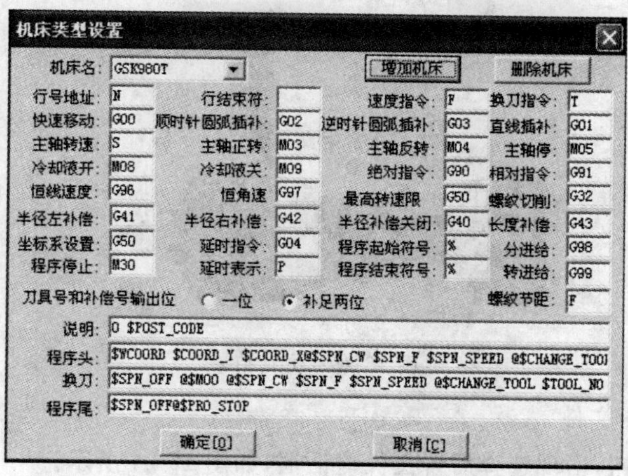

图 16-21 设置机床参数

3)点击后置设置键 ，出现后置设置对话框，如图 16-22 所示。点击 确定 按钮，完成机床设置和后置处理。

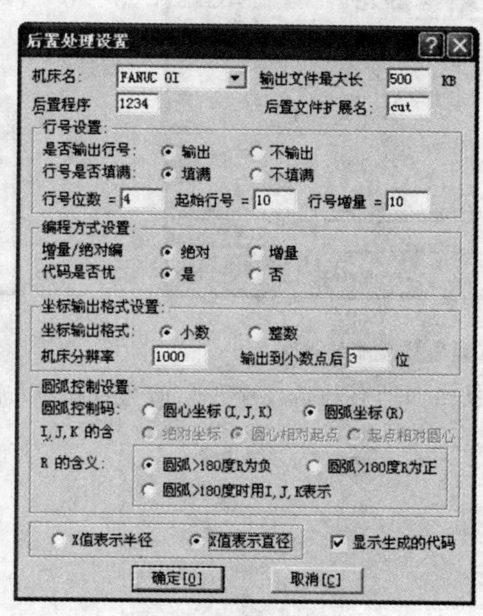

图 16-22 后置设置对话框

4)点击 ，出现机床仿真快捷菜单。参数设置：二维实体、缺省毛坯、步长 1.0000，依次拾取刀具轨迹，右击，进入仿真界面，仿真结果如图 16-23 所示。

注意：仿真时可选用动态、静态、和二维实体进行。采用二维实体仿真时，不能模拟螺纹加工。

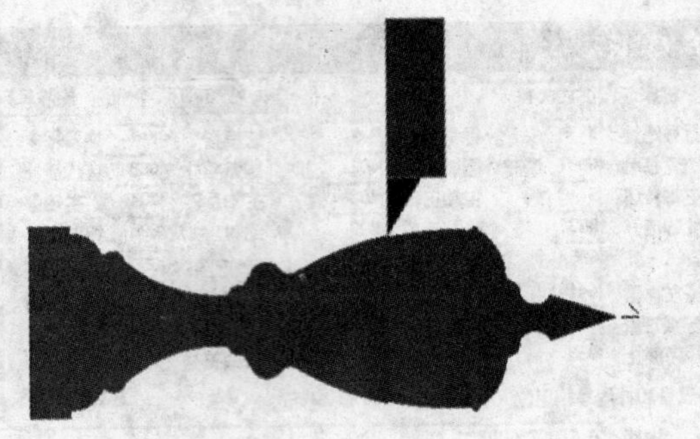

图 16-23　仿真结果

5. 生成 G 代码文件

1)点击 [按钮图标] 按钮，出现选择后置文件对话框，如图 16-24 所示。

2)选择存储位置"我的文档"，文件名输入"000"，然后按 [打开(O)] 键，弹出提示框，如图 16-25 所示，单击 [是(Y)] 。

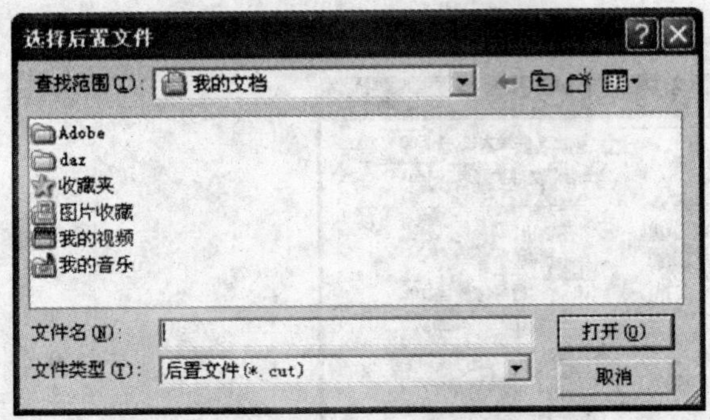

图 16-24　选择后置文件对话框

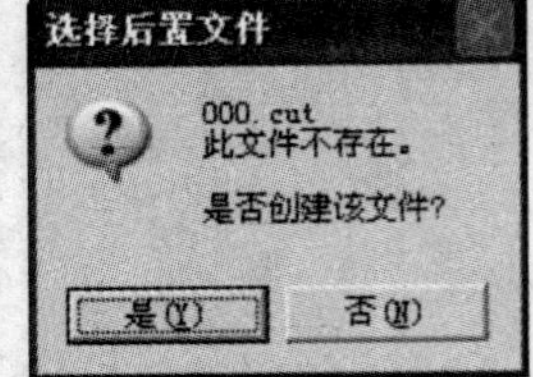

图 16-25　提示框

3)【系统提示栏】显示"拾取刀具轨迹"，顺次拾取刀具轨迹，如图 16-26 所示。

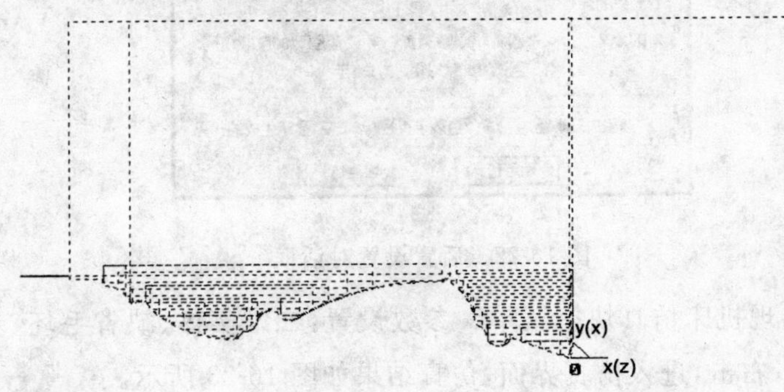

图 16-26　拾取刀具轨迹

4)鼠标右击，生成 G 代码文件，如图 16-27 所示。

无标题 - 记事本
文件(F) 编辑(E) 格式(O) 查看(V) 帮助(H)

```
O1235
(003.CUT,03/05/07,16:11:49)
N10 G90G96G98G21G50X100.000Z100.000
N12 M03S1000
N14 T0101
N16 G00 X200.000 Z100.000
N18 G00 Z0.807
N20 G00 X57.614
```

图 16-27 奖杯的加工程序

三、零件左端的加工

手动将工件切断，掉头装夹，加工左端面，控制长度为 150mm。

思考练习

完成如图 16-28 所示手柄的造型与加工。

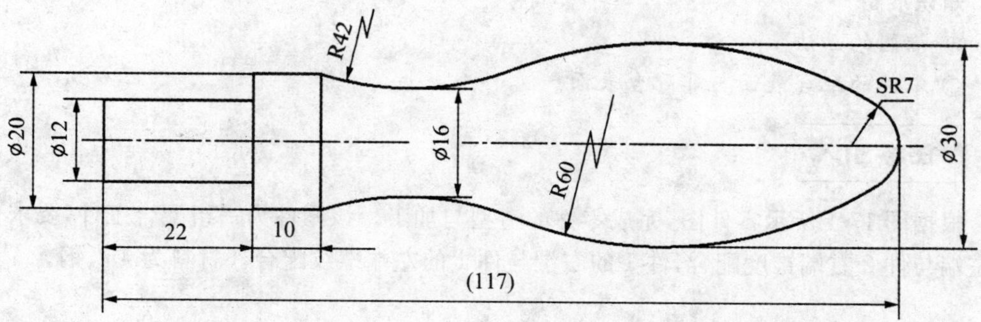

图 16-28 手柄

模块三　综合类零件造型与加工

任务十七　配合零件的造型与加工

能力目标

◎ 会使用 CAXA 数控车 XP 软件进行配合件的加工造型

◎ 能正确安排配合件加工

◎ 能通过机床后置和处理生成零件的加工代码

知识准备

◎ 椭圆的画法

◎ 零件的配合表面与非配合表面

根据图 17-1 所示零件图，完成零件的造型与加工。该零件为一组配合工件，要求件 1 的左端与件 2 右端锥度配合，件 1 的右端与件 1 的左端螺纹配合。材料为 45# 钢。

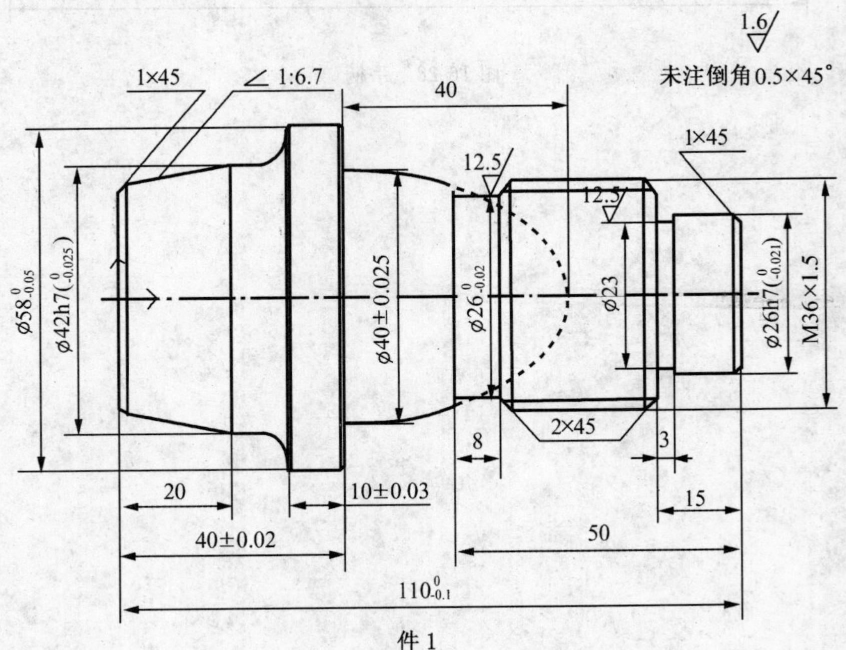

件 1

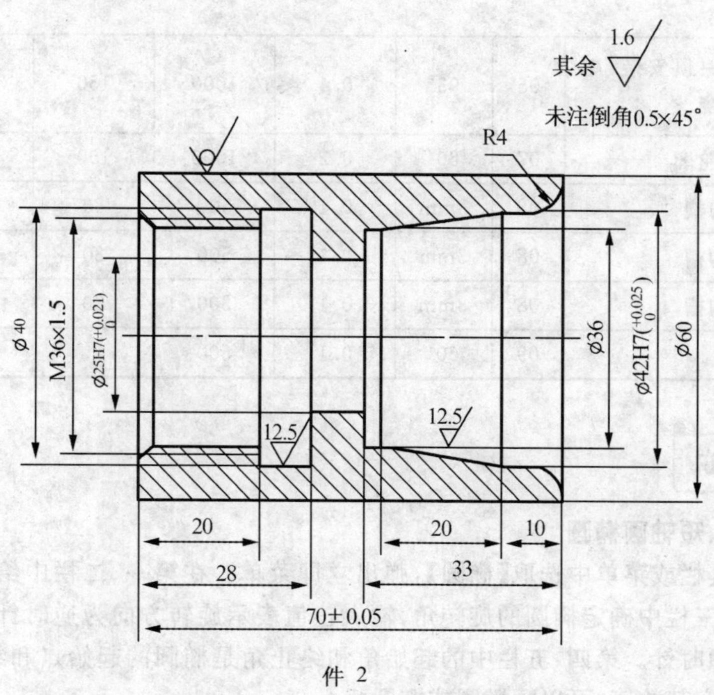

件 2

图 17-1 组合件零件图

任务分析

此零件为“两件组合”，图形比较复杂，配合精度要求较高。该工件的加工方法为：先加工工件 2，然后以 2 为基准，加工工件 1，加工件 2 时，要注意Ø26 孔与 M30 螺纹的同轴度，以保证配合，其工序见表 17-1。

表 17-1 数控加工工艺卡

工序	工序内容	刀号	刀具规格	刀尖半径（mm）	主轴转速（r/min）	进给速度（mm/min）	吃刀量（mm）	备注
1	件 2 右端钻Ø24 底孔	0	Ø24		400			手动
2	粗车件 2 右端内轮廓	01	15°	0.4	500	100	2	
3	精车件 2 右端内轮廓	02	15°	0.2	500	80	1	
4	调头，粗车件 2 左端内轮廓	01	15°	0.4	500	100	2	
5	车件 2 内沟槽	03	5	0.1	500	80	2	
6	车件 2 内螺纹	04	60°	0.1	500		0.5	
7	粗车件 1 左端外轮廓	05	93°	0.4	1000	150	2	
8	精车件 1 左端外轮廓	06	93°	0.2	1000	150	2	

续表

9	掉头，一夹一顶安装，粗车右端外轮廓	05	93°	0.4	1000	150	2	
10	精车右端外轮廓	07	60°	0.2	1000	150	2	
11	车 3mm 宽沟槽	08	3mm	0.1	500	80	1	
12	车 5mm 宽沟槽	08	3mm	0.1	500	80	1	
13	车 8mm 宽沟槽	08	3mm	0.1	500	80	1	
14	车外螺纹	09	60°	0.1	500		0.5	

相关知识

一、给定长、短轴画椭圆

在曲线工具栏或菜单中选取【椭圆】，弹出立即菜单。在第一、二栏中给定椭圆的长、短半轴值，在第三栏中确定椭圆的旋转角，输入正值表示旋转方向为逆时针，输入负值表示旋转方向为顺时针。第四、五栏中的起始角和终止角是椭圆的起始点和终止点分别与X 轴的夹角，改变其数值，可以画椭圆或椭圆弧。

二、零件配合表面和非配合表面

一般零件包括配合表面和非配合表面。配合表面标注有尺寸公差、形位公差以及表面粗糙度等要求，这些部位的加工包括三部分工艺安排：首先去除余量以接近工件形状，然后粗车至留有余量的工件轮廓形状，最后精加工完成。

在实际生产中为提高效率、延长刀具使用寿命，精加工时往往只对有精度要求的部位进行精加工，也就是说粗加工时只对需要精加工的部位留余量。为达到此目的需要人为地在编制加工工艺时改变被加工工件的结构尺寸，具体来讲就是改变需要精加工部位的尺寸。

设改变后的尺寸为 D_1，图纸标注尺寸中值为 D，则：$D_1=D+0.2$（精加工余量）。

采用改变工件结构尺寸的方法可以避免对工件不必要的部位进行精加工，特别是在大批量生产中可有效地提高生产率、减小刀具损耗，提高产品合格率。

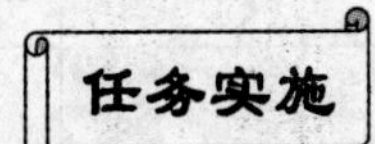

一、零件 2 的建模

利用 CAXA 数控车 XP 的建模功能，对图 17-1 所示零件 2 进行建模，如图 17-2 所示。

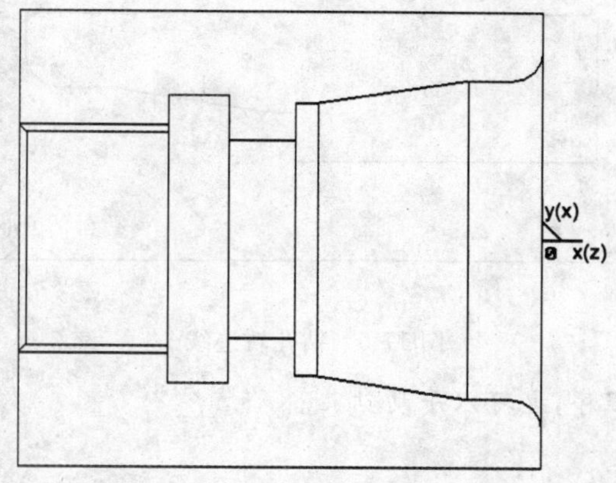

图 17-2 零件 2 建模

二、零件 2 右端的加工

1. 绘出零件 2 右端的加工造型，如图 17-3 所示。

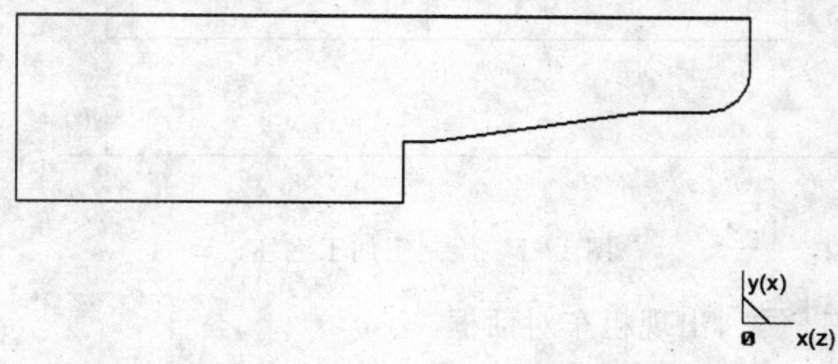

图 17-3 零件 2 右端加工造型

2. 钻底孔

1)点击钻孔按钮 ，出现钻孔对话框，填写加工参数表，如图 17-4 所示；填写钻孔刀具参数表，如图 17-5 所示。

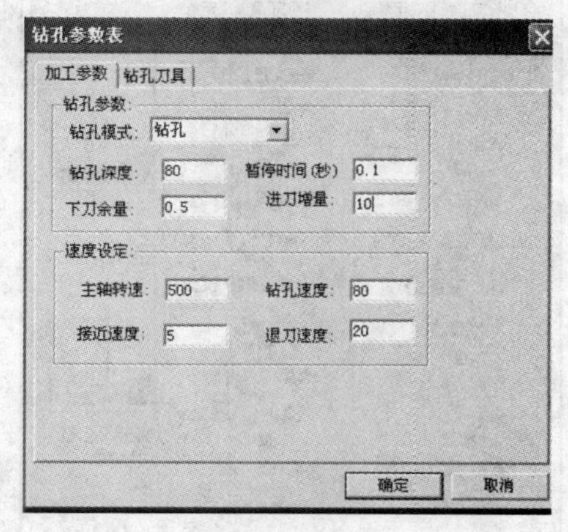

图 17-4 加工参数

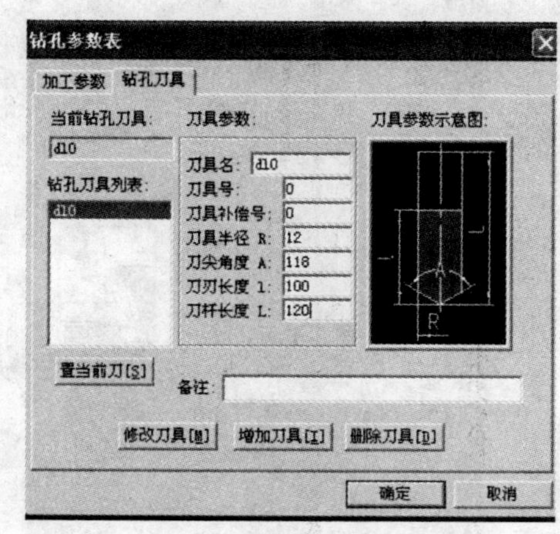

图 17-5 钻孔刀具

2)点击 确定 ，【系统提示栏】显示拾取“钻孔起始点”。

3)拾取坐标系原点，生成钻孔轨迹，如图 17-6 所示。

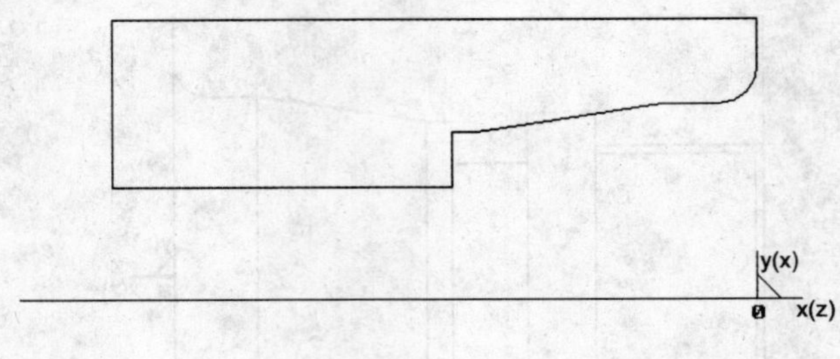

图 17-6　钻孔轨迹线

注意:钻孔可生成程序,也可以手动钻孔。

3. 粗车内轮廓

1)绘制粗加工毛坯轮廓,如图 17-7 所示。

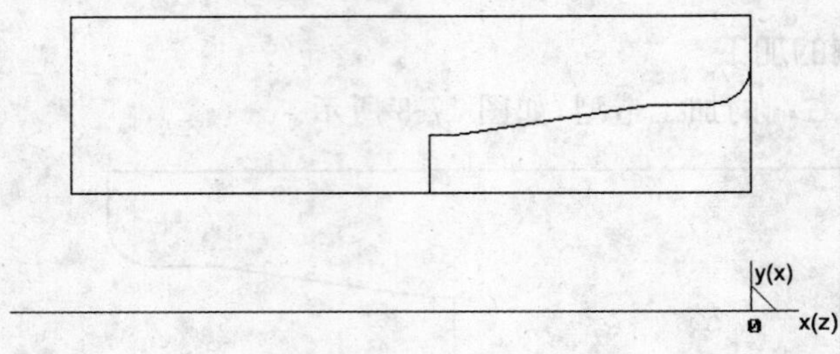

图 17-7　绘制粗加工毛坯

2)点击粗车按钮 ,出现粗车对话框。

3)填写粗车加工参数表,如图 17-8 所示;填写进退刀方式参数表,如图 17-9 所示;填写切削用量参数表,如图 17-10 所示;填写轮廓车刀参数表,如图 17-11 所示。

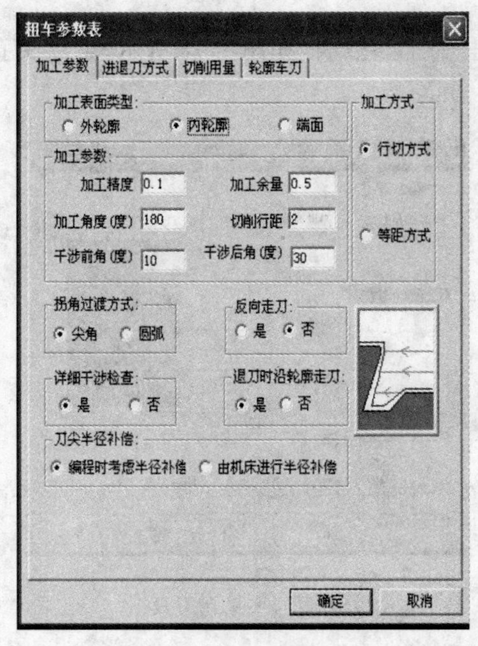

图 17-8　精车加工参数表

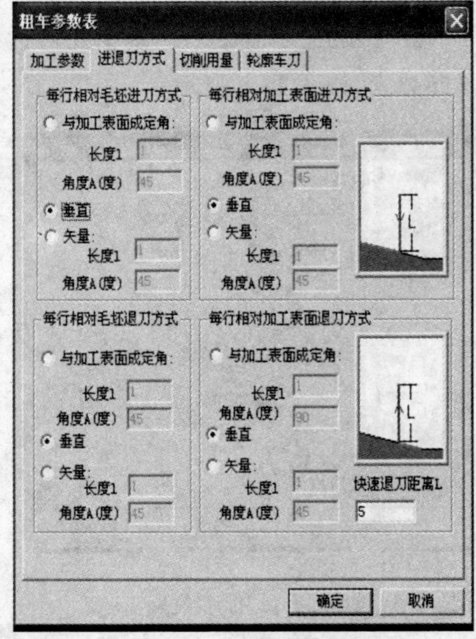

图 17-9　进退刀方式参数表

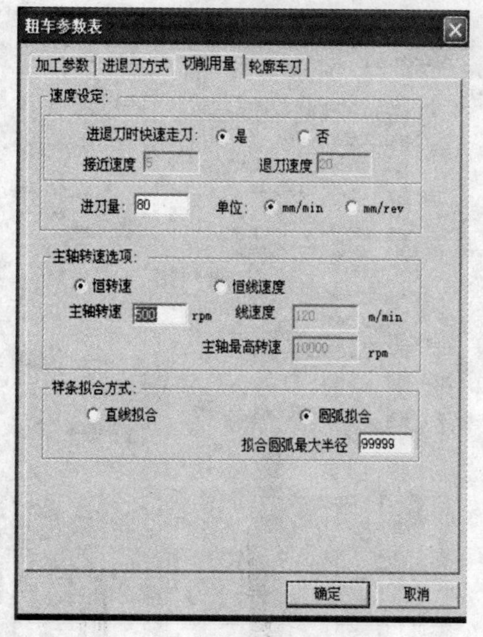

图 17-10　切削用量参数表

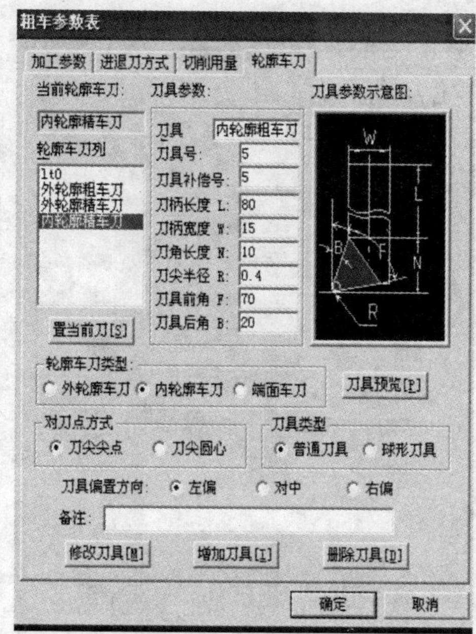

图 17-11　轮廓车刀参数表

4)点击确定按钮,【系统提示栏】显示"拾取被加工工件表面轮廓",按空格键,选择【单个拾取】,依次拾取轮廓线,右击,【系统提示栏】显示"输入换刀点",按回车键,输入坐标(100,0),按回车键,生成内轮廓粗车轨迹,如图 17-12 所示。

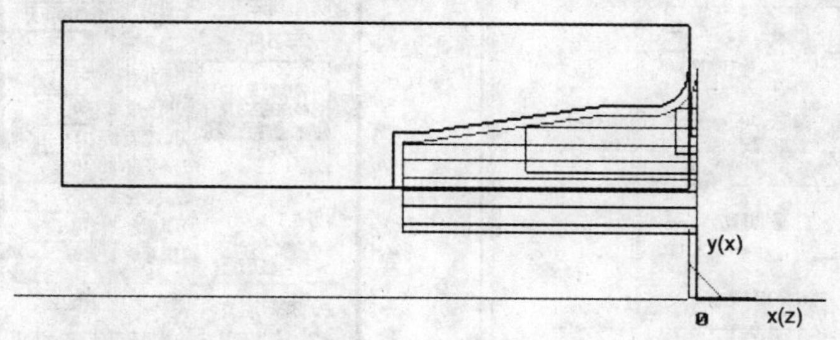

图 17-12　内轮廓粗车轨迹

5)隐藏内轮廓粗车轨迹线。

注意:加工内轮廓时,进、退刀点的选择一定不能与工件发生干涉。

4. 精车内轮廓

1)点击精车按钮 ,出现精车对话框。

2)填写精车加工参数表,如图 17-13 所示;填写进退刀方式参数表,如图 17-14 所示;填写切削用量参数表,如图 17-15 所示;填写轮廓车刀参数表,如图 17-16 所示。

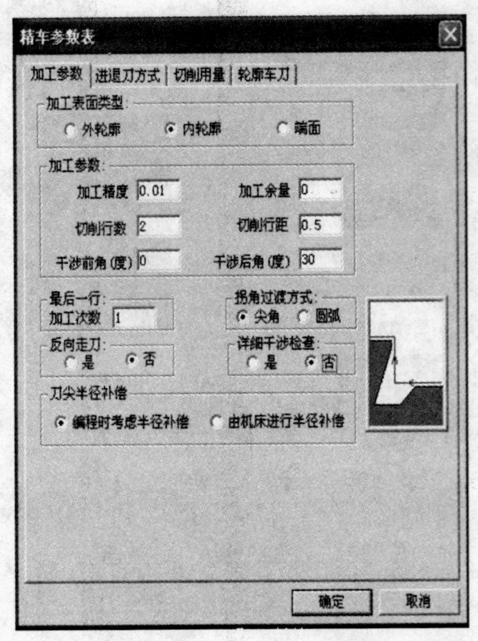

图 17-13　精车加工参数表

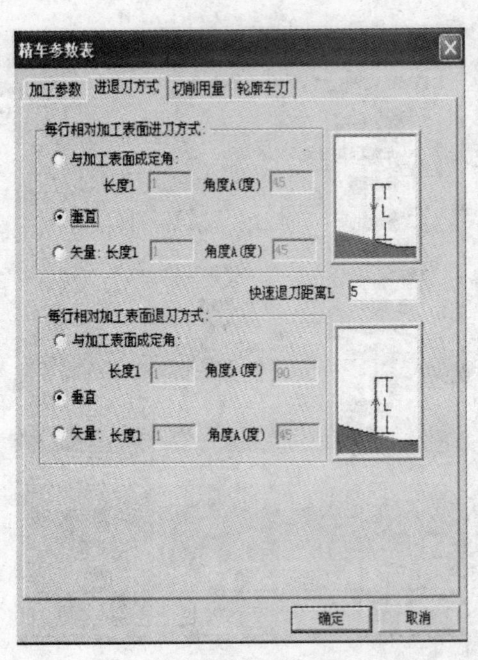

图 17-14　进退刀方式参数表

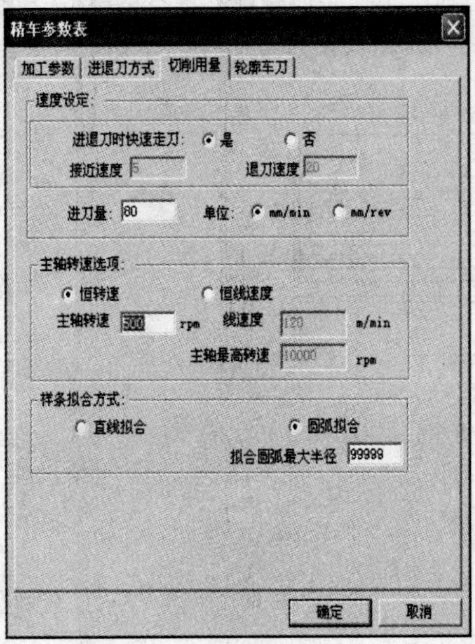

精车参数表
加工参数 进退刀方式 切削用量 轮廓车刀
速度设定:
进退刀时快速走刀: 是 否
接近速度 5 退刀速度 20
进刀量: 80 单位: mm/min mm/rev
主轴转速选项:
恒转速 恒线速度
主轴转速 300 rpm 线速度 120 m/min
主轴最高转速 10000 rpm
样条拟合方式:
直线拟合 圆弧拟合
拟合圆弧最大半径 99999
确定 取消

图 17-15　切削用量参数表

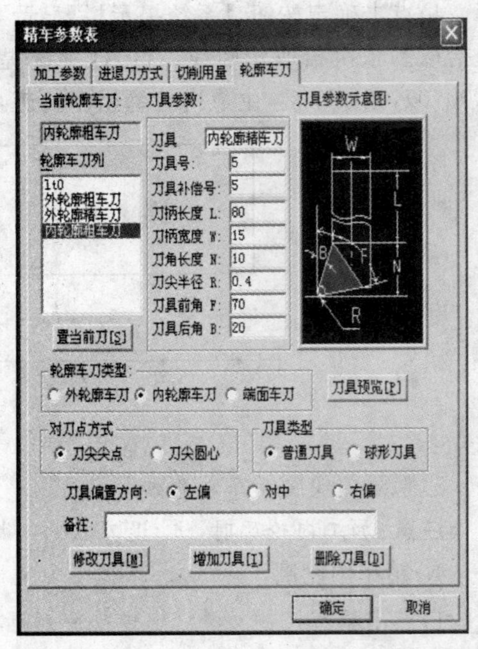

图 17-16　轮廓车刀参数表

3)点击 确定 ,【系统提示栏】显示“拾取被加工工件表面轮廓”,按空格键,拾取【单个拾取】,顺次拾取轮廓线,右击,【系统提示栏】显示“输入进退刀点”,按回车键,输入换刀点坐标(100,0),按回车键,生成内轮廓精车轨迹,如图 17-17 所示。

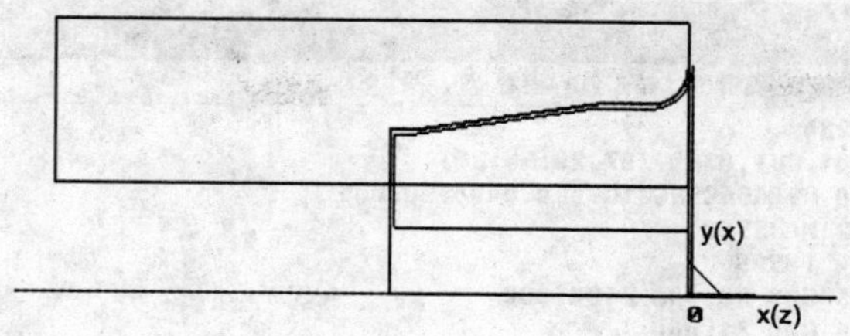

图 17-17 内轮廓精车轨迹

5. 加工轨迹的仿真校验

1)显示右端所有轨迹线,如图 17-18 所示。

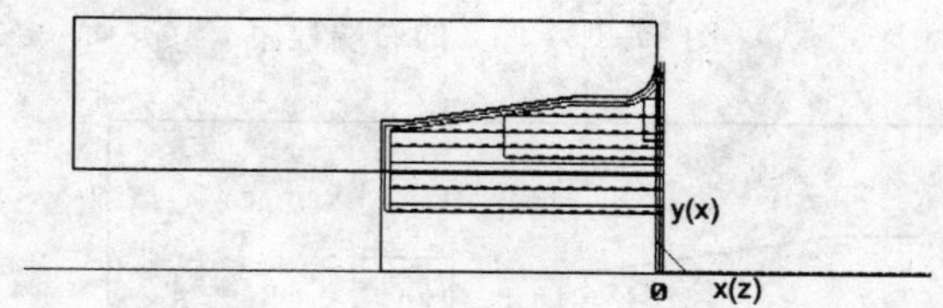

图 17-18 零件 2 右端加工轨迹

2)点击 ,参数设定:二维实体、缺省毛坯、步长 1.000,依次拾取所有刀具轨迹,右击,进入仿真界面,仿真结果如图 17-19 所示。

图 17-19 仿真结果

6. 生成 G 代码文件

1)点击 按钮,出现选择后置文件对话框,顺次拾取刀具轨迹,如图 17-20 所示。

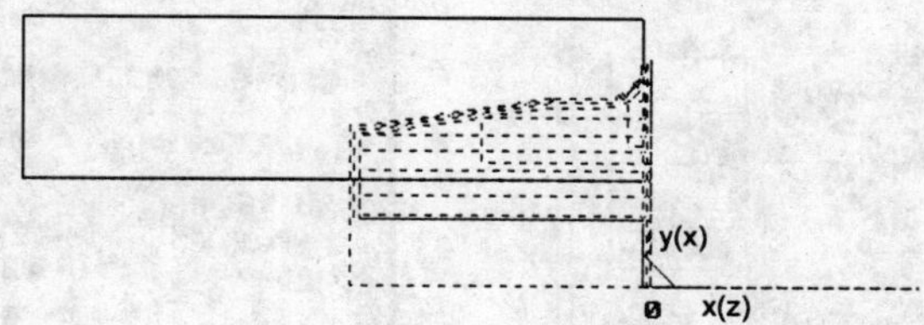

图 17-20 拾取刀具轨迹

2)右击,生成 G 代码文件,如图 17-21 所示。

三、零件 2 左端的加工

1. 绘出零件 2 左端的加工造型,如图 17-22 所示。

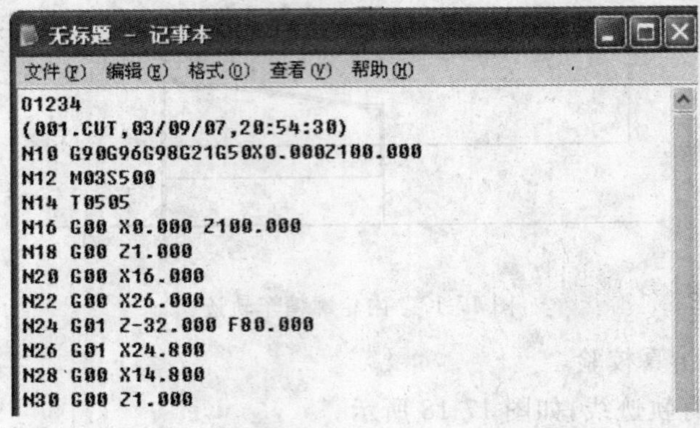

图 17-21　件 2 的右端程序

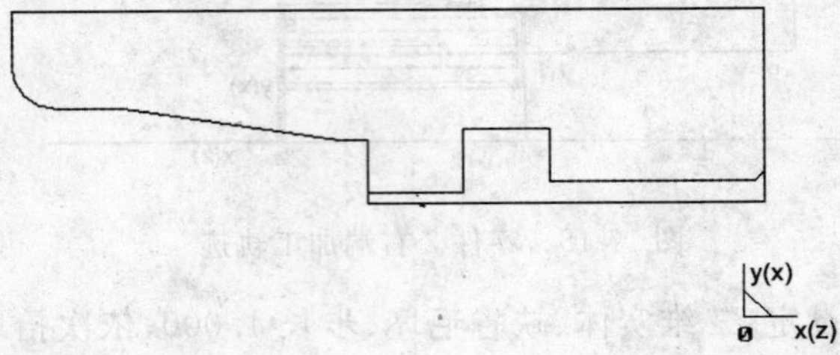

图 17-22　件 2 左端加工造型

2. 粗车内轮廓

1)点击粗车按钮 ，出现粗车对话框。

2)填写粗车加工参数表，如图 17-23 所示；填写进退刀方式参数表，如图 17-24 所示；填写切削用量参数表，如图 17-25 所示；填写轮廓车刀参数表，如图 17-26 所示。

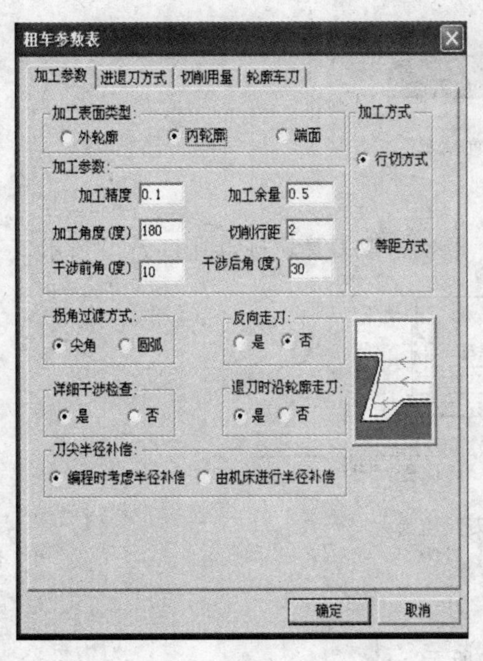

图 17-23　粗车加工参数表

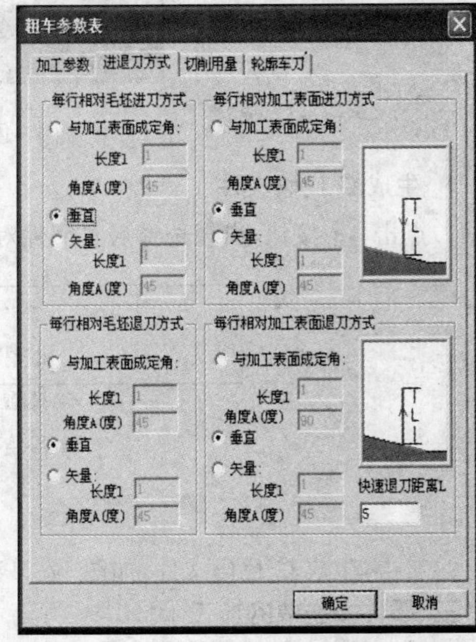

图 17-24　进退刀方式参数表

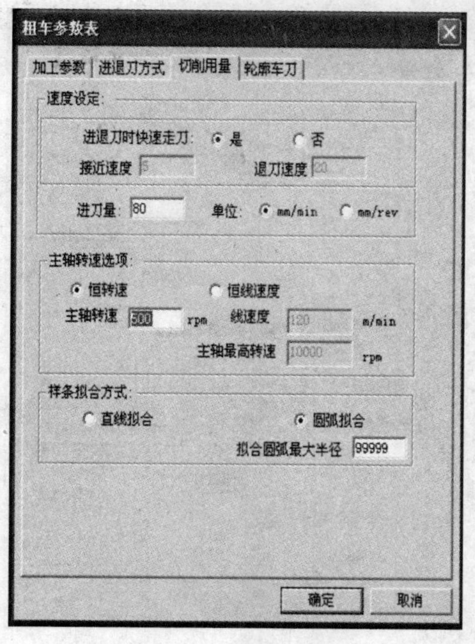

图 17-25 切削用量参数表

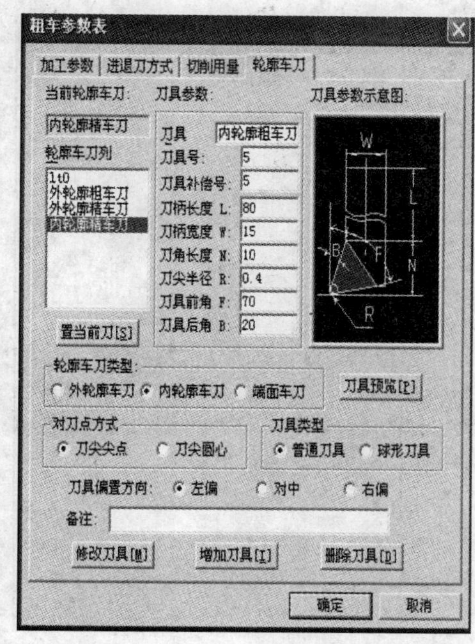

图 17-26 轮廓车刀参数表

3)点击 确定 ,【系统提示栏】显示“拾取被加工工件表面轮廓”,按空格键,拾取【单个拾取】,顺次拾取轮廓线,右击,【系统提示栏】显示“输入进退刀点”,按回车键,输入换刀点坐标(100,0),按回车键,生成内轮廓粗车轨迹,如图 17-27 所示。

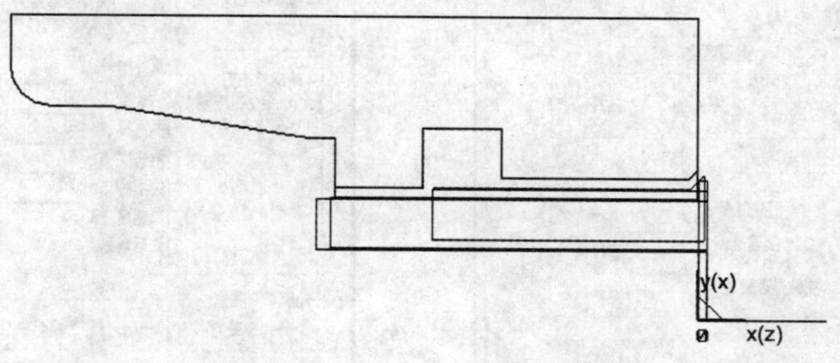

图 17-27 内轮廓粗车轨迹

4)隐藏内轮廓粗车轨迹线。

3. 精车内轮廓

1)点击精车按钮 ,出现精车对话框。

2)填写精车加工参数表,如图 17-28 所示;填写进退刀方式参数表,如图 17-29 所示;填写切削用量参数表,如图 17-30 所示;填写轮廓车刀参数表,如图 17-31 所示。

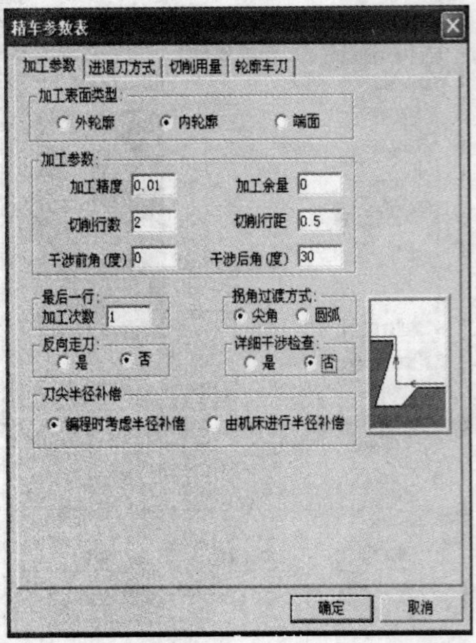

图 17-28 精车加工参数表

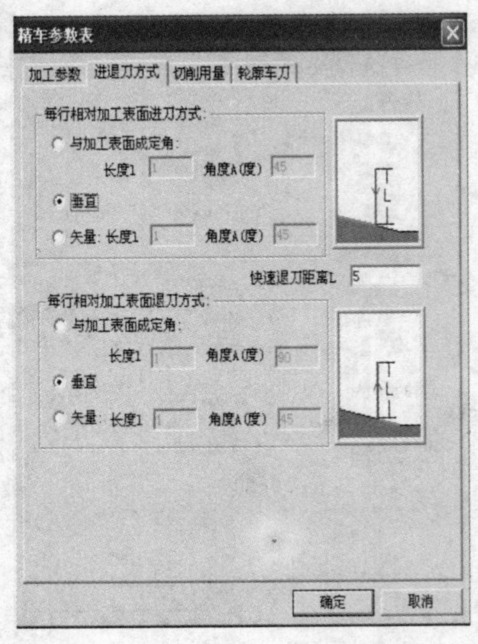

图 17-29 进退刀方式参数表

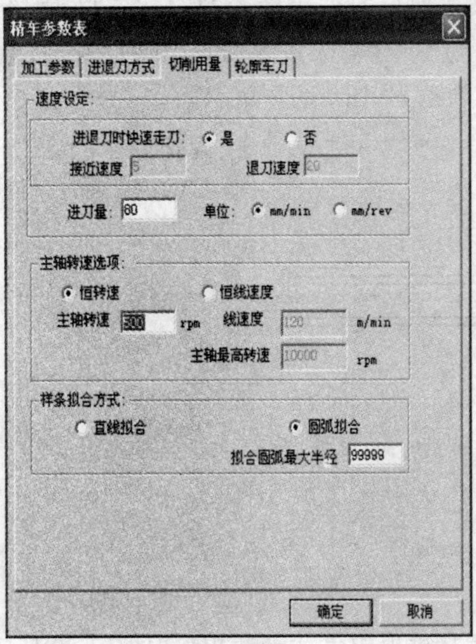

图 17-30 切削用量参数表

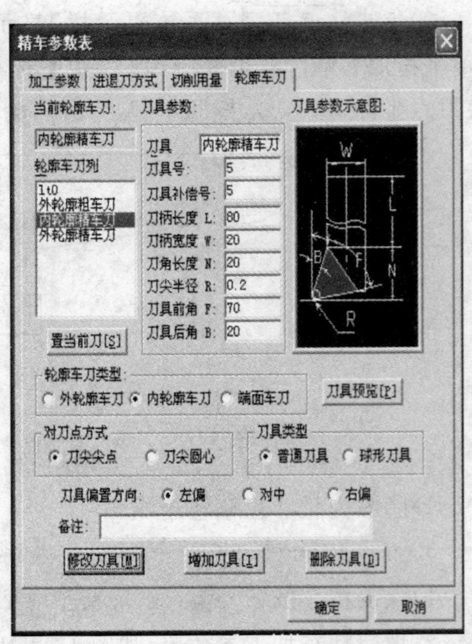

图 17-31 轮廓车刀参数表

3)点击 确定 ,【系统提示栏】显示“拾取被加工工件表面轮廓”,按空格键,拾取【单个拾取】,顺次拾取轮廓线,右击,【系统提示栏】显示“输入进退刀点”,按回车键,输入换刀点坐标(100,0),按回车键,生成内轮廓精车轨迹,如图 17-32 所示。

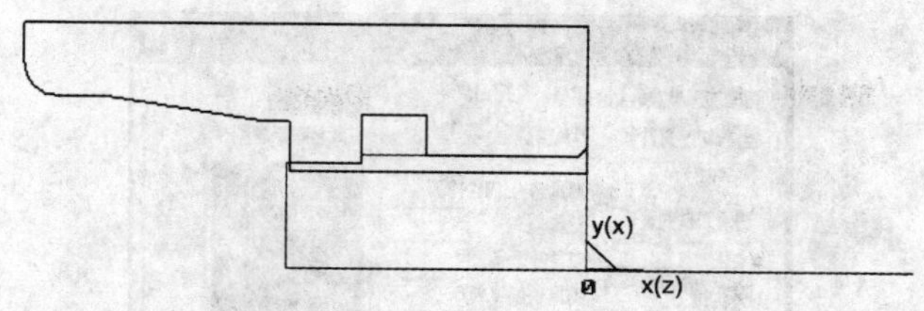

图 17-32 内轮廓精车轨迹

4)隐藏内轮廓精车轨迹线。

4. 加工内沟槽

1)点击切槽按钮 ，出现切槽对话框。

2)填写切槽加工参数表，如图 17-33 所示；填写切削用量参数表，如图 17-34 所示；填写切槽刀具参数表，如图 17-35 所示。

3)点击 确定 ，【系统提示栏】显示“拾取被加工工件表面轮廓”，按空格键，拾取【单个拾取】，顺次拾取轮廓线，右击，【系统提示栏】显示“输入进退刀点”，按回车键，输入换刀点坐标(100,0)，按回车键，生成内沟槽轨迹，如图 17-36 所示。

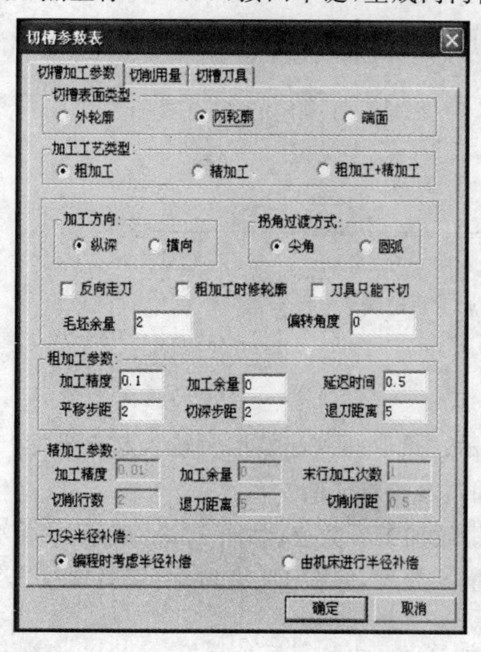

图 17-33 切槽加工参数表

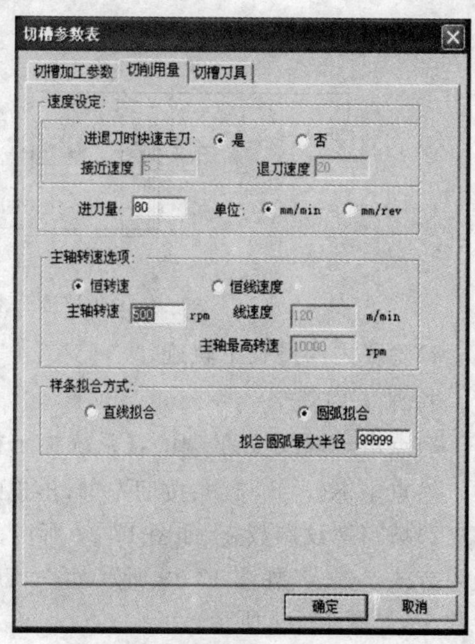

图 17-34 切削用量参数表

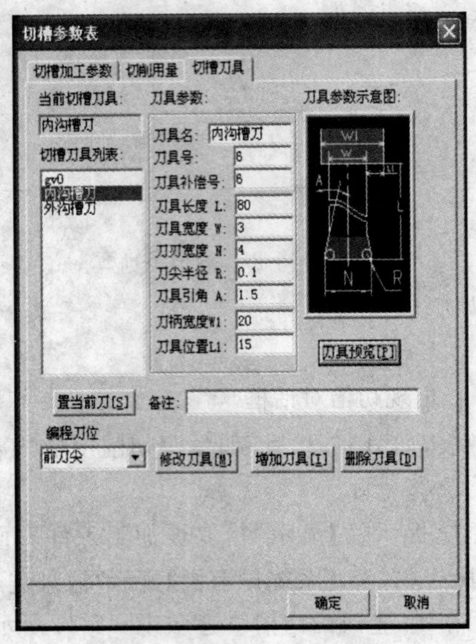

图 17-35　切槽刀具参数表

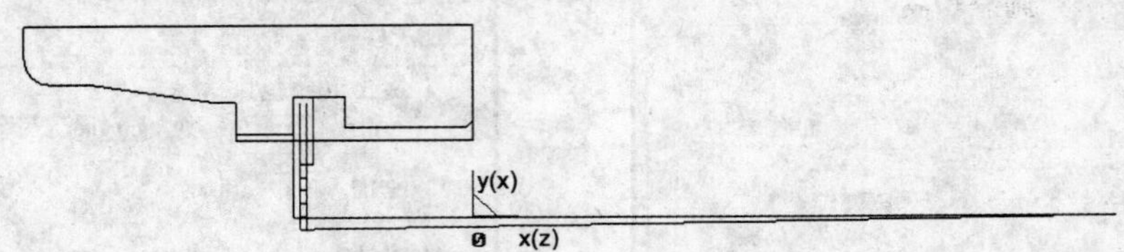

图 17-36　内沟槽加工轨迹线

4)隐藏内沟槽加工轨迹。

5. 加工内螺纹

1)点击车螺纹按钮 ,【系统提示栏】显示:“拾取螺纹起始点”,输入起点坐标(5,14)、终点坐标(－14,14);按回车键,出现螺纹加工参数对话框。

2)填写螺纹参数表,如图 17-37 所示;填写螺纹加工参数表,如图 17-38 所示;填写进退刀方式参数表,如图 17-39 所示;填写切削用量参数表,如图 17-40 所示;填写螺纹车刀参数表,如图 17-41 所示。

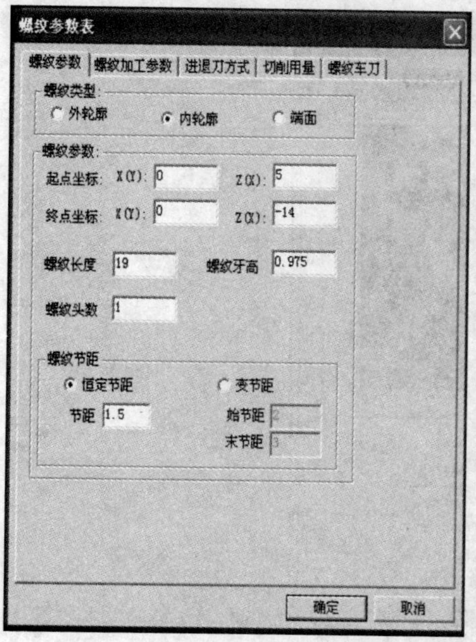

螺纹参数表
螺纹参数 | 螺纹加工参数 | 进退刀方式 | 切削用量 | 螺纹车刀
螺纹类型：○外轮廓 ◉内轮廓 ○端面
螺纹参数：
起点坐标：X(Y): 0 Z(X): 5
终点坐标：X(Y): 0 Z(X): -14
螺纹长度 19 螺纹牙高 0.975
螺纹头数 1
螺纹节距
◉恒定节距 ○变节距
节距 1.5 始节距 2
末节距 3
确定 取消

图 17-37 螺纹参数表

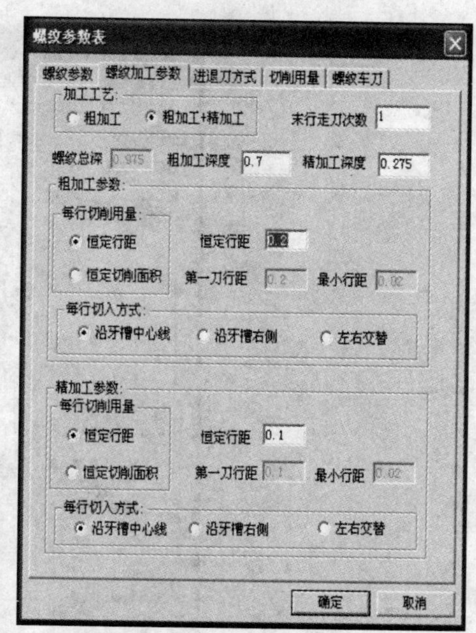

图 17-38 螺纹加工参数表

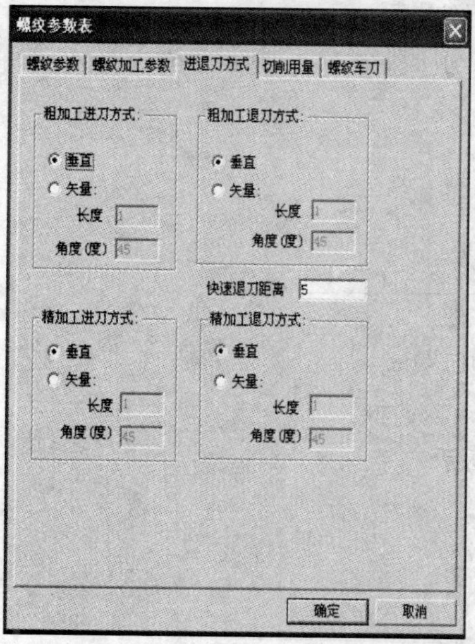

螺纹参数表
螺纹参数 | 螺纹加工参数 | 进退刀方式 | 切削用量 | 螺纹车刀
粗加工进刀方式：
◉垂直
○矢量：
长度 1
角度(度) 45
粗加工退刀方式：
◉垂直
○矢量：
长度 1
角度(度) 45
快速退刀距离 5
精加工进刀方式：
◉垂直
○矢量：
长度 1
角度(度) 45
精加工退刀方式：
◉垂直
○矢量：
长度 1
角度(度) 45
确定 取消

图 17-39 进退刀方式参数表

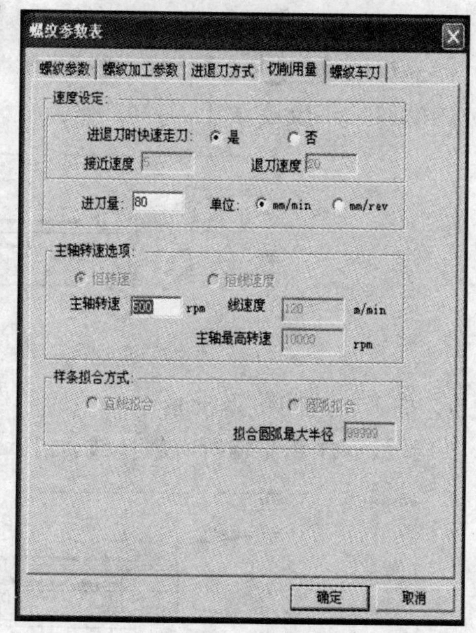

图 17-40 削用量参数表

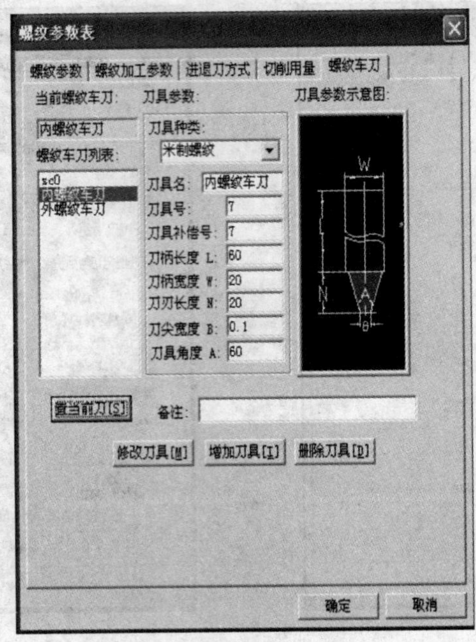

图 17-41　螺纹车刀参数表

3)点击 确定 ,【系统提示栏】显示“输入换刀点”,输入点坐标(100,0),按回车键,生成内螺纹加工轨迹,如图 17-42 所示。

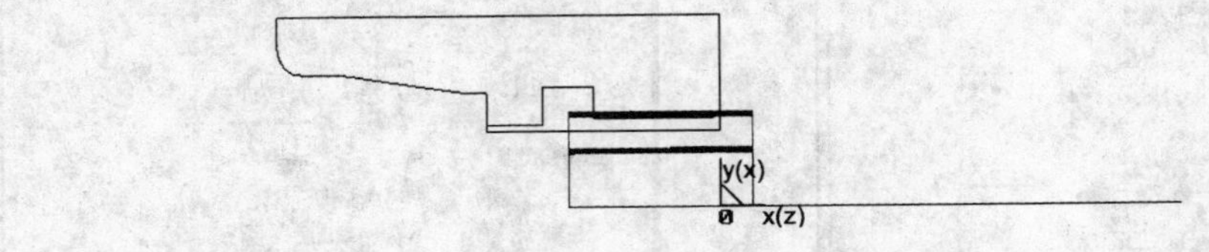

图 17-42　内螺纹加工轨迹

6. 加工轨迹的仿真校验

1)显示零件 2 左端所有轨迹线,如图 17-43 所示。

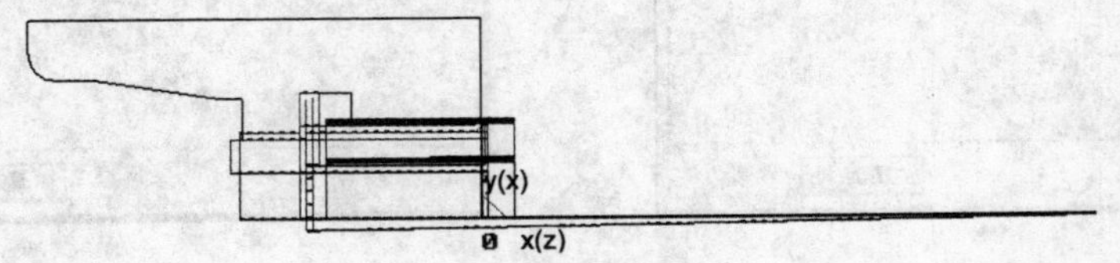

图 17-43　零件 2 左端加工轨迹

2)点击 ,仿真参数设置:二维实体、缺省毛坯、步长 1.000,依次拾取所有刀具轨迹,右击,进入仿真界面,仿真结果如图 17-44 所示。

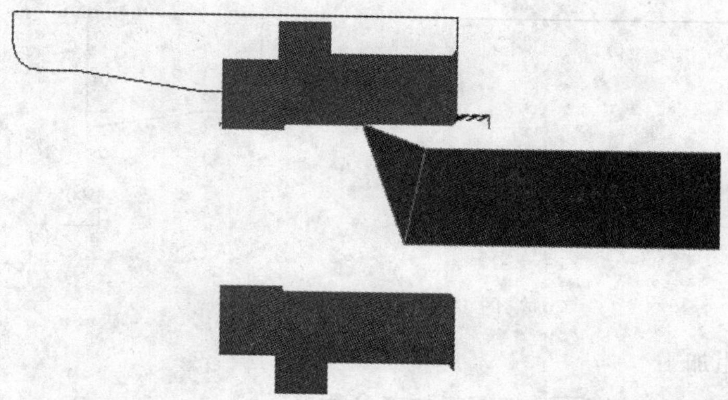

图 17-44　仿真结果

7. 生成 G 代码文件，如图 17-45 所示。

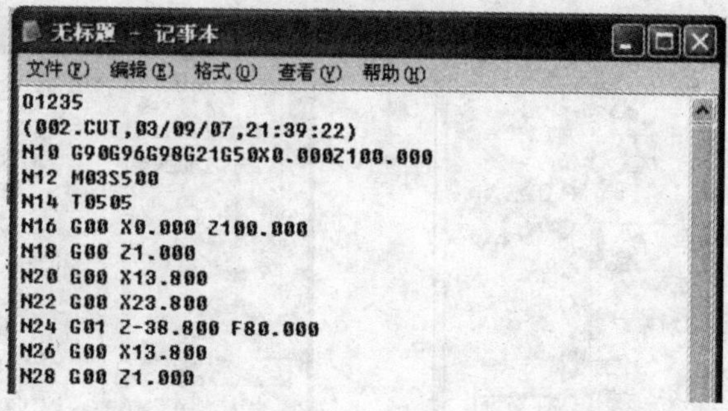

无标题 - 记事本

文件(F) 编辑(E) 格式(O) 查看(V) 帮助(H)

```
O1235
(002.CUT,03/09/07,21:39:22)
N10 G90G96G98G21G50X0.000Z100.000
N12 M03S500
N14 T0505
N16 G00 X0.000 Z100.000
N18 G00 Z1.000
N20 G00 X13.800
N22 G00 X23.800
N24 G01 Z-38.800 F80.000
N26 G00 X13.800
N28 G00 Z1.000
```

图 17-45　件 2 左端加工程序

四、零件 1 左端建模

利用软件直线绘制功能，生成零件左端造型，如图 17-46 所示。

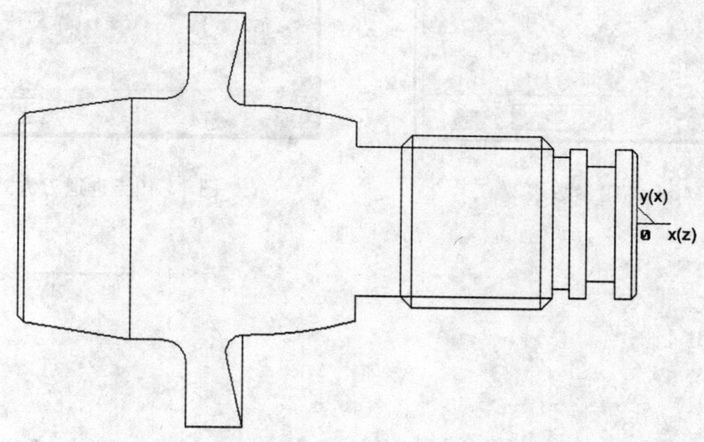

图 17-46　零件 1 建模

五、零件 1 左端的加工

1. 绘出零件 1 左端的加工造型，如图 17-47 所示。

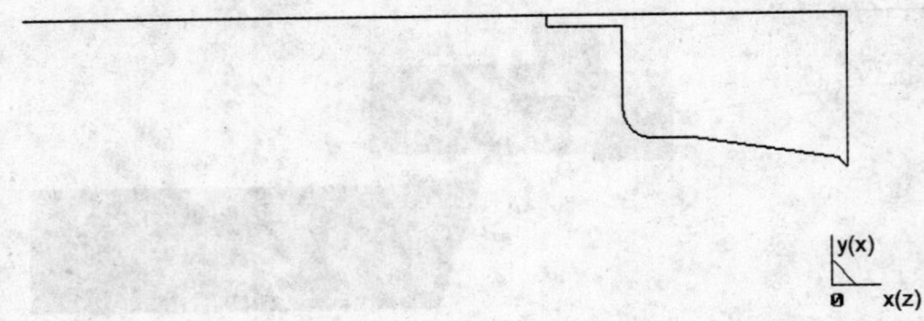

图 17-47 左端加工造型

2. 外轮廓粗加工

1)点击轮廓粗车按钮，填写粗加工参数表。

2)填写加工参数表，如图 17-48 所示；填写进退刀方式表，如图 17-49 所示；填写切削用量表，如图 17-50 所示；填写刀具参数表，如图 17-51 所示。

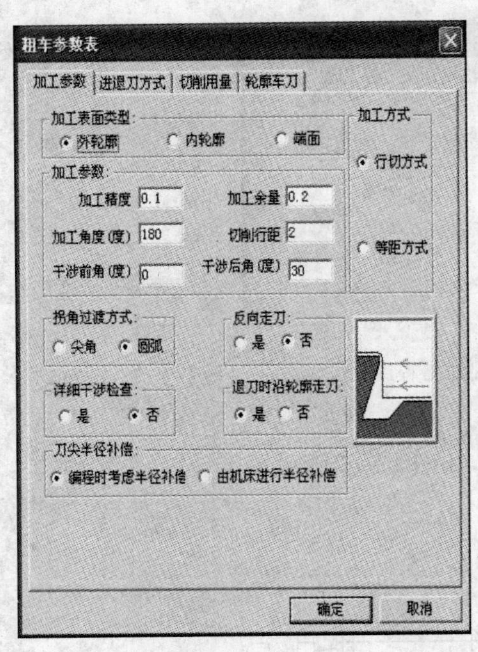

图 17-48 加工参数表

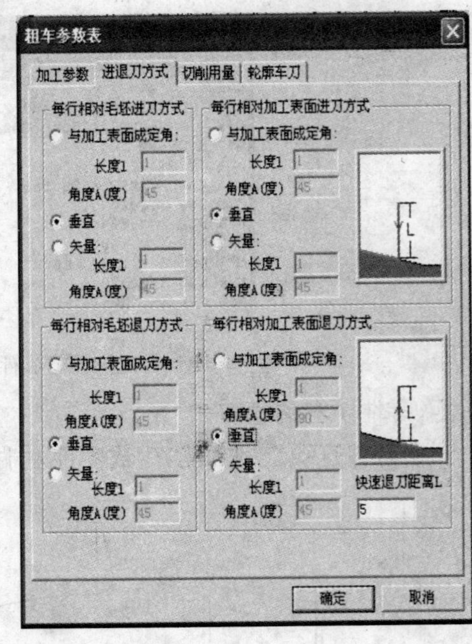

图 17-49 进退刀方式表

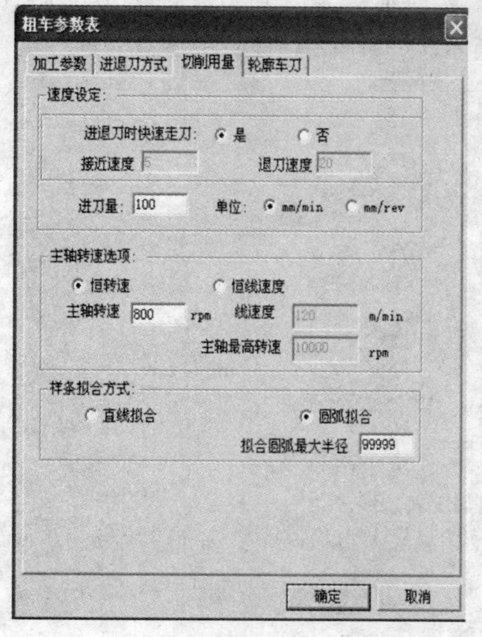

图 17-50 切削用量表

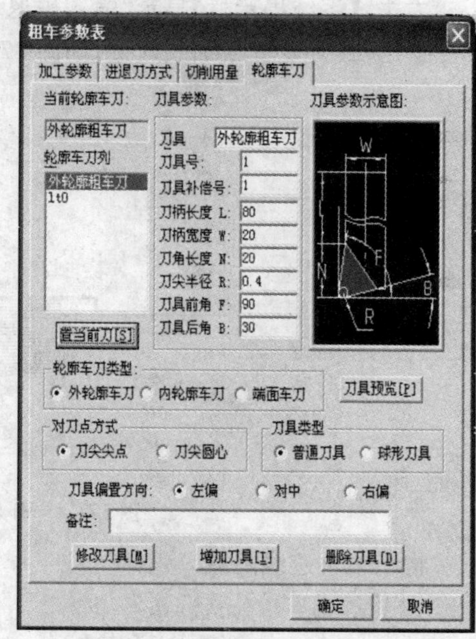

图 17-51 轮廓车刀表

3)点击 确定 ,【系统提示栏】显示“拾取被加工工件表面轮廓”,按空格键,拾取【单个拾取】,顺次拾取轮廓线,如图 17-52 所示。

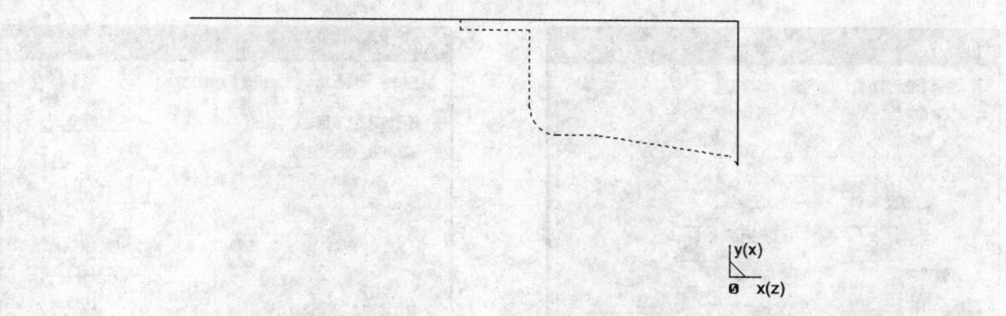

图 17-52 拾取加工轮廓

4)右击,【系统提示栏】显示“拾取定义的毛坯”,顺次拾取毛坯轮廓,如图 17-53 所示。

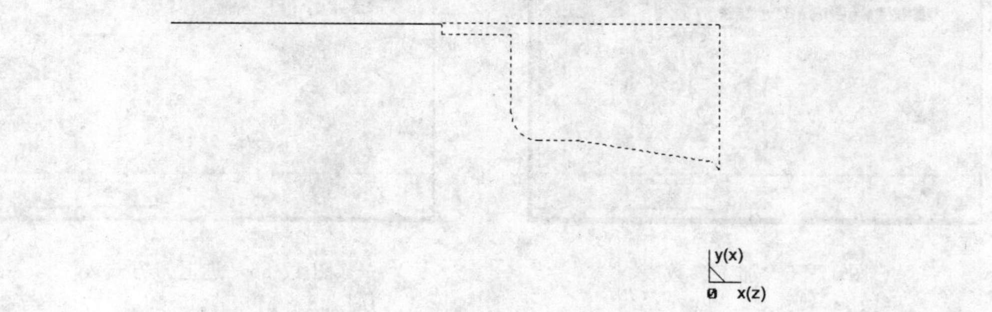

图 17-53 拾取毛坯轮廓

5)右击,【系统提示栏】显示“输入进退刀点”,按回车键,输入换刀点坐标(100,100),按回车键,生成外轮廓粗加工轨迹,如图 17-54 所示。

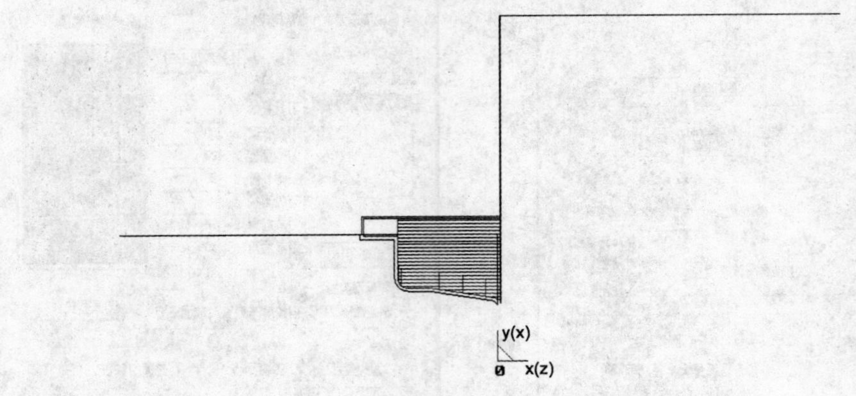

图 17-54　外轮廓粗加工轨迹线

6)将粗车轨迹线隐藏。

3. 外轮廓精车

1)点击精车按钮 ,出现精车对话框。

2)填写精车加工参数表,如图 17-55 所示;填写进退刀方式表,如图 17-56 所示;填写切削用量参数表,如图 17-57 所示;填写轮廓车刀参数表,如图 17-58 所示;刀具预览,如图 17-59 所示。

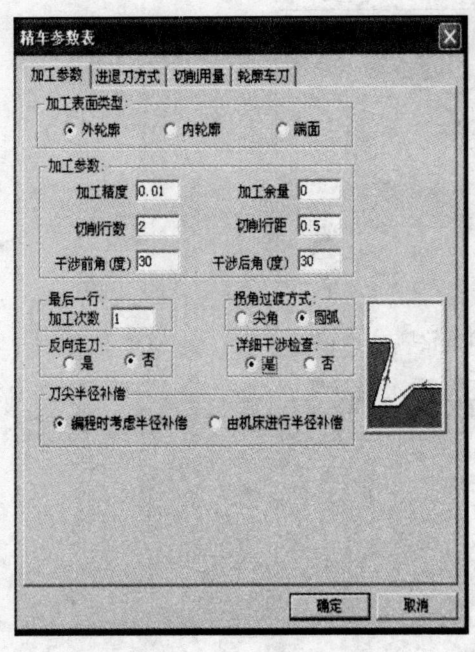

图 17-55　加工参数表

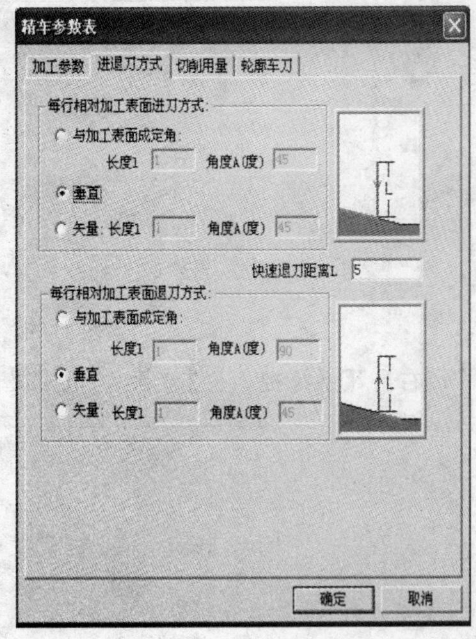

图 17-56　进退刀方式表

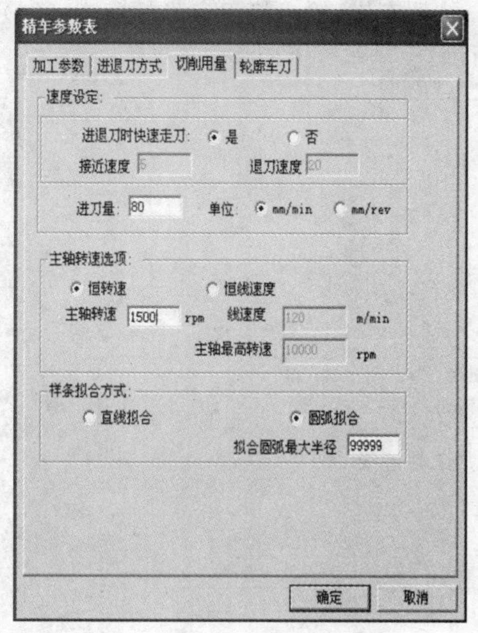

图 17-57　切削用量参数表

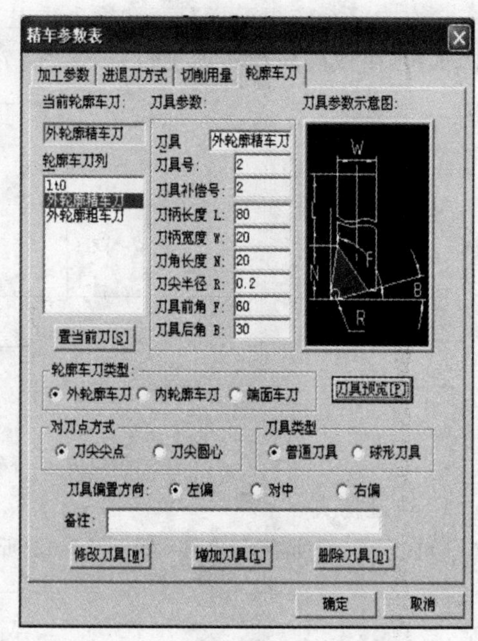

图 17-58　轮廓车刀参数表

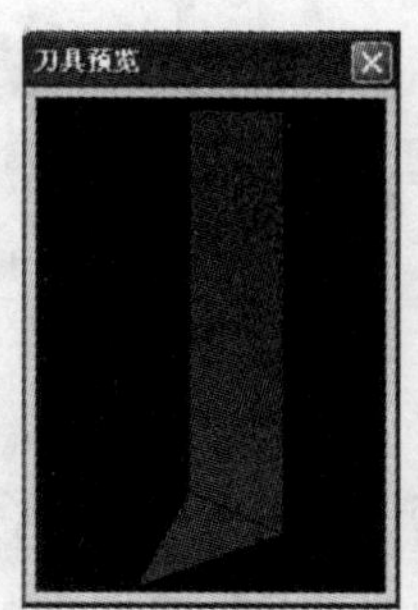

17-59　刀具预览

诀窍:对于在端面上有特型凹槽的工件,如果槽的深度不是很深,就可以采用增加刀具前、后角的度数的方法来定义刀具,加工端面凹型部分。如果端面凹槽较深,就可以采用设置端面刀具的方法加工。

3)点击 确定 ,【系统提示栏】显示“拾取被加工工件表面轮廓”,按空格键,拾取【单个拾取】,顺次拾取轮廓线,如图 17-60 所示。

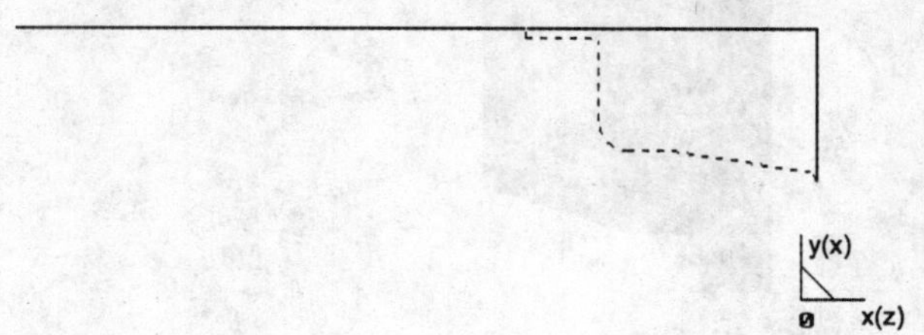

图 17-60　拾取轮廓线

4)右击,【系统提示栏】显示"输入进退刀点",按回车键,输入换刀点坐标(100,100),按回车键,生成外轮廓精加工轨迹,如图 17-61 所示。

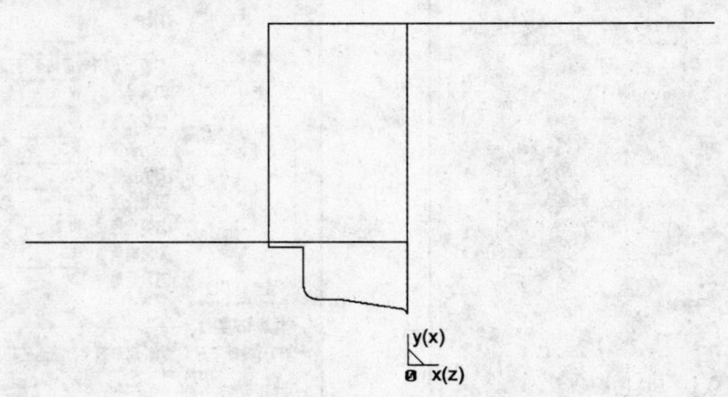

图 17-61　外轮廓精加工轨迹线

4. 轨迹仿真

1)显示左端所有轨迹线,如图 17-62 所示。

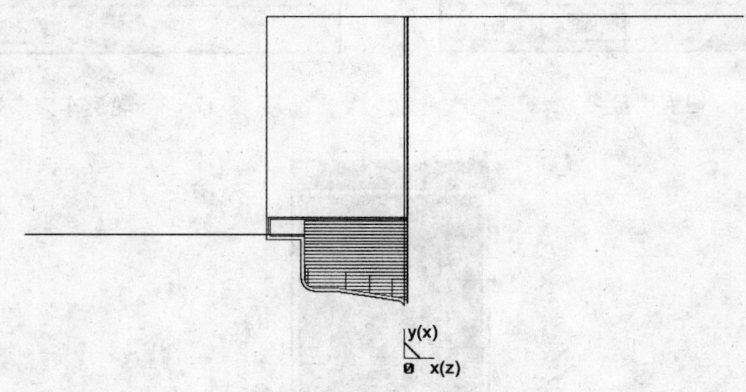

图 17-62　工件 1 左端加工轨迹

2)点击 ,出现机床仿真快捷菜单。仿真参数设置:二维实体、缺省毛坯、步长 1.000,依次拾取所有刀具轨迹,右击,进入仿真界面,仿真结果如图 17-63 所示。

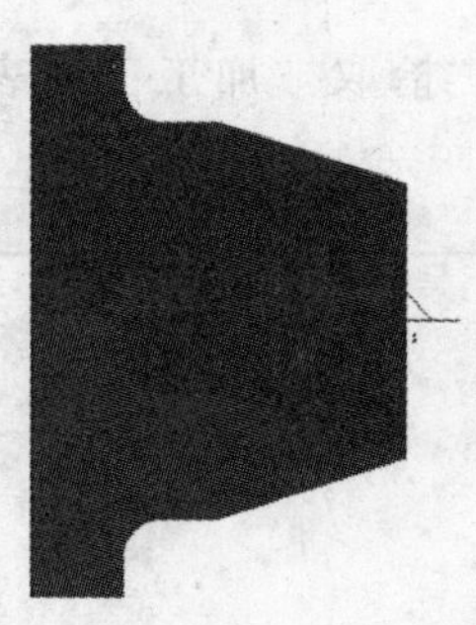

图 17-63　仿真结果

5. 生成 G 代码文件,如图 17-64 所示。

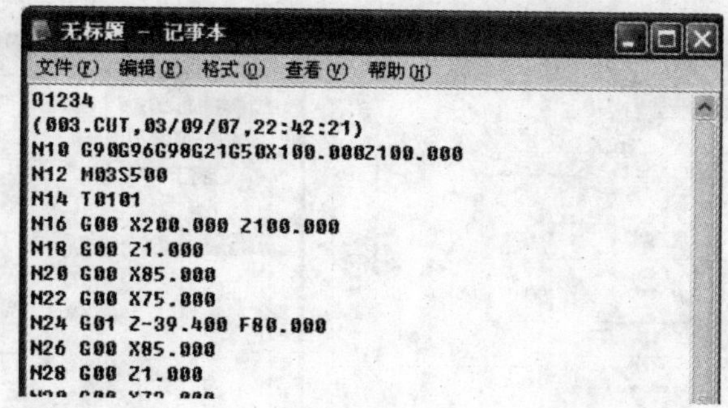


```
O1234
(003.CUT,03/09/07,22:42:21)
N10 G90G96G98G21G50X100.000Z100.000
N12 M03S500
N14 T0101
N16 G00 X200.000 Z100.000
N18 G00 Z1.000
N20 G00 X85.000
N22 G00 X75.000
N24 G01 Z-39.400 F80.000
N26 G00 X85.000
N28 G00 Z1.000
```

图 17-64　件 1 左端加工程序

六、零件 1 右端的加工

1. 绘出零件 1 右端的加工造型，如图 17-65 所示。

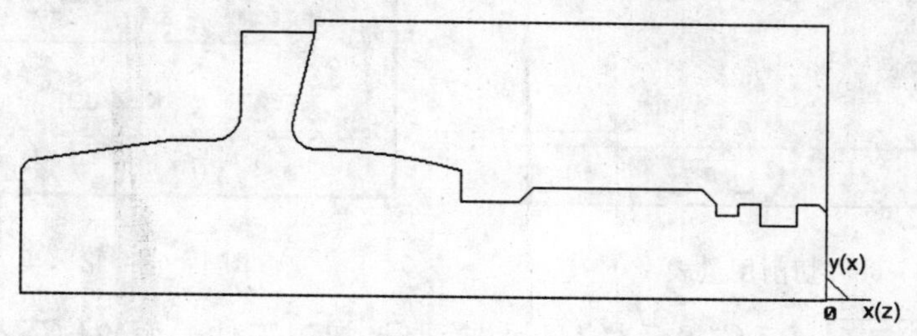

图 17-65　件 1 右端加工造型

2. 外轮廓粗加工

1)点击轮廓粗车按钮 ，填写粗加工参数表。

2)填写加工参数表，如图 17-66 所示；填写进退刀方式表，如图 17-67 所示；填写切削用量表，如图 17-68 所示；填写刀具参数表，如图 17-69 所示。

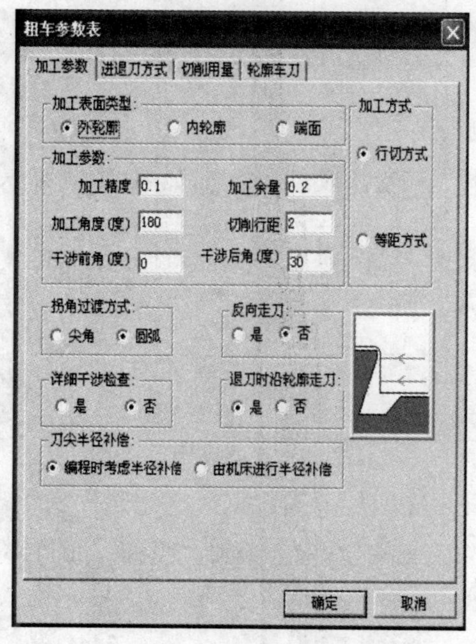

图 17-66　加工参数表

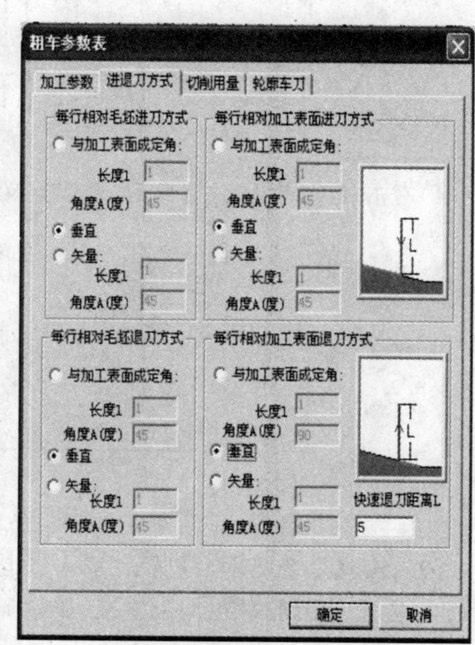

图 17-67　进退刀方式表

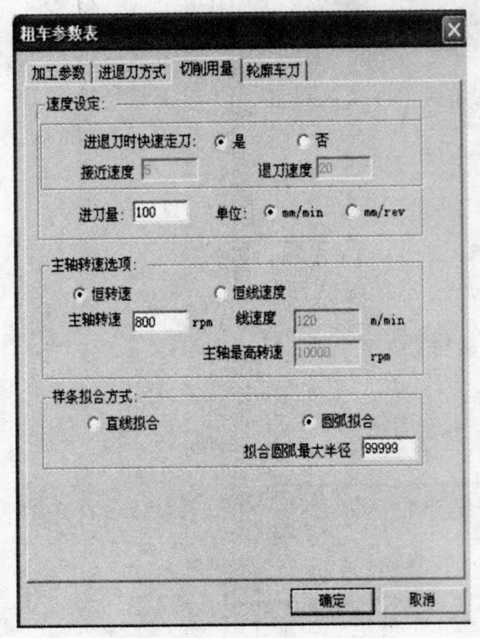

图 17-68　切削用量表

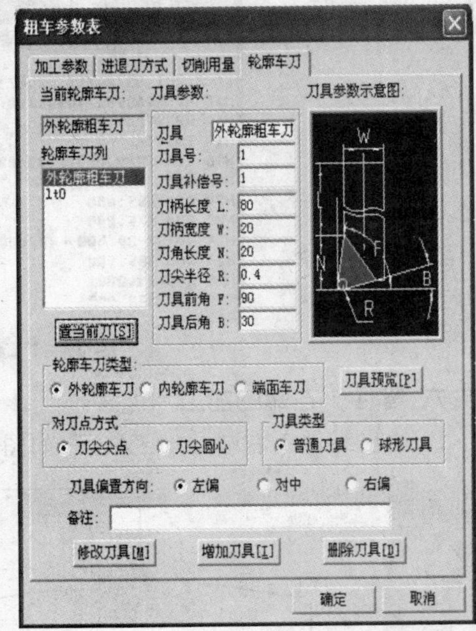

图 17-69　轮廓车刀表

3)点击 确定 ,【系统提示栏】显示“拾取被加工工件表面轮廓”,按空格键,拾取【单个拾取】,顺次拾取轮廓线,如图 17-70 所示。

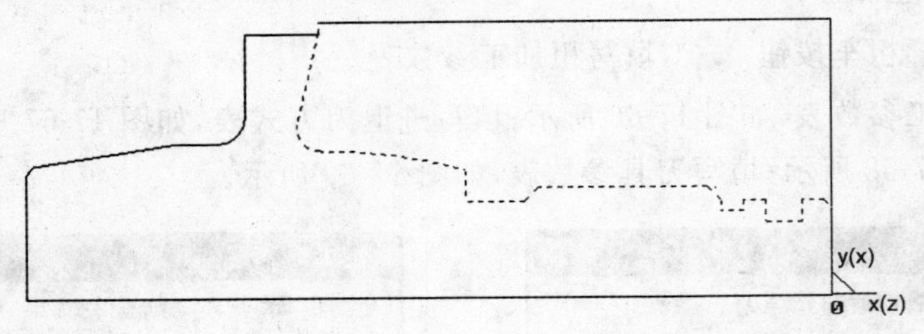

图 17-70　拾取加工轮廓

4)右击,【系统提示栏】显示“拾取定义的毛坯”,顺次拾取毛坯轮廓,如图 17-71 所示。

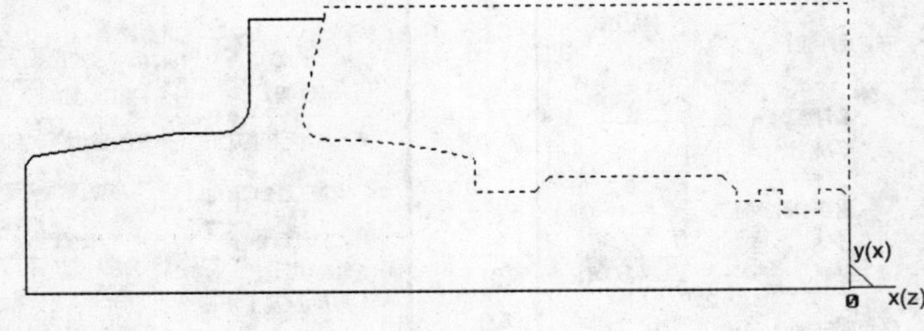

图 17-71　拾取毛坯轮廓

5)右击,【系统提示栏】显示“输入进退刀点”,按回车键,输入换刀点坐标(100,100),按回车键,生成外轮廓粗加工轨迹,如图 17-72 所示。

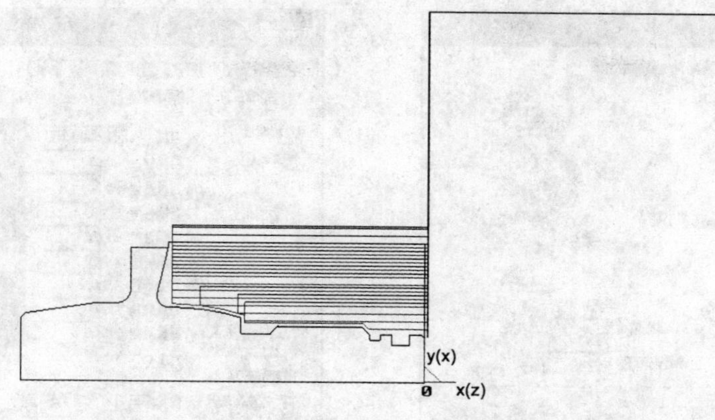

图 17-72 外轮廓粗加工轨迹线

6)将粗车轨迹线隐藏。

3. 外轮廓精车

1)点击精车按钮 ，出现精车对话框。

2)填写精车加工参数表，如图 17-73 所示；填写进退刀方式表，如图 17-74 所示；填写切削用量参数表，如图 17-75 所示；填写轮廓车刀参数表，如图 17-76 所示；刀具预览，如图 17-77 所示。

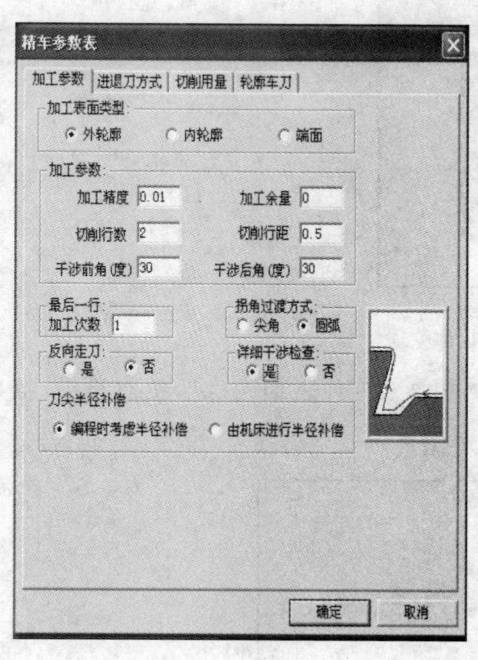

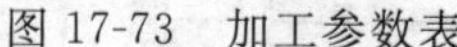
图 17-73 加工参数表

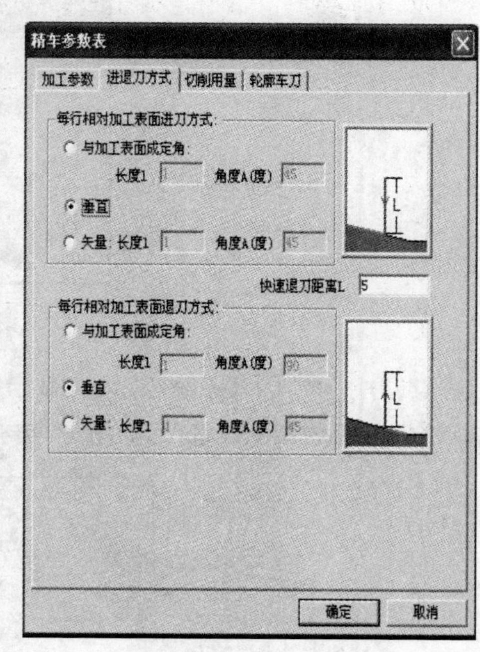

图 17-74 进退刀方式表

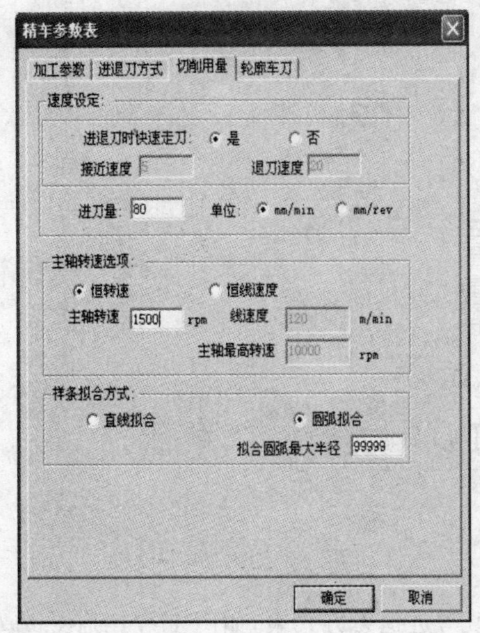

图 17-75　切削用量参数表

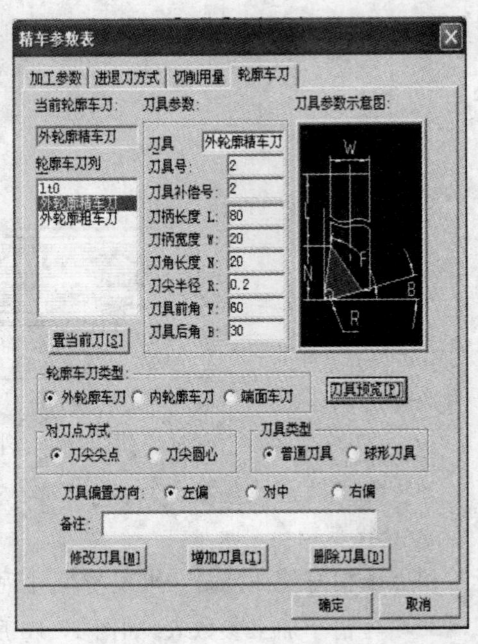

图 17-76　轮廓车刀参数表

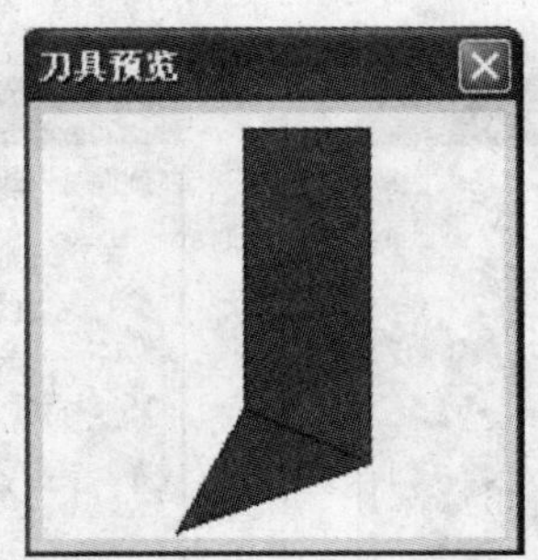

图 17-77　刀具预览

3)点击 确定 ,【系统提示栏】显示"拾取被加工工件表面轮廓",按空格键,拾取【单个拾取】,顺次拾取轮廓线,如图 17-78 所示。

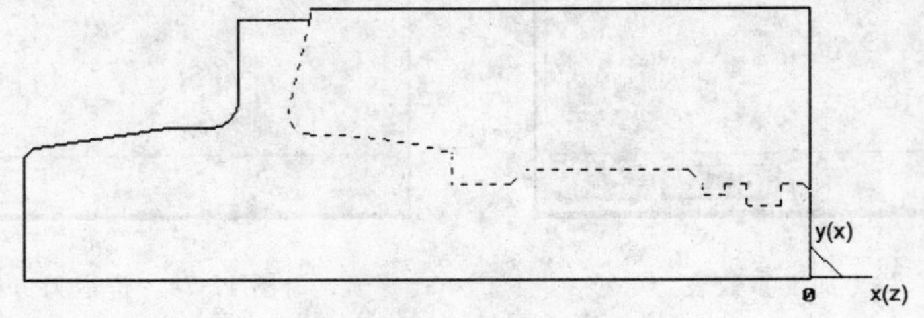

图 17-78　拾取轮廓线

4)右击,【系统提示栏】显示"输入进退刀点",按回车键,输入换刀点坐标(100,100),按回车键,生成外轮廓精加工轨迹,如图 17-79 所示。

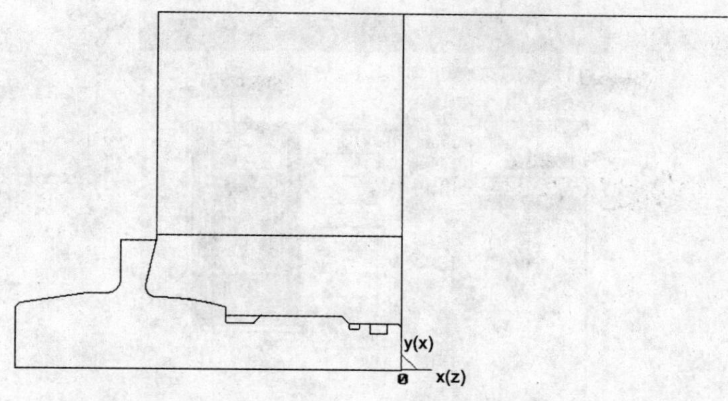

图 17-79　外轮廓精加工轨迹线

4. 3mm 外沟槽的加工

1)点击切槽按钮 ，出现切槽对话框。

2)填写切槽加工参数表，如图 17-80 所示；填写切削用量参数表，如图 17-81 所示；填写切槽刀具参数表，如图 17-82 所示。

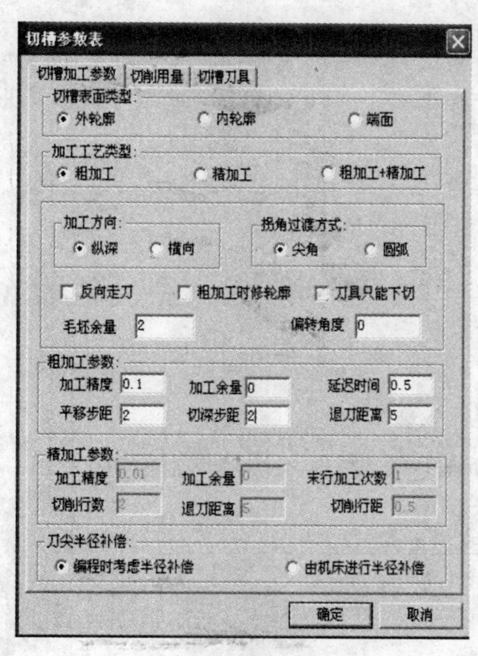

图 17-80　切槽加工参数表

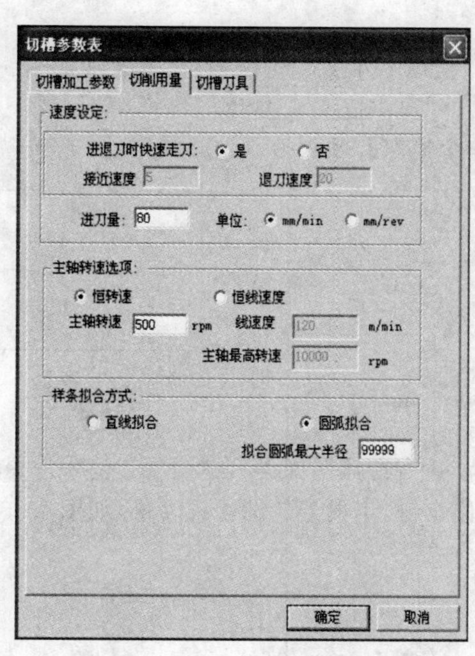

图 17-81　切削用量参数表

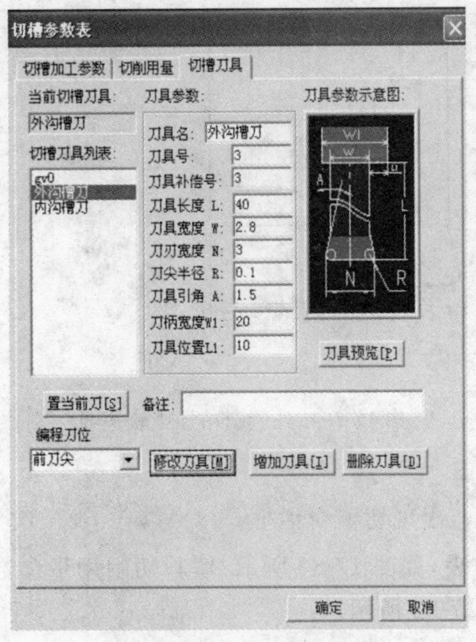

图 17-82 切槽刀具参数表

3)点击【确定】,【系统提示栏】显示“拾取被加工工件表面轮廓”,按空格键,拾取【单个拾取】,顺次拾取轮廓线,如图 17-83 所示。

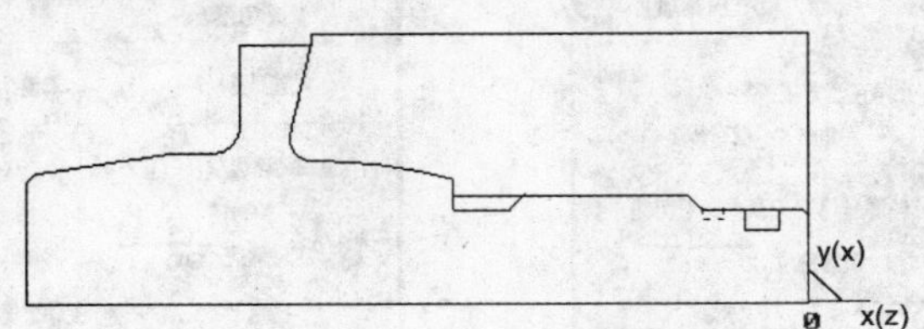

图 17-83 拾取沟槽轮廓

4)右击,【系统提示栏】显示“输入进退刀点”,按回车键,输入换刀点坐标(100,100),按回车键,生成外轮廓切槽轨迹,如图 17-84 所示。

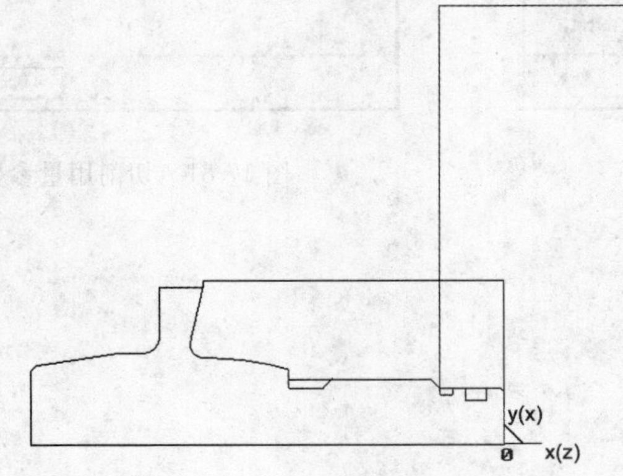

图 17-84 3mm 宽切槽轨迹线

5)将切槽轨迹隐藏

5. 同样方法,分别做出 8mm 槽和 5mm 槽的轨迹线,如图 17-85 所示。

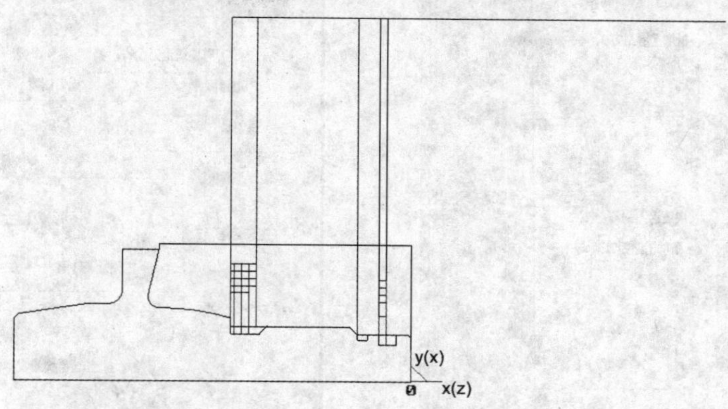

图 17-85 8mm 槽和 5mm 槽的轨迹线

注意:*加工 5mm 宽槽时,加工工艺类型选择"粗加工+精加工"类型。*

6. 加工外螺纹

1)点击车螺纹按钮,【系统提示栏】显示:"拾取螺纹起始点",输入起点坐标(5,23),终点坐标(-17.5,23),按回车键,弹出螺纹加工参数对话框。

2)填写螺纹参数表,如图 17-86 所示;填写螺纹加工参数表,如图 17-87 所示;填写进退刀方式参数表,如图 17-88 所示;填写切削用量参数表,如图 17-89 所示;填写螺纹车刀参数表,如图 17-90 所示。

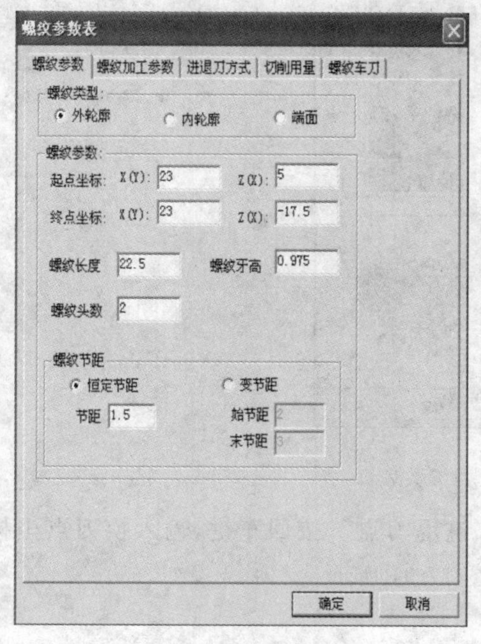

图 17-86 螺纹参数表

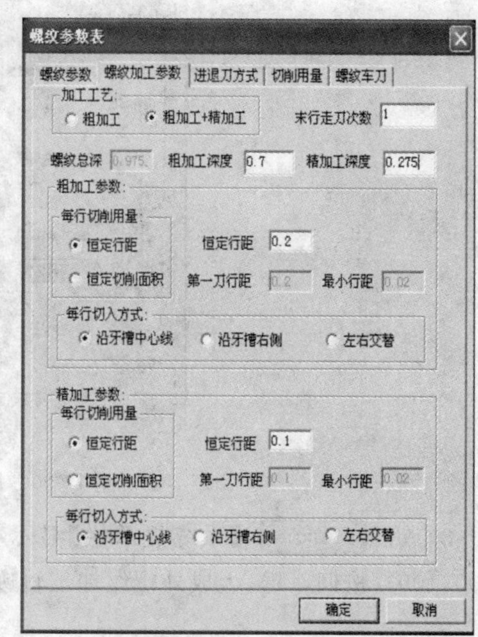

图 17-87 螺纹加工参数表

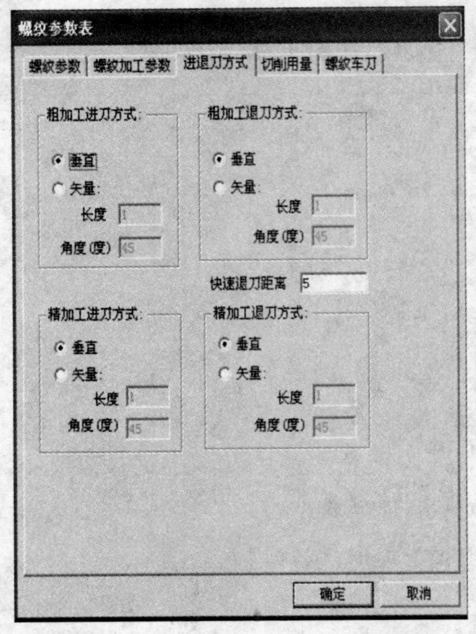

图 17-88　进退刀方式参数表

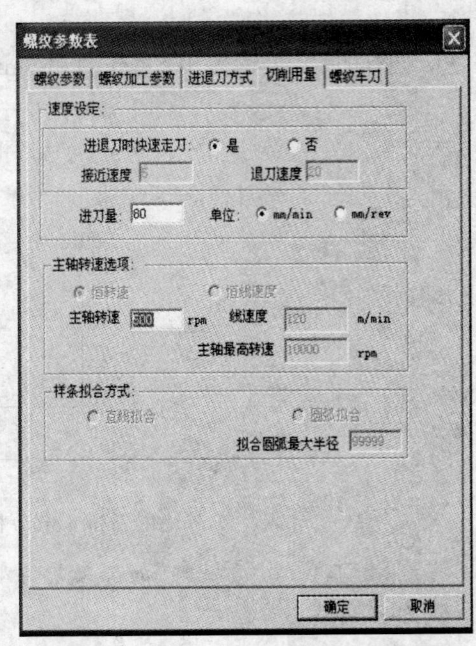

图 17-89 切削用量参数表

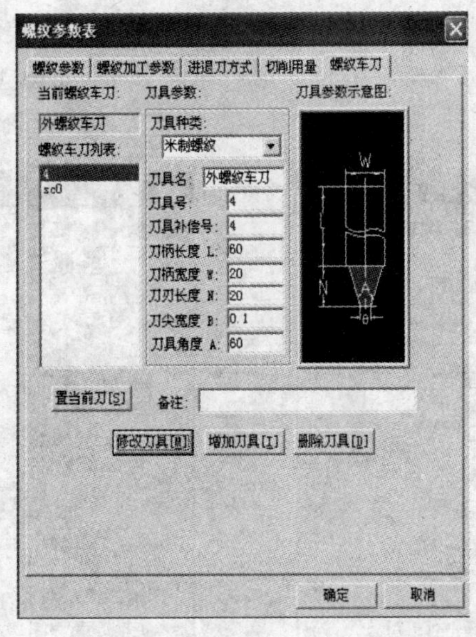

图 17-90　螺纹车刀参数表

3)点击 确定 ,【系统提示栏】显示“输入进退刀点”,按回车键,输入换刀点坐标(100,100),按回车键,生成外螺纹加工轨迹,如图 17-91 所示。

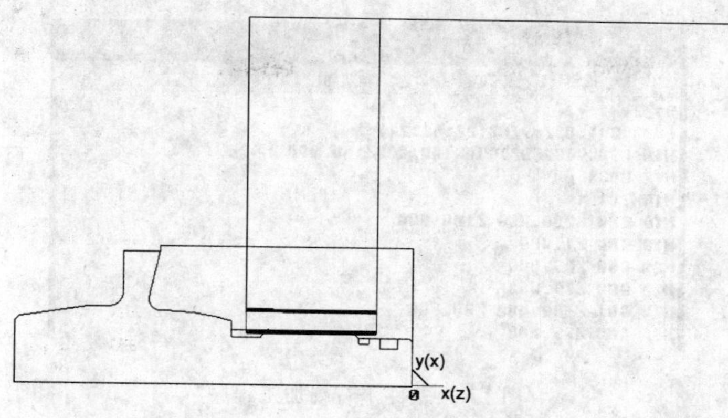

图 17-91　螺纹加工轨迹

7. 轨迹仿真

1)显示右端所有轨迹线,如图 17-92 所示。

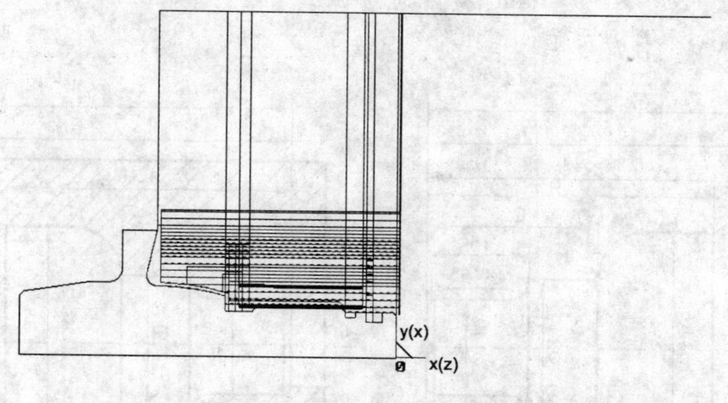

图 17-92　工件 1 右端加工轨迹

2)点击 ,出现机床仿真快捷菜单。仿真参数设置:二维实体、缺省毛坯、步长 1.000,依次拾取所有刀具轨迹,右击,进入仿真界面,仿真结果如图 17-93 所示。

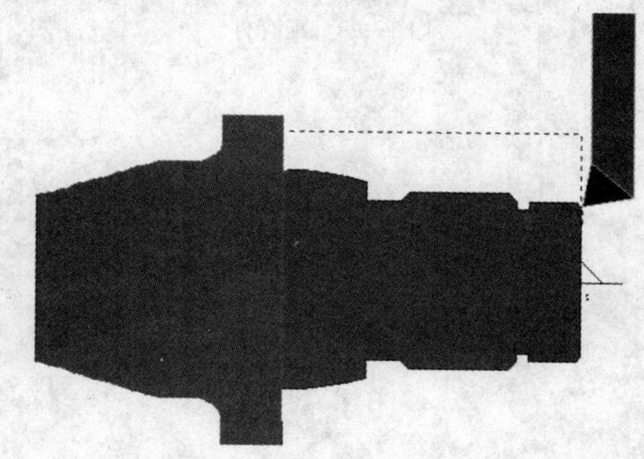

图 17-93　仿真结果

8. 生成 G 代码文件,如图 17-94 所示。

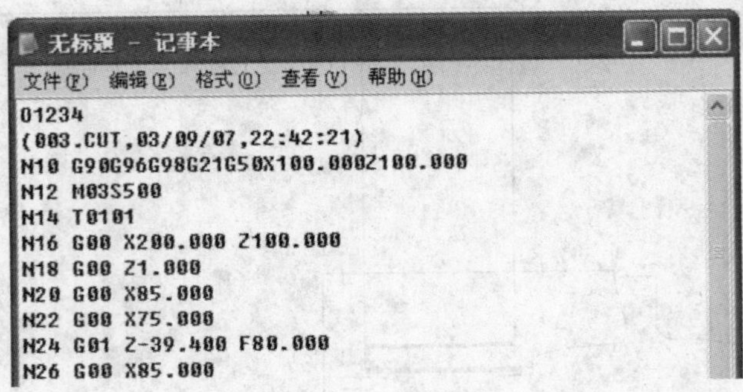


```
O1234
(003.CUT,03/09/07,22:42:21)
N10 G90G96G98G21G50X100.000Z100.000
N12 M03S500
N14 T0101
N16 G00 X200.000 Z100.000
N18 G00 Z1.000
N20 G00 X85.000
N22 G00 X75.000
N24 G01 Z-39.400 F80.000
N26 G00 X85.000
```

图 17-94　件 1 右端加工程序

思考练习

完成图 17-95 所示零件的造型与加工。要求循环起始点在(46,3),切削深度为 1.5mm(半径量),退刀量为 lmm,X 方向精加工余量为 0.2mm,Z 方向精加工余量为 0.2mm,其中点划线部分为工件毛坯。

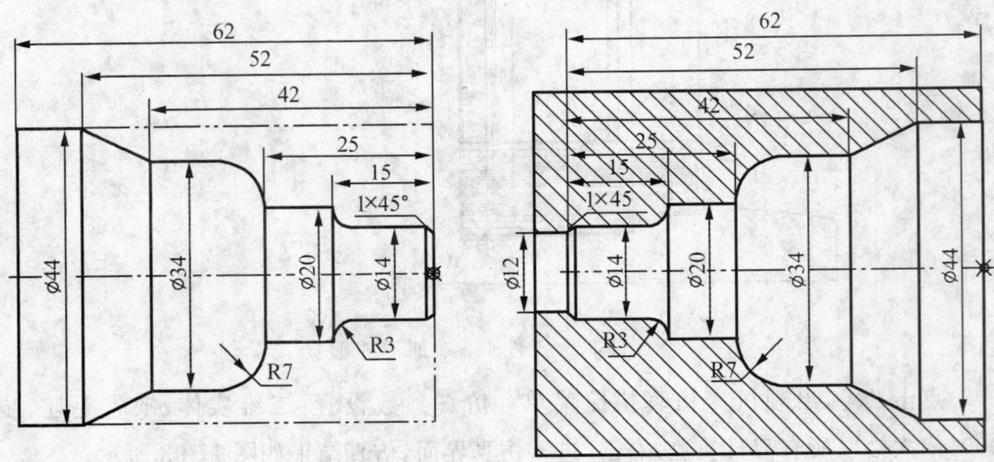

图 17-95　配合件

任务十八　螺纹类零件的造型与加工

能力目标

◎会使用 CAXA 数控车 XP 软件进行零件的加工造型

◎能正确安排加工工艺

◎能正确填写加工参数表

◎能生成零件的加工轨迹

◎能通过机床后置和处理生成零件的加工代码

知识准备

◎螺纹的加工参数

根据图 18-1 所示零件图，完成零件的造型与加工。该零件为 45[#] 钢，毛坯材料为⌀50×102mm，零件的左端虚线框内为夹持部位，不进行加工。

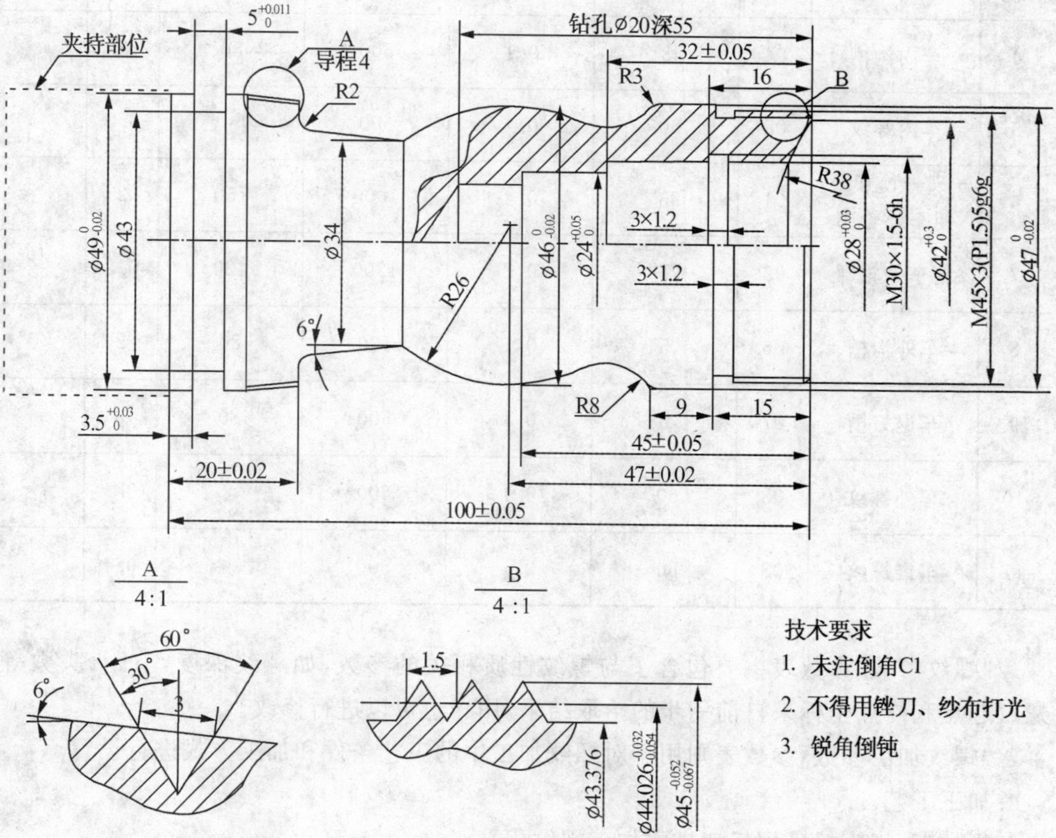

技术要求

1. 未注倒角C1
2. 不得用锉刀、纱布打光
3. 锐角倒钝

图 18-1　螺纹轴

任务分析

零件“螺纹轴”图形比较复杂，尺寸较多且公差很严格如图 18-1 所示。它的右端有内、外螺纹，内孔和外圆的精度较高。中间为特型面和锥体连接，左边有一精度沟槽和一锥度螺纹。这个工件的加工难点在于孔的加工和锥度螺纹的加工。

由以上分析可知，该工件的加工方法为：夹持左端（尽量多夹持一些），先加工右端内轮廓，然后采用大头顶尖，一夹一顶加工右端外轮廓，其工序见表 18-1。

表 18-1 数控加工工艺卡

工序	工序内容	刀号	刀具规格	刀尖半径（mm）	主轴转速（r/min）	进给速度（mm/min）	吃刀量（mm）	备注
1	钻中心孔							手动
2	钻Ø24 底孔							手动
3	精车内轮廓	03	15°	0.1	500	80	1	
4	车内沟槽	04	3	0.1	500	80	2	
5	车内螺纹	05	60°	0.1	500		0.5	
6	一夹一顶安装，粗车外轮廓	01	93°	0.4	1000	150	2	
7	精车外轮廓	02	75°	0.2	1200	120	0.2	
8	车外沟槽	06	5	0.1	500	80	2	
9	车退刀槽	07	3	0.1	500	80	2	
10	车外螺纹	08	60°	0.1	500		0.5	
11	车锥螺纹	08	60°	0.1	500		0.5	

“螺纹参数”参数表主要包含了与螺纹性质相关的参数，如螺纹深度，节距，头数等。螺纹起点和终点坐标来自前一步的拾取结果，用户也可以进行修改。

“螺纹加工参数”参数表则用于对螺纹加工中的工艺条件和加工方式进行设置。

加工工艺。

粗加工：指直接采用粗切方式加工螺纹。

粗加工＋精加工方式：指根据指定的粗加工深度进行粗切后，再采用精切方式（如采用更小的行距）切除剩余余量（精加工深度）。

精加工深度：螺纹精加工的切深量。

粗加工深度：螺纹粗加工的切深量。

每行切削用量。

固定行距：每一切削行的间距保持恒定。

恒定切削面积：为保证每次切削的切削面积恒定，各次切削深度将逐步减小，直至等于最小行距。用户需指定第一刀行距及最小行距。吃刀深度规定如下：

第 n 刀的吃刀深度为第一刀的吃刀深度的 $\sqrt{n}$。

末行走刀次数：为提高加工质量，最后一个切削行有时需要重复走刀多次，此时需要指定重复走刀次数。

每行切入方式：指刀具在螺纹始端切入时的切入方式。刀具在螺纹末端的退出方式与切入方式相同。

一、零件建模

利用 CAXA 数控车 XP 的功能，对图 18-1 零件进行建模，如图 18-2 所示。

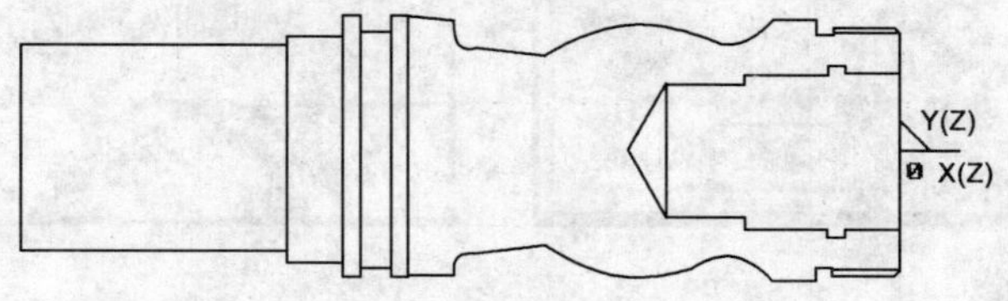

图 18-2 零件建模

诀窍：绘制 R26 的圆弧时，先从中心线往下偏移 3mm，再画出距离右端面 42mm 的圆弧中心线，并以交点为圆心，以 R26 为半径画圆，就可得到直径为 46mm 的曲面了。

二、零件右端内轮廓的加工

1. 绘出零件右端的加工造型，如图 18-3 所示。

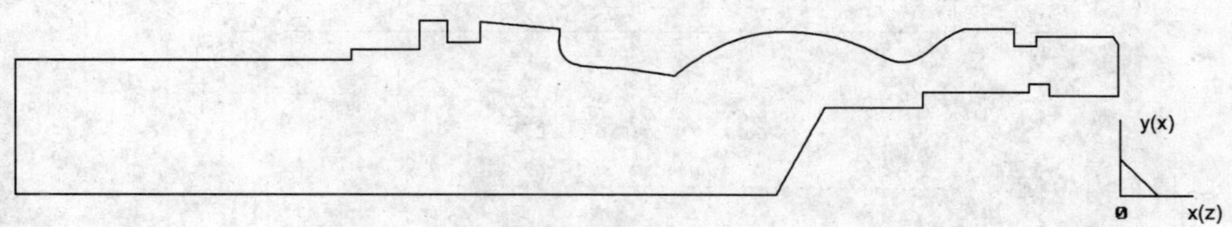

图 18-3 右端加工造型

2. 钻中心孔

(1)单击钻孔按钮，出现钻孔对话框，填写加工参数表，如图 18-4 所示。填写钻孔刀具参数表，如图 18-5 所示。

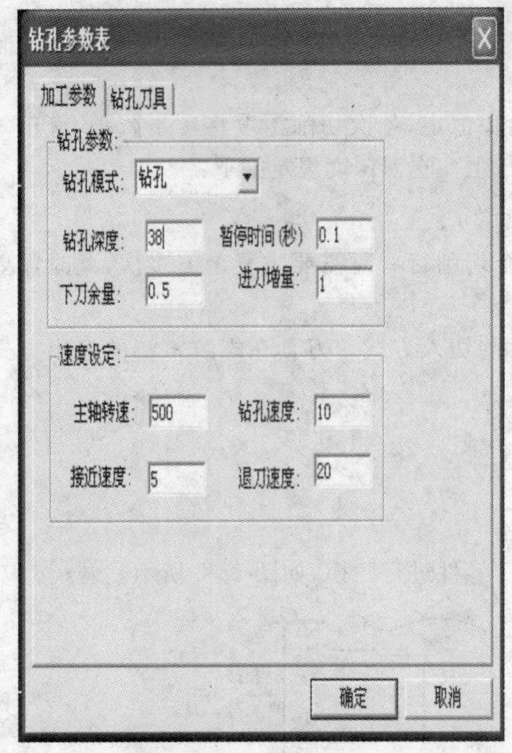

图 18-4　加工参数

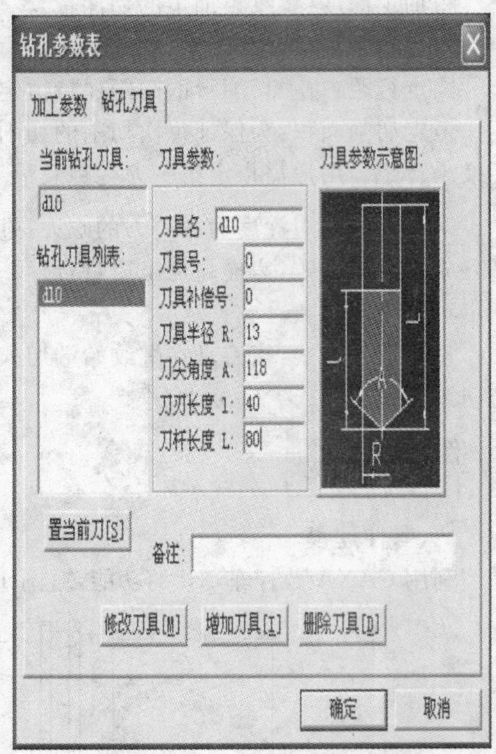

图 18-5　钻孔刀具

(2)单击 确定 ,【系统提示栏】显示拾取“钻孔起始点”,拾取坐标系原点,生成钻孔轨迹线,如图 18-6 所示。

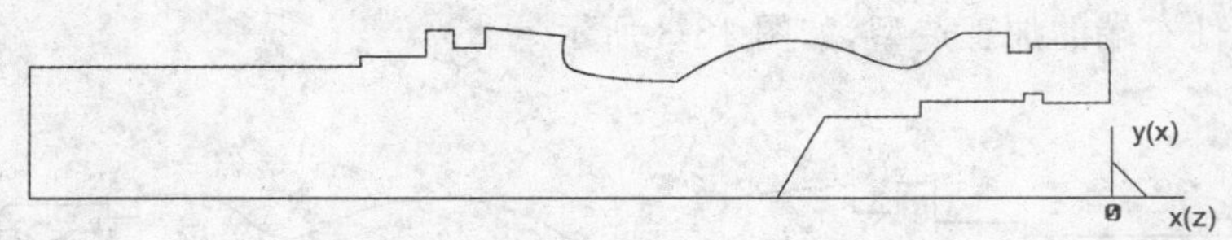

图 18-6　钻孔轨迹线

3. 精车内轮廓

(1)单击精车按钮 ,出现精车对话框。

(2)填写精车加工参数表,如图 18-7 所示;填写进退刀方式参数表,如图 18-8 所示;填写切削用量参数表,如图 18-9 所示;填写轮廓车刀参数表,如图 18-10 所示。

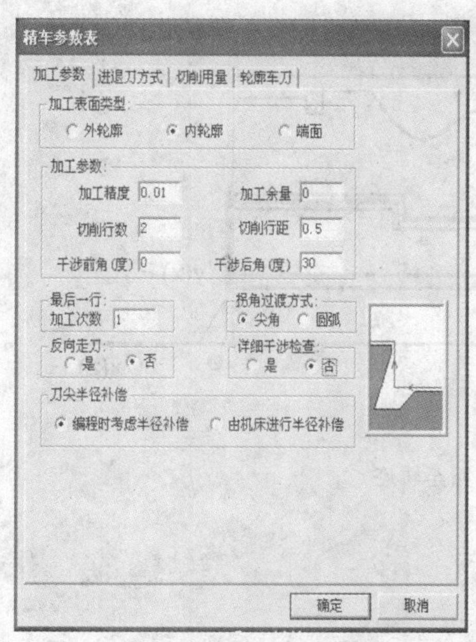

图 18-7　精车加工参数表

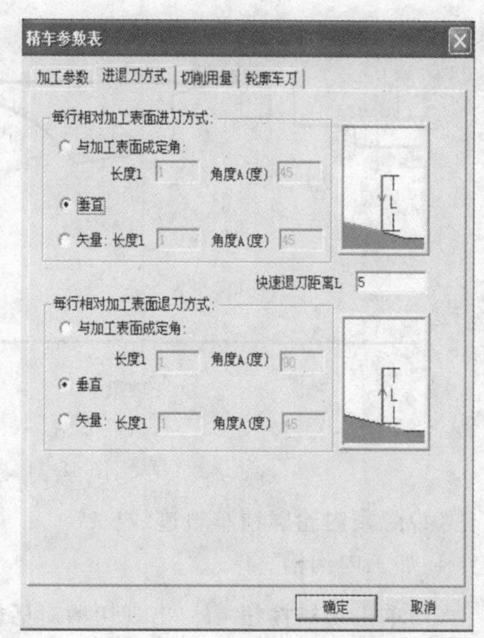

图 18-8　进退刀方式参数表

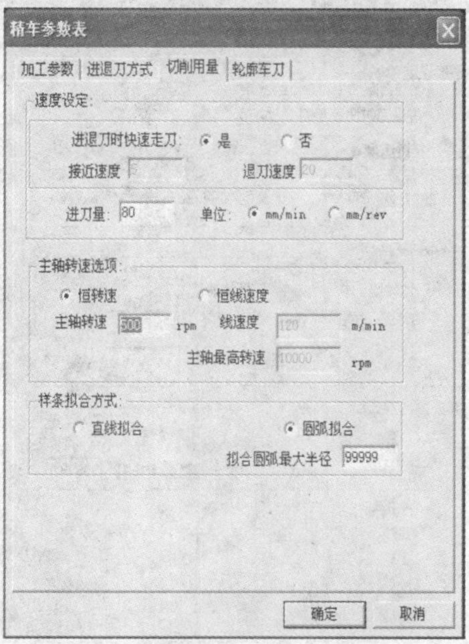

图 18-9　切削用量参数表

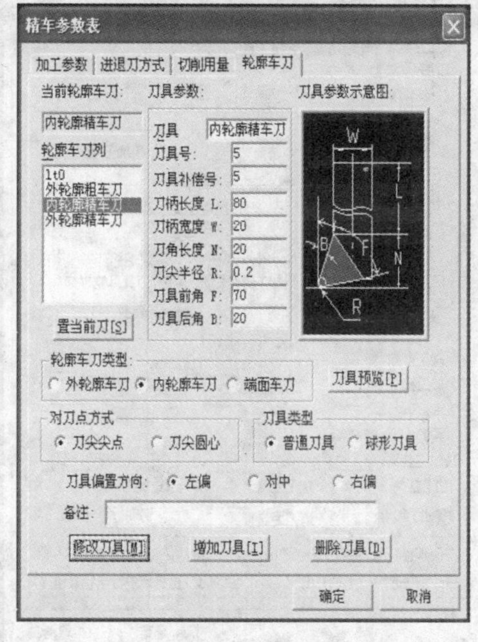

图 18-10　轮廓车刀参数表

(3)单击 确定 ,【系统提示栏】显示“拾取被加工工件表面轮廓”,按空格键,选择【单个拾取】,依次拾取轮廓线,右击,【系统提示栏】显示“输入进退刀点”,按回车键,输入换刀点坐标(100,0),按回车键,生成内轮廓精车轨迹,如图 18-11 所示

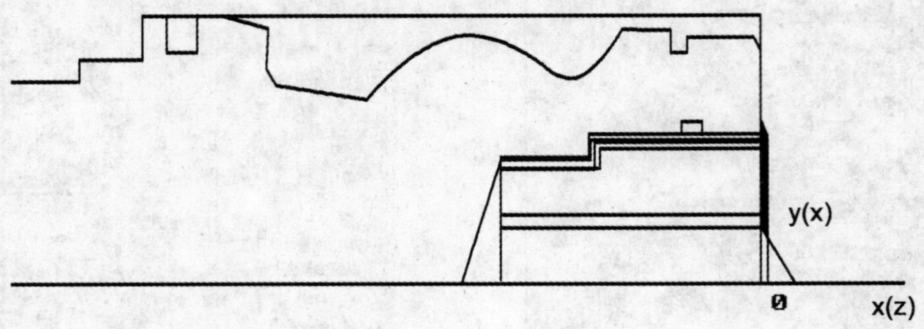

图 18-11　内轮廓精车轨迹

(4)隐藏内轮廓精车轨迹线。

4. 加工内沟槽

(1)单击切槽按钮 ，出现切槽对话框。

(2)填写切槽加工参数表，如图 18-12 所示；填写切削用量参数表，如图 18-13 所示；填写切槽刀具参数表，如图 18-14 所示。

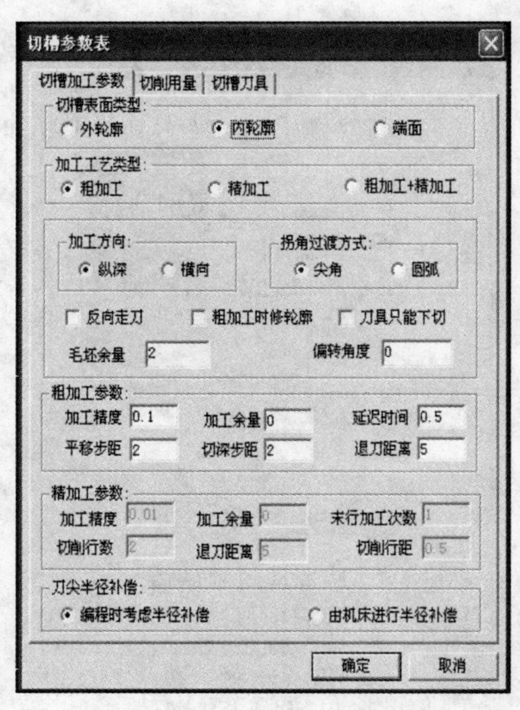

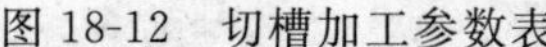

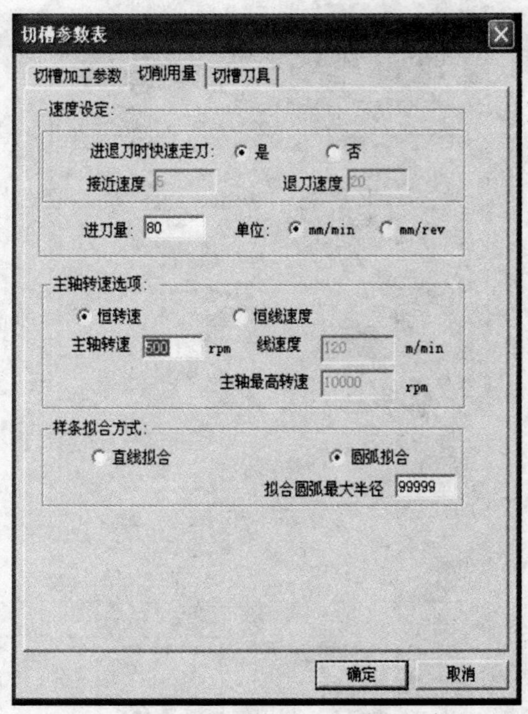

图 18-12　切槽加工参数表　　　图 18-13　切削用量参数表

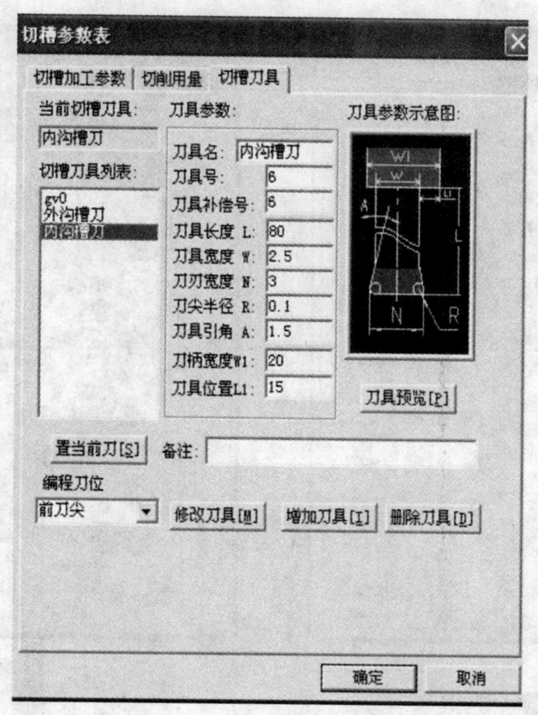

图 18-14 切槽刀具参数表

(3)单击确定,【系统提示栏】显示“拾取被加工工件表面轮廓”,按空格键,选择【单个拾取】,依次拾取轮廓线,右击,【系统提示栏】显示“输入进退刀点”,按回车键,输入换刀点坐标(100,0),按回车键,生成内沟槽轨迹,如图 18-15 所示。

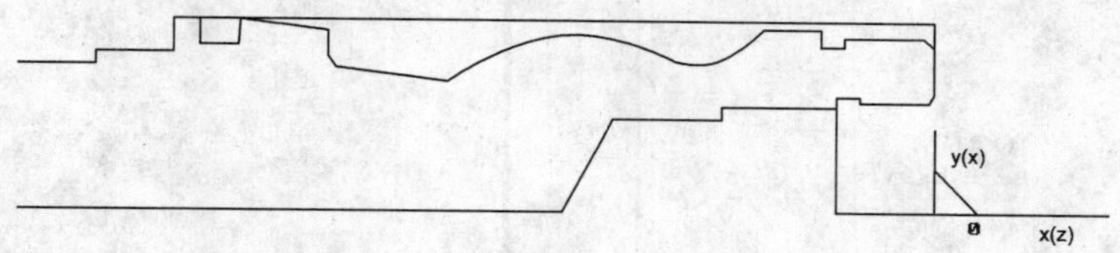

图 18-15 内沟槽加工轨迹线

(4)隐藏内沟槽加工轨迹。

5. 加工内螺纹

(1)单击车螺纹按钮,【系统提示栏】显示“拾取螺纹起始点”,按回车键,输入起点坐标(5,14),按回车键,终点坐标(-14,14),按回车键,出现螺纹加工参数对话框。

(2)填写螺纹参数表,如图 18-16 所示;填写螺纹加工参数表,如图 18-17 所示;填写进退刀方式参数表,如图 18-18 所示;填写切削用量参数表,如图 18-19 所示;填写螺纹车刀参数表,如图 18-20 所示。

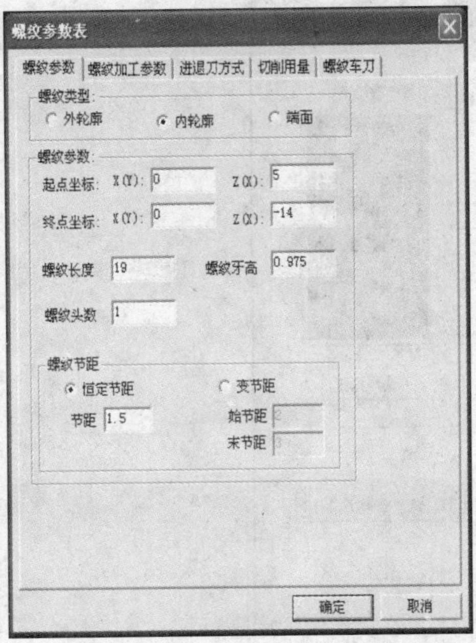

螺纹参数表
螺纹参数 | 螺纹加工参数 | 进退刀方式 | 切削用量 | 螺纹车刀
螺纹类型：○ 外轮廓　⊙ 内轮廓　○ 端面
螺纹参数：
起点坐标：X(Y)：0　Z(X)：5
终点坐标：X(Y)：0　Z(X)：-14
螺纹长度 19　螺纹牙高 0.975
螺纹头数 1
螺纹节距
⊙ 恒定节距　○ 变节距
节距 1.5　始节距 2　末节距 3
确定　取消

图 18-16　螺纹参数表

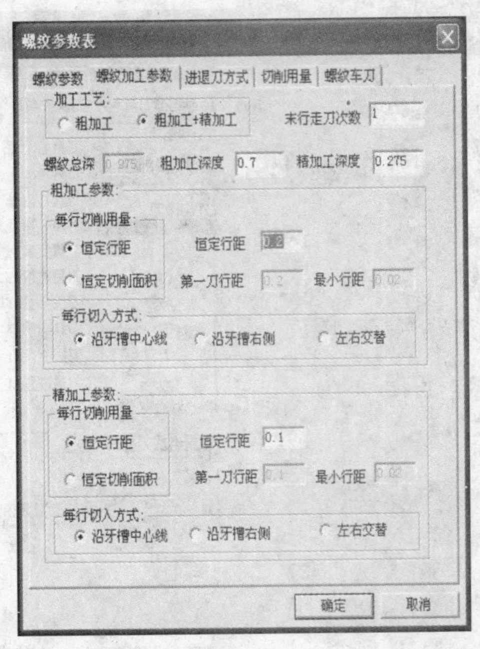

图 18-17　螺纹加工参数表

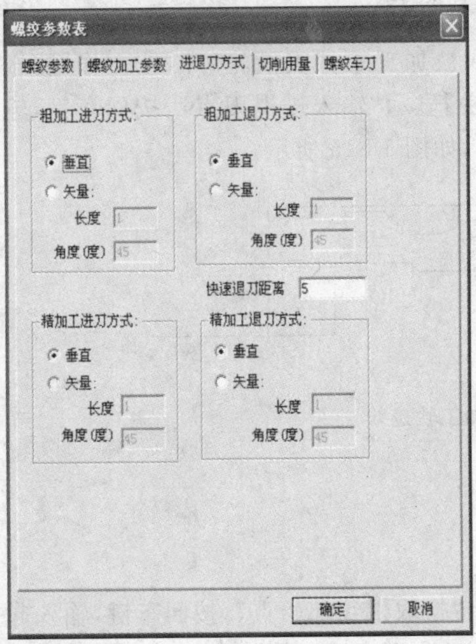

螺纹参数表
螺纹参数 | 螺纹加工参数 | 进退刀方式 | 切削用量 | 螺纹车刀
粗加工进刀方式：⊙ 垂直　○ 矢量：长度 1　角度(度) 45
粗加工退刀方式：⊙ 垂直　○ 矢量：长度 1　角度(度) 45
快速退刀距离 5
精加工进刀方式：⊙ 垂直　○ 矢量：长度 1　角度(度) 45
精加工退刀方式：⊙ 垂直　○ 矢量：长度 1　角度(度) 45
确定　取消

图 18-18　进退刀方式参数表

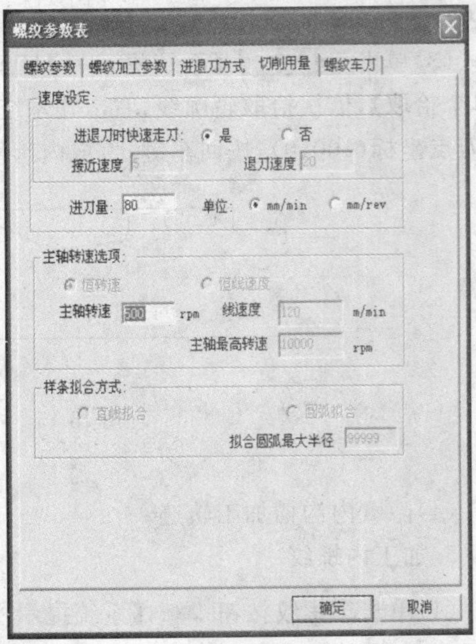

螺纹参数表
螺纹参数 | 螺纹加工参数 | 进退刀方式 | 切削用量 | 螺纹车刀
速度设定：
进退刀时快速走刀：⊙ 是　○ 否
接近速度 5　退刀速度 20
进刀量：80　单位：⊙ mm/min　○ mm/rev
主轴转速选项：
⊙ 恒转速　○ 恒线速度
主轴转速 200 rpm　线速度 120 m/min
主轴最高转速 10000 rpm
样条拟合方式：
○ 直线拟合　○ 圆弧拟合
拟合圆弧最大半径 9999
确定　取消

图 18-19　切削用量参数表

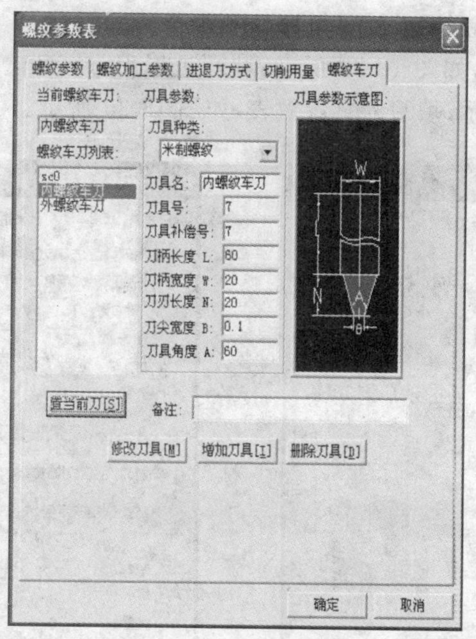

图 18-20 螺纹车刀参数表

(3)单击 确定 ,【系统提示栏】显示“输入进退刀点”,按回车键,输入换刀点坐标(100,0),按回车键,生成内螺纹加工轨迹,如图 18-21 所示。

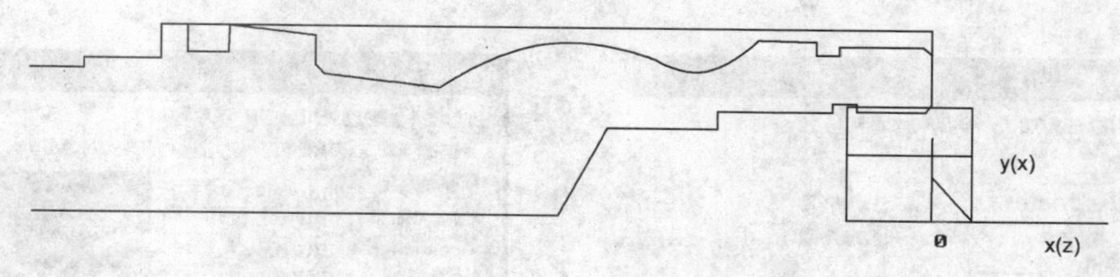

图 18-21 内螺纹加工轨迹

三、外轮廓加工

1. 外轮廓粗加工

(1)绘制粗加工毛坯轮廓,如图 18-22 所示。

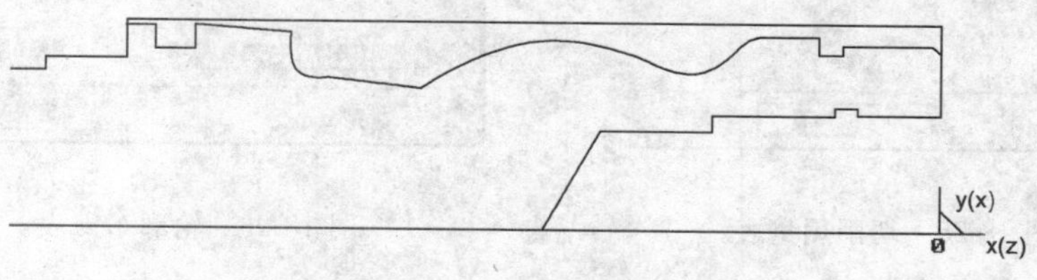

图 18-22 绘制粗加工毛坯

(2)单击轮廓粗车按钮 ,填写粗加工参数表。

(3)填写加工参数表,如图 18-23 所示;填写进退刀方式表,如图 18-24 所示;填写切削用量表,如图 18-25 所示;填写刀具参数表,如图 18-26 所示。

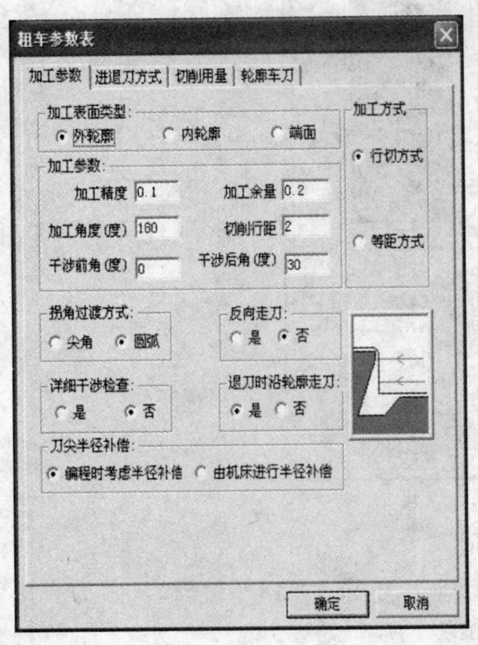

图 18-23 加工参数表

图 18-24 进退刀方式表

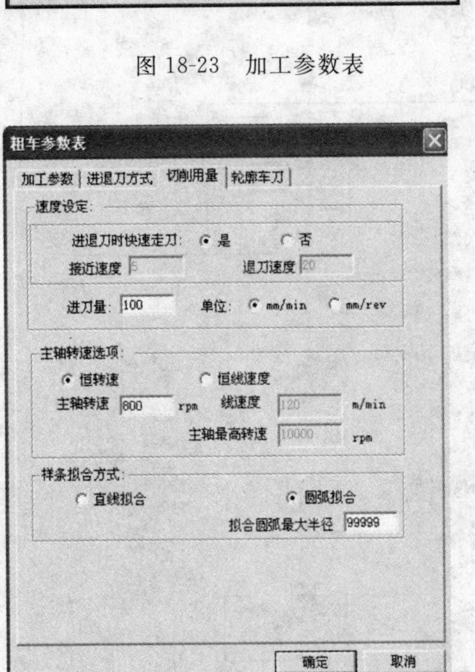

图 18-25 切削用量表

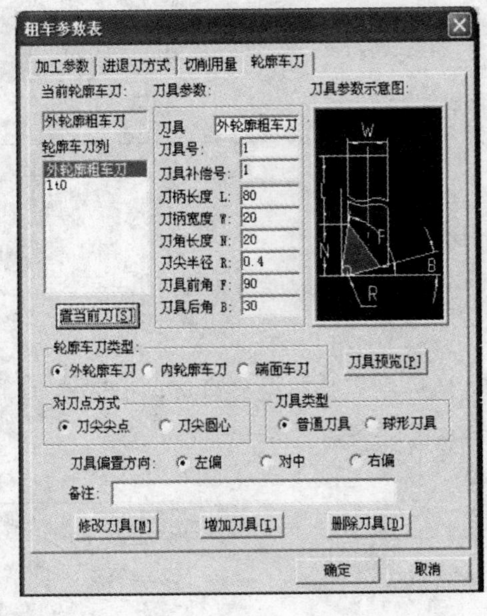

图 18-26 轮廓车刀表

(4)单击 确定 ,【系统提示栏】显示“拾取被加工工件表面轮廓”,按空格键,选择【单个拾取】,依次拾取轮廓线,如图 18-27 所示。

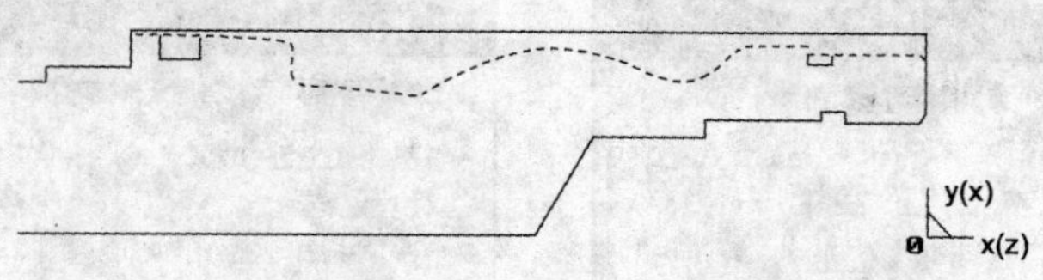

图 18-27 拾取加工轮廓

(5)右击鼠标右键,【系统提示栏】显示“拾取定义的毛坯”,依次拾取毛坯轮廓,如图 18-28 所示。

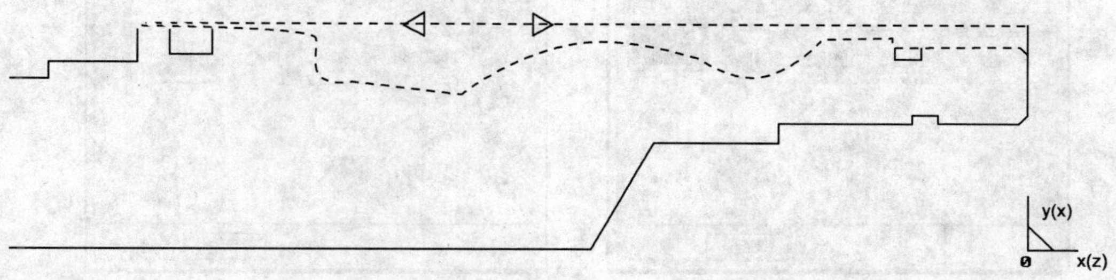

图 18-28 拾取毛坯轮廓

(6)右击,【系统提示栏】显示“输入进退刀点”,按回车键,输入换刀点坐标(100,100),按回车键,生成外轮廓粗加工轨迹,如图 18-29 所示。

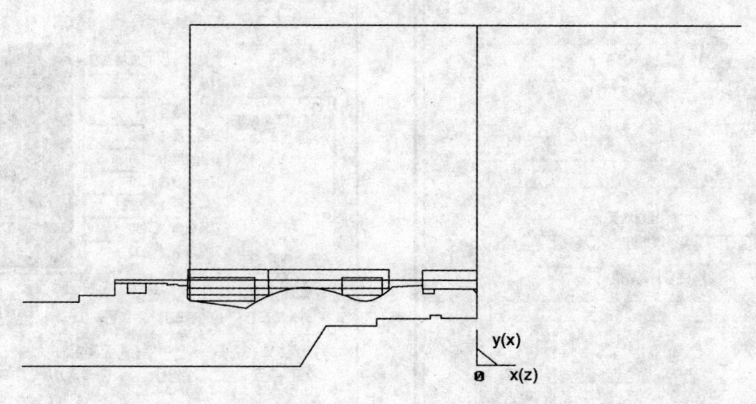

图 18-29 外轮廓粗加工轨迹线

(7)将粗车轨迹线隐藏。

2. 外轮廓精车

(1)单击精车按钮 ,出现精车对话框。

(2)填写精车加工参数表,如图 18-30 所示;填写进退刀方式表,如图 18-31 所示;填写切削用量参数表,如图 18-32 所示;填写轮廓车刀参数表,如图 18-33 所示;刀具预览:如图 18-34 所示。

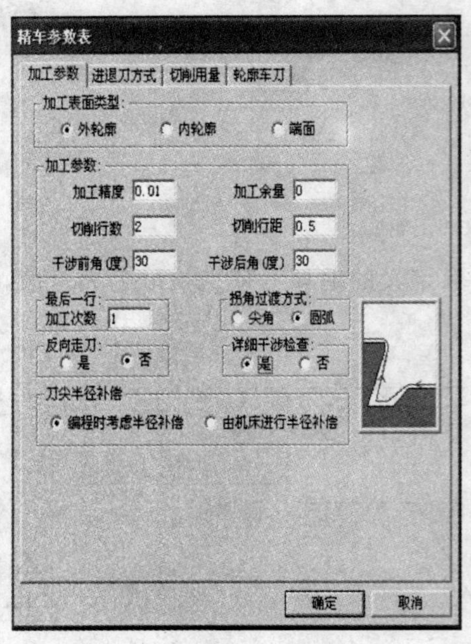

图 18-30　加工参数表

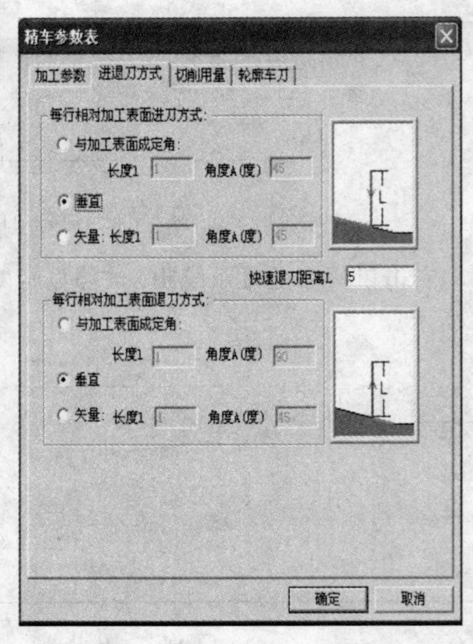

图 18-31　进退刀方式表

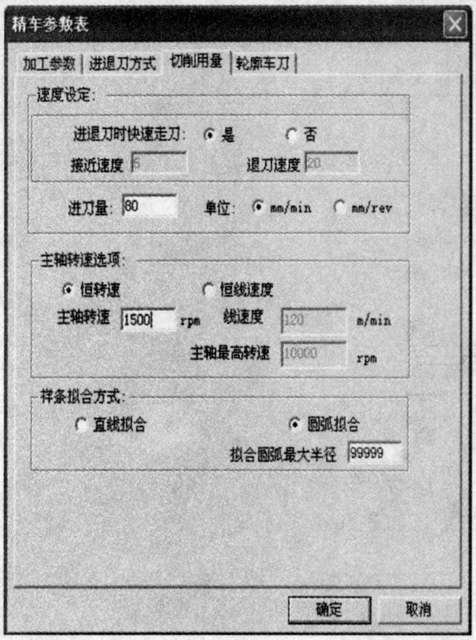

精车参数表

加工参数 进退刀方式 切削用量 轮廓车刀

速度设定:

进退刀时快速走刀: 是 否

接近速度 5 退刀速度 20

进刀量: 80 单位: mm/min mm/rev

主轴转速选项:

恒转速 恒线速度

主轴转速 1500 rpm 线速度 120 m/min

主轴最高转速 10000 rpm

样条拟合方式:

直线拟合 圆弧拟合

拟合圆弧最大半径 99999

确定 取消

图 18-32　切削用量参数表

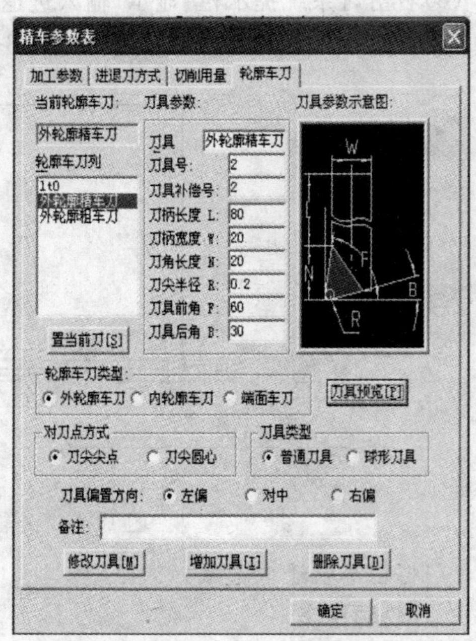

图 18-33　轮廓车刀参数表

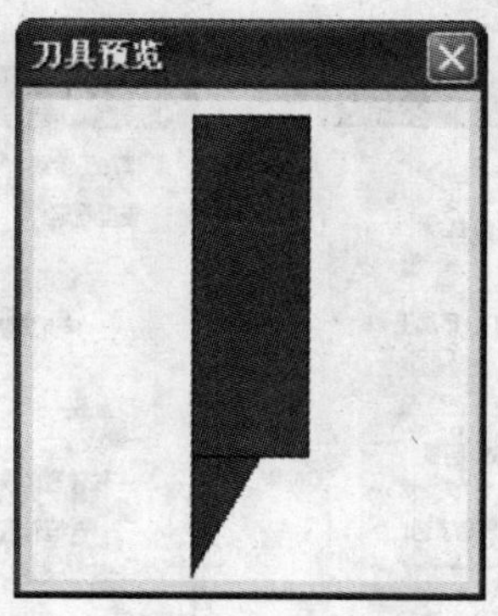

图 18-34 刀具预览

(3)单击 确定 ,【系统提示栏】显示“拾取被加工工件表面轮廓”,按空格键,选择【单个拾取】,依次拾取轮廓线,如图 18-35 所示。

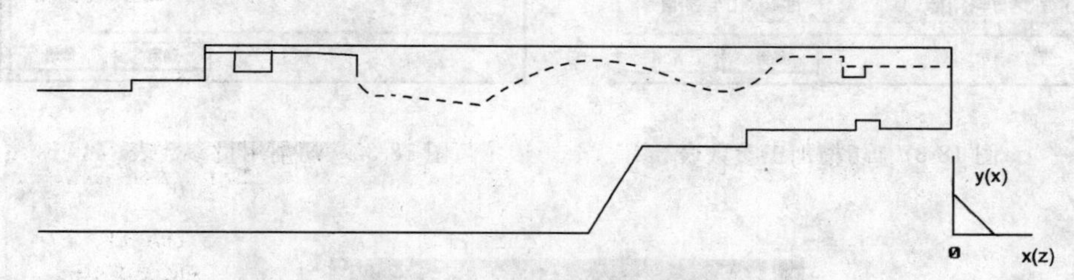

图 18-35 拾取轮廓线

(4)右击,【系统提示栏】显示“输入进退刀点”,按回车键,输入换刀点坐标(100,100),按回车键,生成外轮廓精加工轨迹,如图 18-36 所示。

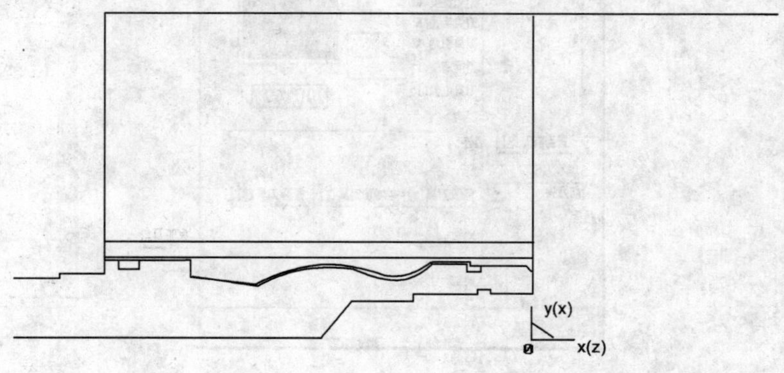

图 18-36 外轮廓精加工轨迹线

(5)将精车轨迹线隐藏。

3.外沟槽的加工

(1)单击切槽按钮 ,出现切槽对话框。

(2)填写切槽加工参数表,如图 18-37 所示;填写切削用量参数表,如图 18-38 所示;

填写切槽刀具参数表，如图 18-39 所示。

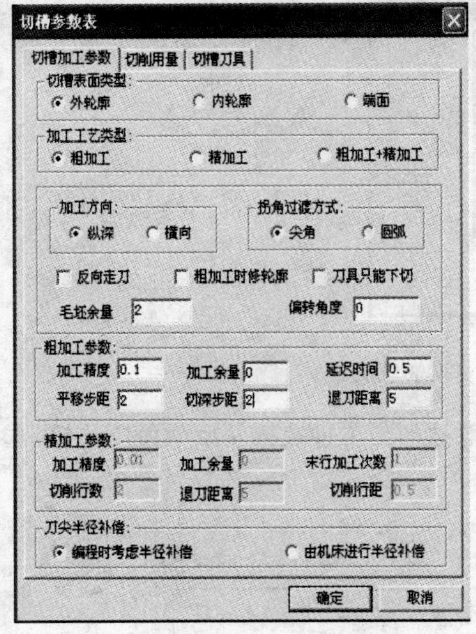

图 18-37 切槽加工参数表

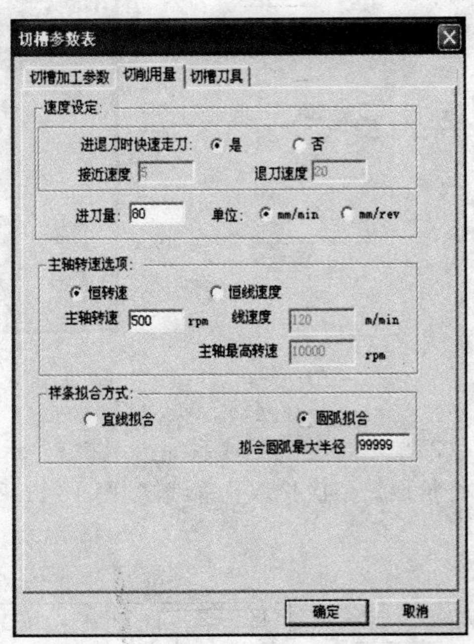

图 18-38 切削用量参数表

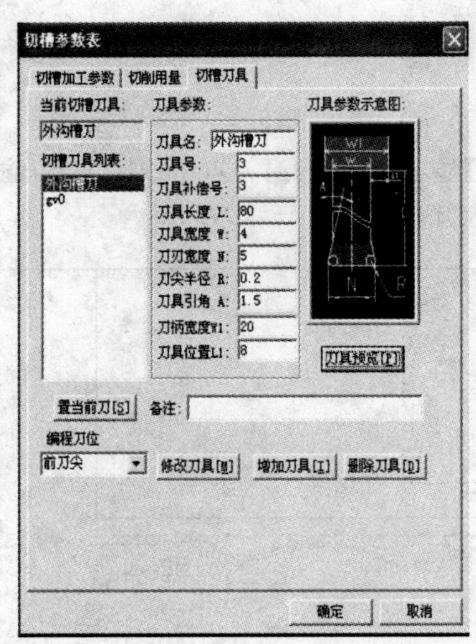

图 18-39 切槽刀具参数表

(3)单击 确定 ，【系统提示栏】显示“拾取被加工工件表面轮廓”，按空格键，选择【单个拾取】，依次拾取轮廓线，如图 18-40 所示。

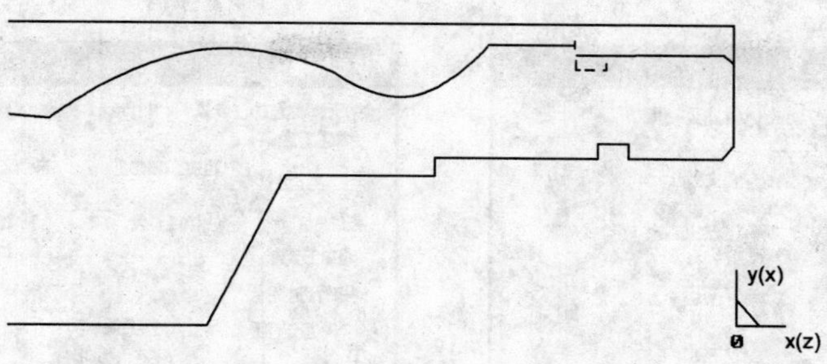

图 18-40　拾取沟槽轮廓

(4)右击,【系统提示栏】显示“输入进退刀点”,按回车键,输入换刀点坐标(100,100),按回车键,生成外轮廓切槽轨迹,如图 18-41 所示。

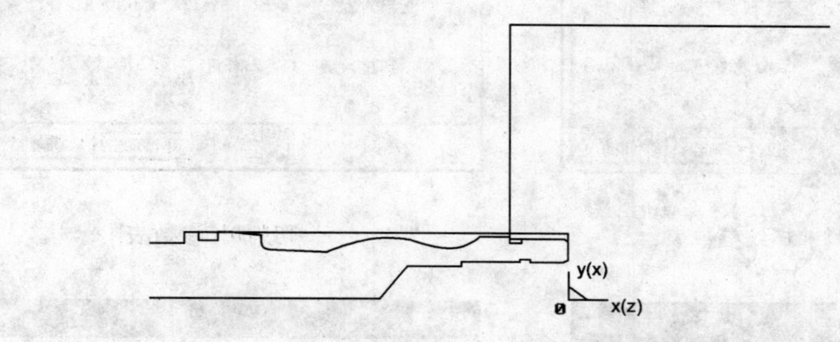

图 18-41　切槽轨迹线

(5)同样,生成 5mm 宽的沟槽轨迹线,如图 18-42 所示。

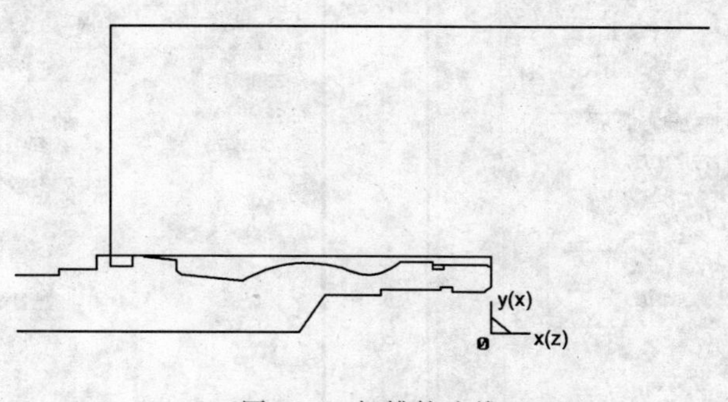

图 18-42 切槽轨迹线

注意:将刀具宽度修改成 5mm。

(6)将切槽轨迹隐藏。

4.加工外螺纹

(1)单击车螺纹按钮 ,【系统提示栏】显示“拾取螺纹起始点”,按回车键,输入起点坐标(5,23),终点坐标(－17.5,23),按回车键,出现螺纹加工参数对话框。

(2)填写螺纹参数表,如图 18-43 所示;填写螺纹加工参数表,如图 18-44 所示;填写进退刀方式参数表,如图 18-45 所示;填写切削用量参数表,如图 18-46 所示;填写螺纹车刀参数表，如图 18-47 所示。

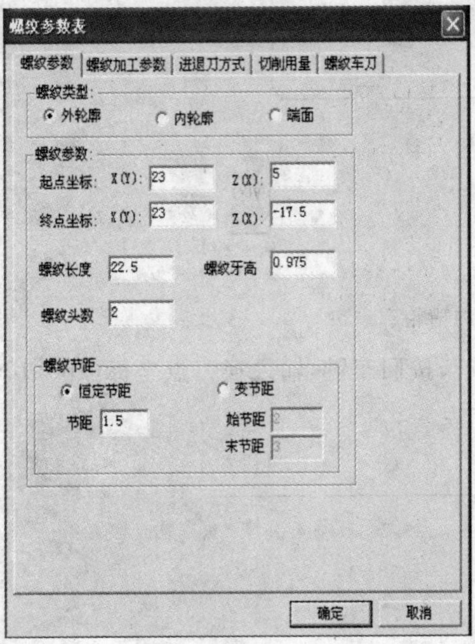

图 18-43 螺纹参数表

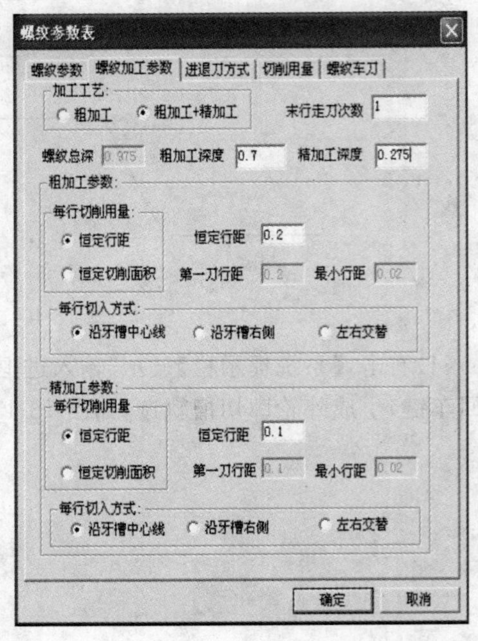

图 18-44 螺纹加工参数表

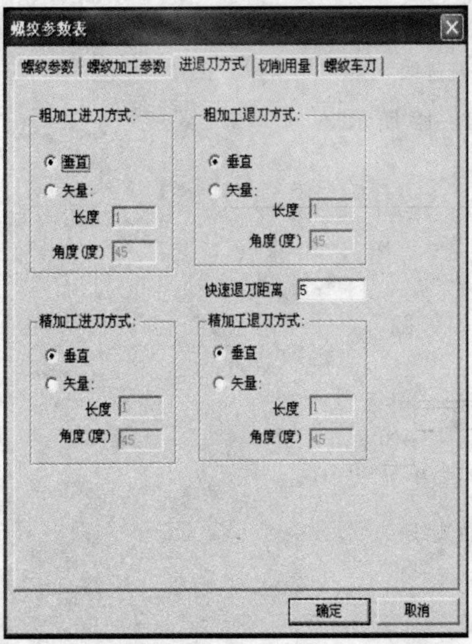

图 18-45 进退刀方式参数表

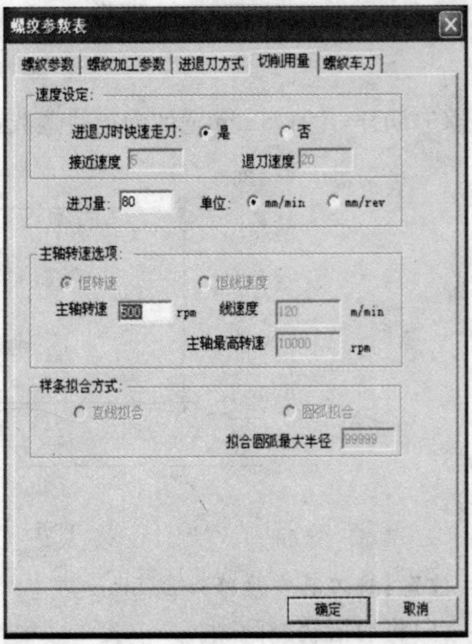

图 18-46 切削用量参数表

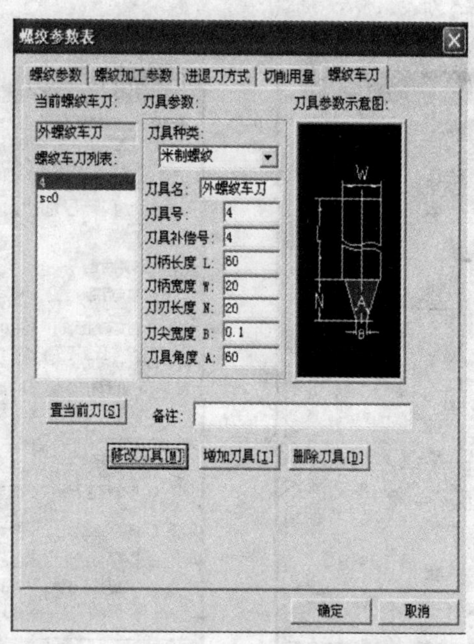

图 18-47　螺纹车刀参数表

(3)单击 确定 ,【系统提示栏】显示"输入进退刀点",按回车键,输入换刀点坐标(100,100),按回车键,生成外螺纹加工轨迹,如图 18-48 所示。

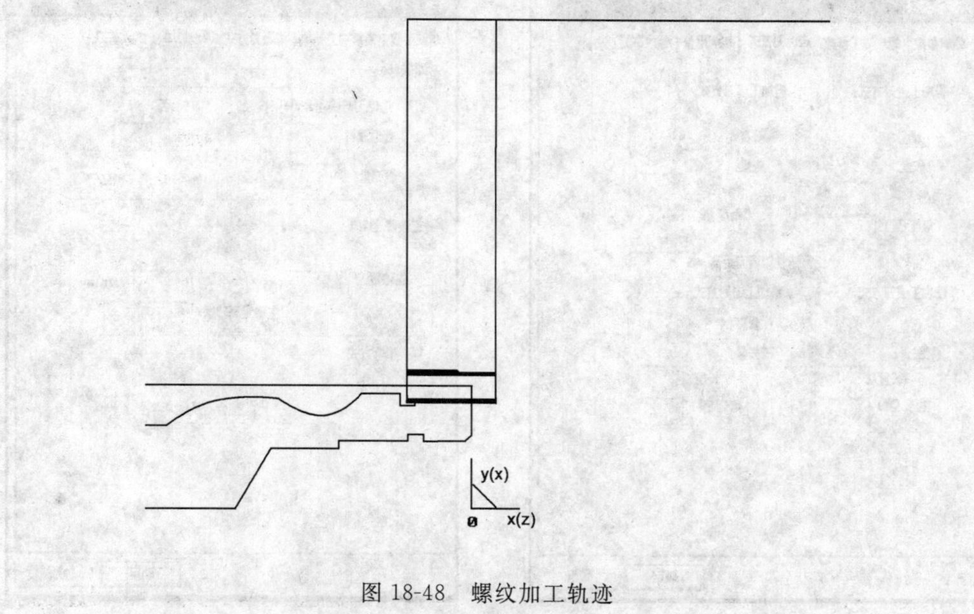

图 18-48　螺纹加工轨迹

5. 加工锥螺纹

(1)单击车螺纹按钮 ,【系统提示栏】显示"拾取螺纹起始点",按回车键,输入起点坐标(−76,23),按回车键,终点坐标(−88,24.5),按回车键,出现螺纹加工参数对话框。

(2)填写螺纹参数表,如图 18-49 所示;填写螺纹加工参数表,如图 18-50 所示;填写进退刀方式参数表,如图 18-51 所示;填写切削用量参数表,如图 18-52 所示;填写螺纹车刀参数表，如图 18-53 所示。

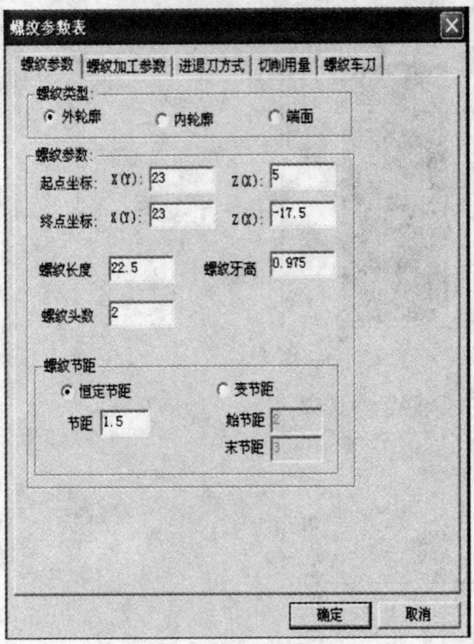

图 18-49　螺纹参数表

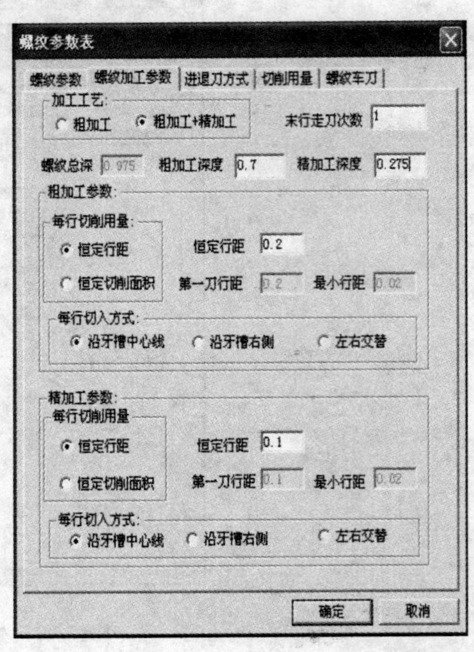

图 18-50　螺纹加工参数表

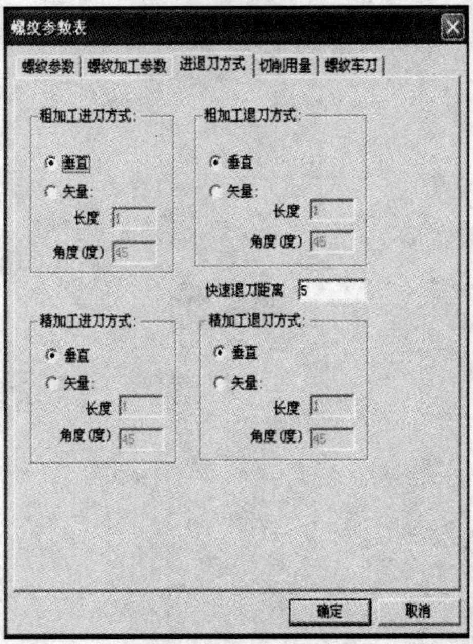

图 18-51　进退刀方式参数表

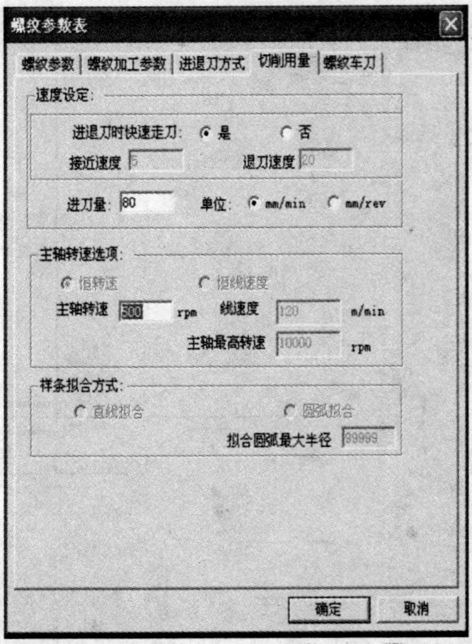

图 18-52　切削用量参数表

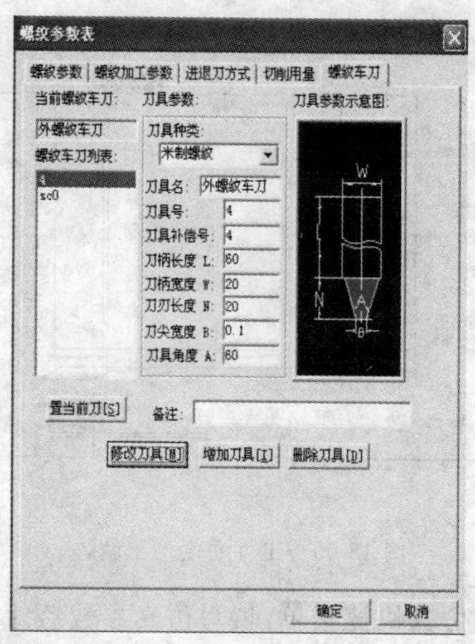

图 18-53 螺纹车刀参数表

(3)单击 确定 ,【系统提示栏】显示“输入进退刀点”,按回车键,输入换刀点坐标(100,100),按回车键,生成外螺纹加工轨迹,如图 18-54 所示。

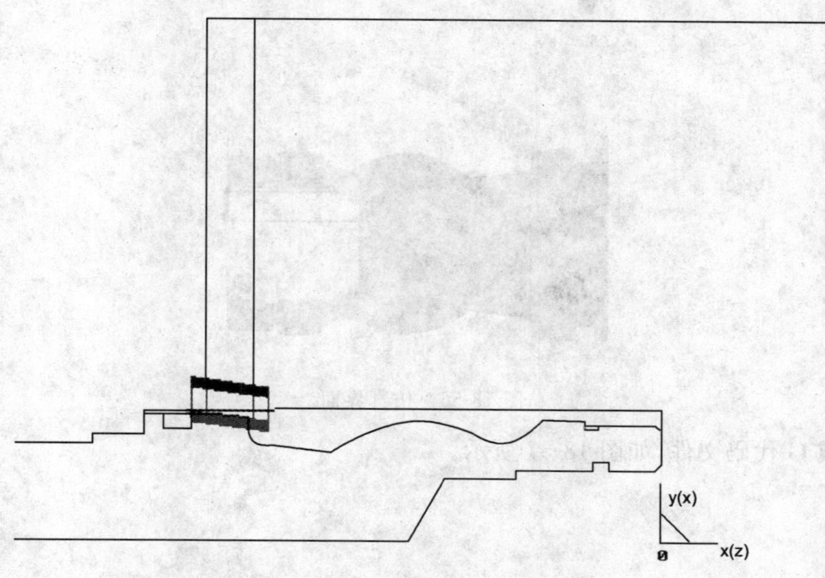

图 18-54 螺纹加工轨迹

6.轨迹仿真

(1)显示右端所有轨迹线,如图 18-55 所示。

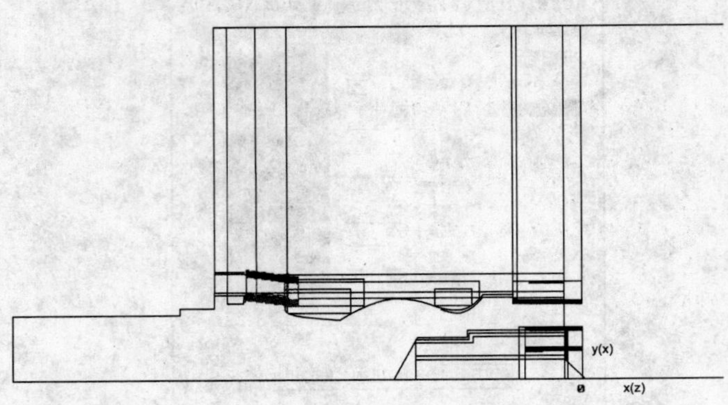

图 18-55　工件右端加工轨迹

(2)单击 ，出现机床仿真快捷菜单，填写仿真参数后，【系统提示栏】显示“拾取刀具轨迹”，依次拾取后，鼠标右击，进入仿真界面。如图 18-56 所示。

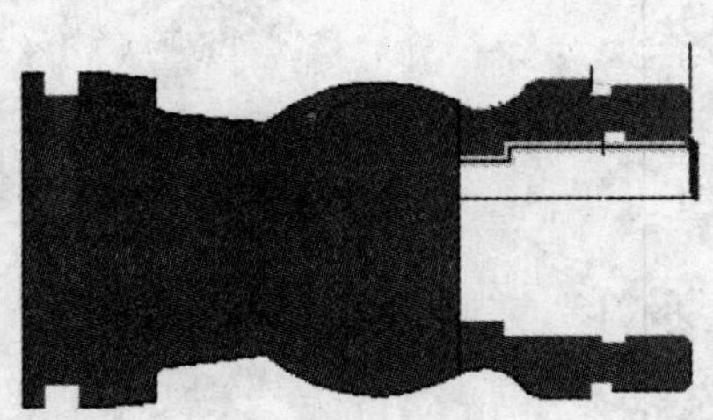

图 18-56　仿真界面

7. 生成 G 代码文件，如图 18-57 所示。

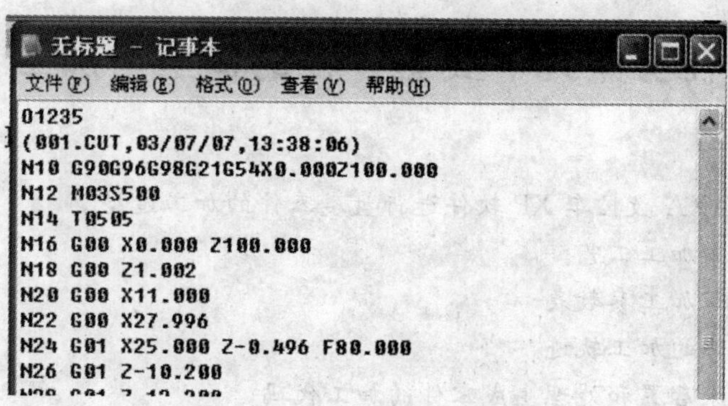

无标题 - 记事本

文件(F) 编辑(E) 格式(O) 查看(V) 帮助(H)

```
O1235
(001.CUT,03/07/07,13:38:06)
N10 G90G96G98G21G54X0.000Z100.000
N12 M03S500
N14 T0505
N16 G00 X0.000 Z100.000
N18 G00 Z1.002
N20 G00 X11.000
N22 G00 X27.996
N24 G01 X25.000 Z-0.496 F80.000
N26 G01 Z-10.200
```

图 18-57 工件的加工程序

思考练习

完成如图 18-58 所示零件的造型与加工，毛坯材料为 45# 钢，直径为 70mm，长度为 120mm。要求使用 4 把刀完成零件的加工，其中 1 号刀为粗车 90°外圆车刀，2 号刀是精车 90°外圆车刀，3 号刀为切断刀（刀宽为 3.2mm，对刀时对切断刀的右刀尖点），4 号刀为三角螺纹车刀。

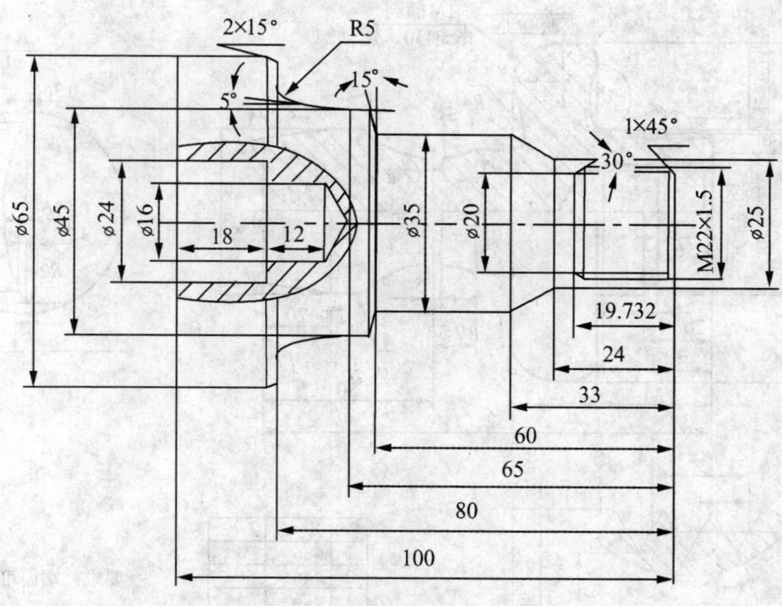

图 18-58 轴类零件的加工

任务十九　典型零件的造型与加工

能力目标

◎ 会使用 CAXA 数控车 XP 软件进行盘类零件的加工造型

◎ 能正确安排加工工艺

◎ 能正确填写加工参数表

◎ 能生成零件的加工轨迹

◎ 能通过机床后置和处理生成零件的加工代码

知识准备

◎圆弧形车刀的选用

任务引入

根据图 19-1 所示零件图，完成零件的造型与加工。该零件是一典型零件，最大外圆处有一椭圆面，两端面处有端面凹槽，包括内、外螺纹和外圆弧槽，造型与加工时有一定难度。

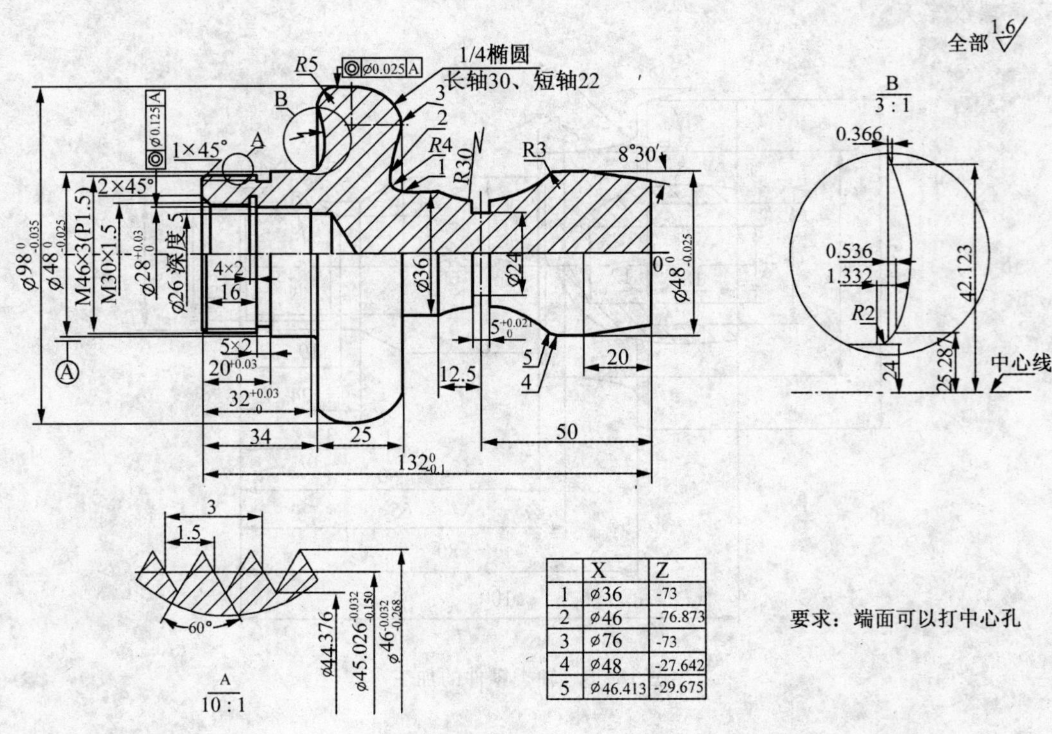

	X	Z
1	ϕ36	-73
2	ϕ46	-76.873
3	ϕ76	-73
4	ϕ48	-27.642
5	ϕ46.413	-29.675

图 19-1　典型零件

任务分析

该零件图形比较复杂，尺寸较多且公差很严格，如图 19-1 所示。它的右端有 8°30′的锥体，连接锥体的是一圆弧形槽，槽底有 5mm 宽矩形槽。值得注意的是叶片的两端都有端面凹槽连接，这是加工中的难点之一。该工件左端有精度内孔，并带有内、外螺纹。

由以上分析可知，该工件的加工方法为：夹持右端（长度不超过 70mm），先加工左端，然后掉头采用一夹一顶加工右端，其工序见表 19-1。

表 19-1 数控加工工艺卡

工序	工序内容	刀号	刀具规格	刀尖半径（mm）	主轴转速（r/min）	进给速度（mm/min）	吃刀量（mm）	备注
1	钻中心孔							手动
2	钻∅26 底孔							手动
3	粗车外轮廓	01	93°	0.4	1000	150	2	
4	精车外轮廓	02	75°	0.2	1200	120	0.2	
5	车外沟槽	03	5	0.1	500	80	2	
6	车外螺纹	04	60°	0.1	500		0.5	
7	精车内轮廓	05	15°	0.1	500	80	1	
8	车内沟槽	06	5	0.1	500	80	2	
9	车内螺纹	07	60°	0.1	500		0.5	
10	掉头，一夹一顶安装，粗车外轮廓	01	93°	0.4	1000	150	2	
11	精车外轮廓 1	08	圆头刀	5	800	100	0.2	
12	精车外轮廓 2	02	75°	0.2	1200	120	0.2	
13	车外沟槽	03	5	0.1	500	80	2	

相关知识

圆弧形车刀是与普通车削加工用圆弧成型车刀性质完全不同的特殊车刀，它适用于某些精度要求较高的凹曲面零件或一刀即可完成跨多个象限的外圆弧面零件的车削。

圆弧形车刀适用于某些精度要求高、批量大的大外圆曲面或凹曲面的车削，以及其他刀具所不能完成的加工。圆弧形车刀具有宽刃切削性质，能使精车余量相当均匀，从而改善切削性能，使零件的尺寸、形位公差、精度容易得以保证，还能一刀车出多个象限的圆弧面。当车刀圆弧半径已经选定或通过测量并给予确认之后，应特别注意圆弧切削刃的形状误差对加工精度的影响。

在车削时，车刀的圆弧切削刃与被加工轮廓曲线作相对滚动。这时，车刀在不同的切削位置上，其“刀尖”在圆弧切削刃上也有不同位置（即切削刃圆弧与零件轮廓相切的切点），意即切削刃对工件的切削是以无数个连续变化位置的“刀尖”进行的。

为了使这些不断变换位置的“刀尖”能按加工原理所要求的规律（“刀尖”所在半径处处等距）运动，并便于编程，规定圆弧形车刀的刀位点必须在该圆弧刃的圆心位置上。对于无刀尖圆弧半径补偿的经济型数控车床，就必须以圆弧车刀的圆弧中心的运动轨迹来编制程序。

要满足车刀圆弧刃的半径处处等距，就必须保证该圆弧刃具有很小的圆度误差，即近似为一条理想圆弧，因此需要通过特殊的制造工艺(如光学曲线磨削等)，才能将其圆弧刃做得准确。

至于圆弧形车刀前、后角的选择，原则上与普通车刀相同，只不过形成其前角(大于0°时)的前刀面一般都为凹球面，形成其后角的后刀面一般为圆锥面。圆弧形车刀前、后刀面的特殊形状，是为了满足在刀刃的每一个切削点上，都具有恒定的前角和后角，以保证切削过程的稳定性及加工精度。为了制造车刀的方便，在精车时，其前角多选择为0°(无凹球面)。

一、零件建模

利用 CAXA 数控车 XP 的功能，对图 19-1 零件进行建模，如图 19-2 所示。

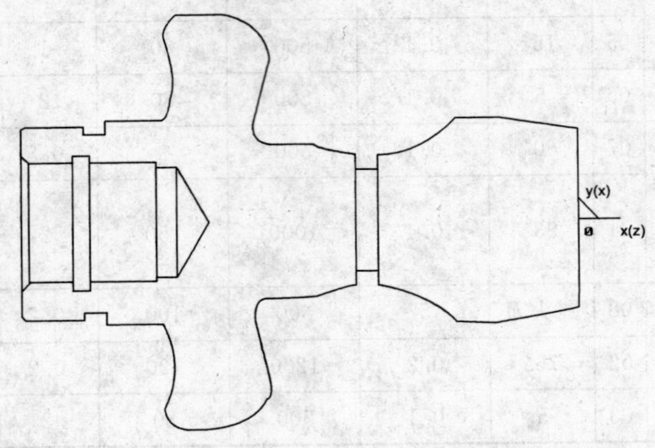

图 19-2　零件建模

诀窍：绘制 R30 的圆弧时，先画出∅36 外圆的母线，再画出距离右端面 50mm 的 R30 圆弧的垂直中心线，然后将中心条线向左等距 12.5mm，得到一个与∅36 外圆母线的交点；以这一交点为圆心、以 R30 为半径画圆，得到与 R30 圆弧垂直中心线的交点，这个交点就是 R30 圆弧的圆心点。

二、零件左端的加工

1. 绘出零件左端的加工造型，如图 19-3 所示。

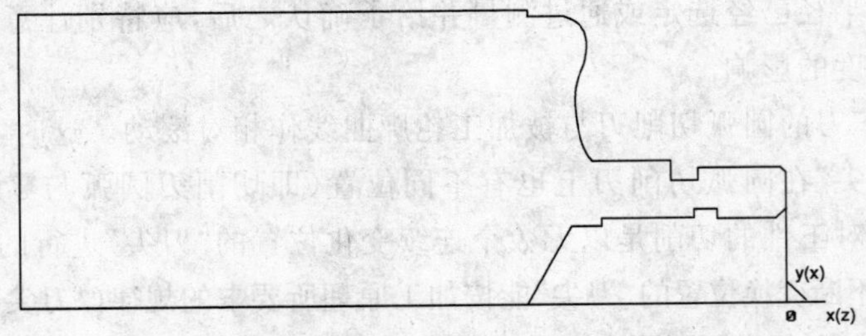

图 19-3　左端加工造型

2. 钻中心孔，可以采用手动，无需编程。

3. 钻底孔

1)单击钻孔按钮，出现钻孔对话框，填写加工参数表，如图 19-4 所示；填写钻孔刀具参数表，如图 19-5 所示。

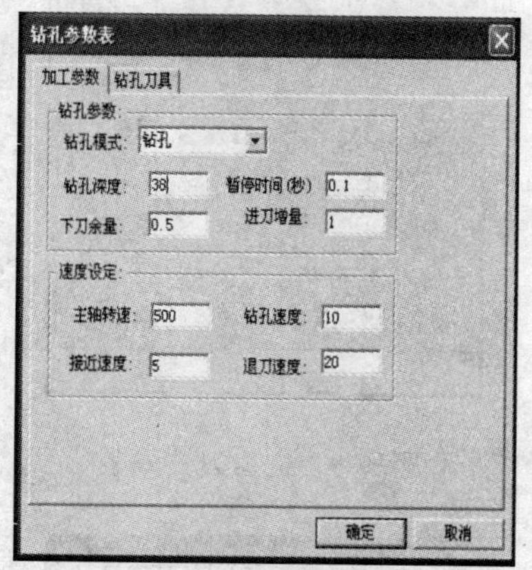

图 19-4 加工参数

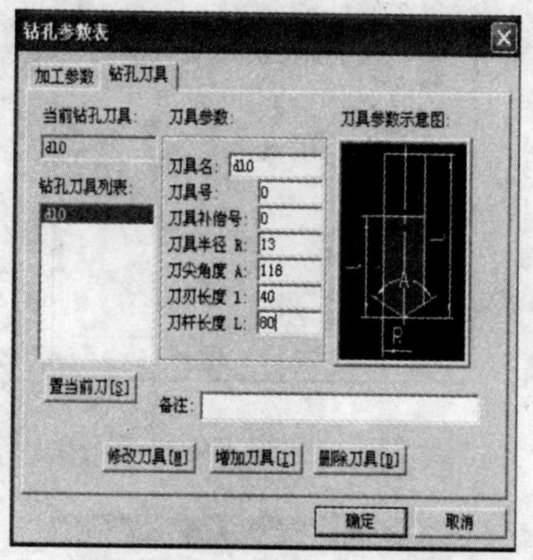

图 19-5 钻孔刀具

2)单击 确定 ，钻孔起始点拾取坐标原点，生成钻孔轨迹，如图 19-6 所示。

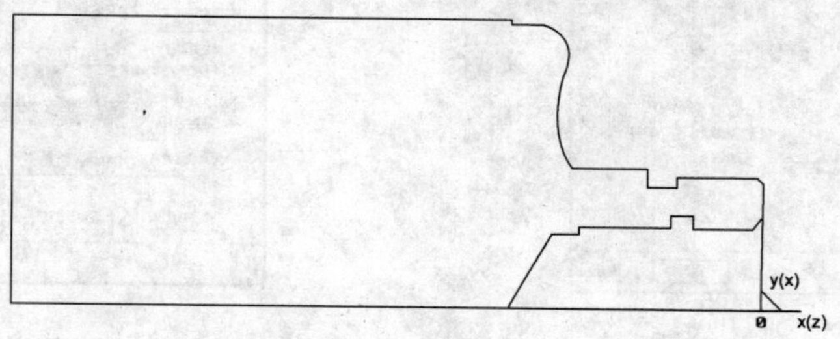

图 19-6 钻孔轨迹线

4. 外轮廓粗加工

1)绘制粗加工毛坯轮廓，如图 19-7 所示。

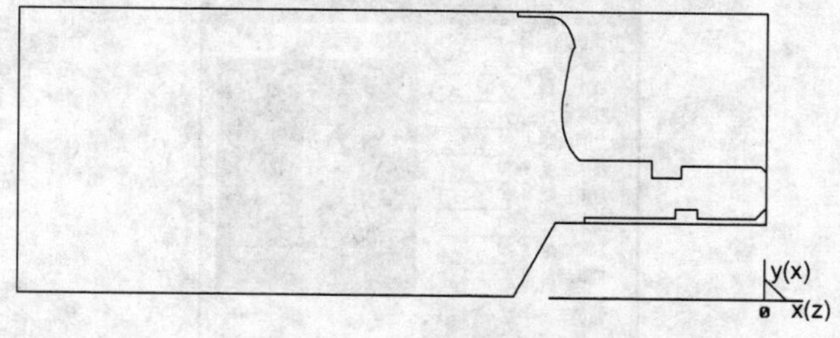

图 19-7 绘制粗加工毛坯

2)单击轮廓粗车按钮，填写粗加工参数表。

3)填写加工参数表，如图 19-8 所示；填写进退刀方式表，如图 19-9 所示；填写切削用量表,如图 19-10 所示;填写刀具参数表,如图 19-11 所示。

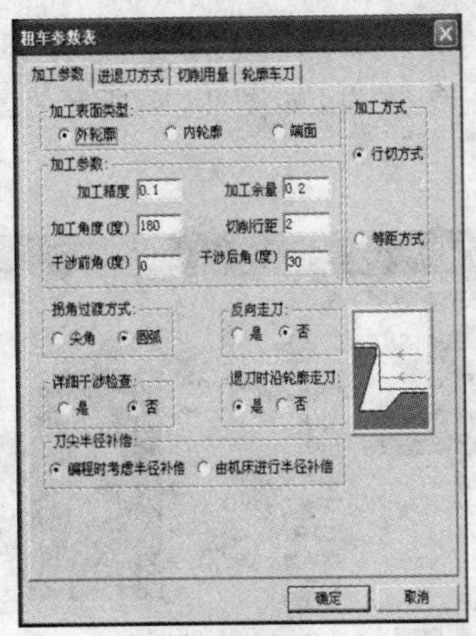

图 19-8　加工参数表

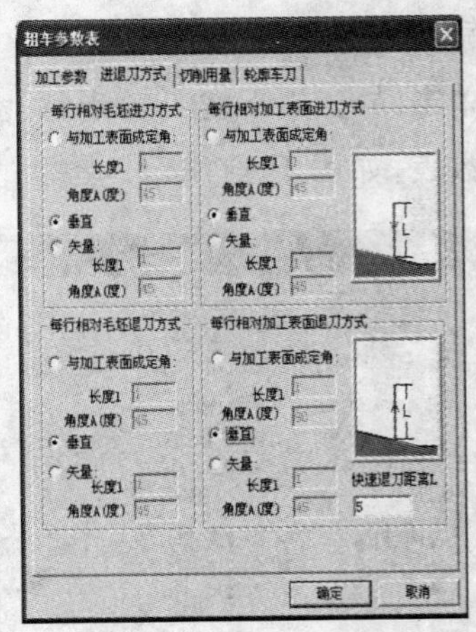

图 19-9　进退刀方式表

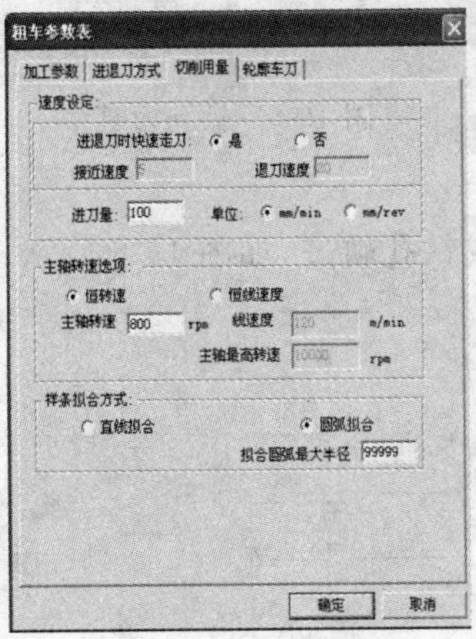

图 19-10　切削用量表

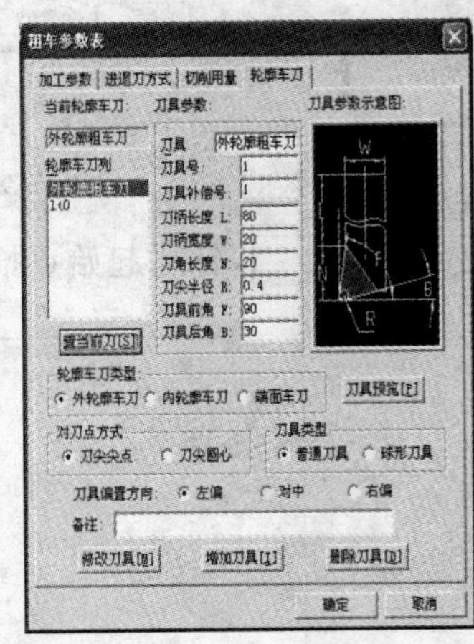

图 19-11　轮廓车刀表

小提示:增加刀具的方法:单击 增加刀具[I] 按钮,出现增加刀具对话框,如图 19-12 所示。按图 19-11 填写刀具参数,单击 确定 按钮,所新增的刀具就会出现在刀具列表里。

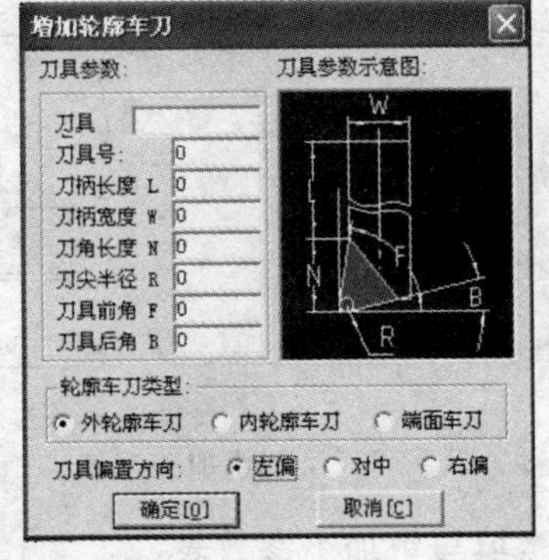

图 19-12　增加刀具对话框

注意:把新增车刀置为当前刀时,要注意修改刀补号,然后单击 修改刀具[M] 按钮。

4)单击 确定 ,【系统提示栏】显示“拾取被加工工件表面轮廓”,按空格键,选择【单个拾取】,依次拾取轮廓线,如图 19-13 所示

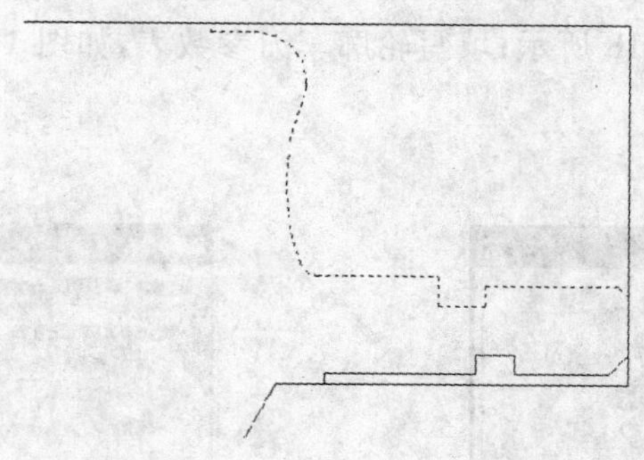

图 19-13 拾取加工轮廓

5)右击右键,【系统提示栏】显示“拾取定义的毛坯”,依次拾取毛坯轮廓,如图 19-14 所示。

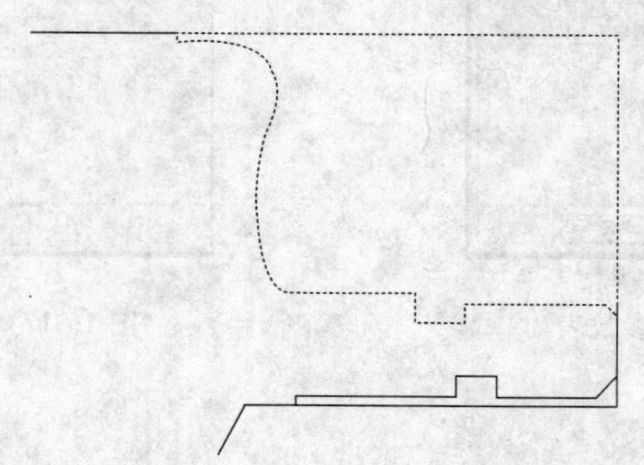

图 19-14 拾取毛坯轮廓

6)右击,【系统提示栏】显示“输入进退刀点”,按回车键,输入换刀点坐标(100,100),按回车键,生成外轮廓粗加工轨迹,如图 19-15 所示。

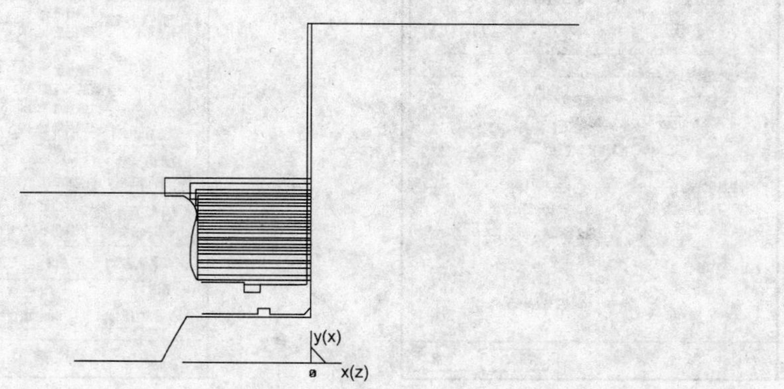

图 19-15 外轮廓粗加工轨迹线

7)将粗车轨迹线隐藏。

5. 外轮廓精车

1)单击精车按钮 ，出现精车对话框。

2)填写精车加工参数表，如图 19-16 所示；填写进退刀方式表，如图 19-17 所示；填写切削用量参数表，如图 19-18 所示；填写轮廓车刀参数表，如图 19-19 所示；刀具预览，如图 19-20 所示。

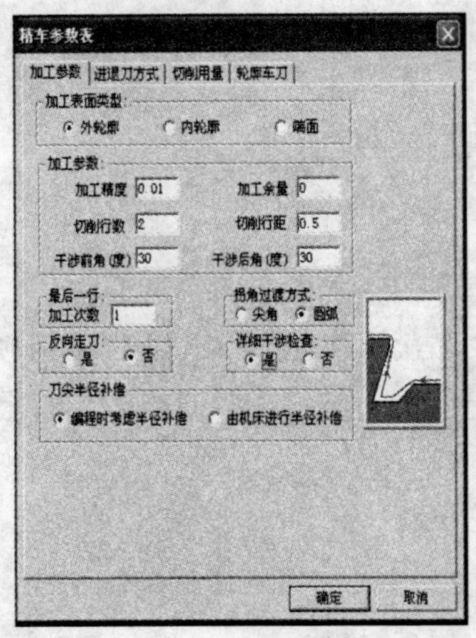

图 19-16　加工参数表

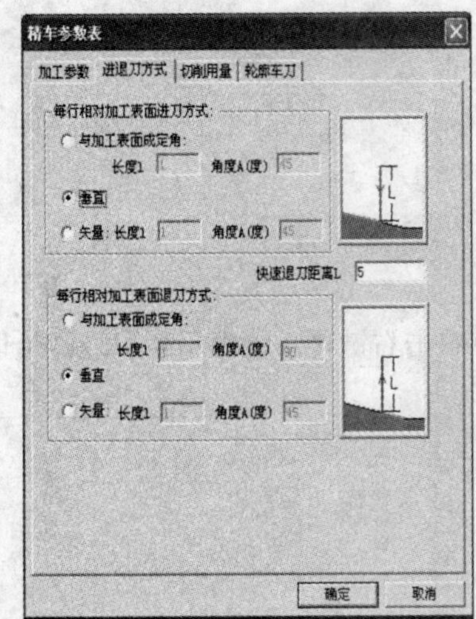

图 19-17　进退刀方式表

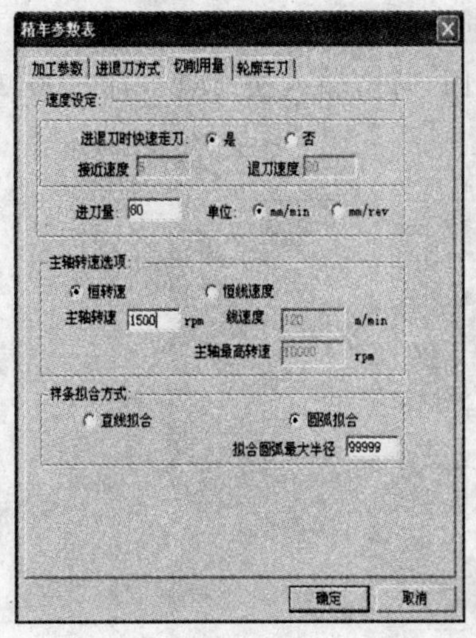

图 19-18　切削用量参数表

图 19-19　轮廓车刀参数表

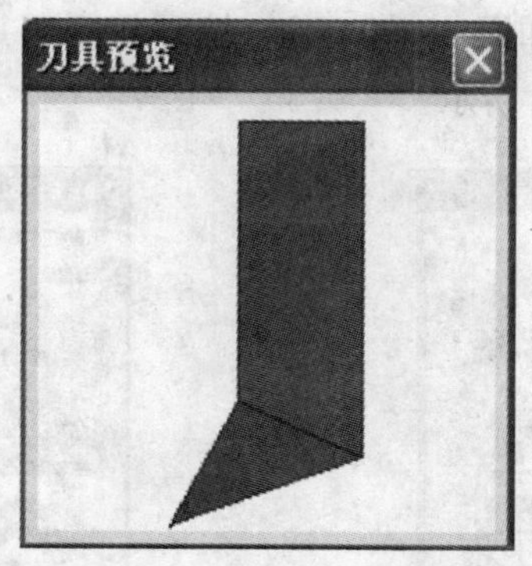

图 19-20 刀具预览

3)单击 确定 ,【系统提示栏】显示“拾取被加工工件表面轮廓”,按空格键,选择【单个拾取】,依次拾取轮廓线,如图 19-21 所示。

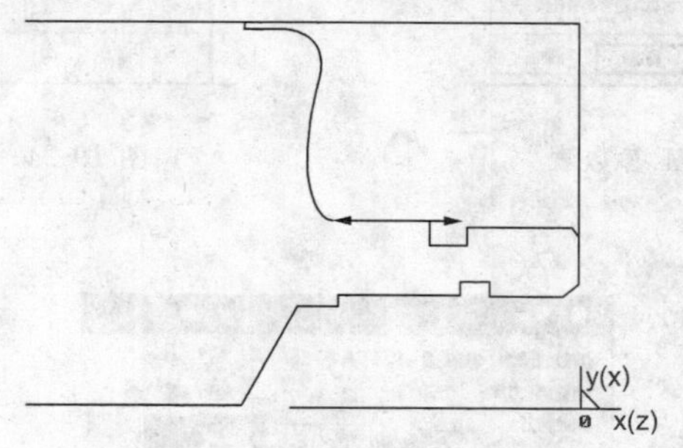

图 19-21 拾取轮廓线

4)右击,【系统提示栏】显示“输入进退刀点”,按回车键,输入换刀点坐标(100,100),按回车键,生成外轮廓精加工轨迹,如图 19-22 所示

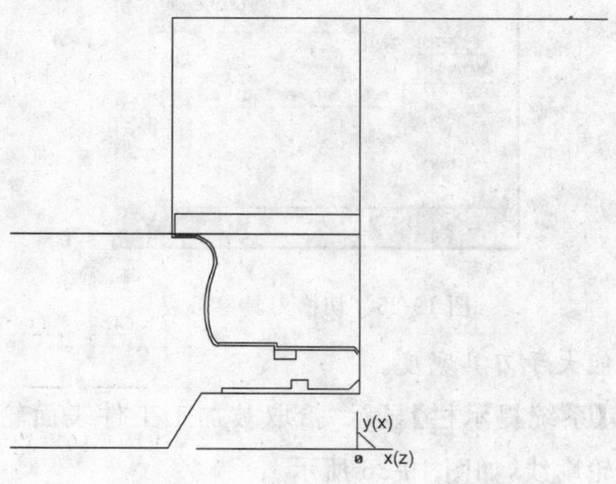

图 19-22 外轮廓精加工轨迹线

5)将精车轨迹线隐藏。

6.外沟槽的加工

1)单击切槽按钮 ,出现切槽对话框。

2)填写切槽加工参数表,如图 19-23 所示;填写切削用量参数表,如图 19-24 所示;填写切槽刀具参数表,如图 19-25 所示。

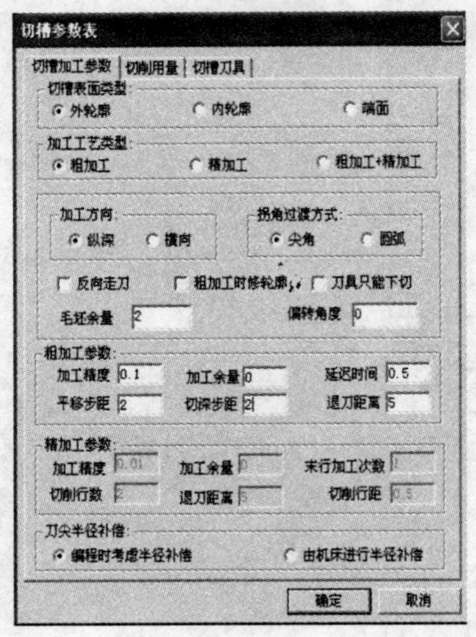

图 19-23　切槽加工参数表

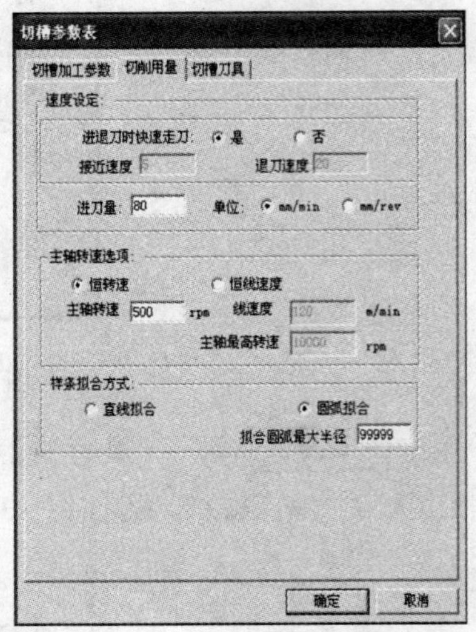

图 19-24　切削用量参数表

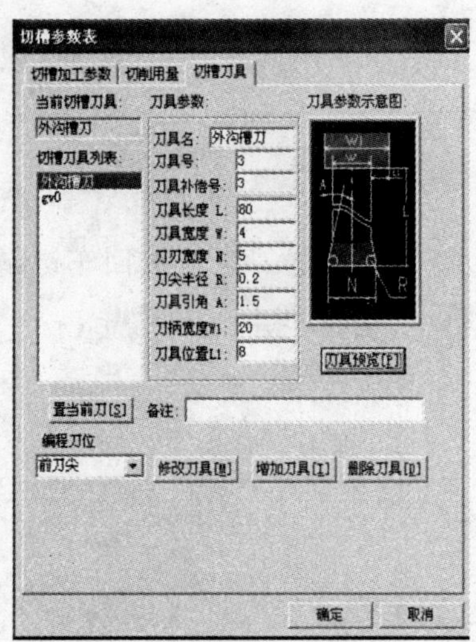

图 19-25　切槽刀具参数表

注意:*刀刃宽度不能大于刀具宽度。*

3)单击 **确定** ,【系统提示栏】显示“拾取被加工工件表面轮廓”,按空格键,选择【单个拾取】,依次拾取轮廓线,如图 19-26 所示。

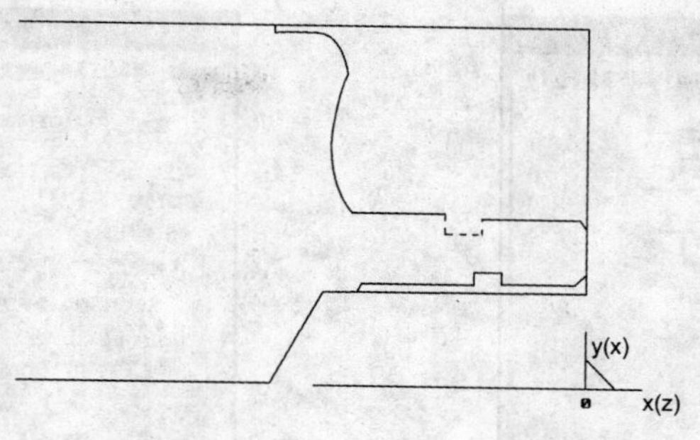

图 19-26 拾取沟槽轮廓

4)右击,【系统提示栏】显示“输入进退刀点”,按回车键,输入换刀点坐标(100,100),按回车键,生成外轮廓切槽轨迹,如图 19-27 所示。

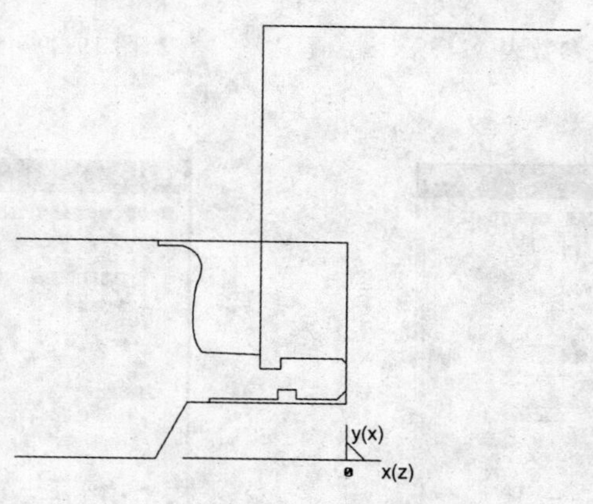

图 19-27 切槽轨迹线

5)将切槽轨迹隐藏

7. 加工外螺纹

1)单击车螺纹按钮 ,【系统提示栏】显示“拾取螺纹起始点”,输入起点坐标(5,23),终点坐标(－17.5,23),按回车键,弹出螺纹加工参数对话框。

2)填写螺纹参数表,如图 19-28 所示;填写螺纹加工参数表,如图 19-29 所示;填写进退刀方式参数表,如图 19-30 所示;填写切削用量参数表,如图 19-31 所示;填写螺纹车刀参数表,如图 19-32 所示。

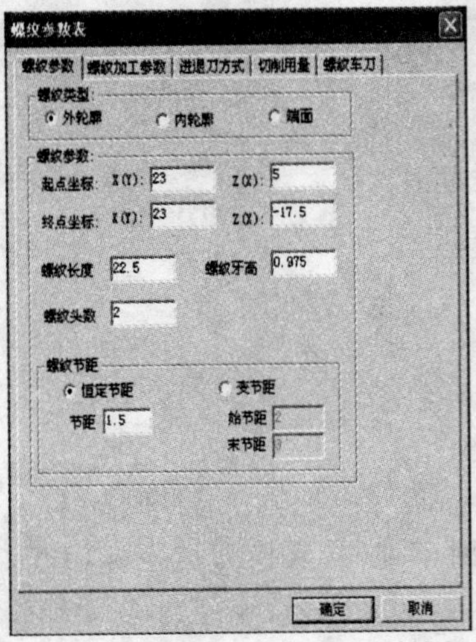

图 19-28　螺纹参数表

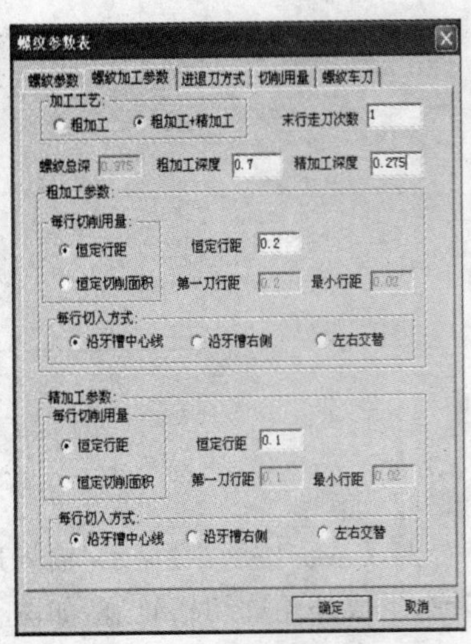

图 19-29　螺纹加工参数表

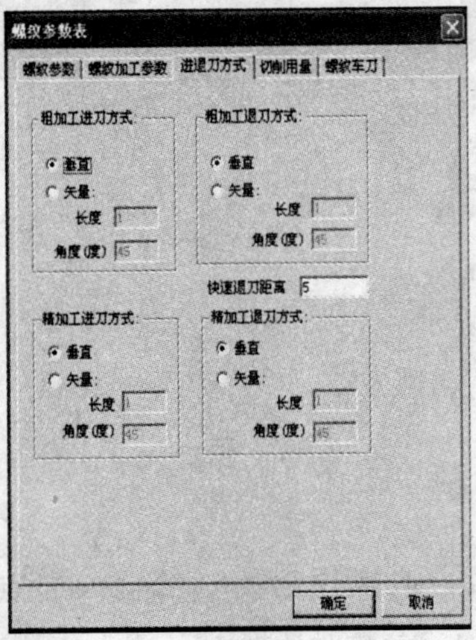

图 19-30　进退刀方式参数表

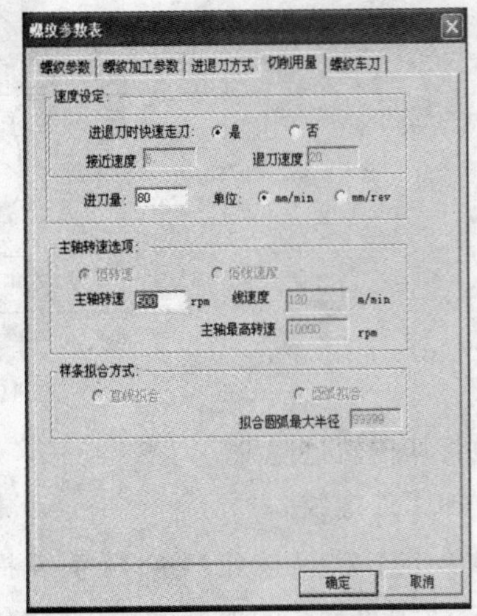

图 19-31　切削用量参数表

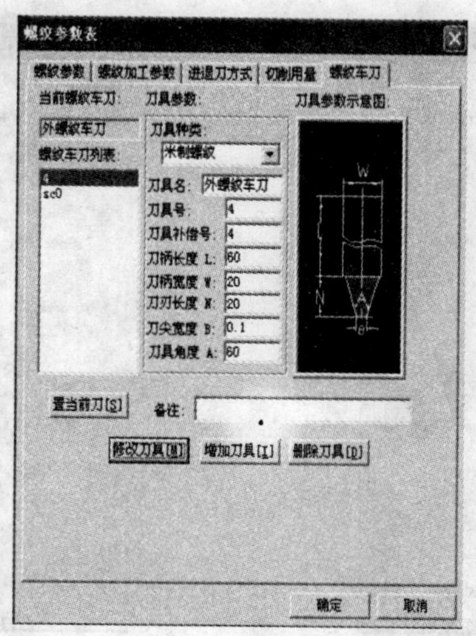

图 19-32　螺纹车刀参数表

3)单击 确定 ,【系统提示栏】显示“输入进退刀点”,按回车键,输入换刀点坐标(100,100),按回车键,生成外螺纹加工轨迹,如图 19-33 所示。

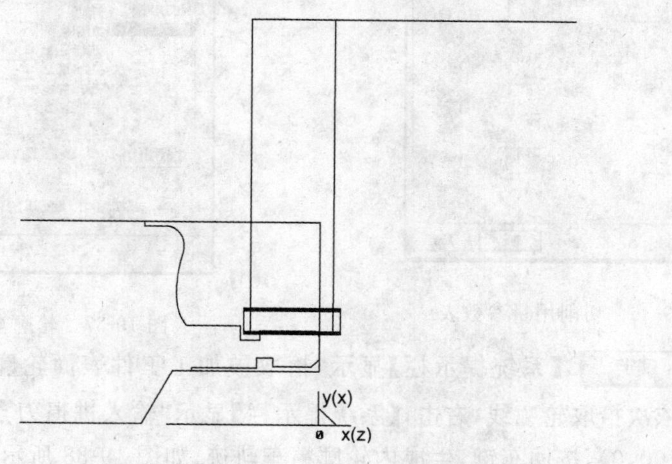

图 19-33　螺纹加工轨迹

8.精车内轮廓

1)单击精车按钮 ,出现精车对话框。

2)填写精车加工参数表,如图 19-34 所示;填写进退刀方式参数表,如图 19-35 所示;填写切削用量参数表,如图 19-36 所示;填写轮廓车刀参数表,如图 19-37 所示。

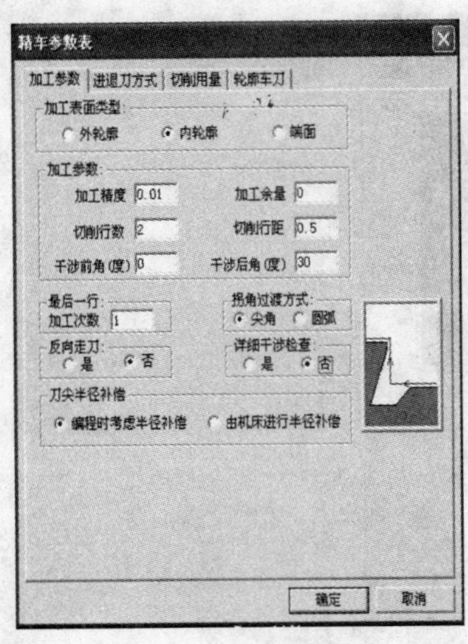

图 19-34　精车加工参数表

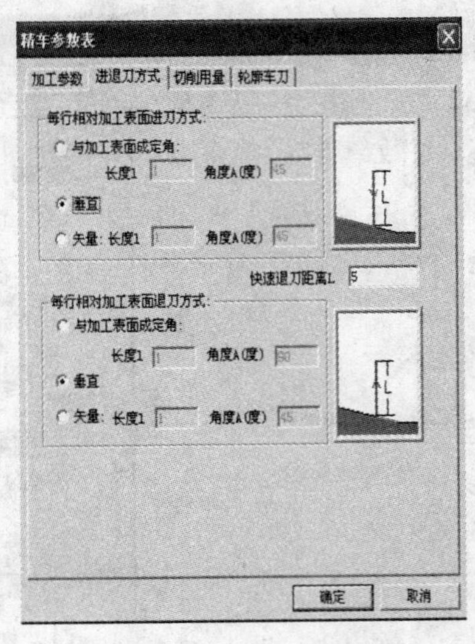

图 19-35　进退刀方式参数表

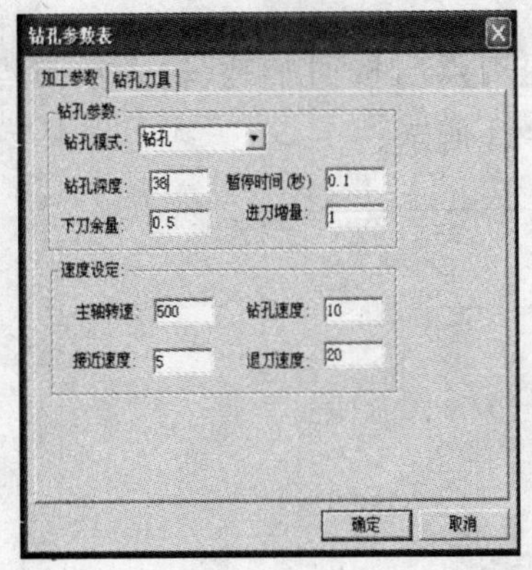

图 19-36　切削用量参数表

图 19-37　轮廓车刀参数表

3)单击 确定 ,【系统提示栏】显示“拾取被加工工件表面轮廓”,按空格键,选择【单个拾取】,依次拾取轮廓线,右击,【系统提示栏】显示“输入进退刀点”,按回车键,输入换刀点坐标(100,0),按回车键,生成内轮廓精车轨迹,如图 19-38 所示。

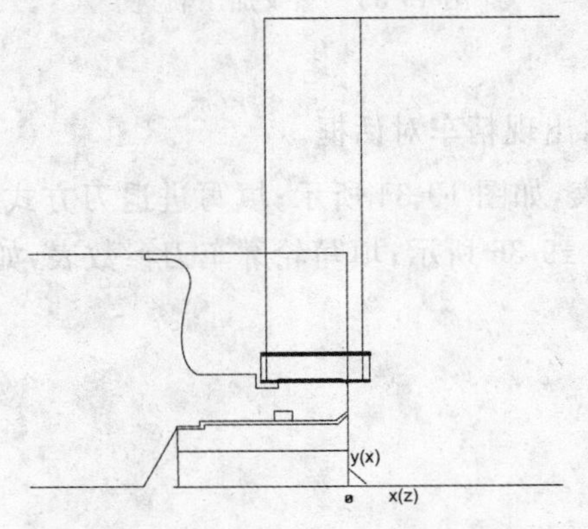

图 19-38　内轮廓精车轨迹

4)隐藏内轮廓精车轨迹线。

注意:加工内轮廓时,进退刀点的选择一定不能与工件发生干涉。

9.加工内沟槽

1)单击切槽按钮 ,出现切槽对话框。

2)填写切槽加工参数表,如图 19-39 所示;填写切削用量参数表,如图 19-40 所示;填写切槽刀具参数表,如图 19-41 所示。

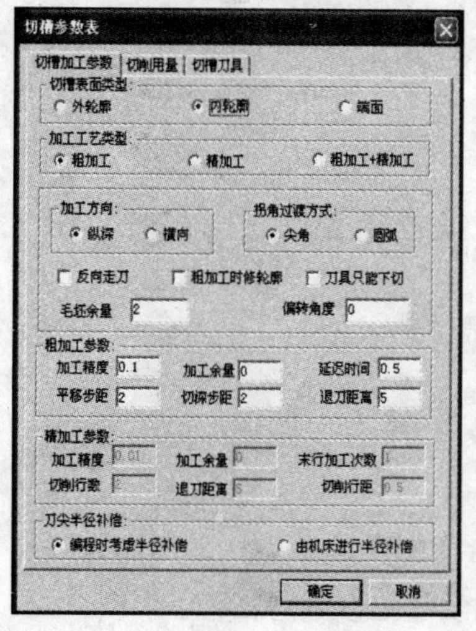

图 19-39 切槽加工参数表

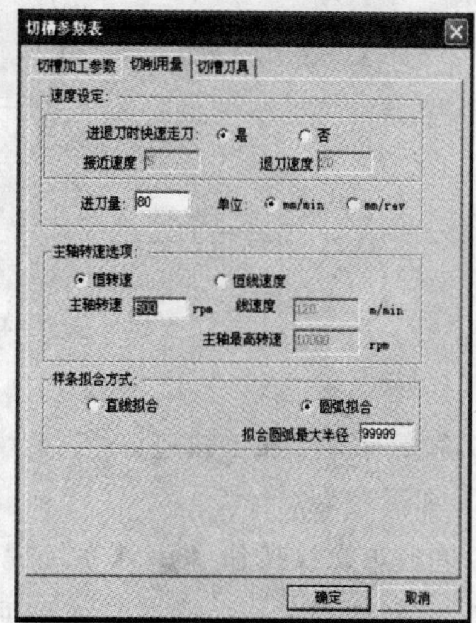

图 19-40 切削用量参数表

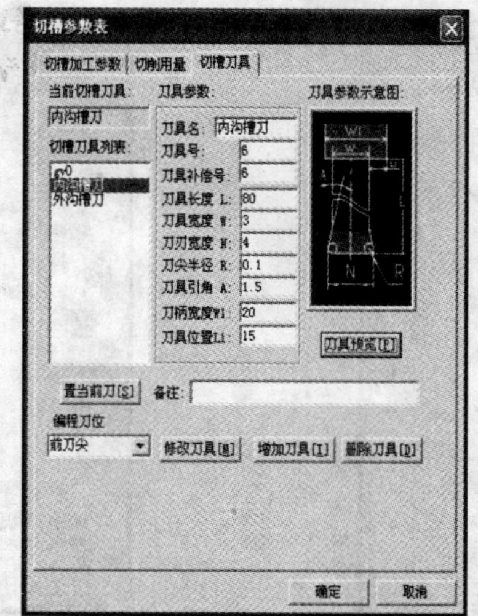

图 19-41 切槽刀具参数表

3)单击 确定 ,【系统提示栏】显示“拾取被加工工件表面轮廓”,按空格键,选择【单个拾取】,依次拾取轮廓线,右击,【系统提示栏】显示“输入进退刀点”,按回车键,输入换刀点坐标(100,0),按回车键,生成内沟槽轨迹,如图 19-42 所示。

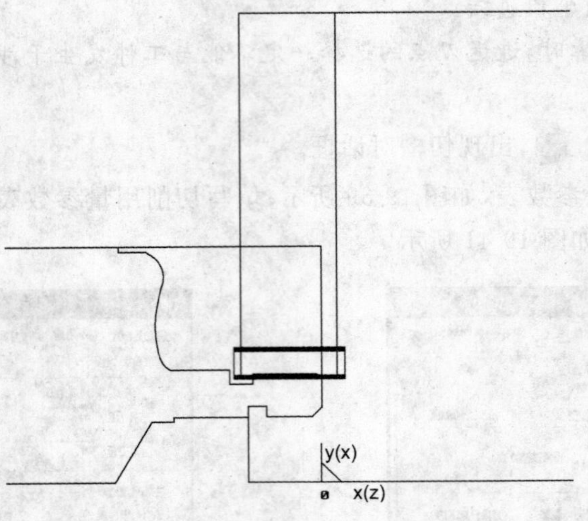

图 19-42 内沟槽加工轨迹线

4)隐藏内沟槽加工轨迹。

10. 加工内螺纹

1)单击车螺纹按钮，【系统提示栏】显示“拾取螺纹起始点”，按回车键，输入起点坐标(5,14)，终点坐标(－14,14)，按回车键，弹出螺纹加工参数对话框。

2)填写螺纹参数表，如图 19-43 所示；填写螺纹加工参数表，如图 19-44 所示；填写进退刀方式参数表，如图 19-45 所示；填写切削用量参数表，如图 19-46 所示；填写螺纹车刀参数表，如图 19-47 所示。

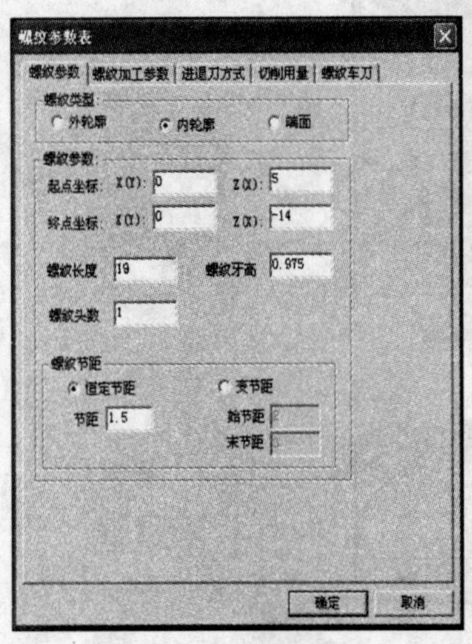

图 19-43 螺纹参数表

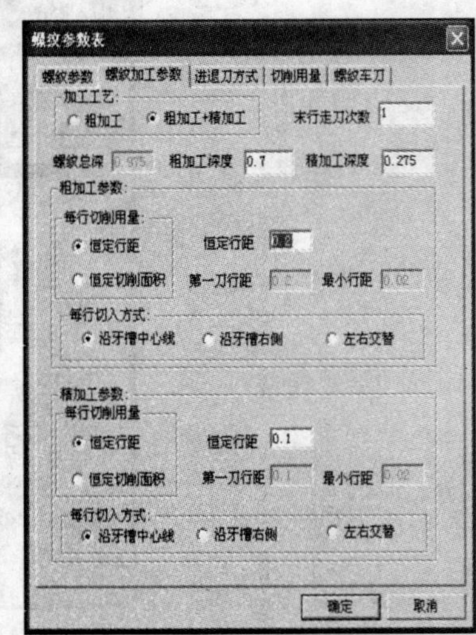

图 19-44 螺纹加工参数表

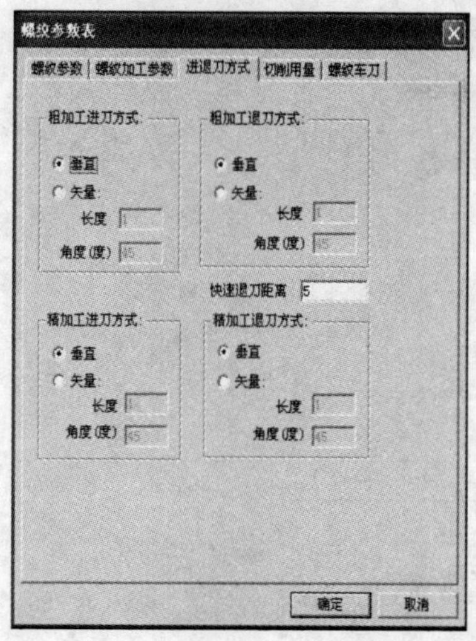

图 19-45 进退刀方式参数表

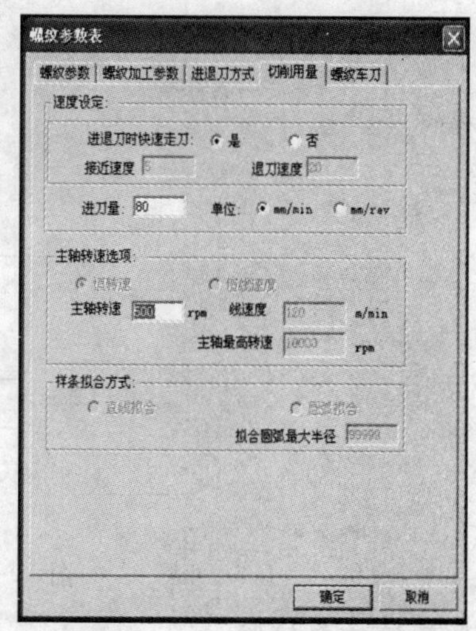

图 19-46 切削用量参数表

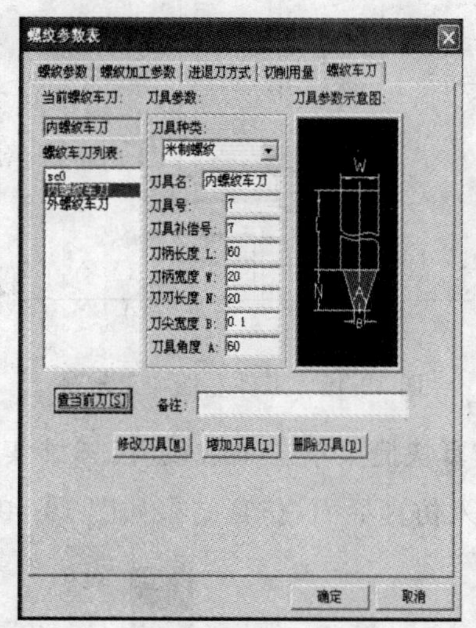

图 19-47 螺纹车刀参数表

3)单击 确定 ,【系统提示栏】显示“输入进退刀点”,按回车键,输入换刀点坐标(100,0),按回车键,生成内螺纹加工轨迹,如图 19-48 所示。

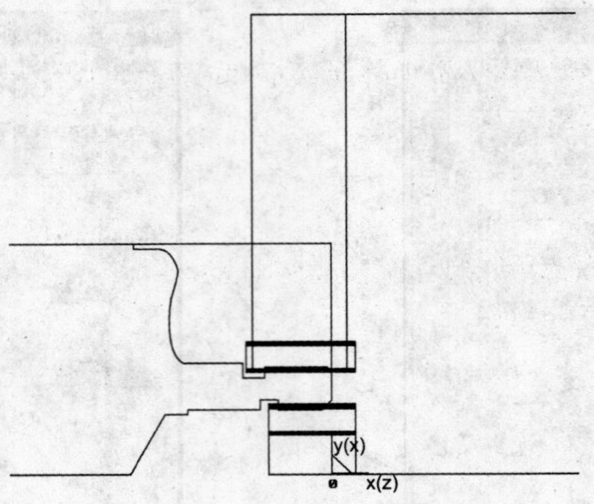

图 19-48　内螺纹加工轨迹

11. 轨迹仿真校验

1)显示左端所有轨迹线,如图 19-49 所示。

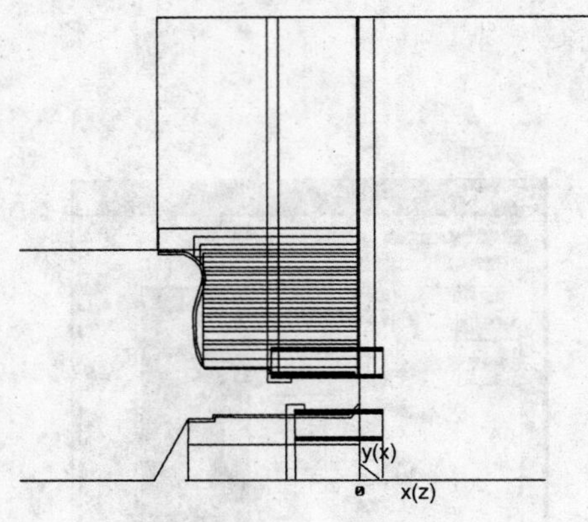

图 19-49　工件左端加工轨迹

2)单击，出现机床仿真快捷菜单。参数设置:二维实体、缺省毛坯、步长 1.0000,依次拾取刀具轨迹,右击,进入仿真界面,仿真结果如图 19-50 所示。

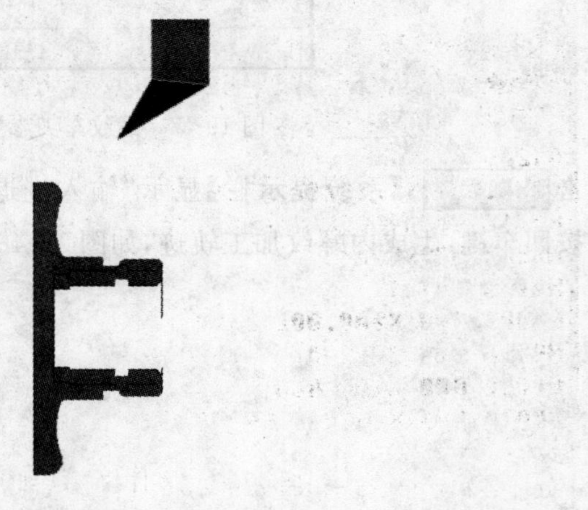

图 19-50　仿真结果

12. 生成 G 代码文件

1)单击 按钮,出现选择后置文件对话框,如图 19-51 所示。

2)选择存储位置"我的文档",文件名输入"000",然后按 打开(O) 键,弹出提示框,如图 19-52 所示,单击 是(Y) 。

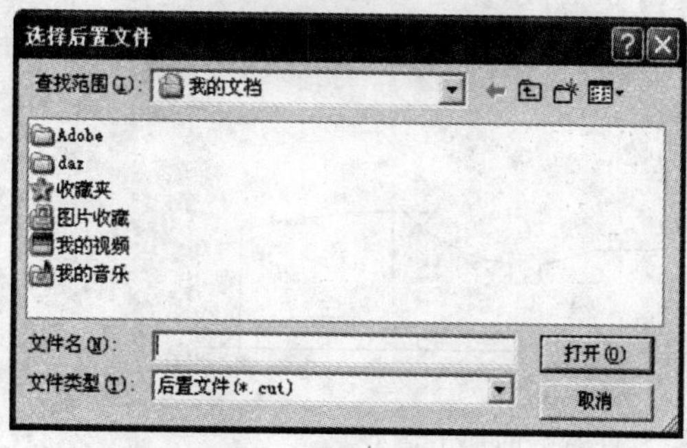

图 19-51 选择后置文件对话框

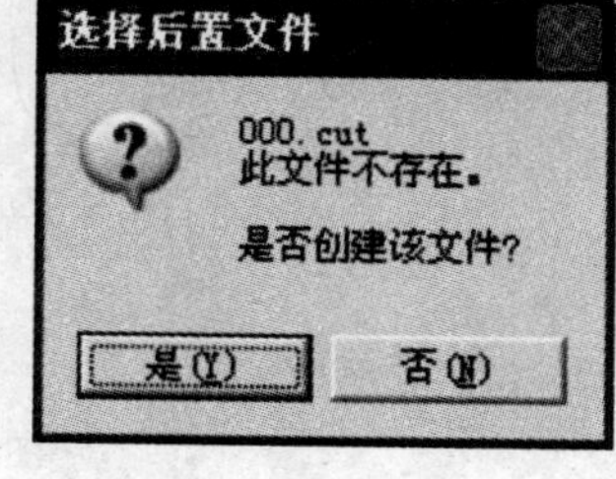

图 19-52 提示框

3)【系统提示栏】显示"拾取刀具轨迹",依次拾取刀具轨迹,如图 19-53 所示。

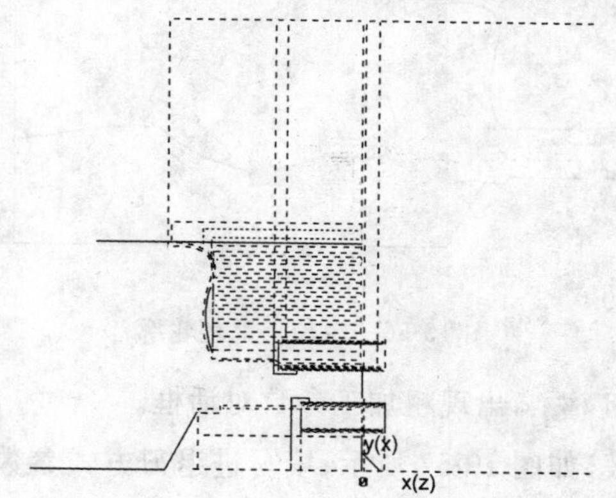

图 19-53 拾取刀具轨迹

4)右击,生成 G 代码文件,如图 19-54 所示。

```
O1235
(000.CUT,01/23/07,16:42:01)
N0010 G90G96G98G21G50X100.000Z100.000
N0020 M03S500
N0030 T0101
N0040 G00 X200.000 Z100.000
N0050 G00 Z0.200
N0060 G00 X106.400
```

图 19-54 零件的左端加工程序

三、零件右端的加工

1. 工件调头，车总长，手动钻中心孔。

2. 一夹一顶装夹工件。

注意：利用一夹一顶装夹工件时，换刀点不能与后顶尖产生干涉。

3. 绘出零件右端的加工造型，如图 19-55 所示。

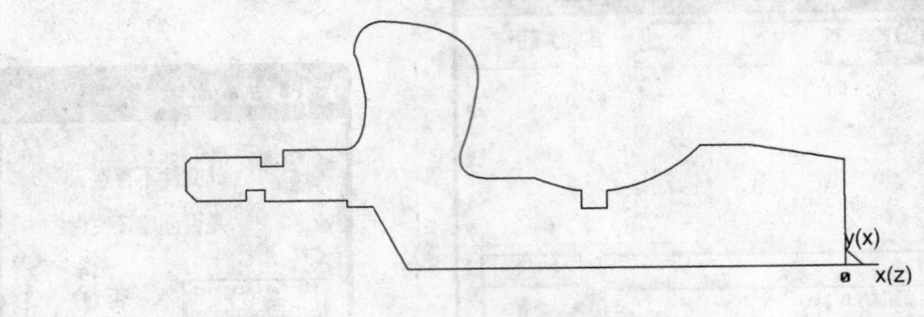

图 19-55　零件右端的加工造型

4. 外轮廓粗加工

1)绘制粗加工毛坯轮廓，如图 19-56 所示。

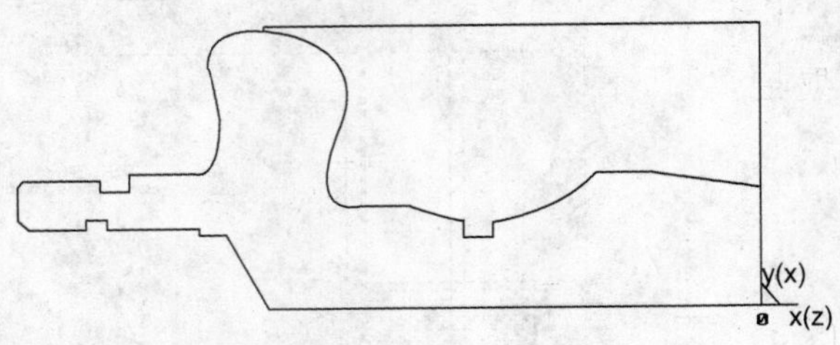

图 19-56　粗加工毛坯轮廓

2)单击轮廓粗车按钮，出现粗加工参数对话框。

3)填写粗加工参数表，如图 19-57 所示；填写进退刀方式参数表，如图 19-58 所示；填写切削用量参数表，如图 19-59 所示；填写轮廓车刀参数表，如图 19-60 所示。

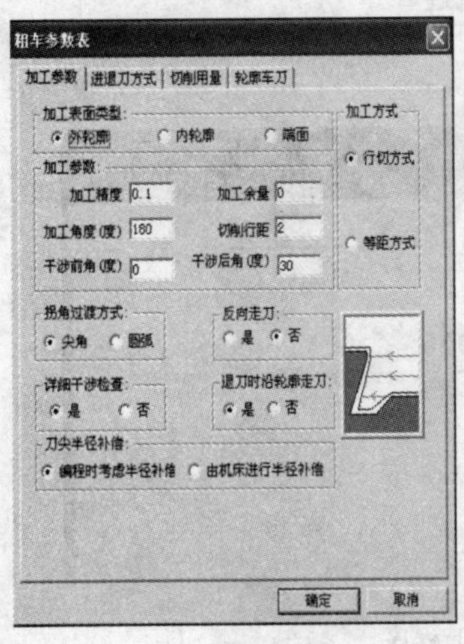

图 19-57　粗加工参数表

图 19-58　进退刀方式参数表

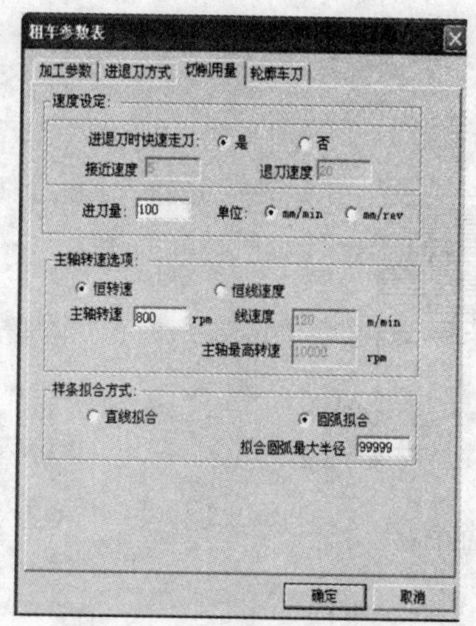

图 19-59　切削用量参数表

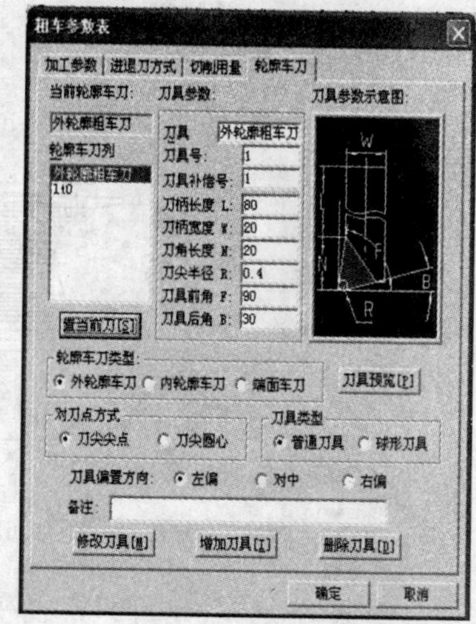

图 19-60　轮廓车刀参数表

4)单击 确定 ,【系统提示栏】显示“拾取被加工工件表面轮廓”,按空格键,选择【单个拾取】,依次拾取轮廓线,如图 19-61 所示。

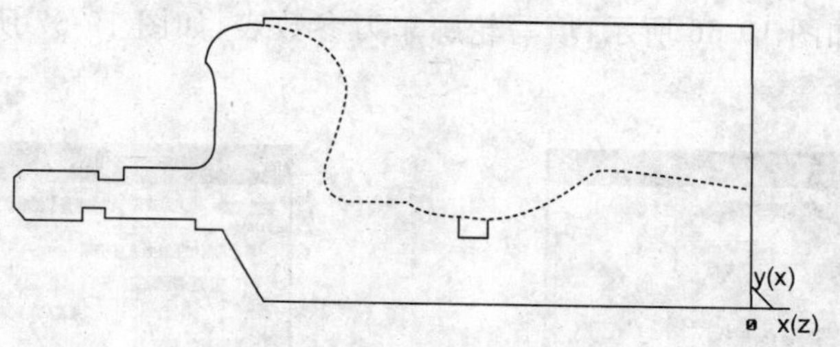

图 19-61　拾取轮廓线

5)右击右键,【系统提示栏】显示“拾取定义的毛坯”,依次拾取毛坯轮廓,如图 19-62 所示。

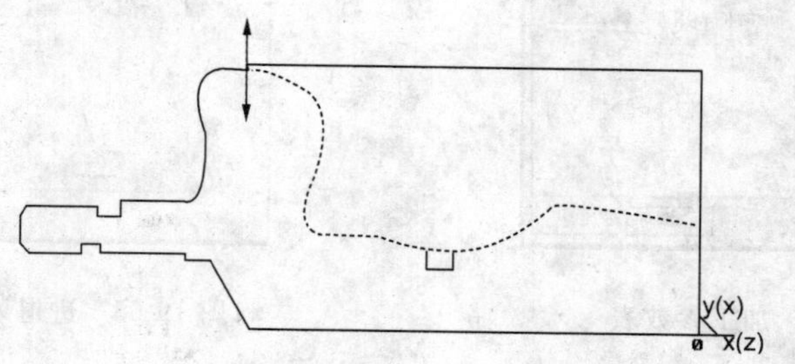

图 19-62　毛坯轮廓

6)右击,【系统提示栏】显示“输入进退刀点”,按回车键,输入换刀点坐标(100,100),按回车键,生成外轮廓粗加工轨迹,如图 19-63 所示。

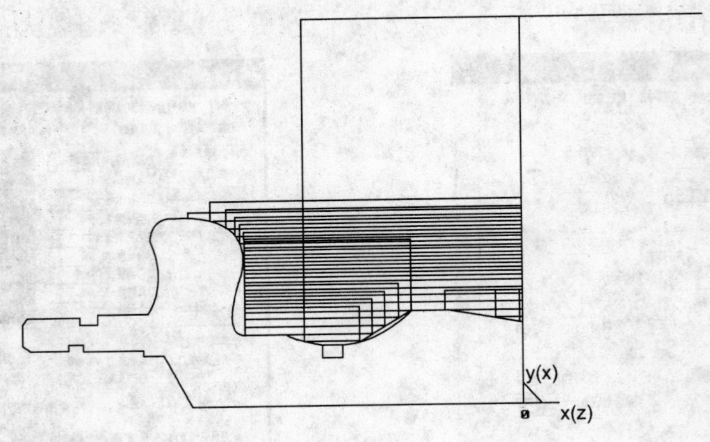

图 19-63 外轮廓粗加工轨迹

7)将粗车轨迹线隐藏。

5. 精车锥体和圆弧

1)单击精车按钮 ，出现精车对话框。

2)填写加工参数表，如图 19-64 所示；填写进退刀方式参数表，如图 19-65 所示；填写切削用量参数表，如图 19-66 所示；填写轮廓车刀参数表，如图 19-67 所示；刀具预览如图 19-68 所示。

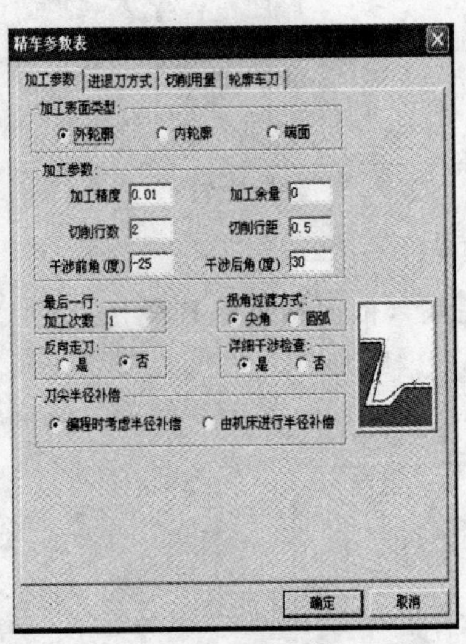

图 19-64 加工参数表

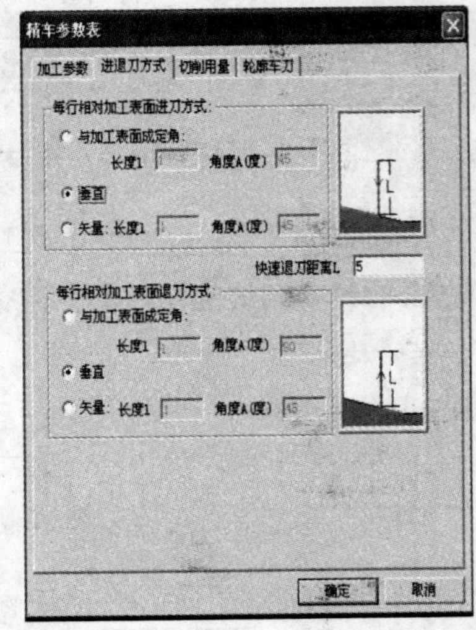

图 19-65 进退刀方式参数表

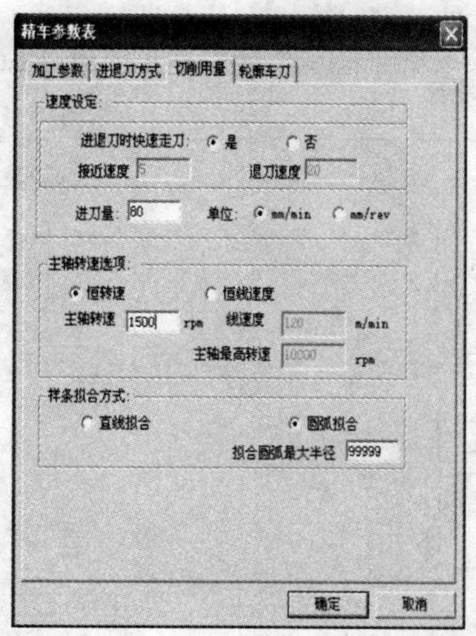

图 19-66 切削用量参数表

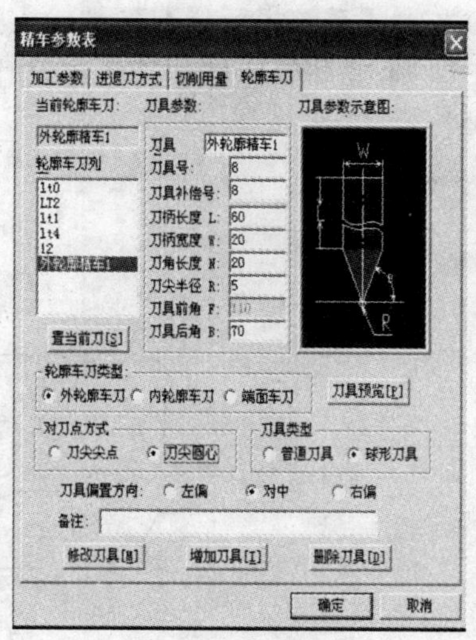

图 19-67 轮廓车刀参数表

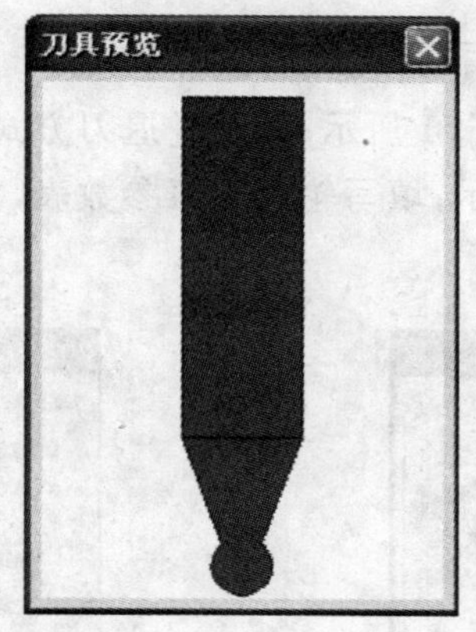

图 19-68 刀具预览

诀窍:对于在外圆上有圆弧槽的工件,可以采用圆弧车刀来加工圆弧槽。刀头的圆弧半径一定要小于工件的半径。

3)单击 确定 ,【系统提示栏】显示"拾取被加工工件表面轮廓",按空格键,选择【单个拾取】,依次拾取轮廓线,如图 19-69 所示。

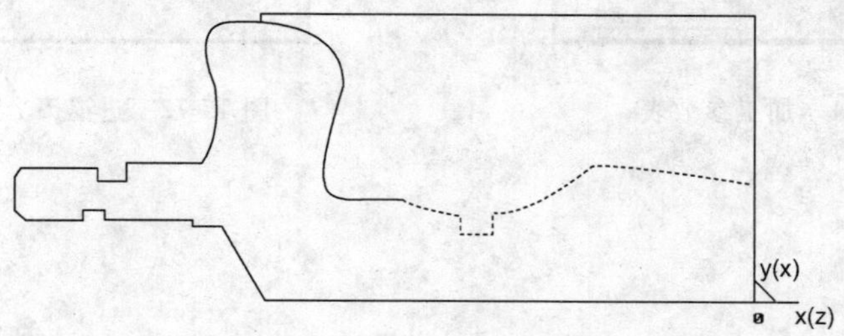

图 19-69 拾取轮廓线

4)右击,【系统提示栏】显示"输入进退刀点",按回车键,输入换刀点坐标(100,100),按回车键,生成外轮廓精加工轨迹,如图 19-70 所示。

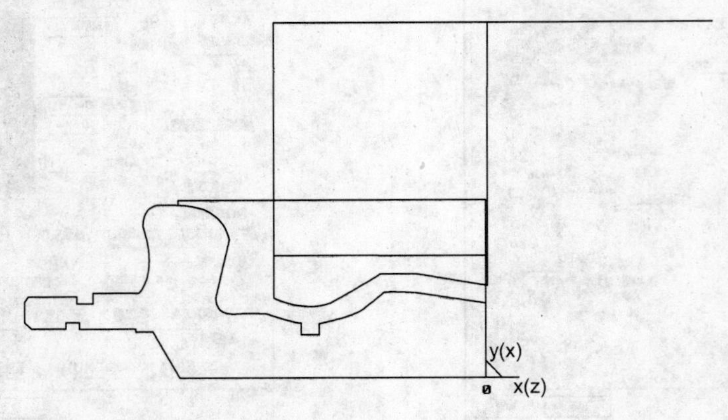

图 19-70 外轮廓精加工轨迹

5)将精车轨迹线隐藏。

6. 精车椭圆和端面

1)单击精车按钮 ,出现精车对话框。

2)填写加工参数表,如图 19-71 所示;填写进退刀方式参数表,如图 19-72 所示;填写切削用量参数表,如图 19-73 所示;填写轮廓车刀参数表,如图 19-74 所示;刀具预览如图 19-75 所示。

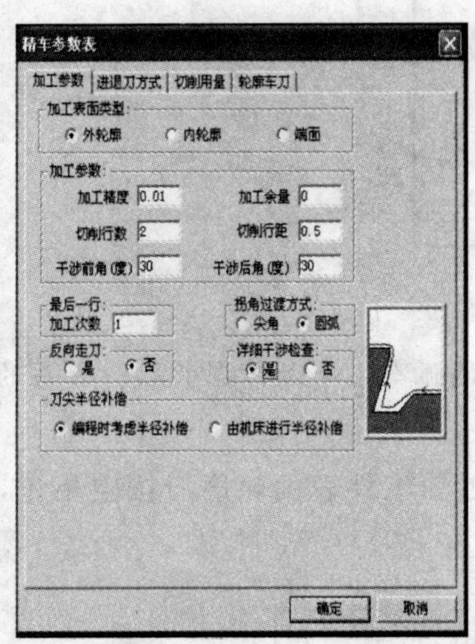

图 19-71 加工参数表

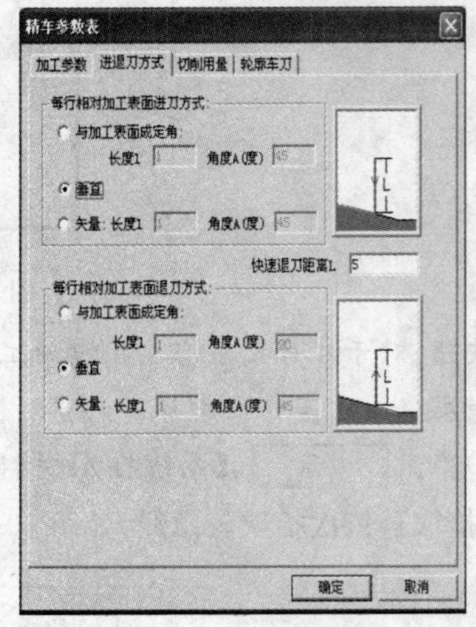

图 19-72 进退刀方式参数表

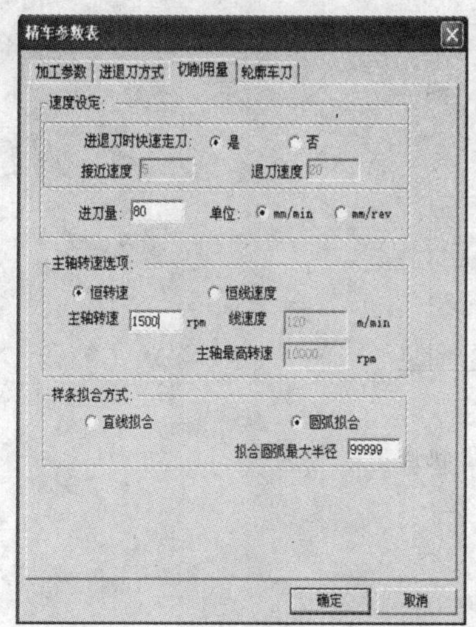

图 19-73　切削用量参数表

图 19-74　轮廓车刀参数表

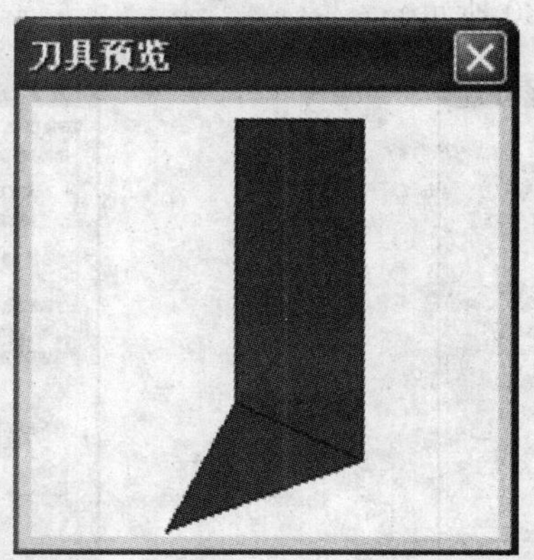

图 19-75　刀具预览

3)单击 确定 ,【系统提示栏】显示“拾取被加工工件表面轮廓”,按空格键,选择【单个拾取】,依次拾取轮廓线,如图 19-76 所示。

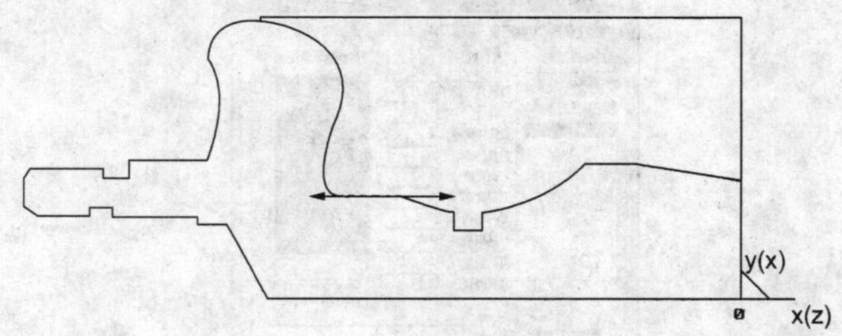

图 19-76　拾取轮廓线

4)右击,【系统提示栏】显示“输入进退刀点”,按回车键,输入换刀点坐标(100,100),按回车键,生成外轮廓精加工轨迹,如图 19-77 所示。

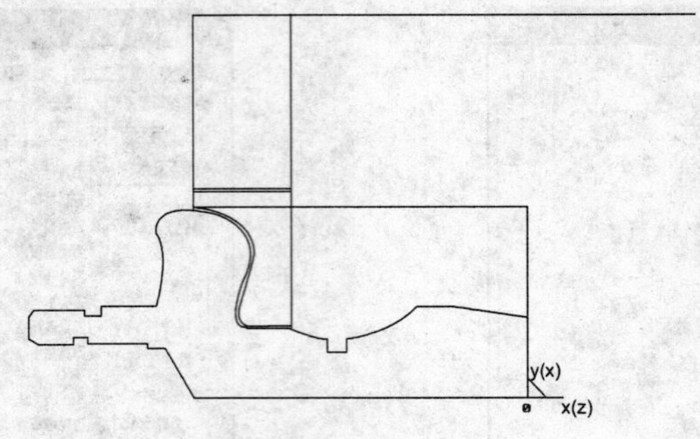

图 19-77 外轮廓精加工轨迹

5)将精车轨迹线隐藏。

7. 外沟槽的加工

1)单击切槽按钮 ，出现切槽对话框。

2)填写切槽加工参数表，如图 19-78 所示；填写切削用量参数表，如图 19-79 所示；填写切槽刀具参数表，如图 19-80 所示。

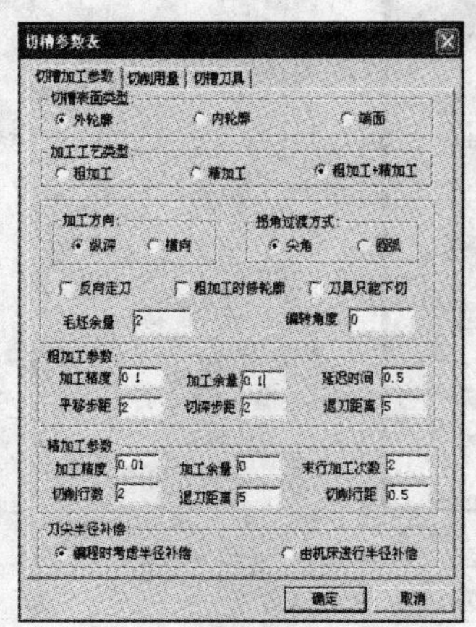

图 19-78 切槽加工参数表

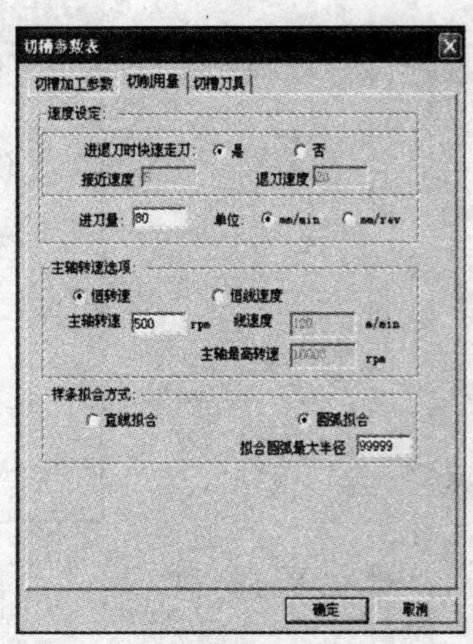

图 19-79 切削用量参数表

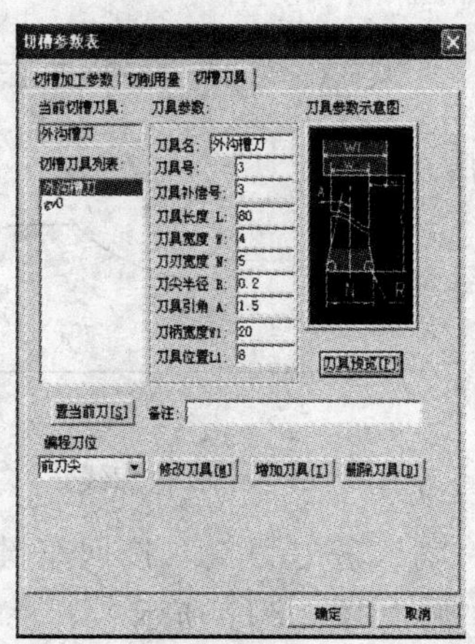

图 19-80 切槽刀具参数表

3)单击 确定 ,【系统提示栏】显示“拾取被加工工件表面轮廓”,按空格键,选择【单个拾取】,依次拾取轮廓线,如图 19-81 所示。

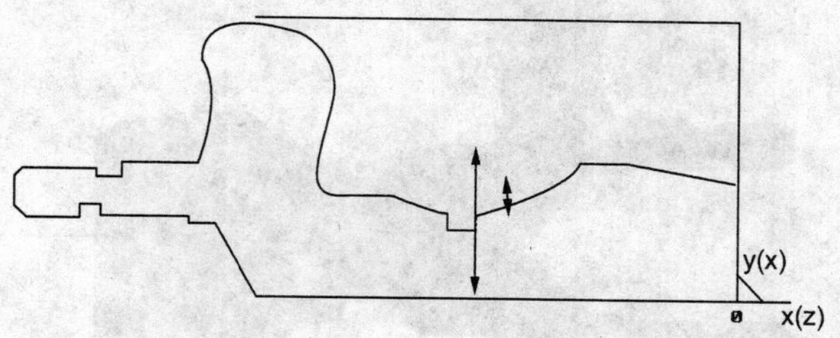

图 19-81 拾取轮廓线

4)右击,【系统提示栏】显示“输入进退刀点”,按回车键,输入换刀点坐标(100,100),按回车键,生成外轮廓切槽轨迹,如图 19-82 所示。

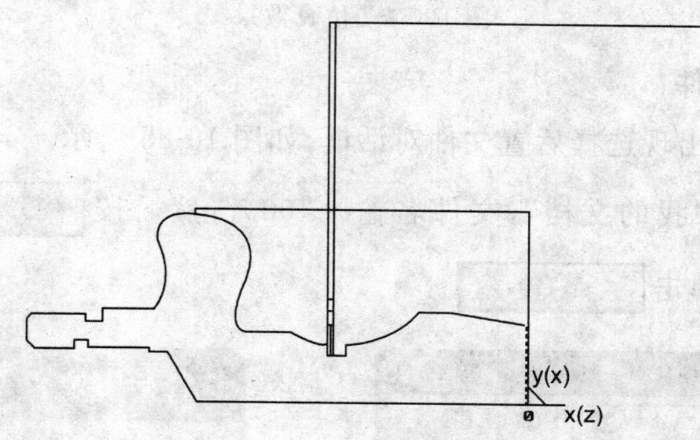

图 19-82 外轮廓切槽轨迹

5)显示右端所有轨迹线,如图 19-83 所示。

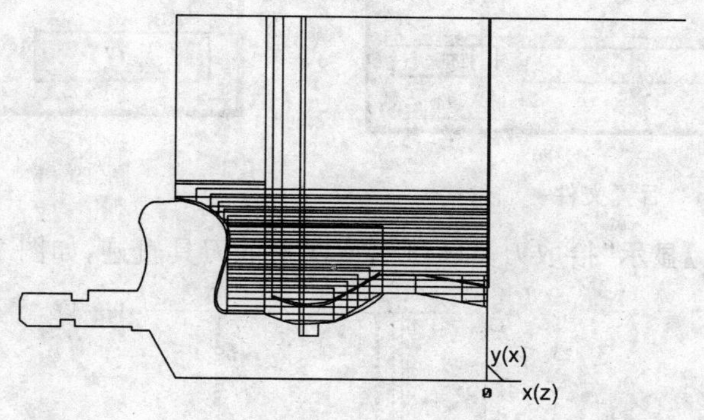

图 19-83 右端轨迹线

8.轨迹仿真校验

1)显示全部轨迹线。

2)单击 ,出现机床仿真快捷菜单。参数设置:二维实体、缺省毛坯、步长 1.0000,依次拾取刀具轨迹,右击,进入仿真界面,仿真如图 19-84 所示。

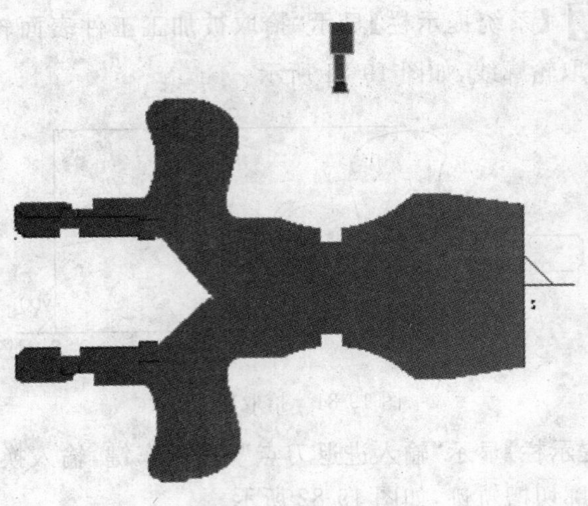

图 19-84　仿真效果

9. 生成 G 代码文件

1)单击 按钮,出现选择后置文件对话框,如图 19-85 所示。

2)选择存储位置“我的文档”,文件名输入“000”,然后按 打开(O) 键,弹出提示框,如图 19-86 所示,单击 是(Y) 。

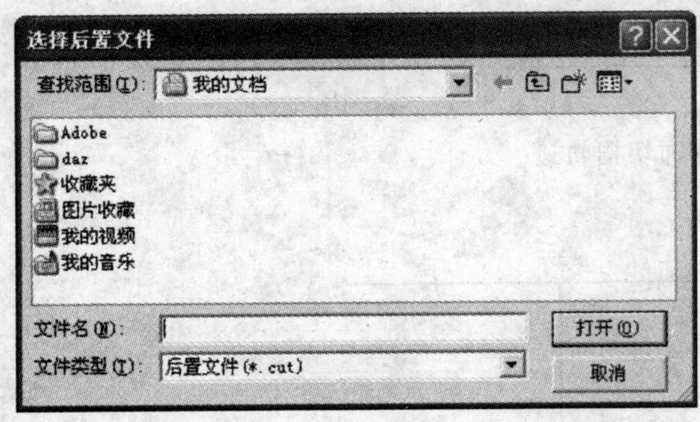

图 19-85　后置文件

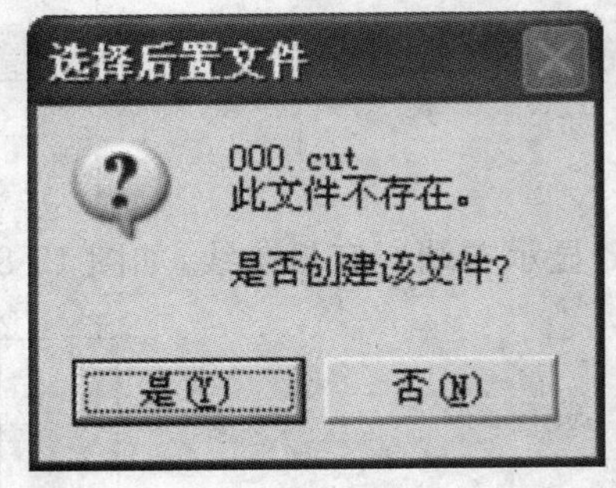

图 19-86　提示框

3)【系统提示栏】显示“拾取刀具轨迹”,依次拾取刀具轨迹,如图 19-87 所示。

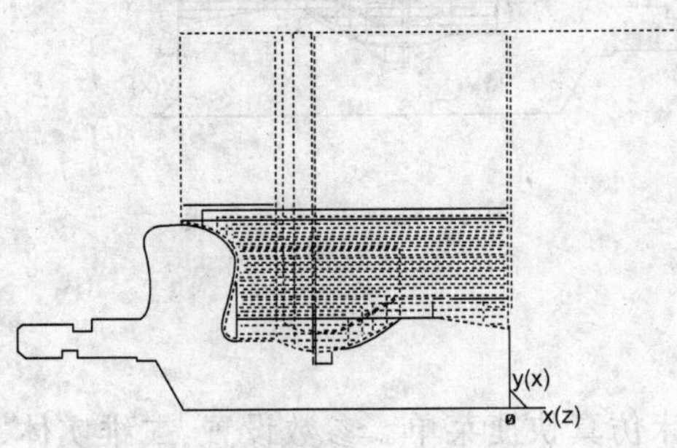

图 19-87　拾取刀具轨迹

4)右击,生成 G 代码文件,如图 19-88 所示。

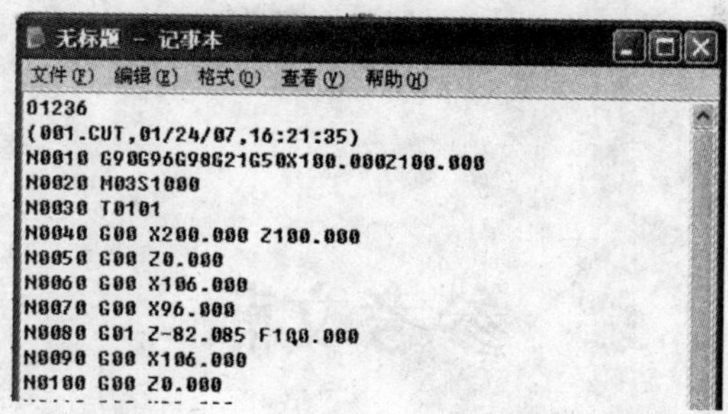

图 19-88　零件右端加工程序

思考练习

完成如图 19-89 所示零件的造型与加工。工件材料为 45# 钢,数量为 100 件,坯料长度 120mm,直径 30mm。要求使用 4 把刀完成零件的加工,其中 1 号刀为粗车 90°外圆车刀,2 号刀是精车 90°外圆车刀,3 号刀为切断刀(刀宽为 3.2mm,对刀时对切断刀的右刀尖点),4 号刀为三角螺纹车刀。

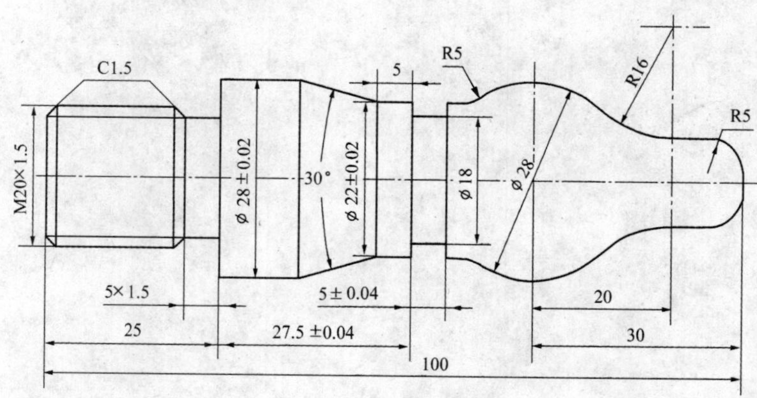

图 19-89　典型零件

参考文献

1. 邓爱国.零件造型与加工.北京:中国劳动社会保障出版社,2007
2. 北京北航海尔软件有限公司.CAXA 制造工程师 2008 用户手册 2008
3. 北京北航海尔软件有限公司.CAXA 数控车 XP 用户手册 2007